Springer-Verlag France
26, rue des Carmes, 75005 Paris, France

René Létolle   Monique Mainguet

ARAL

Avec 120 illustrations en noir et blanc et 47 photos couleurs (hors-texte)

Springer-Verlag Paris
Berlin Heidelberg New York
Londres Tokyo Hong Kong
Barcelone Budapest

Professeur René Létolle
Laboratoire de Biogéochimie Isotopique
Université Pierre et Marie Curie
4, place Jussieu
75252 Paris Cedex 05, France

Professeur Monique Mainguet
Laboratoire de Géographie Zonale
Université de Champagne-Ardenne
57, rue Pierre Taittinger
51100 Reims, France

Illustrations de couverture : page 1, D'Ouest en Est, la retombée du plateau de l'Oust-Ourt, le Tchink et son découpage hydrographique et, à son pied, les eaux de drainage qui occupent de nos jours une partie exondée du fond de l'Aral (vue aérienne ; cliché M. Mainguet, 1990) ; page 4, Photo-satellite en fausses couleurs de l'Aral, avec en bas le lac Sary-Kamysch et les zones irriguées de l'Amou-Daria (en brun-rouge), à droite celles du delta du Syr-Daria (même couleur). Document de 1989.

© Springer-Verlag France, Paris, 1993
    Imprimé en France

ISBN-13: 978-2-8178-0912-0   e-ISBN-13: 978-2-8178-0910-6
DOI: 10.1007/978-2-8178-0910-6
2918 / 3917 / 543210 – Imprimé sur papier non acide

Sommaire

Avant-propos

Que sait-on vraiment de la crise écologique de l'Aral, de ses origines dans l'environnement, de ses origines historiques, politiques et sociales ? Que sait-on de la géographie, de la géologie, de l'écologie du bassin de l'Aral, des tentatives de développement depuis la Préhistoire et des nombreux problèmes posés par son économie et ses populations ? Une floraison d'articles de presse, d'émissions radiodiffusées ou télévisées insiste sur la nécessité de comprendre le mal écologique de l'Aral, mais aucune synthèse complète n'existe sur ce sujet, analysant à la fois les causes du mal, ses mécanismes et ses conséquences et tentant de faire le point des remèdes proposés. C'est pourquoi il m'est agréable de présenter aux lecteurs le livre de deux chercheurs français de renom, les Professeurs René Létolle et Monique Mainguet. René Létolle, réputé pour ses recherches en biogéochimie, est par excellence le plus apte à débrouiller les problèmes géochimiques si compliqués du bassin de l'Aral. Monique Mainguet est un des chercheurs les plus connus parmi ceux qui s'occupent des écosystèmes secs. Elle a dirigé à l'UNEP le Centre des Programmes de Lutte contre la Désertification. J'ai eu le plaisir de travailler avec elle dans le bassin de l'Aral et d'apprécier sa compétence. Elle est également un des promoteurs du Comité Public International des Femmes du Bassin de l'Aral.

Cet ouvrage, associant un biogéochimiste et une géographe, réalise en effet une synthèse interdisciplinaire sur une question d'environnement, depuis son contexte topographique jusqu'à ses aspects biochimiques et humains, replaçant l'Aral dans le cadre géographique des immenses platitudes de la Touranie, dans le cadre climatique de l'écosystème aride à semi-aride, dans le cadre géologique au seuil de l'Asie et de l'Europe. Un chapitre très original est consacré à l'hydrographie fluctuante du lac Aral. Les auteurs ont réussi à prouver plusieurs phases naturelles d'assèchement du lac, à montrer l'existence réelle du cours d'eau légendaire de l'Ouzboï (ancien Oxus) reliant l'Aral à la Caspienne, à décrire le savoir faire et défaire humain, bien avant les temps modernes, de détournement du grand cours d'eau qu'est l'Amou-Daria avec les modestes moyens de ces époques.

Le livre aborde aussi l'analyse du milieu vivant, depuis les sols jusqu'à la flore et la faune continentale et lacustre, comme base des activités d'élevage, de pêche, d'aménagement rural et industriel.

Enfin est traité le drame contemporain de l'Aral. Outre l'ampleur du mal, c'est sa complexité que les auteurs ont voulu éclairer ; complexité car la pollution atteint tous les composants du milieu naturel : l'air, l'eau, les sols, les végétaux et les humains. Complexité, car tous les paramètres évoluent simultanément : la superficie et la salinisation du plan d'eau, les sols à sa périphérie, le niveau et la qualité des nappes aquifères, la couverture végétale, la faune.

Pour la première fois dans l'histoire de l'humanité, un plan d'eau dont la surface dépasse celle d'un territoire disparaît à la suite d'activités humaines. La détérioration de l'environnement provoque la croissance de la morbidité de la population et de la mortalité infantile ; elle a aussi des répercussions profondes sur le développement économique de la région.

Ainsi un véritable écheveau de problèmes complexes et interdépendants — écologiques, économiques et sociaux — est apparu dans le bassin de l'Aral et c'est précisément pourquoi l'attention des scientifiques et celle de l'opinion publique ont été éveillées.

Le dernier chapitre évoque les remèdes : les remèdes puissants, tout d'abord, tels que les transferts d'eau inter-bassins, les polders sur les marges sud du lac, puis des solutions plus modestes comme la réhabilitation tranquille des structures existantes, la réparation des canaux, les économies d'eau par l'utilisation de variétés végétales moins gourmandes. L'objectif raisonnable est une rénovation écologique intégrée dans laquelle les utilisateurs de la terre et les chercheurs prendront ensemble les décisions. Il semble bien que les auteurs, comme cela transparaît dans leur travail, aient une préférence pour les solutions modestes et prêchent ainsi la sagesse...

Les problèmes qui ont surgi dans le bassin de l'Aral sont typiques également dans beaucoup d'autres régions du monde. C'est pourquoi j'espère que ce livre excellent aura des conséquences qui ne seront pas limitées à l'étude du problème de l'Aral. Il peut contribuer à la juste compréhension des problèmes écologiques dans d'autres régions sèches.

Les catastrophes écologiques n'ont pas été seules à marquer le XXᵉ siècle. Au cours de ce siècle l'homme a heureusement pris conscience de la fragilité de la biosphère, de la globalité du monde, et de la nécessité de l'unification de tout les humains sur Terre. Les ouvrages de deux penseurs, le Fançais Pierre Teilhard de Chardin et le Russe Vladimir Vernadsky, ont beaucoup contribué à cela et je souhaite que ce livre serve également cette noble tâche.

Professeur Nikita Glazovsky

Premier Directeur adjoint de l'Institut de Géographie de
l'Académie des Sciences de Russie
Membre du Conseil
près du Gouvernement de Russie pour l'analyse
des situations critiques et pour les projets
de solutions gouvernementales

Chapitre I

Introduction

"Où l'eau s'arrête, le monde s'arrête aussi"
Proverbe Ouzbek

La mer d'Aral — qu'il est plus exact de nommer "lac Aral" — combien de nos compatriotes eussent su la situer sur une carte, voici six ans, quand, à la faveur de la perestroïka, les médias purent accéder à ce lieu perdu au fond des steppes de l'Asie Centrale ? La musique de Borodine évoquait des peuples turbulents, aux coutumes rudes. Le voyage de Michel Strogoff, traversant les pays des Tatars (1) situés plus au Nord, imposait l'image d'un pays de grandes plaines steppiques parcourues de chevauchées sur des horizons sans fin. Si l'on étudie une carte de cette Asie que les Soviétiques dénommaient voici peu l'Asie Centrale, on voit que cette mer d'Aral a été en quelque sorte un lieu central autour duquel les vagues successives d'hommes venus de l'Est, Huns, Avars, Mongols et aussi les Turcs (en Anatolie depuis le XIVᵉ siècle), se sont arrêtées avant de partir à la conquête de l'Ouest.

Le lac Aral a aussi frappé l'imagination des téléspectateurs par le spectacle de navires rouillés, posés sur un horizon sableux s'étendant à perte de vue. Magie de l'image... Sur bien des plages des mers à marée, on voit à marée basse le même spectacle de navires échoués attendant le jusant. Seulement, voilà, sur la mer d'Aral, l'eau s'est retirée et n'est jamais revenue...

L'intérêt du monde occidental pour l'Aral est peut-être aussi un reflet inconscient, d'abord de l'évocation des régions mythiques de la Sogdiane, et de la Bactriane, puis des incursions téméraires d'Alexandre dans ces régions inconnues, voici plus de deux mille ans... La région de l'Aral a été l'aire de rencontre quasi obligée entre les vieilles civilisations immémoriales et sédentaires de ces deux contrées, et celles, beaucoup plus mouvantes, des steppes russo-sibériennes. Des exégètes ont rapproché le nom des "Celtes" et celui du site de la très ancienne culture de Kelteminar, qui sera évoquée plus loin. Y a-t-il un rapport ? C'est une question très discutée que celle de l'origine des langues indo-européennes, face au contexte actuellement connu des civilisations du Néolithique et du premier âge du Bronze.

Et l'avenir ? Le problème de l'Aral sera peut-être oublié dans quelques décennies, quand l'espèce humaine sera, dans sa totalité, confrontée à la remontée du niveau des océans. Ce sera un autre enjeu, d'une toute autre ampleur. L'exemple de l'Aral doit être un signal d'alarme pour la conservation de la planète.

La recherche des documents a été difficile, en particulier pour les plus anciens ou pour ceux, récents, tirés à peu d'exemplaires dans divers services des Républiques concernées. Il est malaisé, sans être sur place, de déterminer où et à qui s'adresser. De plus, les chercheurs ex-

---

(1) Comme le rappelle fort opportunément J.-P. Roux, dans *Histoire des Turcs,* A. Fayard, 1984, l'Occident a assimilé ce nom au Tartare, l'enfer romain, et aussi au mot "Barbare", l'étranger aux coutumes dérangeantes, l'homme d'ailleurs.

Fig. I. 1. Carte générale du bassin de l'Aral. Noter les altitudes extrêmes, de -132 m à 7495 m

soviétiques publient peu, ont été fréquemment elliptiques dans leurs descriptions, par caractère ou par obligation. Beaucoup de données originelles sont restées inédites et donc inaccessibles. D'autres sont contradictoires : en particulier, les statistiques économiques publiées sont souvent controuvées. On en verra des exemples. De sorte que des recoupements d'informations partielles ont été nécessaires, aboutissant à une mosaïque dont l'agencement n'a pas été aisé. Cette monographie à peu près complète de la région de l'Aral (fig. I. 1), accessible au plus grand nombre sans cependant sacrifier le contenu scientifique pour tous ceux qui souhaitent aller plus au fond du problème, tente de conserver l'équilibre entre un livre trop technique qui serait rébarbatif et un ouvrage de vulgarisation qui céderait à la facilité. Des ouvrages généraux sur l'URSS et le Turkestan ont apporté des renseignements utiles, outre une bibliographie abondante qui n'a pas été reproduite ici.

L'ouvrage présente brièvement le décor géographique, géologique, climatique, historique et écologique de la Touranie. Il traite ensuite du développement moderne de la région de l'Aral, aux XIXe et XXe siècles, avant d'aborder le déroulement de la tragédie de l'Aral et de passer en revue les remèdes envisagés. Le lecteur prendra conscience de la complexité de la question qui nous a amenés, dans l'enchevêtrement de certains paramètres dominants, à éclairer sous différentes facettes les causes, mécanismes et conséquences du drame.

Puisse cette synthèse donner, au lecteur qui souhaite en savoir plus sur le vaste problème de l'Aral (1), assez d'informations pour qu'il se forge lui-même son opinion : catastrophe ou pas ?

---

(1) Nous lui conseillons de disposer d'un atlas détaillé (ceux du *Monde - Sélection du Reader's Digest*, de l'*Encyclopedia Universalis*, d'IGN-Hachette, ou du *National Geographic Magazine*, voire des excellents atlas russes, malheureusement fort difficiles à se procurer).

Chapitre II

Entre Europe et Asie : le cadre géographique et géologique du bassin de l'Aral

1. Le Turkestan (Touranie) [1] et la région aralienne : les platitudes de l'Asie Centrale

La région de l'Aral représente du point de vue politique une aire de rencontre de cinq des Républiques de la nouvelle "Communauté des Etats Indépendants", née en décembre 1991 de la dissolution de l'URSS : le Kazakhstan au Nord et au Nord-Est, l'Ouzbekistan pour le reste du périmètre de l'Aral ; le Turkmenistan, plus au Sud, dépend étroitement de l'Aral pour son économie mais n'a pas d'accès au lac ; le Tadjikistan et la Kirghizie [2], plus périphériques, sont parties prenantes au problème global de l'Aral car les bassins d'alimentation des cours d'eau y sont situés et leur procurent la totalité de leur ressource en eau. Nous ne donnerons pas de description générale de ces différentes républiques : elle se trouve aisément par ailleurs [3]. Dans le corps du livre, seront par contre évoquées certaines statistiques économiques de ces dernières Républiques quand elles ont un rapport étroit avec le problème de l'Aral et ses causes.

Cette vaste région de la Touranie (fig. II. 1) de 3,5 millions de km[2] environ est bordée au Sud-Ouest et à l'Est par des chaînes de montagnes élevées, puis par les montagnes de l'Hindou-Kouch et du Pamir (7495 m) et, plus au Nord, du Tien-Chan (7440 m). Ces monts envoient vers l'Ouest les prolongements de l'Alaï et de l'Ala-Taou, séparés par de larges vallées ouvrant l'accès vers l'Inde et la Chine, soit au travers de cols élevés dans le Kara-Koroum, soit par des seuils beaucoup plus bas — moins de 300 m (vallée de l'Irtych, seuil de Dzoungarie) — qui furent des voies d'invasion constantes, et sont encore des passages stratégiques.

Au Nord, la cuvette tourane est largement ouverte vers la Sibérie, et la limite des bassins hydrographiques, à moins de 200 m d'altitude, est très indécise (dépression du Tourgaï). Au Sud, la ceinture montagneuse s'abaisse à 2000 m environ entre l'Iran et l'Afghanistan et c'est par ce passage qu'une partie de la mousson de l'Océan Indien peut arroser les chaînes du Tien-Chan et de l'Alaï.

La topographie s'abaisse de façon insensible sur des centaines de kilomètres vers le point central aralien (fig. II. 2). Mais l'Aral n'est pas le point le plus bas : à l'Ouest, le fond de la Caspienne s'abaisse à -1000 m sous le niveau des océans ; d'autres dépressions passent en dessous du niveau zéro : celle de Karagie (-132 m) près de la Caspienne, qui dispute le record de

---

(1) On préférera désormais ce terme géographique à celui de Turkestan, qui reflète davantage un concept historico-politique.
(2) La Kirghizie est appelée Kirghizstan depuis 1992.
(3) La synthèse de Camena (1932) reste toujours d'actualité.

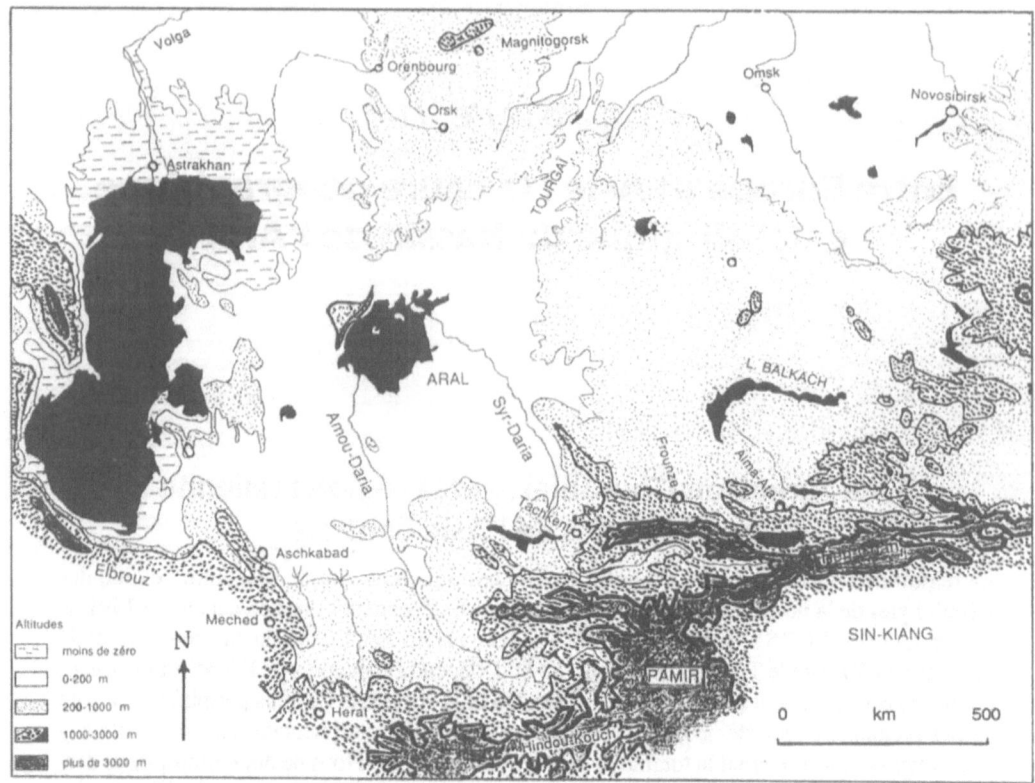

Fig. II. 1. La ceinture montagneuse au Sud et à l'Est de la Touranie

profondeur à celle de Tourfan (-154 m), au Sinkiang ; celles de Goklenkouy (Kara-Sor) à
-28 m, d'Akchakaya à -82 m, au Sud-Ouest de l'Aral, près de celle du lac Sary-Kamysh, à
-42 m, et dans le désert du Kyzyl-Koum, celle de Mynboulak, au Sud-Est de l'Aral (-12 m). Le
lac Aral a son fond à -15 m. Dans l'ensemble, le terrain est plat, avec quelques chaînons, prolongements des chaînes himalayennes, ne dépassant pas quelques centaines de mètres d'altitude. Seuls les bordures de plateaux calcaires, des cordons de dunes, quelques buttes du
Tertiaire surplombant de quelques dizaines de mètres la plaine infinie, manifestent une certaine
diversité hypsométrique sur les millions de kilomètres carrés de la Touranie, entaillée par les
versants parfois escarpés des lits des rivières paléoclimatiques.

Les géographes de la fin du XVIIIe et du début du XIXe siècle, et particulièrement Humboldt,
se passionnèrent pour la découverte de ces régions éloignées de l'océan et s'abaissant au-dessous du niveau de la mer. On ne connaissait guère alors que la dépression de la Mer Morte
(-392 m), et Humboldt pensait que tout le centre de l'Asie formait une vaste dépression
jusqu'au cœur de la Chine, car des voyageurs, comme Pallas entre 1768 et 1774, avaient déjà
approché la Dzoungarie et le Sinkiang. En réalité les aires continentales d'altitude négative sont
beaucoup plus limitées que ne le pensaient les géographes de cette époque.

Le bassin de l'Aral se divise en 5 régions naturelles : au Nord une région sèche à topographie
monotone ; les déserts sub-boréaux du Kazakhstan qui, à proximité immédiate de l'Aral, forment les sables de Barsouki ; au Sud les déserts subtropicaux de type Asie Centrale eux-mêmes

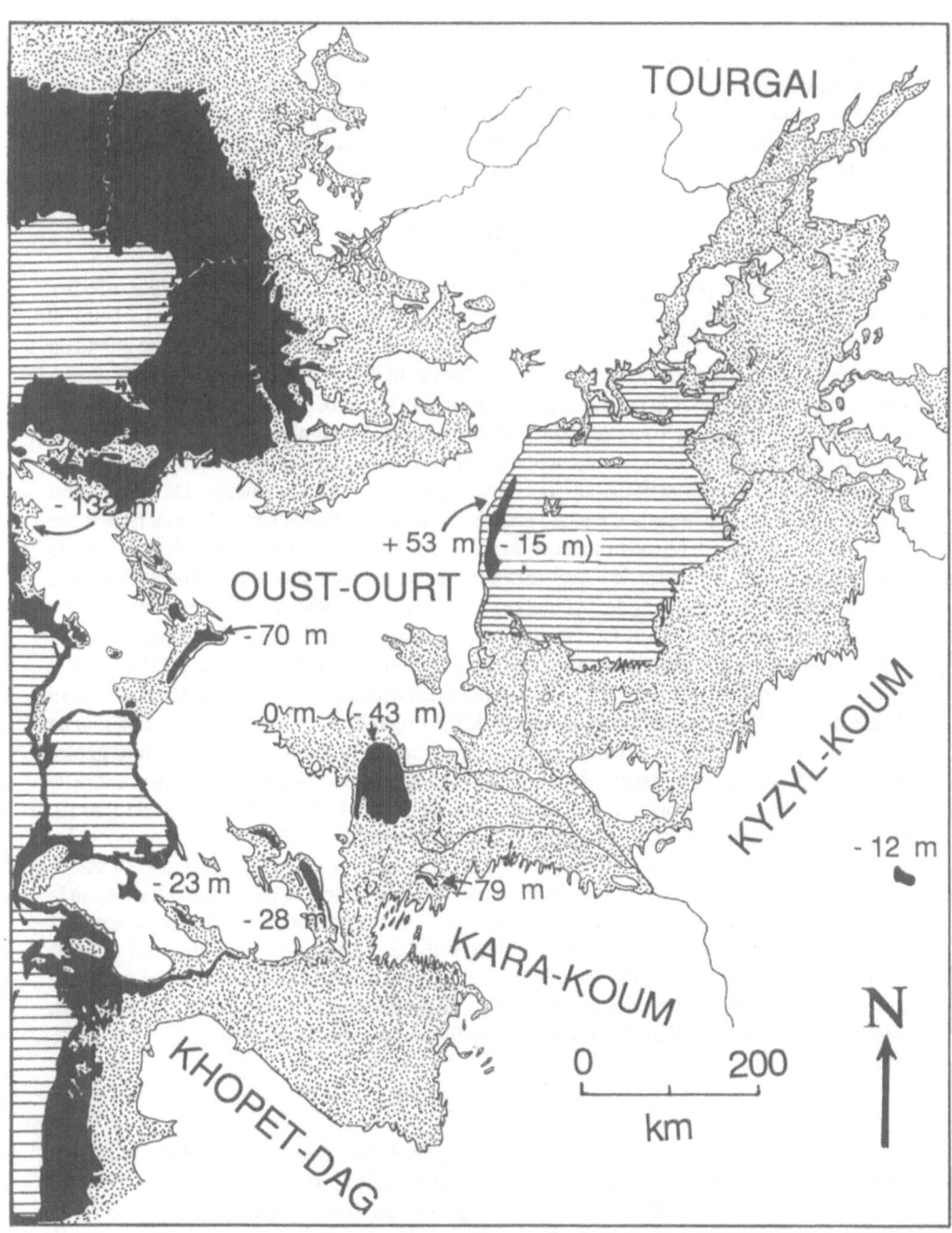

Fig. II. 2. Les aires les plus basses de la cuvette touranienne. *En noir :* altitudes sous le niveau général des océans ; *pointillés :* altitudes en dessous de 100 m

subdivisés en grandes aires sableuses : les déserts sableux du Kara-Koum au Sud-Ouest, du Kyzyl-Koum à l'Est ; à l'Ouest le plateau argileux d'Oust-Ourt couvrant le secteur entre la Caspienne, l'Oural et l'Aral ; enfin, les plaines et les deltas alluviaux de l'Amou et du Syr-Daria (1) au centre. Le bassin de l'Aral est constitué de 80 % de plaines et de 20 % de montagnes.

Nous présentons ici les trois aires désertiques de l'Oust-Ourt, du Kara-Koum et du Kyzyl-Koum, regroupant les deux autres lors de l'étude des rives de l'Aral lui-même.

L'Oust-Ourt

La chaîne de l'Oural se prolonge au Sud par des collines modestes, les monts Mougadiar (635 m), qui forment des croupes arrondies de roches métamorphiques, surmontées de chaos rocheux, et entaillées de ravins profonds où l'eau n'est pas rare. Vers le Sud-Est, le relief s'abaisse quand on s'approche de l'Aral, laissant place à de larges vallées dont les cours d'eau sont alimentés seulement à la fonte des neiges. On passe progressivement aux larges dépressions parfaitement plates qui constituent le couloir de Tourgaï, lit du cours d'eau du même nom qui alimenta jadis l'Aral, et qui réunit celui-ci à la vallée du Tobol, tributaire de l'Obi (fig. II. 1). Ces dépressions sont constellées de lacs temporaires, dont beaucoup sont envahis par une végétation palustre. Du Nord-Ouest au Sud-Est, la steppe encore arborée passe progressivement à la steppe herbacée dont le paysage varie selon la nature argileuse ou limoneuse du sol, avant de se terminer par les sables des ergs du Grand Barsouki au Nord-Ouest de l'Aral, du Petit Barsouki au Nord, et de la région au Nord-Est d'Aralsk, site du centre spatial de Tyouratam. Ces ergs sont parsemés de nombreuses buttes témoins, prolongement de l'Oust-Ourt au Sud-Ouest et du Kazakhstan central au Nord-Est.

L'Oust-Ourt est un vaste plateau s'élevant en pente insensible depuis la falaise de la Caspienne au Sud-Est jusqu'à l'Aral où il culmine à 250 m en un rebord escarpé (le Tchink) qui le borde au Sud-Est jusqu'au Sud de la baie de Kara-Bogaz-Gol, où il butte sur un chaînon au versant très raide, le Grand Balkhan (1880 m), qui n'appartient pas à la même structure géologique. La surface du plateau est une dalle calcaire légèrement ondulée, où un certain nombre de cuvettes endoréiques peu profondes, comme celle de Barsa-Kelmes (2) (Sud-Est de l'Aral), sont d'origine à la fois karstique et éolienne. Le sommet du plateau a été fortement, pendant les époques plus humides de son histoire géologique (avens, lapiez) ; et le climat aride a fait le reste, de sorte que la surface de l'Oust-Ourt est une hamada (désert de pierres anguleuses) où la végétation est quasi inexistante. Il n'y a pas de dunes. Les dépressions ont des fonds argileux salés (takyrs) ou à dominante de chlorures et de sulfates, parfois de carbonates, qui tolèrent quelques plantes et un peu d'herbe après les pluies. Ce sont souvent des dolines. Le réseau karstique est encore actif : il existe des avens de 90 m de profondeur et même des lacs souterrains, alimentés par les faibles précipitations, où vit une faune cavernicole originale.

Le Kara-Koum

La partie septentrionale du désert du Kara-Koum, appelée Zaoungaouz, est séparée de l'Oust-Ourt par la vallée morte de l'Ouzboï (3) dont il sera question plus loin. Ici encore, il se termine par un escarpement de 50 à 100 m de haut, prolongation du Tchink, pratiquement jusqu'à la Caspienne (voir figs. II. 2 et VI. 11). Le Zaoungaouz s'élève en pente très douce à l'Est jusqu'à l'Amou-Daria qui marque sa frontière avec le désert du Kyzyl-Koum. Sur une surface presque

---

(1) Le mot Daria vient du vieux perse *Drayah*, en pahlevi *Drayak* ; il signifie "Mer" et aussi "grand cours d'eau" ; Darya-i-Khazar : Caspienne.

(2) Barsa-Kelmes : aller sans retour.

(3) Ouzboï : l'eau blanche.

plane qui dépasse à peine 100 m d'altitude (sauf à proximité de l'apex du delta de l'Amou-Daria, à l'Est), formée de calcaire d'âge fini-tertiaire (Sarmatien), des buttes témoins d'une trentaine de mètres s'insèrent entre des cordons de dunes longitudinales Nord-Sud dont l'altitude relative atteint 30 m. Le sable, de couleur foncée, presque noir, couvre environ 30 % du plateau. Entre ces cordons, des couloirs de moins de 100 m de large, au fond souvent couvert d'argile (takyrs) avec un peu de végétation, permettaient aux caravanes de circuler ; ces couloirs peuvent mesurer des dizaines de kilomètres de long et on circule de l'un à l'autre par de petits cols sur le sable.

Cette contrée se termine brutalement à environ 300 km au Sud de l'Aral, par un nouvel escarpement qui s'étend de l'Ouzboï presque jusqu'à Tchardzou sur l'Amou-Daria. D'une quarantaine de mètres, il est indenté de nombreux ravins et éperons orientés Nord-Sud, aux parois argileuses, découpés en *badlands* caractéristiques. L'escarpement est jalonné, au Nord, de petites buttes témoins coniques. Au Sud de l'escarpement existe une série de dépressions sèches et de lacs saumâtres, l'Oungouz, sans végétation notable. Le fond de ces dépressions s'abaisse progressivement de 120 à 50 m de l'Est à l'Ouest sur plus de 450 km. L'Oungouz correspond à un cours très ancien de l'Amou-Daria (Paléo-Oxus), quand celui-ci rejoignait la Caspienne, sans doute à la fin de l'ère Tertiaire (4,5 millions d'années). Il y a un parallélisme visible entre la dépression de l'Oungouz et la vallée de l'Ouzboï, mais la première n'a jamais vu d'écoulement de mémoire d'historien.

La partie sud du Kara-Koum, de la chaîne du Khopet-Dag jusqu'à l'Amou-Daria, n'a pas de nom particulier. La topographie se relève doucement jusqu'au pied du Khopet-Dag (¹). Elle est entièrement plane et couverte de chaînes dunaires, comme celles du Zaoungaouz, mais la partie orientale comporte par contre beaucoup de dunes mobiles de type barkhanique. Celles-ci, en forme de croissant, progressent sous l'influence des vents dominants, à une vitesse pouvant dépasser 10 m par an. On pense que leur sable provient de la remobilisation de celui des dunes longitudinales, à la suite de la disparition du couvert végétal, si maigre soit-il. Il ne se forme de barkhanes que lorsque la quantité de sable disponible est faible ; sinon, ce sont des chaînes transverses complexes (comme les vagues sur l'eau) et qui peuvent devenir des dunes longitudinales lorsque l'exportation en sable devient dominante. Les barkhanes ont en général 5 à 8 m de haut et ont besoin pour exister d'une topographie plane et cohérente. Ces dunes ont, dans le passé, recouvert d'anciennes cultures, au Khorezm et dans les deltas du Sud du Turkmenistan. Dès 1871, Mouchketov avait fait la distinction entre déserts de sable "jeunes" et "vieux".

D'où vient le sable ? Pour l'essentiel, il provient depuis le début de la période de climat désertique — il y a quelques millions d'années — du vannage par le vent des alluvions de l'Amou-Daria et des autres cours d'eau issus d'Iran, le Mourghab et le Tedjen, à l'Ouest du premier, ainsi que des régions situées au Nord du Kara-Koum (fig. II. 3 a, b). On y trouve les minéraux caractéristiques des roches des chaînes montagneuses où ces cours d'eau prennent leur source. Le passage du piémont à la plate-forme du Kara-Koum est fossilisé par les cônes alluvionnaires des torrents intermittents issus du Khopet-Dag et des deltas intérieurs du Tedjen et du Mourghab. Entre les dunes du Kara-Koum des centaines de dépressions de déflation éolienne *(blow-out)* de forme elliptique, dont les dimensions vont de quelques mètres à 30 km de long et 2 km de large, avec plusieurs mètres de profondeur, sont tapissées de "takyrs". Plus

---

(1) "A partir des montagnes qui bornent le désert de Kharism [Khorezm : Kara-Koum], la nature du sol est sablonneuse et saline. Cette terre légère est couverte en beaucoup d'endroits d'une croûte de sel dans laquelle on enfonce jusqu'à la cheville. Çà et là, quelque peu de végétation, ailleurs, ce sont des dunes de sable très fin et mouvant. Entre le Korassan et les bords de l'Oxus, la végétation est desséchée à la fin du printemps, les arbustes aux profondes racines végètent seuls et résistent au manque d'eau. On ne trouve pas non plus le moindre gravier dans ce désert" (de Coulibœuf, 1865, le premier Français à voir le Kara-Koum).

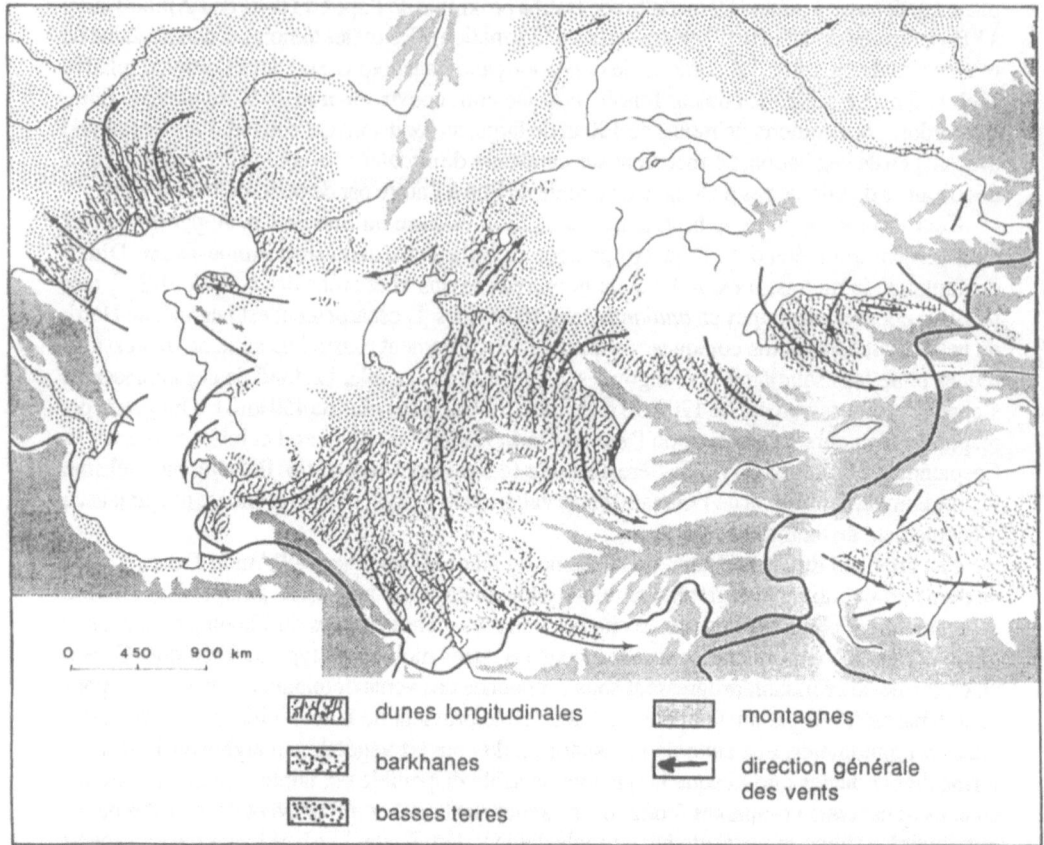

Fig. II. 3 a. Schéma général des systèmes dunaires de Touranie et modèle de circulation éolienne en Touranie

ou moins parallèles au Khopet-Dag ces takyrs représentent jusqu'à 50 % de la superficie. Les fortes averses de printemps et les crues en font des lacs temporaires, qui peuvent exceptionnellement persister pendant plusieurs années. Le fond est argileux et silteux ([1]), et l'eau s'infiltre peu. De douce, elle devient salée et colonisée par des Diatomées et des Algues Bleues. Dès qu'elle est évaporée, le sol lisse et dur ("il claque sous les sabots des chevaux") se craquèle en gros polygones (voir planche hors-texte 14). Chaque année s'ajoute une petite couche millimétrique imperméable qui forme finalement un revêtement pouvant atteindre 20 cm d'épaisseur. Un *sor* ou *chor* est un takyr qui garde un peu d'eau boueuse et salée. Nous reparlerons des takyrs ultérieurement, car l'aménagement moderne s'y est intéressé.

Le Kyzyl-Koum

Les dunes de sable gris-noir du Kara-Koum, à partir de la vallée de l'Amou-Daria formant limite, sont relayées par les sables rouges du Kyzyl-Koum. Cette transition de quelques kilo-

---

(1) Le silt est un sédiment fin de granularité intermédiaire entre celle des limons (30 mm) et celle des sables fins (50-60 mm), qui se dépose par exemple dans le fond des plans d'eau évaporés.

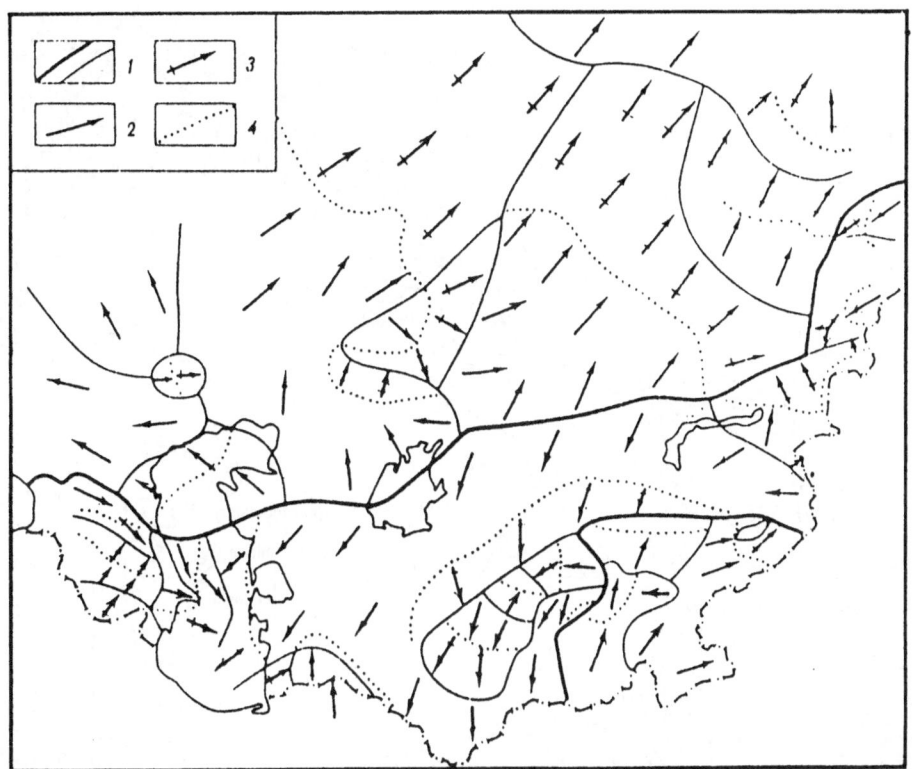

Fig. II. 3 b. Autre modèle de flux atmosphériques. *1* Limite des aires d'activité ; *2* direction des flux à partir des hautes pressions et *3* vers les basses pressions ; *4* limite des aires où le flux est le plus efficace

mètres est en fait surimposée à la structure générale de la région qui se continue avec les mêmes caractères plus à l'Est, où elle passe insensiblement au Kyzyl-Koum, d'où émergent les quelques chaînons bas que le Pamir envoie jusqu'à l'Aral, subdivisant toute la région entre Amou-Daria et Syr-Daria en deux déserts de sable séparés par une bande de steppe pierreuse et argileuse, parsemée de buissons, et orientée Nord-Ouest - Sud-Est. Jusqu'au Syr-Daria, le reste du territoire est couvert de dunes longitudinales, comme sur la plus grande partie du Kara-Koum, mais de teinte différente témoignant des origines différentes des sables. Les types d'édifices sableux sont les mêmes. Le désert de dunes (¹) s'insinue dans toutes les parties basses et se raccorde insensiblement au glacis caillouteux des montagnes du Nourataou — éperon issu lui aussi du Pamir — aux sols variés, pierreux et sableux, couvert par une steppe parsemée de dépressions salines de type takyr et solontchak. A l'Ouest, le Kyzyl-Koum se termine insensiblement sur la côte sud-est de l'Aral, qu'il conquiert au fur et à mesure que le lac s'assèche.

2. L'Aral : un vaste ensemble endoréique au Quaternaire

La structure géologique profonde détermine la forme générale en cuvette de la Touranie dont le lac Aral (fig. II. 4) occupe l'ombilic. Les chaînons montagneux secondaires qui encadrent les

---

(1) Un erg est un vaste ensemble de dunes de types différents. Un champ de dunes, en revanche, est constitué d'un seul type de dunes.

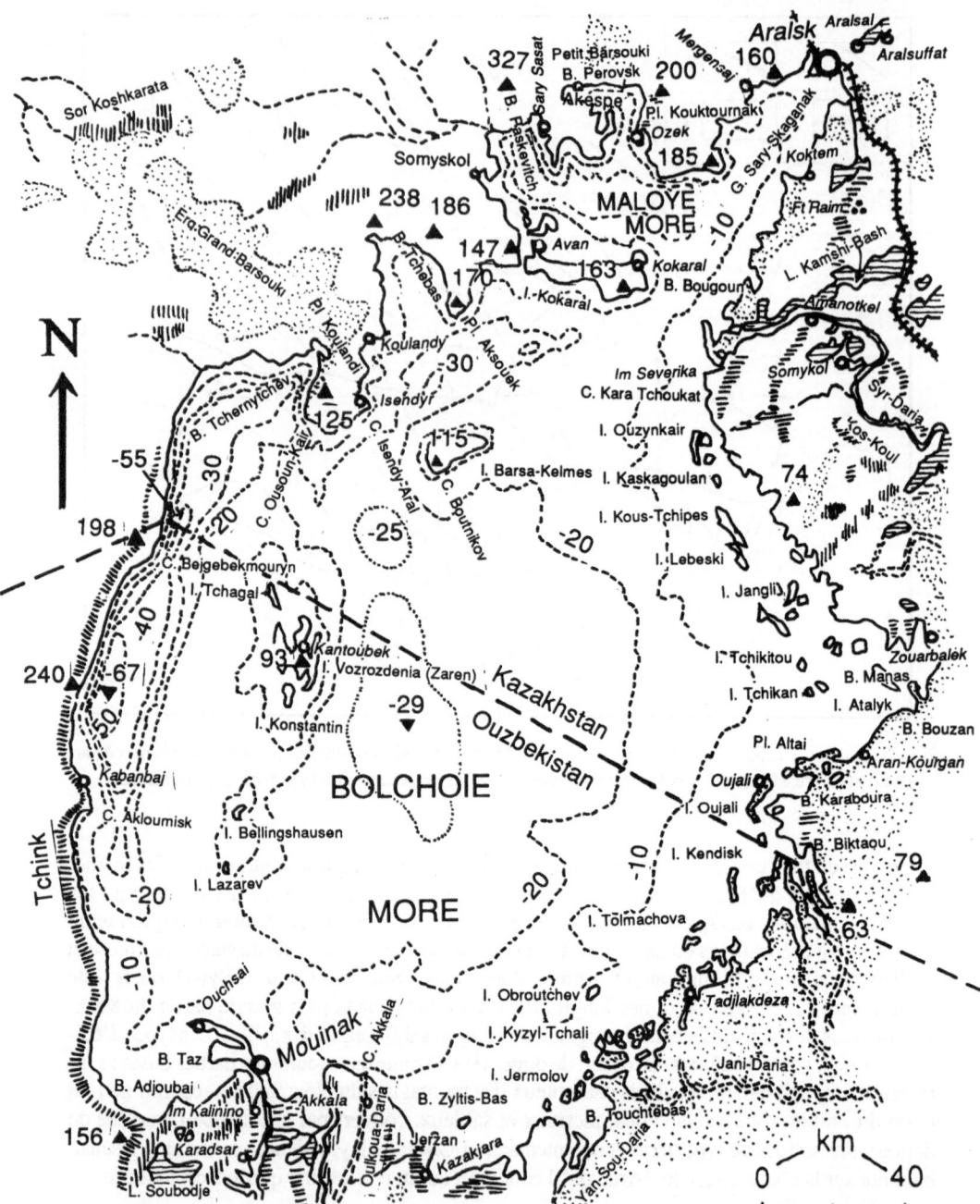

Fig. II. 4. Carte générale de l'Aral (documents de 1905, 1947, 1964, 1989). *Pointillés :* aire sableuse ; *tirets verticaux :* marais ; *tirets horizontaux :* solontchaks. Les profondeurs sont données par rapport au niveau de référence 53 m ; les altitudes sur les rives par rapport au zéro des océans

grands bassins plats du Kara-Koum et du Kyzyl-Koum sont en fait des blocs anciens, plissés et soulevés au-dessus des étendues horizontales dont ils sont séparés par des failles. La géologie de la région conditionne les grands traits de la géomorphologie de l'Aral, un certain nombre de richesses minérales (le pétrole) et les ressources en eau souterraine.

Les premières synthèses géologiques régionales de Boubnoff (1924) et de Leuchs (1934) donnent déjà l'essentiel des grands traits structuraux de la région (fig. II. 5).

L'histoire de la dépression Aral-Caspienne est ancienne. Le vaste océan de la Téthys séparait le bloc arabo-indo-africain des *plaques* anciennes qui constituaient, au Nord de la Téthys (fig. II. 6), une mosaïque de blocs désunis, formés de roches plus anciennes (de l'Archéen à la fin de l'ère Primaire, environ 200 millions d'années). Dans la Téthys, comme dans les mers épicontinentales qui couvraient ces anciennes plaques rigides, des sédiments épais se déposèrent horizontalement, depuis la fin de l'ère primaire, pendant tout le Secondaire (Jurassique et Crétacé) ; puis au Tertiaire, jusqu'à ce que la Téthys, écrasée par la remontée du bloc araboindo-africain eût à peu près disparu : il n'en restait plus que ce qui a donné ultérieurement la Méditerranée et ses prolongements orientaux (mer Noire, mer Caspienne, Aral) (fig. II. 7). Les terrains sédimentaires sont des argiles, des calcaires, beaucoup de grès, avec des passées de roches évaporitiques anciennes : sel gemme, gypse, et même potasse. La dérive des continents vers le Nord écrasa ces blocs anciens qui se soudèrent entre eux en se fracturant et en se bosselant, tandis que les sédiments et le socle du fond de l'ancien océan téthysien, écrasé entre ces plaques d'une part, l'Iran et l'Arabie d'autre part, constituèrent les grandes chaînes himalayennes du Pamir, du Karakoroum, de l'Hindou-Kouch et du Tien-Chan, qui forment aujourd'hui l'armature tectonique de la bordure de plusieurs bassins relativement horizontaux. Ces chaînes de roches très anciennes (précambriennes et primaires) forment les marges de ce qui s'appelait jadis le Turkestan russe. Entre les petites plaques anciennes, les fonds d'océan constituèrent aussi des chaînons secondaires, celui du Khopet-Dag entre la plaque iranienne et celle du Kara-Koum, et au Nord-Ouest les deux chaînons du Petit Balkhan et du Grand Balkhan qui prolongent le Khopet-Dag. Ce dernier forme l'armature plissée de la presqu'île de Krasnovodsk sur la Caspienne. On le retrouve, se prolongeant sous la Caspienne, dans les Monts du Caucase, eux-mêmes continués par la Crimée méridionale. Plus au Nord, la presqu'île de Manghislak est une chaîne prise entre deux plaques anciennes, celles du Nord et du Sud Oust-Ourt (altitude 371 m). Elle disparaît en profondeur sous le Kara-Koum au Sud de l'Ouzboï. Au Sud-Est de la mer d'Aral, d'autres chaînons existent : ceux du Boukantaou et du Kouzoulktaou, qui séparent l'Amou-Daria du désert de Kyzyl-Koum et se prolongent jusqu'à proximité du delta par le chaînon du Sultan-Ouiz-Dag (473 m) qui domine la région du Khorezm. Encore plus au Nord-Est, la longue chaîne parallèle du Karataou (2176 m) séparant le Syr-Daria du désert de Moujounkoum s'étend jusqu'au lac Balkach.

Les études de sismique profonde et les forages de reconnaissance pétrolière ont permis d'établir la carte du tréfonds ancien de la région, formé de roches précambriennes (antérieures à 460 millions d'années) ou hercyniennes (plus de 250 millions d'années) (fig. II. 8). Les terrains d'âge plus récent (secondaires), qui n'ont pas été violemment plissés, recouvraient les plaques tectoniques anciennes. Ils ont subi, eux, des plissements locaux avec décollement de leur socle, créant ainsi des structures bombées, en relief, ou en creux, en forme de cuvette, appelées respectivement brachyanticlinaux et brachysynclinaux par les géologues. Dans d'autres compartiments, où le socle ancien n'a pas été fracturé, ces couches sont restées plus ou moins horizontales et ont simplement suivi ce socle dans ses mouvements verticaux. Ainsi, ces sédiments forment de vastes plates-formes, correspondant à diverses parties des grandes plaines ou plateaux subhorizontaux que constituent les régions de l'Oust-Ourt, du Kara-Koum et du Kyzyl-Koum.

Après l'Oligocène, une vaste mer s'est étendue depuis la Méditerranée, la Mer Noire, la Caspienne (qui étaient réunies), sur la plus grande partie de la dépression de l'Asie Centrale, et

Emba
Uralisch
Arals
Ommodezisch
Ust-Urt
Fergana
Kaukasus
Kopet dag
Amu-darja

50° OGr.
55°
60°
Mugodscharen
Amodez. Zone
45°
Ust-urt
Aral
Kysylkum
M.
Kaspi
S.Uiz-dagh
Caucasus
T.
40°
Karakum
Gr.
Batchan
Kl.
Kopet-dagh

5

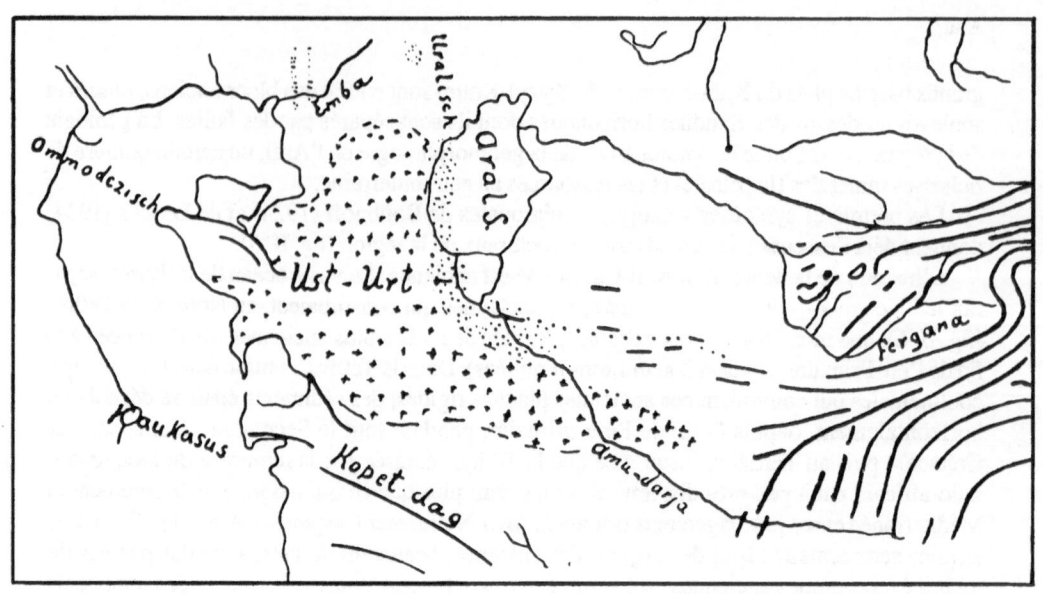

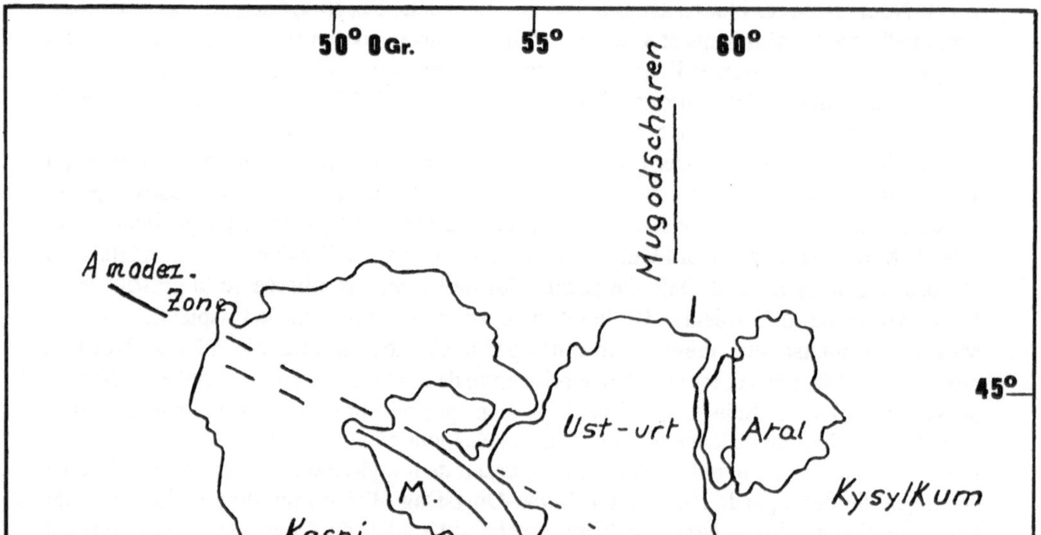

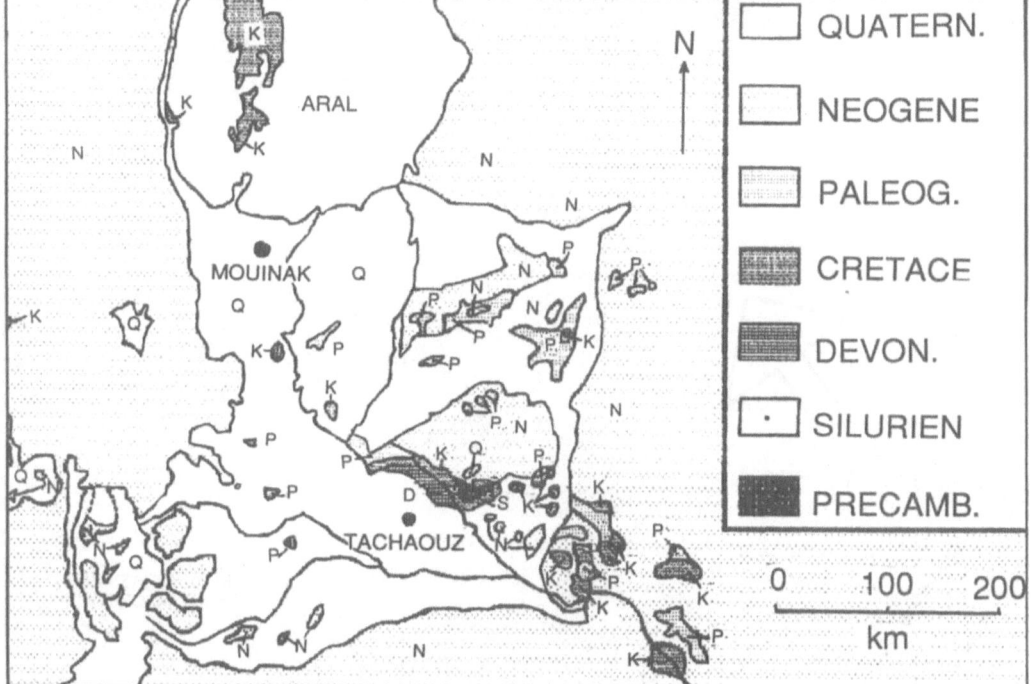

Fig. II. 5. Deux schémas géologiques anciens : Boubnoff (1924) et Leuchs (1935) : raccord des structures caucasiennes à l'Altaï et au Pamir

Fig. II. 6. a Carte géologique synthétique de la Touranie. **b** Détail de la géologie du delta de l'Amou-Daria (1990)

6a

6b

Carte 6a :
N

OUST-OURT

ARAL

K-B

Gd BALKAN

KHOREZM

KYZYLKOUM

KARAKOUM

ZAUNGOUZ

SULTAN-TAOU

KHOPET-DAG

Quaternaire récent
Quaternaire ancien
Néogène

Paléogène et Crétacé
terrains plus anciens

0   KM   500

Carte 6b :
N

ARAL

MOUINAK

TACHAOUZ

QUATERN.
NEOGENE
PALEOG.
CRETACE
DEVON.
SILURIEN
PRECAMB.

0   100   200
km

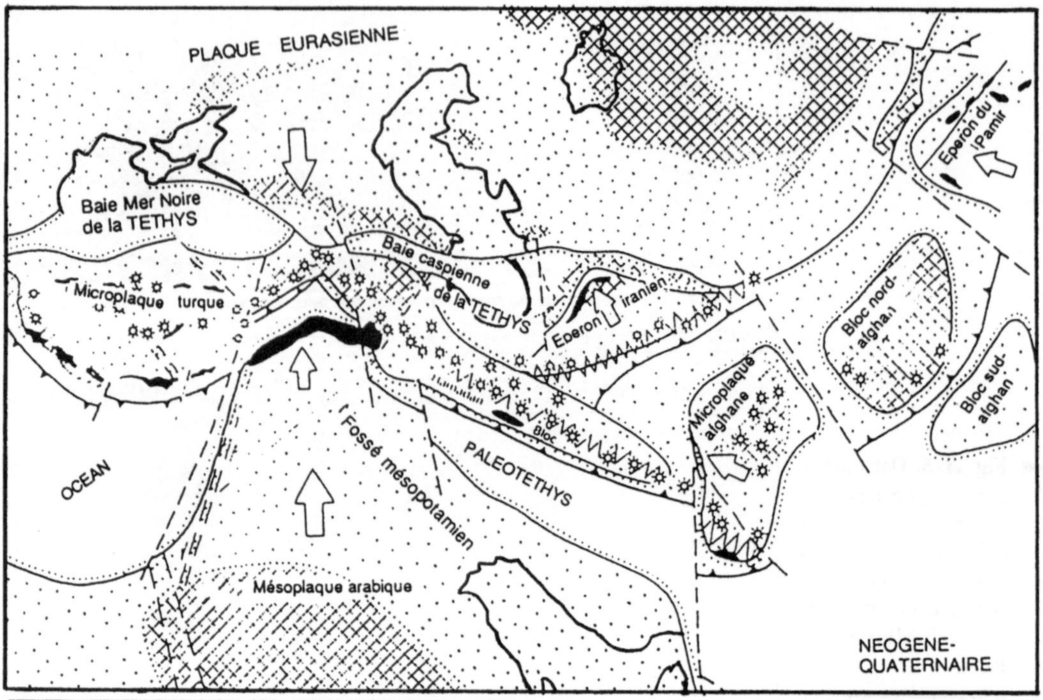

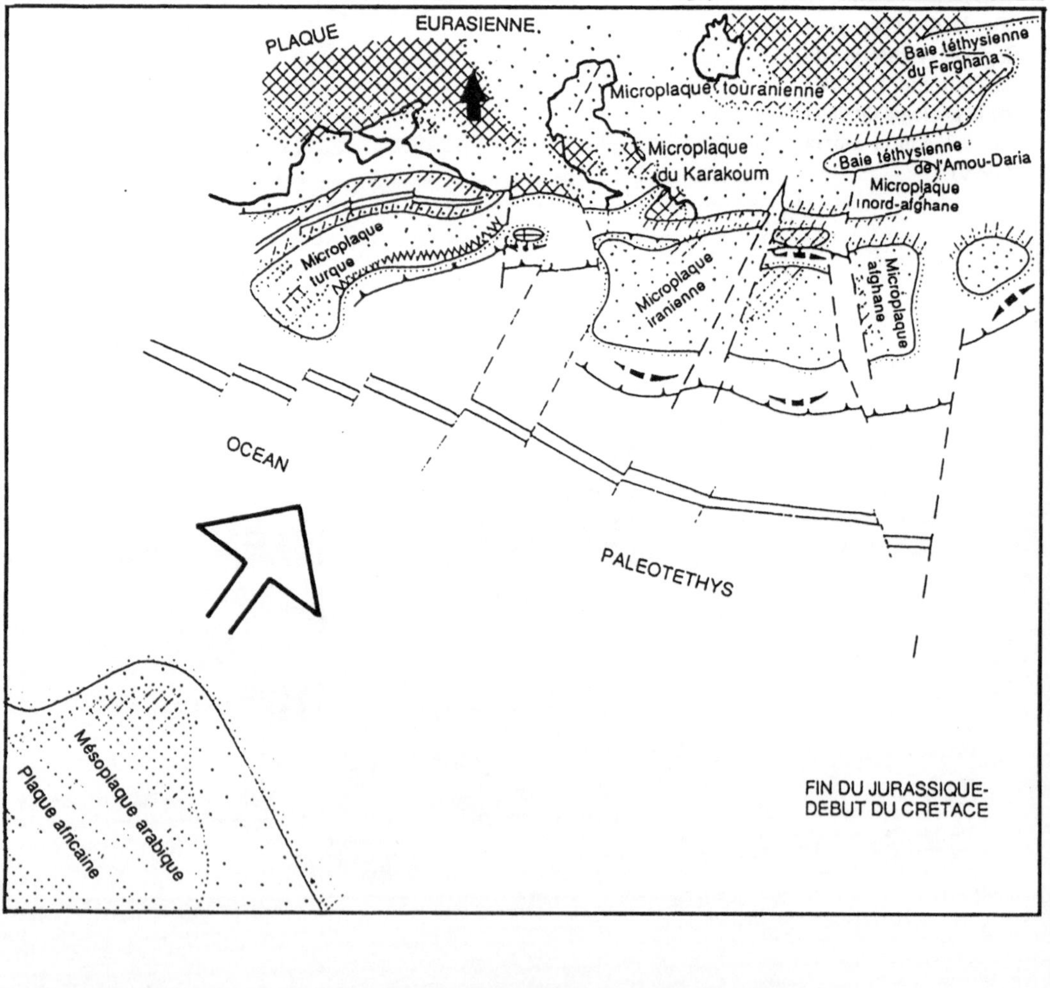

PLAQUE EURASIENNE

Baie Mer Noire
de la TETHYS

Microplaque turque

Baie caspienne
de la TETHYS

Eperon iranien

Eperon du Pamir

Bloc nord-afghan

Microplaque afghane

Bloc sud-afghan

OCEAN

Fossé mésopotamien

PALEOTETHYS

Bloc

Mésoplaque arabique

NEOGENE-QUATERNAIRE

PLAQUE EURASIENNE

Microplaque touranienne

Baie téthysienne du Ferghana

Microplaque du Karakoum

Baie téthysienne de l'Amou-Daria
Microplaque nord-afghane

Microplaque turque

Microplaque iranienne

Microplaque afghane

OCEAN

PALEOTETHYS

Mésoplaque arabique
Plaque africaine

FIN DU JURASSIQUE-DEBUT DU CRETACE

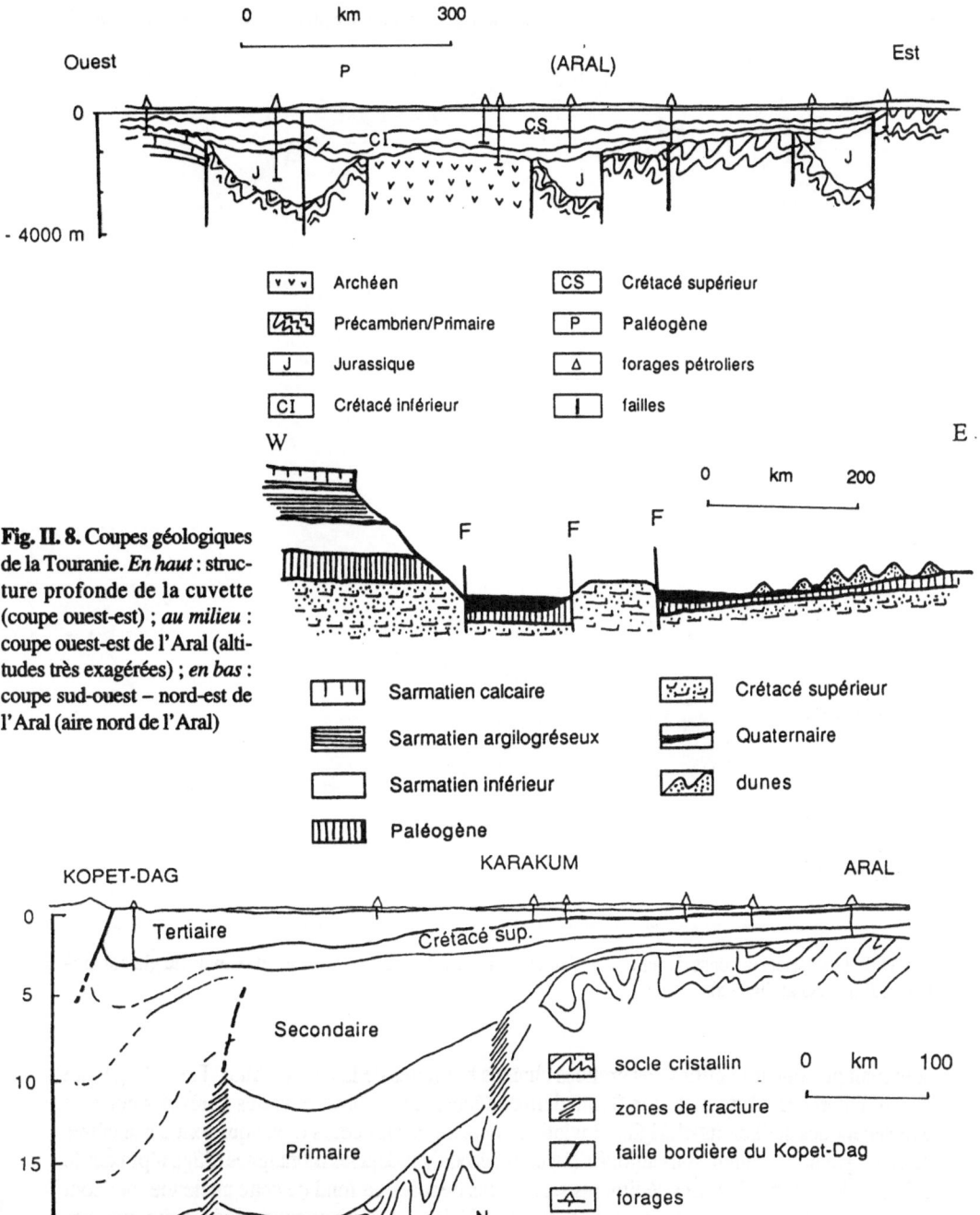

Fig. II. 8. Coupes géologiques de la Touranie. *En haut* : structure profonde de la cuvette (coupe ouest-est) ; *au milieu* : coupe ouest-est de l'Aral (altitudes très exagérées) ; *en bas* : coupe sud-ouest – nord-est de l'Aral (aire nord de l'Aral)

Ouest · P · (ARAL) · Est

0 · km · 300

0

- 4000 m

v v v	Archéen	CS	Crétacé supérieur
	Précambrien/Primaire	P	Paléogène
J	Jurassique	△	forages pétroliers
CI	Crétacé inférieur		failles

W · E.

0 · km · 200

F · F · F

⊓⊓⊓	Sarmatien calcaire		Crétacé supérieur
	Sarmatien argilogréseux		Quaternaire
	Sarmatien inférieur		dunes
‖‖‖	Paléogène		

KOPET-DAG · KARAKUM · ARAL

0

Tertiaire · Crétacé sup.

5 · Secondaire

10

15 · Primaire

km · S · N

	socle cristallin	0 · km · 100
	zones de fracture	
	faille bordière du Kopet-Dag	
	forages	

8

◄ **Fig. II. 7.** Evolution paléogéographique de la région touranienne. Il y a 75 millions d'années (schéma du bas), le continent eurasiatique était encore largement séparé du bloc arabo-africain par l'océan de la Téthys. *En croisillons* : les parties émergées (continentales) ; *en pointillés* : les mers épicontinentales avec leurs sédiments (souvent calcaires). Il y a 4 à 5 millions d'années (schéma du haut), le bloc arabique finit d'écraser les restes de la Téthys (Paléotéthys), extrudant ses fonds basaltiques ce qui donne des "roches vertes" *(en noir)* et de nombreux volcans *(étoiles)* sur les marges des blocs relevés, qui eux-mêmes isolent les restes de la mer sarmate à l'intérieur de l'Asie du Sud-Ouest

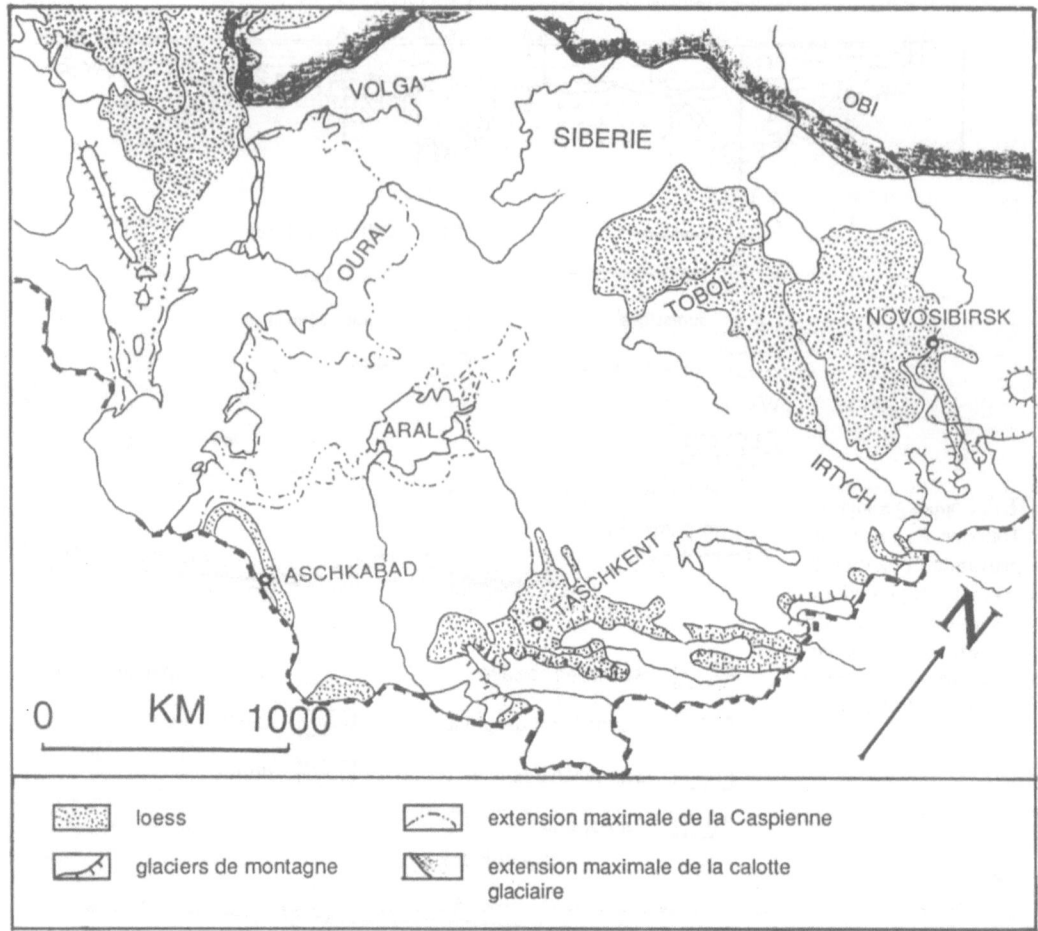

Fig. II. 9. Les dépôts de loess des époques glaciaires, avec la limite de l'avancée maximale du glacier arctique (d'après Ganelin et al., 1961)

atteignait presque les confins des grandes chaînes bordières de la Chine (Altaï, Tien-Chan), qui étaient émergées. Cette mer, dite Sarmatienne, déposa des sédiments variés ; près des côtes se déposaient des sédiments d'origine fluviatile, apportés par les cours d'eau qui sont les ancêtres de ceux que nous connaissons aujourd'hui et qui érodaient déjà les montagnes d'âge alpin dès le début de leur surrection. Les sédiments sarmatiens déposés au fond de cette ancienne mer sont argileux, sableux, gréseux, conglomératiques et calcaires, et contiennent aussi de petites passées d'évaporites, ce qui a été interprété par l'existence, à l'époque, d'un climat déjà aride. Des mouvements verticaux, reprenant les failles anciennes, ont également affecté ces terrains plus récents et la dalle terminale du Tertiaire (calcaire d'âge miocène), en constituant l'escarpement bordier des plateaux, dénommé d'une manière générale "Tchink" par les peuples locaux ("escarpement" en Turc) (planche hors-texte 5 et fig. VI. 11). Cette mer subsista comme relique dans le Sud de la Touranie (tableau II. 1), alors que le Nord de la dépression était émergé.

La mer revint plus tard, à l'époque pliocène (6-4 millions d'années) et s'étendit moins loin que la Mer Sarmate. Elle était encore raccordée à la Mer Noire par un détroit peu profond au

Nord du Caucase, sur l'emplacement de la vallée actuelle du Manytch. Cette liaison est prouvée par les fossiles de la Caspienne de l'époque, identiques à ceux de la Mer Noire. Un bras de mer étroit occupait la dépression creusée au Sud du plateau de l'Oust-Ourt par un cours d'eau ancien, le "Paléo-Oxus", que l'on retrouvera à l'époque quaternaire. C'est ce cours d'eau pliocène qui avait déjà largement disséqué les terrains plus anciens et créé le Tchink, limite entre le plateau d'Oust-Ourt et le désert du Kara-Koum au Sud-Est. Il a laissé aussi la vallée actuellement non fonctionnelle de l'Oungouz, au centre du désert, créant là aussi un escarpement de moindre ampleur, coupant le désert en deux parties : le Zoungaouz entre l'Aral et l'Oungouz, et le Kara-Koum proprement dit au Sud de l'Oungouz. Cette limite correspond en profondeur à une grande faille qui marque le prolongement de la chaîne de Manghislak.

Les mouvements tectoniques se poursuivirent au Pliocène, soulevant et abaissant certains compartiments. La dépression de l'Aral et d'autres plus petites, comme celle du Sary-Kamysh, datent sans doute de cette époque (Kes, Klemer, 1970 ; Pshenin, 1984), il y a 3 à 5 millions d'années. Ces mouvements modifiaient le cours général des fleuves, de sorte que le Paléo-Oxus coula, de manière encore mal connue, par l'Oungouz, l'Ouzboï ou la Chelif-Daria, avant de se diriger définitivement vers l'Aral, il y a 150 000 ans environ. Les eaux du Paléo-Oxus se partageaient alors entre l'Ouzboï et l'Aral.

A cette époque, le système général des vents dominé par l'anticyclone sibérien d'hiver était en place et le climat était déjà aride. Les grands fleuves issus de l'Himalaya, où la surrection continuait, charriaient d'énormes quantités de matériau détritique non cohérent, sable et argile, que les vents arrachaient, constituant ainsi le matériel dunaire s'accumulant en ergs. Le vent vannait les particules les plus fines de ce matériel créant le lœss, plus fertile, et donc stabilisé par l'humus qui se formait alors (fig. II. 9).

La Touranie peut donc être considérée comme une mosaïque de régions presque plates, séparées par des chaînes de terrains sédimentaires plissés avec, souvent, des roches anciennes (et même du granite) formant l'armature de ces chaînes.

L'aire du lac Aral et celle du lac Sary-Kamysh au Sud-Ouest, comprises entre deux réseaux de failles, correspondent à une partie affaissée du socle dite aire de Khiva, qui commence presque à la frontière afghane et se poursuit vers le Nord, bien au-delà de l'Aral, dans une vaste dépression longitudinale qui la réunit à la plaine des grandes rivières sibériennes comme l'Irtych (fig. II. 10). Le socle primaire se trouve sous l'Aral à environ 2 km de profondeur. Il est recouvert de terrains d'époque secondaire et tertiaire ancien, antérieurs à la grande époque des plissements d'âge alpin, vers 45 millions d'années, qui les ont aussi plissés légèrement, sous le delta et la mer, créant des pièges à pétrole. Ces terrains, épais de 2000 m à Pitniak (cours moyen de l'Amou), beaucoup plus épais dans le delta, affleurent ici et là dans les petits massifs de Sultan-Ouiz-Dag et des collines de Touarkyr, limités par des failles, ainsi que sur le tracé de l'Amou, à Takhiya-Tash et à Tiouya-Min, où ils constituent le soubassement du dernier barrage à l'amont du delta. Un petit pointement de granite affleure aussi juste à l'Ouest de Noukous.

L'époque quaternaire

Au Quaternaire (depuis 4 millions d'années), les grandes glaciations commencèrent. Les alternances de périodes froides (et sèches, sauf au printemps) et tempérées (plus humides en montagne, mais plus arides en plaine) sont indiquées d'une manière assez précise dans les dépôts conservés dans les cuvettes montagneuses du Ferghana, du Tadjikistan et dans les vallées de Tachkent et de Samarkand. Mais la stratigraphie ne remonte pas très loin dans le temps. Par contre, les avancées et reculées de la Caspienne ont laissé des sédiments marins, interstratifiés avec les dépôts fluviatiles ou deltaïques des époques de régression. Le tableau II. 1 tente de rassembler des éléments épars de la littérature quaternariste avec les équivalents archéologiques,

Tableau II. 1. Tentative de chronologie synthétique des grands événements de la région touranienne, fondée sur les ouvrages cités (sources diverses)

	Age géologique ou archéologique	Amou-Daria	Syr-Daria	Aral et Kara-Koum	Caspienne
Novocaspien (Q4)	Actuel	Ouzboï	Petits mouvements tectoniques	(pour la Caspienne	niveau absolu)
	Scythien Age du Fer	Basses terrasses de l'Amou-Daria Ouzboï Niveau lacustre du Sary-Kamysh	(1000 A) Aralien marin (Cardium edule)	Formation des, deltas du Kelif-Daria du Mourghab et du Tedjen	(4000 BP)
	Bronze Ancien (Atlantique)		(5000 A)		Transgression (8000 BP)
	Keltemira, Djeidoun Néolithique (boréal)	Terrasse II de l'Amou-Daria	Delta de la Darya-Lyk		(9000 BP)
Inf.	Mésolithique		(9500 A)		Mangyshlakien (-48, -50 m)
	Culture de Keltemira ?		10 000 A		
Sup.		Terrasse III de l'Amou-Daria : l'Amou se jette dans l'Aral pour la 1° fois ?		Premiers agriculteurs	Niveau max. ≈ 0
				Anciens deltas du Mourghab et Tedjen	Niveau -16 à -17 m
Khvalynien (Q3)		Delta de l'Ouzboï			
	Aurignacien (Tyrrhenien)	Delta du Sary-Kamysh	Homme dans la steppe de Golodnaya (30 000 BP)	Proluvium sup. du Khopet-Dag	
(= Koulkoudoukian)			40 000 A	Aral "actuel"(130 000 A) Avancée de la Caspienne vers l'Aral maximum de celle-ci	
Inf.	Mousterien final		Site moustérien $170 (\pm 50)10^{-3}$ A ?		

Sup.	Mousterien	Khazak sup. (alluvions anciennes de l'Amou-Daria)		Anciens deltas du Mourghab et Tedjen	
Moy.	Acheuléen			Terrasses du Tchou et Sary-Sou	
Khazarien (Q2)	(Milazzien)			Loess de Tachkent Avancée de la Caspienne vers l'Aral	
Inf.			0,35 MA ? Base du Loess		
Sup.	Acheuléen	Karak inf. (alluvions anciennes)		Avancée de la Caspienne vers l'Aral Anciens deltas du Mourghab/Tedjen	
Bakou moy. (Q1) (= Aitmien) Inf.	Chelléen "Pléistocène"		Désert du Kyzyl-Koum 0,7 MA		
Apcheronien (Ap)	(Emilien) 1 MA		1,5 MA		1 MA
Sup. Akchagylien (Ak) moy. Inf.	(Calabrein) "Pliocène sup." 1,8 MA (Villafranchien)		5,5 MA ? ou 3,5 MA ?	Réunion à nouveau (saumâtre) Séparation d'avec la Caspienne Relique de la Mer Sarmate	Caspienne = +35 m 1,8 MA
Pontien	"Pliocène inf." (Messinien)	Dépôts fluviatiles pliocènes sous les sables du Kara-Koum et le Nord du Kyzyl-Koum 7 MA		L'Aral n'existe pas	
Sup. Méotien inf.	(Tortonien)	Les fleuves coulent vers l'Ouest. Surrection des montagnes 9,5 MA		encore	
Sarmatien (N1)	Miocène	Mer Sarmate, rive nord le long de l'escarpement oriental de l'Oust-Ourt, s'étend vers le Sud jusqu'à Ashkabad			

(entre parenthèses, étages méditerranéens)

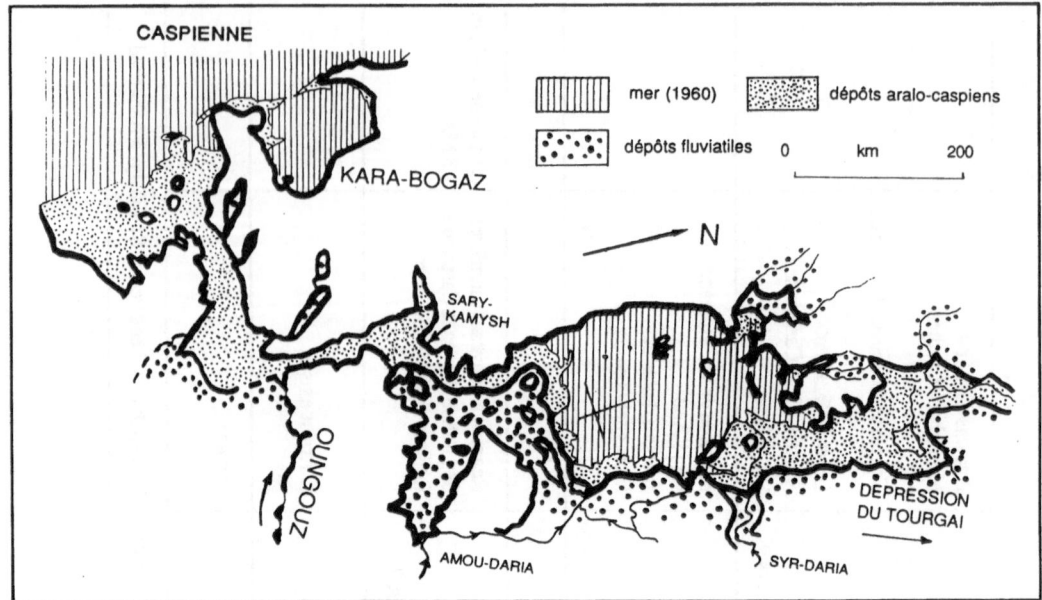

Fig. II. 10. Dépôts quaternaires du golfe aralien de la Caspienne

lorsqu'ils existent. Mais les travaux des géologues soviétiques se sont beaucoup plus intéressés aux structures profondes et/ou anciennes, à cause du pétrole et des minerais.

La morphologie des régions basses du pourtour de l'Aral s'explique en définitive par la succession des épisodes suivants :

– comblement partiel de la fosse Est du bassin, à profil déjà très plat, par les sédiments des Paléo-Oxus et Paléo-Iaxartes aux temps pré-glaciaires. La fosse Ouest, protégée par la ride crétacée des îles Lazarev-Vozrozhedenia, n'a été colmatée que dans sa partie sud ;

– envahissement de ces plaines par les formations sableuses des ergs du Kara-Koum au Sud, du Kyzyl-Koum à l'Est des chaînons montagneux du Soultan-Dag, et du Boutantaou au Nord de celui-ci ;

– établissement des deltas fluviatiles du Khorezm, ennoyant pendant les périodes interglaciaires les régions partiellement ensablées. Ce colmatage fut presque complet sur le bas Oxus à cause de son débit solide beaucoup plus important que celui du Iaxartes. Nous reviendrons sur ce point à propos de la dépression du Sary-Kamysh et de l'Ouzboï. A l'Est, le Iaxartes ([1]), aux mêmes époques, se dissipait en nombreux bras latéraux, et n'a apporté qu'assez peu de matériel détritique à la fosse Est de l'Aral de sorte que son delta est beaucoup moins volumineux et que le système dunaire n'a pas été complètement recouvert.

Les fosses Nord du lac Aral ont été relativement peu colmatées et ont conservé la morphologie d'avant l'époque glaciaire, car les sédiments du Iaxartes venaient buter sur le barrage de l'île Karakoul, et les tributaires issus de la région du Tourgaï épandaient l'essentiel de leur charge solide bien avant d'aboutir à l'Aral.

---

(1) Le Iaxartes, Sai-hum des Arabes, Yao-cha ou Sin-Tchou-He chinois, Yincou-Ougouz des anciens Turcs (Barthold) ; aujourd'hui, le Sir-Daria ou Syr-Daria.

En fait, la stratigraphie de l'Aral est très compliquée dans le détail et son étude à peine abordée. Les corrélations entre forages, d'ailleurs peu nombreux, sont difficiles à établir.

Pour l'Aral proprement dit, l'épaisseur des sédiments quaternaires détectée par sismique va de 20 à 140 m. On sait aussi que la Caspienne, remontant par la vallée de l'Ouzboï, a envahi la dépression de l'Aral au moins deux fois. Un niveau de terrasses de la Caspienne existe vers 60 m absolus au-dessus de ses -27 m actuels. La mer a pu s'étendre ainsi loin vers le Nord, jusqu'à la dépression de Terekol, à l'orée de la Sibérie, il y a 5000 ans, selon certains auteurs. A l'Est, elle n'a jamais dépassé que de quelques dizaines de kilomètres les anciens rivages araliens de 1960. C'est à ces avancées quaternaires qu'est due l'apparition des espèces caractéristiques de la flore et de la faune actuelles de l'Aral. Entre ces épisodes "marins", que devenait la dépression aralienne ? Il est vraisemblable que, lors des époques de déglaciation, beaucoup d'eau douce parvenait à la dépression, avant que le régime aride ne s'installe à nouveau, faisant régresser à la fois la Caspienne et l'Aral. Mais on dispose de peu de données sûres, en l'absence de résultats publiés de forages profonds. Nous reviendrons ultérieurement sur la question de l'âge de l'Aral actuel.

Géologie minière et hydrogéologie

De nombreuses recherches ont été effectuées par les géologues et les géophysiciens dans le cadre de l'exploration minière et pétrolière, de sorte que le sous-sol profond et la structure de toute cette vaste région sont sans doute maintenant parmi les mieux connus du globe. La région qui nous intéresse dispose de vastes réserves de gaz et de pétrole, situées à diverses profondeurs, accumulées dans les compartiments bombés vers le haut (les anticlinaux). Pratiquement, toutes recèlent du pétrole, et ces gisements s'alignent sur la direction Nord-Ouest - Sud-Est qui est celle des chaînes du Khopet-Dag, des Balkhans, de Manghislak et de leurs prolongements profonds.

Sur la rive droite de l'Amou, l'exploitation de l'énorme gisement de Gazlik (600 milliards de m³ de réserves), découvert dans les années soixante, ainsi que d'autres, plus petits, sous les déserts de Kara-Koum (Repetek, Darvaza) et de l'Oust-Ourt, a exigé la pose de pipelines et d'installations considérables (voir fig. V. 12). Il n'y a pas de mines métalliques notables dans les zones sédimentaires, mais on exploite depuis fort longtemps dans les lacs asséchés le gypse, le sel gemme, le carbonate et le sulfate de soude (dont la région est le premier producteur mondial), le borate de soude, les sels de potasse (au Turkménistan surtout), l'argile et le lœss pour la fabrication de matériaux de construction, et, au Nord-Ouest de l'Aral, divers gisements de bauxite installés dans les karsts jurassiques de l'Oust-Ourt. Un gisement de soufre natif très pur, produit de l'action bactérienne sur le gypse, et reconnu jadis par Obroutchev, est situé à Sernyy-Zavod sur l'Oungouz, et exploité activement (1 Mt de réserve). Les terrains anciens, remontés par le plissement du milieu de l'ère tertiaire, contiennent des gisements métalliques intéressants : or, nickel, manganèse, cuivre, mais aussi du charbon (région d'Ouzen dans la presqu'île de Manghislak, et de Ouchkoudouk dans le Boukantaou).

En relation avec la prospection pétrolière, ont été étudiées les nappes aquifères, qui saturent la totalité des roches souterraines et dont l'exploitation à diverses fins a été envisagée. Presque tous les auteurs soviétiques ont considéré ces eaux profondes comme une "ressource inépuisable" *(sic)*. Ces eaux, quand elles sont douces ou peu salées, représenteraient — pour la Touranie et le Kazakhstan (I.S. Zenshr) — une ressource de 99 km³, dont 45 km³ renouvelables par les infiltrations [1] (fig. II. 11). Les analyses isotopiques (Alexeeiv et al, 1974 ; Vetshteyn et al, 1981) montrent à l'évidence que les eaux profondes ont été profondément modifiées par un

---

[1] On indique ailleurs un total de 61 km³ de réserve de salinité inférieure à 5 g/l.

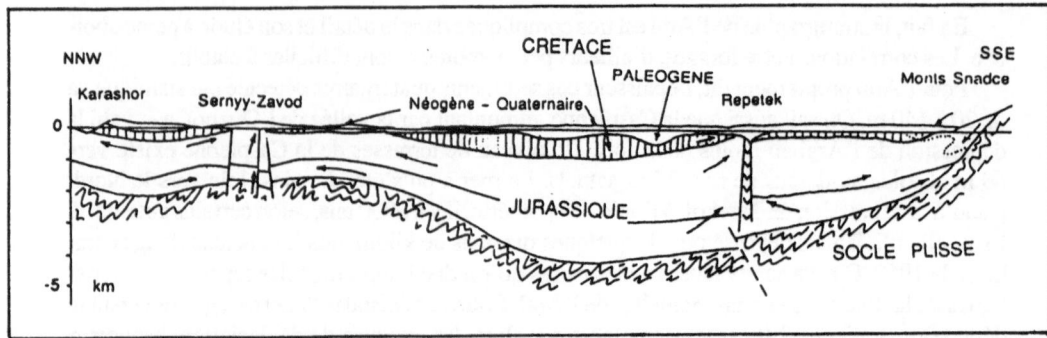

Fig. II. 11. Ecoulement général des eaux profondes dans la dépression centrale du Kara-Koum (longueur du profil, environ 1300 km)

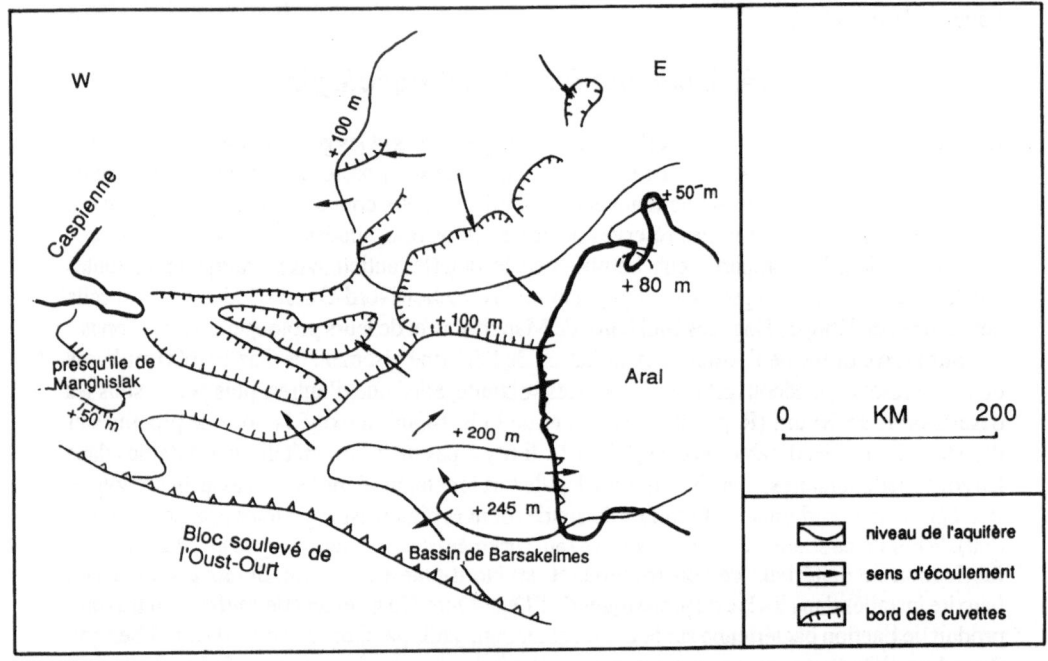

Fig. II. 12. Ecoulement général de l'aquifère du Crétacé supérieur sous le plateau de l'Oust-Ourt

long contact avec les roches encaissantes, alors que les eaux plus superficielles ont gardé la trace de leur origine (pluie régionale ou fonte des glaces du Pamir), avec quelques modifications selon l'intensité de l'évaporation.

Les eaux souterraines qui ont le plus d'intérêt se trouvent dans les grès du Crétacé supérieur (fig. II. 12) et constituent une immense nappe qui s'étend du pied des chaînes du Sud-Est jusqu'à la Caspienne.

Ces nappes d'eau souterraine possèdent des caractéristiques hydrochimiques variables. Elles sont presque toutes du type chloruré calcique, sauf dans les secteurs où elles sont en relation avec la surface. Par exemple, toutes les eaux des séries supérieures crétacées, au Nord-Ouest et au Nord-Est de l'Aral, sont sulfatées et carbonatées calciques et chlorurées magné-

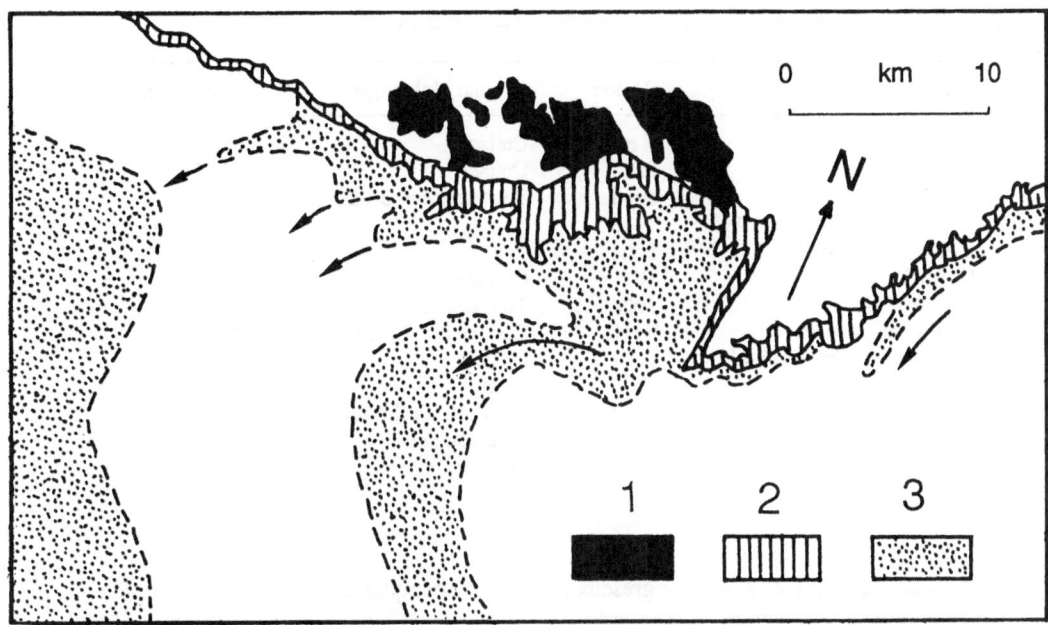

Fig. II. 13. Détection par rayonnement infrarouge de l'arrivée des eaux du Crétacé supérieur dans la partie nord-ouest de l'Aral. *1* Terrains crétacés ; *2* eau froide des sources ; *3* secteur de mélange avec l'eau de surface de l'Aral

siennes (lessivage des terrains par les précipitations). Ces eaux ne contiennent pas d'oxygène dissous. Elles s'enfoncent et s'écoulent lentement vers le Sud et le Sud-Est, et deviennent chlorurées calciques. En même temps, la minéralisation augmente (de 1 à 10 g/l à 100-200 g/l ou plus) : elles s'enrichissent en brome (de 1-2 mg/l à 200-300 mg/l ou plus), en iode (de 0 à 200 mg/l) et en ammoniaque (de 0 à 50 mg/l ou plus). Les eaux les moins profondes — celles de l'Eocène et surtout celles du Crétacé supérieur — gardent la trace chimique des infiltrations superficielles et des apports HCO_3^-, SO_4^{2-}, Ca^{2+}. Elles contiennent des gaz dissous, dont du méthane qui atteint une pression partielle de 30 mégapascals. Dans les nappes aquifères plus superficielles, c'est l'action bactérienne qui produit ce méthane (par réaction métabolique de la matière organique en présence du sulfate), et les eaux de l'Eocène en sont saturées. Ceci se produit jusque vers 1200 m de profondeur. Au-delà, l'augmentation de la température avec la profondeur détruit les substances organiques et libère le gaz. Cette production de méthane de deux origines différentes remonte certainement à des époques géologiques très anciennes. Naturellement, le mouvement des eaux les plus profondes est nul, mais au-dessus, il y a un mouvement général très lent selon le pendage des couches sédimentaires, et en particulier vers l'Aral (fig. II. 12).

   Au Sud de l'Aral, les eaux profondes s'écoulent vers le NW, depuis la zone d'alimentation de surface, au pied des massifs externes du Tien-Chan vers l'Aral, dans les cuvettes du Kara-Koum et du Kyzyl-Koum. A la faveur des failles, une partie de ces eaux peut remonter jusqu'à la surface sous forme artésienne, de sorte qu'il existe des sources (salées) en surface (fig. II. 13), comme dans l'Oust-Ourt et la dépression de l'Oungouz, où elles alimentent des étangs saumâtres, ou encore dans le Sary-Kamysh. Les eaux de ces étangs ont donc une double origine : les pluies d'hiver qui lessivent les terrains les plus superficiels et se concentrent par évaporation, et ces eaux d'origine profonde.

Tableau. II. 2. Apports d'eaux souterraines à l'Aral (documents divers)

Auteur	Région	Origine géologique	Débit (km³/an)
Akmedsafin et al. (1961)	N et E	Crétacé	5,5
Ostrovsky (1963)	SE	Crétacé	0,05
Tchernenko (1965)	Total	Tous aquifères à 1 km prof.	5,5
Zvonkov (in Khadzibayev, 1968)	Total	"	4,4
Khodzibayev (1968)	Total	"	3
Pashkovski (1969)	SE	Crétacé	0,01
Tchernenko (1970)	Total	Tous aquifères	3,4
Formirovanie... (1970)	E et S	Paléogène et Crétacé	0,31
Khodzibayev et Miraliev (1968)	Total	Crétacé	0,2-0,4
Formirovanie... (1973)	SE	Total	0,6-0,7
Glazovsky (1976)	Total	Paléogène et Crétacé	0,07-0,27
Tchernenko (1983)	Total	Tous aquifères	3,2

La nappe du Crétacé supérieur gréseux a les caractéristiques chimiques les moins défavorables pour son exploitation, et de nombreux forages ont été effectués tout autour de l'Aral (tableau II. 2 et voir chapitre VI) ([1]).

Un des points cruciaux est le temps de recharge des nappes profondes, car les ressources hydrauliques ainsi exploitées sont très longues à se reconstituer : ce sont, en quelque sorte, des eaux fossiles. Ce temps peut aller de quelques siècles à... des millions d'années, et pour l'essentiel, les eaux datent au moins des époques glaciaires, donc au plus de 20 000 ans environ pour les plus récentes. Il y a, dans la région comme presque partout ailleurs dans des écosystèmes secs, conflit entre les projets d'aménagement et la gestion raisonnée et prudente de ces réserves d'eau souterraine.

Le volume des nappes d'eau douce est limité, car elles ne sont alimentées que par les faibles pluies et ne donnent que des sources temporaires, précieuses pour les nomades. Dans les cônes alluviaux du Tedjen et du Mourghab, où se concentrent les eaux d'hiver du Khopet-Dag, la ressource est plus abondante et a été exploitée de tous temps par les civilisations locales.

Les nappes phréatiques, alimentées latéralement par les infiltrations des rivières, quand elles contenaient encore de l'eau, ou plus superficiellement, par les pluies d'hiver, ont été systématiquement recensées et utilisées, le plus souvent pour une irrigation qui permettrait d'améliorer un peu la qualité des pâturages temporaires des plateaux, plus particulièrement de l'Oust-Ourt. On verra qu'au voisinage des cours d'eau, elles sont désormais pratiquement taries.

3. Les sédiments holocènes de l'Aral : une dominante fluviatile

Les dépôts sédimentaires lacustres des derniers millénaires, tous d'origine fluviatile, apportent des informations précieuses sur l'histoire du lac et de ses alentours. Ils n'ont pas encore fait l'objet d'une monographie synthétique ; nous tenterons ici de rassembler l'essentiel des observations publiées.

---

(1) Statistique donnée par Asarin (1975) : alimentation du lac = 0,56 km³/an ; delta du Syr-Daria = 0,02 ; lacs salins du désert de Kyzyl-Koum : 0,06 ; puits artésiens = 0,13 ; fosse de Barsa-Kelmes (100 km au Sud-Ouest de l'Aral) = 0,05.

Dans le delta de l'Amou-Daria, l'épaisseur des sédiments est de 35 à 140 mètres, dont les 12 à 15 premiers datent de l'Holocène (moins de 10 000 ans), plus récents que 15 000 ans environ (Gridnev, 1959) ou 18 000 ans (Lopatin, 1957). Ils sont formés d'entrecroisements complexes de remplissages minces d'anciens chenaux, corps lenticulaires de sable silteux moyen à grossier de plusieurs kilomètres de long sur un de large. Ces corps sont séparés par de minces lits d'argile silteuse, qui témoignent d'épisodes où le cours d'eau ne pouvait charrier que les particules les plus fines.

Sous 28 m de ces alluvions un forage réalisé au Nord du delta (Roubanov, 1980) a permis de découvrir des sédiments d'âge akchaghylien (base du Quaternaire, entre 4 et 1,5 millions d'années, voir tableau II. 1), épais de 50 à 75 m et qui reposent directement sur les terrains tertiaires. Il n'y a donc pas de sédiments du Quaternaire moyen, ce qui indique que l'Amou-Daria ne se déversait pas alors dans l'Aral. Cet Akchaghylien est formé d'une alternance de dépôts marneux et salifères (dont de la mirabilite ; cf. chapitre VI), ce qui prouve qu'il existait là un lac salé installé dans une dépression sans tributaire puissant, comme il en existe beaucoup dans la région. La plaine de Kzyl-Orda, sur le Syr-Daria, était alors une dépression de même nature.

Sur la rive gauche de l'Amou-Daria, les dépôts d'argile brune à verdâtre sont riches en débris végétaux. Dans la partie Ouest du delta, d'anciens marais ont été comblés d'argiles bleues, vertes et rouges, riches aussi en débris de plantes et de coquilles d'eau douce.

La composition des sédiments superficiels du lac lui-même est indiquée sur la figure II. 14. Leur étude détaillée n'avait jamais été faite (il n'existait en 1952 qu'une trentaine de carottages atteignant 1 m de profondeur), avant que les études reprennent avec l'assèchement de l'Aral.

Avant l'assèchement du lac, les carbonates en solution apportés par les cours d'eau étaient immédiatement utilisés par les mollusques pour leur coquille dont les débris jonchaient les rivages. Les argiles des rives Nord avaient une origine essentiellement locale, à partir des terrains riverains. Les autres, apportées de loin par les cours d'eau, constituaient le matériau des marnes, très abondantes et thixotropiques ([1]). Près des rives, ces sédiments étaient riches en débris de racines de roseaux dont les cavités évoluaient en remplissage de sulfure ou d'oxyde de fer. Du méthane d'origine biologique se dégageait de ces sédiments.

Dans la fosse Ouest de l'Aral, où les eaux du fond ne contenaient pas d'oxygène dissous, la vase était noire, criblée de trous formés par une algue d'eau douce, la Vaucherie. Elle sentait l'hydrogène sulfuré dû à l'action de bactéries utilisant l'oxygène des sulfates pour leur respiration et rejetant ainsi des ions sulfure. Du sulfure de fer (hydrotroïlite) précipitait dans la fosse car les cours d'eau apportaient environ 4 millions de tonnes de fer par an, dont 3 % en solution. Ce fer donnait d'une part de la goethite (hydroxyde de fer), et d'autre part ces sulfures qui formaient des traînées ou des boules rondes dans le sédiment, évoluant aussi en oxyde dès qu'elles étaient exposées à l'air. Souvent, des grains de sable servaient de support à ces cristallisations.

L'origine de la petite quantité de silice précipitée est due à l'abondance des diatomées. Il y avait très peu de phosphore dans le sédiment (comme dans l'eau du lac), ce qui explique la pauvreté de la flore et de la faune.

Enfin, une curiosité était la formation d'oolites, petites billes calcaires de 1 mm de diamètre, précipitées autour des grains de sable. Le mode de formation généralement admis pour les oolithes est que dans des eaux sursaturées en carbonate de calcium — ce qui était le cas de l'Aral — cette précipitation sous forme de sphères isodiamétriques est possible quand l'eau est suffisamment agitée pour empêcher les particules de se déformer en se déposant sur le fond, en les maintenant constamment en saltation.

Tout ceci est changé. Les dépôts argileux et silteux du fond sont devenus des takyrs, les

---

(1) Se dit des sédiments vaseux qui se liquéfient lorsqu'ils sont soumis à des vibrations.

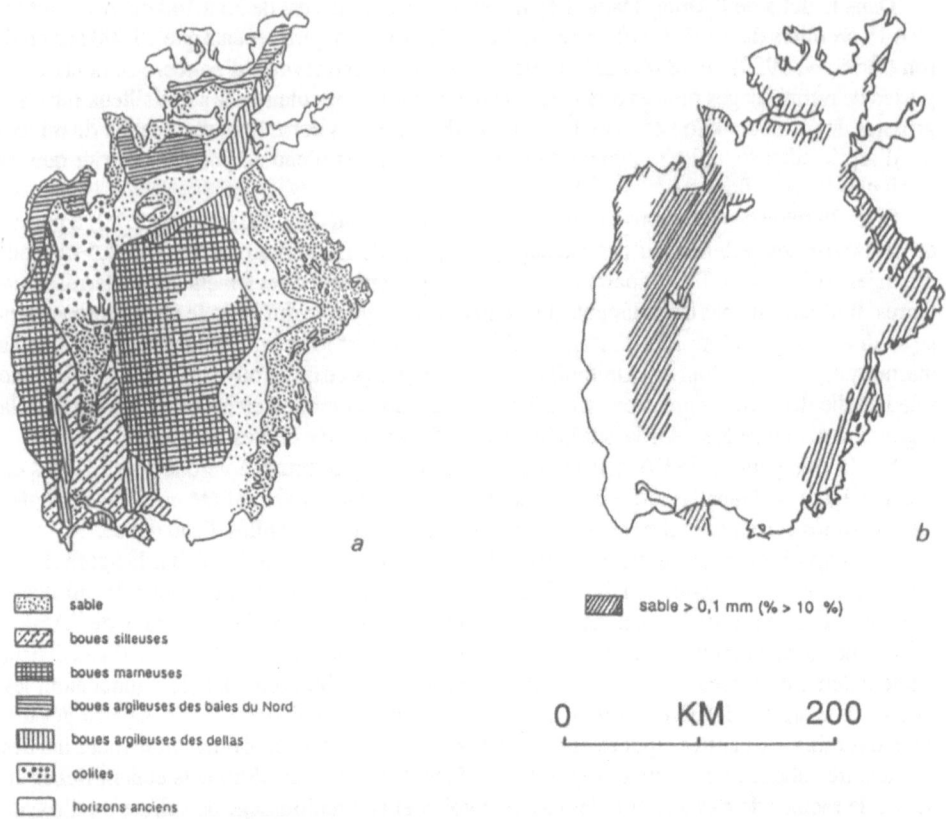

sable

boues silleuses

boues marneuses

boues argileuses des baies du Nord

boues argileuses des dellas

oolites

a, b   horizons anciens

sable > 0,1 mm (% > 10 %)

0   KM   200

Fig. II. 14 a-d. Composition des sédiments de l'Aral (avant 1960). **a** Nature générale du sédiment lacustre ; **b** granulométrie de la fraction sableuse (quartz) ; **c** teneur en carbonate de calcium (en masse) ; **d** teneur en carbone organique (en masse)

dépôts carbonatés des solontchaks, et le reste du sable désormais éolien. Il semble que les fonds encore immergés ne reçoivent plus guère qu'un peu de silt.

4. Une climatologie d'écosystème sec [1]

Un des problèmes fondamentaux de la Touranie est son climat sec. Ceci justifie que soient examinés en détail l'aridité, les mouvements de l'atmosphère et la température.

Comme pour tout bilan hydrique, celui de l'Aral est lié aux deux termes contraires du régime de l'eau : précipitations-écoulement d'une part, évaporation d'autre part ; dans le cas de l'Aral le premier a été quasiment tari alors que le second a une intensité considérable. La Touranie peut être définie globalement comme un écosystème semi-aride ou sec steppique. La plus grande partie de la Touranie peut être comparée plutôt au Sahel sud-saharien ou à la frange sud-atlasique. La définition du désert, essentiellement climatique, est fondée sur la rareté des

(1) La meilleure synthèse globale actuellement disponible sur le sujet est : *Gidrometeorologia n Gidro-kimia Moreii, SSSR*, tome VII, Aralskoemore, 1990, 196 pages.

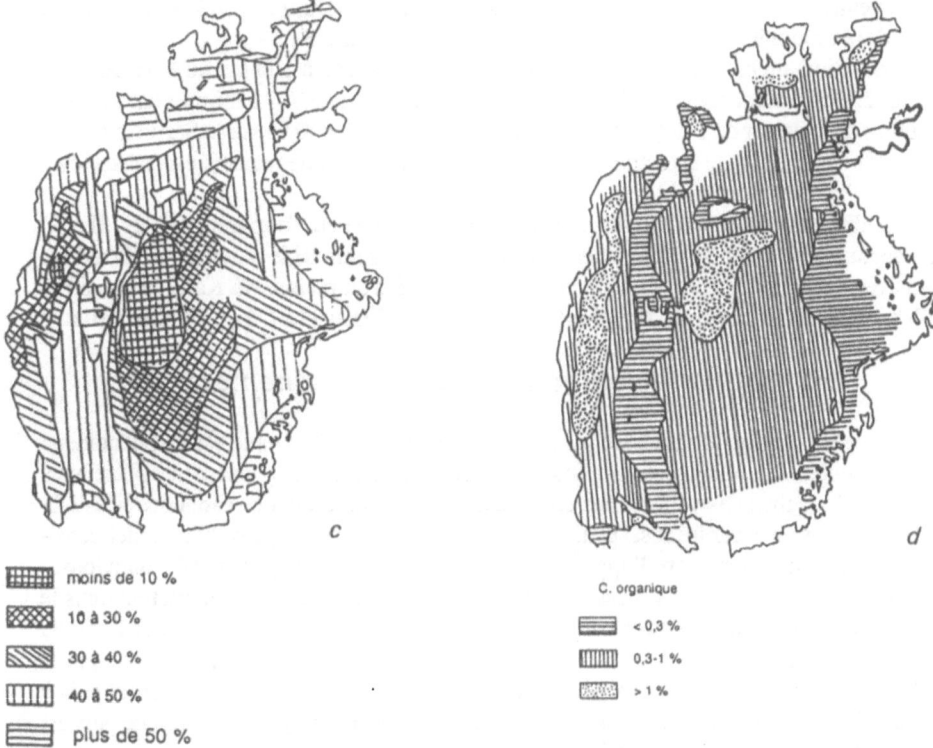

moins de 10 %

10 à 30 %

30 à 40 %

40 à 50 %

plus de 50 %

pas de sédiments récents

C. organique

< 0,3 %

0,3-1 %

> 1 %

c, d

précipitations, en dessous de 100 ou 150 mm par an. La limite sud du Sahel a pu être définie pour une pluviosité moyenne de 500 ou 700 mm selon les auteurs (mais il pleut 650 mm à Paris, et encore moins à Nice...). Les spécialistes préfèrent donc parler d'aridité (de Martonne, 1930) et ont défini un "indice d'aridité" I (1), fondé sur le rapport précipitations (pluie, neige, givre, rosée) / évaporation dite potentielle (2). Celle-ci se définit comme la quantité d'eau qui s'évapore d'une nappe d'eau douce au contact de l'atmosphère — dans des conditions très strictes — et plus précisément à partir du bilan de l'énergie reçue et/ou renvoyée par l'eau.

L'indice d'aridité I ainsi calculé est en moyenne moins prononcé pour la Touranie que pour le Sahara, car l'évaporation potentielle y est plus faible : la position géographique plus septentrionale (vers 40°N), la température moyenne plus basse, font que la région, à l'exception de quelques secteurs limités, est moins aride que le Sahara, qu'elle possède une végétation un peu plus dense et a toujours été fréquentée par les nomades. L'évaporation potentielle ne dépasse

---

(1) La FAO (Food and Agricultural Organisation) définit un climat hyperaride pour I < 0,03 : rien ne pousse sinon quelques éphémères et des buissons de xérophytes dans les lits des rivières ; un climat aride (0,03 < I < 0,2) : végétation pérenne ou annuelle clairsemée, agriculture impossible sans irrigation, pastoralisme nomade possible ; un climat semi-aride (0,2 < I < 0,5) : steppe, couvert herbacé discontinu, davantage de plantes pérennes, cultures et élevages extensifs possibles (dry-farming) ; un climat subhumide : couvert végétal plus dense, en principe continu, savane ou forêt claire, cultures et élevage permanents.
(2) L'évaporation potentielle est celle qui se produit sur un bassin d'eau libre dans des conditions précises d'expérimentation.

pas en moyenne 1 m par an, alors qu'ont été signalées au Sahara (Durand, p. 48) — et même au Sahel — des évaporations potentielles annuelles pouvant dépasser 3 m.

L'évaporation atteint 230 cm par an à Repetek, station située à 100 km au Sud-Ouest de Tachaouz. L'évaporation réelle sur l'Aral lui-même est mal connue. Il y a d'importantes variations autour de la valeur de 1 m (1,45 m au Nord, pour 1,01 au Sud, 0,95 sur le Sary-Kamysh) : elle dépend bien entendu de la température, du vent et de la salinité des eaux (l'eau salée s'évapore moins vite que l'eau douce).

L'humidité de l'air est en moyenne beaucoup plus élevée en Touranie (voir fig. II. 19) qu'au Sahara, où elle peut se rapprocher de zéro. Le climat semi-aride plutôt qu'aride a donc prévalu avec des nuances depuis plusieurs milliers d'années au moins. Au Kazakhstan, 60 % des sols sont considérés comme désertiques, 59 % en Ouzbekistan et 67 % au Turkmenistan.

Un mot sur la dégradation de l'environnement

L'évolution d'une région semi-désertique à désertique comme la Touranie est un phénomène complexe et millénaire. Aux variations climatiques naturelles, liées à des phénomènes planétaires qui modifient le régime des vents et des précipitations, se superposent des variations liées à la topographie : dans un territoire aussi plat, les moindres accidents du sol peuvent modifier considérablement les cours d'eau, donc l'apport d'eau, mais aussi les aires d'épandage des alluvions.

Quant au rôle de l'homme, les essais de mise en défens, effectués un peu partout dans le monde, ont montré que la végétation naturelle reprend ses droits dès que l'espace est à l'abri du pâturage lorsque les précipitations sont supérieures à 250-300 mm/an. On a montré que la dégradation du paysage végétal procède par étapes parallèles à l'élevage du mouton, puis à celui des chèvres et des chameaux qui détruisent les arbustes. La végétation se raréfie puis est remplacée par des espèces que le bétail ne consomme pas.

Le surpâturage non maîtrisé a longtemps été la règle. Les auteurs un peu anciens s'étendaient complaisamment sur le spectacle, au printemps, des étendues vertes de l'Oust-Ourt, où l'herbe pousse en quelques jours après la fin du gel — il est le même dans maintes régions du globe. Mais l'élimination prématurée de cette végétation annuelle empêche la formation des semences et, de plus, aboutit à une perte de la matière organique du sol qui constitue l'humus, essentiel dans la cohésion structurale des sols ; la déflation joue ensuite le rôle d'exportateur. De ce point de vue, l'interdiction du nomadisme en Touranie dans les années vingt — pour des raisons peu écologiques — a été favorable.

Les vents et la sécheresse

La Touranie, par sa position géographique continentale, séparée des océans par toute une série de barrières montagneuses, au Sud-Ouest, au Sud et à l'Est, possède donc bien toutes les conditions d'un climat sec semi-aride. En hiver, elle est sous la dépendance de l'anticyclone sibérien. En été, l'air froid et humide vient de l'Atlantique Nord et de la mer de Norvège et apporte de l'humidité sur l'Ouest de la région. Au Sud, la mousson de l'Océan Indien est partiellement bloquée par les hautes montagnes du plateau iranien et du Pamir. Le centre de la cuvette touranienne est en été une aire de basse pression générale (à cause des hautes températures) responsable d'appels d'air. Le seul secteur par lequel les vents d'Ouest parviennent à apporter un peu de vapeur d'eau est le couloir entre Monts Oural et Caucase, réalimenté en partie par la Méditerranée, la mer Noire et accessoirement la Caspienne. De plus, les vents tièdes de foehn, originaires des montagnes, atteignent aussi la région aralienne.

Les vents dominants sur l'Aral (fig. II. 15) viennent de l'Ouest (25 % en été, 13 % en hiver), du Nord et du Nord-Ouest (34 % en été, 25 % en hiver), et du Nord-Est (25 % en été, 25 % en

Tableau II. 3. Précipitations en mm/an (1910-1955) (synthèse à partir de sources diverses)

	Printemps	Eté	Automne	Hiver	Total
Lac Aral	26	25	31	23	105
Kzyl-Orda	37,5	15	22,5	31	107,5
Bayram-Ali	59	2	14	47,5	122,5
Kerki	70	1	17	75	162,5
Ashkabad	80	10	50	90	230
Tourtkoul					95
Noukous					77,5

hiver). Les vents d'Ouest immédiatement sous le vent de l'Aral — à l'Est du lac — subissent à cause de la présence du plan d'eau une inflexion en prenant une direction N-S (fig. II. 16), c'est-à-dire perpendiculaire à leur direction initiale (Kitoh, 1993). Les basses pressions locales sont à l'origine de nombreux cyclones, surtout de janvier à avril, dans le Sud-Est et le Sud de l'Aral essentiellement, qui contribuent au transport éolien des particules. Noukous, à l'orée du delta, subit en moyenne 35 orages de poussière par an. La violence de ces tornades sèches (Bougaev, 1957) est telle que, en 1882, le sable transporté usait complètement les fils de cuivre du télégraphe qui longeait la voie du Transcaspien Sud.

Précipitations et humidité atmosphérique (fig. II. 17)

Le déficit en humidité atmosphérique est la caractéristique essentielle de toute la région. Les précipitations annuelles vont de 200 mm par an dans les aires périphériques du Nord à moins de 30 mm dans la Steppe de la Faim, au Sud-Est de Tachkent. En moyenne les précipitations annuelles sont de 90 à 120 mm dans les plaines, de 400 à 500 mm sur le piedmont et peuvent dépasser 2000 mm sur les versants ouest du Tien-Chan. Sur le pourtour du lac, elles sont de l'ordre de 100 mm. L'hygrométrie est pourtant assez élevée [1], du fait de l'évaporation intense ; l'Aral aurait pu contribuer à augmenter l'humidité au sol de 3 à 5 % (?) et majorer localement les précipitations d'environ 10 mm par an avant les années 1960. Même dans ce cas, l'eau évaporée localement ne participait guère que pour 4 % à la pluviosité totale. Celle-ci, de l'ordre de 100 mm au total sur l'Aral, a un maximum relatif en février-mars, puis en octobre-novembre. La nébulosité est toujours faible (27 à 41 %), et le Turkestan est réputé pour ses cirrus...

L'humidité est apportée par des courants d'Ouest. Mais la présence de glaciers sur le versant sud des montagnes du Pamir et du Tien-Chan indique également une alimentation venue du Sud, liée à la mousson de l'Océan Indien. Les vents de la mousson sont-ils ceux qui, sur la figure II. 5, viennent du Sud-Ouest sur les roses des vents de janvier ?

Les études météorologiques récentes ont montré que l'Aral créait, par son évaporation, une sorte de matelas d'air plus humide, variable avec la saison, qui atteignait 9 km d'altitude et dont l'influence se faisait sentir jusqu'à plusieurs centaines de kilomètres au Sud-Est du lac (tableau II. 4). La présence du plan d'eau de l'Aral occasionne, par son effet local régulateur,

---

[1] On distingue l'humidité totale (en gramme de vapeur d'eau par litre d'air) et l'humidité relative (pourcentage de saturation par rapport à la pression totale de vapeur saturante, pression maximale, qui est fonction de la température — environ 30 mm de mercure à 30°C). L'humidité relative est en moyenne de 67 % au Sud Kazakhstan (50 % en été), 49 % à Bayram-Ali près de Merv (30 % en été). Elle est un peu plus forte dans les oasis. Dans certaines stations (Repetek) elle peut s'abaisser à 5 %, comme au Sahara.

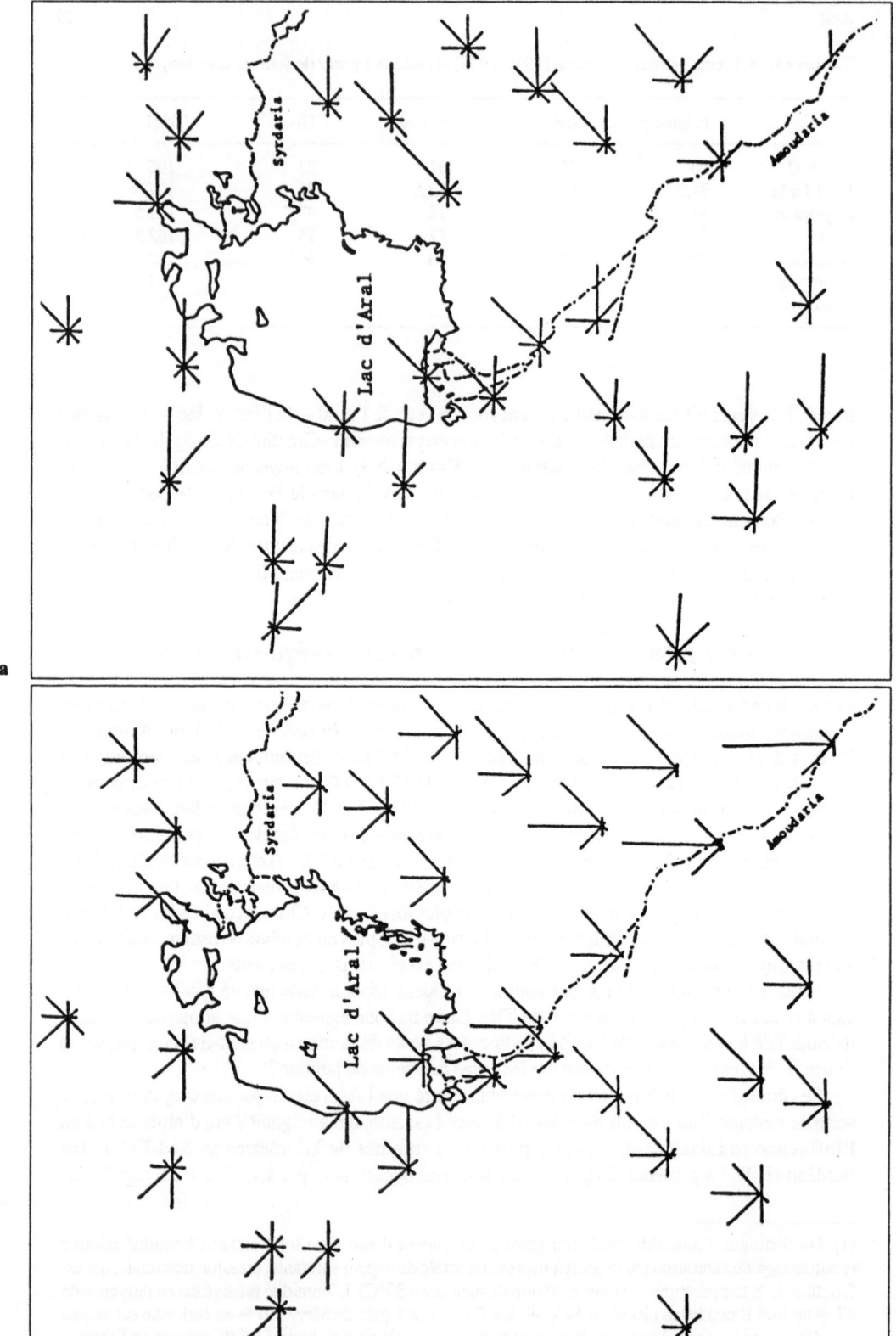

a

b

des brises qui adoucissent légèrement le climat jusqu'à une distance dépassant largement les marges immédiates du lac.

Les pluies (tableau II. 3) sont maximales en mai au Nord (Kazalinsk : 15 mm) et en mars au Sud (6-7 mm). Les statistiques rendent mal compte de la variation interannuelle à Mary, de 4,5 à 14,5 mm/an ; à Tchardzou (au Nord-Est de Mary, sur l'Amou-Daria), de 11 à 3. A Repetek, près de Tchardzou, il est tombé 24 mm en 1917, mais 313 en 1920 ; à Bayram-Ali près de Mary, il n'est pas tombé une goutte d'eau de juillet à septembre entre 1940 et 1950 : même les plantes désertiques les plus résistantes ne le supportèrent pas. Inversement, un seul orage peut apporter une partie importante de la pluviosité annuelle : en novembre 1902, une pluie a apporté 100 mm d'eau (sur 250 annuels) sur la Steppe de Golodnaya ; à Bayam-Ali, une seule averse a donné 42,5 mm (122,5 annuels).

Il neige parfois ([1]) : en moyenne 6 cm au Sud Kazakhstan, 2,5 à Noukous, moins de 1 mm par an à Tchardzou ; à Kyzyl-Arvat (250 km au Nord-Ouest d'Ashkabad), il neige une année sur 10 ; à Kerki, sur l'Amou-Daria, une année sur 50, un peu plus souvent sur l'Oust-Ourt où des voyageurs anciens racontent que leur caravane fut prise dans des tourbillons de neige. Le nombre moyen de jours de neige est de 70 par an à Aralsk, 37 à Tachkent, et de 4 à Bayam-Ali.

Des températures contrastées (tableaux II. 4, II. 5 ; fig. II. 18)

Toute la région, compte tenu de sa latitude et du ciel généralement clair, reçoit beaucoup d'énergie solaire (de 160 à 120 kilocalories/cm^2). Cette chaleur est en grande partie réémise vers l'atmosphère, de sorte que l'air est fréquemment surchauffé. On a relevé (sous abri) plus de 50°C dans le Kyzyl-Koum. Les maxima dépassent presque toujours 40°C. La température de la surface du sol peut dépasser 70°C et encore 50°C en hiver dans le sable. Les animaux s'enterrent alors profondément. Cependant, à 10 cm de profondeur, la température est de 20 à 30° plus basse. La nuit, le refroidissement peut être très intense, et on peut passer de 40 à -5°C dans le nycthémère (tableau II. 5). Ces valeurs sont modérées par l'irrigation et le couvert végétal (le coton absorbe 15 % de l'énergie solaire reçue), et les *soukhovei* (littéralement les flétrissements) ne se produisent que rarement sur les secteurs irrigués, où l'humidité de l'air peut être de 20 % plus élevée que dans les déserts alentours.

A la mi-saison, les grands écarts de température sont peu atténués sur les surfaces irriguées, de sorte que la durée du gel n'est guère diminuée : elle est de 140 jours au Sud du Kara-Koum, de 210 jours dans le Nord. Comme la culture du coton demande une température moyenne journalière supérieure à 14°C, on ne trouve ces conditions que 6 à 7 mois par an dans le Sud, et beaucoup moins en remontant vers l'Aral ; au Nord-Est du Syr-Daria, la saison chaude est trop courte.

Les températures extrêmes sont indiquées sur le tableau II. 5. On notera que les grandes masses d'eau en atténuent un peu la rigueur. Au centre de l'Aral, la température moyenne en janvier (-5°C) était supérieure de 2° à celle de la côte sud et de 6° à celle de la côte nord.

En somme le climat, le plus souvent sec et continental, est loin d'être celui, paradisiaque, qu'on attribue souvent aux légendaires oasis de Samarkand et de Boukhara. Les conditions climatiques sont globalement aussi rudes qu'au Sahara, car si l'insolation de celui-ci, compte tenu de sa latitude, fait qu'il est plus sec, les températures minimales y sont plus élevées. Le déve-

---

(1) La neige représente un dixième de son équivalent pluie.

◄ **Fig. II. 15 a, b.** Rose des vents (direction et fréquence des vents) sur la Touranie. **a** Rose des vents en janvier ; **b** rose des vents en juillet (d'après Kabulov, 1990)

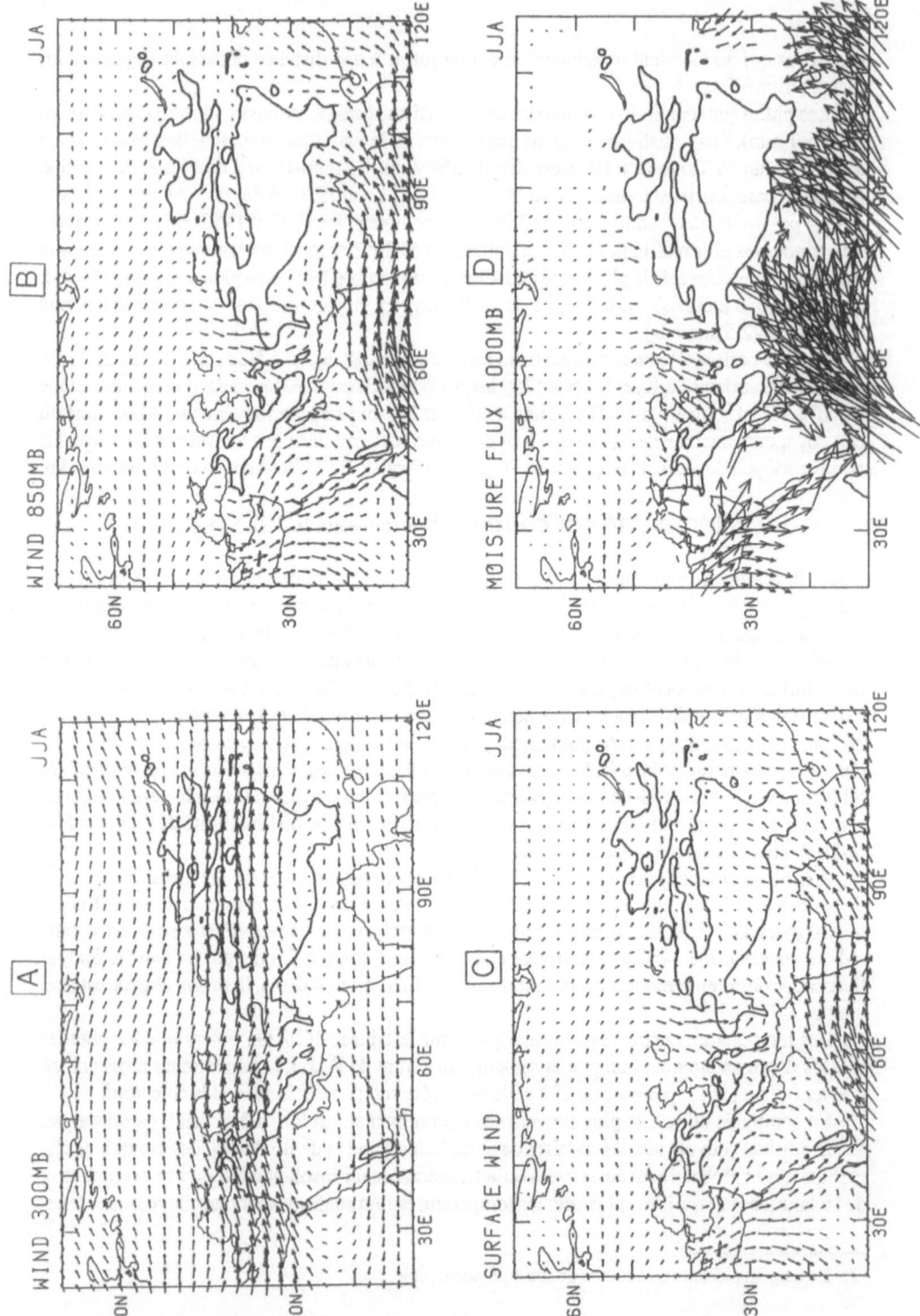

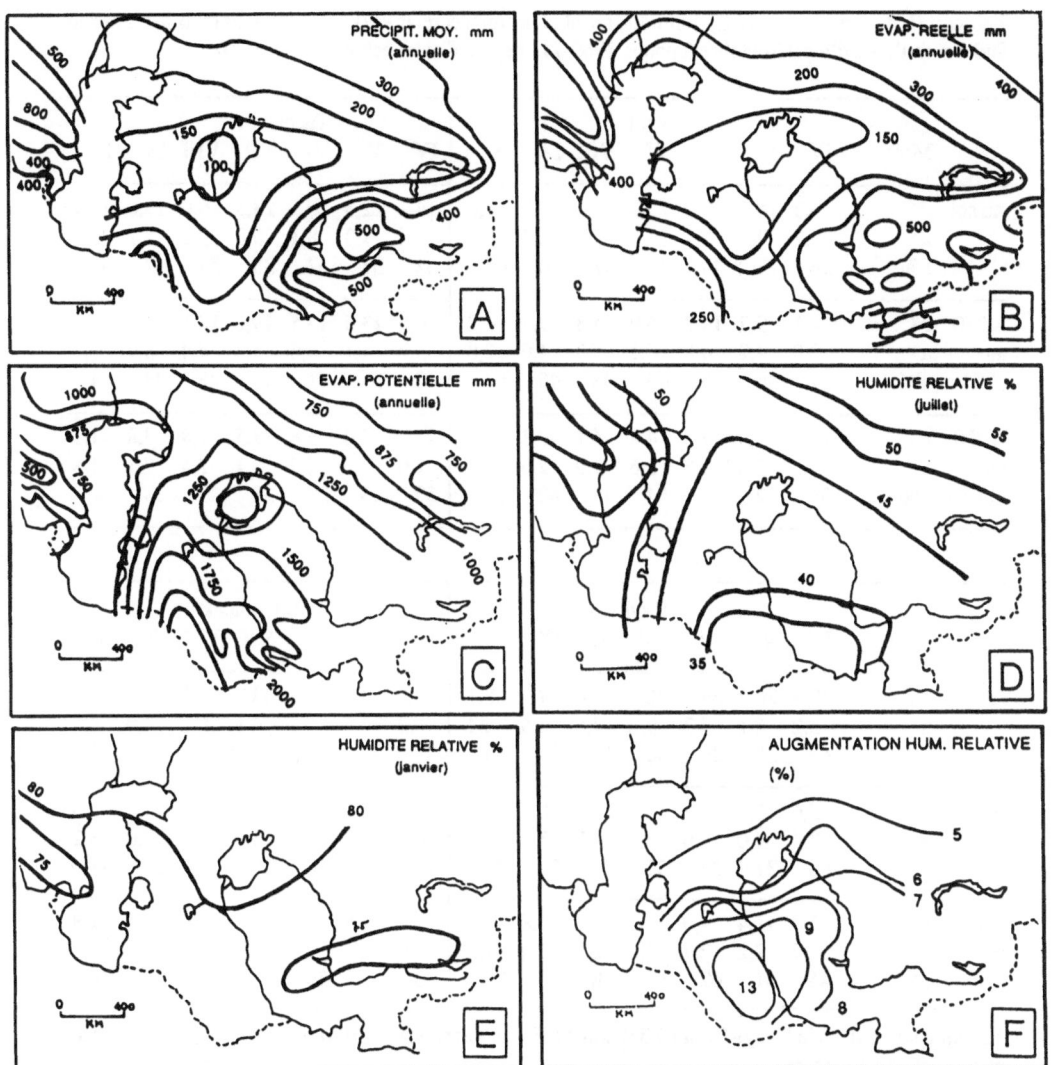

Fig. II. 17 A-F. Cartes hydrométéorologiques. **A** Précipitations moyennes annuelles ; **B** évaporation réelle (mm/an) ; **C** évaporation potentielle (mm/an) ; **D, E** humidité relative de l'air en été et en hiver (pourcentage de la saturation) ; **F** augmentation de l'humidité relative sous couvert végétal

◄   **Fig. II. 16 A-D.** Modélisation de l'atmosphère eurasienne par Kitoh et al. (1993). **A-C** Vecteurs vitesse des vents régionaux dans les zones respectives de pression (altitude) de 300 hPa, 850 hPa et 1010 hPa (sol) pour les mois de juin, juillet et août ; **D** flux d'humidité au sol pour la même période

loppement de la région touranienne n'en a pas été facilité. Nous verrons combien l'Aral, au temps de sa grandeur, avait une influence sur le climat de ses rivages et même au-delà.

L'existence de conditions météorologiques particulières, fréquentes dans les plaines du Turkestan, les soukhovei, a été évoquée précédemment. Il s'agit d'une combinaison d'un déficit hydrique des sols, d'une humidité basse, d'une température élevée de l'atmosphère et de vents violents. Les plantes transpirent plus vite qu'elles ne peuvent pomper l'eau par les

Tableau II. 4. Température (t°C), humidité absolue (a g/m³) et relative (f %) moyennes dans la région au Sud-Est de l'Aral d'avril à octobre (époque 1960-71, d'après Koutznechova et al., 1980)

	Mois	Aral							Tachaouz						
		IV	V	VI	VII	VIII	IX	X	IV	V	VI	VII	VIII	IX	X
Au sol	t°C	9,3	18,1	22,9	25,9	23,6	17,2	7,8	14,2	22,3	26,5	28,5	26,0	19,6	11,4
	a*	5,2	7,3	9,1	10,6	9,0	6,8	5,1	6,4	7,3	8,1	9,8	9,2	7,1	5,3
	f %	58	47	44	44	42	46	62	52	37	32	35	38	42	51
A 850	t°C	4,1	9,7	14,2	16,9	14,8	9,1	1,8	6,5	13,5	17,5	19,6	18,1	12,7	6,3
mb	a	3,0	4,2	4,8	6,1	5,3	4,0	2,8	3,8	4,1	4,6	5,2	4,4	3,7	3,2
(1,5 km)	f %	47	46	39	43	42	45	52	50	35	31	31	28	33	44
A 700	t°C	-3,0	-1,3	2,3	4,8	4,1	-0,3	-4,3	-2,7	2,0	5,4	7,5	7,8	3,8	-1,3
mb	a	1,5	2,3	2,5	3,6	2,9	2,0	1,6	2,0	2,3	2,7	3,1	2,4	2,1	1,8
(3 km)	f %	38	52	51	54	45	42	38	50	43	39	38	29	33	40

	Mois	Kzyl-Orda							Tamdyboulak*						
		IV	V	VI	VII	VIII	IX	X	IV	V	VI	VII	VIII	IX	X
Au sol	t°C	12,1	20,2	24,6	26,7	24,0	17,1	8,1	18,5	26,3	31,5	33,7	31,7	24,7	15,9
	a	5,2	6,1	7,7	9,2	7,6	5,5	4,4	6,2	6,5	6,1	6,6	6,0	4,9	4,4
	f %	48	35	34	36	35	37	53	39	27	19	18	18	22	33
A 850	t°C	5,6	11,9	16,2	18,6	17,0	10,8	4,1	8,1	14,2	18,9	21,1	19,2	13,5	7,0
mb	a	3,4	4,0	4,6	5,6	4,9	3,7	2,9	4,1	4,2	4,1	4,6	4,5	3,6	3,2
(1,5 km)	f %	48	37	34	35	34	37	44	49	34	26	25	28	30	41
A 700	t°C	-3,4	-1,4	4,0	5,1	5,8	1,8	-3,4	2,2	2,6	2,5	3,1	2,9	2,1	1,8
mb	a	1,7	2,2	2,7	3,3	2,7	1,9	1,5							
(3 km)	f %	45	41	42	48	38	35	39	53	47	34	37	35	32	40

* localité située dans le Kyzyl-Koum à 350 km à l'Est de Tachaouz ; voir Mainguet (1991) pp. 100, 101 pour d'autres statistiques

racines. Les soukhovei peuvent provoquer de grands dégâts aux plantes à l'époque de leur croissance car ils se produisent brutalement et peuvent durer plusieurs jours.

Un autre phénomène, conséquence de la sécheresse, est celui des tempêtes de poussière. Les plus intenses sont originaires de la région nord de l'Aral [1]. Leur fréquence dépasse 25 jours par an. Un orage sec a déposé à Ashkabad de 20 à 30 m³ de poussière à l'hectare en 8 heures. La poussière dépasse 3 km d'altitude, et le brouillard de poussière atmosphérique a été observé depuis toujours par les voyageurs. La poussière déposée constitue une sorte de lœss. Mais celui qui forme de grandes épaisseurs dans le Quaternaire du Turkestan et qui date

[1] Il semblerait que depuis le dessèchement de l'Aral (qui par son "coussin" d'humidité atmosphérique faisait obstacle vers le Sud à ce phénomène) ces orages aient pris désormais une direction Sud-Ouest (voir fig. VI. 7). Voir Mainguet (1991) pp. 102, 103.

Tableau II. 5. Quelques statistiques de température (°C) (sources diverses)

	Janvier	Mars	Avril	Juillet	Septembre	Novembre
Rive N Aral	-12,9*			24	4	-2
Kazalinsk	-8,3	-1,7	9,5	26	6,7	2,2
Tourtkoul	-5	2	9	28	13	3
Bayram-Ali	0,3	4	11	29,9	16	7
Termez	1,6	5,5	13,5	32,5	18	11

* comme à Arkhangelsk, sur la Mer Blanche

Temp. extrêmes	Kazalinsk	42,5	Bayram-Ali	45,2
		-32,8		-25,5

Durée du gel	172 j	215 j

Durée de la saison de vie des plantes annuelles	204 j	208 j

Variations journalières (Kazalinsk, avril)	6 h : 3°	9 h : 20°	13 h : 28°
	18 h : 21°	21 h : 10°	

Temp. comparées air/sol	Kara-Koum Repetek (près de Tchardzou) (20.6.1915)	Air	33,5	Sol	64
			42		79,3

des époques glaciaires, était périglaciaire, dû à des vents originaires des calottes glaciaires du Nord et du Nord-Ouest et était transporté vers les régions du Sud-Est où les pressions étaient plus faibles (vents catabatiques). Les aires périglaciaires à la périphérie des glaciers qui coiffaient le massif du Pamir sont également une source de lœss. La plus grande accumulation de ce lœss s'est faite au pied des montagnes du Sud, où elle dépasse 200 m d'épaisseur.

5. Les rives de l'Aral

Deux villes, Aralsk au Nord-Est, Mouinak au Sud, ont été les seuls centres notables d'activité sur l'Aral, auxquels s'ajoutaient quelques hameaux de pêcheurs. Près d'elles, toutefois, des centaines de milliers d'hectares ont été mis en valeur après la Deuxième Guerre mondiale. Il n'y avait auparavant sur les rives de l'Aral que des steppes sur sable ou sur argile ou les fourrés inextricables des deltas. Ces paysages variés, qu'il nous faut maintenant décrire, ont disparu.

La rive Ouest de l'Aral, qui ne fut connue qu'après les explorations de V. Berg en 1824-26 (voir fig. II. 38), est très escarpée. Elle forme une falaise de hauteur croissante du Nord vers le

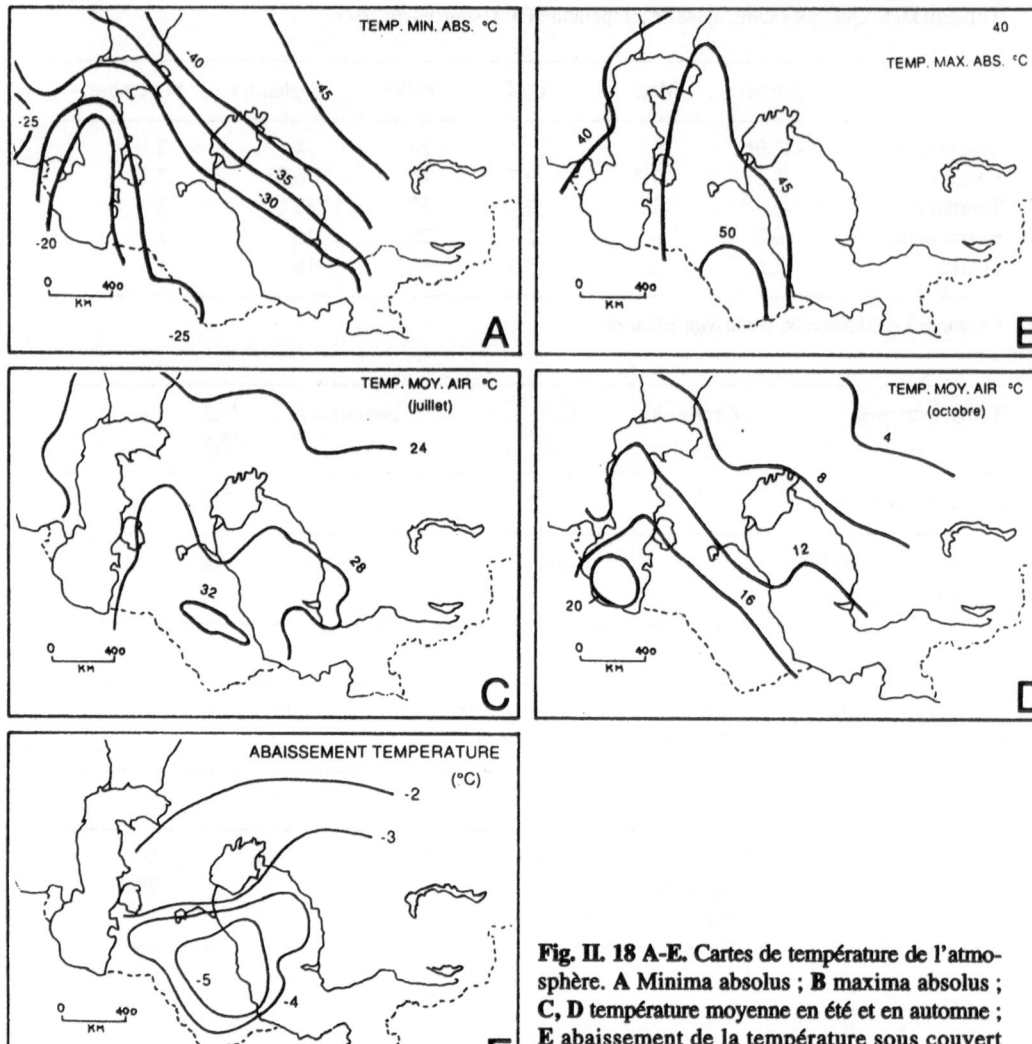

Fig. II. 18 A-E. Cartes de température de l'atmo-sphère. **A** Minima absolus ; **B** maxima absolus ; **C, D** température moyenne en été et en automne ; **E** abaissement de la température sous couvert végétal

Sud (le Tchink déjà cité), dominant de 20 à 150 m le niveau de l'eau, et couronnée par le cal-caire sarmatien de l'Oust-Ourt qui absorbe l'eau de pluie (planche hors-texte 5, en haut). Quelques sources d'eau douce y existent. Sous la dalle de calcaire les couches plus anciennes (voir fig. II. 8), argiles, marnes et sables, sont le siège de glissements de terrain et n'autorisent qu'une étroite frange littorale pratiquement inhabitée.

Au Sud, le grand delta de l'Amou-Daria, très plat, progressait rapidement jusqu'à la récente exploitation du cours d'eau. Le delta aralien ancien de l'Amou débute à Noukous, chef-lieu de la République Autonome des Karakalpaks [1] *(Bonnets Noirs)*, à près de 100 km du lac et à 10 m environ au-dessus du niveau actuel de l'Aral. Il comporte quelques buttes témoins de terrains

[1] Le Karakalpak, ou Karakalpakie, est devenu en 1992 le Karakalpakstan. Politiquement, le Khorezm, partagé entre le Turkmenistan et l'Ouzbekistan, comprend le Karakalpakstan.

anciens, crétacés et paléogènes, qui furent utilisées comme nécropoles par les populations antiques (cf. chapitre III) et sont ennoyées par les dépôts alluvionnaires de l'Oxus ancien (voir tableau II. 1). L'abaissement faible de la topographie, de Noukous au lac (de 8 à 10 m), explique que le delta ne fut qu'un vaste marécage aux bras divagants, soumis à des inondations fréquentes qui modifiaient constamment les chenaux, jusqu'à une régularisation récente — maintenant inutile. Les faibles transgressions de l'Aral ont créé ici de vastes changements de rivage (tels la formation de la Baie d'Aiboughir en 1878) (figs. II. 19, II. 20). Le delta, avec sa formation arborée riveraine originale, le tougaï ([1]) (cf. chapitre IV), était un terrain de chasse réputé de toutes les civilisations qui se succédèrent dans le Khorezm ([2]) ; il l'était récemment encore.

La côte Sud-Est fit, pour la première fois, l'objet d'études approfondies par Berg (1902). C'est une région dunaire plate, où les transgressions (fig. II. 21) progressent loin en peu de temps ; et les régressions y sont également rapides. Entre les cordons de dunes longitudinales, les couloirs interdunaires forment des chenaux peu profonds, et les dunes en partie submergées forment un réseau d'îles orientées Nord-Nord-Est - Sud-Sud-Ouest, longues et étroites ([3]). Alimentées en eau par la remontée de la nappe phréatique, elles se couvraient d'une végétation de buissons et d'herbes tolérant bien la salinité modérée par l'eau de pluie accumulée dans le sable sous-jacent. Il est intéressant de noter que ces édifices dunaires ne sont plus présents au-delà de la cote absolue 40 m environ, soit vers 12 m de fond, ce qui paraît indiquer que l'extension du Kyzyl-Koum dans le passé ne s'est pas opérée sur la totalité de l'Aral, et que le lac n'était pas totalement sec lors de la mise en place du système dunaire du Kyzyl-Koum, au-delà du stade de régression atteint vers 1990. Sous les dunes littorales existent des sédiments marneux riches en débris de végétaux aquatiques, qui indiquent une extension plus large de la mer avant l'installation de ces dunes.

Désormais, sur les côtes Sud et Est surtout, la plaine s'étend vers le large sur 5 à 50 km ; extrêmement plate, en émergent les anciennes dunes jadis ennoyées de cuvettes peu profondes où se sont déposés gypse et sel gemme (solontchaks), comme dans les anciennes lagunes périphériques. Dans les régions récemment exondées, apparaît encore le lit des anciens cours d'eau en des temps où le niveau de l'Aral était aussi bas qu'aujourd'hui.

Plus au Nord, le delta du Syr-Daria, très plat lui aussi, avait une structure plus simple que celui de l'Amou. Il progressait d'environ 100 m par an (statistique entre 1900 et 1948) ([4]), alors que celui de l'Amou avait une progression irrégulière : presque nulle vers 1900, elle fut de 2 km sur la presqu'île de Mouinak entre 1943 et 1947, peut-être à la suite de rectifications de bras et d'assèchement des marais. Les cartes successives démontrent à l'évidence que, même avant 1960, la mer d'Aral perdait peu à peu de sa superficie (fig. II. 22) par le simple fait de l'alluvionnement. La plus grande partie du delta du Syr-Daria était formée de takyrs et de solontchaks ; il y avait des galeries de tougaï, comme sur l'Amou, mais moins développées. Depuis 1960, tout a évidemment changé. D'ailleurs, les calculs effectués à partir des travaux des sédimentologistes (Hulsen, 1911 ; Berg, 1908 ; Woiekow, 1909) ont montré que, dans les conditions antérieures à 1960, l'apport sédimentaire de 34 millions de m^3 par an comblerait la dépression de l'Aral en 29 000 ans.

Le long de la pointe Nord-Est (golfe de Sary-Chkaganak) le rivage s'élève, marqué par des buttes témoins du Crétacé et du Tertiaire inférieur, arrondies, d'une hauteur de 30 à 50 m, à

---

(1) Tougaï : formation arborée de peupliers, de *Tamarix*, d'*Eleagnus Halimodendron* et de *Halodendron* au-dessus d'une strate herbacée dense.
(2) Khorezm signifierait "Pays bas" *(khwar zamin)* dans la langue historique du pays, une branche du vieux persan. Vambery (1864) déclare que cela signifie en persan "ceux qui aiment la guerre".
(3) "Très loin, entre deux monticules, le trait bleu-noir de la mer d'Aral…" (E. Maillart).
(4) On donne une progression de 37 km^2 entre 1848 et 1928…

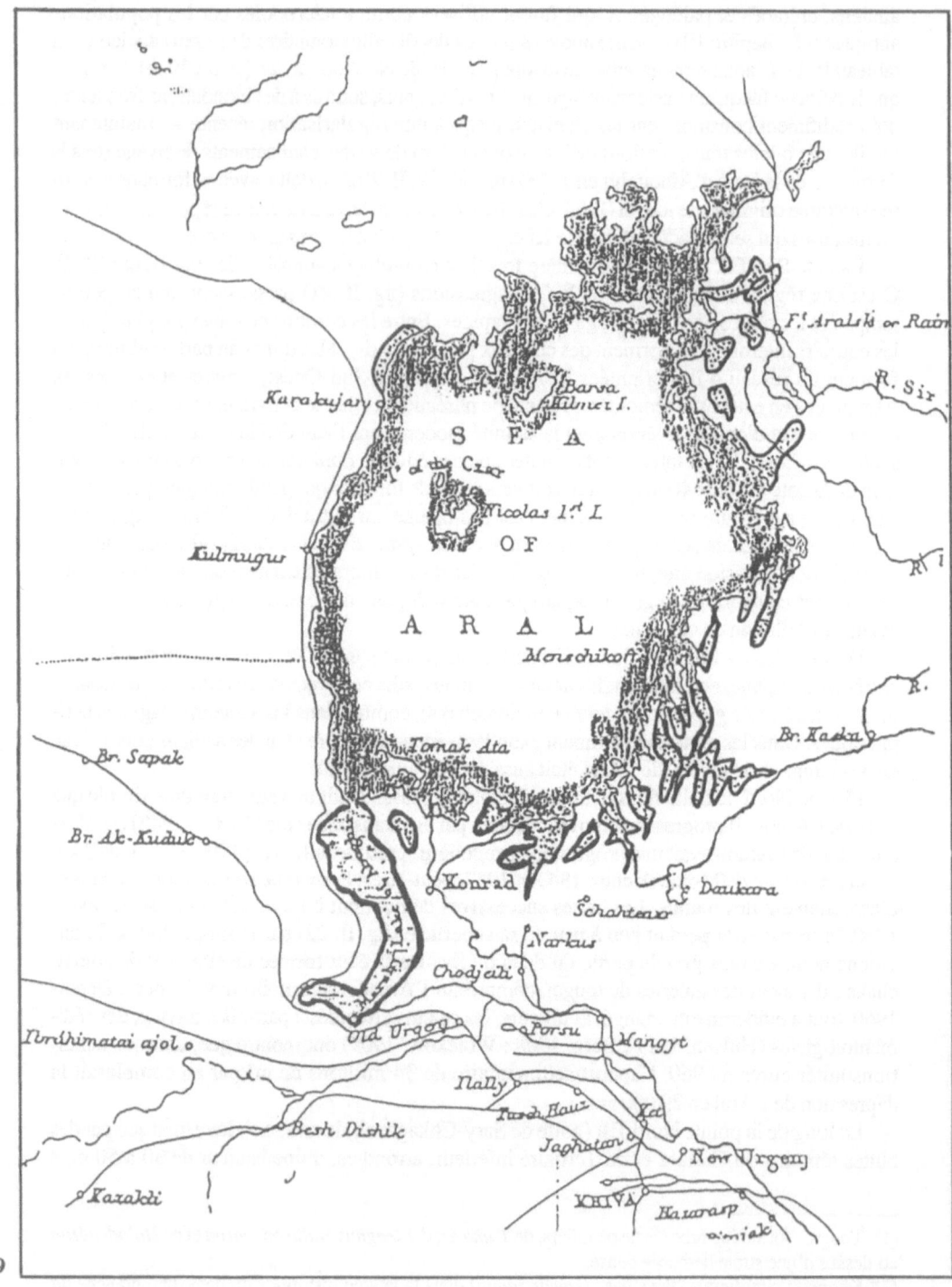

Fig. II. 20. Une figuration de l'Aral dans Vidal de la Blache (1878), relative à l'époque de la domination perse

◄ **Fig. II. 19.** Fond de carte de 1854 avec les avancées du lac attestées historiquement depuis 1780. Le lac Aiboughir au Sud-Est était d'eau douce (Blanc, 1891) et ne correspond pas à une montée de l'Aral mais à une diversion de l'Amou-Daria

végétation steppique clairsemée et aux pentes ravinées. Elles séparent, au Nord-Est, au Nord et au Nord-Ouest, de larges couloirs parfaitement plats, sableux et argileux, qui représentent les anciennes vallées quaternaires des rivières originaires des montagnes du piémont de l'Oural et de la dépression de Tourgaï. Des dunes, des marais ou des fonds de mares desséchées avec takyrs et solontchaks les parsèment aussi.

Les anciennes îles du Nord et de l'Ouest, d'âge crétacé supérieur, possèdent peu de dépôts plus récents (du Quaternaire). Celles du Nord (Kokaral (273 km^3), Barsa-Kelmes (133 km^3)) sont relativement élevées et s'expriment dans le paysage par leur pente raide du côté sud. Celles de l'Ouest (Komsomol, Konstantin ([1]), Vozrozhendenia (216 km^3), Bellingshausen, Lazarev)

_____

(1) Konstantin (fig. II. 19), par oubli, ne fut pas débaptisée après la révolution de 1917 ! Ces îles furent découvertes en 1848.

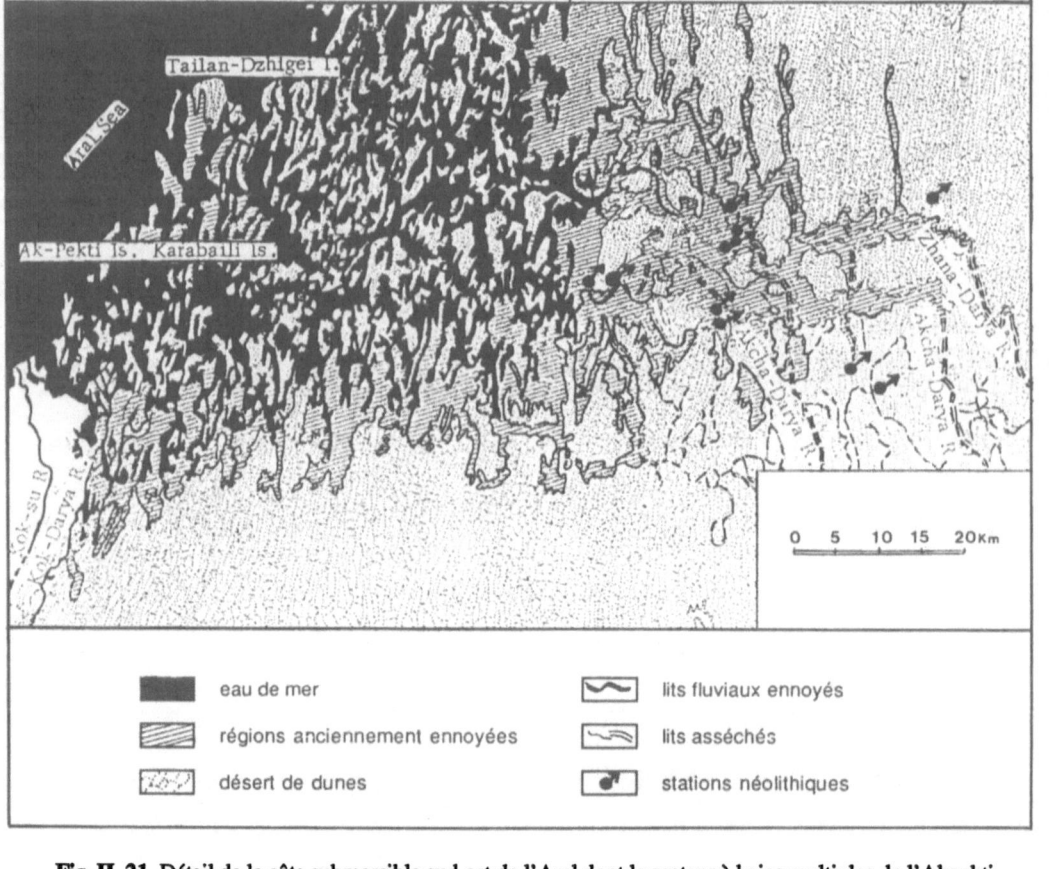

21

Fig. II. 21. Détail de la côte submersible sud-est de l'Aral dont le secteur à baies multiples de l'Akpekti (d'après Kes)

Fig. II. 22. Evolution de la cartographie du delta de l'Amou-Daria. Noter le rattachement de l'île de ▶ Tokmak-Ata, devenue presqu'île de Mouinak, et la grande variabilité des lacs du delta, disparus en 1982

sont beaucoup moins hautes et sont formées d'anciens cordons dunaires juchés sur un fond de Crétacé supérieur. Elles sont désormais incluses dans les terres.

La rive nord était échancrée par de nombreuses baies relativement profondes, aux rives assez abruptes. Comme les îles Kokaral et Barsa-Kelmes, elle forme des reliefs parfois assez accentués et arrondis, agrémentés d'une rare végétation steppique, séparant d'anciens golfes transformés en marais et en étangs salés. Les ergs du Grand Barsouki au Nord-Ouest et du Petit Barsouki au Nord occupent d'anciennes vallées quaternaires, ornées de quelques buttes basses. Leur végétation est relativement fournie, le sable retenant l'eau des pluies. Un autre erg, nommé Kara-Koum aralien, occupe la région au Nord-Est d'Aralsk. L'orientation générale Nord-Ouest - Sud-Est des chaînes de dunes longitudinales des Barsouki et de ce Kara-Koum a guidé le trajet des caravanes anciennes allant de l'Oural vers le Syr-Daria.

Au Nord s'étend sur plus de 500 km la *dépression de Tourgaï*, steppe herbeuse, semi-aride, parsemée de lacs semi-permanents dont le plus grand est le solontchak Gholkarteniz. Situé à

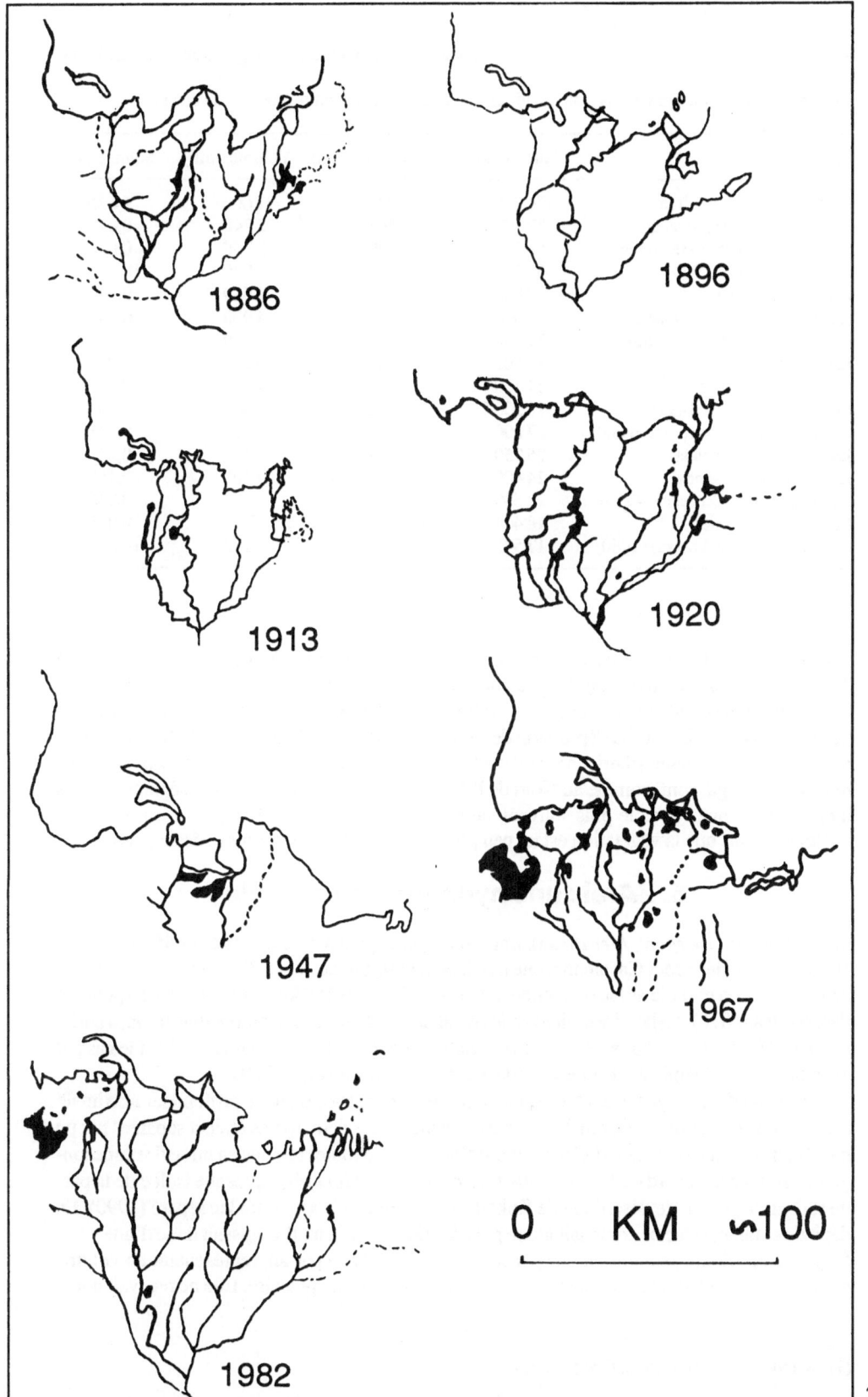

1886

1896

1913

1920

1947

1967

0 KM ～100

1982

22

Tableau II. 6. Les plus grands lacs du monde en superficie et leur salinité (sources diverses)

Lac	Surface (km²)	Prof. max. (m)	Volume (km³)	Salinité (g/l)
Mer Caspienne (CEI-Iran)	374 000 ?	945	77 000	1 à 15
Lac Supérieur (USA-Canada)	82 500	407	12 240	0,072
Lac Victoria (Kenya-Tanzanie)	68 100	79	2 700	0,088
Lac Aral (URSS) (1960)	66 500	67	970	10 à 11
Lac Huron (USA)	59 600	237	1 680	0,160
Lac Michigan (USA-Canada)	58 000	282	4 900	0,200
Lac Tanganyika (Afr. Centrale)	31 900	1 470	19 000	0,52
Lac Baïkal (Russie)	31 500	1 750	23 000	0,092
Grand Lac de l'Ours (Canada)	31 100	180	1 300	0,12
Lac Nyassa (Afr. Sud-Est)	28 500 ?	706	8 400	0,20
Grand Lac des Esclaves (Canada)	27 800	614	1 800	0,145
Lac Erié (USA-Canada)	25 750	64	460	0,22
Lac Winnipeg (Canada)	24 400	19	3 100	0,165
Lac Tchad (Afr. Centrale) (1950)	22 600	12	24	0,386
Lac Ladoga (Russie)	18 400	223	920	0,053
Lac Balkach (Kazakhstan) (1960)	17 575	26	112	10 à 25

250 km au Nord d'Aralsk, il est alimenté par la rivière intermittente Tourgaï et ne se trouve qu'à 3 m au-dessus du niveau de l'Aral. On comprend que la moindre transgression de la Caspienne ait pu dans le passé s'étendre très loin (voir fig. II. 10). En période de crue, il peut y avoir une tranche d'eau de 1 à 2 m. La dépression de Tourgaï passe insensiblement à la vallée du Tobol, ouverture vers la plaine sibérienne, et devait être utilisée par le projet du canal Sib-Aral. Les reliefs du Tourgaï sont, comme au Nord de l'Aral, des plateaux bas et ravinés, séparant de très larges vallées aux fonds le plus souvent salins. Partout règne l'armoise. Ce n'est que dans quelques ravins que la végétation est un peu plus dense, avec des nerpruns et des églantiers.

6. L'Aral : une hydrologie fluctuante

Le lac Aral *(Sineye More, Mer Bleue)*, improprement appelé mer, est centré sur 45°N, 60°E, à 400 km à l'Est de la Mer Caspienne, elle aussi, en réalité, un lac. Vers 1960, il mesurait 428 sur 284 km environ et fut le 4ᵉ lac du monde par la superficie, 66 458 km² (dont 2345 km² pour les îles) (tableau. II. 6). Celle-ci variait avec les oscillations du niveau. Comme tous les lacs endo-réiques, l'Aral est (était) très sensible aux variations de débit de ses tributaires. C'est le cas par exemple du lac Ngami en Afrique australe, ou du lac Eyre en Australie ([1]).

Sa profondeur moyenne était, en effet, d'environ 16 m, avec 68 m de profondeur maximale très près de la rive ouest, et 29 m dans la partie centrale. Les deux fosses étaient séparées par un haut fond portant des chapelets d'îles, aujourd'hui presque toutes réunies en un seul isthme longitudinal. La partie nord du lac *(la Petite Mer ou Malloye More)* était presque isolée de la partie sud par la grande île désertique de Kokaral, et constitue désormais un lac séparé (1990). En dépit de sa taille, le lac ne contenait guère plus de 1000 km³ d'eau. Il s'agissait donc d'une vaste flaque peu profonde, soumise à une évaporation intense (1 m par an, représentant un volume d'environ 58 km³), dont l'équilibre hydrologique a toujours été précaire. Elle ne recevait guère

---

(1) Bonyton et Masson, 1953, *Geogr. J.* 321.

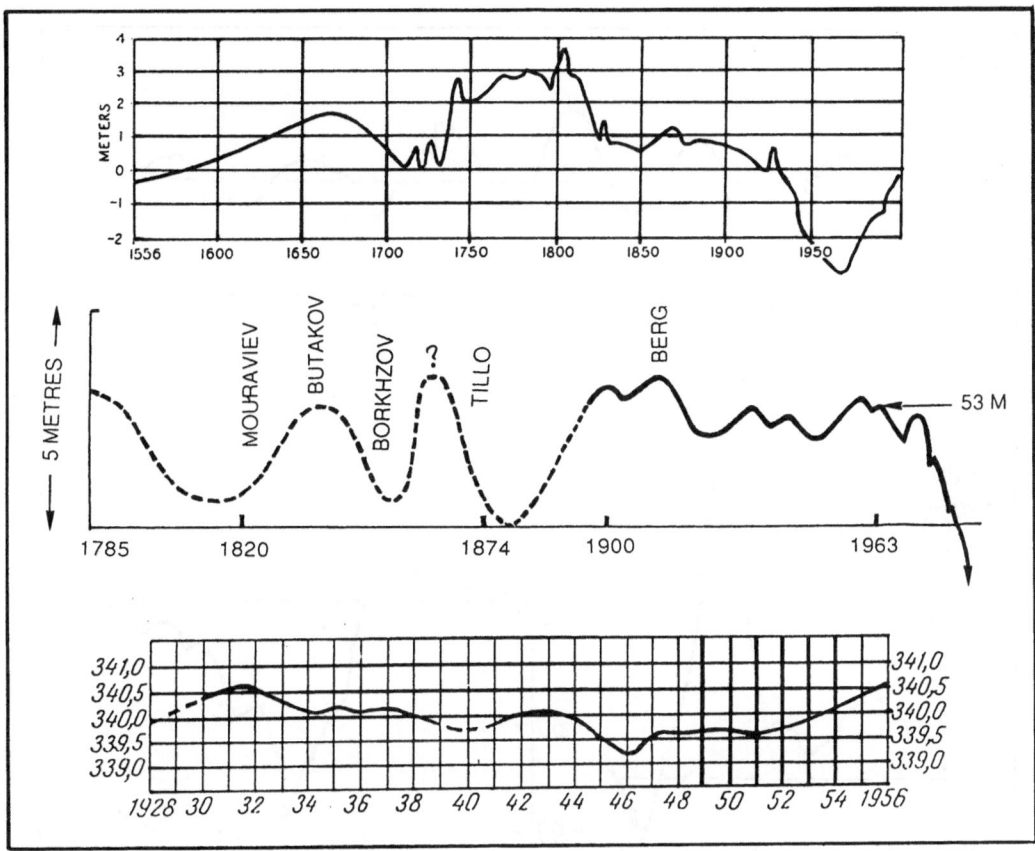

Fig. II. 23. Oscillations du niveau de l'Aral, comparées à celles de la Caspienne *(en haut)* et du lac Balkach *(en bas)*

avant 1960 que l'apport des deux grands cours d'eau Amou-Daria ([1]) et Syr-Daria, qui apportaient au total en moyenne 53,7 km³/an, plus 5,63 km³ de précipitation (10 mm par an) ([2]). Le bilan était bouclé (cf. Blinov, infra) par les échanges avec les rives (apport des sources et pertes par infiltration dans les sédiments) dont l'apport global était de l'ordre de 1,3 km³/an. Bien que modestes, les apports de la nappe aquifère du Crétacé supérieur ont été détectés par photographie infrarouge (voir fig. II. 13). Le lac Aral n'a pas eu d'émissaire, au cours de la période historique, sauf épisodiquement par l'Ouzboï vers la Caspienne (cf. chapitre III).

Le niveau subissait une variation saisonnière de l'ordre de 30 à 35 cm par an, en fonction de l'importance des crues, des vents favorisant l'évaporation et de l'ensoleillement. Il était au plus haut de mai à septembre, au plus bas en hiver. Le niveau moyen était à 53 m environ au-dessus du niveau général des mers, et a montré quelques fluctuations depuis que le lac est bien connu, c'est-à-dire depuis 120 ans (fig. II. 23). Comme tous les grands lacs, l'Aral a des seiches, sortes de petites marées dues à des phénomènes atmosphériques, de période 22 h 3/4 et de 24 cm

(1) Pour les deux-tiers.
(2) A titre de comparaison, la Seine véhicule environ 4 km³ d'eau par an à Paris.

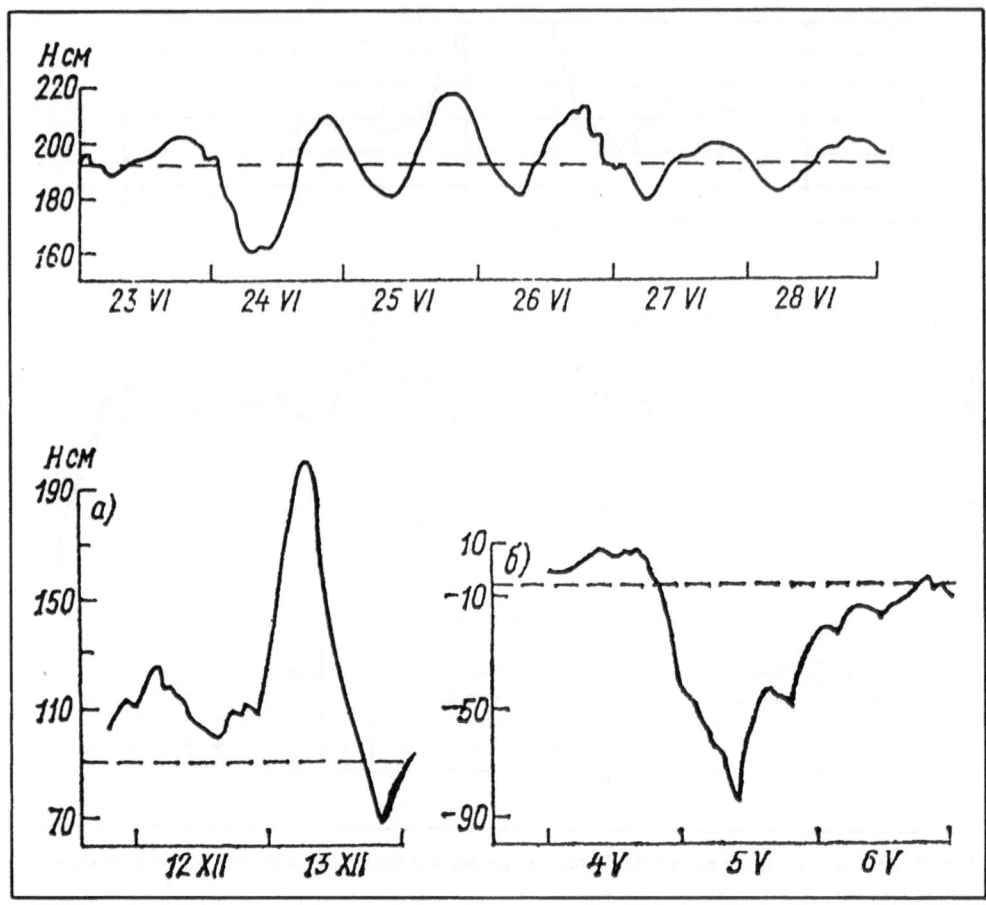

Fig. II. 24. Variations diurnes du niveau moyen d'une station hydrographique (1961). *En bas,* variations brutales *a* positives et *b* négatives du niveau de l'Aral, en rapport avec les fluctuations de la pression atmosphérique

d'amplitude, et pouvant atteindre 1 m (fig. II. 24). Le 6 décembre1904, le niveau était monté de 1,3 m à Aralsk. Compte tenu de la très faible altitude des rives sud et sud-est, les vents violents hivernaux du Nord et du Nord-Est peuvent faire avancer le plan d'eau très loin sur celles-ci, avec une amplitude supérieure à 2 m. On voit que ce système lacustre, au faible temps moyen de résidence de 16 ans (capacité 1000 km³/bilan annuel 59,36 km³), devait refléter très vite tout changement dans les termes de son bilan hydrique [1].

Le lac Aral était un système thermiquement très stratifié, du fait du contraste considérable entre été et hiver. L'été, l'eau de surface atteignait une température de 26° à 26,5°C, avec une amplitude quotidienne de 5°. L'eau profonde restait plus froide (10° de moins à 23 m, 18° à

---

[1] Le temps moyen de résidence est défini pour un lac de niveau constant comme le rapport de sa capacité à la quantité totale d'eau qui y entre (pluie, tributaires) ou en sort (émissaire, infiltration, évaporation) par unité de temps.

31 m de profondeur dans la fosse ouest du lac). A l'automne, la température redevenait très rapidement homogène sur toute la tranche d'eau (18,8°C en moyenne fin septembre) ([1]). L'Aral au Nord et au Nord-Est gelait en décembre pendant 140 à 160 jours ; il n'a été que rarement entièrement pris par les glaces ([2]). On a vu des glaces à l'île de Kokaral jusqu'en mai. La glace atteignait 70 à 100 cm d'épaisseur, interrompant toute navigation. Le bas cours du Syr-Daria gèle de décembre à fin mars, et l'Amou pendant 2 à 3 mois en aval de Noukous ; en amont, l'Amou ne gèle que sur ses rives. La débâcle commençait à l'embouchure du Syr-Daria, par l'apport des eaux plus chaudes du cours d'eau.

La surface de l'eau était sursaturée en oxygène l'été ; le fond de la fosse ouest, par contre, était très sous-saturé.

La salinité du lac variait un peu en surface, en fonction de l'évaporation et de l'apport des cours d'eau (fig. II. 25 a, b). L'eau était transparente, et permettait au large de voir le fond jusqu'à 20 ou 25 m, et sa couleur, vue de loin, était d'un bleu "comme celui de la mer Egée". On voyait très bien, tant que les cours d'eau coulaient, le contact entre l'eau salée et l'eau douce : jaunâtre pour le Syr-Daria, verte pour l'Amou-Daria.

La composition chimique de l'eau de l'Aral était (et est encore) très différente de celle de l'eau de mer, et le Cl^- proportionnellement beaucoup moins important que SO_4^{2-}.

Le pH de l'eau était très légèrement alcalin et variait avec la saison, en fonction des apports minéraux et de la photosynthèse des végétaux aquatiques (figs. II. 26, II. 27).

Il existait un système de courants de surface (vitesse moyenne 3 km/h), qui a disparu depuis que les cours d'eau ont cessé de couler (fig. II. 27 c).

Les variations séculaires du niveau de l'Aral

Au début du XIXe siècle, on considérait encore l'Aral comme un ancien golfe de la Caspienne (voir fig. III. 10), elle-même résidu de la mer Sarmatienne. Les progrès de l'exploration (Berg) et surtout les premiers nivellements barométriques montrèrent que le désert de l'Oust-Ourt représentait en fait une barrière topographique incompatible avec cette hypothèse, encore soutenue par Humboldt.

Quelles ont été les fluctuations du lac Aral avant l'époque actuelle (Kes, 1959) ? Les recherches des géologues quaternaristes ont montré que le niveau s'était parfois élevé à quelques mètres au-dessus du niveau de référence de 53 m (voir tableau II. 1), et qu'une terrasse contenant les mêmes coquilles de Cardium (Cerastoderma edule) qu'aujourd'hui se poursuivait de 53 à 64 m d'altitude. Yanshin (1953) a montré qu'il s'agissait du même niveau, déplacé par les mouvements tectoniques récents, abaissé ou relevé suivant la tectonique du soubassement. De tels mouvements sont fréquents, dans une aire de haute séismicité (on se souvient du séisme de Tachkent en 1966 qui rasa la plus grande partie de l'ancienne ville — toujours en reconstruction — mais ne fit que 26 morts, l'alerte ayant été donnée à temps, du fait des méthodes soviétiques de prévision très élaborées qu'il n'est pas possible d'évoquer ici). Un relèvement du sol de quelques mètres en un millénaire, dû aux seules forces internes, n'a rien d'extraordinaire. Mais on voit ici que les innombrables changements des chenaux sur un terrain si plat (voir figs. II. 35. et II. 37) peuvent être dus à d'autres causes que l'ensablement et l'alluvionnement, comme les anciens auteurs le pensaient déjà (cf. chapitre III).

---

(1) Le niveau de changement brutal de température dans un lac stratifié est nommé "thermocline". Voici sa position pour l'Aral le 11 août 1901 : 0 m : 22,6° ; 16 m : 17,8° ; 16,5 m : 16,9° ; 17 m : 4,8°C. En 1986, la thermocline a disparu en novembre et s'est rétablie en mai 1987.

(2) "Au bord de la mer d'Aral, le paysage est grandiose de désolation, gris de la glace sous le gris du ciel…" (E. Maillart).

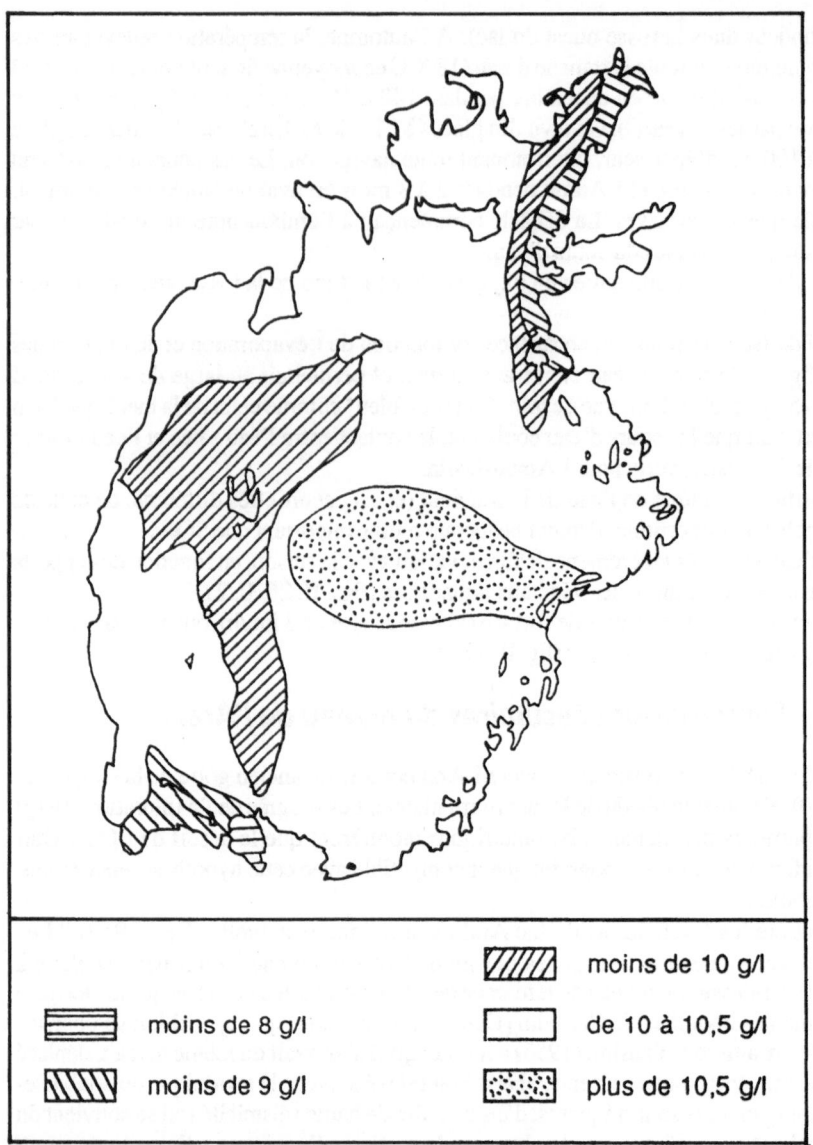

moins de 10 g/l

moins de 8 g/l

de 10 à 10,5 g/l

moins de 9 g/l

plus de 10,5 g/l

a

Fig. II. 25 a. Salinité de l'Aral en surface (1947)

Fig. II. 25 b. Variation saisonnière de la salinité (printemps, été, automne) pour les époques 1956-1960 ►
(en haut), 1971-1975 *(milieu)*, 1981-1985 *(en bas)* (tiré de Gidromet, 1990, t. VII)

Beaucoup d'auteurs croient encore à des niveaux beaucoup plus élevés de l'Aral. Lebedev (1982) pense que les glaciations du Quaternaire n'ont pas modifié notablement son niveau ; inversement Veinberg (1972) prétend qu'il y a 6000 ans le niveau se plaçait à 56,5 m et à 68 m il y a 25 000 ans. Que penser ? Des débris organiques (avec des coquilles) ont été trouvés sur la pente du Tchink et datés par le carbone 14 de 24 800 ± 800 ans B.P. Mais l'origine du matériel est controversée...

On a vu que dans la région Sud-Est du lac, la plus plate, le sable du rivage est façonné en cordons dunaires Nord-Sud (voir fig. II. 21). Dans les couloirs interdunaires se déposent des silts, avec des coquilles de Cardium. Sur les dunes pousse une maigre végétation halophile. Mais on retrouve plus à l'Est, sur des vingtaines de kilomètres, les sédiments des mêmes chenaux contenant cette fois une moule d'eau douce, *Anodonta*, avec les valves réunies, ce qui

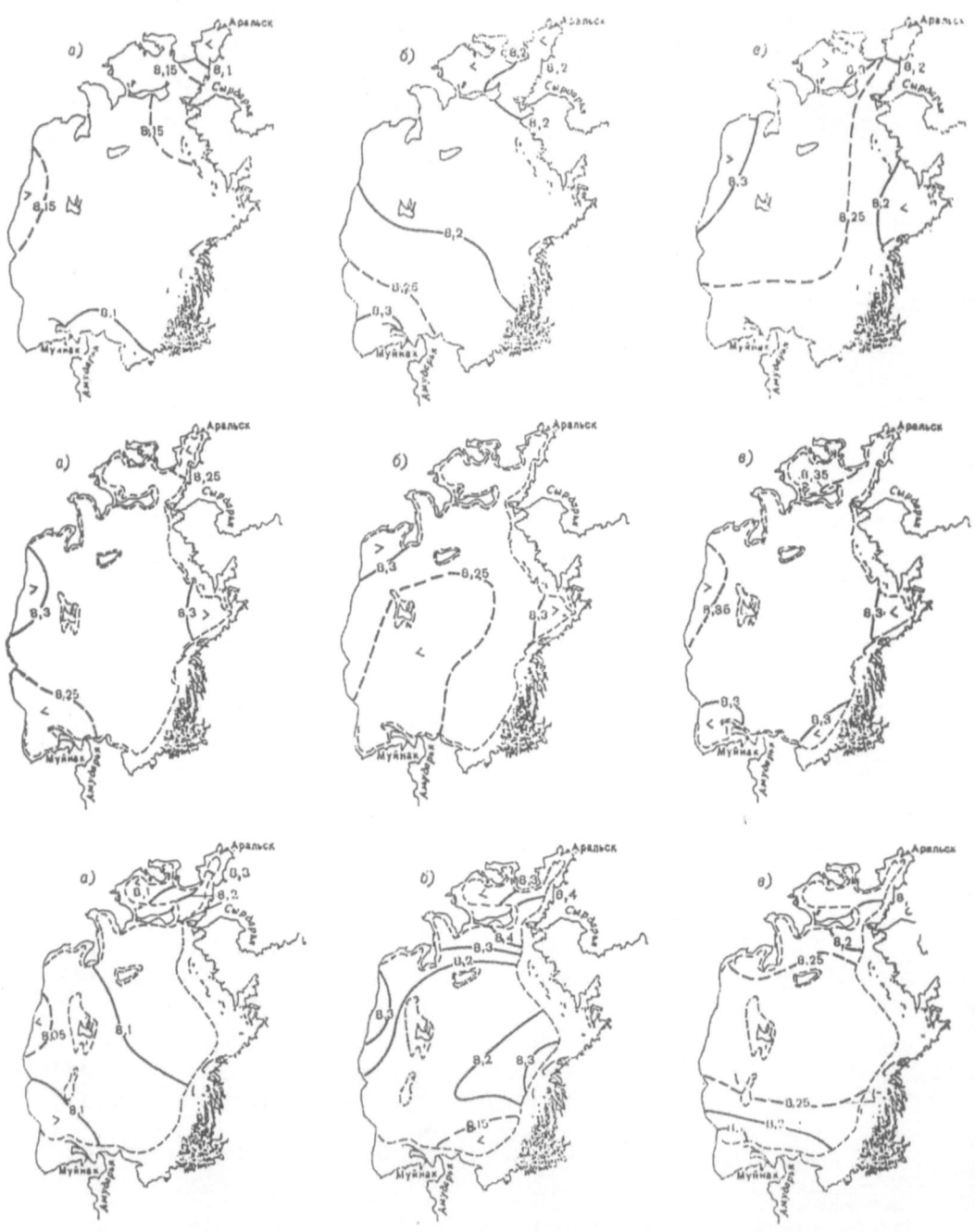

26

prouve qu'elle est en place. Ces chenaux fluviatiles correspondent au lit ancien des bras Djana-Daria du Syr-Daria, et Akcha-Daria et Kok-Daria de l'Amou. L'alternance transgression-régression a constamment déplacé le contact Aral-eau douce, un changement de niveau de 1 m d'amplitude aboutissant à un déplacement horizontal de plusieurs kilomètres. On a constaté ainsi par l'observation de photographies aériennes que l'eau avait remonté de 22 km dans la

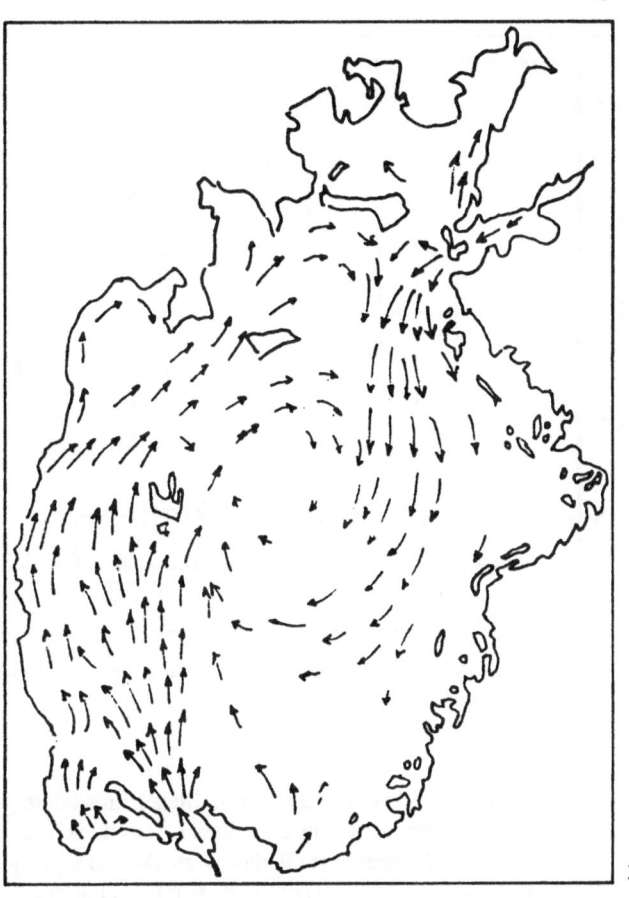

◀ **Fig. II. 26.** Variation du pH de surface (même légende que fig. II. 25 b)

Fig. II. 27. Carte des courants dans l'Aral (Blinov, 1937)

Djana-Daria et de 10 km dans un des lits de l'Akcha-Daria, entre 1952 et 1956. D'une années sur l'autre, les pistes se révélaient praticables ou non, les dépressions exondées se transformant en solontchaks en l'espace d'une saison.

Fairbridge indique que le maximum de la transgression se serait produit vers 3000 av. J.C. (datation des Cardium au radiocarbone) et vers 1000 à 700 av. J.C. dans l'Aral Sud. Ces valeurs ne concordent pas précisément avec celles que proposent les archéologues.

Des civilisations anciennes ont habité ces rives incertaines. Les restes de la culture Kelteminar (cf. chapitre III) s'éparpillent sur près de 200 km des rives de la Yana à celles de l'Akcha, chenaux abandonnés entre le Syr-Daria et l'Amou-Daria (Yanshin, 1953) ; Tolstov (1960) date de 700 à 1000 av. J. C. les stations étudiées de l'Akcha-Daria au Sud-Est de l'Aral dans des sites comparables, et juchées sur les anciennes dunes inter-chenaux (donc à l'abri de crues soudaines). Il y eut vraisemblablement dans le passé plusieurs transgressions.

Ce que l'on sait, c'est que le niveau de l'Aral jusqu'en 1961 n'avait guère varié depuis deux siècles (fig. II. 23). Les historiens, sur la base de la date de construction ou d'abandon de certaines bâtisses sur les îles, ont apporté quelques précisions depuis environ l'an 1500. Compte tenu de la très basse altitude de ces îles (1 à 2 m), il apparaît que la fluctuation n'a pas dépassé quelques mètres en plus ou en moins par rapport au niveau mesuré avec précision par Tillo en 1874, puis par Berg dès 1901 (Berg, 1901, 1908, 1911). Les terrasses hautes, signalées par Meyendorff (1878) et Michenkov (1871) ne sont pas holocènes. Le niveau moyen de l'Aral, défini comme 50 ± 2 m par Tillo, fut rectifié ultérieurement à 53 ± 0,5 m (1930). Il a varié de plus ou moins 2 m depuis 1800,

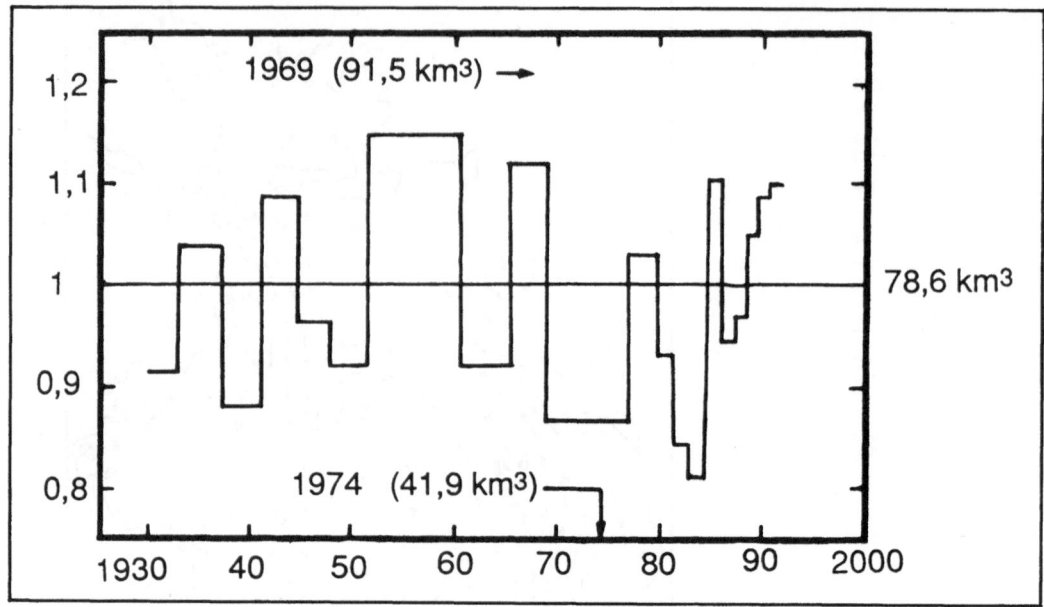

Fig. II. 28. Variabilité des apports globaux du bassin de l'Amou-Daria. Moyenne interannuelle de 78,6 km³ dans le piedmont

avec une fluctuation annuelle de 0,34 m. Mais le très faible gradient altimétrique permettait dès avant 1960 d'amples variations du rivage. Le cas de la baie d'Aiboughir a déjà été évoqué plus haut. La carte de Mouravin et Gladichev en 1840 indique que la baie de Kamsy-Bash (au Sud d'Aralsk) était alors en eau (voir fig. II. 19). Elle était desséchée en 1860, mais la remontée du niveau vers 1900 l'ennoya à nouveau, ce qui obligea à déplacer le tracé de la voie ferrée Orenbourg-Tachkent alors en construction. Il n'y a pas de corrélation, à l'époque historique, entre les variations de la Caspienne, du lac Balkach et de l'Aral (voir fig. II. 23).

Les résultats de la sédimentologie moderne développés ci-après précisent nos connaissances sur les divagations des cours d'eau et l'impact qu'elles ont eu jadis sur le niveau de l'Aral. Ils révèlent que le lac n'a sans doute jamais, depuis l'apparition de l'homme, baissé de plus d'une quinzaine de mètres, quand les dérivations vers la Caspienne lui soutiraient le plus d'eau. Pour la période récente, les relèvements du niveau du lac furent étudiés par Berg (1932) et Zaykov (1946), de 1880 à 1940. Le niveau s'est relevé de 3 m entre 1880 et 1910, puis a fluctué autour de ce niveau maximal moyen avec des extrêmes en 1907, 1915, 1925, 1935, 1936, 1945, 1955 et 1956, correspondant à des années plus humides qui ont compensé les prélèvements croissants d'eau par l'irrigation (voir fig. VI. 1). Depuis, s'est produite la baisse catastrophique du niveau liée à la capture complète de l'eau des cours d'eau.

Les oscillations du siècle écoulé ne correspondent pas à un changement climatique, mais à des variations de l'importance relative de l'évaporation (ensoleillement) et de la fonte des glaces en montagne. On a vu que le bilan de l'Aral était très précaire. Les fluctuations antérieures protohistoriques peuvent être attribuées, elles, à de petites variations climatiques (époques atlantique de l'Holocène, *Petit Age glaciaire*, du Moyen-Age en Europe occidentale), mais cela n'a été que peu étudié en Touranie. Il est évident que la grande variabilité des apports naturels des cours d'eau (fig. II. 28), combinée aux conditions climatiques locales (rapport évaporation/précipitation) avec lesquelles elle n'était pas nécessairement en phase, ont provoqué dans le passé d'assez vastes fluctuations de ces rivages. On a beaucoup spéculé sur l'importance de celles-ci, mais comme les détournements artificiels vers le Sary-Kamysh sont attestés depuis au moins 2500 ans, la théorisation de pulsations climatiques, la recherche de corrélations de niveau entre grands lacs mondiaux, par exemple entre la Caspienne et l'Aral, paraissent sans grand intérêt, compte tenu des caractères hydrologiques très différents de ces lacs.

Pour expliquer la stabilité du niveau du lac lors des fluctuations météorologiques, on a aussi invoqué l'effet tampon créé par les nappes phréatiques des deltas, gorgées d'eau quand l'Aral était normalement alimenté par ses tributaires (les débits étaient en fait mesurés à Noukous et à Novokazalinsk). Cette réserve considérable était restituée de manière diffuse au lac à travers ses rives, et n'a jamais été réellement évaluée. Elle a soutenu le lac quelques années après 1960, puis a disparu après l'arrêt progressif des apports par les berges de l'Amou-Daria et du Syr-Daria.

Avant 1960, on pouvait suivre sur le fond du lac les chenaux méandriformes des cours d'eau actuels ou anciens, et on les retrouve aujourd'hui sur les terrains nouvellement émergés. Ces vallées, peu profondes, sont la preuve que l'Aral a connu des époques d'étiage assez longues pour que le modelé du sol à l'air libre ait eu le temps de se former. A la suite de l'exondation, on a également relevé les traces d'anciens biseaux de plage à diverses profondeurs : des études permettent d'estimer que le niveau de base de ces lits et plages anciennes était situé vers 38 m absolus, soit 15 m en dessous du niveau de référence de 53 m. On notera que cela correspond environ à l'état d'assèchement artificiel en 1985. Peut-être s'agit-il des périodes historiques où une partie de l'Amou-Daria était détournée vers le Sary-Kamysh et l'Ouzboï ? Un calcul simple montre que la salinité de l'Aral devait être alors de l'ordre de 20 à 25 g/l.

Il faut mentionner une autre information quantitative sur l'âge de l'Aral actuel. Chalov et al. (1966), utilisant une méthode délicate de radiochronologie (datation Uranium-Ionium), ont analysé des sédiments dans 2 carottes, l'une de 100 cm prélevée dans la partie occidentale du lac, l'autre plus près du delta du Syr-Daria. Ils arrivent à la conclusion que la base des sédiments étudiés (-1 m en dessous du fond) a un âge de 139 ± 12 milliers d'années et, sur la base de résultats géochimiques, que le matériel détritique ne provenait que du Syr-Daria. A cette époque, la *Petite Mer* n'existait pas. Plus récemment, l'Amou-Daria se serait ajouté au Syr, mais avec un débit plus faible que ce dernier, augmentant progressivement mais avec des rechutes liées au fait que l'Amou se déchargeait épisodiquement *ailleurs* — c'est-à-dire dans la Caspienne par l'Ouzboï comme cela a déjà été signalé. La Petite Mer ne serait apparue que lorsque l'Amou se serait jeté dans l'Aral, 22 000 ans B.P., estiment ces auteurs, qui affirment que leurs résultats sont en accord avec les idées des sédimentologistes araliens, mais restent néanmoins prudents.

Que penser ?

On a signalé, par ailleurs, des couches de gypse et de sel gemme, sous les sédiments actuels de l'Aral. Ces couches peuvent correspondre aux solontchaks qui se forment aujourd'hui dans les creux du fond de l'ancien Aral (voir fig. VI. 4). Il s'agirait alors de formations discontinues. La littérature n'est pas claire sur ce point. En tout état de cause, la précipitation de sel gemme dans la cuvette principale impliquerait une concentration en chlorure de sodium atteignant 350 g/l environ.

Sous l'argile existe dans la partie Nord de l'ancien Aral et dans les marnes de la fosse Ouest une couche de gypse épaisse de 5 cm, située à 30 cm de profondeur sous le fond décrit plus haut. Dans la partie centrale du lac, à la même profondeur, on trouve à la place un niveau de sable grossier de 5 à 7 mm d'épaisseur, avec des coquilles de Cardium. Ce niveau n'existe pas dans le delta des cours d'eau.

Brodskaya a lié cette anomalie à un niveau historique de régression de l'Aral. A défaut de calcul théorique sur la nature des dépôts chimiques dus à la concentration par évaporation de l'eau ayant la composition chimique de l'Aral (de l'époque), calcul impossible en 1950 sans ordinateur, Brodskaya constata expérimentalement que lorsque l'eau de l'Aral atteignait une salinité de 30 g/l, le gypse commençait à précipiter. L'existence, l'étendue et la structure du niveau à moins 30 cm s'expliquent donc par une phase où l'Aral s'est trouvé largement réduit et beaucoup plus salé qu'en 1950. Mais il faut noter qu'à la différence de ce qui se passe aujourd'hui, cela correspondait à un état de stabilité au moins provisoire du niveau. La valeur de 30 g/l de salinité, atteinte en 1990, a été rapidement dépassée depuis (35 g/l en 1992 ; l'Aral dépose donc du gypse actuellement sur ses fonds). Le niveau de l'eau libre dans l'Aral se trouvait, lors des régressions avec dépôt de gypse, à une quinzaine de mètres au-dessous du niveau de 1960.

En 1950, la fine stratification annuelle des dépôts témoignait dans la Petite Mer — au Nord de l'Aral — d'une vitesse de sédimentation comprise entre 0,5 et 1,9 mm/an, et dans la partie centrale, de 0,7 à 0,8 mm/an (elle est de 10 mm dans les deltas) [1]. La couche de gypse et son équivalent sableux latéral auraient donc entre 100 et 600 ans d'âge... Cela évoque évidemment l'époque où l'Amou était en grande partie détourné vers l'Ouzboï. On calcule aisément que l'Aral avait, pour la valeur de la salinité nécessaire au dépôt du gypse (30 g/l) [2], un volume d'environ 375 km³ et une surface de 38 000 km². Pour maintenir ces valeurs, il fallait une arrivée d'eau fluviatile annuelle de l'ordre de 34 à 42 km³ (pour des conditions climatiques semblables à celles d'aujourd'hui, ce qui est très vraisemblable). Si le Syr-Daria apportait alors à l'Aral à peu près son débit naturel (15 km³/an) cela signifie qu'un peu plus de la moitié du débit de l'Amou-Daria n'atteignait plus l'Aral...

Roubanov (1974, 1982) apporte une information complémentaire (fig. II. 29 a, b). Il a trouvé dans les fosses Ouest de l'Aral, à une profondeur de 2 à 4 m sous le sommet du sédiment, une autre intercalation de gypse et de mirabilite (Na_2SO_4, 10 H_2O) encore appelée "sel de Glauber", d'environ 50 cm d'épaisseur. On peut interpréter cette couche d'évaporite comme un autre épisode de régression poussée du lac. La solubilité de la mirabilite est de 930 g/l à 30°C, mais seulement de 110 à 10°C ; pour le chlorure de sodium, c'est environ 335 g/l entre 0 et 30°C). On a vu que l'eau de l'Aral gelait en hiver : la solubilité de la mirabilite devient alors très faible et, compte tenu de la composition chimique acquise pour l'eau de l'Aral — très différente de l'eau de mer — qui a perdu son carbonate de calcium dissous, il se trouve que, paradoxalement, c'est ce sel qui précipite aisément, beaucoup mieux que le gypse, dès que l'eau est très froide. Ce phénomène s'observe dans le grand Lac Salé, aux Etats-Unis, chaque hiver. Normalement, quand la température remonte au printemps, la mirabilite se redissout [3]... Pour qu'elle ait été conservée, comme le gypse d'ailleurs, il faut que le retour de l'alimentation en eau se soit fait avec un apport massif de sédiments créant ainsi une couche peu perméable séparant les sels solubles de la masse liquide.

Roubanov a observé dans ses carottages un niveau organique tourbeux (débris de roseaux) qui s'étend sur 5000 km² dans le bassin central de l'Aral, et qui a été daté par le radiocarbone de 1590 ± 140 ans B.P. Cette valeur concorde bien avec celle déduite des travaux de Brodskaya, et témoigne d'un stade de retrait du lac moins marqué vers les IV-Vᵉ siècles. Ce retrait peut correspondre à l'invasion des Huns, qui détruisirent les digues de l'Amou. On peut concevoir que le bassin était alors réduit à des lagunes évaporitiques, bordées sur leurs rives Sud et Est par des formations végétales analogues à celles des anciens deltas de 1960.

---

(1) Berg avait calculé en 1908 qu'en 8000 ans, la sédimentation aurait, toutes choses égales par ailleurs, fait suffisamment monter le niveau de l'Aral pour que celui-ci rejoigne à nouveau le Sary-Kamysh.
(2) Atteinte en 1990.
(3) A. Jauzein (communication personnelle) signale que des "gerbes" de mirabilite poussent en une seule nuit dans 20 cm d'eau sur les rives de la Sebkra Krialat près de Tataouine (Sud tunisien), et que, après 2 heures d'exposition à l'air (25°C), elles sont entièrement dissociées en poussière de thénardite.

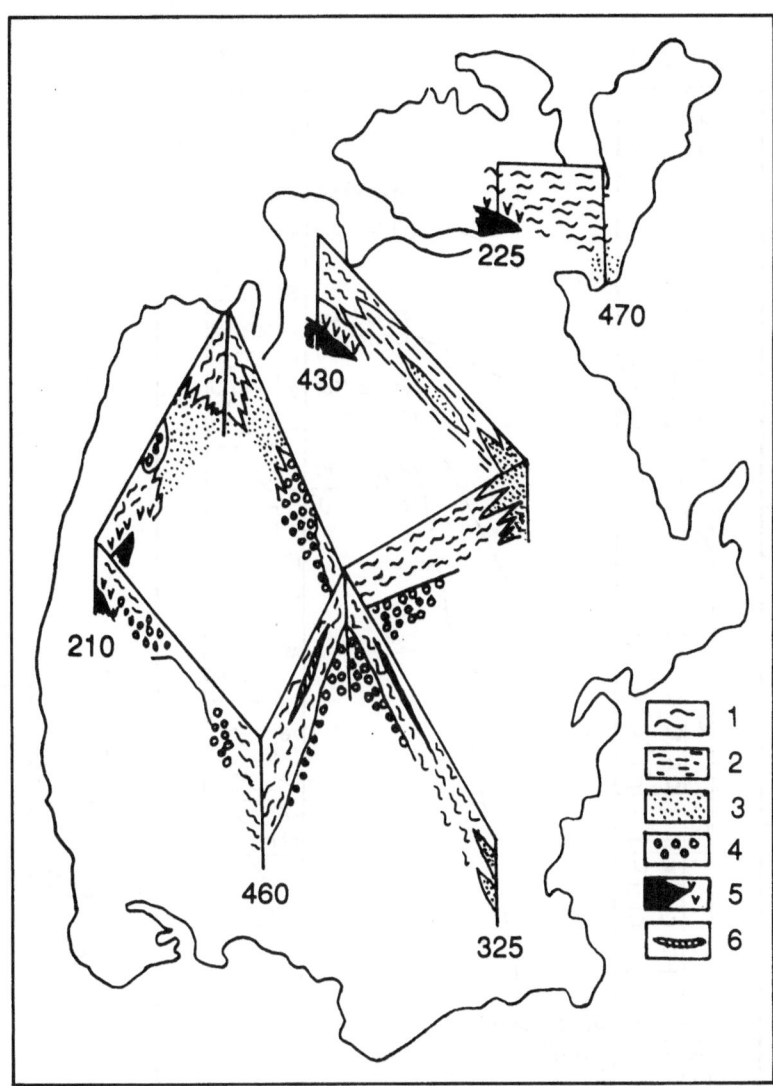

Fig. II. 29. a Structure des sédiments de l'Aral montrant la position des dépôts de sulfate dans la fosse ouest. *1* Carbonates ; *2* sédiments silteux ; *3, 4* dépôts plus grossiers ; *5* mirabilite (en noir) et gypse ; *6* passées riches en matière organique. Profondeurs en centimètres

On ignore encore la composition des sédiments plus profonds, qui seuls auraient permis de dater précisément les premiers âges de l'Aral.

Nous avons déjà évoqué une datation par Chalov de 120 000 ans pour le bas de carottes situées à 1 m de profondeur. Cette valeur, qui fut retenue comme critère pendant des années, n'est guère compatible avec : 1) le tonnage global des sédiments fluviaux, 2) les vitesses de sédimentation réellement mesurées. La couche de mirabilite trouvée entre 2 et 4 m par Roubanov pourrait avoir un ou deux mille ans. Mais pourquoi l'épisode le plus récent ne comprend-il que du gypse ? Il n'y a pas d'indice d'un refroidissement historique notable, au vu des données archéologiques… Il est par contre vraisemblable que la composition chimique de l'eau

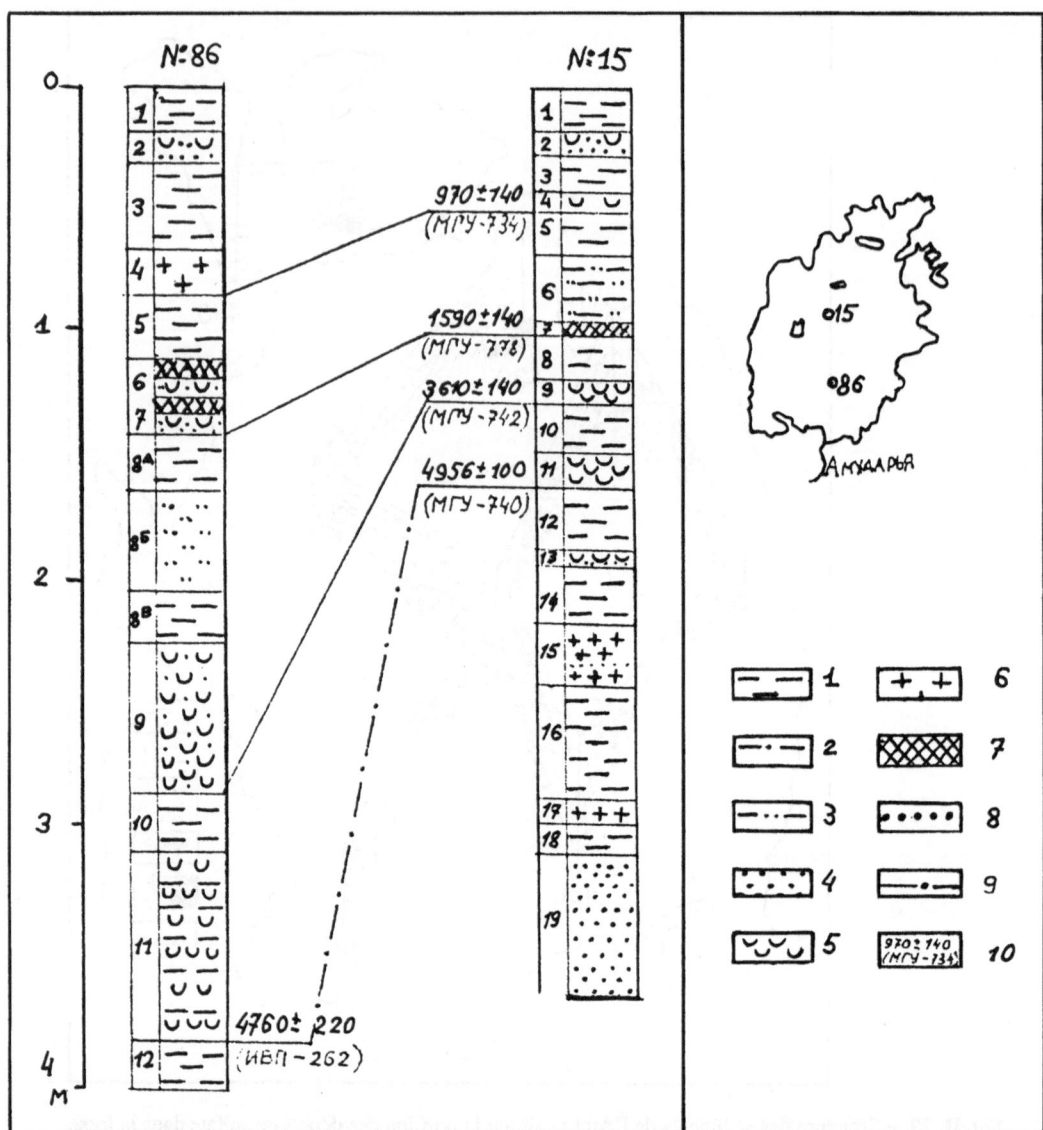

Fig. II. 29. b Lithologie de deux forages de Roubanov. *1* Dépôts argileux ; *2* dépôts silteux ; *3* dépôts argilo-silteux ; *4* sable ; *5* gypse ; *6* dépôts carbonatés ; *7* sédiment tourbeux riche en matière organique ; *8* dépôts alluviaux grossiers ; *9* dépôts hétérogènes ; *10* âge par le radiocarbone (par rapport à l'actuel : 1950 après J.C.)

de l'Aral a beaucoup changé dans le temps, selon que l'Amou-Daria (le plus gros apport de sels dissous) s'y déversait plus ou moins ou pas du tout. On voit (tableau II. 7) que l'eau du Syr-Daria est proportionnellement beaucoup plus riche en sulfates et moins riche en chlorures. La nature des dépôts évaporitiques a donc été, dans le passé, fonction aussi des apports relatifs des deux grands tributaires. Et les deux grands épisodes de retrait constatés par la sédimentologie auraient été les précurseurs de celui qui recommença en 1960.

Tableau II. 7. Débit chimique annuel (en milliers de tonnes) de l'Amou- Daria et du Syr-Daria (moyenne 1913-1949) (sources diverses)

	Eau (km³)	Ca	Mg	Na+K	HCO₃	SO₄	Cl	Fe	
AD	48,18	4367	612	2765	7853	5878	4529	2023	dissous
		3907	540	2086	7396	5059	3600	2774	suspens.
SD	13,49	1211	289	642	2558	23220	567	13,5	dissous
		1182	275	591	2510	2212	540	440	suspens.

Or jamais le Syr-Daria n'a dû complètement abandonner le lac Aral, même si l'Amou-Daria a pu être totalement détourné, ce qui est douteux. Même si l'on tient compte de mouvements tectoniques, il ne semble pas en définitive que l'Aral soit allé très au-delà de son état actuel de régression (1992), depuis qu'il existe, soit peut-être un million d'années, sauf d'éventuelles et brèves périodes où les deux cours d'eau ont pu se joindre pour se jeter dans la Caspienne. Rien n'est sûr, d'autant que les transgressions de la Caspienne ont constitué, certes à des époques plus anciennes, une source d'eau pour l'Aral.

7. Le sel dans le lac Aral (tableaux II. 8-10)

Le lac Aral représentait un paradoxe du point de vue de la salinité — comme le lac Tchad (Droubi et al., 1976), dans un contexte qui n'est pas très différent. Cette salinité est restée pratiquement stable depuis 1871, de même que le niveau du plan d'eau jusqu'aux années 1960. Or les deux cours d'eau qui l'alimentaient apportaient constamment des sels dissous, de sorte que, avec une évaporation qui est de l'ordre de 1 m par an, on aurait dû observer une augmentation régulière de la salinité. Alekin (1947) et Blinov (1947). Bortnik (1979), Glazovsky (1976, 1987) ont émis diverses hypothèses : départ de sels par les embruns, élimination par les marais salants naturels, etc. Blinov (1956) a repris le bilan complet. Il évalue très soigneusement les apports :

– charge saline des cours d'eau,
– apport par les nappes souterraines,
– apport par l'atmosphère ;
et les "puits" (départs) :
– infiltration dans les rives et le fond de la mer,
– sels accumulés dans les baies évaporitiques (marais salants),
– sels emprisonnés dans les sédiments,
– sel exporté par le vent.

On peut ainsi établir la balance des entrées et des sorties, en tenant compte de l'inertie des phénomènes d'apport et de départ.

Compte tenu des caractéristiques de composition chimique de l'eau de l'Aral [1], de température, et de sursaturation de l'eau en carbonate de calcium, Blinov, que nous considérons comme une autorité, calcule que respectivement 43,2 % et 45,5 % des sels apportés par

---

(1) Composition chimique en g/l (1947) : Na = 2,263 ; K = 0,081 ; Mg : 0,49 ; Ca = 0,556 ; Cl : 3,502 ; Br = 0,0025 ; SO₄ = 3,13 ; HCO₃ = 0,194 ; pH = 7,8-8. Voir chapitre VII pour l'évolution par concentration de cette eau.

Tableau II. 8. Salinité et niveaux de l'Aral de 1942 à 1946 (d'après Blinov)

Année	Lac Aral niveau relatif (cm)	salinité (g/l)	Ile Vozrodenya niveau relatif (cm)	salinité (g/l)	Ouzoun-Kari niveau relatif (cm)	salinité (g/l)
1942	129	10,14	128	10,21	113	11,29
1943	138	9,17	134	9,51	139	9,91
1944	130	10,54	128	9,96	129	11,27
1945	137	9,54	–	–	132	11,27
1946	152	9,03	146	9,51	147	10,25

Tableau II. 9. Flux ionique annuel moyen (d'après Blinov)

Amou-Daria (période 1913-1949) (en milliers de tonnes)

Village de Chatla

Flux d'eau (km³)	Ca^{2+}	Mg^{2+}	Na^+K^+	HCO_3^-	SO_4^{2-}	Cl^-	Total
48,09	3998	537,5	2089	3630	5052	3593	18909

A la sortie du delta (somme des bouches)

Flux d'eau (km³)	Ca^{2+}	Mg^{2+}	Na^+K^+	HCO_3^-	SO_4^{2-}	Cl^-	Total
42,00	3379	574	2418,5	4158	3906	3308	17743

Syr-Daria (période de 1937 à 1944) près de l'embouchure

Flux d'eau (km³)	Ca^{2+}	Mg^{2+}	Na^+K^+	HCO_3^-	SO_4^{2-}	Cl^-	Total
13,5	1183	278	591,5	1235	2219	554	6051

l'Amou-Daria et le Syr-Daria précipitent sous forme de carbonate de calcium. Blinov estime qu'un apport de sels liée aux sources souterraines représente un apport négligeable par rapport aux cours d'eau, et que si l'on compare la quantité totale de sels existant dans l'Aral par rapport à ce que les cours d'eau apportent annuellement (carbonate de calcium déduit), il faudrait 820 ans pour atteindre la salinité de 1954, après une augmentation régulière de 1 % depuis 1871, ce que les statistiques ne montrent pas. Blinov calcule aussi que les apports éoliens n'étaient que d'environ 64 800 t par an, soit 5 pour mille du sel d'apport fluviatile.

Passant alors aux flux de sortie, Blinov calcule la déflation des sels par le vent à la surface de l'eau libre, et trouve par différence 107 000 t/an, ce qui est à l'évidence relativement très peu. Il démontre, suivant l'exemple parallèle du lac Balkash, que le bilan en eau de l'Aral ne s'équilibre que si le lac alimente lui-même les nappes aquifères de ses rives. Pour le lac Balkhash, la hauteur d'eau équivalente au départ vers les nappes souterraines varie de 60 à 210 mm par an, pour des conditions climatiques équivalentes.

L'excès séculaire du sel apporté dans ces grands lacs est donc éliminé en partie vers le sous-sol avoisinant. Les hydrologues français qui ont travaillé sur le lac Tchad sont parvenus à des conclusions analogues.

Certes, Blinov ne disposait pas de statistique complète pour l'Aral, mais il mit le doigt sur la complexité de son équilibre salin. Ce point sera évoqué plus précisément lorsque sera traité l'évolution du lac depuis 1960 (chapitres VI et VII). Des estimations plus récentes du bilan des sels dissous sont données dans le tableau II. 10.

Tableau II. 10. Estimations du bilan en sel de l'Aral (pré-1960) en Mt/an (d'après Glazovsky, 1990)

		Blinov (1956)	Goin (1972)	Bortnick (1979)	Tchernenko (1983)	Glazovsky (1976, 83, 87)
Apports	Rivières	23,79	32,21	(Blinov)	(Blinov)	29,19
	Eaux souterraines	0		1,4	23,7	0,7-3,3
	Atmosphère	0,065		0,4	(Blinov)	3,9
	Total	23,85		25,6	47,55	
Départs	Vers l'atmosphère	0,107	0,28-0,23	(Blinov)	(Blinov)	0,38-0,5
	Vers les aquifères	12,85		1,5	1,95	0,21
	Marais salants			12,9	34,6	14-16
	Précipitation au fond	10,94		(Blinov)	(Blinov)	13-15

8. Les cours d'eau allochtones (¹), tributaires de l'Aral

L'Amou-Daria et le Syr-Daria constituent la clé de voûte du système hydrologique. Les vallées dégradées des Kaschka-Daria, Zerafzan, Mourghab, Tedjen, Tchou et Talas sur le territoire de la CEI, Houlm, Balkh, Sary Poul et Shirintagar en Afghanistan participent aussi à l'écoulement de surface et donnent avec l'Amou et le Syr-Daria un écoulement annuel estimé à 120 km³. Ce chapitre a évoqué les avatars de l'Amou vers la Caspienne. Le Syr n'a peut-être jamais conflué avec l'Amou, sauf peut-être en des circonstances exceptionnelles, mais aucune preuve formelle n'existe.

Le débit des deux cours d'eau — en l'absence de tout prélèvement — est défini par les conditions climatiques et pédologiques d'un monde particulier. Il y a peu de régions au monde où de si grands cours d'eau alimentent une dépression endoréique : le centre de l'Afrique avec le système Chari-Logone et son lac Tchad, le Sinkiang avec le Tarim et le lac du Lob-Nor, ou le bassin du Kalahari. Et surtout la terre d'Aral. Chacune de ces régions dépend d'un compromis délicat entre apports et évaporation. Les cartes climatiques (voir figs. II. 17, II. 18) illustrent la précarité de cet équilibre.

L'Amou-Daria (planche hors-texte 14)

L'Amou-Daria naît de la confluence du Piandj et du Vakhsh, à 1445 km du lac. Sa longueur totale, compte tenu de son affluent principal, est de 2540 km ; il prend naissance dans le Pamir, en Afghanistan près de la frontière chinoise (²), à une altitude de 4900 m. Il ne porte son nom (d'après la ville ancienne de Amoulya, près de Tchardzou) que beaucoup plus en aval. Son bassin actif représente environ 309 000 km². L'essentiel des apports d'eau provient de la fonte des glaciers et des neiges d'automne dans les parties les plus basses du bassin-versant. Les eaux sont collectées par les 4 grands affluents de la rive droite (Tadjikistan) : le Kyzyl-Sou, le Vakhsh, le Kafirnigan et le Sourkhan-Daria. Il quitte le Pamir à 200 km à l'Est de Termez dans le Tadjikistan, où il a encore une altitude de 324 m, et pénètre dans un désert que prolonge le Kara-Koum. Deux gros affluents arrivent d'Afghanistan, le Kokcha et le Koundouz, apportant

---

(1) Allochtone se dit d'un cours d'eau issu d'un écosystème différent de celui où se situe la partie la plus longue de son cours.

(2) Pour des détails sur le Haut-Oxus, voir Curzon (1896), Toeplitz (1931), Spuler (1977).

20 à 30 % du débit total. Ces deux rivières s'étalent dans leur bas cours et forment des plaines alluviales non loin de la ville de Termez, qui marque la fin du cours de montagne de l'Amou-Daria. Plus à l'Ouest, d'autres rivières plus maigres (Khatm, Balkhale-Daria, Safed, Shirin-tagao) ont jadis été des affluents de l'Amou-Daria, elles aussi issues de l'Afghanistan, mais comme le Mourghab et le Tedjen, se perdent dans le désert au Sud de la frontière. L'Amou-Daria avait deux crues annuelles : la première en avril-mai, courte et relativement peu abon-dante, due à la fonte des neiges ; la seconde en juin-juillet (fonte des glaces) ; le niveau se stabilisait en novembre. L'étiage le plus sévère se produisait en mars. Depuis la régulation du cours d'eau, la première crue est presque complètement écrêtée.

A Kerki (altitude 250 m) où la vallée se rétrécit, le débit ([1]) était, avant les grands travaux entrepris depuis 1954, de 1850 km³/an en moyenne. Il reste encore 1260 km à parcourir jusqu'à l'Aral (voir fig. II. 28). Là se trouvent les premières prises d'eau importantes (il en existe déjà en amont, et l'Afghanistan n'a, d'autre part, jamais fait valoir ses droits de prélèvement pour l'irrigation sur le fleuve frontière). Un peu en amont, la prise du grand canal du Kara-Koum (ex.-canal Lénine) prélève plus de 300 km³/an. Sur la rive droite, à Moukhry, des prises ali-mentent l'irrigation de la plaine alluviale aux alentours de Karchi, chef-lieu du district (Oblast) de la steppe Kaskadarjinskaia, et, compte tenu de la différence d'altitude, des pompes relèvent l'eau de plusieurs dizaines de mètres.

L'Amou-Daria charrie des quantités considérables de particules : beaucoup d'argile en sus-pension, un peu de sable, etc. (de 1 à 3,5 kg/m³) qui en font le deuxième fleuve au monde pour sa charge spécifique solide, loin derrière le Hoang He en Chine. A Kerki, de septembre 1912 à octobre 1914, il est passé 294 millions de m³ de particules solides, dont 92 % en été, respon-sables d'un dépôt de 25 cm d'épaisseur. Gvozdetskii et Mikhailov donnent une valeur de 3,3 g/l en 1978, soit 5 fois plus en moyenne que la Volga. Ce sédiment très fin se consolide mal, ce qui explique la rapidité avec laquelle le cours d'eau érige ses terrasses ([2]), creuse et déplace ses chenaux. Ceux-ci ont une largeur de 500 à 2000 m, et même de 3 à 5 km à l'amont du delta (1950). Leur profondeur varie constamment, entre 0,75 et 7,5 m. Les eaux sont rouges en période de crue. Jusqu'à Noukous, la pente du cours d'eau reste encore assez rapide (altitude : 176 m à Tchardzou, 100 m à Tourktoul, 65 m à Noukous) et, en certains endroits, il coule au-dessus d'alluvions plus anciennes encore meubles, qu'il remanie sans cesse et rapidement (on a signalé des érosions de berge progressant jusqu'à 2 m par minute !), provoquant ainsi des inon-dations catastrophiques qui ravagent champs et vergers, surtout sur la rive droite ([3]). Ces excès ont été en grande partie régularisés par le barrage de Kelif qui détourne le cours d'eau vers le canal du Kara-Koum, et celui de Pitniak (lac de Tiouyamouyoun), construit sur des rapides

---

(1) Débit à Kerki (1959, moyenne de 50 ans) : 1850 m³/s (3300 en 1880) : janv. 600, fév. 600, mars 700, avril 1235, mai 2000, juin 2900, juil. 3376, août 2930, sept. 2300, oct. 950, nov. 720, déc. 650. Plaschev et Chekmarev donnent un débit moyen de 2010 m³/s à Kerki (1978).

(2) Il existe 3 terrasses anciennes : la première (la plus basse) de 2 à 5 m au-dessus du fleuve, est formée d'une alternance de sable et d'argile. Elle est naturellement couverte de buissons et de roseaux ; la seconde est de 5 à 10 m, la troisième, la plus ancienne (voir tableau II. 1), de 16 à 20 m. Toutes deux, for-mées d'argile et de sable micacé, sont peu fertiles et soumises à la déflation éolienne.

(3) "Les berges du fleuve, par suite du limon charrié par les eaux, se couvrent d'une végétation extrême-ment touffue et sont très giboyeuses ; ces terres constamment baignées par l'eau se rattachent au pied d'une espèce de falaise ou de dune qui en suit tout le cours et qui, s'élevant également sur les deux rives, marque le lit véritable du fleuve et sert de limite au désert..." (Benoist Méchin). "En 1905, la berge sep-tentrionale passait à la limite de la petite localité de Chirim. En 1915, Chirim était sur la rive gauche : en dix ans, le fleuve s'était déplacé de 10 km. Il y a vingt ans, il passait à 10 km de Tourtkoul. Au printemps de 1936, il menaçait les remparts de la ville ; le 18 juin, il y pénétrait, plusieurs maisons s'effondraient, des plantations de coton et des jardins étaient envahis" (Pierre George, 1947, p. 144).

juste en amont de Khiva et d'Ourgench, là où un seuil de roches crétacées émerge des alluvions, et rétrécit à nouveau le cours — d'une largeur variant de 500 m à 3 km, formé de bras vifs ou morts entrelacés aux méandres nombreux — à 300 m seulement. Ce dernier barrage sert à la régulation des crues résiduelles et à l'irrigation du Khorezm. A Tchardzou, en amont, une prise prélève aussi de l'eau pour la région de Boukhara ([1]).

Les substances dissoutes transportées par l'Amou s'élèvent à 22,5 millions de tonnes par an à Kerki (tableau. II. 9). La teneur est (était) en moyenne de 0,6 g/litre, plus basse en été (dilution), maximale en février. L'eau est très dure (riche en carbonate de calcium). Elle contient un peu de matière organique, mais beaucoup moins que les grands fleuves russes et sibériens (5,5 mg/l pour l'Amou à Chatli en 1985, contre 2,5 pour le Syr-Daria, 20 pour le Dniepr et 12 pour la Volga). Cela s'explique par la pauvreté en humus des sols traversés. La teneur en sels dissous a considérablement augmenté ces dernières années (voir tableau V. 14) du fait du rejet des eaux de drainage, mais aussi des eaux usées des villes pour qui, le plus souvent, le cours d'eau constitue le déversoir des égouts.

L'Amou ne reçoit plus d'affluent après la frontière afghane. Le Zerafzan, long de 870 km, est issu des montagnes situées entre la vallée du Ferghana et le haut cours de l'Amou. Il a des crues de même périodicité que l'Amou-Daria, avec un débit liquide moyen de 160 m³/s et un débit solide de 0,7 g/l à son débouché dans la plaine. Il arrose Samarkand et Boukhara, se perd en d'innombrables canaux dès sa sortie des montagnes, car utilisé de toute éternité pour l'irrigation. On a signalé à plusieurs reprises que des crues lui avaient permis d'atteindre l'Amou pendant les temps historiques. Un canal draine désormais les eaux vannes depuis Boukhara jusqu'à l'Amou. Sur la rive gauche, aux alentours de Tchardzou, des dépressions transversales ont permis le déversement des crues exceptionnelles vers le Kara-Koum et l'Oungouz (1878, 1969), comme l'a fait jadis le bras Kelif-Daria, qui prend naissance à l'Ouest également près de la frontière et a été réutilisé en partie pour le canal du Kara-Koum ([2]).

En aval, sur les rives gauche et droite, les dérivations (aujourd'hui régularisées) prennent l'eau pour l'irrigation du haut delta et du Khorezm. Jadis, un bras (l'Akcha-Daria) se détachait au Sud-Est du chaînon de Sultan-Ouiz-Dag et rejoignait l'Aral au niveau de l'Akpekti (coin SE de l'Aral) (voir fig. II. 21 et chapitre III). L'Amou était encore à 10 m au-dessus de l'Aral à Noukous (120 km) ; la pente reste donc assez forte, par comparaison avec d'autres deltas, comme celui du Mississipi. C'est que le delta proprement dit ne commence réellement qu'à une dizaine de kilomètres du rivage (de 1960), et que tout le reste est le delta ancien du Quaternaire.

Près de 1 km³ d'eau par an s'évaporait par an pendant le transit jusqu'à Noukous. Souslov (1947) a estimé à 25 % du débit la perte totale moyenne (prélèvement et évaporation de 25 % du débit entre Kerki et cette ville, mais de 8 % en février et 38 % en mai). A Pitniak, près de Khiva, le débit était en moyenne de 3300 à 3600 m³/s vers 1880. A Noukous, en 1880 le débit moyen était encore de 1600 m³/s (basses eaux moyennes 970 m³/s ; hautes eaux moyennes 4570 m³/s ; la crue de 1878 avait culminé à 27400 m³, plus que le Mississipi). A Noukous, se produisaient encore 2 crues, en avril-mai puis en juin-juillet ; l'étiage a lieu en janvier-février, puis fin juillet. Les prélèvements et les pertes (évaporation, infiltration) étaient estimés dès la fin du XIXe siècle à la moitié du débit constaté à Kerki, ce qui contredit Souslov. A Noukous, en 1947, le débit moyen était tombé à 580 m³/s, avec un maximum de 2500 et un minimum de 200. Après 1960, il est passé à 60 m³/s en moyenne, et n'est plus que de 20 m³/s en 1980 ; entre temps, la qualité de l'eau a beaucoup changé. Le débit parvenu à l'embouchure est tombé à zéro après 1980 ; il est remonté à 10 ou 15 m³/s depuis 1985.

---

(1) Il n'y a eu de pont sur l'Amou-Daria qu'au début du XVIIIe siècle.
(2) En 1907, le Kelif a coulé de 100 km dans le Kara-Koum ; en 1911, il était à nouveau à sec. Spuler (1977) discute ce problème.

En aval de Noukous, les eaux se perdaient pour l'essentiel dans les marais du delta. L'Amou-Daria se reconstituait en de nombreux chenaux à l'approche du lac. Le chenal principal a constamment changé au cours du temps : à l'Est du delta (c'était l'Oulkoum-Daria exploré par Samoïnow) en 1713-1714, puis à l'Ouest du delta en 1750 (le Taldyk-Daria) ; il retourna à l'Est, puis se rétablit à nouveau à l'Ouest. Plus récemment encore, vers 1950, il fut redressé artificiellement vers l'Est. Le bras nommé Ichen-Djiken était insignifiant en 1873 : en 1893, il était large de 200 m et profond de 9 à 15 m ; en 1907, il peinait pour arriver au lac. La plupart des dérivations se dirigent vers le delta intérieur du Khorezm, sur la rive gauche. Des dérivations récentes sur la rive droite alimentent des canaux au Nord et au Sud du petit massif de Sultan-Ouiz-Dag, dans l'ancien lit holocène de l'Akcha-Daria, vers le Nord-Est. D'anciennes dépressions lacustres, à l'Est et à l'Ouest du delta, ont été réutilisées pour le déversement des eaux usées.

Les bras du delta peuvent être couverts de 30 cm de glace jusqu'à Noukous, de décembre à février. En amont, seules les rives peuvent être prises, et encore pas tous les ans. Cette embâcle crée des inondations en amont, puis en aval à la débâcle.

L'Amou-Daria est (était ?) difficilement navigable. Le delta était impraticable aux bateaux de quelque importance, et ce fut un événement quand le Perowski, chaloupe à vapeur apportée en pièces détachées de Russie et remontée à Kazalinsk, de 1 m de tirant d'eau, parvint à Noukous à la grande surprise des riverains en 1874, ayant effectué ainsi la première traversée complète de l'Aral. Des barges de faible tirant d'eau (70 cm) étaient remorquées de Noukous à Kerki et utilisaient le courant pour redescendre. Le trafic n'a jamais été important, et la voie ferrée a vite suppléé le cours d'eau. La navigation traditionnelle elle-même n'a jamais été que marginale. Les bras du delta n'étaient pas navigables et le rêve de Pierre le Grand de faire de l'Amou une grande voie d'eau ne s'est jamais réalisé.

Hormis les variations saisonnières de débit, les périodes pluriannuelles d'étiage séparant des périodes pluriannuelles de crues compliquent la mise en valeur du cours d'eau.

Le Syr-Daria

Le Syr-Daria est, avec l'Amou-Daria, le seul cours d'eau qui alimentait l'Aral. Sa longueur est de 2212 km, 3019 km avec son haut affluent, le Naryn. Son bassin versant couvre 219 000 km². Il traverse la plaine du Ferghana, jadis entièrement désertique et où il reçoit le Kara-Daria et quelques autres rivières, comme le Veleye. Un seul affluent d'importance parvient au Syr-Daria dans la plaine. C'est le Chirchik qui arrose le bassin de Tachkent. Il ne mesure que 160 km de longueur mais débite 224 m³/s à la sortie des montagnes. La plupart de ces cours d'eau se perdaient dans le désert central de la vallée, irriguant au passage de petites oasis (comme le font le Mourghab et le Tedjen en Turkmenistan). Les travaux du grand canal de Ferghana, entrepris en 1937, réunirent ces eaux et celles du Syr-Daria pour l'irrigation. Deux grands barrages (ceux de Farkhad et de Kairakoum) retiennent les eaux de crue (mêlées aux eaux de drainage) en amont de Khodjend (ex-Leninabad). Le Syr-Daria contourne ensuite la montagne du Mogol-Taou et franchit les rapides de Bekavad. Il est à nouveau retenu par le barrage de Tchardara, près de Tachkent (voir fig. V. 10), qui le régularise. Ce lac communique aujourd'hui avec la dépression d'Aydarkoul, qui sert par ailleurs de déversoir aux eaux de drainage de la steppe Golodnaya à l'Ouest, et qui est utilisée aussi comme déversoir de crues. Lac artificiel de 300 km de long et 20 km de large — plus grand que le Léman — il n'a que 20 m de profondeur et restitue ses eaux aux époques d'étiage. Le Syr-Daria passe de 230 m d'altitude à 190 m près de Timkent, 125 m à Kzyl-Orda et 100 m à Dzoudali, perdant donc 175 m en 900 km. Il ne reçoit plus de tributaire permanent en aval de Timkent, mais comporte encore une retenue avant Kzyl-Orda. A Tcheli, à 100 km en amont, un canal sur la rive droite irrigue les anciens marais de Bakaly-Kona et un autre se perd au Nord dans le petit lac Terekol, atteint jadis en période de crue par le Tchou venu du Nord-Est. Dans le delta, qui commence à Kazalinsk, le cours d'eau coule au-dessus de ses alluvions anciennes (5 m de dénivellation à 15 km de l'embouchure), ce qui créait, comme pour l'Amou, des débordements dangereux. D'ailleurs, de nombreux bras anciens, souvent repris par des canaux d'irrigation moderne, ont coulé à diverses époques.

Ces bras anciens ont alimenté beaucoup de villes antiques (cf. chapitre III). Le Syr-Daria avait pu, exceptionnellement, se jeter dans l'Amou. Mais il n'a jamais eu d'embouchure séparée dans la Caspienne, le relief de l'Oust-Ourt s'y opposant (Wood, 1875). Le Sultan Baher, dans ses mémoires, affirmait que le *Si-Houn* se perdait dans les sables au XVIᵉ siècle. Un bras se détachait à 12 km en aval de Perovsk, le Yani-Daria (ou nouveau fleuve). Il est lui aussi jalonné de villes en ruines. Il coulait au XIVᵉ siècle ; en 1740 il était à sec, mais coula de 1760 à 1770, permettant aux habitants d'ouvrir de nouveaux canaux d'irrigation. On a dit qu'il irriguait alors le pays des Karakalpaks. En 1820, un barrage lui coupa l'eau, la digue fut emportée en 1848 et la Yani se remit à couler, atteignant le lac Kouktcha-Denghiz, à l'Est du delta de l'Amou, lors des fortes crues, avant la régularisation par le lac Aidarkoul. Un chenal desséché contourne d'ailleurs le Sud de l'Aral et aboutit aux lacs de Koungrad et Daou-Kara. Un autre bras mort, plus en aval, le Kouran-Daria, était encore en eau en 1857, mais complètement sec en 1910. Ces chenaux anciens ont été réanimés après 1960 pour l'irrigation. D'autres lits préhistoriques ont été repérés dans le désert du Kyzyl-Koum, ainsi que de nombreux affluents, issus des régions de Tachkent et de Timkent, entièrement récupérés depuis longtemps pour l'irrigation, et jalonnés des stations et villes antiques (voir fig. V. 2).

Quand l'Amou-Daria coulait vers la Caspienne, le Syr-Daria alimentait seul l'Aral. Son cours se dirigeait au Sud-Ouest et gagnait la fosse ouest de l'Aral par la dépression du fond dite de Predchinkov. Avec un débit d'une vingtaine de km³ par an, il stabilisait le lac à un niveau voisin de l'actuel.

Diverses dépressions lacustres anciennes du delta du Syr-Daria sont utilisées aujourd'hui pour la collecte des eaux de drainage. De niveau très bas par rapport au rivage, elles subissaient fréquemment des alternances d'assèchement et de remplissage.

A la différence de l'Amou-Daria, le Syr-Daria n'a qu'une seule crue en été (à la fonte des neiges car il possède peu de glaciers dans son haut bassin) (fig. II. 30). Le débit moyen à la sortie de la plaine du Ferghana était en 1947 de 436 m³/s en janvier et de 1640 m³/s en juin. Le cours d'eau transporte moins de particules en suspension (1 g/l environ) que l'Amou-Daria mais plus de boue sur le fond, de sorte que ses rives, colmatées, sont plus stables. Il apportait au delta environ 15 millions de tonnes de sédiment nouveau par an. Le cours d'eau gèle en hiver : il est pris à Kzyl-Orda de début décembre à fin avril, mais reste navigable 240 jours par an. La circulation fluviale, facilitée par des fonds de 5 à 10 m, plus facile que sur l'Amou, restait toutefois modeste. Vers 1900, son apport à l'Aral était de 17 km³ par an (contre 50 pour l'Amou). Il était tombé à zéro en 1980. On a, depuis 1988, rendu un peu d'eau (de drainage) au tronçon aval et ouvert une dérivation vers le Nord, pour alimenter un peu la "Petite Mer", partie nord de l'Aral que l'abaissement du lac a désormais isolée. Le niveau de la Petite Mer se trouve à 1 m au-dessus de celui de la Grande Mer en 1993 et on a préservé (1992) un mince filet d'eau qui s'en échappe, baptisé "la rivière Berg", du nom du spécialiste de l'Aral au début du XXᵉ siècle…

L'écoulement annuel moyen des cours du bassin de l'Amou-Daria varie de 65 km³ en 1974 (année d'étiage) à 110 km³ en 1969 (année de crue) ([1]). Pour le Syr-Daria les valeurs varient de 20 km³ (1983) à 70 km³ (1969). Ces variations rendent difficiles les travaux d'aménagement.

Le Syr-Daria souffre d'une évaporation intense et de pollution agricole.

---

(1) Ces valeurs diffèrent de celles données sur la figure II. 28.

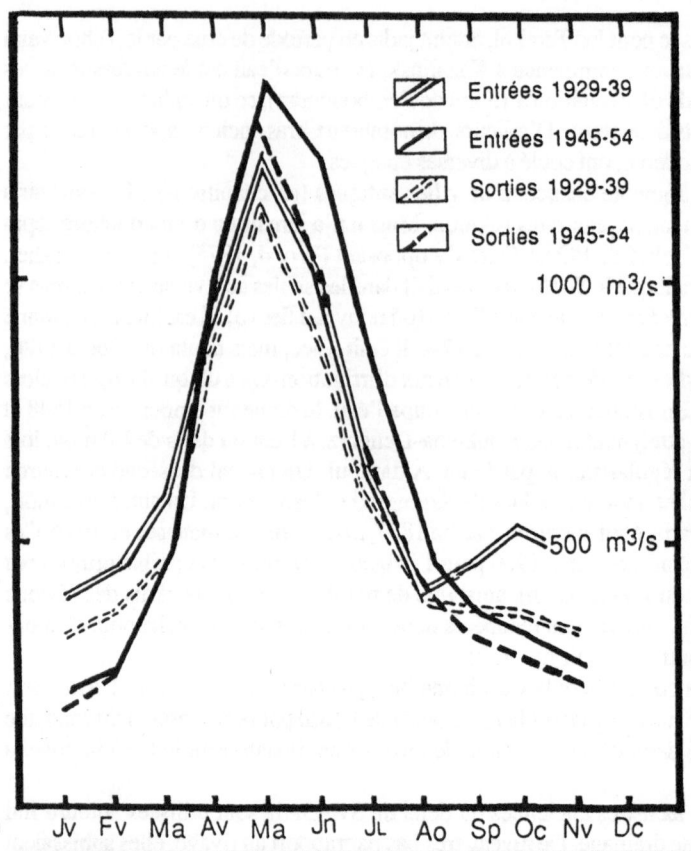

Fig. II. 30. Régime des crues du Syr-Daria dans la vallée du Ferghana. Noter l'évolution apportée par la construction des barrages de retenue

Fig. II. 31. Paléochenaux du Sud-Est de la Touranie. *1* Pliocène (plus de 2 millions d'années) ; *2* quaternaire ancien ; *3* quaternaire moyen ; *4* holocène (moins de 10 000 ans environ) ; *5* canal du Karakoum (d'après Prichtchepa, 1991)

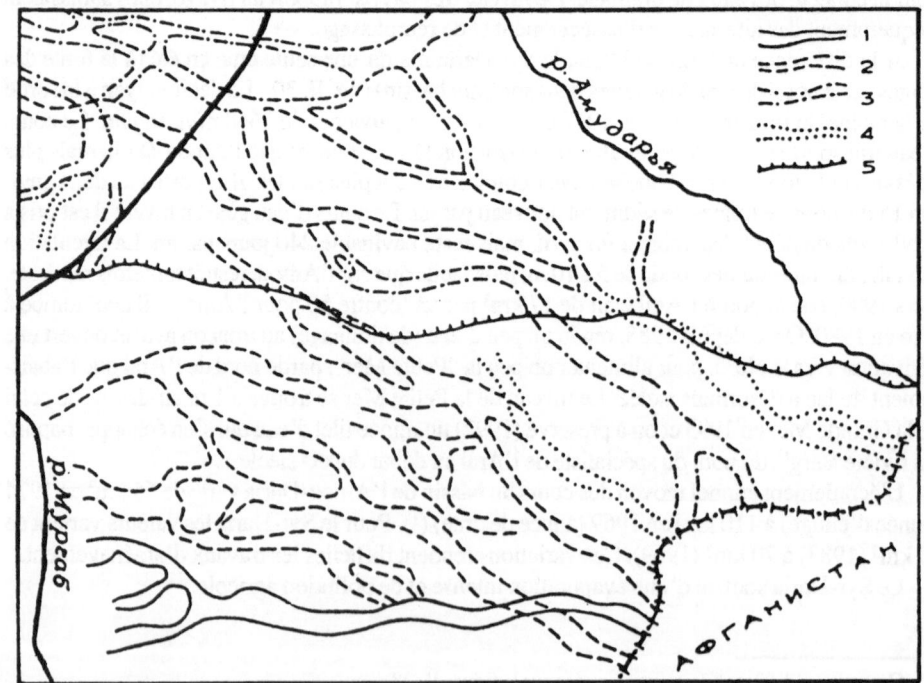

Rivières sèches et anciens tributaires

Explorateurs pédestres, cavaliers et chameliers, puis aviateurs et cosmonautes, ont révélé combien tout l'alentour de l'Aral avait, depuis le début du Quaternaire, possédé un véritable lacis de chenaux (fig. II. 31). Sur une morphologie plate dans l'ensemble où, à part quelques chaînons tectoniques, les seuls reliefs sont dus à l'empilement des alluvions apportées par les cours d'eau et les cordons dunaires, rien ne s'oppose à la divagation des cours d'eau. Beaucoup d'anciens lits, d'âge varié, ont été décelés. Leur fond est jalonné de takyrs. L'Ouzboï, en particulier, mérite à lui seul un développement particulier.

L'Ouzboï : mythe et réalité

Au niveau de Khiva, l'Amou-Daria est à 100 m d'altitude (50 au-dessus de l'Aral, à 400 km de là, 130 m au-dessus de la Caspienne, à 1000 km). Le delta proprement dit commence à Noukous à 60 m au-dessus du zéro des océans. En fait, la plus grande partie du delta (que les anciens Arabes appelaient l'île Aral — d'où le nom du lac) qui n'est plus fonctionnelle, s'est formée au Pléistocène. Il y reste des buttes témoins au-dessus du marécage presque plat ; les dépôts holocènes n'existent qu'à proximité (10 km) du rivage d'avant 1960. L'Amou coule sur une paléomorphologie convexe (voir figs. II. 36, II. 37), héritée de l'époque glaciaire, où son lit peut divaguer latéralement, comme sur tout cône torrentiel, et peut être facilement dévié par l'action humaine. Humboldt disait que c'était largement dans les possibilités des habiles Khiviens.

Sur la rive gauche de l'Oxus s'étend une vaste surface inclinée parsemée de buttes témoins, qui se termine au Nord-Ouest dans la dépression du Sary-Kamysh à 250 km, mais s'étale aussi vers l'Ouest de manière insensible jusqu'à 300 km, à un niveau bien inférieur à celui de Noukous (figs. II. 32, II. 33). Un détournement mineur, s'accélérant avec les crues, pouvait fort bien dévier l'Oxus, en tout ou en partie, vers l'Ouest.

Dès le début du XVIIIᵉ siècle, on avait repéré la vallée asséchée qui reliait le delta de l'Oxus à la Caspienne, l'Ouzboï, qui avait frappé de surprise le premier voyageur occidental dans la contrée, Jenkinson (cf chapitre III et fig. II. 38), avec ses méandres et ses berges abruptes. La partie supérieure de ce chenal est dénommée Darya-Lyk ou Aryk-Daria, et n'est qu'un des nombreux bras asséchés de l'Ouest du delta de l'Amou-Daria. Au Sud du lac Sary-Kamysh, le lit ancien de l'Ouzboï est envahi par les dunes et ne se retrouve intact qu'à partir de la station de Kourtish (fig. II. 32) où il est jalonné de lacs et de marais.

En 1836, ainsi qu'en 1838, l'eau s'écoula dans l'Ouzboï jusqu'à 5 jours de marche de la Caspienne. En 1840, l'eau atteignit le Sary-Kamysh, mais n'y dépassa pas 2 m de profondeur ; elle y resta 4 ans. On verra que Mongols et Turcomans, en leur temps, détournèrent par leurs destructions le cours principal du fleuve vers le Sary-Kamysh et ennoyèrent la contrée. En 1878, une crue gigantesque fit couler 875 m³/s dans l'Aryk-Daria, le tributaire du Sary-Kamysh (cf. chapitre III) dont une dizaine de mètres cubes seulement atteignait la dépression, le reste se perdant dans les alluvions et les canaux collatéraux. En 1879, avant la réparation des écluses et digues détruites, il coulait encore 40 m³/s dans le Darya-Kyk, à 213 km de l'Amou-Daria (Heilmann). La régularisation rapide du cours d'eau par les Russes, au moyen de digues et des canaux, autorisa un débit moyen de 400 m³ dans les plaines du Khorezm, et permit de mieux contrôler des crues ultérieures d'une importance comparable. La crue de 1878 apporta assez d'eau pour ennoyer la dépression d'Aiboughir qui fut à deux doigts de se déverser dans le Sary-Kamysh. Elle n'influa guère sur le niveau de l'Aral : tout se dispersa aux alentours, y compris dans des bras abandonnés et de petites dépressions à l'Est du delta. En 1895, une nouvelle destruction des digues ramena encore une partie de l'Amou-Daria vers le Sary-Kamysh qui fut

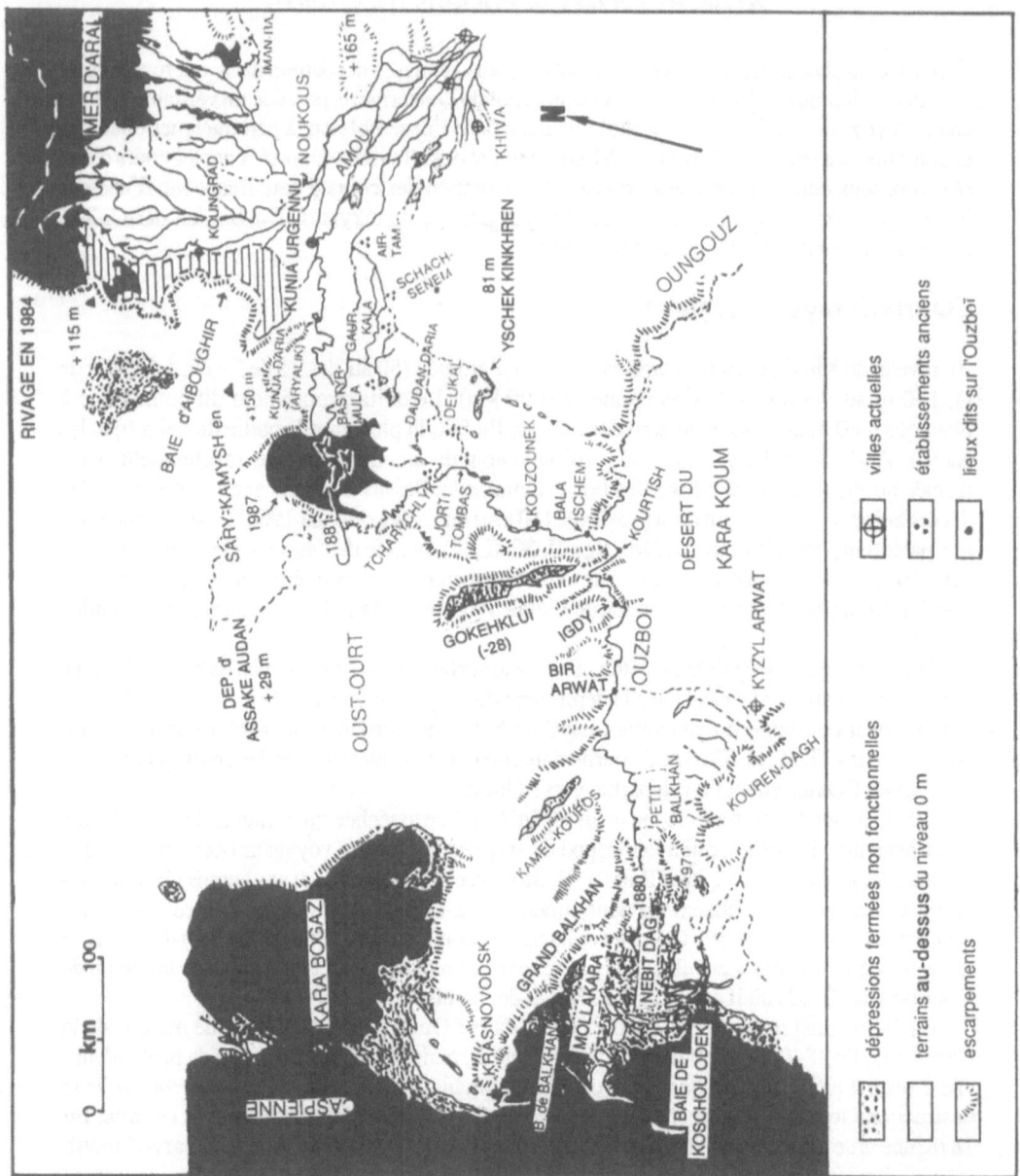

Fig. II. 32. L'Ouzboï, adapté de Hermann (1881) avec quelques compléments. La toponymie est d'époque, et peut différer de celle employée aujourd'hui

presque rempli ([1]). Aujourd'hui, le Sary-Kamysh reçoit les eaux de drainage issues des aires irriguées le long de l'Amou-Daria, avec un débit moyen de l'ordre de 140 m³/s.

---

(1) *Geogr. J.*, 1896, p. 515.

Laissons de côté le propos de Wood (1875) qui déclare que, selon les indigènes, l'Oungouz se séparait jadis de l'Oxus près de Tchardzou, ce qui paraît peu crédible pour l'époque historique. Elisée Reclus, le génial polygraphe libertaire qui, dans les années 1880, écrivait seul à Genève sa *Géographie Universelle,* consacra à la question de l'Aral-Oxus (Reclus, 1881) une vingtaine de pages très documentées, toujours d'actualité car il y évoque les dégâts que causerait le détournement de l'Aral vers la Caspienne, ce qui était encore récemment un des projets à la mode dans les sphères dirigeantes russes.

Quatre théories relatives à l'Ouzboï subsistaient vers 1910 :

a) celle de Konschin (1885) : le bas Ouzboï n'a été occupé que par la Caspienne, de Igdy à Balaï Ischem (fig. II. 32) ; le cours avait été tracé par la surverse du lac Sary-Kamysh en période de très hautes eaux.

Morgan(1878) fait remarquer que la ligne de partage des eaux de l'Amou vers la Caspienne et vers le Sary-Kamysh sont à la même altitude et que les crues de l'Amou pouvaient aller indifféremment vers l'une ou l'autre.

b) Celle de Walther (1898 a, b), selon laquelle le bas Ouzboï, comme l'Oungouz d'ailleurs, est un ancien bras marin, mais Walther affirme que le cours d'eau n'a jamais été qu'un oued intermittent. D'ailleurs, il ne trouve pas de sédiments de l'Amou dans l'Ouzboï, et il n'y a pas de tourbe aux abords de la baie des Balkhans ([1]). Walther attribue au climat désertique le façonnement des escarpements du Tchink et de l'Oungouz et dénie toute valeur aux récits arabes ; les voyageurs, selon lui, auraient confondu Caspienne et Sary-Kamysh.

c) Celle d'Obroutchev (1890) : Le célèbre géologue russe a sillonné de 1886 à 1888 tout le territoire transcaspien, dont la partie comprise entre Merv et Tedjen porte aujourd'hui son nom (steppe d'Obroutchev). Ulcéré de n'être pas mentionné par les auteurs cités plus haut, il écrase la théorie de Walther (1898), qui avait fait d'énormes erreurs de nivellement. Il décrit justement la nature géologique des rives de l'Ouzboï, les deux cascades mortes d'Igdy et Kourtysch, les ruines des caravansérails, des entrepôts, les canaux d'irrigation qui jalonnent l'Ouzboï, les alluvions où il trouve des particules provenant du Sary-Kamysh. Il concilie ses observations avec les travaux de Barthold et d'Hermann (cf. chapitre III) : la navigation était réalisée de la Caspienne jusqu'aux chutes, un transbordement s'effectuait entre les deux localités jusqu'au cours supérieur de l'Ouzboï et vice-versa. A Kourtysch, les caravanes pouvaient charger et gagner vers le Sud, en quelques jours, Kyzil-Arwat puis le Khorasan.

Les arguments d'Obroutchev sont tous valables, sauf un. Ce n'est sans doute pas le Sary-Kamysh seul qui a alimenté l'Ouzboï, car il en est séparé par un seuil situé à environ 50 m (fig. II. 32.). Le remplissage total de la dépression, jusqu'à cette altitude, implique que toute la contrée à l'Ouest du Sary-Kamysh soit elle-même ennoyée (fig. II. 33). Les anciens tributaires du Sary-Kamysh, dont l'Aryk-Daria est le principal, ont laissé dans la dépression du Sary-Kamysh un biseau deltaïque qui atteint précisément cette hauteur ; depuis, l'Aryk-Daria a entaillé le biseau sur près de 30 m de profondeur ([2]). Cela n'implique pas que la dépression ait été constamment remplie d'eau jusqu'au bord, et, à l'époque historique, même la grande crue de 1878 n'arriva qu'à une trentaine de mètres sous le rebord du seuil.

Quelques calculs peuvent être faits à partir des données de Mansimov (1987), Nikitin (1985), Kikishev et al. (1990) et Zoumanyasov (1978) après les travaux menés depuis 1961 pour mettre en valeur la plaine entre Khiva et le Sary-Kamysh. Il faut tenir le plus grand compte de l'évaporation (1 m/an). Pour une superficie actuelle de 2250 km^2, et une profondeur maximum de 40 ± 2 m, ce lac avait atteint, sans exutoire, son niveau d'équilibre en 1988 : ce qui cor-

---

(1) La tourbe existe plus au Sud (Karpychev, 1990).

(2) On sait aujourd'hui que ce remplissage est pléistocène, antérieur à l'homme.

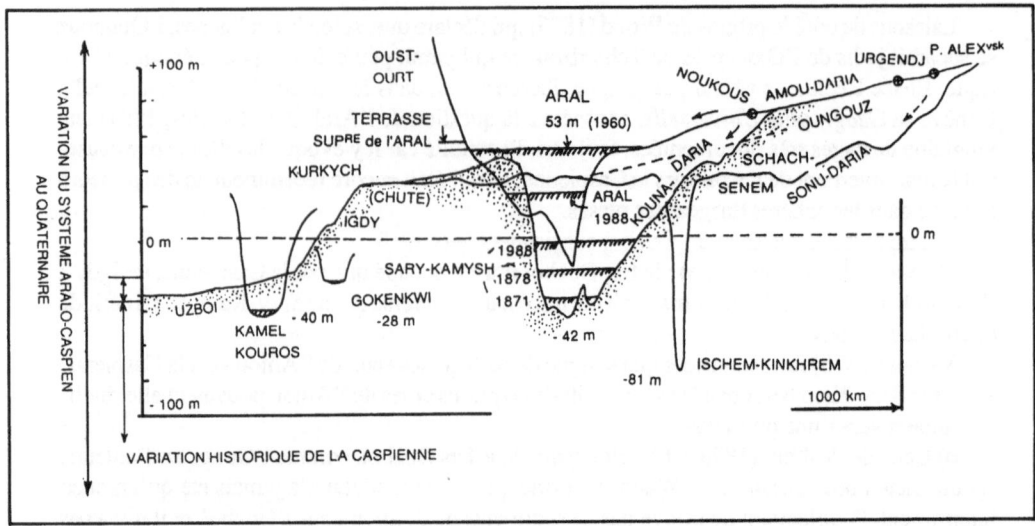

Fig. II. 33. Profils comparés des paléolits de l'Oxus vers le Sary-Kamysh et la Caspienne et des dépressions attenantes

respond à un débit d'apport d'environ 80 m³/s ([1]). On peut calculer que pour remplir la dépression du Sary-Kamysh jusqu'au niveau du seuil (à 50 m absolus), dans les mêmes conditions, il faut au moins 120 m³/s, sans compter l'alimentation de la grande dépression à l'Ouest (Assake-Aoudan) dont le fond est à +29 m (fig. II. 34). Le total de l'eau nécessaire pour atteindre la cote +50 m et y maintenir le niveau est de l'ordre de 250-300 m³/s. Ceci s'est réalisé dans le passé et représente approximativement ce qui est aujourd'hui prélevé par le canal Sud-Turkmène. Mais pour alimenter l'Ouzboï jusqu'à la Caspienne, il faudrait largement plus, compte tenu des pertes d'un cours d'eau soumis à une intense évaporation et à une forte infiltration qui devrait aussi alimenter les nappes alluviales de ses berges. Un tel débit est du domaine du possible, si l'on prend en compte les auteurs arabes qui estimaient que la moitié de l'eau de l'Amou se déversait vers l'Ouest. On a d'ailleurs retracé le chenal de sortie du Sary-Kamysh, sur le bord sud duquel l'expédition du Khorezm a retrouvé une sorte de *station service* (Tcharchili) pour les caravanes (Tolstov, 1962, p. 263). Mais cet exutoire paraît insuffisant — au moins pendant l'époque où Tcharchili était en activité — pour alimenter les centaines de kilomètres de l'Ouzboï. D'ailleurs, la partie moyenne de l'Ouzboï, de Kouzounek jusqu'à Tcharchili, n'a pas de lit bien marqué ; il n'y reste qu'une large dépression envahie par les sables et où ne subsistent que quelques lagunes.

d) Une autre explication possible de l'alimentation antique de l'Ouzboï, avancée par Woiekoff en 1879, repose sur l'existence, au Sud du Sary-Kamysh, d'autres chenaux fossiles, tel la Ton-Daria ou Daoudan-Daria, qui s'écoulaient 100 km plus au Sud et parallèlement à l'Aryk-Daria, jusqu'au Nord de la localité de Koujounek, au Sud du Sary-Kamysh. Mouraviev en avait commencé l'exploration dès 1817. En 1881, le général Gloubowski, qui relevait la région — toujours en vue de l'éventuel détournement de l'Amou — établit la carte de ces chenaux avec, tout au long, une série de villes mortes, qu'il attribua à deux périodes différentes (la plus ancienne étant la plus riche), jusqu'au chenal proprement dit de l'Ouzboï. Nous avons déjà

---

(1) En 1960, l'Amou ne débitait déjà plus vers l'Aral que 60 m³/s à Noukous, à l'entrée du delta...

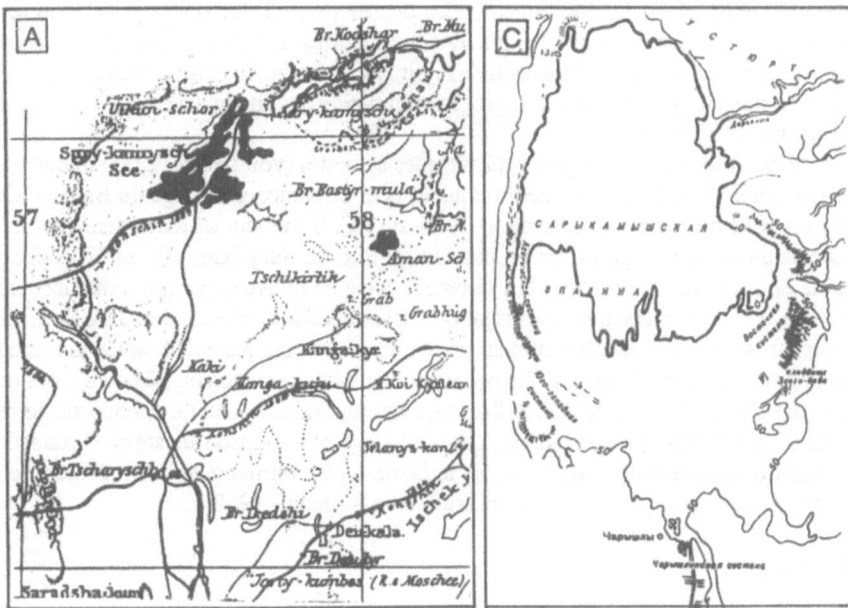

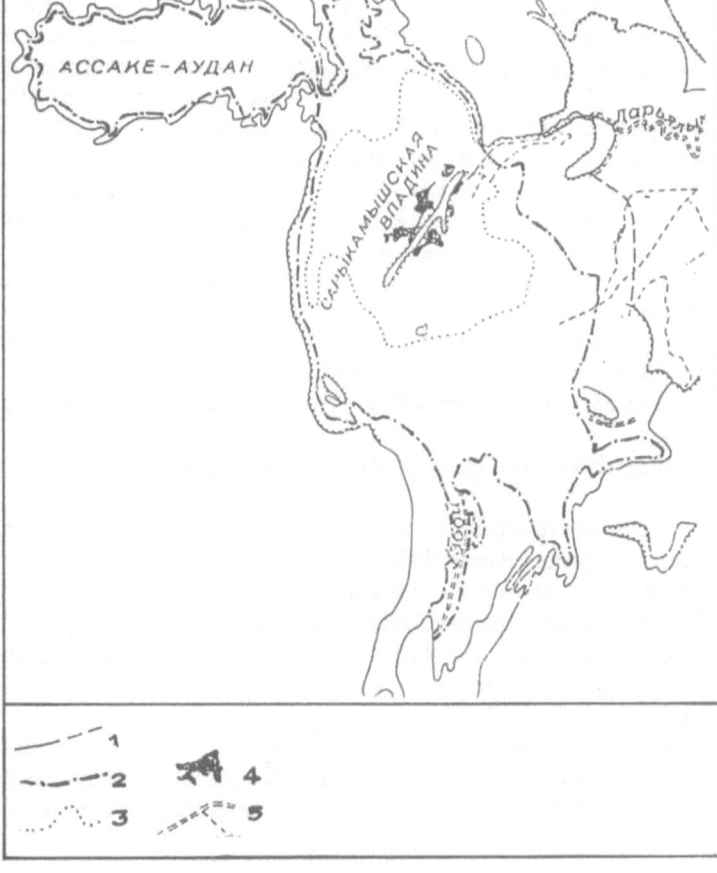

Fig. II. 34 A-C. La dépression du Sary-Kamysh, réservoir intermédiaire entre l'Amou-Daria et l'Ouzboï (les trois cartes ont été ramenées à la même échelle). **A** Extrait de la carte des Petersmann's Mitteilungen, 1887 : noter le caractère sommaire de la topographie et l'étendue des lacs résiduels après l'inondation de 1878 ; **B** d'après Kes (Probl Ovs Pustyn, 1987) ; *1* étendue du lac au Néolithique ; *2* entre le XIIIᵉ et le XVᵉ siècle (la dépression latérale d'Assake-Aou Dan (fond à +29 m) est occupée par le lac) ; *3* état du lac en 1982 ; *4* lacs salés résiduels (état avant 1960 : noter la diminution depuis 1887) ; *5* d'après Tolstov (1962) : la cote zéro correspond sensiblement à l'état du lac en 1990 ; **C** état du lac en 1985 et topographie (cote +50 m)

mentionné l'existence d'étroites et profondes dépressions au Sud du Sary-Kamysh (comme celles d'Akskaja) et signalé que les grandes inondations de l'Amou-Daria les atteignaient, notamment celles qui, grâce à elles, avaient rejoint l'Ouzboï au XIXᵉ siècle. Beaucoup de ces lits non fonctionnels sont fossilisés par la progression rapide des champs de dunes du Kara-Koum depuis au moins 3500 ans.

Les connaissances géologiques et historiques actuelles (voir tableau III. 1) indiquent donc que l'Ouzboï coulait à l'époque néolithique et peut-être encore à l'Age du Bronze. On a la preuve formelle qu'il s'est asséché au Vᵉ siècle av. J.C. Il a dû couler à nouveau vers les IIIᵉ et IVᵉ siècles de notre ère, peut-être en passant au Sud du Sary-Kamysh, mais l'occupation humaine de ses rives fut modeste. Il a sûrement coulé de nouveau par intermittence du IXᵉ au XVIᵉ siècle, car il existe des traces d'irrigation sur ses abords à cette époque. Plus tard, il ne dut contenir que peu d'eau, insuffisamment pour l'irrigation, car les établissements humains se trouvent plutôt un peu à l'Est de l'Ouzboï et sont des sites caravaniers. Là encore, des travaux récents ont révélé l'existence d'installations contemporaines de cette époque sur le moyen cours de l'Ouzboï, à Igdy en particulier. Le témoignage de Jenkinson atteste que le haut Ouzboï avait disparu définitivement alors ; mais, le Daria-Lyk a alimenté épisodiquement le Sary-Kamysh, et de manière permanente — et artificielle — depuis 1960.

Le Tchou

Ce cours d'eau au Nord-Est de l'Aral a une longueur de 1400 km. Né du glacier du Terskei - Ala-Taou, au Sud du grand lac alpestre de l'Issyk-Koul près d'Alma-Ata (Kazakhstan), il passe près de celui-ci, qui ne lui envoie pas d'émissaire de surface. Il débite 57 m³/s à sa sortie des Monts Tien-Chan, et, après Pichpek (ex-Frounze) dont la région constitue une oasis comparable à celle des vallées du Ferghana ou de Samarkand (territoire du Semiritché), parcourt encore 700 km environ. Ses eaux sont maintenant retenues à l'orée du désert de Peski Moujourkoum, le pendant du Kyzyl-Koum au Nord du Syr-Daria, qu'il contribue à irriguer. Il divague ensuite dans des marécages de tougaï où il s'épuise et devient alors un oued désormais sec. Son lit se perd dans une série de lacs (Akzajkin, Aschikol) et aboutit dans le petit lac Terekol, au même endroit que le Sary-Sou (ou *Eau Jaune)*, qui arrive du Nord, lui aussi presque toujours asséché. Il constituait jadis un affluent rive droite du Syr-Daria et la tradition indique qu'en cas de crues exceptionnelles il lui arrivait de rejoindre ce dernier. Un canal de dérivation des eaux de drainage raccorde aujourd'hui le Syr-Daria au lac Terekol.

Après l'assèchement complet du Syr-Daria vers 1978, il fut proposé de prélever de l'eau dans le lac Issyk-Koul, près de la frontière chinoise, et de l'amener par le Tchou jusqu'au bas cours du Syr pour suppléer celui-ci ; proposition heureusement sans suite.

Affluents de rive gauche de l'Amou-Daria

A l'Ouest de l'Amou-Daria, deux cours d'eau nés dans le Khorasan iranien, se sont jetés jadis dans la Caspienne avec le "Paleo-Oxus", par le même lit de l'Ouzboï... : le Tedjen (ou rivière de Meched ou Heri-Roud en iranien) qui débite 15 m³/s en moyenne à sa sortie d'Iran et, plus à l'Est, le Mourghab (ou Eau Blanche) avec un débit de 52 m³/s, qui irrigue l'oasis de Mary dans le Kara-Koum. Ces anciens cours d'eau, au régime irrégulier (en crue au printemps, secs en été), ont édifié d'énormes deltas continentaux où se sont développées les plus anciennes civilisations de la région. Ils furent dans un passé lointain des affluents de l'Ouzboï. Leurs eaux alimentent des nappes souterraines (exploitées) et, lors des crues, des takyrs du Kara-Koum méridional. Dès le Vᵉ siècle av. J.C., des barrages retenaient ces eaux. Aujourd'hui, ces cours d'eau sont entièrement captés et leurs eaux, auxquelles s'ajoutent celles qu'apporte le canal du

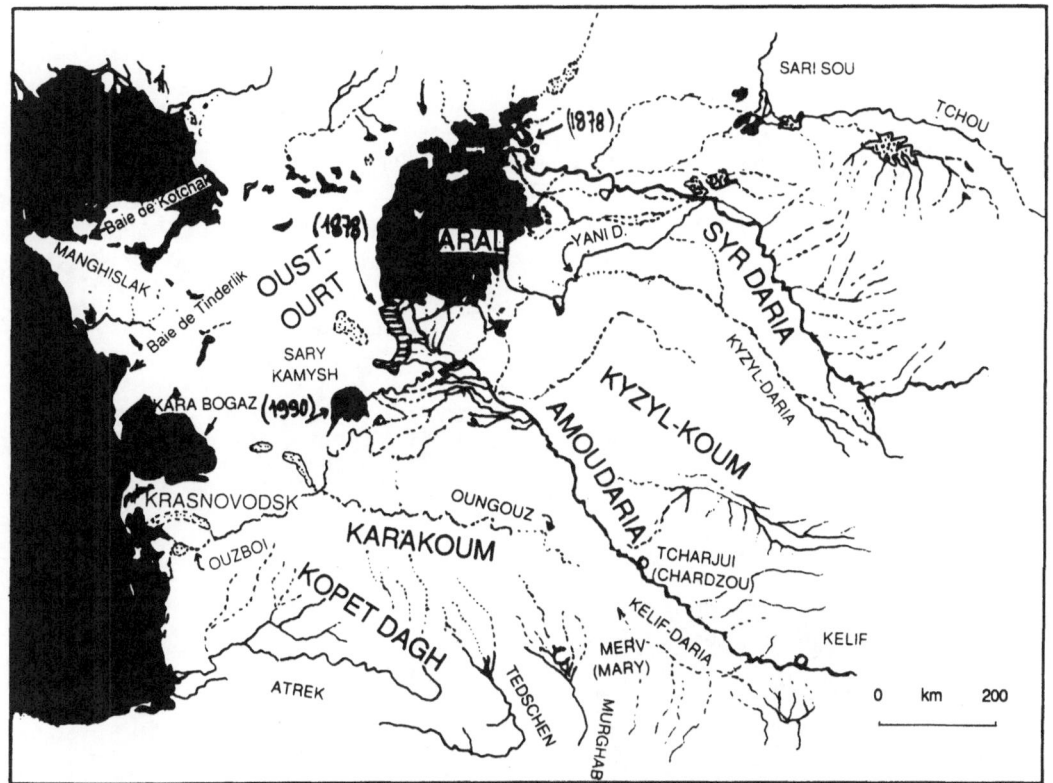

Fig. II. 35. Schéma général des paléorivières de Touranie, tous âges confondus

Kara-Koum, irriguent les grandes oasis de Tedjen, Ashkabad et Mary (Merv). Bien entendu, les eaux usées vont aux takyrs du bord du Kara-Koum.

Autres paléo-vallées

Les dépressions tectoniques ou dues aux érosions anciennes, les anciennes vallées fluviatiles et les dépressions interdunaires constituent souvent le terminus de cours d'eau temporaires alimentés par les courtes pluies d'hiver, ou l'aboutissement de cours d'eau comme le Tchou qui par infiltration, évaporation et prélèvements pour l'irrigation, sont incapables d'atteindre le lac Aral. Les torrents du Khopet-Dag terminaient ainsi leur course dans le Kara-Koum avant d'être captés, comme ceux du Kara-Taou à l'Est, ou de la rive Sud de l'Amou-Daria en territoire afghan (fig. II. 35). Takyrs et solontchaks représentent les fonds de tels épandages desséchés ([1]). Plus près de l'Aral, beaucoup de ces anciennes dépressions servent aujourd'hui de dépotoirs pour les eaux de drainage. Les plus importantes sont le Sary-Kamysh (2260 km^2 en 1987) et le lac Arnassaï (dans la dépression de l'Aydarkoul, 1290 km^2) sur le Syr-Daria près de Tachkent.

Les figures II. 36 et II. 37 illustrent le tracé des anciens affluents de l'Aral, tel qu'il ressort des études géomorphologiques, ainsi que les possibilités de divagation des cours d'eau. Leur

---

([1]) Mais les eaux infiltrées donnent parfois naissance à des sources à l'aval des cônes alluviaux : les Kara-Sou ("eaux noires").

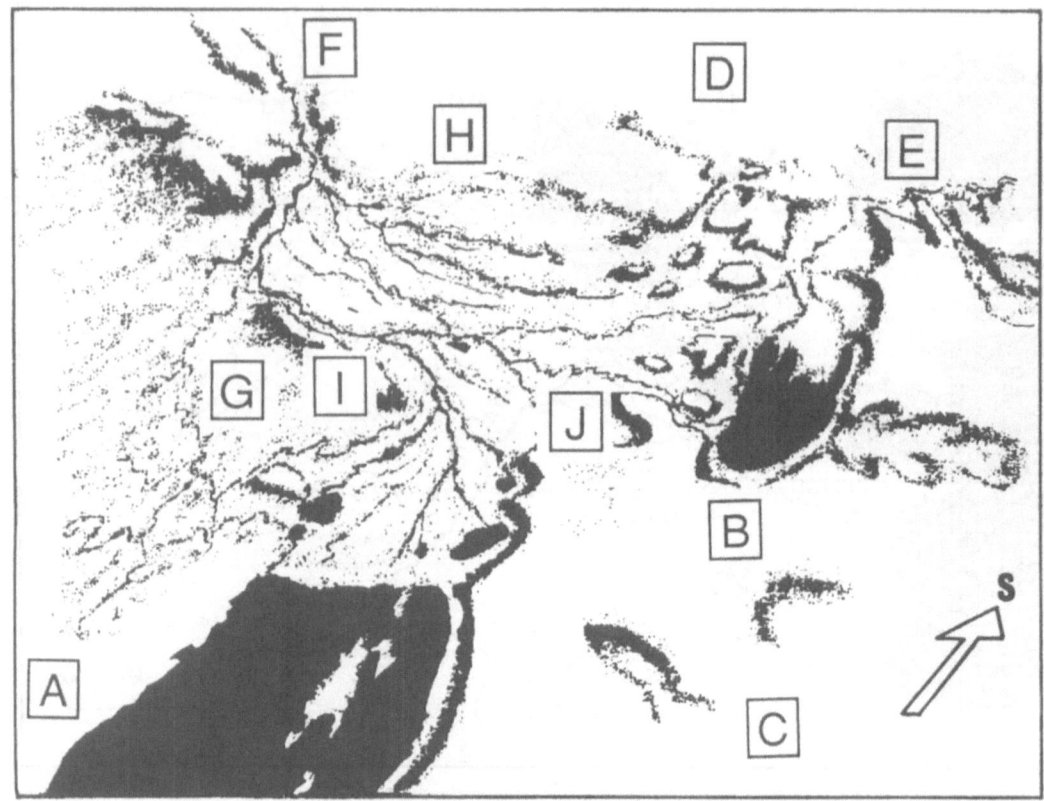

Fig. II. 36. Perspective cavalière du Sud-Ouest de l'Aral, qui illustre les possibilités de divagations de l'Amou-Daria sur son cône deltaïque. *A* Aral ; *B* Sary-Kamysh ; *C* Oust-Ourt ; *D* Kara-Koum ; *E* Ouzboï ; *F* Amou-Daria ; *G* Kyzyl- Koum ; *H* Zaoungaouz ; *I* Sultan-Ouiz-Dag ; *J* vallée du Darya-Lyk

chronologie reste en grande partie à faire, mais on estime que les deltas holocènes ont demandé de 17 à 18 000 ans pour se former à la suite de l'apport considérable d'alluvions consécutifs à la fonte des glaciers du Pamir, de l'Alaï et de la calotte glaciaire qui occupait la région au Nord du Tourgaï. On notera que le Sary-Sou et le Tchou étaient alors des affluents du Syr-Daria, tandis que le Zerafzan, le Mourghab, le Tedjen et les autres rivières asséchées issues d'Afghanistan étaient des tributaires de l'Amou-Daria.

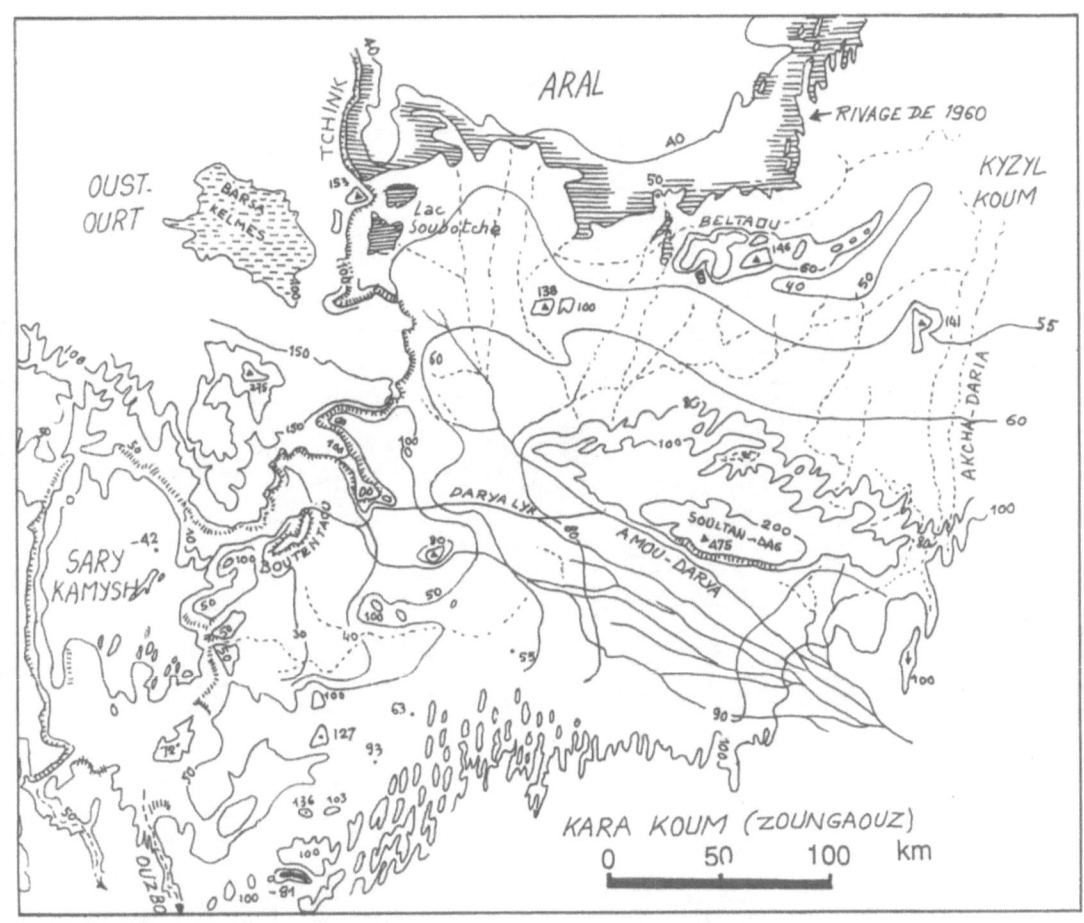

Fig. II. 37. Carte hypsométrique détaillée du cours inférieur de l'Amou-Daria, montrant la tendance naturelle du cours d'eau à s'infléchir vers l'Ouest (altitudes en mètres par rapport au zéro des océans)

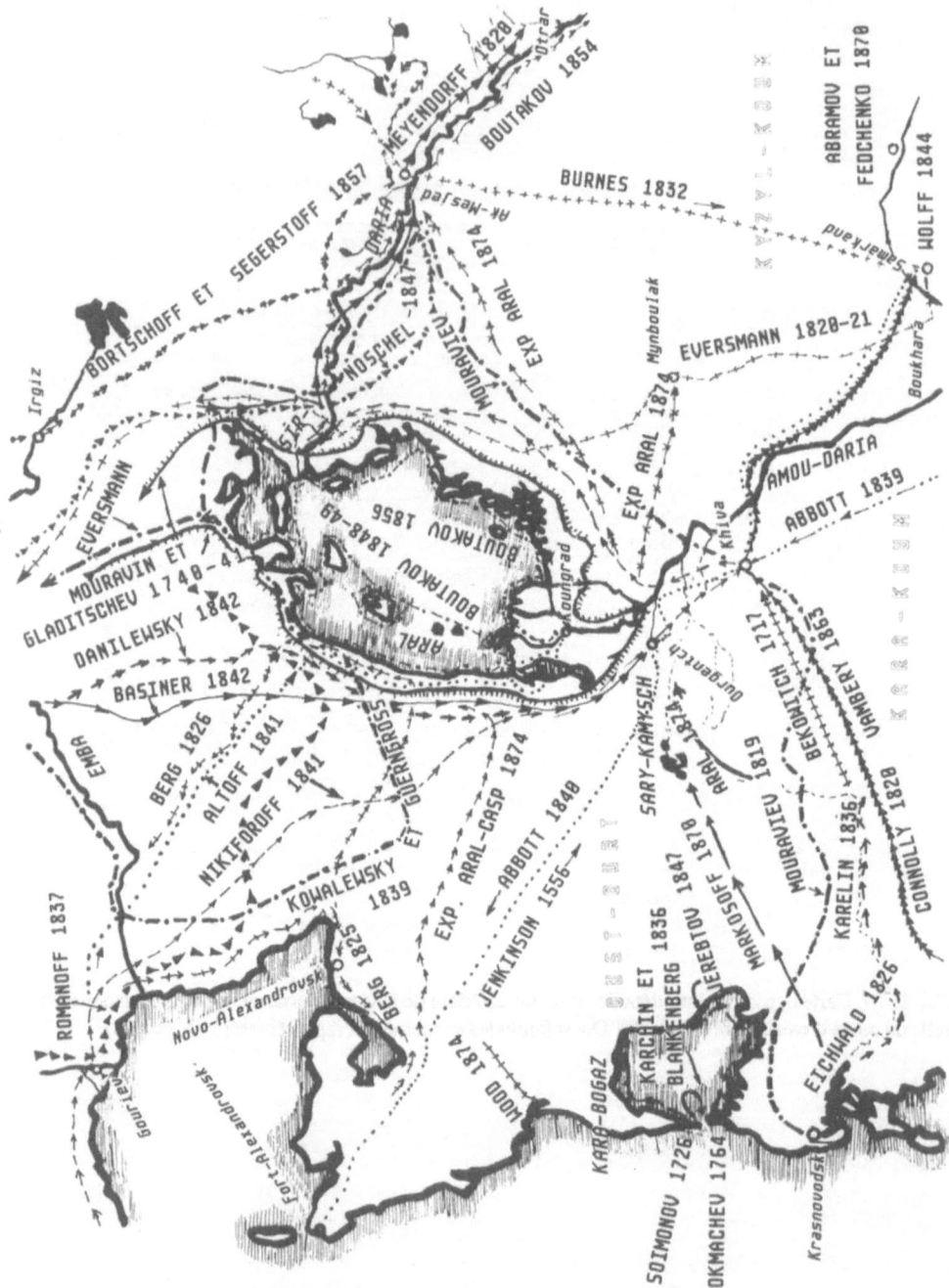

Fig. II. 38. Itinéraires de quelques voyageurs russes autour de l'Aral, jusqu'en 1874

Chapitre III

Histoire de la région aralienne : un carrefour de civilisations

1. Archéologie et histoire du bassin de l'Aral

La région touranienne, dont le Khorezm (Kharizm, Khorazm, Khorzem), c'est-à-dire la région fertile au Nord-Ouest de Khiva, entre l'Oust-Ourt et l'Aral, est le pôle le plus septentrional de contact des civilisations des steppes du Sud et de la taïga, plus au Nord. Elle s'est révélée un trésor pour l'archéologie (tableau récapitulatif III. 1 et Chronologie, p. 261).

Cette région est un carrefour entre les pays anciennement connus, au moins dans leurs fondements, soit par l'archéologie soit par l'histoire : à l'Est, la Chine et ses extensions occidentales, bien étudiées depuis le XIXe siècle, auxquelles s'attachent des noms aussi différents que ceux d'Aurélien Stein, Sven Hedin ou Paul Pelliot, qui découvrirent les témoignages de civilisations antiques au Sinkiang et aux alentours ; à l'Ouest, les civilisations mésopotamiennes, au Sud iraniennes et anatoliennes, de tous âges et de toutes structures politiques et économiques.

Ce qu'on sait depuis quelques décennies sur les peuples qui ont habité les alentours de l'Aral est le fruit d'un travail surtout soviétique, auquel le nom de Vadim Masson est fondamentalement lié. A partir de St-Petersbourg (Leningrad), il créa une école d'archéologie touranienne, forma de jeunes spécialistes locaux, eux-mêmes désormais animateurs des centres archéologiques des Républiques nouvellement indépendantes. P. Kohl (1984) et N. Andrianov (1985), dans des ouvrages remarquables, ont fait le point des découvertes et tenté des synthèses de la préhistoire du pays, qui, depuis cette date, n'ont subi que quelques modifications de détail. Mais, en raison de l'immensité de la région à explorer, on sait encore peu de chose sur sa pré- et sur sa protohistoire, inséparables de celles de l'Iran du Nord, de l'Afghanistan, de la vallée de l'Indus et du Sinkiang.

On a retrouvé, à la suite de l'expédition archéologique du Khorezm, lancée en 1937, interrompue par la guerre, reprise en 1951 et dont les travaux continuent encore, d'innombrables indices de ces civilisations, qui n'ont cessé d'exister de siècle en siècle, mais se sont déplacées, au hasard des divagations des bras des cours d'eau, de l'ensablement, et sans doute de la salinisation des sols mis en culture. Sur les sites les plus célèbres de Tagisken, Tazabagyab, d'Aminabad (la première sur la Yani-Daria, au S du cours inférieur du Syr-Daria, les deux dernières sur l'Achka-Daria — voir fig. V. 2) se pratiquait déjà l'irrigation : installations perchées sur les levées sableuses entre les bras fluviaux, et plus tard, villes, bourgs, grands canaux, barrages. Ces recherches ont fait l'objet de deux monographies de Tolstov (1962) et d'Andrianov (1969), malheureusement non diffusées en dehors de l'URSS, sauf dans les milieux spécialisés. Elles décrivent toutes les découvertes de sites abandonnés, du Néolithique au XIXe siècle.

Tableau III. 1. Chronologie sommaire de la région aralienne (Khorezm)

Époque	Témoignages	Politique	Hydrologie
Néolithique	Archéologie		Ouzboï fonctionnel
Âge du Bronze, âge du Fer	"	Petites principautés au Khorezm	Ouzboï intermittent ?
500 av. J.C.	Hérodote et radiocarbone	Royaume indépendant de Khorasmie	Destruction des digues, vidange du Sary-Kamysh et arrêt de l'Ouzboï
300 av. J.C.	Strabon, Ammien	Principautés gréco-iraniennes	Aral inconnu
100 ?	Ptolémée	Principautés gréco-byzantines	Destruction de l'irrigation
I/IIe siècle ap. J.C.	Auteurs arabes, iraniens	Fin de l'empire Koushana	Pas d'Ouzboï ?
I-IVe siècle	et chinois et archéologie	Dynastie Afrigide Tokhariens, Hephtalites, Huns	Ouzboï intermittent
IV-Ve siècle		Conquête du Khorezm par les Arabes	
712	"	Khorezm indépendant	Bras SE du Syr-Daria (Jana-D.) et bras NE de l'Amou-Daria, (Kachka-D.) fonctionnels
Xe siècle	"	Khorezm grande puissance	Destruction du Khorezm : Ouzboï coule à nouveau, l'Aral s'assèche ?
XIIe siècle	"	Gengis Khan	id.
1221	"	Tamerlan	Ouzboï coule vers la Caspienne (?) Aral à demi desséché ?
1379-1388	De Clavijo	Khiva succède à Kat et Ourgentch	"Syr-Daria se perd dans les sables"
1440	Babour		l'Ouzboï à sec, l'Aral se remplit
1504	Jenkinson		à nouveau ?
1558			Aral vaguement connu
1600-1700	Bekowitch		Assèchement des canaux du Khorezm et du Sary-Kamysh
1713-1715			Reconnaissance de l'Amou et du Syr-D. : l'Ouzboï Cartes modernes de l'Aral
1730-1874	Nombreux explorateurs	Conquête progressive du Turkestan par les Russes	Crues vers le Sary-Kamysh qui se remplit (1878)
1900-1910, 1920	Berg	Fin du Khanat de Khiva	Niveau max. de l'Aral
1925		Khorezm partagé entre l'Ouzbekistan et le Turkmenistan	
1950		Staline	Projet de détournement par l'Ouzboï vers la Caspienne
1960		Krouchtchev	Début du détournement de l'Amou-Daria, vers le canal turkmène et le Sary-Kamysh
1984		Brejnev	Arrêt des apports de l'A.-D. à l'Aral. Assèchement de l'Aral

Au travail des archéologues locaux, s'ajoute celui d'Américains, de Japonais et d'une efficace équipe du CNRS français, très active au Tadjikistan.

Le matériel préhistorique de la région a subi deux types d'agression : d'une part, l'ensevelissement par les alluvions des rivières torrentielles issues de l'amphithéâtre montagneux de la Touranie, et par le dépôt du lœss des époques glaciaires pour les sites les plus anciens ; d'autre part, dans les plaines de steppe ou de désert, la déflation, c'est-à-dire le balayage et l'enlèvement par le vent du matériel simplement construit ou déposé sur le sol. Le sable, ailleurs, recouvre tout le reste. Dans les sites irrigués, des millénaires d'utilisation des sols pour les pâturages ou les cultures ont effacé toute trace du passé. Ces scénarios sont identiques dans toutes les régions semi-désertiques ou désertiques du globe, qu'il s'agisse du Sinkiang, du Hoggar-Tassili ou du Sud Atlasique.

Les premières traces connues d'occupation humaine en Touranie sont des outils du Paléolithique inférieur, découverts en général dans la ceinture de lœss épais qui borde au Sud-Est la plaine aralienne. La datation (par la technique de thermoluminescence) en est approximative (entre 300 000 et 100 000 ans). Les sites représentent probablement des camps de chasseurs moins nomades que transhumants, c'est-à-dire qui suivaient périodiquement les mêmes itinéraires.

Vers 6 ou 5 000 ans av. J.C., une certaine forme d'élevage existait dans le Sud du Turkmenistan, au pied des pentes Nord-Est du Khopet-Dag, et dans ce qui sera plus tard la Sogdiane et la Bactriane. Dès le Vᵉ millénaire av. J.C., apparaît dans les mêmes lieux la culture de Djeitoun, caractérisée par une agriculture sédentarisée, peut-être empruntée aux régions plus occidentales de Syrie et d'Anatolie. On savait irriguer, on élevait les chèvres. Le blé a dû être introduit alors à partir des civilisations plus anciennes du Croissant Fertile (Palestine, Syrie, Mésopotamie), qui savaient déjà le cultiver.

Les territoires les plus densément occupés de la région qui nous concerne étaient les deltas intérieurs du Tedjen et du Mourghab. Les installations y sont recouvertes par les alluvions récentes. A partir de 4000 ans av. J.C., on trouve fréquemment dans les sites de fouilles des ossements de bovidés, de moutons et de chèvre, des graines de grenade et des noyaux d'abricot, des faucilles en os et en silex. Des traces d'agglomérations (protovilles) existent (fig. III. 1). A la même époque, les franges septentrionales de l'Asie Centrale, de la Caspienne au Syr-Daria, étaient occupées par des groupes appartenant à la civilisation néolithique de Kelteminar, qui vivaient de chasse, de pêche et de coquillages et dont le style de poterie est caractéristique. On a retrouvé de cette époque de nombreux restes de campement, le long de l'Ouzboï(¹) et dans les basses plaines au Sud-Est de l'Aral (fig. III. 2), sur les nombreux lits abandonnés de l'Akcha-Daria (bras ancien de l'Amou-Daria remontant vers le Nord-Est au niveau d'Ourgench) et le long du Darya-Lyk, un autre bras se dirigeant vers l'Ouzboï et de là à la Caspienne.

La culture de Zaman-Baba, près de Boukhara sur le Zerafzan inférieur qui coulait alors, pourrait constituer le passage entre le Néolithique et le début de l'Age du Bronze.

Au troisième millénaire, un événement important eut lieu au Nord de l'Aral, la domestication du cheval, et plus à l'Est sans doute, du chameau. C'était le prélude au développement du nomadisme pastoral, car il fallait disposer de moyens de déplacement rapide. Les chariots à roues furent inventés, puis des véhicules à deux grandes roues — comme les tombereaux — qui permettaient de circuler sans s'enliser dans les terrains peu sûrs, surtout après les pluies. L'équitation semble être apparue peu après (Renfrew, 1990, p. 236).

Les peuples à qui nous devons ces progrès s'étendirent peu à peu sur la steppe encore vierge, jusqu'au Sud de l'Aral. Cette culture, dite d'Andronovo (du nom d'un site du Nord-

---

(1) Avec des silex venant du Caucase (Vinogradov, 1968).

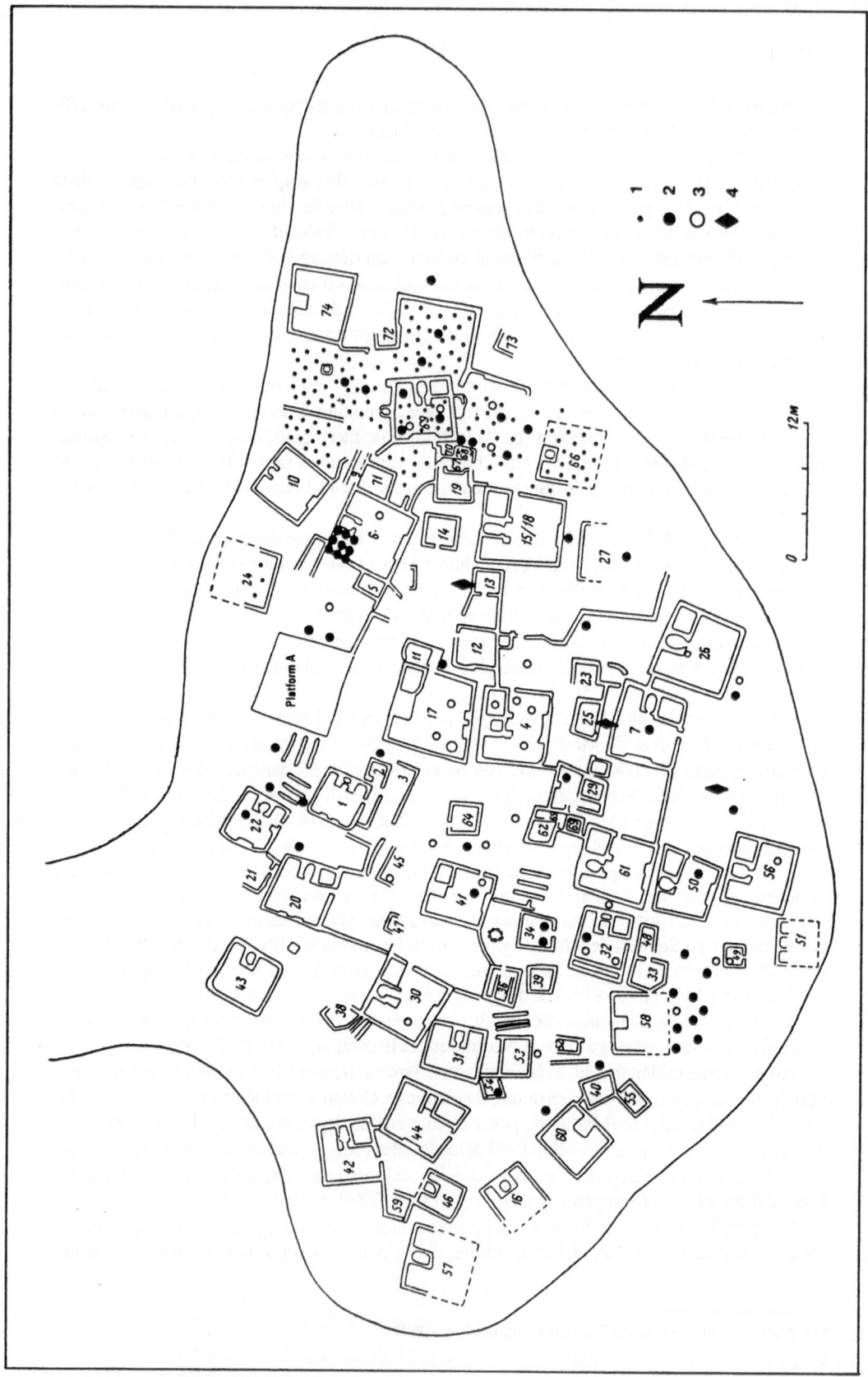

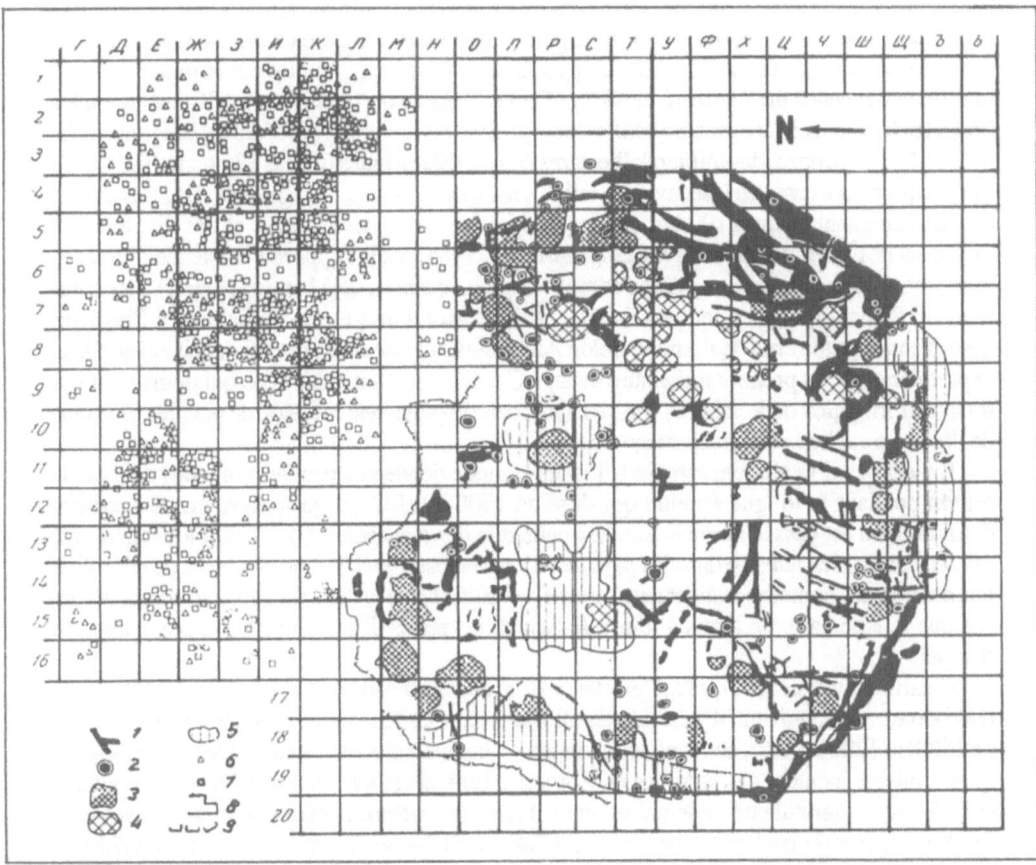

Fig. III. 2. Traces d'un camp d'époque Kelteminar à Djanbas (au Sud-Est du Syr-Daria). *1* Restes de construction en bois, *2* trous de poteaux, *3, 4* restes de foyers, *5* sable avec cendres, *6* fragments de céramique, *7* objets en silex, *8* bord des excavations, *9* bord du takyr (un carré : 1 m²) (d'après Andrianov, 1965)

Fig. III. 1. Protoville de Djeitun (niveau 2) (Sud-Turkmenistan), du ıvᵉ millénaire avant J.C., et site des découvertes d'outils. *1* Silex taillés, *2* Nuclei et fragments, *3* retoucheurs, *A* marteaux (d'après Kohl, 1984)

Ouest du Kazakhstan) est classiquement datée de 1700 à 1200 av. J.C., et s'est étendue peu à peu de la basse Volga vers le Sud de l'Aral. A Tazabagyab, à Kokcha (dans le delta de l'Amou), on trouve des tombes à toit de bois contenant des ossements de chevaux, des fragments de char. Cette civilisation a donc diffusé lentement vers le Sud et s'est superposée, dans le Khorezm, le Ferghana et le Zerafzan, aux activités sédentaires des agriculteurs venus du Sud de la Turkménie — alors que les communautés proto-urbaines de leur région d'origine avaient disparu, sans doute à la suite d'un manque d'eau. On pense que, entre 2000 et 700 av. J.C., la région est passée par une phase de sécheresse plus marquée. Le mouvement de ces civilisations nomades et la diffusion de rites funéraires, de formes artistiques parallèlement à la pénétration des langues indo-européennes vers le Sud (Inde), entre 1500 et 2000 av. J.C., a fait considérer ces populations comme la souche des peuples indo-européens. Le parallèle entre ces migrations et l'extension des langues indo-européennes est désormais mis en doute, voire mis à mal

(Collectif, 1981, 1985 ; Kohl, op. cit. ; Brachet, 1983 ([1]) ; Renfrew, 1990). Il paraît probable que l'économie pastorale, qui a besoin de points fixes pour satisfaire certains besoins alimentaires (le blé), n'a pu réellement se développer qu'en prenant appui sur les communautés sédentaires comme celles du Khorezm et du Syr-Daria. C'est ce qu'on a prouvé à Karasouk où les nomades faisaient encore escale au XIXe siècle pour se ravitailler, et possédaient des propriétés.

A l'âge du Bronze, des milliers d'hectares étaient déjà irrigués dans le Khorezm (fig. III. 3). On y cultivait les céréales (blé, avoine, millet), le coton, la vigne, les légumes. Des réseaux de canaux atteignant jusqu'à 100 km de long et 45 m de large, des barrages et des distributeurs existaient dès le Ier millénaire av. J.C. (Andrianov, 1985). Cela suppose l'existence d'un pouvoir centralisé pour gérer ce système complexe qui connaissait déjà la noria *(chigir)*. Les habitants du Khorezm observaient les étoiles, et l'apparition de l'étoile Fomalhaut à l'horizon austral annonçait la crue de l'Amou. Selon Andrianov, un état du Khorezm devait exister dans le premier quart du premier millénaire avant J.C. : le coton était cultivé, ce qui demandait des travaux d'irrigation déjà élaborés. Un peu après cette époque, une invasion de peuples inconnus de l'histoire eut lieu et détruisit ce système.

Il y eut peu d'évolution, semble-t-il, dans le mode de vie des peuples nomades de toute la région pendant la longue époque qui dura de 1500 av. J.C. jusqu'à notre ère. La culture d'Andronovo est passée insensiblement à celle dite des *Kourganes* ([2]) — tumulus funéraires, qui est surtout bien attestée dans les pays de l'Oural et jusqu'en Ukraine. On vient de découvrir que ces peuples nomades avaient aussi creusé des puits. Dans le delta du Syr-Daria, plus déshérité que le Khorezm, on a mis à jour à Karasouk les restes d'une civilisation issue, elle, du Iénisséi.

A partir du VIIe siècle av. J.C., l'existence de groupes nomades est attestée par les historiens (Hérodote)… Auparavant, il y est fait des allusions dans les Rig-Veda, hymnes datant peut-être de 1500 ou 1200 av. J.C., écrits en vieil iranien — langue indo-européenne. Des contes mythiques iraniens, incluant des sermons de Zoroastre (VIIe siècle av. J.C.) décrivent des combats entre les Ayra (agriculteurs sédentaires) et les Toura (nomades). Les Grecs parlent des Scythes, des Massagètes ([3]) les Perses des Saces ou Saka, les Chinois des Wou Soun. L'archéologie montre que ces peuples, descendant de la vieille civilisation d'Andronovo, avaient assimilé les cultures locales et celles du Caucase septentrional.

L'étape historique suivante est celle de la conquête de la Touranie par l'Empire perse (fig. III. 4). Cyrus le Grand (vers 558-528 av. J.C.) atteignit le Khorezm et détruisit l'ancienne Samarkand. Darios III (521-486) étendit le territoire au-delà du Iaxartes (Syr-Daria). Ce que l'on sait de l'administration perse est mince : des satrapes (gouverneurs) dans les grandes villes (Merv, Maracanda : Samarkand, Bactres : Balkh et Kat (Kath, Kadj) — ville détruite au Nord du Khorezm dans la Satrapie de Chorasmie), veillaient essentiellement à la rentrée des impôts. Leur administration touchait à l'Aral, et les nomades indépendants étaient refoulés au-delà de l'Ouzboï et du Syr-Daria. Dans le Khorezm, la proportion d'ossements de moutons et de chèvres dans les dépôts archéologiques augmente progressivement à partir de cette époque, pour atteindre 90 % du matériel archéologique au Xe siècle ap. J.C., preuve du développement croissant d'un élevage plus rustique que celui des bovidés.

---

(1) Dans cet ouvrage, voir les articles Alains, Anaou, Andronovo, Antioche de Margiane, Balakyk-Tepe, Geoksour, Huns, Indo-Européens, Karasouk, Koy-Krigan kala, Kourgan, Koushana, Namazga-Tepe, Oxus, Pendjikent, Samarkand, Tali-Barzou, Termez, Tok Kala, Toprak-Kale, Turcs, Yaz-Depe, Zaman Baba, Zang Tepe, Zar Tepe.

(2) Voir V. Schiltz.

(3) *Les pêcheurs* en vieil iranien : témoignage de l'origine de ces populations ?

Barthold ([1]) rappelle que, selon Hérodote (III-117), la vallée de statut international formée par le fleuve Akes (Amou) appartenait aux Khorezmiens bien avant la souveraineté perse. Il en conclut que l'ancien Khorezm fut un pays puissant dans le passé de l'Asie Centrale. La capitale est nommée Khorasmie par Hécatée (fragment 172-173), et toujours selon Hérodote (VII, 66), les Parthes et les Khorezmiens étaient réunis dans la même section de l'armée de Xerxès. Barthold doute beaucoup que le Khorezm ait formé une satrapie commune avec la Parthie ou la Sogdiane.

Darios III fut vaincu par Alexandre le Grand à Arbeles (331) et périt misérablement, dit-on, dans une île du Sud de la Caspienne ; la Touranie tomba alors sous la domination du conqué-rant. L'expédition d'Alexandre en Asie Centrale est trop connue pour qu'on la détaille. Il resta 4 ans dans la région (de 330 à 326 av. J.C.), reçut les rois locaux, réorganisa l'administration perse, et créa les subdivisions territoriales célèbres de Sogdiane, Bactriane, Parthie et Hyrcanie. Alexandre ne vit sans doute jamais lui-même l'Aral. Les frontières de son empire passaient au Sud du Kara-Koum et sur le cours moyen de l'Amou-Daria, laissant l'Aral à d'autres chefs encore mal connus.

A l'époque d'Alexandre, le Khorezm était donc indépendant : on ignore comment cet Etat a pu le demeurer. Alexandre reçut au printemps de 328 av. J.C. la visite du roi khorezmien Pharasmanes, accompagné de 1500 cavaliers. Pharasmanes aurait affirmé (Arrien IV, 15, 4-5) que son royaume s'étendait jusqu'à la Crimée. La version de Quinte-Curce (VIII, I, 8) ne parle que d'un ambassadeur nommé Phrataphernes. A la mort d'Alexandre, l'empire se démembra, des états indépendants se créèrent en Bactriane (Diodotus 1er) et en Parthie (Arsace), aux confins de la Caspienne et de l'Iran ([2]).

Ptolémée prétend que les Khorezmiens vivaient sur la rive droite de l'Oxus, donc au Nord-Est du delta intérieur, mais l'Achka-Daria devait être encore fonctionnel. C'est en tout cas le site de la ville légendaire de Kat, ou Kath, à l'emplacement actuel de Sheik Abbas Ali, petit vil-lage de 200 maisons en 1913, à 30 km du Tourtkoul actuel et à 7 km du cours de l'Amou-Daria. Il n'y reste plus que le mausolée du saint musulman qui a donné son nom au village, un minaret ruiné et les restes des remparts en brique cuite. Selon les traditions rapportées par le géographe arabe Al Birouni, la citadelle n'aurait été construite qu'en 304 ap. J.C.

De petites principautés ont sans doute existé dans le Khorezm après la fin de l'empire d'Alexandre. On a retrouvé les villes fortifiées d'époque achéménide (Kalaly-Ghir, Chirik-Robat, du Ve siècle au IIe siècle av. J.C.). On sait aussi que Tok-Kala, à 14 km au NNE de Noukous, fut fondée vers le IV-IIIe siècle av. J.C. L'irrigation paraît avoir été abandonnée au milieu du Ier siècle ap. J.C. dans le Khorezm comme dans le bas Zerafzan ([3]), et les norias ont été détruites, peut-être à la suite d'une guerre.

Les siècles qui suivirent ([4]) furent marqués dans la région par les influences grecque et romaine. Les historiens byzantins ignorent les confins de l'Aral. Des chroniques chinoises des VIIe et VIIIe siècles apr. J.C. mentionnent le pays à l'Est de Balkh (Bactres) sur les deux rives de l'Oxus. Les Tokhariens, venus de l'Est vers le IIe siècle, conquièrent les états gréco-bactriens. On

---

(1) Articles "Kath, Khwarzem, Khiva", *Encycl. de l'Islam*, 1ère éd., p. 961. Hérodote fait plusieurs fois allusion à la Touranie, à ses cours d'eau et à ses habitants (I. 202 à 205, III. 93, III. 117, IV. 11 et 12, IV. 22 et 23, VII. 64 à 67) ; Strabon : livre XI, chapitre 7 et 8.
(2) L'histoire du royaume parthe, presqu'entièrement inconnue, a été révélée par les inscriptions trou-vées par Masson à Nicée (Nicea, Naka), près d'Ashkhabad.
(3) Rivière de Boukhara, qui n'atteint plus l'Amou.
(4) Après la bataille de Carrhae-Harren en Turquie (53 av. J.C.) où périt Crassus, dix mille prisonniers romains furent emmenés comme esclaves dans l'oasis de Merv, où ils firent souche.

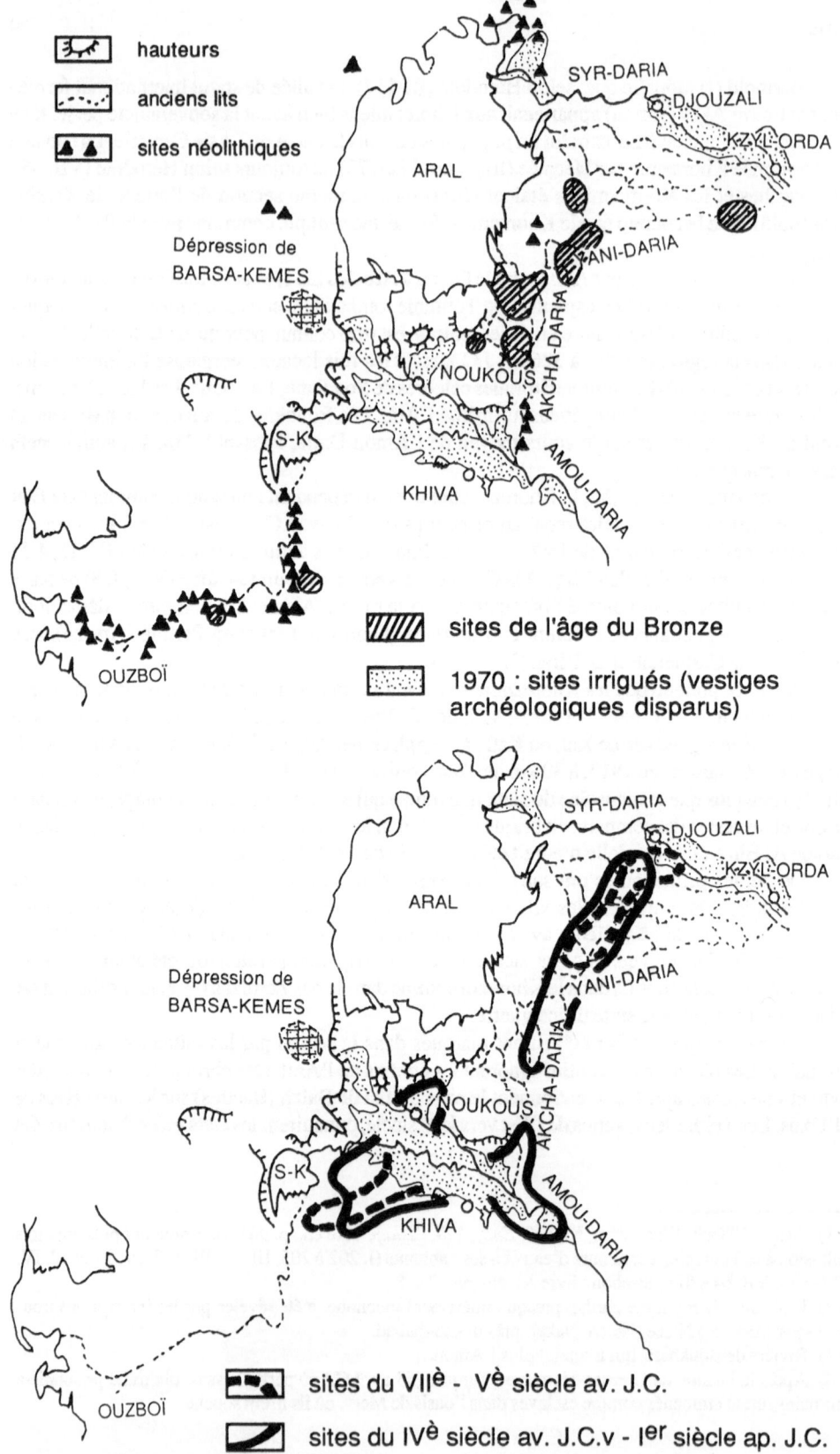

hauteurs

anciens lits

sites néolithiques

SYR-DARIA

DJOUZALI

KZYL-ORDA

ARAL

YANI-DARIA

Dépression de
BARSA-KEMES

AKCHA-DARIA

NOUKOUS

AMOU-DARIA

S-K

KHIVA

OUZBOÏ

sites de l'âge du Bronze

1970 : sites irrigués (vestiges archéologiques disparus)

SYR-DARIA

DJOUZALI

KZYL-ORDA

ARAL

YANI-DARIA

Dépression de
BARSA-KEMES

AKCHA-DARIA

NOUKOUS

AMOU-DARIA

S-K

KHIVA

OUZBOÏ

sites du VIIè - Vè siècle av. J.C.

sites du IVè siècle av. J.C.v - Ier siècle ap. J.C.

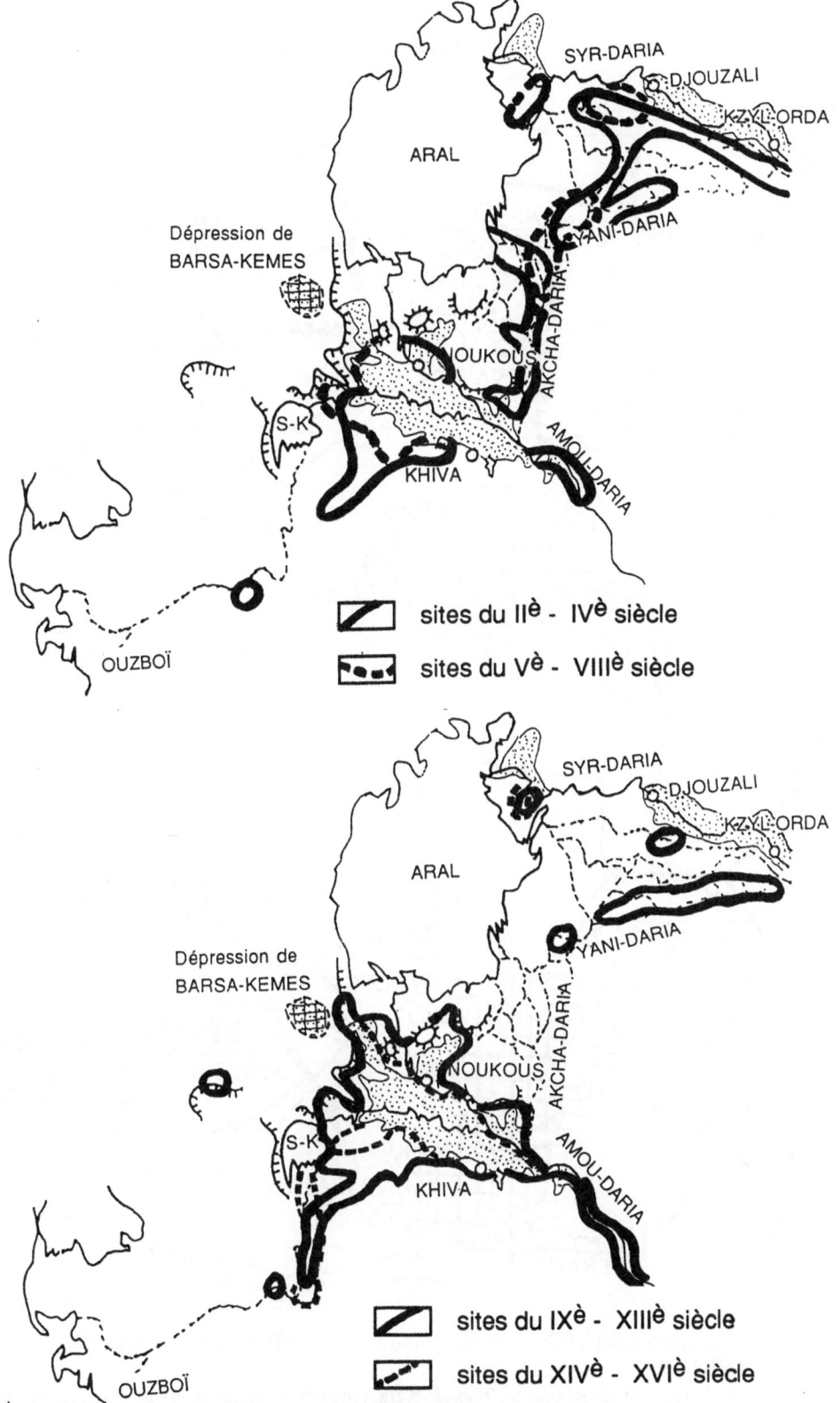

sites du IIè - IVè siècle

sites du Vè - VIIIè siècle

sites du IXè - XIIIè siècle

sites du XIVè - XVIè siècle

Fig. III. 3. Evolution de l'occupation humaine d'après les travaux archéologiques

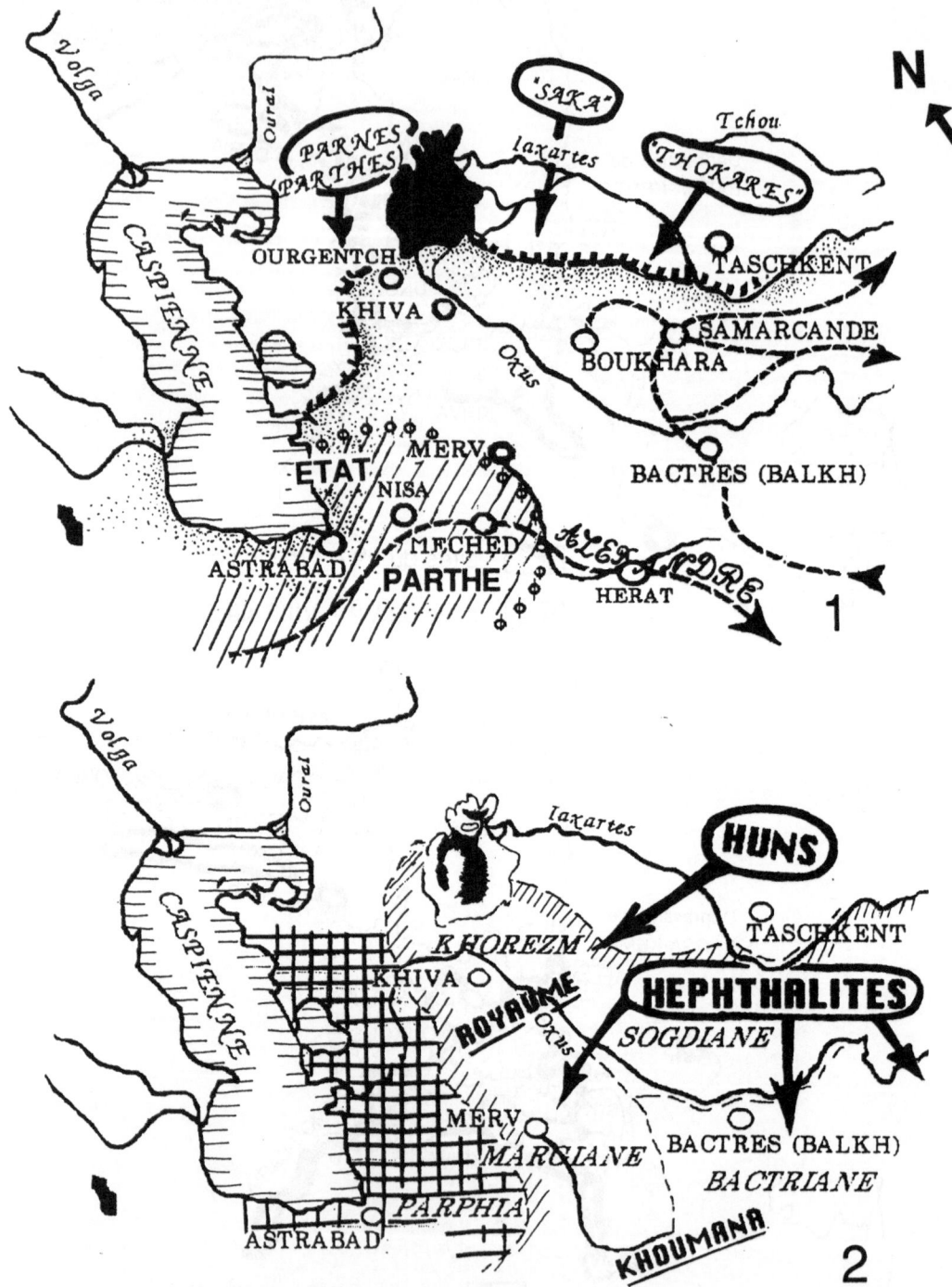

ne sait pas s'ils conquirent le Khorezm, pas plus que les Huns Hephtalites (Haital des Chinois), après le IIe siècle.

La capitale des rois de Khorezm, Toprak-Kala, datée du Ier au IIIe siècle ap. J.C., possédait un palais décoré de sculptures monumentales et de peintures, exhumées par l'expédition du

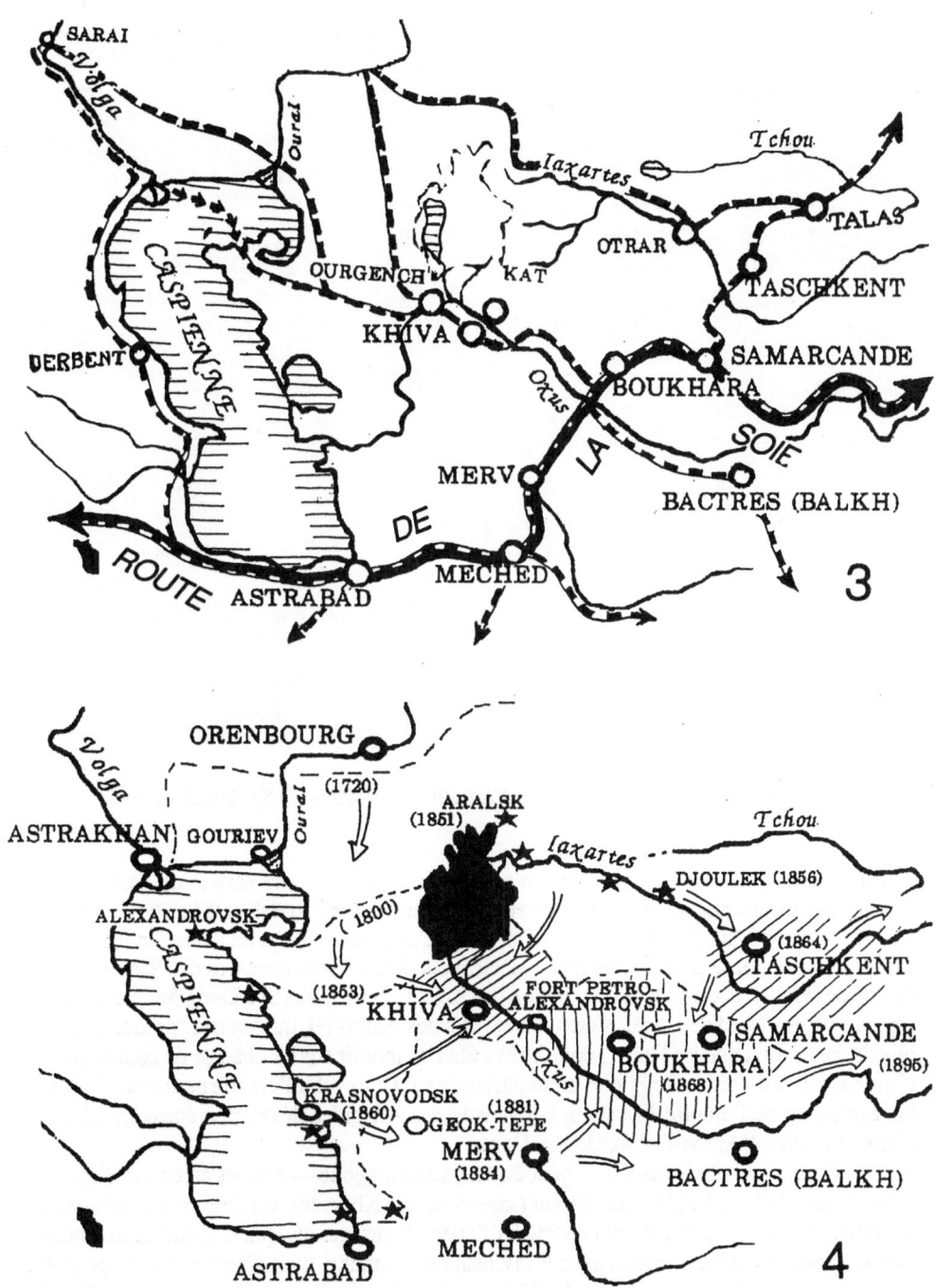

Fig. III. 4. Quelques épisodes de l'histoire de la Touranie. *1* L'empire perse sassanide (vers -350) et l'itinéraire d'Alexandre. État Parthe (vers -200) ; *2* les invasions des Huns (vers 400) ; *3* Moyen-Age : les grandes routes de caravanes ; *4* l'empire Ouzbek (XVIIᵉ siècle) et la conquête russe (*étoiles* = forts)

Fig. III. 5. Reconnaissance aérienne au-dessus d'Adamli-Kala (Sud-Est du Syr-Daria) en 1949

Khorezm (1939) (¹). Des inscriptions en vieux khorezmien — une variété des langues ara-
méennes — mentionnent le nom du souverain du grand empire Koushan (Iᵉʳ-IIᵉ siècle ap. J.C.)
qui s'étendait de l'Inde jusqu'à l'Amou-Daria, donc sans doute jusqu'au Khorezm (cet empire
a disparu mystérieusement à la fin du IVᵉ siècle, peut-être sous les poussées des Sassanides, ou
encore des Huns). C'est sous la domination des Koushan que le bas Syr-Daria fut mis en valeur
(fig. III. 3). Au Nord de l'Aral, s'étendait le pays des Alains (²), ou Aorses, "grands hommes
blonds, aussi forts que les Huns", dont le rêve était de mourir sur les champs de bataille, et qui
n'ont pas laissé d'édifices religieux. Ils tentèrent en vain d'envahir l'empire parthe en 73. Après
la destruction de l'empire Koushan, la dynastie des Afrigides développa considérablement
l'irrigation entre l'Amou-Daria et le Syr-Daria.

   Les Huns, venus du Nord-Est — peut-être déjà de Mongolie — sont les acteurs de l'épisode
suivant, vers 400 ap. J.C. Ils détruisirent (sans doute) le Khorezm. Un empire *Tou-Kie* (transcription chinoise de Turc) s'établit en 552 à l'Est de l'Oxus, qui marqua la limite de sa domination. Cet empire entra en contact avec la civilisation byzantine, mais disparut dans la première
moitié du VIIIᵉ siècle, sous les coups des Chinois Ouighours et d'autres Turcs venus de l'Est (³).

---

(1) On y discerne des influences mixtes orientales et occidentales.
(2) D'après Ammien Marcellin (IVᵉ siècle).
(3) Voir Grousset.

Plus tard, les Arabes conduits par Kouteiba et étendant leurs conquêtes, parvinrent à l'Amou-Daria. Ils prirent Khiva en 712, mais ne purent alors s'emparer ni de Samarkand ni de Boukhara. La religion musulmane pénétra assez facilement en Sogdiane et au Khorezm, sans brutalité apparente, mais les peuples au Nord du Syr-Daria et leurs maîtres turcs furent plus longs à s'y soumettre. C'est à peu près à cette époque que la rive droite de l'Oxus fut abandonnée (Akcha-Daria).

Al Birouni rapporte que la civilisation du Khorezm aurait commencé en 1292 av. J.C. (980 ans avant l'arrivée des Séleucides), avec l'arrivée du fondateur légendaire de la future dynastie khorezmienne. Al Birouni donne la généalogie de la famille, qui régnait encore lors de la conquête musulmane en 712. Les documents chinois indiquent des contacts avec le Khorezm et confirment, au moins, la validité des filiations les plus récentes d'Al Birouni.

Les traditions iraniennes, issues de la conquête séleucide, s'étaient perpétuées jusqu'au VIIIe siècle, et le culte zoroastrien jusqu'au XIe siècle (1). Celui-ci, comme celui des chrétiens qui étaient orthodoxes et non pas nestoriens comme ceux de Chine à la même époque, était bien toléré.

Les Arabes ne comprenaient pas la langue natale des Khorezmiens, sans doute issue du vieil iranien, langue de souche indo-européenne. Après la conquête, ils laissèrent le pouvoir théorique à la dynastie locale. En 728, une révolte se produisit à Kourdar, près de l'Aral (Al Tabari, II, 1525). Un peu plus tard, une partie du Khorezm devint indépendante, et la principauté de Gourgendj (2) est attestée en 922. Son prince conquit tout le Khorezm, jusqu'au Nord de l'Aral. Diverses dynasties se succédèrent alors, sous la suzeraineté des princes Seldjoukides. A Ourgench a été conservé le mausolée de Fakhr al Din al Razi (XIe-XIIe siècle), ainsi qu'une tour funéraire. La basse vallée du Syr-Daria fut à nouveau très cultivée à cette époque (Xe siècle) par des groupes d'origine Oghouz (Mongols) en voie de sédentarisation (fig. III. 5).

Les Turcs prirent le Khorezm en 999.

A la fin du XIIe siècle, le Khorezm devint une grande puissance (3). Après la chute des Seldjoukides, les *Khorezmshah* purent se considérer comme leurs successeurs et conquirent toute la Touranie de la rive droite du Iaxartes jusqu'aux frontières de l'Iran et de la Mésopotamie ; leur suzeraineté, au moins symbolique, s'étendait jusqu'en Oman (au Sud-Est de l'Arabie).

Le pays était déjà en partie turquisé. Les relations commerciales de cet Etat puissant s'étendaient de l'Europe orientale à l'Inde et à la Chine, et le poussaient à l'hégémonie politique. Cette puissance provoqua la guerre avec Gengis-Khan, la chute de la dynastie et la ruine du royaume (1221). Le roi Mouhammad se réfugia sur une île de la mer Caspienne où il mourut.

Gengis Khan détruisit le Khorezm, les digues et canaux de l'Oxus, rasa les villes anciennes : Vazir, Kat, la Vieille-Ourgench, et massacra leurs habitants. Avec l'assèchement du Darya-Lyk et de l'Ouzboï, s'opéra la désertification de tout le delta intérieur de l'Oxus jusqu'au lac Sary-Kamysh, où l'on retrouve les villes anciennes déjà citées. Ourgench fut plus tard rebâtie ailleurs (Nouvelle-Ourgench, planche hors-texte 2) et redevint rapidement très prospère, carrefour indispensable entre l'Occident et l'Extrême-Orient. Elle fut aussi très brillante et ses artistes et artisans rayonnèrent au loin. Des visiteurs occidentaux traversèrent Gourgendj (Ourgench), tels André de Longjumeau, envoyé du roi Saint-Louis auprès du grand Khan des Mongols, qui alla jusqu'au lac Balkach. En 1334 le franciscain Pascal de Victoria parvint à Ourgench, y prêcha et se rendit jusque dans la vallée de l'Ili, au Nord-Est. D'autres visiteurs,

---

(1) Beaucoup d'objets funéraires zoroastriens sont exposés au merveilleux musée de Noukous.
(2) Ou vieille Ourgench (voir carte).
(3) Voir Grousset et Bosworth pour des détails sur cette époque.

surtout des marchands vénitiens, fréquentèrent assidûment le Khorezm à l'époque ([1]). Le pape Jean XXII nomma même un évêque à Ourgench.

Les princes khorezmiens reprirent aux Mongols Kat et Khiva (planche hors-texte 1) — dont il reste des traces de remparts des Xe et XIe siècles. Après quelques décennies de confrontations mineures marquées aussi par la pandémie de peste (1339), Tamerlan ([2]), las des Khorezmiens turbulents, leur déclara la guerre. Il conquit difficilement le Khorezm, en 1379, puis à nouveau en 1388, et Ourgench la Neuve fut elle aussi rasée, comme Kat d'ailleurs une nouvelle fois.

Le rayonnement du Khorezm prit fin désormais. Le pays, centré sur les villes du Nord, perdit son rôle de plaque tournante qui fut repris par Khiva, un peu plus au Sud, vers 1500. En 1512, une dynastie Ouzbèke avait envahi le pays et fait de Khiva sa capitale. Le voyageur Jenkinson, dont nous reparlerons, est frappé par ce déplacement d'influence. Ourgench et les deux petites villes de Vazir et Aday furent abandonnées à la suite du dessèchement volontaire du bras gauche de l'Oxus et du Darya-Lyk (qui alimentait le lac Sary-Kamysh). Une nouvelle Ourgench fut bâtie à 30 km au Nord de Khiva. Kat fut délaissée pour la même raison et rebâtie à 30 km au Nord de la Nouvelle Ourgench. Tchardzou, plus au Sud, était alors le point de passage principal sur l'Amou-Daria. En 1715, cette ville fut reconnue comme point stratégique par les agents de Bekowitch.

Après l'assèchement définitif du Darya-Lyk au XVIIe siècle, qui fit disparaître les établissements périphériques, le Khanat de Khiva s'établit aux dépens de l'Empire ouzbek. Au XVIIIe siècle, la principauté du Khan de Khiva *(Beshkala* ou les *cinq forteresses)* était séparée du delta proprement dit de l'Oxus : c'était l'*Archipel :* Aral, en turc. Le shah de Perse reconquit le Khorezm en 1740 et le rattacha à son royaume. Le Khan avait demandé en vain au Tsar de devenir son vassal. A la même époque, les tribus du Nord de l'Aral devinrent dépendantes du Khan de Khiva, alors que les plus proches de la Sibérie avaient demandé le protectorat de la Russie. Khiva, ruinée par la perte de son marché d'esclaves (les Russes étaient particulièrement prisés, pour leur stature, leur habileté et leur fidélité…), n'abritait plus en 1760 qu'une soixantaine de familles et était à nouveau supplantée par Ourgench et d'autres villes. Elle reprit quelque vigueur après, mais il semble que, comme souvent les villes dans la région, elle se soit légèrement déplacée…

Le tsar Pierre le Grand avait des vues grandioses sur l'Asie Centrale. Mais ses tentatives encore timides de reconnaissance et de conquête, dotées de peu de moyens, furent des échecs. Dès les années 1690, Pierre le Grand, dans sa quête de débouchés vers le Sud et l'œil fixé sur la route des Indes, envahit sans grande difficulté les principautés et possessions iraniennes de l'Ouest de la Caspienne. En 1722, il conquit aussi toute la partie sud de la Caspienne et le Daghestan occidental ([3]) au Sud-Est jusqu'à la ville d'Astrabad (aujourd'hui Gourgendj). Dans le même temps, il occupait des points stratégiques sur la rive est de la Caspienne. Tout ce territoire fut totalement évacué en 1735, et le contingent russe de 60 000 hommes perdit plus de la moitié de son effectif. Entre temps, le tsar s'était aussi préoccupé du Turkestan, pour des raisons d'ordre purement géographique, affirme Nolde (1927, vol. 2, p. 333). En témoigne cette instruction donnée à Volynski, le futur jeune gouverneur des dits territoires, en 1715 : "…déterminer […] quelles sont les grandes rivières qui se jettent vers la mer Caspienne, jusqu'à quelles localités il est possible de naviguer sur cette mer, s'il n'existe pas de rivière venant de l'Inde qui se jetterait dans cette mer…". Hopkirk, lui, mentionne des placers d'or qu'on signale à Pierre le

---

(1) Voir Grousset, Heers, Bosworth, Barthold et al.
(2) Ou Timour-Leng.
(3) En turc "le pays des montagnes".

Planche 1

En haut : Khiva. Vue générale : ville de mosquées et de minarets reconstruits au XXe siècle. L'oasis de Khiva, autrefois au bord de l'Amou-Daria, de nos jours à 30 km de ce cours d'eau, est en phase de totale réhabilitation avec, pour objectif, le développement du tourisme (cliché M. Mainguet, 1990)

En bas : Khiva à proximité du marché. L'architecture, qui oppose les formes anguleuses des toits plats aux formes rondes des arcs brisés, des coupoles et des arcades, est celle des oasis de l'Asie Centrale et témoigne du souci de rechercher la fraîcheur (cliché M. Mainguet)

Pl 1

Planche 2

En haut : Kounia Ourgench ou Nouvelle Ourgench. Portail géant d'une mosquée construite au XIVᵉ siècle. dans la Nouvelle Ourgench après la destruction de la Vieille Ourgench par les envahisseurs mongols. Cette architecture, brillante par la maîtrise parfaite de l'arc brisé, des coupoles, de l'utilisation de la brique et des arabesques de céramique émaillée, reste un des pivots de l'art islamique en Asie (cliché M. Mainguet, 1990)

En bas : Ogelli. Agglomération du XIVᵉ siècle, détruite à la suite des invasions mongoles et actuellement abandonnée après l'envahissement par les sables éoliens (cliché M. Mainguet, 1990)

Pl 2

Planche 3

En haut : Noukous, capitale du Karakalpak (Ouzbekistan), est construite sur la rive droite de l'Amou-Daria, à l'amont de son delta. Cette grande avenue est bordée par des drains à l'air libre le long desquels sont plantées des rangées d'aulnes *(Alnus pumila)* et de tamaris *(Tamarix hispida),* caractéristique de la recherche de fraîcheur et d'ombre des oasis de l'Asie Centrale (cliché M. Mainguet, 1990)

En bas : Chimbai, à 90 km au Nord-Est de Noukous, offre l'aspect d'un village traditionnel musulman où chaque famille abrite le quotidien derrière des murs de torchis. Ce village possède une vaste station expérimentale pour l'étude des variétés de coton (cliché M. Mainguet, 1990)

Pl 3

Planche 4

En haut : Mouinak. Ancien port de pêche et de conserverie de poisson, autrefois au bord du lac Aral, Mouinak est maintenant séparé du rivage par plusieurs dizaines de kilomètres. Le plan d'eau, à gauche de la vue générale, n'est pas le lac : l'eau provient du rejet des résidus de drainage (cliché M. Mainguet)
En bas : Un hôtel autrefois au bord du lac. Un canal a tenté de garder le lien le plus longtemps possible avec ce dernier ; il est ensablé par des édifices de sable mobile. Derrière l'hôtel, au premier plan, des travaux entrepris pour fixer le sable (cliché M. Mainguet)

Pl 4

Planche 5

Le Tchink : escarpement qui borde le plateau néogène de l'Oust-Ourt
En haut : vue d'Est en Ouest du Tchink vers l'Oust-Ourt. Cet escarpement, bord rigide occidental du lac
Aral avant les années 1960, frappe par son dense découpage hydrique sous forme de profonds ravins. A
l'arrière plan, le reg de l'Oust-Ourt révèle son extrême aridité (vue aérienne oblique ; cliché M. Mainguet)
En bas : d'Ouest en Est, la retombée du plateau de l'Oust-Ourt, le Tchink et son découpage hydrographique et, à son pied, les eaux de drainage qui occupent de nos jours une partie exondée du fond de l'Aral
(vue aérienne oblique ; cliché M. Mainguet, 1990)

Pl 5

Planche 6
En haut : la grande irrigation du delta de l'Amou-Daria. Ces deux photographies montrent les aspects géométriques du parcellaire agricole : les grandes parcelles de coton ou de riz sont séparées par des canaux, parfois bordés de rangées d'arbres
En bas : les fermes traditionnelles à toit plat, les fermes plus modernes à toit en tôle à deux pans (clichés M. Mainguet, 1990)

Pl 6

Planche 7

En haut : delta de l'Amou-Daria, au Nord de Noukous. Cette photographie montre l'immensité des travaux réalisés pour l'irrigation, la culture du coton et du riz dans cet écosystème aride (cliché M. Mainguet, 1990)

En bas : canal en voie de nettoyage par une drague suceuse qui rejette les alluvions sur le bord du canal. Cette photographie montre bien le bouleversement de l'environnement à l'entour des canaux et des travaux d'irrigation (cliché M. Mainguet, 1990)

Pl 7

Planche 8
Secteur de Mouinak
En haut : au premier plan, l'escarpement qui constituait le rivage avant les années 1960. A ses pieds, l'ancien fond lacustre exondé, ici sableux, avec une steppe à *Haloxylon aphyllum* qui s'est développée en trois décennies (cliché M. Mainguet, 1990)
En bas : la même steppe à *Haloxylon aphyllum* et à *Salsola richteri* (cliché M. Mainguet, 1990)

Pl 8

Planche 9
Est de Mouinak
En haut : le delta exondé de
l'Amou-Daria, désert de sel où
se reconstitue une végétation à
dominante de tamaris semé de
nombreux *blowouts* dont une
série apparaît à gauche de
la photographie (cliché
M. Mainguet, 1990)
En bas : autre aspect de ce
désert de sel, avec une ancienne
île (cliché M. Mainguet, 1990)

Pl 9

Planche 10
En haut : partie nord exondée du lac Aral (Ouest-Nord-Ouest d'Aralsk), près de l'ancien village de
pêcheurs de Koulanda. Sur ce sol se sont développées des croûtes salées (cliché M. Mainguet, 1990)
En bas : steppe à halophytes, première phase de la colonisation végétale de ces sols salés (cliché
M. Mainguet, 1990)

Pl 10

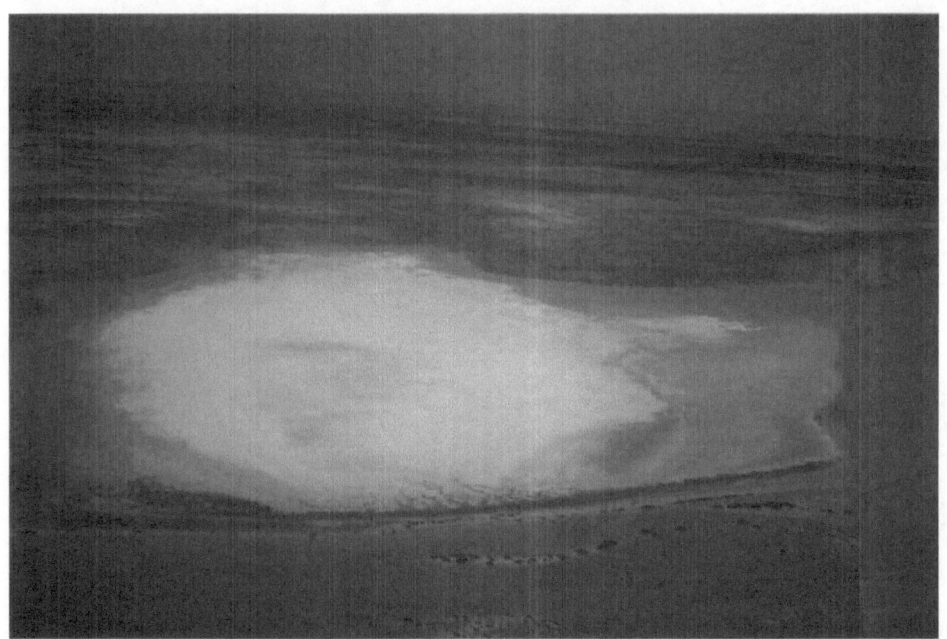

Planche 11
Vues aériennes obliques : aspects de la partie exondée depuis le début des années 1960 du lac Aral à l'Est d'Aralsk
En haut : un ancien fond endoréique et sa croûte de sel (cliché M. Mainguet, 1991)
En bas : le désert salé ; une île dans la moitié supérieure gauche et un chenal de l'Aral en voie d'assèchement avec ses différentes auréoles de salinisation (cliché M. Mainguet, 1991)

Pl 11

Planche 12
Delta de l'Amou-Daria. Vues
au sol
En haut : aspect de la salinisation secondaire dans un champ
abandonné à proximité du
solontchak de Daoutkoul (cliché M. Mainguet, 1990)
En bas : à proximité de Noukous, salinisation secondaire
dans un champ irrigué de coton
(cliché M. Mainguet, 1990)

Planche 13

En haut : vue aérienne d'une ancienne forteresse dans le désert actuel du Kara-Koum. Il est intéressant de voir comment cet édifice circulaire est envahi progressivement par des édifices barkhaniques en mouvement

En bas : vue aérienne du lac Topiatan, dans le lit de l'Ouzboï ; à gauche, l'Oust-Ourt (cliché Andrianov)

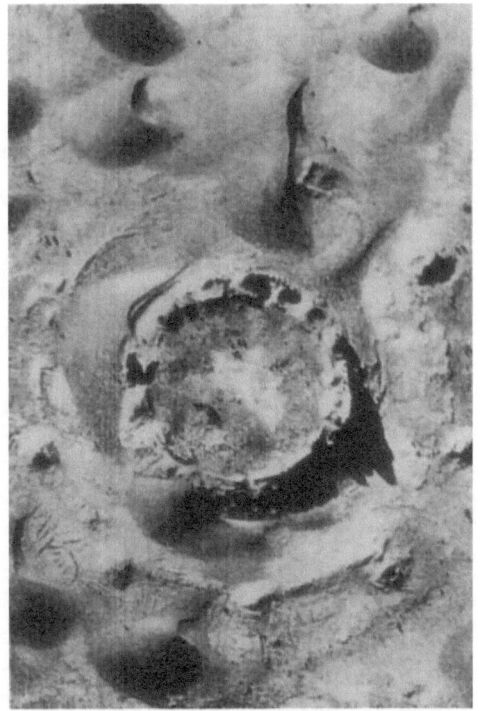

Pl 13

Planche 14
Aspects du fond exondé de l'Aral au Sud de l'actuel plan d'eau
En haut : un takyr
En bas : sur le fond exondé de l'Aral, près de Mouinak, un désert sableux avec de superbes barkhanes (cliché Andrianov)

Pl 14

Planche 15

Deux aspects de l'Amou-Daria

En haut : vue aérienne oblique entre Mouinak et Noukous en septembre 1990 : l'Amou-Daria est presque sec, réduit à un chenal, le reste du lit majeur étant occupé par un ensemble de dunes transverses vives (cliché M. Mainguet)

En bas : autre aspect du même cours d'eau, à la même époque, à l'Est de Mouinak : le lit est un vaste ruban de sable, l'Amou-Daria étant réduit à un chenal, ici discontinu (cliché M. Mainguet, 1990)

Pl 15

Planche 16
En haut : steppe à *Haloxylon aphyllum* dans le désert du Kara-Koum, à proximité de la station expérimentale de Repetek, au Nord-Est d'Ashkabad (cliché M. Mainguet, sept. 1989)
En bas : prestigieux *Haloxylon aphyllum* (Saxaoul noir), l'un des plus vieux de cette forêt, en écosystème semi-aride d'Asie Centrale, près de la station expérimentale de Repetek (cliché R. Létolle)

Grand sur l'Oxus et qui existent effectivement dans son bassin supérieur et dans celui du Zerafzan. Il y a aussi, dans le Pamir, des mines de turquoise, de lapis-lazuli et de rubis.

Simultanément à leur installation à Bakou, les Russes établirent des garnisons provisoires sur la rive orientale de la Caspienne dès 1714, près de Krasnovodsk et de Mikhailovsk (à 50 km à l'Est de l'île Tcheleken, et aujourd'hui à 50 km de la Caspienne, par suite du recul de la mer). En même temps, ils commençaient à établir des bases commerciales sur la péninsule de Manghislak, point de transfert entre le Khorezm et Astrakhan (fig. III. 6).

Les Russes étaient d'autant plus prudents qu'ils s'infiltraient lentement au Sud-Est de l'Oural, dans le territoire des Bashkirs qui, associés aux Kalmouks et aux Karakalpaks du Khorezm, leur avaient créé de nombreux tourments entre 1710 et 1715. A cette époque se place l'épisode du "Tsar-Saltan" — qui fut le héros d'un opéra de Rimsky-Korsakov. Le premier fort sur la route du Sud-Est fut Samarsk (1727), bâti par Kirilov, qui établit définitivement la souveraineté russe sur la région. Orenbourg (1735) sur un site du Haut Oural (ou Iaïk), poste qui devint par la suite Orsk, fut reconstruite plus en aval.

En 1791, Saint-Génie, conseiller de la Grande Catherine, proposa une expédition pour s'emparer de Boukhara, puis de Kaboul. Potemkine dissuada la tsarine de se lancer dans l'aventure. En 1801, le tsar Paul Ier, las des razzias des tribus kazhakes sur les territoires de l'Oural, lança une expédition vers le Khorezm sous le commandement de l'Ataman général des cosaques Denisoff. Elle ne comprenait que 22 000 hommes qui, mal équipés contre l'hiver glacial, mirent un mois pour parvenir sur la rive nord de l'Aral. Un messager d'Alexandre Ier, le nouveau tsar, leur apprit que Paul avait été assassiné. L'expédition revint, échappant au pire.

Une autre expédition, avortée elle aussi, eut lieu en 1839 sous la direction du général Perovsk. Mieux équipée, elle souffrit cependant de la rigueur de l'hiver (on voyage en hiver pour éviter l'ardeur du soleil et la sécheresse) et perdit beaucoup d'hommes. Elle parvint à l'embouchure du Syr-Daria, mais harcelée par les nomades, le scorbut, le froid et le chaud, rassembla ses débris à Orenbourg. Le Khan de Khiva exultait. Les Anglais aussi qui, craignant pour l'Inde, avaient déjà envoyé quelques agents pour se faire une idée du Turkestan, alors complètement inconnu d'eux[1].

Au début du XIXᵉ siècle, alors que les Russes s'intéressaient de plus en plus à la région, une nouvelle dynastie avait pris le pouvoir au Khorezm, les Koungrats. Après leur installation solide à Orenbourg sur l'Oural depuis 1735, les Russes s'étaient en effet infiltrés prudemment sur le territoire des Khirgiz, dans la région nord-ouest de l'Aral. Leur stratégie n'était pas d'occuper le terrain, mais, comme l'avaient fait les Romains jadis au Proche-Orient ou en Afrique du Nord, d'y construire des forteresses protégeant les voies de communication. Celles-ci n'étaient le plus souvent que de modestes fortins de terre et de bois, avec une tour de guet, un fossé et une petite garnison de Cosaques. Peu à peu, les populations, qui payaient l'impôt, bénéficiaient ainsi de la protection russe contre les raids des pillards venus du Sud et de l'Est.

Le premier point d'appui des Russes sur l'Aral fut le fort d'Aralsk (1847) (fig. III. 6). Plus au Sud, ils tinrent ensuite l'embouchure du Syr-Daria avec le Fort n°1 (aujourd'hui Kazalinsk) en 1851, puis le n°2 (Karmaktchi, aujourd'hui Dzoudali) en 1852 et le n° 3 (Fort-Perovsk, en hommage à l'expédition de 1839, sur la rive gauche du Syr-Daria, un peu à l'Ouest de Perovsk, aujourd'hui Kzyl-Orda) en 1853. Sur les 200 ou 300 derniers kilomètres du fleuve, ils étaient en position de force pour s'attaquer aux principautés de Boukhara et de Samarkand qui tenaient le passage vers l'Inde, et dont les troupes plus ou moins fidèles razziaient les caravanes, tandis que les tribus nomades faisaient ce qu'elles voulaient ailleurs.

---

(1) Voir Hopkirk et Cherrier pour les détails ; on trouvera dans N. Broc la biographie des voyageurs français en Touranie au XIXᵉ siècle, avec leurs publications.

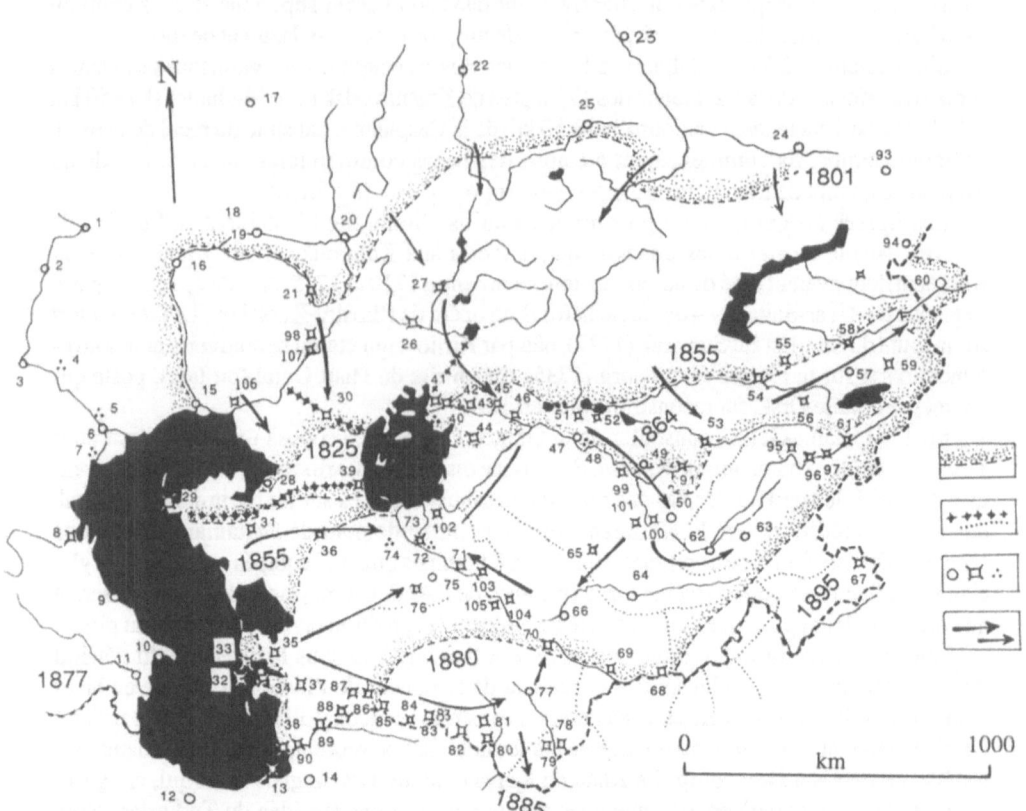

Fig. III. 6. La conquête russe de la Touranie. *A* Limite des conquêtes (ou aires d'influence) russes en 1801, 1855 et 1880 ; *B croix* : ligne des puits forés par l'armée russe (1840-1850), *points* : limite des principautés indépendantes ; *C* villes fondées ou conquises (date de la fondation ou de la conquête) ; forts ; villes anciennes abandonnées ; *D* direction des principales poussées russes. Index des sites : *1* Samara (1589), *2* Saratov (1590), *3* Tsaritsyn (Volgograd) (1589), *4* Nouvelle Saraï, *5* Ancienne Saraï, *6* Astrakhan (1556/1589), *7* Itli, *8* Terka (Kizlar, 1560), *9* Derbent (1797/1806), *10* Bakou (1804), *11* Saljany (1830), *12* Recht (1722-1735), *13* Fort Achou-Kala (1781, 1830), *14* Astrabad (1723-1730), *15* Gouriev (1645), *16* Ouralsk (Iaïsk) (1617), *17* Oufa (1585), *18* Sakmarsk (1727), *19* Orenbourg (1740), *20* Orsk (1735), *21* Aktioubinsk (1831), *22* Petropavlosk (1680), *23* Yamichevsk (1715), *24* Semipalatinsk (1718), *25* Akmolinsk (Tselinograd) (1824), *26* Irghiz (1825), *27* Tourgaï (1845), *28* Novo-Alexandrovsk (1820-1840), *29* Fort Alexandrovsk (Nikolaiev) (1839), *30* Fort Tschouschkalkovsk (vers 1835), *31* Fort Bish-Aki (vers 1850), *32* Fort Bekowitch (1720), *33* Krasnovodsk (Kyzyl-Sou) (1859), *34* Mikhailovsk (1856), *35* Fort Gesli-Ata (vers 1870), *36* Fort Ilte-Disha (vers 1870), *37* Kyzyl-Arwat (1877), *38* Fort Tcharkish-Jar (vers 1850), *39* Fort Tchinovi-Apolonova (vers 1860), *40* Djan, *41* Fort Raim (1847), *42* Fort Aralsk (n° 1, Kazalinsk) (1850), *43* Fort Mailibask (1851), *44* Fort Chodcha-Nidjas (vers 1852), *45* Fort Karmatchi (n° 2) (1852), *46* Fort Perovski (Perovsk, Kzyl-Orda) (1853), *47* Djoulek (1863), *48* Otrar, *49* Tourkestan (1864), *50* Tachkent (1864), *51* Fort Sousak (1864), *52* Fort Tchoulak-Kourgan (1864), *53* Aouliet-Ata (1864), *54* Fort Merke-Kourgan (1850), *55* Fort Tchaldivar (vers 1860), *56* Pichpek (Frounze) (1874), *57* Vernye (Alma-Ata) (1850), *58* Fort Iliisk (1864), *59* Borokhoudzir (Fort Tchunski) (1863), *60* Kouldja (1871-1881), *61* Fort Naryn (1864), *62* Khodjend (1869), *63* Khokand (1876), *64* Samarkand, *65* Fort Kara-Ata (1864), *66* Boukhara (1867), *67* Pamirski-Post (1890), *68* Termez (1882), *69* Kerki (1867), *70* Tchardzou (1867), *71* Fort Petro-Alexandrovsk (Tourktoul) (1874), *72* Kat, *73* Noukous (1874), *74* Vieille Ourgench, *75* Khiva (1873), *76* Fort Kyzyl-Kala (Fort Khivien), *77* Merv

Au Sud-Est de la Caspienne, les Russes s'établirent solidement dès 1830 près d'Astrabad, et commandaient ainsi totalement une région sensible à la frontière perse. Au Nord-Est de la Caspienne, ils avaient créé Novo-Alexandrovsk en 1820, qui fut abandonnée lors de la création de Fort Alexandrovsk à la pointe de la presqu'île de Manghislak en 1839. Une ligne de forts, entre celle-ci et le Sud-Ouest de l'Aral assura aux Russes la maîtrise de l'Oust-Ourt dès les années 1850 (fig. III. 6). L'infiltration russe se faisait aussi vers l'Est - Sud-Est, le lac Balkach, le Semiretche (ou *Pays des Sept Rivières*) (¹), la région d'Alma-Ata, et les marches chinoises. En 1860, les Russes s'étaient suffisamment approchés de la Sogdiane pour que le général de Batek s'emparât en 1865 de Tachkent. Nullement découragé, le Khan de Boukhara reprit la guerre en 1867 et la perdit définitivement. Le Ferghana tomba en 1876. Seul le Khorezm était alors resté indépendant, bien que, dès 1854, le Khan de Khiva eût demandé le protectorat de la Russie contre ses puissants voisins du Sud-Est (²). La construction du fort de Petro-Alexandrovsk (aujourd'hui Tourtkoul), juste en amont de Khiva, et de celui de Noukous, permit de surveiller le Khanat de Khiva.

Le Khan Mohamed Rakim avait achevé l'unification du Khorezm dans les années 1820. Toutefois, dans les années 1850, les Khiviens avaient fermé les canaux de la rive droite de l'Amou, provoquant la révolte des Ouzbeks qui habitaient la région : la frontière actuelle entre Ouzbeks et Turkmènes est héritée de cette époque. Les Russes mirent fin en 1873 à l'indépendance de l'état de Khiva. Une campagne bien menée en 1872-73, à partir d'Orenbourg, de Krasnovodsk et de Tachkent, leur permit facilement de venir à bout de Boukhara, beaucoup plus difficilement de Khiva et du Khorezm. Les troupes russes, venues de Tachkent et de Kazalinsk, traversèrent le désert du Kyzyl-Koum en plein hiver par -40°C et souffrirent beaucoup, avant d'arriver à Khiva, pour y trouver la ville déjà prise par leurs compagnons venus de la Caspienne.

Il restait à conquérir les terres plus au Sud, frontalières de la Perse et de l'Afghanistan, également convoitées par les Anglais. Ce fut l'objet de la campagne de 1881. En 1871, les Russes s'étaient définitivement et solidement établis sur la rive orientale de la Caspienne, à Mikhaïlovsk, puis 100 km au Nord, à Krasnovodsk dans une rade plus accessible aux gros navires. Les Turkmènes harcelaient constamment ces postes, amenant les Russes à occuper les territoires voisins de cette tête de pont. Partis de Krasnovodsk, ceux-ci écrasèrent de leur artillerie les Turkmènes à Geok-Tepe (à 150 km au Nord-Ouest de l'actuelle Ashkabad) d'ailleurs fortifiée par les Anglais, et construisirent à toute vitesse un chemin de fer stratégique directement sur le sol, sous la direction du général Annenkoff. Seule l'oasis de Merv restait indépendante. Elle tomba sans combat l'année suivante. Les Russes occupèrent alors tout le territoire borné par le Khopet-Dag et le haut cours de l'Amou-Daria. Fin 1881, un premier traité mit fin aux disputes territoriales anglo-russes, laissant toutefois une indépendance toute relative aux nations perse et afghane. Jusqu'en 1990, les conséquences de ce traité se sont constamment fait sentir...

---

(1) Cette région fertile constitue le piedmont nord de la chaîne montagneuse de l'Ala-Taou.
(2) Son prédécesseur l'avait d'ailleurs déjà fait au temps de Pierre le Grand, à une époque où celui-ci ne se préoccupait pas encore de l'Asie Centrale.

(1884), *78* Meroutchah (1885), *79* Pendeh (1885), *80* Fort Serachs (1882), *81* Fort Rouchnabad (1882), *82* Fort Derbent-Nefte (1882), *83* Ashkhabad (1882), *84* Fort Geok-Tepe (1881), *85* Fort Orenbourgskoie (1882), *86* Fort Poltawskoie (1882), *87* Fort Chodschakala (vers 1877), *88* Fort Douslou-Choum (vers 1865), *89* Fort Tchat (vers 1865), *90* Fort Iagly-Choum (vers 1860), *91* Fort Sairam (1864), *92* Khopal (1846), *93* Sergiopol (1831), *94* Lepsinsk (vers 1850), *95* Fort Ketmen-Toube (1864), *96* Fort Togous-Taouraou (1864), *97* Fort Kourtkal (1864), *98* Temirskoie (vers 1810), *99* Fort Oust-Kajouk (1864), *100* Fort Yassougoum (1864), *101* Fort Ikchavdari (1864), *102* Fort Bazar-Klitch-Kala (1874), *103* Fort Eschak-Riaouat (1870), *104* Fort Kyzyl-Riaouat (1867), *105* Fort Agrabad (1867)

A cette occasion, les topographes russes relevèrent tous les alentours de l'Aral, et établirent les premières cartes rigoureuses. Tenir ces immenses territoires exigeait des transports efficaces, et la construction de la voie ferrée du Transcaspien, de Merv à Tchardzou (1886), puis Boukhara (1887) fut menée en quelques mois, à travers les sables du Kara-Koum, non sans problèmes liés à leur mobilité, à leurs capacités d'érosion et, paradoxalement, aux inondations. Samarkand était reliée en 1888, Andidjan, à l'Est de la vallée du Ferghana, en 1899. Des prolongements de Merv à Kouchka, à la frontière iranienne, et de Boukhara à Termez, sur la frontière afghane, furent mis en service respectivement en 1898 et 1916. Désormais, le chemin de fer transcaspien, au-delà de l'impératif stratégique, devint la voie de communication privilégiée. Le trafic des caravanes par l'Oust-Ourt se tarit ; par Krasnovodsk et Bakou, Tachkent était à 10 jours de Moscou. Orenbourg et le Khorezm perdirent de leur importance comme relais entre la Russie et Boukhara ; Khiva redevint une petite ville provinciale. Les pélerinages musulmans à la Mecque empruntèrent aussi cette nouvelle voie, rejoignant Batoumi en Turquie puis l'Arabie par la mer Noire et Suez, en évitant les périls des déserts iraniens et arabiques. La communauté juive de Touranie, très active économiquement avant la Grande Guerre, empruntait le même chemin pour se rendre à Jérusalem. Le contrôle de l'Asie Centrale russe fut renforcé par le chemin de fer Orenbourg-Tachkent par Aralsk, complètement achevé fin 1913, dans de meilleures conditions que la voie du Sud [1]. La France finança en partie ces travaux, au moins au début : c'était après Fachoda et on était dans l'hypothèse d'une guerre contre les Anglais [2]. Le territoire touranien, après la défaite des derniers khans, fut entièrement annexé. La fiction des khanats indépendants de Khiva et de Boukhara fut maintenue sous protectorat russe.

La révolution bolchevique prit des formes particulières dans le Turkestan [3], jusqu'alors sous administration militaire. Les rapports entre les autochtones et la population européenne immigrée créaient déjà des heurts, liés en partie à la crise économique qui sévissait dès avant la guerre de 1914. Celle-ci exacerba la crise en raison de la raréfaction des vivres importés. Alors que la révolution devait permettre un partage démocratique du pouvoir, c'est la minorité russe qui le prit, favorisant les intérêts des immigrés aux dépens des indigènes. Après l'armistice de 1917, les soldats russes rentrèrent chez eux avec leurs armes, ce qui aggrava les heurts. Suivant le décret de Lénine (8-11-1917), le mot d'ordre devint "la terre à qui la travaille", et une dictature de fait des immigrés russes s'imposa, avec les plus dures conséquences pour les indigènes, qui n'étaient pas organisés, du moins au début. De plus en plus de russophones s'installèrent sur des terres indûment confisquées aux autochtones (les nomades possédaient des terres dans les oasis, qu'ils ne fréquentaient qu'en dehors des saisons de parcours). Il reste dans les esprits des traces très vives de cette situation injuste héritée des années de la Révolution.

Au Khorezm, beaucoup moins colonisé et urbanisé, la situation était moins grave. Le dernier Khan de Khiva, Seyyid Abdallah, dont le pouvoir restait absolu à l'intérieur de son royaume, régna de 1918 à 1920 et fut déposé lors de la fondation de la république de Khorezmie par l'Armée Rouge, soutenue elle-même par les *Jeunes Khiviens*. La République khorezmite fut dissoute en 1924 sur l'ordre de Staline, commissaire aux Nationalités, et partagée entre les républiques d'Ouzbekistan et de Turkmenistan, elles-mêmes nouvellement créées. La partie orientale, rattachée à l'Ouzbekistan, devint la République Autonome de Karakalpakstan. La

---

(1) Une troisième voie ferrée, joignant l'Europe à l'Asie Centrale, a été poussée le long de l'Amou-Daria vers l'Aral ; les travaux, arrêtés pendant la Deuxième Guerre Mondiale, furent terminés vers 1955. La voie du Turksib reliant la Sibérie centrale à Tachkent, était terminée en 1931.

(2) D'après N. Werth, q.v.

(3) Cf. Buttino ; et Garat et Jan (chapitre I).

partie occidentale (capitale Tachaouz) devint, contre toute logique économique, un district de la nouvelle république du Turkmenistan en 1925.

Ce découpage était en principe fondé sur les critères linguistiques qui avaient présidé au recensement russe de 1897. Mais cela correspondait mal aux aspirations des autochtones, qui se distinguaient eux-mêmes en *membres de tribus* et *gens des villes*, sans tribus (le nomadisme était encore très vivant). Les langues nationales furent créées artificiellement ([1]), en conservant les fonds turco-mongols et en éliminant les termes religieux arabes (1925). En même temps, la propagande visa à créer dans ces nouvelles républiques des nationalismes (Ouzbekisme…) qui n'existaient pas auparavant. En fait, les populations restées rurales ont conservé leurs particularismes tribaux, en dépit des brassages incessants que le pouvoir soviétique imposa dès la création des nouvelles républiques : la suppression du nomadisme, les besoins de main d'œuvre pour les grands travaux planifiés n'expliquent pas toute la politique qui visait fondamentalement à détruire les particularismes. Il fallut près de vingt ans pour que le pouvoir soviétique s'installe solidement. Les Basmatchi, sortes de résistants mais aussi bandits de grand chemin, semèrent la terreur de l'Aral au Ferghana, avant d'être finalement dispersés par le général Boudienny dans les années 1930, en même temps que le gouvernement accordait aux musulmans des concessions économiques et religieuses ([2]).

Quelques aménagements de frontières furent réalisés à partir de 1931 dans l'Oust-Ourt et le delta de l'Amou-Daria (attribution de tout le Kara-Bogaz à l'Ouzbekistan, de la partie nord-ouest et nord de l'Aral au Kazakhstan). Ces remaniements paraissent avoir été voulus pour écarter les Turkmènes des abords de l'Aral, sans doute pour protéger les liaisons Russie-Turkestan. En 1991, les Républiques soviétiques de l'Asie Centrale déclarent leur indépendance, mais n'ont pas encore conclu de traité de coopération économique entre elles ni avec les autres républiques de l'ex-URSS. L'Ouzbekistan n'a pas reconnu la revendication d'indépendance émise par le Karakalpakstan.

L'archéologie et l'histoire de la Touranie révèlent ainsi leur grande richesse et leur complexité. L'Aral proprement dit demande en soi une monographie séparée, car sa découverte et son exploration par les Occidentaux n'ont guère eu de relation avec l'histoire générale de la contrée, sauf au XIXe siècle. On évoquera donc, moyennant quelques répétitions, l'histoire de ce lac longtemps mystérieux.

2. L'Aral, cartographie et découvertes : une "mer" controversée

Fort curieusement, le lac Aral n'a été réellement connu des Occidentaux qu'à la fin du XVIIe siècle, d'abord grâce aux voyages des marchands russes vers Khiva, Boukhara et l'Inde. La découverte aussi tardive d'une masse d'eau aussi vaste et si près de l'Europe surprit le monde savant. Et si, par hasard, le lac Aral n'avait pas toujours existé ? Ni Ibn Battouta (1333), ni les oncles de Marco Polo (1255-1269), ni Plan Carpin (1245-1247), ni Guillaume de Rubrouck (1252-55) ([3]), qui tous passèrent à proximité et ne sont pas avares de détails géographiques, ne l'avaient seulement mentionné ; ni Pegoletti qui décrivit en 1339 la route des marchands de la Volga à Ourgench ([4]), à partir des récits des marchands italiens ; ni Clavijo, déjà cité ; ni le der-

---

(1) Cf. Baldauf.
(2) Cf. chap. VII, Carrère d'Encausse, Bennigsen et Lemercier- Quelquejay et C.M. Vadrot (chap. VIII). Voir également *Revue du Monde Musulman et de la Méditerranée*, 1992, n° 59/60 ; abondante bibliographie sur l'ethnologie et la sociologie de la Touranie.
(3) Rubrouck, pourtant, parle brièvement du lac Balkach, qu'il n'a cependant pas vu (p. 141 ; p. 292)…
(4) Voir Heers et Jan.

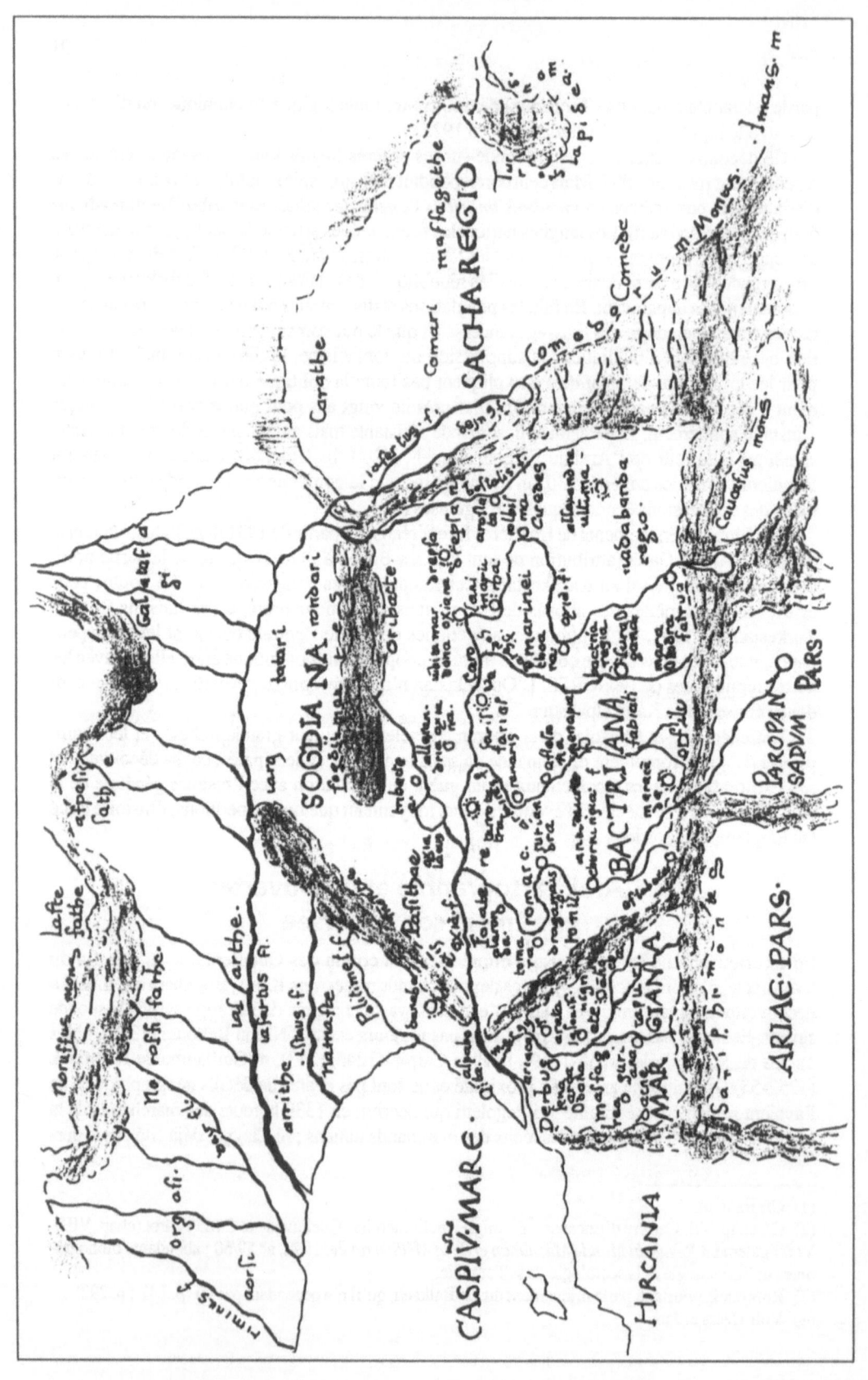

nier voyageur occidental de l'époque, Schiltberger, esclave à Samarkand jusqu'en 1427. La découverte du lit fossile de l'Ouzboï vers la Caspienne conforta cette ignorance. L'Ouzboï avait-il détourné l'Amou-Daria vers cette mer, provoquant la disparition de l'Aral ? La controverse a duré plus d'un siècle, et de nombreuses publications, surtout russes, en témoignent. L'Europe occidentale a peu participé à ces discussions, sinon de manière académique. Le géographe alle-mand Petermann, fanatique de découvertes nouvelles, accueillit dans ses *Mitteilungen* de 1870 jusqu'en 1914 les opinions et résultats relatifs au problème de l'Aral. Après la Première Guerre mondiale, les géologues soviétiques firent beaucoup avancer le sujet qui n'est pas encore épuisé.

La discussion fit essentiellement appel à deux types de documents : relevés topographiques, géographiques et géologiques russes, et paléographiques, essentiellement les cartes et écrits anciens.

Les cartes d'Al Idrisi à Bekowitch (figs. III. 7, 8, 10)

Les cartes qui furent dessinées sur la base des écrits d'Eratosthène (fin du IIe siècle av. J.C.) et de la Géographie de Ptolémée (Ier-IIe siècles), qui ne connaissaient pas l'Aral, ne le montrent jamais. La Caspienne *(mer d'Hyrcanie)* y communique parfois avec l'Océan Boréal par un détroit. Sur sa rive orientale aboutissent divers cours d'eau au tracé fantaisiste, venant de Bactriane, de Sogdiane, à travers le pays des Massagètes. L'Itinéraire de Peutinger (394 ap. J.C.) et celui d'Antonin révèlent des données identiques.

Il faut noter cependant que ces cartes n'ont été dessinées, en fait, que vers la fin du XVe siècle, sur la base des traductions arabes de la Géographie de Ptolémée. Presque toutes indi-quent cependant (fig. III. 7) un lac rond (Oxianus lacus) sur la rive droite de l'Oxus, avant le débouché de celui-ci sur la Caspienne.

Ces cartes sont sans doute inspirées de celle d'Al Idrisi (1154) ([1]), riche en détails, qui montre à l'Est de la Caspienne un grand lac rond, alimenté par des fleuves venus de l'Est et du Sud. On identifie sans difficulté l'Oxus et l'Iaxartes, les villes et les montagnes du Turkestan. Il n'y a pas de liaison entre l'Aral et la Caspienne. Cette carte fut constamment copiée par les géo-graphes arabes jusqu'au XVIe siècle (Al Sharfi).

En revanche, toute la cartographie occidentale jusqu'à la fin du XVIe siècle, n'indique qu'une Caspienne aplatie aux contours fantaisistes avec un cours d'eau, l'Oxus, ou deux (le Iaxartes en plus), qui s'y jettent soit séparément, soit dans une embouchure commune (Portulano Mediceo, 1351 ; Pizzigani, 1367, montrent le *fiume d'Organci - Ourgenj - nel mar del Sarra e de Bacu ;* Albertinus de Virga, 1414 ; Apianus, 1530 ; Finé, 1531 ; Ortelius, 1570 ; Mercator, 1587 ; De Jode, 1593 ; Blauen, 1641, etc.). Toutes ces cartes se recopient avec des configurations très voisines. Le très beau document de l'*Atlas Catalan* de 1375 ([2]) identifie par-faitement la mer de "Bacu", la Volga, l'Oural et l'Emba, avec un flot de détails sur l'embou-chure commune de l'Oxus (nommément cité) et de l'Iaxartes et les villes voisines ([3])... Un seul document non daté de cette époque montre, avec des erreurs d'attribution topographique, une grande mer intérieur dite "Caspia" avec l'indication "Bactriane" sur sa rive. Mais il y a déjà une Caspienne auprès de la Mer Noire.

---

(1) Al Idrisi (1100 Ceuta, 1166 Palerme) fut le géographe de Roger II, roi normand de Sicile (sa carte est fréquemment reproduite : il est étonnant que les cartographes occidentaux l'aient ignorée...).
(2) Copie dans Reclus (1881, p. 405).
(3) Ces cartes existent presque toutes à la Bibliothèque Nationale et sont souvent (mal) reproduites dans les atlas historiques.

◄ **Fig. III. 7.** Carte de Ptolémée, vers 1466 (manuscrit de la Bibliothèque Nationale de Naples)

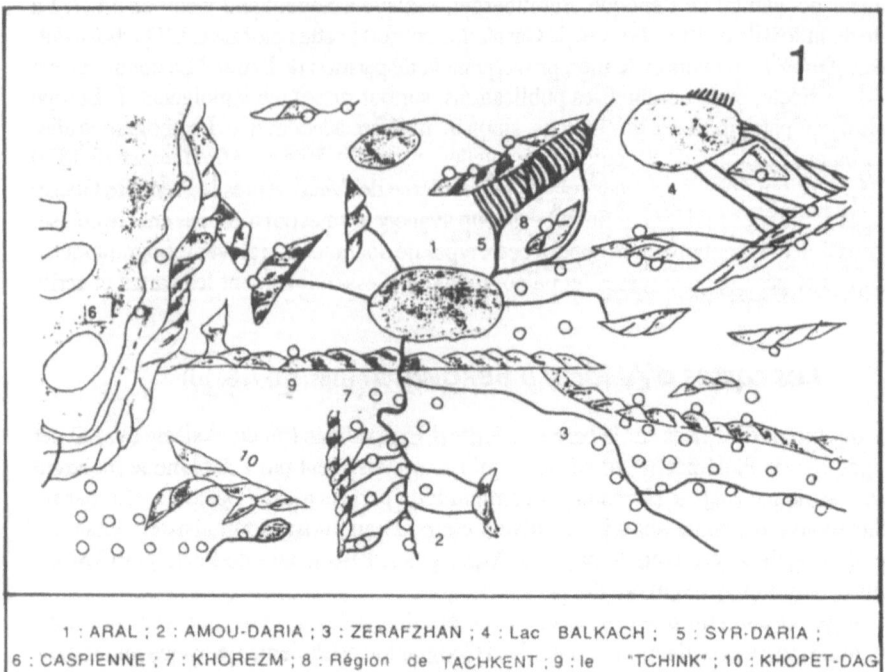

1 : ARAL ; 2 : AMOU-DARIA ; 3 : ZERAFZHAN ; 4 : Lac BALKACH ; 5 : SYR-DARIA ;
6 : CASPIENNE ; 7 : KHOREZM ; 8 : Région de TACHKENT ; 9 : le "TCHINK" ; 10 : KHOPET-DAG

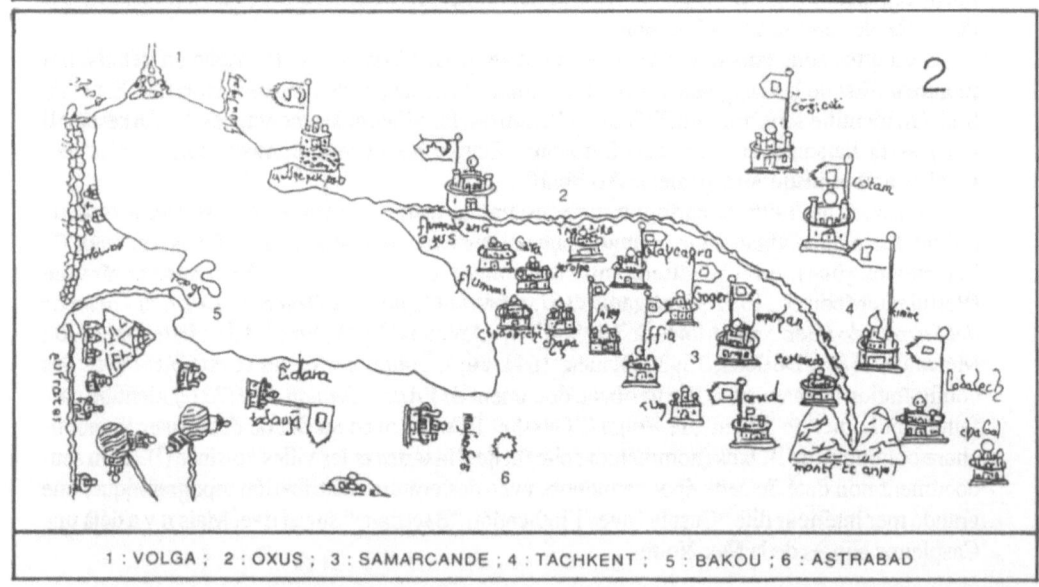

1 : VOLGA ; 2 : OXUS ; 3 : SAMARCANDE ; 4 : TACHKENT ; 5 : BAKOU ; 6 : ASTRABAD

Fig. III. 8. Quelques exemples de cartes anciennes. **1** Al Idrisi (1132) ; **2** Atlas Catalan (1352) ; **3** Atlas du Vicomte de Santarem (xvᵉ siècle ?) ; **4** Guérin (1637)

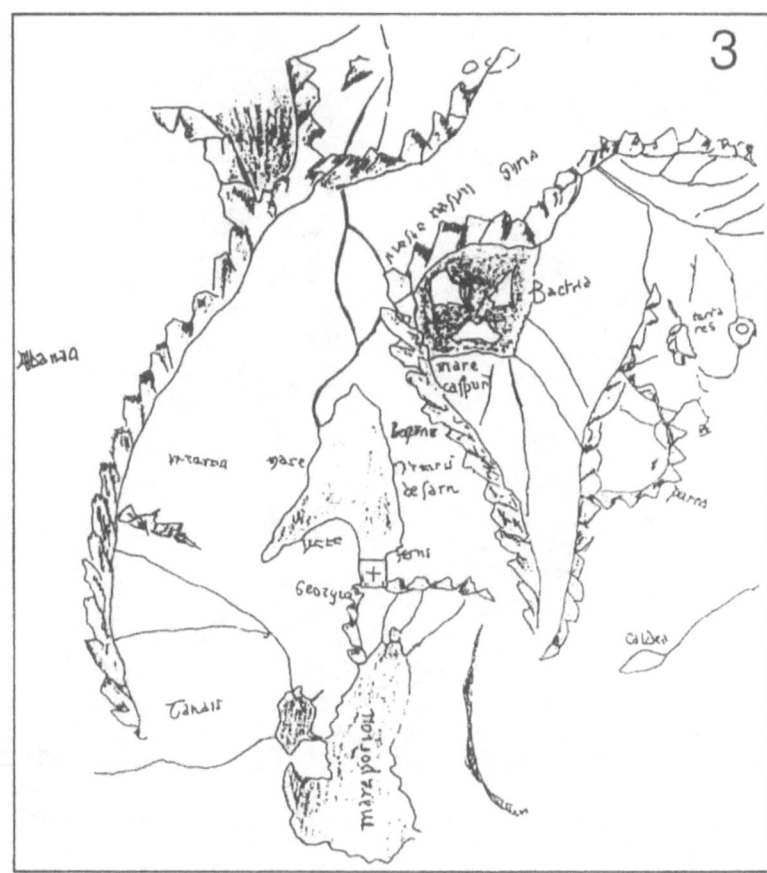

Fig. III. 8. (suite) **5** Homann (1737) ; **6** Humboldt (1820)

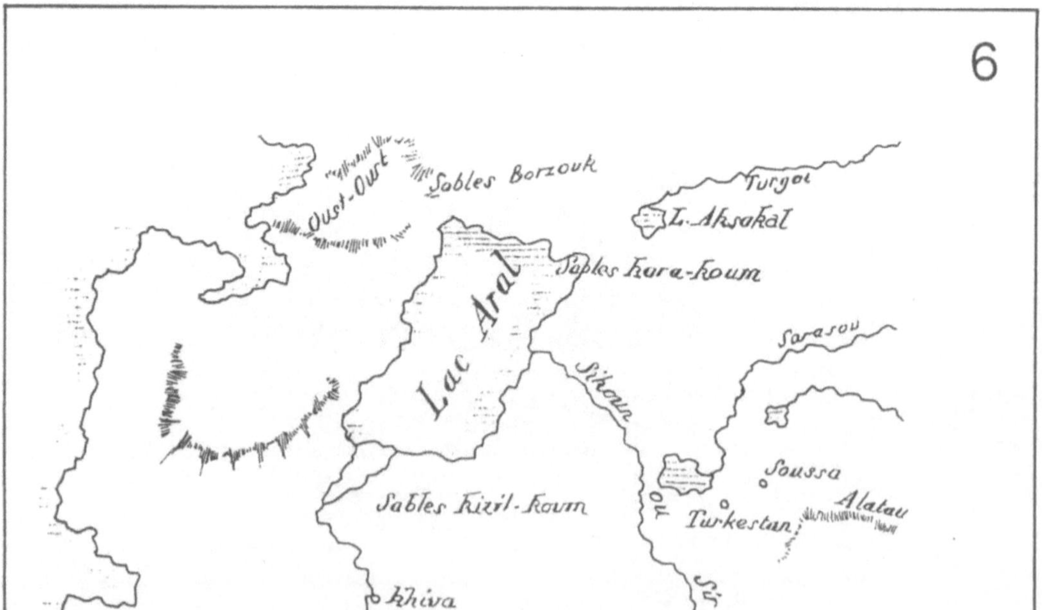

L'Aral existait-il alors ?

Si l'on examine maintenant la carte qui accompagne le récit de Jenkinson (1558, publiée en 1562) (fig. III. 9), on constate que tout le territoire déjà occupé par les Russes, dans leur progression vers l'Est et le Sud-Est, est correctement représenté, de même que la partie centrale du Turkestan allant d'Ourgench à Balkh (l'antique Bactres) en Afghanistan, à 70 km au Sud-Est de Termez. L'Oxus est très clairement indiqué, et les positions relatives de Boukhara, de Tachkent et de l'Oxus sont correctes. Jenkinson a bien repéré ces villes qu'il a visitées. Le Nord de la Caspienne jusqu'à Manghislak, où il a débarqué, est aussi bien représenté ; par contre le Sud est mal connu, et Bakou se trouve sur la côte sud-est, auprès d'un énorme estuaire de l'Oxus (on se rappelle la confusion entre Araxe et Araxos). Durant son voyage depuis Manghislak, Jenkinson a traversé l'Oust-Ourt jusqu'à "Sharsari" et Ourgench : "pays qu'il faut 20 jours pour franchir, souvent infesté de voleurs" et a rencontré la "baie d'eau douce" — le Sary-Kamysh, selon divers auteurs, ou plutôt la baie d'Aiboughir (voir fig. III. 13) — puis le "fleuve asséché" depuis peu, pour parvenir enfin au Khorezm. On comprend que dans la conception géographique de l'époque, il ait logiquement relié cette "baie" — dont il ne voyait pas l'autre rive — à la Caspienne, car il ignorait encore l'existence des marais saumâtres du Karabogaz comme cela peut se déduire de sa carte.

Il ignore où se jette le Syr-Daria (nommément cité) qu'il raccorde, par l'intermédiaire d'un lac "Kitaia" — lac de Chine, sans doute le Balkach, à l'Ob sibérien, déjà atteint par les Russes. Il n'est pas question de l'Aral.

Ourgench est située sur un canal issu de l'Oxus qui se perd dans le désert. Un peu plus à l'Est, un autre bras (qui est "l'Aidok" de son récit, voir plus bas), sur lequel se situe la ville de Cant (= Kat) se branche vers le Nord et se termine après 200 km dans un petit lac de forme elliptique. Toujours pas d'Aral, mais il y a ce petit lac. Comment Jenkinson, bien renseigné sur la géographie de la région, n'aurait-il au moins entendu parler d'une aussi grande masse d'eau, à défaut de la visiter ([1]) ? Comment aurait-il ignoré que le Syr-Daria s'y jette, à moins de supposer que l'Aral n'existait pas alors, sinon sous la forme de ce petit lac qui ne devait guère se distinguer des autres sebkhas de la région ? On peut imaginer que l'Aral, recommençant à croître lentement, était encore dans un état de régression poussée.

La carte de Barents (1598) représente enfin une Caspienne non déformée. Il faut dire que les Cosaques infiltrés vers le Sud apportaient depuis longtemps des informations. Cette carte montre une large embouchure de l'Oxus, pas l'Aral dont le nom est mentionné de manière peu claire à la partie sud de la Caspienne. De même, la carte de Guettard (1634) montre confusément un lac "Ora" entre la Caspienne et Samarkand, preuve qu'on avait alors une très vague idée de l'existence d'une grande étendue d'eau dans la région.

En 1627, la grande carte de l'empire Russe publiée sur l'ordre du tsar Michel Feoderovich montre une "mer bleu foncé" (Sineye More), indiquée comme communiquant avec la Caspienne. "Il s'en écoule la rivière d'Arzas qui se déverse dans la Caspienne, et dans la rivière d'Arzas tombe du côté de l'orient la rivière Amou-Daria, et vis-à-vis de Boukhara s'écoule une rivière du lac Buik dans la mer Caspienne" (Romanoff, 1879). Les Cosaques de l'Oural (Stenka Razine) avaient attaqué Khiva en 1603, et l'on dit que le Khan avait détourné l'Amou afin qu'ils ne puissent remonter le fleuve depuis l'Aral. Les cartes russes de 1672 (cf. Grekov) et celle de Witsen (1687) le montrent à nouveau. En 1697, le nom "Aralskoie more" apparaît. En 1701, Remersov ([2]) publia un atlas contenant une assez bonne carte de l'Aral, sans l'Ouzboï.

---

(1) Dans l'hypothèse où 600 m³/s d'eau seraient détournés de l'Amou-Daria vers la Caspienne, sans que le Syr-Daria soit affecté, l'Aral se stabiliserait à un volume d'environ 450 km³ pour une surface de 44000 km² et une salinité de 30 g/l...

(2) In Berg (1908, q.v.).

Depuis cette époque, le lac Aral, plus ou moins bien représenté, figure sur toutes les cartes, et l'Oxus ne se jette pas dans la Caspienne, sinon sur des cartes aux tracés désuets. Delisle (1723) le montre pour la première fois sur une carte occidentale, en même temps que le Grec Bazilios affirme à Londres en 1727 apporter en Europe occidentale les premiers renseignements sur le lac Aral, ce qui fait sensation.

Découvertes en 1937 et 1960, deux cartes inédites de l'expédition de Bekowitch-Tcher-kassy, de l'époque 1715-1720, ont été publiées par Knaijetskaia. La figure III. 10 en montre une, de facture archaïque, alors que des brouillons moins détaillés (fig. III. 11) donnent cependant des figurés beaucoup plus réalistes.

Les cartes publiées en Europe occidentale au milieu du XVIIIe siècle (Ottens, 1737 ; Homann, 1737 ; Buache, 1744) montrent un lac Aral relativement peu déformé. Le lac reçoit l'Oxus et l'Iaxartes, ainsi qu'un cours d'eau qui parvient dans l'angle Sud-Est (Iatus : sans doute le Yani-Daria, bras sud du Syr-Daria). Les parties Nord et Est de la côte aralienne sont assez conformes à la réalité, mais la côte Ouest sera inconnue jusqu'au voyage de Berg en 1824.

L'intérieur de l'Oust-Ourt reste totalement ignoré pendant longtemps, même si on connaît les escarpements périphériques du Tchink (fig. III. 8.5). La vallée de l'Amou-Daria et, à un moindre degré, celle du Syr-Daria, bénéficient des rapports des voyageurs. On connaît le lac Sary-Kamysh, mais on en fait un avatar du Tedjen. D'ailleurs, tout le Sud-Ouest de la Touranie ne sera exploré qu'après 1860 ; chaque échancrure du rivage de la Caspienne, avec ses estuaires morts, est encore prise pour un estuaire ancien de l'Oxus. Jusque vers 1850, les cartes de l'Aral, au moins en Occident, conservent au lac des contours parfois encore fantaisistes (Delamarche, 1825) (fig. III. 12).

Les auteurs anciens

On a exhumé et trituré, voire sollicité avec plus ou moins de bonne foi, les moindres bribes de documentation relatives à l'éventuelle disparition de l'Aral. Ce travail ne s'est fait qu'assez tard, vers la fin du XVIe siècle et le début du XVIIe siècle, quand il fut avéré que la liaison Caspienne-Amou Daria avait existé mais ne fonctionnait plus. Pierre le Grand attachait beaucoup d'importance à cette question, on l'a vu.

C'est cependant après 1870, à la faveur d'un accès plus facile aux textes arabes conservés en Turquie et en Iran, que les historiens ont fait le plus gros de leurs découvertes. Citons principalement ici les noms de Lenz (1870), Röther (1873), Goeje (1875) et Barthold (1910, 1914, 1945). On reprendra, avec quelques ajouts, l'essentiel des articles du dernier cité, tirés de l'Encyclopédie de l'Islam (Barthold, 1909-1937), qui sont le résumé de ses importantes recherches bibliographiques publiées originellement en russe.

"…La mer d'Aral ne paraît pas avoir été connue des Anciens, d'après les renseignements les plus contradictoires qui se rapportent à la Méotide dans l'Asie Centrale (on suppose que le nom de la mer d'Azov a été appliqué ici à l'Aral, de même que le nom de Tanaïs = Don, a été appliqué au Syr-Daria) ([1]) ; d'après les documents qui concernent le marais oxien *(oxiane limne, palus oxia)*, c'est tout au plus si ce dernier peut être considéré comme vaguement connu d'eux. Les vieux documents chinois, à partir du IIe siècle ap. J.C., ne font mention, dans la région d'Aral, dans des termes d'ailleurs très généraux, que d'une "mer du Nord" ou d'une

---

(1) Quinte Curce et historiens d'Alexandre le Grand.

◄ **Fig. III. 9.** Carte du XVIIe siècle illustrant le récit de Jenkinson (in Amsler)

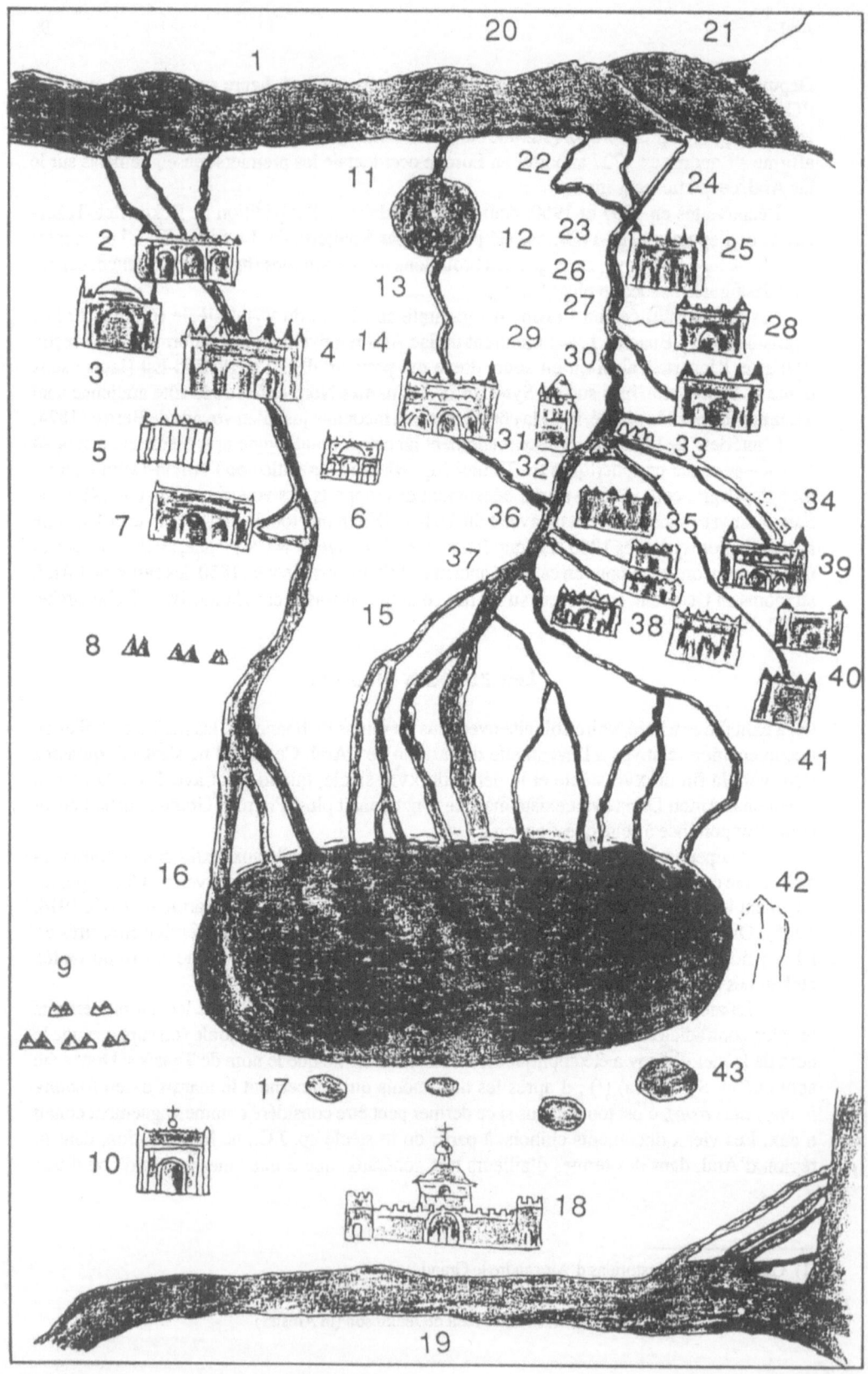

"mer de l'Ouest". On ne peut pas savoir non plus si le lac *(limne)* mentionné par l'ambassadeur byzantin Zemarchos (568 ap. J.C.) peut être identifié avec l'Aral" ([1]).

Hermann (1913) commente de son côté, à propos d'Hérodote (Notices, I, 262), qu' "...il y a confusion entre Araxes ([2]) et Araxos ([3]), qui est l'équivalent de l'Oxus. L'Araxos vient du territoire des Matiens, et de ses quarante bouches se terminant en marais, une seule débouche sur la mer [Caspienne]... Strabon (XI, 512) n'ajoute pas grand chose à Hérodote, qui fut sa source essentielle, sinon que l'Araxos coule dans le territoire des Massagètes, et se divise en plusieurs bras, dont l'un va vers la "Mer Septentrionale", l'autre vers la mer d'Hyrcanie"... La relation

---

(1) Lenz, Humboldt et Eichwald pensaient qu'il s'agissait de l'Aral. Chanykow a montré qu'il s'agissait du lac Balkach (Sapiski, *Soc. Géogr. Imp. Russe*, 5, 302).

(2) L'Araxe est un cours d'eau se jetant dans la Caspienne au Sud de Bakou.

(3) Autre nom de l'Oxus, donc à l'Est de la Caspienne.

◄ **Fig. III. 10.** Carte de Bekowitch (vers 1715), la première des temps modernes, avec la traduction des commentaires en Vieux Russe (non reportés) (S-D = Syr-Daria ; A-D = Amou-Daria). *1* Montagnes chinoises dans lesquelles prend sa source la rivière Syr-Daria, qui traverse les villes du pays de Boukhara ; *2* la ville d'Andyjant par laquelle passe le S-D ; *3* ville d'Akcynamaguent. Entre cette ville et Andyjant il y a 3 jours de chameau, entre Akcynamaguent et le S-D, il y a 3 jours de marche ; *4* ville de Khodjent sur le S-D. De cette ville jusqu'à Tachkent, il y a 5 jours de marche ; *5* ville de Tachkent autour de laquelle il y a des sources d'eau. De cette ville jusqu'au S-D, il y a 3 jours de marche ; *6* ville de Piskent. D'ici jusqu'au S-D, il y a 3 jours de marche. Entre Piskent et Khodjend, il y a 5 jours de marche ; *7* ville de Turkestan. Entre cette ville et le S-D, il y a 2 jours de marche. Deux canaux amènent de l'eau dans cette ville. Elle est habitée par des Tatares appelés Tourkestantzii ; *8* les campements des Tatares appelés Karapaki ([1]) ; *9* campements des Kalmouks ; *10* ville de Krasnyi-Yar ; *11* source venue des montagnes se dirigeant vers la capitale Boukhara ; *12* le Lac ; *13* cet affluent traverse la capitale Boukhara et s'écoule dans l'Amou-Daria ; *14* capitale de Boukhara. Entre cette ville et l'A-D, il y a 5 jours de marche ; *15* îles de l'A-D. Il y vit des Tatares du Khan Khivinskii. Ils sont appelés Aralzy ; *16* la mer principale dans laquelle tombent par différentes bouches l'A-D et le S-D. De cette mer jusqu'à la mer Kuvanlinkoï ([2]), il y a 13 jours à cheval. Autour de cette mer (Aral), à partir des embouchures des rivières (A-D, S-D.), il y a des montagnes de pierre blanche ; *17* le puits Chamelinskï, le puits Belevlii, le puits Touzacii ; *18* la ville d'Astrykhan ([3]) ; *19* la rivière Volga ; *20* l'Est ; *21* montagnes indiennes dans lesquelles prend sa source la rivière A-D ; *22* amont de la rivière A-D appelée Parmi ([4]) ; *23* rivière Amou-Daria, large d'environ 200 sagènes ([5]) ; *24* ville de Karytchoupan près de l'A-D. Entre cette ville et Bedokchant il y a 2 semaines de marche ; *25* ville de Bedokchant à 2 jours de marche de l'A-D, *26, 27* canal entre la rivière et la ville ; *28* ville de Balkh à 3 jours de marche de l'A-D ; *29* ville de Temriz près de l'A-D, située à 10 jours de la capitale Boukhara ; *30* ville de Tchardzou située sur le passage permettant la traversée de la rivière ; *31* passage de toutes les villes capitales vers Boukhara ; *32* ville du Khivin ([6]) Azarist ; *33* le plus grand canal appelé Khivaniv. De la capitale Khiva il y a 10 jours de marche ; *34* capitale Khiva. L'eau y est amenée par le canal Khivaniv ; *35* ville du Khivin appelée Khanki, située à 7 verstes ([7]) de l'A-D et à 1 jour de marche d'Azarist ; *36* ville de Yourguenatch ([8]) située à 7 verstes de l'A-D et à 15 verstes de Khanki ; *37* ville de Vozir située sur un affluent de l'A-D ; *38* ville du Khivin Gourliant ; *39* ville du Khivin Ket située à 1 jour de cheval de l'A-D ; *40* ville du Khivin Chabat sur le grand canal de Darink. Cette ville est située à 2 jours de marche de l'A-D ; *41* "de la capitale Khiva jusqu'à la mer il y a 3 jours de marche" ; *42* la tour appelée Kara-Koumet située sur le grand chemin. Au pied de la tour s'arrêtent les marchands qui viennent de Khiva. Ils ont besoin de l'eau de la petite mer parce qu'autour de cet endroit il n'y a pas de puits ; *43* le grand abreuvoir appelé Elguizy. Entre le lac et la tour il y a 3 jours. Les chevaux et les chameaux des caravanes boivent dans ce lac. Cette source approvisionne en eau d'autres puits décrits sur cette carte. A ces puits peuvent boire 60 et même 100 chevaux et chameaux. Sur le grand chemin, les puits sont éloignés de 2 jours de marche

---

(1) Karakalpak. (2) Caspienne. (3) Astrakhan. (4) Pamir. (5) Environ 430 m. (6) Terme employé pour Khorezm. (7) Environ 7 km. (8) Ourgench.

Fig. III. 11. Brouillon de carte de Bekowitch ; noter la précision du tracé par rapport à l'apparence archaïque de la figure III. 10

du voyage de Patrocle (vers 285 av. J.C.), envoyé par le roi Séleucos Ier, indiquerait que celui-ci avait découvert l'embouchure de l'Oxus dans la Caspienne ([1]).

Hermann cite aussi Varron (16-27 av. J.C.), polygraphe romain toujours considéré comme digne de foi, et Aristobule (fragments cités par Arrien (vers 105 ap. J.C.)), narrateur du voyage d'Alexandre en Asie centrale, qui "…disent indépendamment que les bateaux allaient de la Bactriane vers la mer Caspienne…" ([2]).

---

(1) Ceci a donné lieu à des interprétations divergentes, de l'ancienne baie de Kenderlik, au Nord-Est de la Caspienne, jusqu'au Kara-Bogaz (Kiepert, 1874 ; Neumann, 1884 ; Wagner, 1885). On n'évoquera pas ici les discussions fumeuses sur la distance entre les bouches supposées de l'Oxus et du Iaxartes.
(2) Les adversaires de la liaison Amou-Caspienne ont, non sans raison, estimé qu'il s'agissait plutôt d'un trajet Amou-Sary-Kamysh.

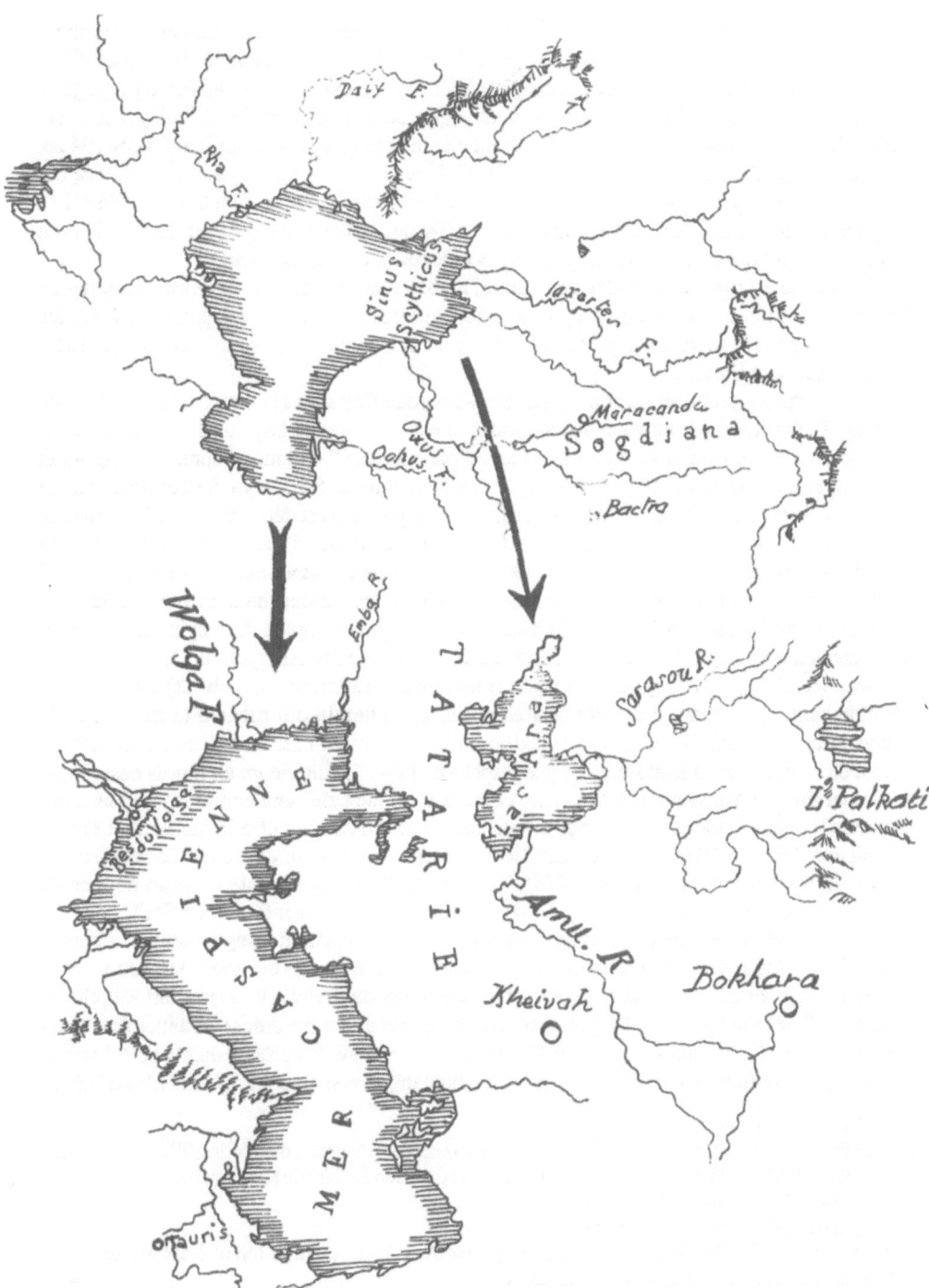

Fig. III. 12. Cartes du Turkestan (Delamarche, 1825) : comparer la figuration aux époques ancienne et actuelle, réconciliant (?) les idées reçues et les observations modernes

Après ces sources gréco-latines, les historiens se sont tournés vers les Chinois [1]. Barthold estimait que la "mer de l'Ouest", indiquée plus haut, était le Golfe Persique (Barthold, 1914 ; Hermann, 1913). Il revint plus tard sur cette opinion. Un document rare est le récit du voyage de Chang Kien (126 av. J.C.), texte extrêmement vague, comme les Annales de la Dynastie Han (206-220 ap. J.C.) sur le même sujet. Barthold cite le voyage d'un certain Pan-Cheou (94 ap. J.C.) qui serait allé vers la "mer Septentrionale". Une source — Kouei Choui — donnée par Hermann comme peu digne de foi, signale un canal construit "pour le commerce des Parthes". Le pays de Khiva était connu des Chinois (Houen-Tsang, 629-645) sous le nom de Yen-Tsai ou Ao-Lan, le pays des Aorses (Alains pour les Occidentaux, ou encore Arces).

La récolte est maigre. Mais les géographes arabes sont plus diserts. Le Khwarizm, région fertile et peuplée de tout temps, représenta un agglomérat de cités indépendantes réunies semble-t-il pour la première fois en une seule principauté en 621, avant la conquête arabe. Citons à nouveau Barthold :

"…L'Aral est peut-être mentionné par Ibn Khourdad Bey sous le nom de Lac *(buhaira)* de Kurdar [2]. Ibn Roste (début du Xe siècle) donne une description du lac, sans le nommer ; le lac où se jetait l'Amou-Darya aurait eu selon lui 80 parasanges [3] de tour (d'après Al Istakhrit et les géographes ultérieurs, ce serait 100). A l'embouchure du Sir-Darya, à deux journées de marche, suivant Ibn Hawkal, du village neuf… dont la position est déterminée par les ruines de Djankent, à 22 km au SW de ce qui est aujourd'hui Kazalinsk [4], le littoral du Xe siècle ne semble guère différent du littoral actuel. On peut en affirmer autant de la rive méridionale (Al Mukkadasi). On ne peut pas dire d'une façon positive si les bassins maintenant presque complètement asséchés qui avoisinent le Tchink [5], comme par exemple l'Aibougir, étaient autrefois réunis au lac Aral ; en tous cas, entre le lac Aral et le Sary-Kamych, il n'existait pas de communication ; le voyageur qui voulait aller de Khwarizm (le Tchink) au pays des Petchenègues [6] devait, d'après Gardizi, prendre le chemin qui mène à la montagne de Khwarizm (le Tchink), de là traverser le désert d'Oust-Ourt en laissant le lac de Khwarizm à droite de ce chemin. Al Istakhri et les géographes de l'époque ultérieure en font la description et en parlent, conformément à la vérité, comme d'un lac salé sans communications extérieures [7] ; seul Masoudi admet par erreur une communication entre le lac Aral et la mer Caspienne. Dans le *Djahan-Name* (XIIIe siècle) et les ouvrages qui découlent de cette source (entre autres Djourdani, mort en 1476/77), on trouve employé à côté du nom de "lac de Khwarizm", celui de "lac de Djand", ville bien connue sur le cours inférieur du Syr".

"…Du XIIIe au XVIe siècle, nous ne possédons sur l'Aral aucun renseignement…" poursuit Barthold. Certes, les routes des caravanes, plus directes à travers le désert d'Oust-Ourt — qui contient quelques points d'eau — évitaient les alentours de l'Aral, où sévissaient les pillards nomades. Si les voyageurs du Moyen-Age, déjà cités, évoquent largement certaines des caractéristiques de l'Oxus (son gel pendant l'hiver, sa navigabilité, les prélèvements pour l'irrigation), leurs descriptions s'arrêtent toujours au Khorezm, et non au delta. L'Aral n'avait aucun

---

(1) Rappelons que la route de la soie *(seta, sin, chin)* passait par Boukhara, très tôt dans l'histoire romaine (cf. Gibbon, 1787). Gibbon n'évoque jamais le lac Aral dans son histoire de l'Empire byzantin.

(2) Le bras oriental du delta de l'Amou.

(3) 1 parasange = un peu moins de 6 km.

(4) Kazalinsk : sur le Syr-Daria, un peu au Sud de Novo-Kazalinsk ; c'était le fort n° 1 des Armées russes remontant peu à peu le fleuve au milieu du XIXe siècle.

(5) La partie la plus orientale, ici, du rebord de l'Oust-Ourt. L'Aiboughir est une baie ancienne au SW de la mer d'Aral, figurée sur des cartes anciennes : voir Reclus (1881, p. 4) et, par exemple, la première édition de l'*Atlas* de Vidal-Lablache (1877).

(6) Le Sud de la Russie.

(7) Il pourrait donc s'agir aussi du lac Sary-Kamysh.

intérêt pour eux ; peut-être, encore une fois, ne se distinguait-il pas des autres dépressions salées. Hafiz Abou (1417) affirme même que "...le lac de Khwarizm dont il est fait mention dans le Livre des Anciens..." n'existe plus de son temps. L'Amou-Daria était alors en général considéré comme un affluent de la mer Caspienne ; suivant certains auteurs, le Syr-Daria ne se serait plus jeté dans l'Aral. Déjà au XIVe siècle, le marchand Badr-Al-Din Al Roumi (cité par le géographe Ibn Fadl Allah Al Omari), fait changer le Syr-Daria de direction à 3 journées de voyage au-dessous de Djand (¹) ; suivant Hafiz-Abrou, ce cours d'eau a dû se joindre à l'Amou ; dans le *Baber-Nama*, on affirme que le Syr ne se réunit à aucun autre cours d'eau mais se perd dans le désert de sable... Abu al Ghazi appelle l'Aral la "mer du Sîr", et ne semble avoir aucun renseignement d'après lequel le Sîr, à une époque quelconque, n'aurait pas rejoint l'Aral. D'après ce même auteur, l'Amou n'aurait retrouvé le chemin de l'Aral (²) qu'après 1572/73.

Barthold, encore, dans l'article *Amou-Daria* écrit :

"Une description précise du bas fleuve est donnée pour la première fois dans Ibn-Roste (fin du IXe siècle)... mais seulement pour la branche de gauche qui n'avait déjà plus qu'une importance secondaire ; elle se serait séparée au-dessous de la ville de Gourgendj (³), ... aurait atteint à 4 parasanges de cette ville le Tchink, et aurait formé plus loin près de son embouchure une quantité d'étangs appelés Khalidjan. L'embouchure de la branche principale dans la mer d'Aral n'est mentionnée qu'en termes généraux. Evidemment Ibn Roste... n'a connu de ses propres yeux que le bras gauche ici décrit. Puisque ce bras aurait atteint le Tchink et poursuivi sa route plus loin, le groupe de lacs appelé Khalidjan doit être recherché non pas à proximité de l'Aibouguir, mais près du Sary-Kamysh... Au temps d'Al Moukaddasi (985/6), ou de celui dont il a recueilli le témoignage, le bras gauche semble s'être desséché, et le dessèchement est expliqué par la construction d'une digue destinée à préserver Gourgendj ; l'eau se serait depuis détournée "vers l'Est" et n'aurait plus coulé que "d'un seul côté."

"Al Moukaddasi connaît déjà l'Ouzboï comme un lit desséché qui était alors considéré comme l'ancien lit de l'Amou-Darya ; on établit une relation entre l'assèchement de ce cours d'eau, la désolation de la contrée des monts Balkhan et l'épanouissement du Khwarizm, quoique le fleuve n'ait pu atteindre le Sary-Kamysh et ensuite la mer qu'après sa sortie du Khwarizm... Que les observations notées par Al Moukaddasi aient été communément répandues, c'est ce que démontre le nom d' "ancien Khwarizm" donné par Ibn Al Athir à la région du Balkhan."

"Au XIIIe siècle, après l'invasion mongole, il semble que peut-être en relation avec la dévastation du pays et la destruction de la plupart des digues, le cours d'eau se soit déplacé vers l'Ouest (⁴). Plusieurs points de la rive gauche et déjà parmi eux Hazarap (⁵) auraient été submergés par les flots. A la prise de Gourgendj (⁶), la capitale d'alors (1221), les Mongols

---

(1) Voir plus bas pour les divagations de ce cours d'eau. Djand est la cité en ruines sur le bas cours du Syr-Daria, dont il est question ci-dessus (Djankent).

(2) Lenz : "selon Albufeda (XIVe siècle) : l'Aral existe ; pour Hamdallah, il y a une bifurcation de l'Amou vers la Caspienne et vers l'Aral" ; même citation pour Abul Hassan (mort en 1497).

(3) Ancienne capitale du Khwarizm (la région au Nord de Khiva, entre l'Amou-Daria, l'Oust-Ourt et le Karakoum), près de Kounya-Ourgench (la vieille Ourgench), qui lui succéda et fut plus tard remplacée à son tour par Yani-Ourgench (la nouvelle Ourgench), près de Khiva.

(4) Donc vers le Sary-Kamysh et/ou l'Ouzboï...

(5) Ville à l'Est de Khiva, près de Pidniak sur l'Amou.

(6) Notes d'après les articles de W. Barthold *(Encycl. Islam,* 1909-1929) : Gurgandj : arabe Djourdjaniya ; ville nord du Khwarizm. Ville sans doute préislamique ; au Ier siècle av. J.C., la dénomination chinoise du Khorezm (Yue-Kien) doit dériver de ce nom. Il n'y a rien dans les récits de la conquête arabe (712). Au Xe siècle, se divise en 2 principautés indépendantes, le Kharizm, avec Kath comme capitale, et le territoire de Gourgendj (Al Biruni, chronologie)... Khwarizm : Hérodote (III, 117) : *(suite de la note p. 106)*

(Gengis-Khan) auraient détruit la digue et achevé ainsi leur œuvre d'anéantissement. Quelques années plus tard, la ville appelée Ourgench par les Mongols et plus tard par les Ouzbeks, est reconstruite, mais cette fois (de même que la Kounya-Ourgench actuelle) sur la rive droite de la branche qui l'arrosait. Dans l'espace de trois siècles et demi, cette branche qui coulait vers le Tchink et le Sary-Kamysh a été dans toutes les descriptions de voyage et les relations historiques (et aussi dans l'histoire des expéditions de Timour) (7), mentionnée comme étant le cours principal, les branches orientales n'étant sous différents noms que de simples ramifications. On devrait tout de suite émettre cette hypothèse que le cours d'eau, après avoir comblé la dépression du Sary-Kamysh, avait trouvé dans le lit de l'Ouzboï une voie d'écoulement vers la mer Caspienne. C'est ce qui est expressément affirmé par Hamd Allah Kazwini (1339-1340) et Hafiz Abrou (1417)."

"...Pour la véracité le premier parle surtout d'une grande cataracte sur l'Ouzboï (8) ; en fait, le lit aujourd'hui à sec montre les traces de chutes jusqu'à 9 m de hauteur. Les Anciens nous ont laissé aussi d'obscurs renseignements sur l'existence d'une telle cataracte (Eudoxos, fragments, dans Strabon et Polybe)."

"La supposition d'une dépendance de Kazwini sur des sources anciennes se trouve détruite par la mention qu'a faite l'auteur du nom turc de la chute (Gördeli : fracas, vacarme, tonnerre)... Hafiz-Abrou nous donne l'information inédite [déjà citée] d'après laquelle le Sir-Daria aurait rejoint l'Amou-Daria et coulé avec lui vers la mer Caspienne. Zahir al Din al Marashi raconte comment sur l'ordre de Timour en 1392, les Saiyids [séides] du Mazandera se rendirent en bateau à Aghrica (lieu où le cours d'eau débouchait sur la mer Caspienne, et de là, en remontant le Djaihun (9), jusqu'à un certain endroit (évidemment les chutes) (10). Le père de l'écrivain avait pris part à ce voyage alors qu'il était âgé de 12 ans... En 1460, Husein Baikara, plus tard sultan d'Astrabad (11), se rend de cette ville "à Aghrica et à Adak" (12)... où il traverse l'Amou-Daria, fait camper son armée sur le bord du cours d'eau, avant de s'emparer de la ville de Wezir, à 6 parasanges à l'Ouest d'Ourgench... Nous ne possédons pas une description détaillée du cours pendant la période comprise entre le XIIIe et le XVIe siècle". Les deux rives de l'Ouzboï jusqu'à la mer Caspienne, au pied des monts du Grand Balkhan, étaient d'après Abd Oul Ghazi (1525, le Khan du Khorezm qui écrivit l'histoire de son pays) non seulement habitées mais cultivées. "Mais il y a lieu, vu que la rive de l'Ouzboï était depuis longtemps déserte au temps d'Abd Oul Ghazi, de supposer que les contemporains de cet auteur se sont représenté cette prospérité passée sous des couleurs beaucoup plus brillantes que l'ancienne réalité. Hafiz Abru fait couler l'Amou-Daria en majeure partie à travers des déserts depuis le Khwarizm jusqu'à la mer Caspienne... Abd Oul Ghazi déclare aussi qu'en 1573 l'Oxus était retourné à l'Aral."

---

(6) Suite : la vallée du fleuve Akes appartenait aux Khwarizmiens avant la souveraineté perse. Hecatée (fragments 172-173) : pays à l'Est des Parthes, capitale Khorasmin. Hérodote (VIII, 66) : les Khorazmiens et les Parthes sont dans la même division de l'armée de Xerxès. Arrien (IV, 15) : Alexandre reçoit à Bactres le roi Khwarizmien Pharasmanes [Rien d'autre jusqu'à la fin du VIIIe siècle]. Balkhan : d'après Al Mukaddasi, il y avait des vaches et des chevaux sauvages. A Nasa et Abiward, il entend dire que les habitants se rendaient sur le Balkhan et y trouvaient beaucoup d'œufs. Il ne signale pas de ruines dans la région... Région occupée par les Russes en 1869.
(7) Tamerlan.
(8) Voir profils sur la fig. II. 33, et aussi Obroutchev (1914).
(9) Nom turc de l'Amou.
(10) Noter qu'il n'y a pas de chutes sur l'Amou de la frontière afghane jusqu'à l'Aral.
(11) Astrabad : ville persane près de la frontière russe, aujourd'hui Gorgan ou Gourgandj.
(12) Barthold spécule ici sur la position d'Adak dans la vallée de l'Ouzboï ; cette ville n'a pas été identifiée jusqu'ici.

Hermann ajoute au récit de Barthold : "Au Vᵉ ou au VIᵉ siècle, il y eut des changements importants sur le bas Oxus : ensablement du bras caspien, et l'eau coule désormais vers l'Aral et peut-être le Sary-Kamysh, ceci d'après le géographe persan Makdisi (985 ap. J.C.). Selon Istraki (961), la liaison de l'Aral avec le Sary-Kamish n'aurait pas existé à l'époque, et le Taldyk, bras gauche du delta de l'Amou, s'appelait le Kourder".

Camena (1930) signale le témoignage d'un certain Zakhir-edd-din-al-Merach selon qui Tamerlan, après avoir conquis le Mazanderan — contrée au Nord de la Perse — en fit déporter les chefs vers Khiva par la Caspienne et l'Ouzboï en 1392.

Le Grand Duc Nicolas Romanoff donnait aussi, dans son rapport de 1879, les renseignements suivants : 1) en 1330, le persan Mostaoufi dit qu'au XIIIᵉ siècle l'Amou coulait vers la Caspienne, et que pendant un siècle le niveau de celle-ci s'éleva tant que le port d'Abesgoan fut inondé ; 2) Ruy De Clavijo, ambassadeur de Castille auprès de Tamerlan, écrit en 1404 que l'Amou coule vers la Caspienne (¹) ; 3) un manuscrit anonyme du Khorasan de 1417 (²) déclare que selon les livres anciens l'Aral recevait l'Amou, mais que ce lac n'existe plus, car le Djihoun s'est ouvert une nouvelle voie dans la mer persane.

Faisons le point sur ces sources : elles convergent vers la conclusion que, à deux reprises au moins, l'Amou s'est détourné au cours des temps historiques vers la Caspienne et/ou le Sary-Kamysh. Divers auteurs ont prétendu que les voyages cités confondaient ce dernier avec la Caspienne. Les récits arabes ne laissent pourtant guère place au doute.

Après l'analyse des sources anciennes ou orientales disponibles, passons maintenant aux sources européennes. Aux études des auteurs consultés ci-dessus s'ajoutent en effet les données de Lenz (1870).

Après le renversement des Tatars en 1480, les marchands russes reprirent le chemin du Turkestan. La région d'Orenbourg sur l'Oural était le point de départ traditionnel des caravanes à travers l'Oust-Ourt, dans un pays tourmenté par la neige en hiver et, en tous temps, par les razzias des diverses ethnies qui dévastèrent la contrée au cours des siècles. En 1520, le Gênois P. Centurione, puis en 1537 le Vénitien Foscarini proposèrent à Moscou d'étudier une nouvelle route par la Volga (Astrakhan fut conquise en 1554 par les Russes, qui construisirent une forteresse près de la ville tatare en 1589), la Caspienne et l'Oxus : la liaison de "la mer de Bakou" avec le Khorezm était sur toutes les cartes ! Une route s'établit alors ; les bateaux d'Astrakhan parvenaient à la baie de Kochtchak, sur la presqu'île de Mangyslak (³) au Nord-Est de la Caspienne ; de là, les caravanes allaient à Khiva, frôlant l'Aral dont on ne parle toujours pas…

En 1558, pour le compte d'une compagnie anglaise soutenue par Ivan le Terrible et, bien plus tard, par B. Godounoff, Jenkinson construisit un navire à Nijni Novgorod, rejoignit la baie de Kochtchak, et de là parvint, au bout de 20 jours, à un "lac d'eau douce" dont il pensa que c'était une baie de la Caspienne. Or c'était impossible car toutes les baies de la région sont salées… Selon les critiques, il s'agit soit de la baie d'Aiboughir (⁴) (Lenz et Walther), soit du Sary-Kamysh (Barthold, qui reconnaît que ce lac est salé…, ce qui n'a pas toujours été le cas) (⁵). Peu après, à sa grande stupeur, Jenkinson arrive auprès de la vallée d'un vaste cours d'eau asséché. Il commente : "J'observe que dans les temps passés, coulait ici le grand fleuve

---

(1) Ici, Nicolas contredit Lenz qui, citant le même auteur, déclare le contraire (voir réf. bibl.).

(2) Il cite ici Rawlinson, q.v.

(3) "Mangyslak" viendrait de "Ming Kichlak" ou "mille quartiers d'hiver". C'est le lieu d'origine légendaire des populations du bas Tadjikistan.

(4) Celle-ci avait 1 m de profondeur en 1848, était devenue un bourbier en 1870, et un vaste lac d'eau douce après l'énorme crue de l'Amou en 1878. Voir carte dans Reclus (1881, p. 412).

(5) En effet, la baie d'Aiboughir pouvait avoir la salinité de l'Aral (soit 10 g/l), tandis que le Sary-Kamysh, alimenté par l'Oxus, avait une salinité bien moindre lorsque son émissaire, l'Ouzboï, était en eau.

Oxus qui se termine actuellement à peu de distance d'ici. Il se déversait alors vers le fleuve Aidok (¹) qui coule vers le Nord et qui se perd dans la Terre". Il était bien près de la vérité. S'informant à Khiva de l'histoire de ce cours d'eau, il apprend que jadis s'y écoulait une partie de l'Oxus, mais que depuis une génération, des digues avaient interrompu ce chenal (voir chapitre II). Il s'agissait évidemment de l'Aryk-Daria, ou Kounya-Daria, aujourd'hui le Daria-Lyk, qui mène au Sary-Kamysh (²).

On n'en sut guère plus sur l'Ouzboï jusqu'au début du XVIIIᵉ siècle, mais l'Aral était connu par les cartes. Les Russes étaient trop occupés au XVIIᵉ siècle par la conquête de la Sibérie pour consacrer du temps au Turkestan ; mais ils poussaient désormais leur avantage sur la contrée.

Pierre le Grand dépêcha en 1715 les marchands Evenski, Fedoroff et Taranovski pour reconnaître le pays. Partis d'Astrakhan, ils découvrirent le lit de l'Ouzboï, apprirent que le cours d'eau avait été coupé par les habitants de Khiva, qui craignaient les Russes. La nouvelle fit sensation. Pierre le Grand résolut alors de remettre en eau le chenal mythique de l'Oxus pour assurer, de manière continue, la circulation maritime entre la Russie et les confins de l'Inde. Il eut l'occasion en 1717 de présenter ses projets devant l'Académie des Sciences de Paris, où il dessina de mémoire, dit-on, devant les académiciens passionnés (dont G. Delisle) (³), la carte de la région et le tracé de l'ancien Oxus...

Entre temps, il avait envoyé au débarcadère de "Tjiik-Karagan" (sur la presqu'île caspienne de Manghislak) le prince Alexandre Bekowitch, un Tcherkesse converti à la religion chrétienne. Celui-ci était chargé de mener une enquête sur l'ancien Oxus. Amené dans le Balkhan, le Tcherkesse contempla la rivière asséchée se perdant dans le désert : l'Ouzboï des Turkmènes, ou Kounya-Daria ("l'ancienne rivière" des Khorezmiens) (planche photographique hors-texte 13, bas). Dix-sept jours plus tard, il atteignit les bords de l'Amou où on lui montra le barrage de terre, de fascines et de briques brûlées, long de 5 km, large de 3 m et haut seulement de 1 m, qui maintenait le cours de l'Amou vers le delta aralien. Bekowitch dirigea en 1717 une expédition militaire vers Khiva. Il fut accueilli cordialement par le Khan de Khiva. A la demande de celui-ci et malgré la méfiance de son lieutenant Frankenbourg, il divisa ses troupes qui furent alors anéanties. Bekowitch fut tué, décapité ; sa tête bourrée de paille fut envoyée au Khan de Boukhara, qui refusa ce dangereux cadeau. On dit qu'on fit un tambour de sa peau. Les Russes n'oublieront pas. Une grande partie des troupes fut massacrée, l'autre retenue prisonnière. Ceux qui purent s'évader rapportèrent ensuite toutes sortes de traditions khiviennes à propos des digues : les détournements de l'Amou, ou ceux des innombrables canaux de déviation depuis Khiva jusqu'à Noukous (l'amont du delta actuel) paraissaient presque toujours avoir été le fait des princes de Khiva, par mesure de rétorsion contre leurs adversaires du bas-pays khorezmien, voire de ceux qui vivaient sur les rives de l'Ouzboï. En 1717, les Russes construisirent un fort (Fort Bekowitch, à l'entrée de la baie de Balkan), pas très loin de l'emplacement de Krasnovodsk, vite abandonné. En 1722, Benverini, envoyé de Pierre auprès du prince de Khiva, apprit que la moitié des eaux de l'Amou coulait alors vers l'Ouest...

Pierre le Grand envoya plus tard quelques autres missionnaires, sans grand progrès pour les connaissances. A sa mort, toutefois, l'Aral était assez bien connu et le problème de son alimen-

---

(1) Ce cours d'eau se voit sur la carte de la figure III. 9, au-dessus de Cant.

(2) Le livre de Babur (1504), p. 45 : "Le Sayun [Syr-Daria] qu'on appelle aussi rivière de Khodjend, arrive du Nord-Est [...] puis, s'infléchissant vers le Nord, il se dirige vers la ville de Turkestan. Le Sayun ne se jette dans aucune mer, mais s'engloutit dans les sables bien en aval de Turkestan". Il y a là un argument pour penser que 50 ans avant le voyage de Jenkinson, l'Aral n'était même pas alimenté par le Syr-Daria.

(3) Le frère de celui-ci, Joseph Nicolas Delisle compila à partir de 1726 les cartes de l'empire russe (cf. *La géographie*, 1920, 33, 220-228).

tation clairement cerné. Les cartes de 1715-1720 étaient encore très imprécises, guère meilleures que celles d'Idrisi, de huit siècles plus anciennes. L'atlas russe de Mouravin (1740), le premier Occidental à explorer la rive est de l'Aral avec Gladyschev, présente une carte assez précise de la région.

Avec le renouveau de la pression russe qui suivit la mort du tsar Pierre Ier, les expéditions reprirent ([1]) : Thomson et Kogg (1743), Boukhavkine (1743), Blankenhagel (1794) et Mouraviev (1819) ([2]), qui parcourut une partie des anciens chenaux menant à la Caspienne et dont le récit fut reçu à Moscou avec incrédulité, Eversmann (1820-21), Mouraviev encore en 1822, Berg en 1826 sur la rive nord-ouest de l'Aral, Basargine et Eichwald qui atteignirent le delta de l'Amou en 1826, Connolly en 1830, Karelin, Flechner et Baremberg, qui revisitèrent le delta en 1836, Kowalesky et Gergross en 1839, les envoyés anglais Abbott et Shakespear en 1840, Nikiforoff en 1841, Danilewski et Basiner en 1842, Lemm en 1846, Boutakoff qui donna en 1848/49 une carte de référence de l'Aral, avec le détail des deltas et beaucoup de renseignements géologiques et hydrologiques. Puis Severtsov, Alenitzine, Darendt, Schultz, Abich (1855) et d'autres, et surtout H. Vambery (1863), un Hongrois, linguiste et ancien révolutionnaire de 1848 à Budapest, qui visita incognito Khiva en 1863. Tous ces voyageurs étaient plus ou moins des espions russes ou anglais, mais leurs rapports contiennent toujours quelque renseignement d'intérêt pour la science (voir fig. II. 38). Notons que les grands voyageurs de l'Asie à l'époque, Gmelin, Pallas puis Humboldt (voir fig. III. 8), passèrent toujours très au large de l'Aral dont les confins restaient peu sûrs pour des voyageurs occidentaux. Gibbon (1787, p. 757) dit encore, par erreur, que "l'Oxus et le Iaxartes… se dirigent vers la mer Caspienne" !

L'époque contemporaine

Les années 1870 furent décisives. Le Khorezm était le dernier territoire non soumis aux Russes. Il fut conquis en 2 ans à partir de Tachkent et de la Caspienne dont la rive orientale était désormais bien tenue par leurs armées, ce qui donna l'occasion à Sievers (1873) d'effectuer au Sud-Ouest les premiers relevés réguliers de l'immense contrée : émerveillement de découvrir plus de 1000 km de fleuve à sec, jalonné de ruines anciennes, d'époques différentes. Il décrit déjà dans le détail la structure géologique de ce lit abandonné : rives abruptes, taillées dans les marnes et calcaires du Tertiaire supérieur (voir fig. VI. 11 et planche hors-texte 10, en bas), méandres, bras-morts, rapides abandonnés, petits lacs résiduels, d'eau douce ([3]) (lac Ostatochnoye) ou saumâtre (lac Topatian), oasis de roseaux et de peupliers… L'Ouzboï paraissait asséché d'hier ; d'autres parties étaient ensablées, en particulier toute la section entre Kouzounek et le Sary-Kamysh (voir fig. II. 32). Gloukhovski (Anonyme, 1882, 1896) et Koslovski levèrent la carte de la région Aral-Sary Kamysh, et Loupandine le segment central de l'Ouzboï. A cette époque, les études russes prolifèrent, auxquelles s'attachent surtout les noms de Kaulsbars (1881), Konskhin (1885, 1897), et surtout Obroutchev (1890). La littérature originale est parue essentiellement dans les annales des sociétés russes de géographie et de géologie de St-Petersbourg, entre 1871 et 1900.

Les Russes revinrent à leur vieux rêve de rouvrir le lit ancien de l'Ouzboï. D'abord, on s'interrogea sur la réalité d'un ancien Oxus caspien. Etait-ce l'Ouzboï ? Certains (Konschkin,

---

(1) Voir Khitrowo (1889) et Spuler (1977).
(2) Mouraviev, un personnage énigmatique, fut plus tard (1847) gouverneur de Sibérie orientale et l'instigateur de la conquête de tout le versant pacifique, qui aboutit au traité de 1858 (Aïgoun) fixant la frontière Amour-Oussouri avec la Chine. Il fut fait comte Amourski.
(3) Ceux-ci sont alimentés par des eaux souterraines provenant du Khopet Dag au Sud (Kwozhayev, 1974).

1885 ; Walther, 1898) l'ont nié farouchement. Pour les tenants de l'Ouzboï comme ancien Oxus, plusieurs théories de l'assèchement s'affrontèrent.

Etait-ce un phénomène climatique ? Une théorie de l'assèchement général de l'Asie (Ritter, Zimmerman, Kankrine, Semenoff, Kropotkin (1886, 1904, 1914), sinon du monde entier, était confortée par les découvertes d'une hydrographie ancienne et de villes abandonnées, faites au Turkestan, ainsi qu'en Mongolie et au Sinkiang ([1]). Elle ne fut guère réfutée qu'en 1914 (Gregory, 1914). On fit appel, pour expliquer la séparation de l'Ouzboï de l'Aral, à des mouvements du sol, à la suite soit de tremblements de terre (Meyendorff, 1878), soit d'accidents locaux et temporaires (Mouraviev, Meyer, Felkner), soit de mouvements lents et continus (Alexine, Bogdanoff, 1959). Barbot de Marny ([2]) est assez fréquemment cité comme défenseur de ces théories tectoniques.

Une autre hypothèse, fondée sur la théorie de Baer, selon laquelle les cours d'eau ont tendance à dévier leur tracé vers l'Est, en conséquence de la rotation de la Terre, a été défendue par Lenz (1870), de Goeje (1875) et Kostenko. Peu à peu, l'Amou se serait infléchi vers l'Est, comme pouvait le montrer la prédominance accrue des bras orientaux du fleuve pendant les temps historiques. Hulsen (1911) déclare qu'en 1896 le bras Est devenu alors le plus grand du delta de l'Amou a gagné 5 km vers l'Est et qu'on a dû travailler à consolider le cours de ce bras par la construction de nouvelles digues à l'Est du cours principal. Wood (1875, 1879) pensait que l'énorme masse de dépôts terrigènes amenés par l'Amou suffisait à colmater les lits anciens ; Stumm (1874) supposait que l'ensablement dunaire en était la cause majeure.

En dehors des phénomènes climatiques, c'est tout de même l'action humaine qui emportait la majorité des opinions. Citons quelques noms : Humboldt déjà (1843), Basiner, Ivanine, Khaninoff, Severtsoff, Vambery (1863), Rawlinson (1867, 1872) étaient d'avis que l'excès d'irrigation dans le Khorezm a produit l'assèchement de l'Ouzboï. Jenkinson, Blankennagel, Velitchko, Danilevsky, Grigorieff, Ivanshintsoff, Barande (1879), Venioukoff, Gloukhovsky, pensaient qu'il s'agissait d'une action délibérée.

Parmi ceux qui pensaient que l'Ouzboï avait été un cours d'eau actif ou même permanent, les opinions divergeaient : l'arrêt s'est produit aux "temps primitifs" pour Kiepert, Humboldt et Klaproth — des géologues ! —, au temps des Achéménides pour De Goeje (1875), au VIᵉ siècle pour Hellwald, au Xᵉ siècle pour Röther (1873) et Lenz (1870), au XVIᵉ siècle pour Lerch, Wood (1875) et Severtsov, et à plusieurs époques pour Rawlinson (1872), Hellwald, Vivien de St Martin (1879), Woiekoff (1879), Grigoviev, Ivanshinstoff, Obroutchev (1890) et Barthold (1909, 1937). Ont nié que l'Ouzboï fut jamais un cours d'eau fonctionnel : Malte-Brun, Barnes, Fraser, Parisner... et Cuvier.

L'époque contemporaine, par les études archéologiques et géologiques, a complètement renouvelé le problème. Mais elle n'a pas encore tout résolu.

---

(1) Les voyages d'Aurel Stein et de Sven Hedin ont particulièrement marqué cette époque.
(2) Barbot de Marny était un géologue russe, en dépit de son nom. Il travailla beaucoup autour de la Caspienne et a défini l'étage géologique du Pontien. Nous n'avons trouvé de référence complète pour aucun des nombreux auteurs cités ci-dessus.

Chapitre IV

Le milieu vivant, les sols et la couverture végétale de la Touranie Développement agricole, élevage et pêche

Les géographes de la CEI s'accordent pour diviser le bassin de l'Aral en trois zones agroclimatiques :
— la zone désertique, avec ses plaines d'accumulation — dont les deux ergs du Kara-Koum et du Kyzyl-Koum — et le plateau calcaire marneux et argileux de l'Oust-Ourt. L'eau souterraine, dont la minéralisation va de 1 à 15 g/l, parfois plus, est à 3-5 m de profondeur. Les sols sont gris-brun, sableux ou sableux fixés par une steppe, et de type takyr ;
— la zone de piedmont, souvent collinaire ; elle possède une agriculture très complexe. Le piedmont proprement dit est plat, alluvial et proluvial, avec du matériel de type lœss. L'eau souterraine est profonde, sauf dans les aires irriguées. La minéralisation est variable ;
— la zone de montagne, avec des steppes buissonnantes et de forêt. La terre est la moins apte à l'agriculture. Les reliefs, très disséqués, s'accompagnent de sols gris-brun à brun fortement érodés.

1. Les sols et le potentiel agricole

Un territoire aussi vaste causait des difficultés aux planificateurs qui, dès l'avènement du régime soviétique, cherchent des solutions pour stabiliser les populations du Turkestan. Sous les tsars, on avait pour l'essentiel perfectionné le système traditionnel d'irrigation le long des rivières, rebâtissant les digues, reconstruisant et rationalisant le système de canaux. Les efforts se portèrent donc, avant la Première Guerre mondiale, sur l'amélioration du système existant, en particulier dans le Khorezm. La régularisation de l'Amou-Daria fut l'objet essentiel de ces travaux : il fallait restreindre ses divagations, éviter ses retours catastrophiques vers le delta ouest du Sary-Kamysh. On a vu les problèmes que cela posait. En amont, le Zerafzan fut complètement capté et désormais, ne parvint plus jamais à l'Amou-Daria, même au moment des crues. Autour de Tachkent et de Samarkand, on agrandit quelque peu le domaine irrigué, mais rien de sérieux ne fut entrepris sur le Syr-Daria. Seule une amorce de développement, vite abandonnée du fait de la guerre, fut effectuée dans la Steppe de la Faim (*Golodnaya stepa*).

Peu de problèmes de fertilité et de stabilité de sols se posaient pour les cultures traditionnelles de céréales, de fruits, de légumes, de chanvre, de lin, de coton, héritées du passé. Le mûrier fournissait sa nourriture au ver à soie [1], ressource non négligeable. Des sols équilibrés,

_____

(1) Lors de la maladie du ver à soie dans les années 1870, à laquelle Pasteur a consacré les premiers travaux qui le rendirent célèbre, la France acheta beaucoup de "graine" à Boukhara. Le gouvernement russe en interdit l'exportation en 1871.

bien alimentés en azote, en potassium et en phosphore, amenés par les eaux himalayennes, recevaient chaque saison leur engrais naturel. Le trop plein était lui-même évacué par l'abondance des eaux retournant aux grands émissaires. L'équilibre séculaire était préservé.

L'URSS naissante, à laquelle, dès 1922, les républiques indépendantes nouvellement écloses s'étaient plus ou moins volontairement rattachées, faisait face d'une part au problème de stabilisation des populations, d'autre part à celui de créer des ressources nouvelles. Les plus essentielles étaient le coton et le caoutchouc ([1]) : cette dernière a été abandonnée depuis.

On disposait de sols vierges de toute nature, mais aussi d'abondantes ressources en eau... Ce second point sera développé plus loin. En ce qui concerne les sols : les terrains vierges — des millions d'hectares — étaient essentiellement composés d'alluvions anciennes de paléorivières et de formations désertiques.

Un sol représente le résultat de l'interaction complexe entre une roche (la roche-mère), la topographie, les facteurs météorologiques (pluie, vent, température, etc.) et biologiques. Cette transformation de la partie superficielle d'une roche affleurante demande souvent beaucoup de temps, parfois des milliers d'années, et il existe une grande variété de sols, compte tenu de la variété des roches elles-mêmes et des contraintes de l'atmosphère. Il y a des sols en formation, des sols matures et des sols dégradés. Les traités de pédologie (Duchaufour) donnent toutes explications sur l'origine et la classification des sols, et on pourra se référer à Lozet et Mathieu (1986) pour ce qui concerne plus particulièrement les sols des zones arides.

Il faut insister ici sur un point capital. Dans un écosystème favorisé par la température et par l'eau disponible, le rôle du couvert végétal, et peut-être plus encore celui de la microflore bactérienne du sol, sont essentiels pour la fixation de matière organique dans les parties superficielles du sol, sous forme d'humus. Celui-ci joue un double rôle : d'une part former une sorte de trame qui stabilise les particules minérales (grains de toute dimension et de toute nature, quartz, calcaire, argile...) ; d'autre part complexer sous une forme chimique stable un certain nombre d'éléments chimiques dissous (calcium, magnésium, fer), créant ainsi un mécanisme régulateur. La teneur en matière organique est donc un indicateur de la stabilité et de la fertilité des sols. Un changement climatique, une altération du sol d'origine anthropique (labour, pâturage, travaux publics) créent un déséquilibre entre la création de l'humus (liée à l'activité biologique) et sa disparition (en grande partie par l'accélération de son oxydation à l'air). Cela modifie donc l'ensemble des caractéristiques physiques, chimiques et microbiologiques des sols, dans un système que les modélisateurs appellent non-linéaire et dont l'évolution peut aboutir soit à une dégradation de toutes ses propriétés, soit à sa disparition pure et simple.

Un autre aspect important des sols des steppes et des déserts est leur teneur en sels variés, qui détermine aussi la nature de la végétation naturelle : végétaux halophiles, hyperhalophiles (supportant des salinités dépassant 300 g/l), euryhalins (indifférents aux salinités modérées ou faibles), alcalinophiles. Le monde bactérien offre une gamme complète de ces diverses adaptations ([2]) ; mais solontchaks et takyrs de Touranie paraissent avoir été très peu étudiés sous cet angle. Pourtant, la biomasse bactérienne est un paramètre fondamental de la richesse et de la stabilité des sols.

Au Turkestan, dont le régime climatique va de l'hyperaride au subhumide dans le meilleur des cas, il existe une variété de sols que l'on retrouve dans les autres écosystèmes secs. L'environnement naturel et les possibilités de développement artificiel dépendent en grande partie des propriétés des sols. Nous touchons là un point fondamental qui sera largement développé aux chapitres V et VI.

---

(1) *Taraxacum Kok-Saghiz,* sorte de pissenlit géant dont la racine contient du latex.
(2) R. Moreau *(in litteris).*

La plupart des sols touraniens — en dehors des oasis naturelles — se sont constitués dans des conditions paléo-climatiques différentes de celles qui prévalent actuellement, de sorte que la matière organique qu'ils contiennent est le plus fréquemment héritée d'époques anciennes plus humides. Dans les conditions naturelles, sous ce climat dur, l'équilibre de cette matière organique est particulièrement précaire.

Les principaux types de sols de Touranie auxquels les agronomes locaux font référence sont :

Chernozem : sol caractéristique d'un climat continental sec (semi-aride), à précipitations annuelles de 400 à 600 mm. Les plus typiques sont en Ukraine et en Russie. En Touranie septentrionale, ce sont des paléochernozems, car les précipitations dépassent à peine 200 mm/an actuellement. Les pédologues ont montré que ces chernozems s'étaient formés voici 6 000 à 12 000 ans B.P., à une époque plus chaude de 2 à 3°, et plus humide (avec 250 mm de précipitations annuelles en moyenne).

Le chernozem est un sol isohumique (incorporation profonde de la matière organique), au profil moyennement ou peu différencié, riche en matière organique, avec une forte proportion d'acides humiques, à complexe adsorbant saturé principalement en calcium, et à structure grumeleuse. Présence d'une accumulation calcaire poudreuse dans les 125 premiers centimètres. Ce sol est donc très fertile. En profondeur, des horizons à pseudogley, indurés ou à croûte calcaire peuvent être présents.

Dans les secteurs moins arrosés, donc moins lessivés, l'horizon humifère est moins épais, moins riche en matière organique, et l'horizon carbonaté est plus proche de la surface.

Sol châtain : ce type de sol se rencontre plus au Sud de la Touranie, dans des écosystèmes plus secs, lorsque le climat continental n'a plus qu'une pluviosité de l'ordre de 240 à 400 mm. L'horizon superficiel, moins épais, moins riche en matière organique que le chernozem, recouvre fréquemment un horizon B d'accumulation calcaire, brun, à structure prismatique. Le profil du sol est souvent carbonaté sur un épaulement. Au fur et à mesure que l'écosystème devient plus sec, l'épaisseur de la couche humique diminue jusqu'à une dizaine de centimètres, la couche carbonatée devient plus épaisse et contient plus de gypse. Des sols bruns, brun-clair et brun-rouge quand ils contiennent beaucoup de fer, apparaissent. Ces sols sont peu fertiles.

Sierozem et sol gris désertique sont les plus représentatifs des sols de la Touranie. Ils peuvent être classés dans la même série des sols subdésertiques (marges désertiques) isohumiques, dont l'horizon de surface ne possède que 1 à 3 % de matière organique (Duchaufour, 1991), car les périodes de pluies brèves ne permettent qu'une végétation basse et peu dense. Le sierozem est faiblement décarbonaté en surface. Sa structure est grumeleuse, lamellaire ou parfois compacte en surface ; elle est polyédrique en profondeur.

Solonetz : sol sodique, lessivé, avec un profil bien différencié. Sous l'horizon superficiel, grisâtre et de texture limoneuse, l'horizon B a une structure en colonnettes revêtues d'humates sodiques et de gels silicatés de structure amorphe. Le pH en surface, voisin de 7, atteint 9 à 10 dans l'horizon B. Les solonetz font également partie du groupe des sols salins à alcalins.

Solontchaks (marais salant, en russe) : ils proviennent d'anciens fonds de lagunes ou de sor, équivalents des sebkhas sahariennes, ou de sols secondairement enrichis en sel par l'imbibition d'eau souterraine. Si le niveau piézométrique de la nappe reste en profondeur, les sels solubles remontent peu ou pas. Mais si l'engorgement est proche de la surface, l'évaporation des eaux remontées par capillarité est responsable de dépôts de sel près de la surface ou sur celle-ci. Un solontchak secondaire se forme avec des efflorescences ou des croûtes à allure de choux-fleur.

Le solontchak est un sol sodique à complexe adsorbant calcique. Le profil est peu différencié, les argiles sont floculées, la structure est grumeleuse, l'horizon A humifère est un mull. Le pH ne dépasse pas 8 à 8,5 (Duchaufour, 1965). Le solontchak fait partie du groupe des sols salins à alcalins.

Des mouvements saisonniers de sels transforment les solonetz et les solontchaks. Un drainage latéral ou vertical entraîne les sels superficiels, laissant en surface une boue colloïdale d'argile contenant un peu d'humus qui, en se desséchant, devient imperméable et dure. La réaction du sodium avec le carbonate dissous donne un pH très alcalin qui détruit la structure du sol. Les particules minérales et organiques sont alors entraînées en profondeur, formant une couche compacte, imperméable, riche en fer, en silice et en humus illuvial. L'alternance des saisons entraînent en profondeur cette couche indurée et, lors de la saison sèche, une autre couche semblable se reforme au dessus de la première, produisant finalement une sorte de "mille-feuilles" qui se fend en polygones à structure columnaire. Les solutions alcalines percolent entre les colonnettes, provoquant l'effondrement total de la structure.

Il faut noter que ces processus, associés à la présence et au mouvement de sels, impliquent que les sels sont hérités d'époques antérieures sèches, ou bien qu'ils sont collectés à partir de roches-mères évaporitiques anciennes, comme les couches du Tertiaire supérieur qui en contiennent beaucoup. L'endoréisme général de la région empêche, sous le climat actuel, l'élimination de ces substances naturelles sensibles vers des zones d'évacuation constituées par l'océan et, dans le cas du Turkestan, par la Caspienne jadis, et par l'Aral. Celui-ci possédait un mécanisme stabilisateur de sa salinité que nous avons déjà évoqué. Dans le cas de la Caspienne, la baie du Kara-Bogaz, reliée à la Caspienne par un chenal étroit, régule son contenu en sel amené par les fleuves.

Les solontchaks sont des sols de très médiocre qualité agricole, que de multiples efforts de recherches n'ont pas permis d'améliorer, malgré les proclamations enthousiastes de la propagande.

Takyr : sol argileux, d'écosystème aride, non évolué, souvent salé, provenant de la sédimentation de fines particules (argile, limon, sablon) entraînées par le ruissellement ou déposées en fin de course des écoulements intermittents : les takyrs se trouvent souvent dans les champs d'épandage ultimes des cours d'eau. Pendant la saison sèche, le takyr peut se fragmenter en plaques polygonales. Dès l'assèchement des plans d'eau temporaires, le takyr, type de sol brut xérique, est formé, parfaitement plat, dur, uniforme et compact (moins de 18 % de porosité). Il constituait naguère le chemin favori des caravanes. Les takyrs ne se laissent pas aisément infiltrer par l'eau ; ils comportent parfois en profondeur une couche de gypse.

Les takyrs sont un peu plus riches en humus que les autres sols désertiques (1 %). Lorsqu'ils sont irrigués dans les oasis, le taux d'humus atteint 2 % jusqu'à 80 cm de profondeur, alors que dans les autres sols la couche ainsi enrichie ne dépasse pas 25 à 40 cm. Recevant de l'eau soit lors des crues annuelles, soit de sources intermittentes à l'aval de cônes alluviaux, ils constituent des aires préférentielles de développement, en dépit de leur modeste potentialité, quand les terres plus fertiles ont déjà été mises en valeur.

Lœss : roche poreuse, tendre, formée de particules de quartz, de mica, de feldspath et de carbonate de calcium (30 à 45 %), dont la taille modale est de 30 mm. Ces particules très fines libèrent par altération des éléments échangeables (K, Na, etc.), ce qui explique la fertilité du matériel pour l'agriculture.

Bien qu'étant une roche, le lœss a été inclus dans ce chapitre car cette formation se com-

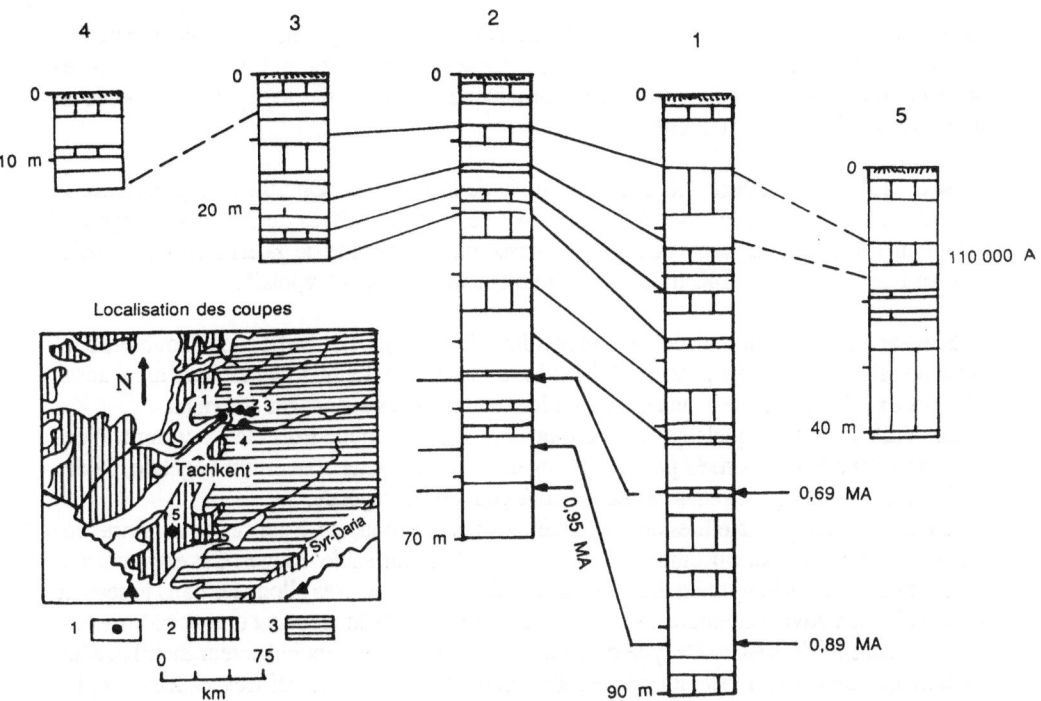

Fig. IV. 1. Structure des formations de loess au Sud-Est de la Touranie. *1* Emplacement des profils ; *2* loess ; *3* régions montagneuses. Les couches de loess sont indiquées en traits verticaux. Profondeurs en mètres et âges déterminés par diverses méthodes radiochronologiques (d'après Lazarenko et al., 1981)

porte comme un sol. En Touranie, les lœss forment une bande large de 100 km qui longe le piémont nord des chaînes de montagnes périphériques méridionales où ils peuvent atteindre 200 m d'épaisseur (fig. IV. 1 et voir fig. II. 1). Ces dépôts sont limoneux et d'origine éolienne. Ils résultent de l'accumulation millénaire de poussières transportées par le vent et vannées à partir des dépôts alluviaux des cours d'eau araliens, voire sibériens, des nappes sableuses des déserts et des plateaux calcaires de l'Oust-Ourt à l'Ouest, jusqu'au Baïkal à l'Est. En Touranie, il est reconnu que les lœss ne sont purement éoliens que sur les plateaux qui forment les interfluves entre les vallées. Ailleurs, ils sont remaniés et constituent la partie distale des cônes alluviaux très plats que les rivières ont construits à la sortie des montagnes, en alternance avec des sédiments un peu plus grossiers. Ils sont alors plus riches en quartz, moins en calcaire. Les pédologues locaux en ont fait une classification précise.

Sur les lœss les plus anciens se sont formés des chernozems au cours de phases paléoclimatiques plus humides. Ces sols se sont dégradés en sols châtains ou brun-rouge. La capacité élevée de rétention en eau des lœss et leur localisation de piémont, qui leur permet de bénéficier du ruissellement diffus issu des pentes voisines, en font de très bonnes terres de culture. Déposés dans des sites moins favorables (cuvettes), ils peuvent comporter des croûtes gypseuses ou évoluer en sols salins secondaires.

La porosité des lœss atteint 50 %. Très fertiles quand ils disposent d'eau en suffisance, les lœss sont aussi les roches les plus vulnérables (Barrow, 1991). De granulométrie optimale pour l'exportation éolienne, ils sont sensibles aussi à la compaction et à l'engorgement lorsqu'ils sont cultivés. Dès qu'ils offrent la moindre pente, les risques de ravinement et d'érosion en tunnels sont élevés. Les pertes par érosion éolienne et érosion hydrique atteignent dans cette formation les valeurs les plus élevées. Une bonne partie des poussières, qui, de façon quasi-permanente brouillent le ciel dans les villes touraniennes, sont des particules de lœss remis en suspension par la déflation éolienne.

Sols cailllouteux et regs : ils occupent 40 % de la Touranie. On utilise de préférence le terme de sol caillouteux lorsque l'on a affaire à des sols constitués de fragments anguleux (Oust-Ourt) ; on utilise le terme de reg lorsque ces sols sont formés de galets (certaines parties du Kara-Koum et du Kyzyl-Koum). Ils sont totalement infertiles et répulsifs.

Sols sableux : ce sont ceux des champs de dunes et des ergs. Les parties de la Touranie couvertes de sable représentent près de 25 % de la surface totale. Le matériel sableux a, lui aussi, été déposé par le vent, après vannage, en particulier des vastes épandages alluviaux.

Les édifices éoliens quels qu'ils soient possèdent en Touranie trois états : ce sont 1) des sables vifs, 2) des sables fixés par une pédogénèse héritée sans couverture végétale, 3) des sables possédant une pédogénèse actuelle et une couverture végétale.

L'étude des images satellites obtenues par Kosmos, Priroda, etc. a permis de confirmer les deux principaux ergs, Kara-Koum, sables noirs, Kyzyl-Koum, sables rouges. Ces ergs sont surtout formés de dunes longitudinales, c'est-à-dire de crêtes sableuses allongées dans le sens du vent dominant, pouvant atteindre des dizaines de kilomètres de longueur et une altitude de près de 100 m dans le Turkestan. Ce type de dunes constitue un précieux indicateur du bilan sédimentaire qui, en l'occurrence, ici, est négatif comme l'indiquent les édifices sableux les plus représentés. Le bilan sédimentaire négatif est à son tour un indice révélateur de l'âge avancé de ces deux ergs et d'une dynamique d'exportation, c'est-à-dire de l'épuisement du matériel sableux dans les aires sources de sable (voir fig. II. 3). En poursuivant le raisonnement, cela signifie aussi une moindre alimentation en dépôt fluviatile, donc une diminution de l'alimentation hydrique et une tendance du climat vers une plus grande sécheresse.

Dans les couloirs situés entre les dunes longitudinales affleurent des regs sur lesquels des plans d'eau temporaires donnent des takyrs lorsqu'il s'assèchent.

Sur les marges des déserts et sur de petites superficies, peuvent se trouver quelques barkhanes, chaînes barkhaniques et chaînes transverses et, enfin, quelques édifices paraboliques. Les barkhanes, lorsqu'elles sont vives, peuvent, dans leur progression, fossiliser les lits secs d'anciens oueds, combler d'anciennes dépressions lacustres et représenter un véritable danger pour les terres de culture et les oasis.

Les dunes fixées retiennent dans leur porosité élevée (40 %) un certain volume d'eau, ce qui justifie l'attention des agronomes.

Sols alluviaux : il s'agit ici de sols d'alluvions, fluviatiles principalement (terrasses et cônes d'épandage), ou lacustres. Les matériaux grossiers, lorsqu'ils sont présents, sont roulés. Dans ces écosystèmes secs, le sol ne présente que rarement un développement de profil. Sa fertilité dépend de sa texture, c'est-à-dire de l'abondance d'une matrice limono-sableuse fine.

Sols hydromorphes : de nature minéralogique variable, ils sont fréquemment inondés et en tous cas toujours sursaturés en eau, ce qui favorise l'établissement de tourbières ou de prairies à joncs et roseaux. On verra (cf. chapitre VI) que l'assèchement de ces régions conduit à leur transformation en takyrs ou solontchaks, selon la composition du sous-sol et la nature des eaux de percolation.

La stabilité d'un sol dépend de sa richesse en matière organique, l'humus, qui dérive des débris provenant des plantes : racines, parties aériennes entraînées sous terre par les insectes et les vers. Lorsque cet humus disparaît (labours trop profonds et trop nombreux), les particules du sol ne sont plus cohérentes et sont entraînées par le vent, créant les tourbillons ou des vents de poussière ([1]). Les *terres noires* des régions arides d'URSS contiennent 0,8 à 2 % en poids de carbone organique (Kononova, 1975), et le total de la matière organique (litière incluse) va de 4 kg de carbone par m^2 pour les tchernoziems à 10 pour les prairies sèches : ces valeurs sont de 3 à 4 fois plus faibles que pour les sols de prairie en climat tempéré. La biomasse des végétaux vivants en URSS (Reiners, 1973) est de 1400 g/m^2 pour la steppe à graminées en climat tempéré et de 350 g pour les sols solonetziques de steppe aride. Le surpâturage millénaire des grandes étendues touraniennes a depuis longtemps appauvri les sols en humus et ceux-ci, à renouvellement naturellement critique, sont évidemment fragiles : le pâturage transhumant après la courte saison des pluies empêchait — et empêche — la stabilisation des sols, son enrichissement en humus et la floraison avant réensemencement (U.N.E.P., 1977). Le regroupement des populations nomades a eu l'avantage de régulariser l'emploi des prairies temporaires sur l'Oust-Ourt et les franges des déserts.

Mais dans le cas des sols labourés, si l'on ne rajoute pas d'engrais vert (bourre, tiges et feuilles de coton surtout), la trame organique disparaît beaucoup plus vite, surtout dans les labourages profonds modernes. C'est la plaie de toutes les agricultures modernes — y compris en France.

Tous les sols caractéristiques des régions désertiques sont pauvres en humus. Si les lœss et les alluvions, convenablement irrigués, se révèlent fertiles, les autres sols, en revanche, exigent des amendements et ne tolèrent que des cultures très spécifiques. La betterave tolère un peu le sel. Diverses plantes de marais maritimes, salicornes et autres subsistent et sont utilisées comme fourrage.

Un des problèmes essentiels que posent ces sols pour l'agriculture est leur pauvreté en éléments minéraux indispensables aux plantes (mis à part le lœss). Les anciens agriculteurs amélioraient leurs sols en leur apportant le limon et la vase des rivières et des canaux, du sable pour les takyrs, et dans tous les cas, leurs déchets organiques de toute sorte. Ils parvenaient ainsi à équilibrer les sols, sur des surfaces relativement modestes, il faut en convenir.

Un autre problème essentiel est celui de l'intensité de l'évaporation potentielle (de 800 à 1200 mm de hauteur d'eau équivalente, suivant les régions). L'eau des sols est ainsi constamment pompée vers la surface, entraînant ainsi vers le haut les substances dissoutes : ions sulfate, carbonate et chlorure, sodium, calcium et potassium, pour l'essentiel (parfois des éléments rares, comme le lithium, les borates, les nitrates, créant ainsi des ressources minérales non sans intérêt économique, qui sont exploitées). Ces substances déposent dans les parties supérieures du sol des composés qui d'une part modifient la structure de celui-ci (carbonate de calcium, qui forme les *caliches),* mais d'autre part se révèlent souvent néfastes à la végétation : gypse (sulfate de calcium), sel gemme (chlorure de sodium), voire des sulfates ou des carbonates de soude ou de magnésium... C'est le phénomène connu de salinisation des sols ([2]) : l'eau en profondeur remonte par capillarité et dépose en surface des substances nuisibles. La salinisation est le principal traumatisme des terres de cultures mal drainées des écosystèmes arides et semi-arides, et un des plus graves problèmes que tente de résoudre la FAO. Là encore, la tradition y répondait

---

(1) Rendus célèbres par J. Steinbeck dans *Les Raisins de la colère,* ils menacent tous les sols de labour, quels qu'ils soient.
(2) Le lecteur aura conscience du leitmotiv salinisation, qui revient surtout dans les chapitres IV, V, VI, VII, et à propos de laquelle les données sont exprimées indifféremment en pourcentages, pour mille et g/litre, etc., selon les sources d'information.

Tableau IV. 1. Equivalent d'évaporation en mm d'eau par an (±10 à 20 %)

Coton ordinaire	750-800	Longues fibres	1000
Alfa	1200-1500	Riz	1500-2000
Légumes/melon	400-600		

par une gestion très fine des apports d'eau, bien que des aires salinisées apparurent dès la fin de la première moitié du XXe siècle.

Il faut, pour compenser ce phénomène, prévoir des apports d'eau suffisants pour évacuer par drainage les sels en excès. Mais trop d'eau compacte le sol, supprime son aération, tuant ainsi la microflore aérobie essentielle au maintien de la structure du sol. D'autres méthodes (électro-osmose) ont été tentées. Un des problèmes majeurs de toute la région aralienne a été cette salinisation des terres vierges mises en culture et, corrélativement, le rejet d'eaux trop chargées en sels éliminés, qui les rendaient elles-mêmes impropres à une irrigation effectuée plus en aval.

On a parfois reproché depuis la crise les pertes d'eau provoquées par le choix des cultures (coton, riz). C'est surtout l'excès d'irrigation qui est dangereux.

L'érosion éolienne, et parmi ses conséquences la déflation et l'envahissement par le sable, est un autre processus dont on se protège mal. Les indigènes mettaient jadis en œuvre de nombreux procédés artisanaux pour lutter contre la déflation et bloquer le sable mobile, procédés qui furent abandonnés mais qui mériteraient aujourd'hui plus d'attention.

2. La flore et la faune naturelles du bassin de l'Aral

Du piedmont des chaînes méridionales à l'Aral et des oasis aux sables du Kara-Koum, la flore et la faune ont une grande diversité. La flore diffère évidemment de celle du Sahara, en raison des températures basses que les plantes pérennes doivent supporter l'hiver [1]. D'autre part, ce n'est pas seulement l'écart thermique maximum qui fixe le caractère de la végétation, mais aussi la nature du sol, sa texture, la présence ou non d'une réserve d'eau souterraine. Certains végétaux (figs. IV. 2., IV. 4. a) disposent d'un double faisceau de racines, l'un près de la surface qui capte les faibles pluies de printemps, l'autre très profond (jusqu'à 70 m, dit-on !) qui alimente les plantes pendant la période sèche de l'été. Cette adaptation existe dans tous les déserts. Toutes ces plantes ont les caractères des xérophytes : tendance au nanisme, richesse en tissu ligneux, feuilles réduites et épaisses, souvent poilues. Mais quand l'eau est disponible en permanence, et qu'elle n'est pas trop chargée en sels dissous (la plaie générale des sols touraniens), la végétation peut devenir luxuriante (tableau IV. 1).

Nous avons évoqué déjà le passage progressif de la plaine herbue du Sud-Ouest de l'Oural au désert sableux ou argileux. Dans la région d'Emba, à 400 km au Nord-Ouest de l'Aral, on trouve encore des bosquets d'ormes, de tilleuls, de chênes. Les steppes sont caractérisées par les mêmes plantes que celles d'Ukraine et de l'Ouest de la Volga : des Graminées *(Stipa, Festuca)*, la marjolaine, le sainfoin. Plus près de l'Aral, des espèces spécifiques apparaissent, dont l'armoise

---

[1] La première station d'étude fut créée à Repetek en 1911 (100 km à l'Ouest de Tchardzou). Elle est aujourd'hui le centre d'une aire protégée de 340 000 hectares (voir St-George, 1974, chapitre I, et Pryde, 1991, chapitres 8 à 11). D'autres parcs existent en diverses régions de Touranie et spécialement dans les deltas de l'Amou et du Syr-Daria.

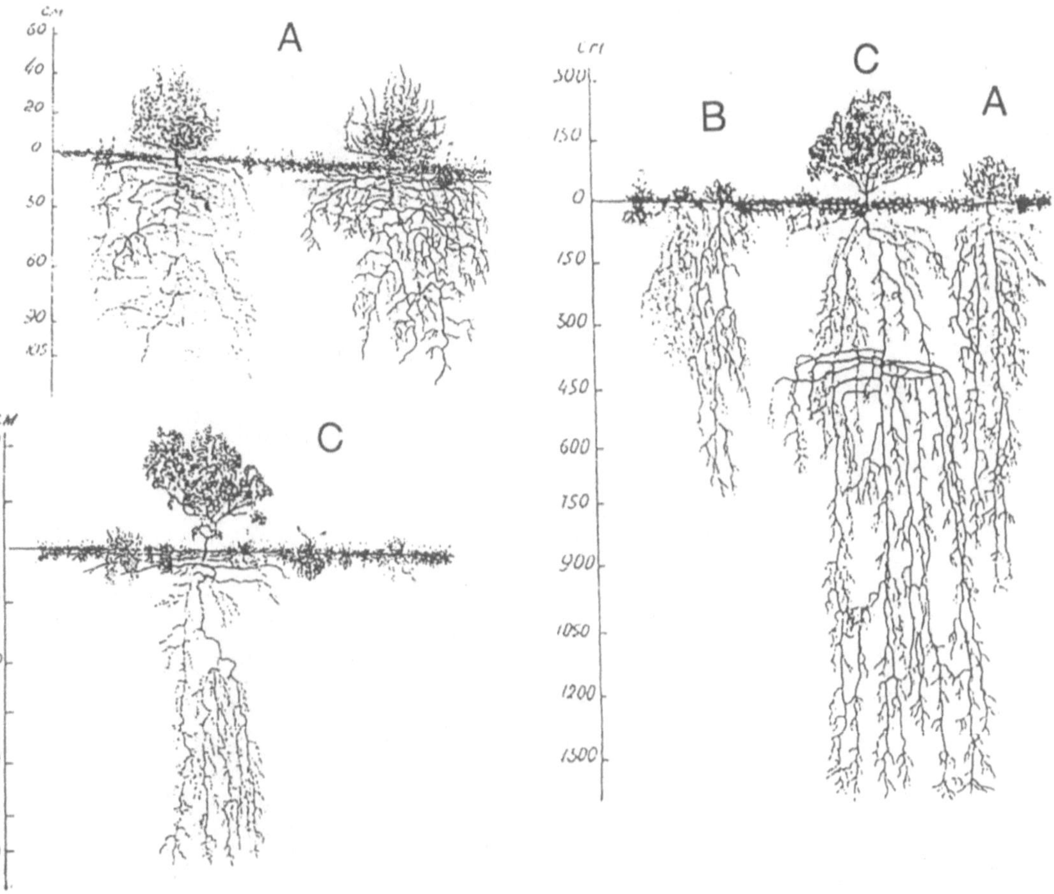

Fig. IV. 2. Enracinement de quelques plantes du désert. *A Artemisia diffusa* ; *B Kochia prostrata* ; *C Haloxylon aphyllum* (saxaoul). Remarquer le double système de racines (d'après Souslov)

(Composacées) qui donnent aux paysages une couleur grise, avec le "kik-pek" *(Atriplex canum),* le "baïalitch" *(Atraphaxis karelini).* Plus au Sud encore apparaît enfin le saxaoul.

Venukoff a décrit ces paysages en 1880 :

"De quelque côté qu'on tourne les yeux, on ne voit que steppes magnifiques, couvertes de stipes pennées ; au loin seulement à l'horizon on aperçoit de petites collines. En certains endroits on rencontre des *zimorski* (habitations d'hiver) de Kirghizes, huttes basses construites de briques d'argile et couvertes de foin et de joncs. Mais la steppe est morne et déserte [...]. Aux mois de juin et de juillet, la vallée de l'Ilek présente un tout autre aspect. La steppe s'anime d'une vie originale. Des milliers de huttes couvrent la vallée ; d'immenses troupeaux de moutons, de bêtes à cornes et de chameaux se promènent dans la steppe. Des milliers de chevaux paissent dans les prairies à moitié déjà brûlées par le soleil."

"[En mai] l'herbe luxuriante recouvre les steppes. En certains endroits cette herbe est d'une couleur bleuâtre grâce aux quantités d'absinthe qui y poussent ; sur d'autres points, les hautes stipes pennées en forme de vergettes donnent au sol l'aspect d'ondulations ; ailleurs la plaine paraît bariolée de teintes bleu-azur et jaunes, par suite des plantes de couleurs diverses… " *(sic).*

Fig. IV. 3. Plantes des déserts de sable. *1 Selin :* herbe aux racines couvertes d'un manchon sableux *(a)* et aux graines à styles uncinés ; 2 Dzhougoun *(Calligonum caputmedusae) ; a* branche sans feuille avec fruits ; *b* boules de dzhougoun ; *c C. arborescens,* fruits emportés par le vent ; *3* acacia des sables ; *a* branche avec fleurs et feuilles ; *b* fruit ailé ; *4 Smirnovia lurcestana ; a* branche avec fleurs et feuilles ; *b* semence ailée ; *6* laîche des sables ; *7* saxaoul blanc (d'après Souslov)

"On trouve des bouleaux et des pins isolés dans divers vallons. Des forêts entières de ces arbres ont été rencontrées [...]. Elles sont hautes de 2 à 4 mètres, mais très épaisses ; il est difficile d'y passer..."

A l'Ouest, le plateau calcaire de l'Oust-Ourt est pratiquement désert. Dans les dépressions argileuses (takyrs) un peu d'eau s'accumule après les pluies ou à la fonte de la mince couche de neige, et des prairies de graminées se forment en quelques jours, avant de se dessécher en mai. Elles sont accompagnées d'une floraison rapide de tulipes, oignons et crucifères. Il ne subsiste ensuite que de armoises *(Artemisia herba alba)*, une plante piquante *(Alhagi camelorum)* et quelques salsolacées *(Salsola orientalis, S. arbuscula).*

Ailleurs, les dunes et amas de sable, dès qu'ils sont fixés, sont colonisés par la végétation (¹) (fig. IV. 3). Environ 300 espèces végétales y ont été dénombrées. Une herbe piquante en touffes *(Aristida pennata)*, le "selev", est la première à y pousser, suivie par des buissons de *Calligonum turkestanicum* (le "dzhougoun" et le "kandym") qui y vivent, même si le sable les recouvre et si leurs racines sont à découvert, puis un arbuste, le Saxaoul des Sables *(Arthrophytum persicum* ou *acutifolium)* qui est voisin des Arroches (Chenopodiacées) qu'on trouve sur le littoral méditerranéen. Il est différent de celui qui est appelé "Saxaoul noir" ou Acacia du Désert *(A. aphyllum* ou *Haloxylon hammododendrum),* qui peut atteindre une hauteur de plusieurs mètres, possède des feuilles et des fleurs minuscules, et pousse dans les dépressions (fig. IV. 4). Ces espèces sont exclusives du Turkestan. Leur température optimale de croissance se situe entre 10 et 22°C (Dedkov, 1990). Ces arbustes constituaient encore de véritables bois atteignant 700 hectares au temps des premiers voyageurs européens. A Repetek, une réserve de 2000 ha de saxaouls noirs a été constituée. Ils y atteignent 8 m de haut (Planche photographique 16, en bas). Lors de la conquête russe, ils s'étaient déjà raréfiés au Sud de l'Oxus, selon E. Reclus, car ils constituaient à peu près la seule ressource en combustible disponible dans le désert (charbon de bois). Son bois très dense ne flotte pas sur l'eau. Une Salsolacée *(S. arbuscula)* l'accompagne. Cette plante se remet à pousser lorsque du sable la recouvre.

Ces végétaux aux rameaux très fins et serrés, filtrent les vents de sable et piègent les particules les plus grosses qui constituent ainsi des amas fixés à leur pied (²). Ces amas, de porosité plus grande que le sable qui se dépose sur les solontchaks, retiennent mieux l'eau rare, ce qui facilite la pousse de nouveaux plants. A ces amas sont associées diverses légumineuses ligneuses à racines très développées (voir fig. IV. 2) qui, à leur tour, fixent davantage de sable : il se constitue ainsi des éminences pouvant atteindre 5 à 6 m de haut. Mais l'eau devient de plus en plus difficile à atteindre, de sorte que les plantes du sommet des monticules finissent par dépérir ; ainsi ces petites buttes fixées, devenues chauves, sont à nouveau soumises à l'érosion éolienne. Le surpâturage, le rassemblement des troupeaux autour des pâturages artificiels créés à partir des puits et des citernes et le piétinement des troupeaux ont considérablement dégradé ce peuplement naturel qui s'était reconstitué après l'interdiction de la nomadisation entre 1918 et 1928.

Dans les dépressions interdunaires des takyrs et sur les solontchaks, aucune végétation ne subsiste sinon, au moment des pluies, des pellicules formées de Cyanophycées et d'Hépatiques qui se dessèchent en été. Le sable qui s'accumule sur leurs bords supporte des plantes éphémères (Graminées annuelles), divers halophytes (Salicornes), des armoises (fig. IV. 5), et le "kok-pek".

---

(1) Voir aussi chapitres VI et VII (colonisation des sols exondés de l'Aral).
(2) Où se réfugie aussi toute une communauté d'animaux. Zaletaev a décrit dans le Kara-Koum la succession de monticules ainsi formés qu'il nomme "biozoomorphologiques" car leur genèse résulte de la combinaison des effets mécaniques du vent et des effets biologiques de la flore et de la faune.

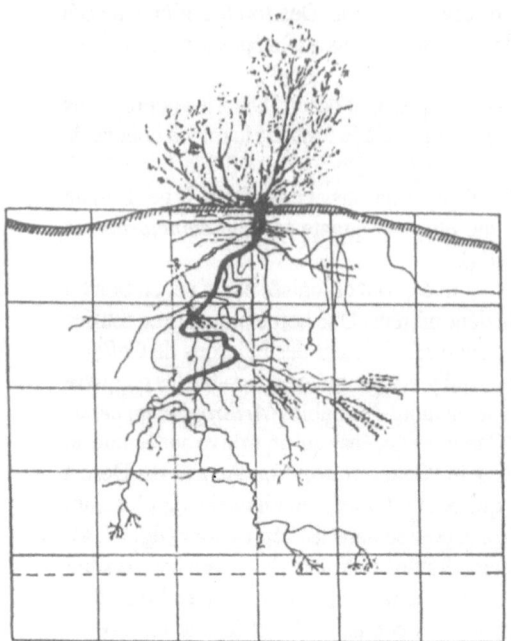

Fig. IV. 4. Le saxaoul *(Haloxylon),* plante typique des déserts touraniens ; le schéma montre l'accumulation du sable piégé par l'arbuste (1 carreau = 2 m)

Sur les sols alluvionnaires, à proximité des grands cours d'eau et des torrents issus des montagnes, et sur les formations lœssiques, la végétation change radicalement (fig. IV. 6). Le blé et l'avoine sauvages existent. Sur les piémonts et les montagnes basses apparaît une demi-savane, aux buissons épineux. Plus haut, on trouve des ormes, des arbres fruitiers sauvages, puis la forêt décidue. Le cerf de Boukhara, symbole emblématique des Ouzbeks, la gazelle et le chat sauvage (Karakal) vivaient là : ils ne subsistent plus guère que dans les réserves.

Le long des cours d'eau abondent sous ce climat sec roseaux, graminées géantes (le "tchii" : *Asiagrostis splendens*), saules, aulnes, peupliers, tamaris, mimosacées, toutes espèces phréatophytes, c'est-à-dire rejetant beaucoup d'eau par transpiration (de 1 à 3 m³ par m² et par an). Leur croissance est rapide, de sorte que les peupliers peuvent être abattus pour leur bois dès l'âge de 6 ans. On trouve également toutes les plantes irriguées traditionnelles, ainsi que le coton, le riz, la vigne, les arbres fruitiers (pêchers, abricotiers), les melons, etc. On trouve aussi des plantes à parfum : lavande, sauge. Même la vallée de l'Ouzboï, qui reçoit des eaux douces souterraines originaires du Khopet-Dag (Khotzaiev, 1984) formant de petits lacs, alimente une végétation de peupliers, de tamaris et de roseaux, et une petite population animale survivait autour de ces lacs. En 1871, Markozov y voyait "partout de l'herbe, des bandes de canards et d'oies sauvages, des lièvres, des sangliers".

Les rives des grands cours d'eau et leurs deltas possèdent, du fait de leurs marécages caractéristiques et de leurs sols hydromorphes, une association phytoécologique particulière : le "tougaï", formation boisée dense de roseaux (*Phragmites australis*), de massettes (*Typha angustifolia*) et de joncs, atteignant 8 m de haut et s'étendant jusqu'à plusieurs kilomètres parfois des rives des chenaux. On y trouvait aussi des ormes, des frênes, des érables et des peupliers (*Populus diversifolia*). Le tougaï abritait une faune abondante et variée, maintenant presque disparue, qui comprenait un grand nombre d'espèces, dont le sanglier, la hyène, le chacal, le tigre [1], la panthère, le canard. Compte tenu de l'instabilité des chenaux, le tougaï pouvait s'assécher pour se recréer plus loin. Les fourrés du tougaï étaient parsemés de plusieurs centaines de lacs, peu profonds, eux-mêmes infestés de roseaux, où le vent déplaçait les "koupaki", îles flottantes de végétaux. Signalons une plante grimpante particulière, le "kendyr" (*Apocynum sibiricum*), dont les fibres étaient utilisées pour la confection de filets que l'on dit plus solides que ceux de chanvre.

Cette association particulière est stable à condition que les aires basses soient inondées plusieurs mois par an (on évaluait à 8 km³ par an l'eau que l'Amou répandait ainsi pendant les crues dans son delta) : elle est ainsi adaptée à supporter la sécheresse de l'été. C'est surtout le cas du tougaï des deltas araliens qui existe (ou existait) des rives de l'Oural jusqu'à Termez, sur le haut Amou, où son étendue était la plus vaste et où il a subsisté jusqu'au défrichement pour la culture du coton.

Sur les marges des déserts vivent encore la gazelle, l'antilope, l'onagre, le chevreuil, et sans doute le chameau de Bactriane sauvage dans l'antiquité. On y trouve aussi la tortue des steppes qui creuse des terriers dans le sable, de nombreux serpents venimeux, un gros lézard de 75 cm (*Psammorius arenarius*) [2]. Une sorte de gerboise vit en colonies et ses galeries déstabilisent les monticules de sable conquis par les végétaux, ce qui les remet en mouvement. Le mouton dit Karakoul [3] vivait spontanément sur les franges du désert.

---

(1) Le dernier tigre fut signalé à la fin du XIXᵉ siècle. Pourtant, dans un rapport du colloque de Noukous (1990) on a signalé que l'assèchement du delta avait provoqué la disparition… des derniers tigres ! Un autre parle de sa disparition vers 1930. Il paraît effectivement attesté près de Termez (près de la frontière afghane) à cette époque. Le tigre fut jadis très abondant autour de l'Aral (Butakoff).

(2) Voir St-George (op. cit.).

(3) Dont la peau des agneaux tués à la naissance — ou avant — donne l'astrakhan.

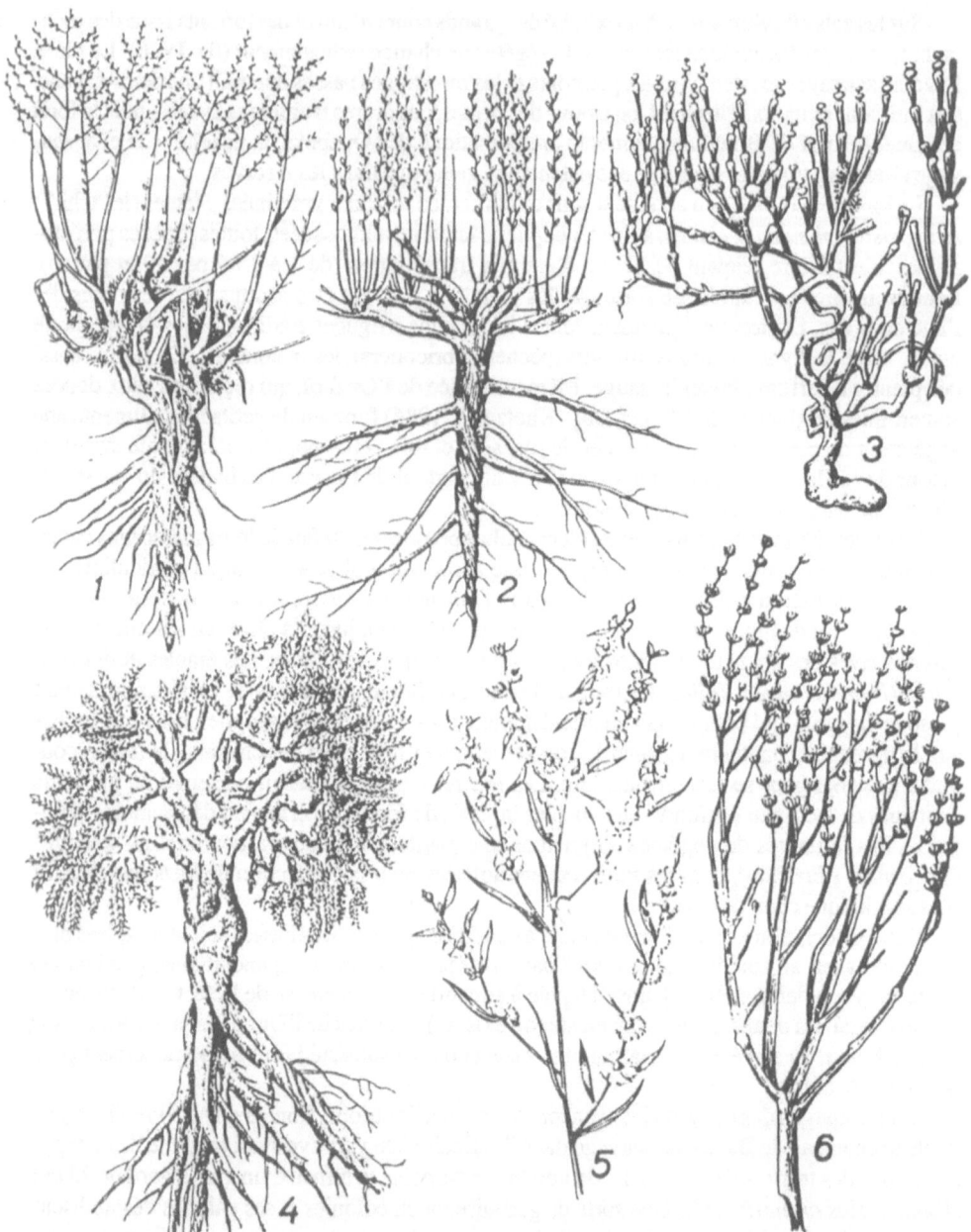

Fig. IV. 5. Quelques végétaux caractéristiques des déserts argileux. *1 Artemisia terrae albae* ; *2 A. mai-kara* ; *3* Biyurgoun *(Anabasis salsa)* ; *4* nanofiton *(Nanophyton crinaceum)* ; *5* soude *(Salsola arbuscula)* ; *6* ittzegek *(Anabasis aphylla)* (d'après Souslov)

Quant aux insectes, les moustiques prolifèrent (malgré les insecticides) dans les régions marécageuses. Ne parlons pas des mouches… Les vols de criquets pélerins ne sont pas rares : migrant depuis l'Arabie vers l'Iran, certaines de leurs nuées parviennent au Turkestan où leurs

Fig. IV. 6. Quelques végétaux caractéristiques des déserts de loess. De gauche à droite : laîche *(Carex pachystylis)*, paturin *(Poa vivipara)*, *Bunium capus*, *Trigonella grandiflora*, renoncule avec jeunes rosettes *(Ranunculus severtzovi)* (d'après Souslov)

ravages ont été considérablement atténués par l'emploi massif des insecticides. On a signalé des termitières au long du Khopet-Dag. Lessar [1] déclare que les termites n'attaquent pas les traverses du chemin de fer du fait des tremblements créés par le passage des trains... Des araignées venimeuses s'attaquent partout au bétail. Il y a aussi des tarentules.

Cette variété apparente des espèces — qui se retrouve dans tous les déserts steppiques, à des nuances près — ne doit pas dissimuler que la vie, aussi bien végétale qu'animale, a toujours été précaire dans ces territoires, même si les oasis peuvent encore paraître prodigieusement fertiles (figs. IV. 7, IV. 8). Presque tous les sols stabilisés dans leur contexte naturel se révèlent sensibles à deux mécanismes de dégradation (fig. IV. 9) : l'érosion éolienne, et plus encore peut-être, la salinisation qui, toutes les deux, se sont amplifiées au cours des dernières décennies.

3. L'agriculture : les problèmes spécifiques des écosystèmes secs de Touranie

L'agriculture en Touranie a toujours été sous la dépendance d'un facteur limitant essentiel, l'eau, que la population rurale sait maîtriser depuis des millénaires ; en celà elle diffère de celle du reste de l'ex-URSS. Il est difficile d'estimer sa production réelle, compte tenu des carences bien connues [2] dont le système soviétique sovkhose-kolkhose souffrait (et souffre toujours).

---

(1) In *Comptes Rendus Soc. Géogr.*, 1883, p. 139.
(2) Statistique d'emploi des zones irriguées (colloque de Noukous, 1990) : coton 51 %, fourrage 27 %, céréales 16 %, pomme de terre, légumes, melons 5 %.

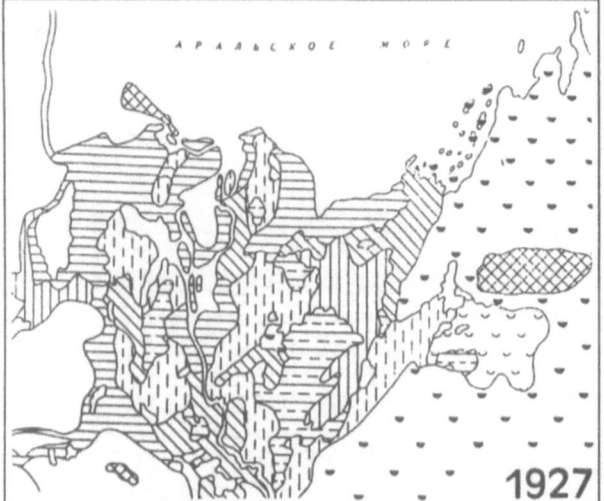

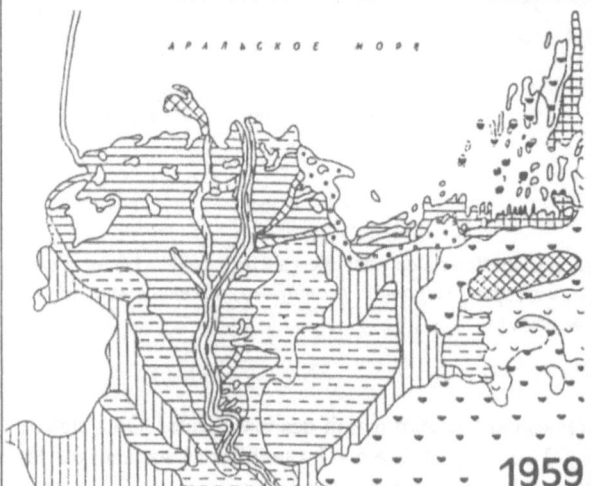

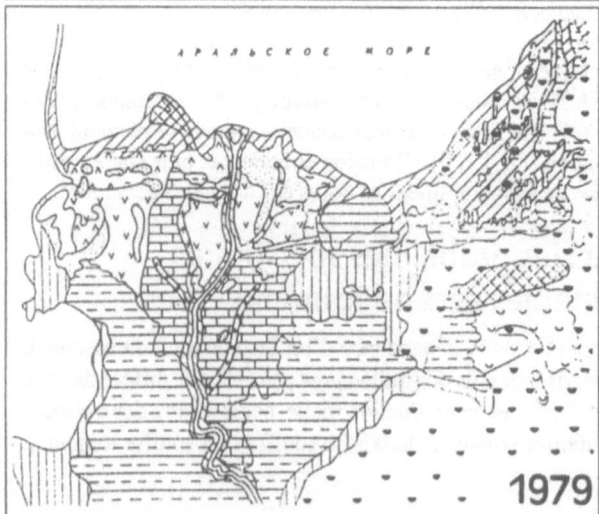

Fig. IV. 7. Evolution des écosystèmes au Sud de l'Aral de 1929 à 1979 (d'après Rafikov, 1983). *1* Plaines deltaïques argilo-silteuses avec lacs et marais à roseaux ; *2* plaines sablo-silteuses et silteuses le long des chenaux, avec forêt de tougaï sur sols de prairie. tougaï ; *3* id., mais dégradées ; *4* plaines deltaïques sableuses, silteuses ou argilo-silteuses légèrement disséquées, avec salicornes, tamaris et saxaoul noir sur sols de takyr et solontchak ; *5* id. avec buissons de roseaux sur sol de prairie ; *6* plaines argileuses avec salicornes sur solontchaks côtiers ; *7* plaines argileuses ou silteuses (ancien marais ou fond de lac) avec salicornes et *karabarak (Halostachys caspica)* sur solontchaks typiques ; *8* plaines argileuses avec dépôt de sel sur solontchaks côtiers ; *9* sable en cordon ou réseau avec lacs filtrants d'aire côtière ; *10* id. avec dépôt de sel ; *11* plaines deltaïques légèrement disséquées avec salicornes et tamaris sur sols de prairie sur takyrs ; *12* anciens sols argileux et silteux de lacs et tourbières entre les bras du delta, avec épais fourrés de roseaux et tamaris sur sols tourbeux résiduels de takyr et solontchak typique ; *13* id. avec fourrés de karabarak et tamaris sur solontchak typique ; *14* anciennes plaines lacustres argilo-silteuses avec tougaï dégénéré sur sol désertique de prairie ; *15* anciennes plaines deltaïques argilo-silteuses avec saxaoul noir sur takyrs et sols de takyrs ; *16* plaines deltaïques argilo-silteuses avec prairies irriguées et sols de prairie sur takyrs ; *17* lacs deltaïques ; *18* sables éoliens de type Kyzyl. Koum avec saxaoul blanc ; *19* buttes du substratum ancien avec buissons de sauges sur sols gris-brun ; *20* fond exondé de l'Aral avec salicornes sur solontchak marin

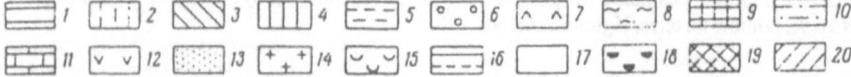

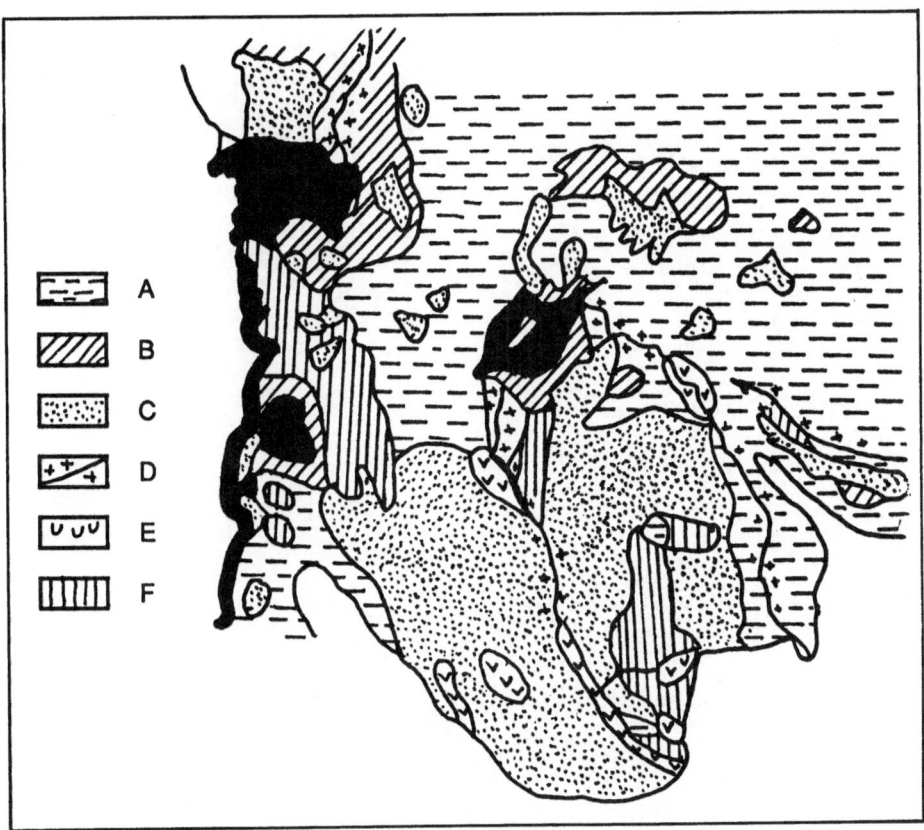

Fig. IV. 8. Associations phytoécologiques et pourcentage des espèces (abrégé de Kourotchkina et al., 1985). Zones géographiques : *A* (1 = 80 % , 2 = 10 % ; 3 = 10%) ; *B* (4 = 40 à 60 % ; 1 = 20% ; 5 = 20 %) ; *C* (7 = 70 % ; 2 = 20 % ; 8 = 10 %) ; *D* (8 + 60 % ; 5 = 25 % ; 7 = 15 %) ; *E* oasis ; *F* dunes (2, 3 et autres). Les numéros de 1 à 8 sont explicités ci-dessous : *1 Artemisia terrae albae, A. diffusa, A. turanica, A. kemrudica, A. gurganica ; 2 Salsola arbusculiformis, S. laricina, S. gemmascens, S. orientalis. Anabasis salsa ; 3 Arthrophyllum lehmannianum. Haplophyllum affine. Convolvulus hamadae. Anabasis eriopoda ; 4 Haloxylon persicum. Calligonum. Ammodendron. Salsola richteri, S. paletzciana. Ephedra strobilacea, E. lomatolepis ; 5 Haloxylon aphyllum. Artemisia terrae. albae, A. sogdiana. Salsola orientalis ; 6 (plantes hydrophiles) ; 7 Halocnemum strobilaceum. Halostachys caspica. Kalidium foliatum ; 8 Populus ariana, P. euphratica, P. diversifolia. Eleagnus orientalis. Tamarix. Lycium. Halimodendron halodendron*

Nous renvoyons le lecteur au riche ouvrage de Basile Kerblay (1985) pour la totalité des problèmes généraux de l'agriculture soviétique. En fait, il semble bien que l'essentiel de la production traditionnelle (légumes, fruits, volaille, etc.) soit le fait des lopins de terre réservés aux cultures domestiques, qui bénéficient des soins des paysans après leur journée de travail dans les parcelles collectives.

La Touranie possède probablement plus du tiers des terres irriguées de l'ex-URSS. La moitié de ces terres est utilisée pour le coton, un quart pour les plantes fourragères, un sixième pour les céréales et le reste pour le maraîchage : tout particulièrement les pommes de terre (en quantité d'ailleurs insuffisante) et les melons. Les lopins de terre réservés aux cultures domestiques, les vignobles et les prairies occupent environ 10 % de l'espace irrigué.

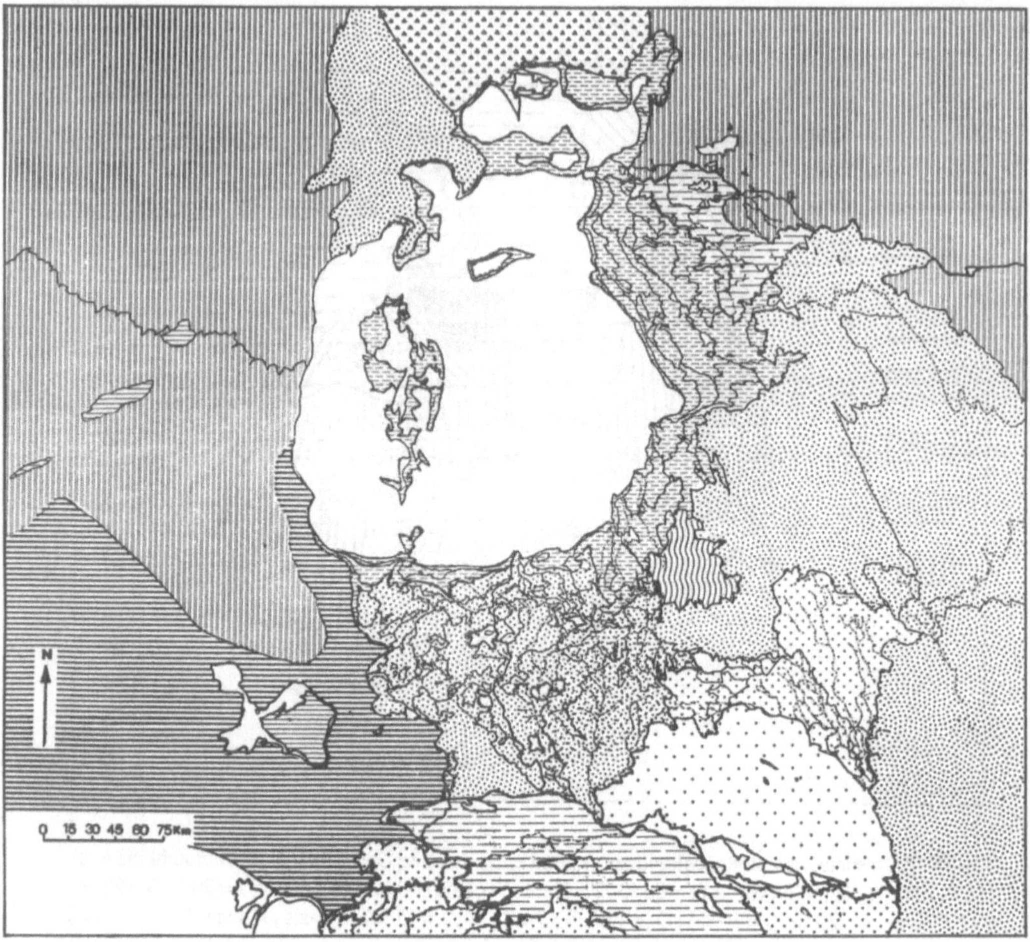

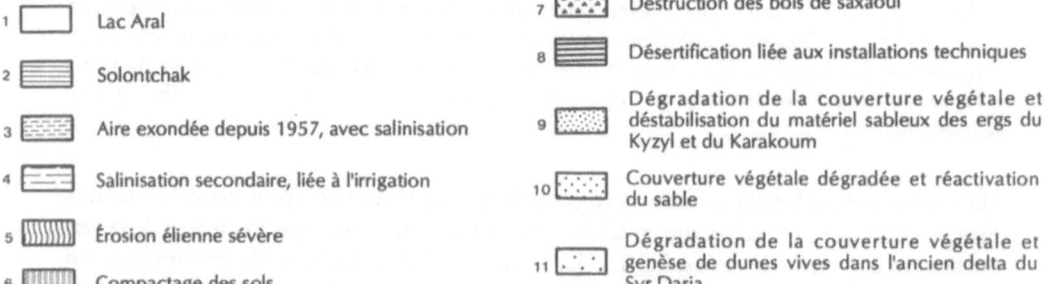

Figure. – Désertification et dégradation
des terres de Touranie

1 Lac Aral

2 Solontchak

3 Aire exondée depuis 1957, avec salinisation

4 Salinisation secondaire, liée à l'irrigation

5 Érosion élienne sévère

6 Compactage des sols

7 Destruction des bois de saxaoul

8 Désertification liée aux installations techniques

9 Dégradation de la couverture végétale et déstabilisation du matériel sableux des ergs du Kyzyl et du Karakoum

10 Couverture végétale dégradée et réactivation du sable

11 Dégradation de la couverture végétale et genèse de dunes vives dans l'ancien delta du Syr Daria

Fig. IV. 9. Désertification et dégradation des terres de Touranie. *1* Lac Aral ; *2* solontchak ; *3* aire exondée depuis 1957, avec salinisation ; *4* salinisation secondaire, liée à l'irrigation ; *5* érosion éolienne sévère ; *6* compactage des sols ; *7* destruction des bois de saxaoul ; *8* désertification liée aux installations techniques ; *9* dégradation de la couverture végétale et déstabilisation du matériel sableux des ergs du Kyzyl-Koum et du Kara-Koum ; *10* couverture végétale dégradée et réactivation du sable ; *11* dégradation de la couverture végétale et genèse de dunes vives dans l'ancien delta du Syr-Daria

Tableau IV. 2. Tolérance au sel des principales cultures touraniennes (sources diverses)

	Betterave à sucre 1*	2	Alfa 1	2	Maïs 1	2	Céréales non irriguées 1	2	Perte de rendement %
Légèrement salin	≤ 0,30	≤ 14	≤ 0,38	≤ 16,4	0,27	11,7	0,17	12,9	0
Modérément salin	0,40	17	0,50	20	0,35	15	0,21	16	30
	0,50	21	0,60	28	0,44	19	0,27	22	43
Très salin	> 0,80	> 35	> 1	> 47	> 0,73	> 32	> 0,44	> 37,5	70 -90

* 1 : total sels toxiques dans le premier mètre du sol (g/kg) ; 2 : salinité totale de l'eau du sol (g/l) (les sels toxiques pour les plantes sont surtout les sulfates de magnésium et de sodium)

Dans les zones semi-arides du Sud du bassin de l'Aral, est pratiquée une culture plutôt méditerranéenne : il pleut davantage et les étés sont plus secs, de sorte que prédomine une steppe buissonnante clairsemée à racines très profondes. Au Nord de cette zone, à peu près à la latitude de Noukous, les buissons sont plus denses. Au Nord-Est de l'Aral, dans l'aire des deltas du Syr-Daria, la répartition annuelle des températures, combinée à la sécheresse de septembre, favorisait les céréales et, à condition que l'eau fut disponible, le coton et le riz. L'irrigation commence dès la fin du gel en avril. Le sol est alors saturé en humidité mais se dessèche vite de sorte que dès le mois de mai, l'herbe se dessèche aussi, comme dans l'Oust-Ourt. Les premières gelées, fin octobre, interrompent les cultures. En Touranie méridionale, l'hiver est court et doux avec de brefs coups de froid, et la végétation repart dès mars, de sorte que les abricotiers et les amandiers fleurissent en mai.

On récolte aussi dans la région de Boukhara la manne, qui est une exsudation sucrée des feuilles et des branches d'une légumineuse, *Hediserum alhagi,* et qui se condense en petites boules rougeâtres, fort appréciées.

En dehors des secteurs irrigués une culture traditionnelle dite "Bogara" (agriculture pluviale), de millet, de sorgho, de sésame et de raisin est également pratiquée.

Jusqu'au XIXe siècle, on utilisait les cendres de salicorne pour faire le savon, l'Isatis pour la teinture noire, et une plante nommée "Iilyk" pour la teinture rouge.

La teinture des étoffes employait l'indigo *(Rubia tinctorium),* le "toukhmak" *(Sophora japonica)* pour le jaune, et la galle du pistachier ("bouzgounch") pour le noir. Le tannin était tiré du *Rheum emodi.* L'huile de cuisine était extraite du sésame ("kounzout"), à laquelle se mêlait les graines de l' "indaou" *(Eruca),* qui lui donnait un goût désagréable, des graines de chanvre et parfois du pavot, peu employé du fait de ses propriétés hallucinogènes et dont la culture clandestine a considérablement augmenté ces dernières années.

Selon divers auteurs qui ont décrit les travaux préliminaires avant mise en culture et irrigation, on procédait à des brûlis, puis à des labours profonds qui contribuaient à détruire la faible quantité d'humus existante. Les secteurs marécageux, déjà faiblement salés, étaient asséchés, remis en eau, puis réasséchés. Pour les sols de takyrs, salés et naturellement stériles, on proposait en 1976 leur défoncement : deux sillons parallèles étaient creusés, l'un devait absorber les eaux de pluie et de déversement, le second, recueillant les eaux de percolation, devait permettre de faire pousser de l'herbe, mais aussi des arbres fruitiers en son fond. Nous ignorons le résultat d'un tel procédé, ni même s'il fut mis en œuvre (tableau IV. 2.).

4. Le coton : une culture inadaptée à la Touranie [1]

Le coton est devenu la culture essentielle du Turkestan (60 % des surfaces cultivables y sont consacrées) au détriment des cultures vivrières. Celles-ci disparurent, ou du moins furent secondaires, de sorte que très vite le Turkestan est devenu dépendant du reste de l'Union pour sa nourriture : c'est sans doute la raison majeure pour laquelle les Républiques — de nouveau indépendantes — se sont si vite empressées, en décembre 1991, d'adhérer à la "Communauté des Républiques Slaves", lancée par la Russie, l'Ukraine et la Biélorussie.

Il existe des statistiques plus ou moins complètes et réalistes sur les productions d'Etat que les Républiques de Touranie (avec celles du Caucase) sont les seules à permettre : le coton essentiellement, l'alfa, le jute, et dans une moindre mesure, le riz.

L'URSS tirait du coton une bonne part de ses devises (il représentait 15 à 20 % des exportations mondiales). On comprend que l'Etat ait voulu par tous les moyens augmenter cette production, au détriment de toutes les autres et, en ce qui nous concerne ici, de l'environnement.

Glazovsky (1990) résume bien le problème du coton, dont nous n'avons pas encore évoqué les termes économiques. Sa culture devait apporter de quoi vêtir les populations [2] ; de plus, on pensait tirer de l'exportation du coton un gain de devises fortes. L'URSS exportait bon an mal an à peu près autant de coton brut que les USA, mais l'économie de ceux-ci, beaucoup plus souple, module très vite l'emblavement en coton, de sorte que, à la différence de l'URSS, les USA ont peu ressenti la chute des cours entre 1960 et 1985, quand le prix du coton est passé de 2,27 à 1,38 dollar le kg. D'autre part, l'URSS exportait peu de produits semi-finis ou finis : alors qu'elle produisait respectivement 13 et 17 fois plus d'étoffe que la Tchécoslovaquie ou la RDA, elle n'en exportait que 2 à 3 fois plus. Pour les produits finis, la situation était encore pire : la Hongrie dont la production en vêtements de coton était 28 fois plus basse que celle de l'URSS, en exportait 40 fois plus... Et l'URSS, en dépit des investissements considérables consacrés à la culture du coton, en était devenue un des plus gros importateurs [3].

La situation a été semblable en tous points pour le riz, dont le prix pendant la même période est passé de 435 à 226 dollars la tonne.

Le développement forcené de la culture du coton, sans doute la cause majeure des malheurs de l'Aral, nous amène à donner quelques détails sur ses pratiques culturales.

Au siècle dernier, on ne cultivait que les espèces *Gossypium herbaceum* et le *G. hirsutum*. Celle-ci fut importée au Turkestan russe dès la conquête en 1855, au moment de la guerre de Sécession, et constitua peu à peu la culture essentielle de la région. La fibre asiatique traditionnelle était en effet loin d'avoir la qualité du coton américain ; elle était de plus très sale, et ne trouvait marché qu'en Russie. La fibre américaine fut ainsi introduite dans les plaines du Nord Caucase, en Crimée, et même en Ukraine du Sud, où le rendement est très médiocre. Ces lieux de culture ont été abandonnés depuis. A l'origine, elle était cultivée pour ses seules fibres ; puis, toutes les parties de la plante furent exploitées : les graines donnent une huile comestible, et le reste sert à la fabrication de tourteaux pour bestiaux et d'une farine qui, débarrassée d'un produit nocif (le gossypol), est également comestible ; le duvet des graines donne un feutre grossier (isolation, rembourrage). Les résidus ont aussi été utilisés comme engrais.

---

(1) Les données générales relatives au coton avant 1947 sont tirées de P. George (1947) ; l'essentiel de la documentation est de G. Parry (1981).
(2) On a prétendu que 95 % de la production de coton était consacrée à l'Armée Rouge, ce qui est exagéré.
(3) En 1988, 15,4 % des étoffes de coton, 16,7 % des vêtements, 15,2 % des filés, 36,2 % de la bonneterie produits en Ouzbekistan ont été éliminés pour malfaçons. Depuis l'indépendance des nouvelles républiques de la CEI, celles-ci doivent rechercher elles-mêmes les débouchés que ne leur procure plus désormais la Russie.

De nos jours deux variétés principales sont cultivées : le coton à longues fibres (de 3 à 5 cm environ) importé d'Amérique en 1936 *(G. barbadense)*, dont la production en URSS était la plus élevée du monde, et le coton à fibres courtes (de 2,6 à 2,7 cm), de moindre valeur *(G. hirsutum)*. Elles ont remplacé la variété "upland" de qualité moyenne introduite en 1884. Les 130 000 t de coton longues fibres produites en 1977-78 ont été en totalité utilisées en URSS.

Les surfaces emblavées étaient de 50 000 ha en 1884, 64 000 ha en 1890, 825 800 ha en 1915 (dont 725 000 en Asie Centrale). La production de coton indigène et américain n'était que de 184 tonnes en 1884 et passa à 99 000 tonnes en 1892. Dès 1913, l'industrie cotonnière, qui était alors cantonnée sur les rives de la Volga, recevait 40 % de sa matière première du Turkestan. On pensait alors que les surfaces ne pouvaient guère être étendues afin de conserver les cultures traditionnelles nécessaires à la nourriture des habitants. A la suite de la guerre, la surface tombait à 70 000 ha en 1922. Elle fut reconstituée en 1928.

Le premier Plan Quinquennal (1928-1932) prévoyait de libérer les terres pour le coton (dont l'URSS avait le plus grande besoin) et de faire venir la nourriture d'ailleurs (d'où la construction du chemin de fer Turksib, achevée en 1930). En 1931, 780 000 ha alors irrigués étaient semés en coton (et 1 650 000 ha en céréales). En 1941, 2 millions et demi d'hectares étaient consacrés au coton. Une fois de plus, les besoins alimentaires firent chuter la production.

Les statistiques sont difficiles à comparer les unes aux autres. Nous donnons dans le chapitre V (voir fig. V. 3) celles du coton à moyennes et longues fibres, reconstituées à partir du recoupement de diverses sources. Ces variétés représentent environ la moitié de la production totale. Le rendement de 3 quintaux à l'hectare en coton égrené (toutes variétés confondues) n'avait guère bougé entre 1913 et 1929 ; il passait à 4 en 1939, mais cette statistique cache une très grande disparité, le rendement atteignant 15 q/ha en Ouzbekistan. En 1946, l'emploi d'engrais chimique permet de passer à 6-8 q/ha ; on prévoyait 0,8 Mt de production pour l'Ouzbekistan en 1953. Citons Pierre George, p. 475 : "Le Tadjikistan, l'Ouzbekistan, la Turkménie ont avant tout une fonction essentielle à remplir dans l'Union : la libérer de tout souci d'importation du coton et éventuellement d'autres produits tropicaux tels que le latex de diverses lianes et arbustes… La population rurale […] est en augmentation, sauf en Turkménie où se règle la délicate question du nomadisme".

Bien avant, on avait déjà mis en question le développement de la culture du coton au détriment des productions vivrières. Voici ce qu'écrivait Camena d'Almeida dès 1932 : "La seule ombre au tableau, c'est que les champs de coton se sont substitués à des rizières, ce qui a provoqué la chute des récoltes nécessaire aux indigènes, sans que ceux-ci aient toujours trouvé dans la vente du coton une compensation au renchérissement du riz" (p. 319) : propos passé inaperçu à l'époque et totalement justifié depuis.

Les grands travaux d'irrigation des années 1950 ont donné un premier coup de fouet à la production ; un second correspond à la deuxième phase de travaux en 1960. Mais la salinisation des sols a empêché l'accélération souhaitée, malgré l'augmentation des emblavures, de l'irrigation et de l'emploi des engrais. La production semble avoir atteint son maximum en 1979 et n'a fait que régresser depuis (tableaux IV. 3, IV. 4, IV. 5, IV. 6). L'Asie soviétique produisait 95 % du coton de l'URSS (l'Ouzbekistan 75 %, et le Turkmenistan 15 %), et représentait 50 % de l'industrie textile totale (ces valeurs sont des moyennes, certaines régions ayant des productions supérieures et d'autres inférieures).

Les pratiques culturales

Le transfert des cultures vers l'Asie Centrale et l'Azerbaïdjan a imposé deux modifications aux techniques agricoles : l'irrigation systématique et l'adaptation à un cycle de végétation court (avril-septembre), soit de 150 à 170 jours. C'est en Asie Centrale que se trouvent les cultures

Tableau IV. 3. Production de coton en URSS (sources diverses)

| | Superficie en M ha | | |
	1970	1976	1979-80
Ouzbekistan	1,71	1,78	
Tadjikistan	0,25	0,28	
Turkmenistan	0,4	0,49	
Kazakhstan	0,12	0,11	
Kirghizstan	0,07	0,07	
Total	2,75	2,95	3,08

| | Production (Mt) coton + graine | | |
	1970	1976	1979-80
Ouzbekistan	4,49	5,34	
Tadjikistan	0,73	0,84	
Turkmenistan	0,87	1,05	
Kazakhstan	0,28	0,31	
Kirghizstan	0,19	0,20	
Total	6,89	8,28	8,73

| | Rendement (kg/ha) | | |
	1970	1976	1979-80
Ouzbekistan	2630	3002	
Tadjikistan	2862	2978	
Turkmenistan	2189	2145	
Kazakhstan	2339	2818	
Kirghizstan	2493	2889	
Moyenne	2750	2808	2806

cotonnières les plus septentrionales. La superficie des exploitations est en moyenne de 1300 ha, les plus grandes étant au Kazakhstan. Le coton ne supporte pas les températures inférieures à 14°C et a besoin d'une tranche d'eau de 800 à 1900 mm, surtout au moment de la croissance et de la floraison. Après, il supporte bien la sécheresse de l'été. Le système racinaire s'étend de 0 à 70 cm de profondeur. Mais la régulation de l'irrigation doit être faite avec vigilance car, à la différence de ceux de beaucoup de plantes tropicales sèches, les stomates des feuilles du coton, d'origine tropicale humide, ne lui permettent pas d'ajuster sa transpiration, et l'excès d'eau favorise la pourriture des capsules. Une dernière irrigation tardive permet d'améliorer la production finale et la qualité. Un ouvrier a la responsabilité d'environ 2 ha.

Compte tenu de la salinité de la plupart des terres, l'inondation des parcelles en hiver pour laver le sol et éliminer le sel vers la profondeur doit être réalisée *(flushing)*. C'est, on le verra

Tableau IV. 4. Production annuelle de coton brut en milliers de tonnes (Glazovsky, 1990)

	1940	1950	1960	1961-1965	1966-1970	1971-1975	1976-1980	1981-1985	1986	1987
Ouzbekistan	1386	2282	2949	3337	3982	4895	5359	5159	4989	4858
Kazakhstan	93	62	49	217	241	305	317	302	333	312
Kirghizstan	95	120	126	157	173	205	208	87	68	73
Tadjikistan	172	289	399	523	649	810	906	917	922	872
Turkmenistan	211	276	363	449	726	1011	1130	1142	1137	1272

Tableau IV. 5. Production annuelle de coton brut en quintaux par hectare (Glazovsky, 1990)

	1940	1950	1960	1961-1965	1966-1970	1971-1975	1976-1980	1981-1985	1986	1987
Ouzbekistan	15,0	20,1	20,3	21,9	25,1	28,5	29,4	26,7	24,3	23,0
Kazakhstan	9,2	10,3	11,5	19,5	20,9	26,6	27,0	23,3	25,9	24,4
Kirghizstan	14,8	18,9	17,7	20,6	23,5	27,6	28,3	19,1	23,5	23,5
Tadjikistan	16,2	22,9	23,2	24,2	27,1	30,7	30,7	29,8	29,4	26,9
Turkmenistan	14,0	18,0	16,3	17,8	23,9	23,1	22,4	21,4	17,5	23,1

Tableau IV. 6. Variation relative de la productivité en tonnes par hectare de 1961 à 1987 (Glazovsky, 1990)

		1961-1965*	1966-1970	1971-1975	1976-1980	1981-1985	1986	1987
Coton brut	Tadjikistan	4,3	12,0	13,3	0	-3,0	-1,4	-8,5
	Ouzbekistan	7,9	14,6	13,5	3,2	-9,2	-9,0	-5,3
	Turkmenistan	9,2	34,3	-3,3	-3,0	-4,4	-18,2	14,9
Légumes	Tadjikistan			13,7**	51,8	16,7	8,8	-3,1
	Ouzbekistan			13,1**	104,2	7,2	-14,4	1,7
	Turkmenistan			154,5**	44,3	8,9	-11,8	-3,6
Céréales	Tadjikistan			102,4**	18,7	3,6	6,9	-4,6
	Ouzbekistan			66,7**	26,7	4,3	-10,1	2,6
	Turkmenistan			85,5**	13,5	-3,1	-9,7	-12,9

* par rapport à 1960 ; ** par rapport à la valeur moyenne pour 1958-1960

plus loin, une technique essentielle. En principe, la réalisation d'un drainage profond évite la permanence de teneur en sel dans les horizons superficiels du sol où, rappelons-le, se trouvent la plus grande partie des racines actives des végétaux.

Le coton n'aime pas les plantes adventices dont on se débarrasse par des labours profonds et des herbicides variés. La fertilisation courante est de 50 unités d'azote, 250 de P_2O_5 et 70 de K_2O. Pour améliorer le rendement, on a souvent dépassé ces doses et pratiqué une rotation des

Tableau IV. 7. Caractéristiques pédologiques du sol gris-brun (Minashina, 1983)

Prof. cm	Humus	CO_2 carbonate	Azote %	P_2O_5	Sels mobiles	K_2O mg/kg
0-30	0,57	7,1	0,045	0,14	9,6	547
30-55	0,40	6,2	0,033	0,13	3,6	179
55-96	0,36	7,1	0,019	0,11	3,6	96
96-132	0,34	5,9	pas		3,6	92
132-182	0,27	6,6	mesuré		3,6	92
182-200	0,23	pas mesuré	"		3,6	92

Tableau IV. 8. Productivité du sol gris-brun vierge, sans gypse, pour contrôle

Culture	Année	Prod. (qx/ha) Avec engrais	Sans engrais	Quantité engrais/an (kg/ha) N	P_2O_5	Dispersion des résultats (qx/ha)
Coton	1978	17,4	35,1	200	200	0,9
	1979	15,9	34,8	200	200	0,7
	1980	14,9	36,8	200	200	0,5
Moyenne		16,1	35,5			
Alfa	1978	44	51	80	100	4,0
(pour	1979	117	175	0	100	3,2
fourrage)	1980	161	218	0	100	3,9

cultures : 7 ans de coton, 3 ans de luzerne. De nombreux parasites végétaux (champignons) et animaux (insectes et vers) s'attaquant au coton, bien que la rigueur de l'hiver en élimine une partie dès le début de la croissance, des "pesticides" de toutes sortes ont été largement utilisés et des variétés plus résistantes aux parasites ont été développées.

C'est en fin d'été que les capsules fabriquent leurs fibres et leurs graines. Quand trois capsules par pied sont ouvertes, on pratique la défoliation par épandage de chlorate et de phosphate de calcium et de magnésium, ainsi que d'autres produits chimiques de synthèse — qui ont malheureusement des effets secondaires. La récolte se fait en partie à la machine (dont l'Ouzbekistan est le seul fabricant avec les USA) ; mais dans beaucoup de cas, toute la population est appelée aux champs. La semence est cultivée dans des fermes spécialisées et récoltée à la main.

Le coton et sa faible tolérance aux sels (voir tableau IV. 2)

Le coton supporte assez bien le gypse. Cinquante mille hectares de terres nouvelles gypseuses dans le district de Boukhara étaient déjà plantés en 1983, et 150 000 ha nouveaux étaient prévus. En principe, on adapte la culture au sol disponible. Le coton était toujours prioritaire. En fait, il a fallu attendre 1983 (Minashina et al.) pour avoir des indications précises sur les rap-

Tableau IV. 9. Teneur en gypse des sols expérimentaux

Variantes expérim.	Prof. (cm)	1978	1979	1980	Moy.	Dispersion des résultats
1	0-30	2,6	2,0	1,1	1,9	0,8
	30-70	13,7	10,0	9,5	11,1	2,1
	0-70	8,9	6,6	5,9	7,1	1,5
2	0-30	12,5	10,9	9,7	11,0	1,4
	30-70	19,8	19,0	22,4	20,4	1,7
	0-70	16,7	15,5	17,1	16,4	0,8
3	0-30	28,4	24,0	20,6	24,3	3,9
	30-70	36,2	37,8	37,0	37,0	0,8
	0-70	32,9	32,9	30,0	31,6	1,4
4	0-30	45,5	45,5	33,8	39,8	5,8
	30-70	56,1	56,1	60,3	59,5	3,2
	0-70	51,6	51,6	48,9	51,1	1,4

Tableau IV. 10. Variation du rendement en coton avec la teneur en gypse

Variantes expérim.	Gypse (0 à 70cm prof.) %	1978	1979	1980	Moy.	Dispersion des résultats
			Coton brut (qx/ha)			
1	7,1	27,6	28,4	31,3	29,1	1,8
2	16,4	22,0	24,6	27,5	24,7	2,8
3	31,6	14,9	15,3	16,2	15,5	0,7
4	51,1	2,8	2,5	4,4	3,2	0,8

Tableau IV. 11. Distribution du gypse dans 3 autres variantes expérimentales

5		6		7	
Prof.	Gypse (%)	Prof.	Gypse (%)	Prof.	Gypse (%)
0-26	2,2	0-30	2,7	0-14	3,7
26-48	3,1	30-53	19,7	14-70	18,9
48-70	17,8	53-86	24,7	70-96	26,5
70-87	19,1	86-103	29,9	96-120	23,3
87-120	23,7	103-120	25,2	–	–

ports coton/gypse, si l'on peut dire. Les expériences soigneusement menées sur sol gris-brun, sont résumées dans les tableaux suivants (tableaux IV. 7 à 15). On notera que les engrais y sont employés selon des normes supérieures à celles employées en général en Touranie pour cette culture : par hectare, 20 kg d'azote et 100 kg de phosphore avant semaille (à 16-18 cm de profondeur pendant le labour) ; 80 kg d'azote et 30 kg de phosphore à l'époque du bourgeonnement ; 70 kg d'azote et 30 kg de phosphore au moment de la floraison (5 cm sous le fond de la

Tableau IV. 12. Croissance et rendement du coton selon l'épaisseur de la couche gypseuse (moy. 1978-1980)

Variante	Epaisseur du sol au-dessus de la couche gypseuse		Hauteur moy.	Nombre par plant		Prod. moy. de coton brut (g)	
	Moyenne	Disper-sion	Tiges du coton	Branches à fruits	Cap-sules	Par capsule	Par pied
5	47	3,5	73,9	16,1	9,3	4,8	44,6
6	30	2,5	53,5	12,0	7,4	3,9	20,9
7	15	3,0	33,0	8,9	3,5	2,7	9,5

Tableau IV. 13. Rendement brut en fonction de la profondeur du sommet de l'horizon gypseux

Variante	Profondeur (cm)	1978	1979	1980	Moyenne	Dispersion	Rendement en % parcelles témoin
			Coton brut (qx/ha)				
5	47	26,9	27,3	29,8	28,0	1,5	78,9
6	30	21,6	20,0	23,6	21,7	1,8	61,1
7	15	8,5	10,7	12,0	10,4	1,7	29,3

rigole d'irrigation dans les deux cas, puis, à la semaille même, à 5 cm des graines et 8-10 cm de profondeur). Les spécialistes apprécieront la valeur élevée de ces doses. Chaque pied (variété Tachkent I) dispose d'une surface de 60 x 15 cm avant éclaircie. Les pratiques culturales (sarclage, effeuillage avant floraison…) sont les mêmes qu'en culture ordinaire.

Ces descriptions permettent de saisir la cause fondamentale des malheurs de la région : l'excès de sel dans les sols, l'excès d'eau dans l'irrigation, les remontées salines et l'abus des engrais et des pesticides.

Les résultats essentiels de cette étude sont que 1 % de gypse supplémentaire au niveau des racines abaisse le rendement de 1,6 %. Dans les sols qui en contiennent plus de 25 %, la diminution du rendement est de 2 %, pour une même augmentation du gypse, par centimètre en profondeur, à partir de la surface jusqu'à 0,5 % par centimètre à 70 cm sous la surface du sol dans les mêmes conditions. De surcroît, la qualité du coton (longueur des fibres) se détériore beaucoup. A 50 % de gypse, le rendement est quasi-nul. Le gypse accélère la formation de la capsule du cotonnier, ce qui avance la floraison à une époque de sécheresse maximale et exige donc un apport d'eau supérieur.

5. L'élevage : tentative d'intensification

Les statistiques sont très pauvres. La disparition de la transhumance pour des raisons essentiellement politiques a déjà été signalée. Les éleveurs transhumants utilisaient les moindres possibilités de pâture, suivant l'avancée du printemps et la pousse des végétaux. Ils regagnaient leurs points d'attache à l'orée de l'été et de l'hiver. Les parcours étaient les mêmes chaque année.

L'élevage du chameau a donc considérablement diminué, tandis que celui du mouton a

Tableau IV. 14. Effet du gypse sur les caractéristiques du coton

Caractéristique	Variantes expérimentales			
	1	2	3	4
Hauteur des pieds en cm	70,2	51,7	41,0	30,6
Poids sec des têtes en g	132,5	123,8	79,6	37,0
Nombre de capsules	12,0	7,4	4,6	3,5
% capsules ouvertes	27,5	50,2	45,6	71,4
Poids moyen d'1 capsule en g	5,8	5,2	4,3	3,1
Poids de 1000 graines en g	126	120	115	104
Rendement en fibres (%)	37,0	35,4	34,0	31,1
Longueur des fibres (mm)	31,4	30,3	29,5	29,4
Coton brut % poids sec plante	43,0	36,5	21,1	15,9

Tableau IV. 15. Perte de rendement en coton brut selon la teneur en gypse du sol

Perte de rendement (% des rendements des expériences de contrôle)	0-30	Couche (cm) 30-70 gypse (%)	0-70	Prof. du sommet d'une couche de gypse contenant au moins 25 % de gypse (cm)
10	1,6	10,8	7,2	68
25	7,6	16,4	11,4	43
50	22,8	32,8	27,2	24
75	35,2	48,8	42,0	14
90	39,9	58,0	50,4	8

augmenté. Nikolaev (1982) estimait que la Touranie comportait 129 Mha de pâtures, dont 122 en plaine susceptibles d'alimenter 34 millions de moutons. En fait, l'élevage a augmenté depuis 1950 et, ces dernières années, on annonçait 15 millions de moutons et 1 million de bêtes à cornes.

Quoi qu'il en soit, la production des bovins au Turkmenistan est passée, entre 1950 et 1975, de 265 000 à 490 000 bêtes à cornes, et une augmentation de 7,8 % de ce chiffre en 1990 était prévue. 15 000 t de laine et 1 million de peaux d'agneaux karakoul étaient produits en 1978. Le nombre de moutons était, en 1980, multiplié par 2,5 depuis la révolution, et la production agricole "multipliée par 7 depuis le tsarisme" (Babaiev, 1986). Quelle que soit la valeur de ces indications, il semble que le rendement réel soit de 2 à 3 fois inférieur à celui qui est obtenu dans des conditions climatiques analogues dans l'Ouest américain.

Depuis cinquante ans, une rationalisation s'est opérée par la création, au cœur des aires de pâtures, de fermes d'élevage de dimension variable (au Turkmenistan, il y en avait 316 en 1978, variant de 27 000 à 67 000 ha), alimentées en eau par des forages à partir des nappes peu salées (jusqu'à 2-3 g/l). Des prairies artificielles furent ainsi créées dans les steppes arides, autour de ces centres, en utilisant encore les forages (54 au Kara-Koum) et des puits aménagés (5200), en plus de 600 citernes pour récolter la pluie. Il était prévu d'irriguer ainsi 5 millions d'hectares en 1985… D'Ashkabad, on a aussi construit un pipe-line de 300 km vers le Kara-

Tableau. IV. 16. Statistique du rendement moyen des pâturages

	Surface (Mha)	Rendement fourrage en t/ha (moyenne)	Production (Mt/an)	Nombre de têtes (millions)
Turkmenistan	41,0	0,13	5,41	5,7
Ouzbekistan	33,5	0,29	9,74	10,3
Sud-Kazakhstan	54,6	0,31	17,25	18,2

Koum. Le nomadisme contrôlé n'a pas entièrement disparu, mais les itinéraires ont été diversifiés afin de ne pas dégrader davantage des ensembles végétaux déjà fragilisés. Des essais d'amélioration des espèces naturelles et de leurs groupements — nourriture d'appoint — ont été tentés (tableau IV. 16). Mais le rendement des prairies steppiques naturelles sans irrigation est resté dérisoire ([1]). On a donc recours à l'alimentation artificielle, fourrage et tourteaux de coton (ceux-ci représentent 20 % de la ration).

Une bonne partie des prairies irriguées régulièrement (15 à 25 %) est nettement plus productive. L'assèchement des marais et du tougaï des deltas a permis le développement de ces prairies artificielles (luzerne) qui, comme les autres cultures, sont soumises aux deux fléaux de l'engorgement et de la salinisation.

Il faut rappeler ici les dégâts provoqués par l'excès de pacage : autour des points d'eau, la végétation a presque disparu sur un rayon de 500 m, et le sable tend à former des dunes. Vingt pour cent seulement de la végétation subsiste jusqu'à 1,5 km, dont surtout des buissons et une herbe peu comestible, *Aristida karelinii* ; et cette dégradation s'atténue vers 3,5 km. On tente de remédier à cet état de fait en opérant des rotations par parcelles.

6. Flore et faune lacustres, et pêche

La flore et la faune planctonique du lac (Zenkevich, 1957) étaient pauvres, en quantité comme en variété (tableau IV. 17) car l'eau elle-même était pauvre en éléments nutritifs (azote, phosphore). Malgré la faible salinité, les diatomées (fig. IV. 10) représentaient le groupe le plus riche de la biomasse (surtout *Actinocyclus ehrenbergi)*, suivi par les algues vertes planctoniques *(Botryococcus braunii)* (phytomasse comprise entre 0,5 et 2,6 g/m³ d'eau). Le zooplancton était surtout représenté par des Rotifères ([2]) et des Cladocères ([3]) ; l'essentiel de la biomasse était constitué par le Copépode d'eau douce ([3]), *Diaptomus salinus,* qui s'était adapté. Ce plancton remontait la nuit vers la surface. Il se nourrissait surtout d'Actinocyclus. Lui-même était consommé par les larves de poissons et même par les adultes ([4]).

Les poissons (une vingtaine d'espèces avant 1960) représentés par des espèces d'eau douce adaptées à une salinité légère, étaient essentiellement des carpes (60 %) et des perches (15 %) dont il existait trois espèces, quelques brochets, quelques saumons, tous artificiellement introduits. Un esturgeon *(Pseudoscaphyrhynchus)* qui constituait jadis une ressource de pêche très appréciée a pratiquement disparu depuis. L'Aral produisait en 1964 10 % du caviar soviétique.

---

(1) 0,3 à 0,5 tonnes de fourrage par hectare pour l'époque printemps-été, et le cinquième pour le reste de l'année.

(2) Petits animaux nageurs et prédateurs.

(3) Groupes de petits Crustacés (chapitre VI, statistique du zooplancton).

(4) On trouvera de nombreux détails sur la faune d'invertébrés dans Aladin et Khlebovich (1988).

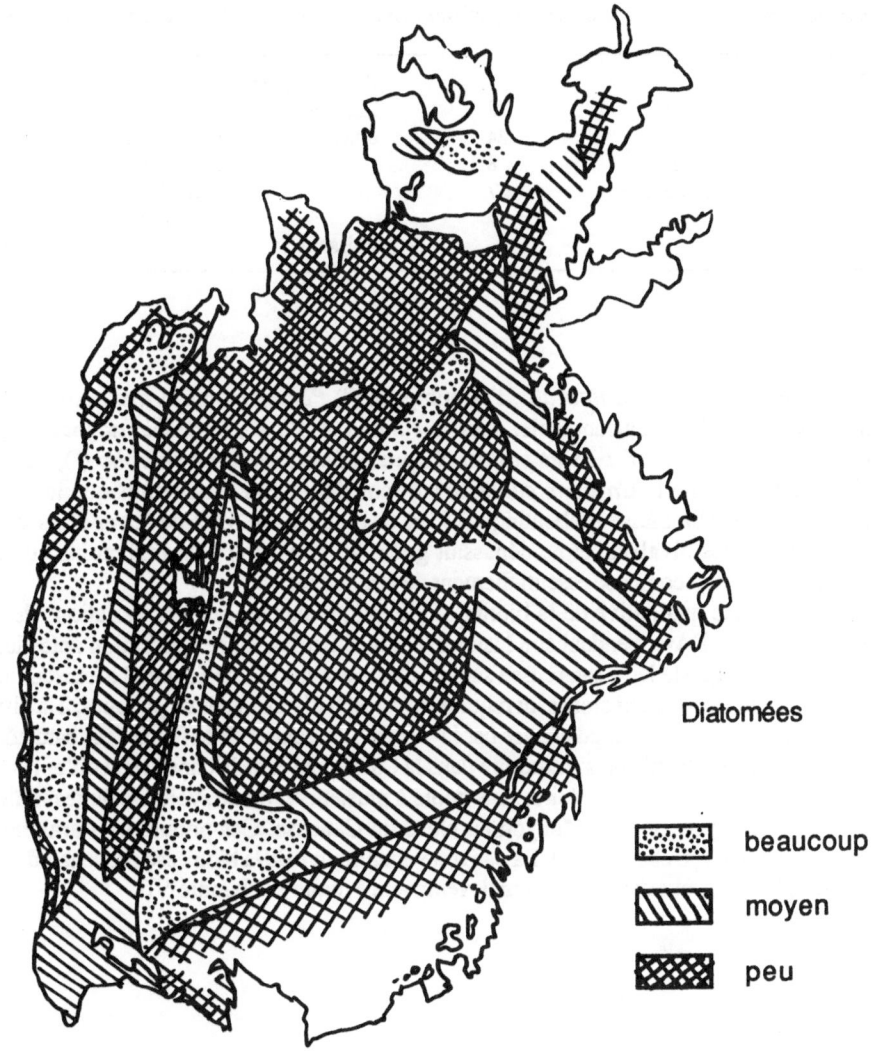

Fig. IV. 10. Répartition des diatomées de l'Aral avant 1960 (d'après Blinov)

Diatomées

beaucoup

moyen

peu

Contrairement à ce qui fut signalé dès le XVIIIe siècle par Gmelin, il n'y a pas eu de cétacés dans l'Aral — ni d'ailleurs dans la Caspienne.

Le benthos (biomasse du fond) était constitué à 90 % de végétaux. La Vaucheria (algue verte filamenteuse) représentait 530 g/m². Mais la plante aquatique essentielle était la Zostère *(Zostera nana*, 910 g/m²) (¹), venue de la Méditerranée par la Caspienne, avant d'atteindre l'Aral au cours des épisodes d'extension marine du Quaternaire (cf. chapitre II). Les animaux benthiques les plus nombreux étaient des vers oligochètes et des larves de Chironome,

(1) Plante à fleur entièrement submergée, caractéristique de la Méditerranée.

Tableau IV. 17. Principaux groupes d'organismes vivants par nombre d'espèces dans l'Aral (1954)

Phytoplancton		39	Phytobenthos		7
dont diatomées		18	Zoobenthos		48
Zooplancton		24	dont	Foraminifères	2
dont	Rotifères	8		Mollusques	6
	Cladocères	7		Amphipodes	1
	Copépodes	7		Crustacés inf.	8
			Poissons		20

l'Ostracode [1] *Cyprideis littoralis,* l'Amphipode [2] *Pontogammarus aralensis,* et enfin les Mollusques d'origine dulcaquicole, *Adacna minima, A. Vitrea, Hydrobia stagnalis* et *pusilla, Corbicula fluminalis, Teodoxus pallasi, Capsa* et *Dreissenia polymorpha* [3], venus de la Caspienne, comme le *Cardium edule* arrivé sans doute en même temps que les Zostères. L'essentiel de la biomasse zoobenthique (63 % de mollusques, 33 % de larves d'insectes) était constitué par les bivalves, et ne dépassait guère 20 g/m², soit cent fois moins que dans la Caspienne, et était composé essentiellement de *Dreissenia*.

La pauvreté qualitative de la biomasse s'explique par les grandes variations de salinité enregistrées par l'Aral pendant son histoire, et les difficultés de reconstitution après les crises hydrologiques que le lac a sans cesse subies. Comme dans la Caspienne, il n'existait ni radiolaires, ni céphalopodes, ni crabes, ni requins, ni raies. Il n'y avait pas de phoques, à la différence de la Caspienne, où ils ont pu arriver par la Volga. L'essentiel de la faune était caractéristique de la mer Noire. Elle n'a pu s'introduire dans la Caspienne et de là dans l'Aral qu'après la séparation de celles-ci de la mer Noire, sans doute à plusieurs reprises, voici quelques millénaires, par l'étroite dépression du Manych au Nord du Caucase. Ces populations araliennes ont presque disparu (cf. chapitre VI). La pauvreté quantitative de la biomasse provenait de la rareté du phosphore dissous dans l'eau. Son devenir sera évoqué au chapitre VII.

---

(1) Petit Crustacé possédant un test bivalve.
(2) Groupe de petites crevettes.
(3) Moule d'eau douce.

Chapitre V

Aménagements de la région aralienne : gigantisme et fragilité

1. Les étapes du développement

Le passé : le mirage de la route des Indes

Andrianov et Moukhammedianov (cf. chapitre III) ont donné une excellente synthèse de l'histoire hydraulique de l'Aral. Depuis des temps immémoriaux, les cultivateurs ont pratiqué l'irrigation ; les traces en ont été relevées dès le huitième ou le neuvième millénaire av. J.C., sur les sites du flanc nord du Khopet-Dag (civilisations de Djeitoun et assimilées). Autour de l'Aral, les abords du haut delta de l'Amou-Daria furent d'abord seuls mis en valeur vers 3000 ou 4000 av. J.C., autour de l'ancien lit de l'Akcha-Daria, puis, plus tard, dans la partie ouest qui descend doucement vers le Sary-Kamysh. Dans le lit moyen de l'Amou, les trop fréquents et trop brutaux changements de cours ont pratiquement interdit toute possibilité de dérivation sérieuse jusqu'à l'ère moderne. Quand c'était possible, on utilisait pour les cultures la terrasse moyenne (à 5 m au-dessus du lit mineur), relativement protégée. La haute terrasse (à 20 m) était inutilisable, du fait des vents de sable fréquents soufflant du Kara-Koum, sauf pour des pâtures sporadiques comme dans le désert qui bute là. Dans le lit mineur, où les bancs émergés, fertiles, se couvraient rapidement de végétation, on défrichait et mettait rapidement en culture tout en sachant que ce travail était aléatoire et temporaire.

De nombreuses dérivations furent cependant tentées très tôt à partir des bras principaux du bas Oxus, avec des moyens dérisoires (fig. V. 1). On se souvient de l'étonnement de Bekowitch quand il contempla la grande mais pauvre digue à l'Est de Khiva, faite de matériaux locaux, constamment érodée et détruite lors des crues exceptionnelles. Il existait en 1873 plus d'une trentaine de grands canaux, dont le débit total dépassait 200 m³/s. Tout un réseau de canaux secondaires irriguait la plaine du Khorezm, selon des règles précises, un "droit de l'eau" rappelant celui d'autres régions de régime identique — qu'il s'agisse de la Mésopotamie, des oasis sahariennes ou du Yucatan des Mayas. L'énorme alluvionnement impliquait un travail perpétuel de déblaiement : tel canal, à 100 km de Khiva, déposait chaque année plus de 20 cm de boue, curée après la crue et soigneusement rejetée sur les bords où elle contribuait à consolider les digues contre les crues, mais aboutissait à rehausser peu à peu le fond des chenaux, permettant l'inondation des champs bas pour le riz, mais provoquant par ailleurs les accidents catastrophiques qu'on imagine. On dit que les corvées paysannes consacraient 60 % de leur temps aux travaux sur les canaux. Ceux-ci, les "aryks", font toujours l'objet de soins minutieux, au moins dans les petites communautés. Les terres les plus proches des déserts souffraient de plus de l'envahissement par des sables éoliens : le sable, retenu par les cultures et les haies devait être déblayé manuellement.

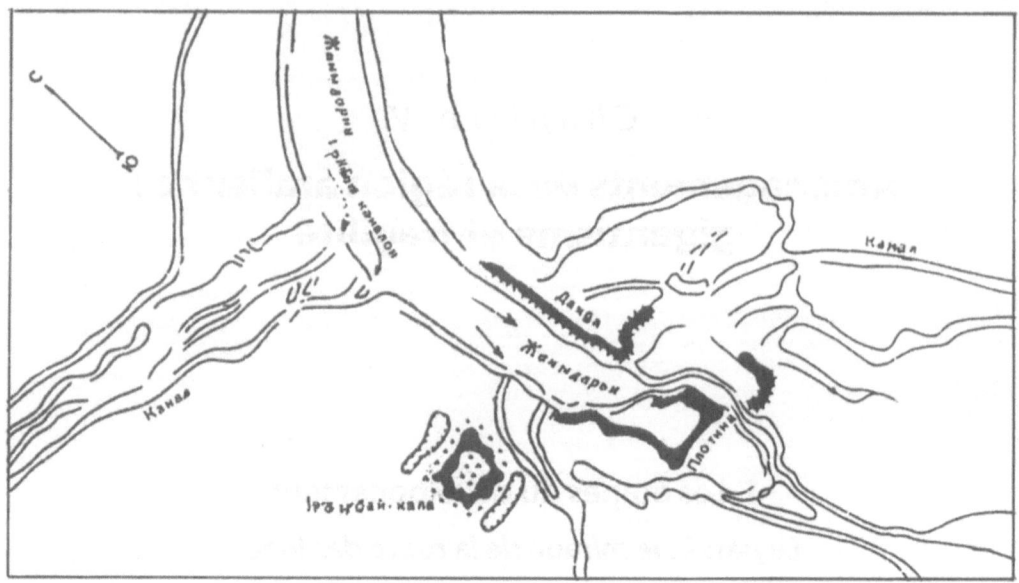

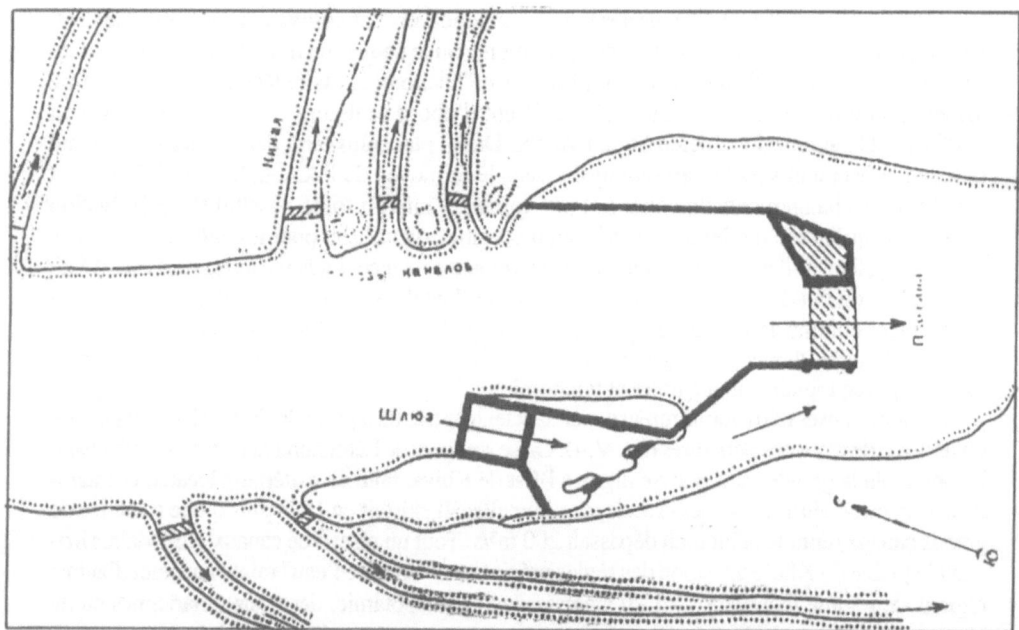

Fig. V. 1. Travaux hydrauliques de l'époque médiévale (XIe au XIIIe siècles) au Sud-Ouest du Syr-Daria (site de Irkiban-Kala) : canaux, digues et écluses (d'après Andrianov)

Pour les terres un peu surélevées, le recours à la noria, mue par le chameau, le baudet ou l'homme, comme cela se pratique encore en Egypte et en Irak, était la règle pour l'irrigation depuis l'Antiquité.

La structure sociale au Khorezm a de tout temps comporté une vaste population de fellahs, la souveraineté locale étant le privilège du distributeur d'eau dont le pouvoir devint sans doute très vite héréditaire. Il s'en suivit la naissance d'une multitude de petites principautés, qu'à l'occasion un pouvoir plus fort fédérait avant de se défaire aussi vite. Les villes étaient lieux de marché, d'étapes pour les caravanes qui allaient et venaient de Sogdiane vers l'Occident, et aussi, à la périphérie du Khorezm, des points d'ancrage pour les populations nomades des steppes de l'Oust-Ourt, du Kara-Koum et du Kyzyl-Koum. Les pasteurs y échangeaient leurs bêtes contre des vivres, des étoffes et des outils. Le Khorezm a été pendant des millénaires le pivot économique de toute la dépression touranienne.

Le delta de l'Oxus, aux terrains trop abondamment inondés à chaque crue, et trop mouvants, ne fut que peu défriché et constitua les réserves de chasse des Khans de Khiva. La partie orientale du delta fut abandonnée très tôt, sans doute avant l'ère chrétienne, à la suite de l'assèchement de l'Akcha-Daria. Il y a de bonnes raisons de penser que, outre l'ensablement naturel — extension du désert du Kyzyl-Koum liée à des variations climatiques ? —, l'homme eut sa part de responsabilité : coupure de la dérivation, par nécessité ou mesure de rétorsion...

Quoi qu'il en soit, l'abondance de l'eau, la température et l'ensoleillement firent du Khorezm, pendant de longs siècles en dehors de périodes de guerre, un grenier sûr et abondant ([1]).

Le Iaxartes (Syr-Daria), dans son cours inférieur, n'a pas connu la même continuité agricole. Toute la contrée au Sud-Est utilisa longtemps les dérivations du Djana-Daria et de la rive sud du Syr-Daria. Mais il semble qu'à la différence du Khorezm, la stabilité du réseau d'irrigation y était moindre. Le Syr, coulant au-dessus de sa basse vallée, était encore plus instable que l'Amou (voir chap. II) et pouvait de plus être dérivé facilement par des ennemis. On a retrouvé (fig. V. 1) la trace des anciens canaux ; mais les chroniques sont muettes sur l'histoire de cette contrée, où aucune ville n'a survécu, sans doute effondrée et ensevelie sous le sable (fig. V. 2).

Tout le reste des alentours de l'Aral était presque stérile. Aucun cours d'eau permanent, jamais même de crue annuelle des quelques oueds du Nord et du Nord-Est. C'était la terre des pasteurs nomades qui suivaient les pluies et l'herbe qu'elles faisaient pousser aussitôt, avançant vers le Sud au printemps puis remontant vers le Nord à l'automne. A plus grande distance des rivières et des canaux, on n'avait recours qu'aux puits traditionnels aux parois étayées d'un entrelacs de branches d'acacia, de tamaris et de saxaouls, à défaut d'autres matériaux. Le sol alentour était recouvert de solives et de sacs pour éviter l'infiltration des déjections animales. De tels puits duraient 5 à 20 ans.

Dès l'installation des Russes, les projets de développement d'initiative publique ou privée fleurirent. Une des premières tâches à laquelle ils se livrèrent fut de remettre en état des réseaux d'irrigation que des siècles d'abandon avaient considérablement dégradés. Ainsi, dès 1887, on rétablit l'irrigation dans l'oasis de Merv, qui devint domaine privé du tsar (16 000 hectares) et, après la révolution, le super-sovkhose de Bayram-Ali. Les ingénieurs s'employèrent avec des moyens puissants à stabiliser les chenaux divagants, quand c'était possible. L'arrivée du chemin de fer permit d'importer des pierres extraites de carrières souvent lointaines, pour suppléer la brique crue. La machine à vapeur permit, dès les années 1890, de creuser des canaux résistant mieux aux crues et de renforcer les digues. On décida de développer l'irrigation : le premier projet d'envergure de mise en valeur de la Steppe de la Faim prévoyait, en 1915, 500 000 ha de terres nouvelles : à peine 130 000 ha avaient été mis en culture en 1925. Des observateurs étrangers, encore fréquents après la révolution, ont écrit leurs impressions. On en trouvera un exemple dans l'annexe IV (Taris, 1912).

Dans les années 1920, on consommait déjà, à partir de l'Amou-Daria, près de 11 000 m³/ha/an d'eau. On pratiquait l'irrigation par inondation, cause de perte, et on pensait grâce à des systèmes

---

(1) Un vieux proverbe khorezmite dit "Trois mois pour les melons, trois mois pour le lait, trois mois pour les cornichons, trois mois pour le poisson..."

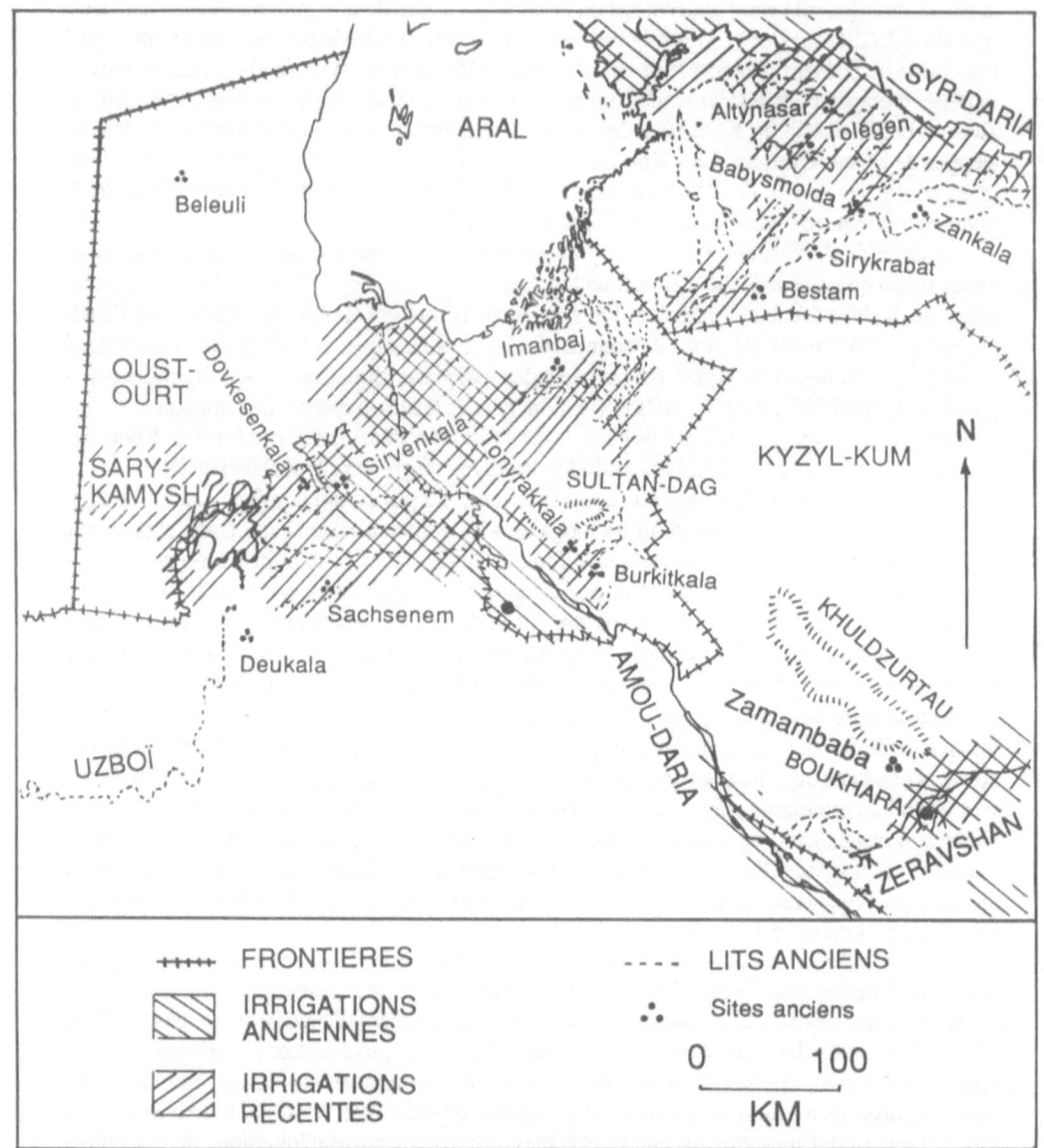

Fig. V. 2. Aires irriguées anciennes et actuelles (d'après Kohl, 1984)

de régularisation abaisser la consommation à 5 000 m³/ha/an, ce qui correspond aux évaluations faites dans d'autres pays pour des situations comparables (Field, 1954). L'utilisation d'eau amenée de loin, avec les pertes par infiltration et par évaporation (il ne pouvait être question d'imperméabiliser des milliers de kilomètres de canaux et rigoles), et le fait que la saison de culture soit limitée à quelques mois, ce qui contraignait à concentrer le flux sur ceux-ci, laissaient prévoir un besoin réel dépassant 8 000 m³/ha/an. L'utilisation naturelle de l'eau exige un stockage de printemps pour la période d'étiage estival.

Donish avait préconisé en 1874 de prélever l'eau de l'Amou-Daria près de Kerki pour irriguer la région désertique à l'Ouest de Karchi et de Boukhara. Dès 1915, Morgounenkoff avait établi un plan d'utilisation de l'eau de l'Amou-Daria pour irriguer les rives de l'Ouzboï et les régions côtières de la Caspienne (Daghestan). A cause des difficultés techniques rien ne fut entrepris avant 1950.

Le delta du Syr-Daria n'était pas concerné par ces premiers projets, essentiellement faits pour l'installation de colons russes — volontaires ou contraints — destinés à renforcer la mainmise du gouvernement du Tsar sur les régions récemment conquises. Presque rien n'était prévu pour les populations nomades.

En 1918, pendant la révolution, Lénine signa le 17 mars un décret octroyant 50 millions de roubles-or pour développer l'irrigation. Par la même occasion, on prévit de développer la pêche sur l'Aral, jusque là totalement marginale, et des crédits furent ouverts. Mouinak et Aralsk devinrent de petits ports de pêche. Les pêcheurs de l'Aral desséché ont rappelé amèrement à M. Gorbachev les encouragements que Lénine avait prodigués à leurs pères en 1920, leur demandant de devenir les pourvoyeurs de poisson des Soviétiques... (en fait, leur production n'a jamais atteint 3 % des pêches soviétiques, alors que la Caspienne en fournissait près de 25 %).

L'ingénieur Rizenkampf avait proposé en 1921 de prélever sur l'Amou-Daria, au niveau de son confluent avec le Vaksh, 1890 m³/s pour irriguer 2,8 millions d'hectares, dont 320 000 en Afghanistan. Il écrivait : "le coton sera l'épine dorsale de la vie transcaspienne et le demeurera très longtemps". A la même époque, Tsinzerling pensait qu'un canal au Sud-Est du désert du Kara-Koum serait "techniquement risqué et économiquement inefficace", et préconisait de porter l'effort d'aménagement sur le delta de l'Amou-Daria. Ces travaux prévoyaient le barrage de Takhiatash et le rejet des eaux de drainage dans le Sary-Kamysh ; ils ont servi de base aux réalisations du XXe siècle.

Le gouvernement soviétique espérait la révolution mondiale qui, après quelques soubresauts, ne se déclara pas. La toute neuve URSS, imposée de fait à des républiques qui s'étaient au Turkestan déclarées indépendantes, devait alors vivre de ses propres forces, en autarcie, d'où la décision, comme cela a été vu à propos de l'agriculture, d'affecter les terres fertiles du pays à une culture essentielle pour l'industrie textile, le coton, qui de plus devait permettre des exportations ([1]).

La suppression des communautés villageoises ([2]) et la mise en place des coopératives, vite supplantées par les kolkhozes, puis les sovkhozes, ne permirent guère jusqu'aux années quarante le développement programmé par Staline. La guerre arrêta les efforts d'équipement et d'organisation, et la production de coton, qui augmentait en milliers d'hectares irrigués, chuta (fig. V. 3).

Le développement de l'irrigation après la Seconde Guerre mondiale

Les régions péri-araliennes (*Pri-Aral*), sur une superficie totale de 500 000 km², ont une population de 3 millions d'habitants, 20 agglomérations à statut de ville et 36 agglomérations villageoises. A peu près toutes les ressources locales disponibles pour l'irrigation ont été utilisées dans les années qui suivirent la seconde guerre mondiale. L'augmentation rapide de la population touranienne, la politique de développement industriel forcené menée avec l'énergie que

---

(1) Voir Cagnat et Jan pour tous les problèmes de société créés par la culture du coton (résistances, lobbies, etc.), p. 295 et ff.
(2) Voir Kerblay.

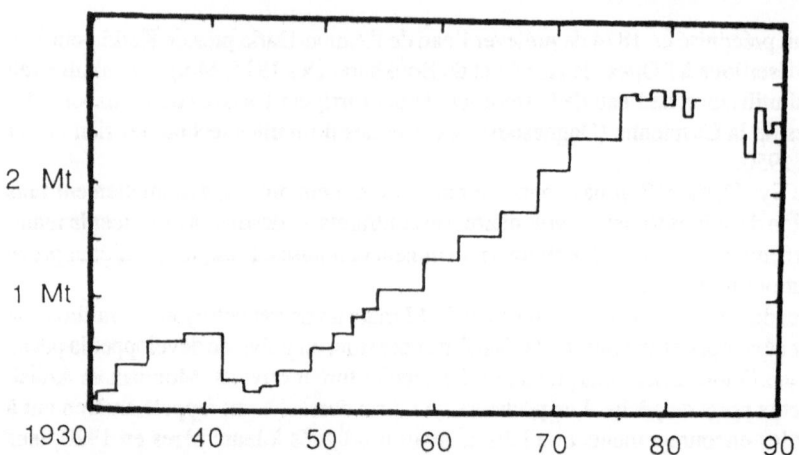

Fig. V. 3. Production soviétique de coton à fibres "moyennes-longues", d'après de nombreuses sources (parfois contradictoires). Noter le fléchissement à partir de 1979

Tableau V. 1. Surfaces irriguées, en milliers d'hectares (in Glazovsky, 1990)

	1950	1965	1970	1975	1978	1980	1985	1986	1987
Ouzbekistan	2276	2639	2696	3006	3304	3476	3930	4020	4109
Kirghizstan	937	861	883	911	941	956	1009	1020	1028
Tadjikistan	361	468	518	567	602	617	653	662	675
Turkmenistan	454	514	643	819	892	927	1107	1185	1224
Kazakhstan	1393	1368	1451	1648	1827	1961	2172	2230	2318
Total	5421	5850	6191	6851	7566	7937	8871	9117	9354

l'on sait, poussèrent les aménageurs à rechercher les moyens d'augmenter les capacités de la région. Dans le domaine des ressources minérales, cette politique aboutit à de nombreuses découvertes, aujourd'hui exploitées, en charbon, minerais divers, gaz et pétrole. Dans le domaine agricole, c'était toujours le coton, "l'or blanc", qui était prioritaire [1] : l'URSS, étroitement dépendante dans ce domaine, devait à toute force développer sa production : on a vu que cette plante demande beaucoup de chaleur et d'eau. Or les ressources exploitées pour l'irrigation étaient très précaires, et les années de faible débit d'étiage moyen annuel (20 % de moins pour les fleuves de la région par rapport au débit moyen annuel) étaient — et sont toujours — critiques. Restaient, comme ressource disponible, l'Amou et le Syr-Daria. Le premier débitait en 1947 2020 m³/s à Kerki, 1500 à Noukous : la perte entre les deux villes étant due, on l'a vu, à l'infiltration, à l'évaporation et déjà à l'irrigation.

Développer les cultures, dans la région de climat approprié, demandait des terres vierges et/ou de l'eau. Toute la région aval des deux cours d'eau disposait des deux (figs. V. 4, V. 5). Il était également possible de développer les aires déjà irriguées, c'est-à-dire les bassins du

---

[1] La culture du riz vint alors en seconde position, suivie du chanvre, des légumes, etc.

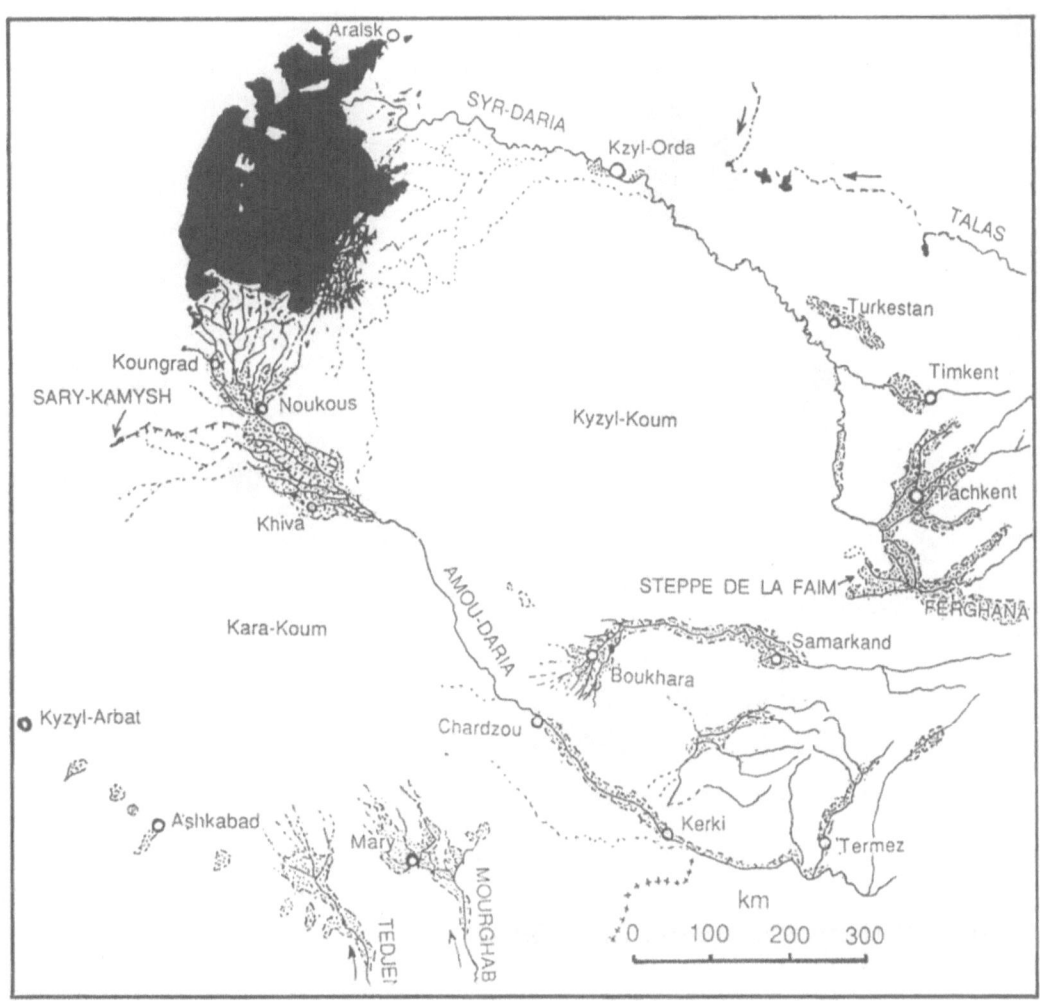

Fig. V. 4. Carte des aires irriguées en permanence vers 1950

Mourgab, du Tedjen et du Zerafzan. Le plan de développement se fit dans les deux directions, sous l'administration générale du Ministère de l'Hydraulique de l'Union, et des branches locales des agences Geokomhydromet, Minergo et Minvodkhoz (fig. V. 6).

L'annuaire statistique soviétique donne le tableau suivant des surfaces irriguées (milliers d'hectares) (tableau V. 1).

En 1983, d'autres sources font état de 7 millions d'hectares pour 1970 et de 8,25 pour 1982. La comparaison de ces deux résultats indique un écart moyen de ± 15 % sur les deux séries. Cela peut s'expliquer par la prise en compte des terres irriguées non productives (sel), ou de celles où des travaux sont en cours et les cultures non commencées... Le ministère de l'Eau et de la Mise en Valeur des Terres souhaitait augmenter la dernière valeur citée de 2,5 millions d'hectares supplémentaires au prix de 35 à 36 km³ d'eau supplémentaires par an, à un moment

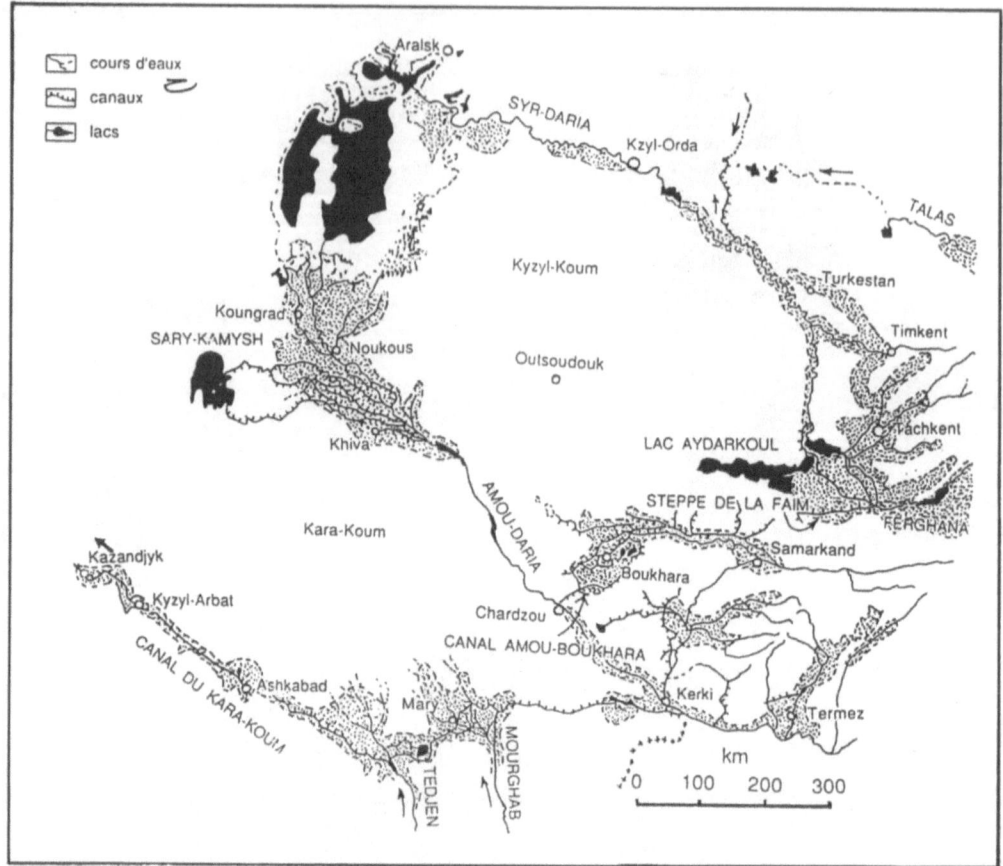

Fig. V. 5. Carte des aires irriguées en permanence vers 1987

où, dans le delta seul, 300 000 ha de lacs et de tourbières étaient déjà asséchés, et que le niveau de la nappe phréatique s'était abaissé de 3 à 5 m (voire 8 m) et que sa teneur en sel croissait. Micklin (1987) donne pour le bassin de l'Aral proprement dit 3 millions d'hectares en 1900, 5 millions d'hectares en 1960 (avec 40 km^3 d'eau d'irrigation), 6,5 millions d'hectares en 1980, et 7,6 millions d'hectares en 1987, les progrès étant liés à une meilleure économie des distributions d'eau (passant d'une moyenne de 18 500 à 13 700 m^3/ha/an) et au recyclage d'une partie des eaux de drainage.

Pour les applications qui demandent, à l'inverse de l'irrigation saisonnière, un flux régulier, naît un problème pour les utilisateurs agricoles placés à l'aval des retenues pendant la période mars-juillet. Dans les années soixante, on utilisa des barrages mobiles et des pompes sur barges pour irriguer les terres nouvelles dévolues à la pâture, ce qui permit à l'époque d'accroître sensiblement le cheptel (45 000 têtes dans le delta de l'Amou en 1965).

D'autres difficultés existaient. Les berges de l'Amou-Daria, vu leur instabilité, sont peu propices à la construction de barrages et les retenues créées, en raison du relief peu marqué, ont des capacités modestes. L'eau s'en évapore. Ces retenues elles-mêmes ennoient des terres basses déjà irriguées. Enfin, l'abondante sédimentation engendre le colmatage des retenues

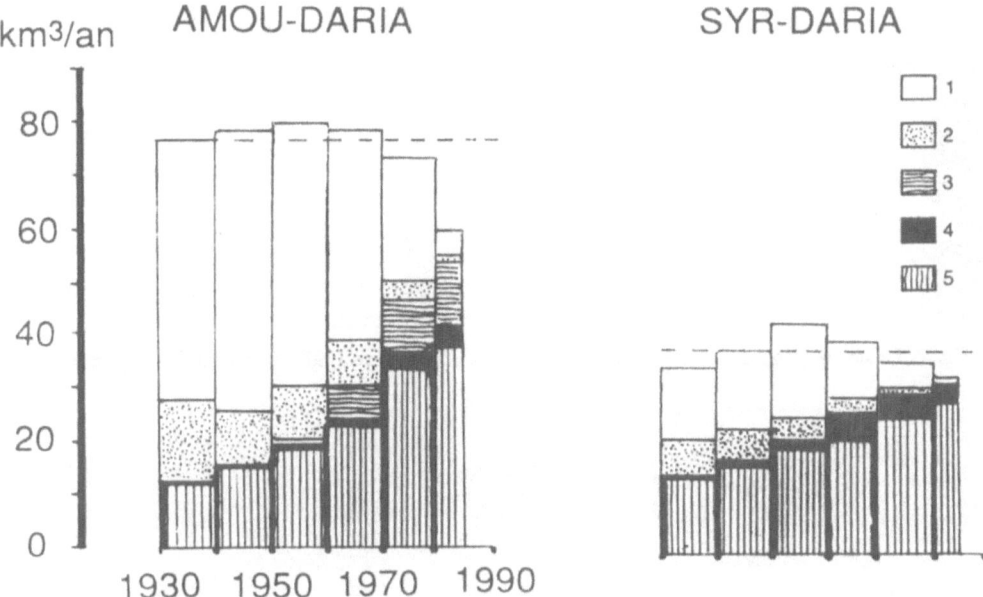

Fig. V. 6. Evolution des prélèvements sur l'Amou-Daria et le Syr-Daria (d'après Beliaev). *1* Débit net parvenant à l'Aral ; *2* évaporation sur les rivières, canaux et lacs ; *3* prélèvement du canal Sud-Turkmène ; *4* prélèvements urbains et industriels ; *5* prélèvement par les autres systèmes d'irrigation

— comme pour le Nil, mais de manière encore plus prononcée. Les barrages de Kyzilajak (dérivation du canal de Kara-Koum) et de Tyouyamoun (Sud-Est de Khiva) seront remplis d'alluvions avant 50 ans, dans les conditions actuelles de fonctionnement. Un endroit idéal pour créer ces retenues eût été la région frontalière, mais cela eût impliqué l'accord de l'Afghanistan pour l'inondation de surfaces considérables sur son territoire, et rien n'a été fait dans la partie frontalière du Tadjikistan.

Un gigantesque réseau de canaux

Voilà les problèmes que l'irrigation posait au début des années 1950 à l'époque de Krouchtchev ([1]). Entre 1958 et 1960, Krouchtchev, conscient des immenses lacunes de l'agriculture soviétique, fut à l'origine d'une relance des grands travaux et du programme dit de "mise en valeur des terres nouvelles", principalement dans le Kazakhstan. En Touranie, l'extension des surfaces irriguées concernait d'abord toutes les régions traditionnelles du Semiritche, de Tachkent, de Samarkand, de Boukhara et du Ferghana (où de grands travaux avaient déjà été réalisés pendant la guerre), plus la mise en valeur des steppes entre les montagnes et l'Amou (Tadjikistan, zone de Karchi et steppes bordières de l'Amou et du Syr moyens), enfin l'extension des oasis de Mary, Tedjen et Ashkabad. Les travaux commencèrent sur le grand canal turkmène du Sud pendant le 4e plan quinquennal (1946-1950) et avancèrent d'abord lentement vers l'Ouest. Ils atteignent aujourd'hui la basse vallée de l'Ouzboï et irriguent tout le piedmont

---

(1) La décision, prise par le Soviet Suprême de l'URSS de lancer le programme de grands canaux, date du 17/4/1950.

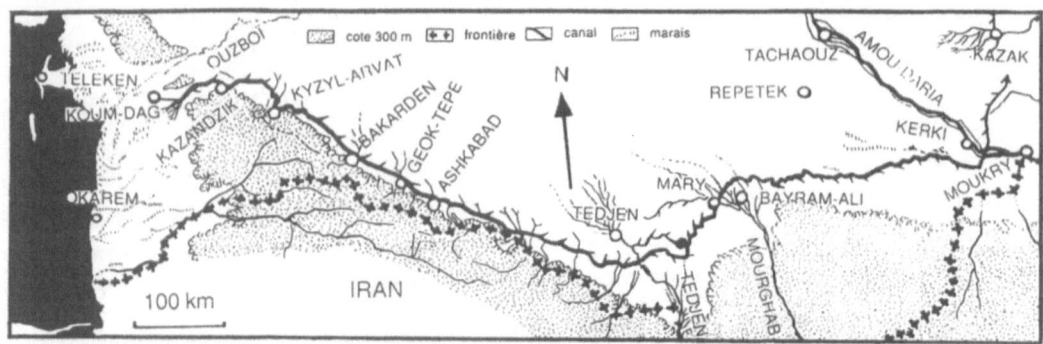

Fig. V. 7. Carte du canal du Kara-Koum (Sud-Turkmène). Celui-ci en 1992 n'atteint pas la Caspienne

Fig. V. 8. Le canal du Kara-Koum, peu après son percement. Noter les séries de talus le long des rives, destinés à freiner le mouvement du sable éolien (doc. Novostny)

du Khopet-Dag, dans le Sud du Turkmenistan. Après avoir atteint l'Ouzboï, une dérivation, retournant vers le Sud, devait venir ensuite irriguer les basses terres entre le Khopet-Dag et la Caspienne. De l'Amou-Daria à Mary (Merv), la construction était pratiquement terminée en 1954. On utilisa une partie du lit abandonné du Kelif-Daria, ancien cours occidental de l'Amou,

Tableau V. 2. Prélèvements sur l'Amou-Daria par le canal du Kara-Koum

Année	Entrée à Kerki (m³/s) *	Teneur en sels (g/l) **	Au km 105 (m³/s)	Evaporation (%)
1956	16,7	0,5	0	
1958	69,1	0,5	45,3	0
1960	123	0,53	90,2	1,8
1965	176	0,56	154	1,4
1970	251	0,53	218	4,5
1975	303	0,59	266	2,2
1981	378	0,76	325	3,4
1983	(390)	0,96		

* d'après *Ressources en eau de surface de l'URSS* (en russe), vol. 14, n° 3, Leningrad, 1971
** d'après Kirsta (1987)

pour créer un bassin de retenue (35 000 000 m³/an). Un second fut créé ultérieurement sur un ancien bras du Tedjen (lac de Kaouz-Khan, d'abord 0,5 puis 1 km³) et un troisième sur le cours d'eau lui-même à Kyzilajak (fig. V. 7). Une surface irrigable totale nouvelle de 300 000 à 400 000 ha était programmée le long de la première partie, plus un complément ultérieur d'irrigation pour 200 000 ha.

Ce canal fut un des triomphes de la propagande soviétique des années 50-60 : "…Œuvre magnifique…", "Le peuple turkmène rêvait de cet or qui coulait sur ses frontières…" Les terres du piémont du Khopet-Dag ne recevaient jusqu'alors que de faibles précipitations et l'apport des rivières du Mourgab et du Tedjen était depuis longtemps utilisé en totalité (ressources autres que le canal : 1,3 km³/an). Aussi se lança-t-on dans ces travaux (figs. V. 7 et V. 8), destinés à irriguer des millions d'hectares de Mary jusqu'à la frontière iranienne, sur la Caspienne, fondamentalement pour le coton, toujours le coton (l'Ouzbekistan produisit plus de 5 Mt de coton brut en 1980, soit 75 % de la production de l'URSS), mais aussi pour le "renaff" (une sorte de jute) et les culture vivrières. Les travaux s'accélérèrent en 1954 et le canal atteignit 300 km en 1959 (apport de 3,5 km³/an), 535 km à Tedjen en 1960 (4,7 km³/an), Ashkabad en 1962 (8,3 km³/an) ; puis la construction se ralentit et le canal atteignit Kazandjik en 1982. Passant au Sud du massif du Petit Balkhan, au Sud de l'Ouzboï, il se termine aujourd'hui dans un nouveau secteur irrigué au Sud-Ouest de la ville de Kazandjik. On y introduisit des poissons phytophages importés d'Extrême-Orient *(Bielyamour, Tolstolobik,* qui pèse jusqu'à 50 kg), pour se débarrasser de la végétation aquatique. Le prélèvement global devait culminer à 17,1 km³ pour un parcours de 1 600 km, avec des réserves hivernales totales de 2,4 km³. Le canal irriguait 506 000 ha en 1978, en cultures et accessoirement en pâtures, et plus de 800 000 en 1980 (tableau V. 2).

Babaiev signait en 1980 un gros rapport sur la lutte contre la désertification au Turkmenistan, qui était en fait un hymne au canal. Il fut plus tard un des premiers à en dénoncer les inconvénients. Mais le canal avait été montré comme une performance sans précédent : "For the first time anywhere in the world…". Il a fallu 11 ans pour le canal de Suez, qui ne fait que 166 km, et 34 ans pour Panama, qui ne fait que 82 km, alors que nous avons construit en 4 ans la première section de 400 km". Tout ce qui est excessif est dérisoire…

En fait, le creusement fut facile dans le sable et dans les alluvions quaternaires : ouverture d'une soue au bulldozer, puis arrivée de l'eau et poursuite avec des dragues et des suceuses (Panama avait été une autre affaire !). Sans revêtement, le canal turkmène a d'abord beaucoup fui : dans un terrain desséché depuis des millénaires, de forte porosité, il a contribué pendant les premières années à réalimenter d'anciens aquifères, qui constituent d'ailleurs une ressource

Tableau V. 3. Pertes en eau sur le canal du Kara-Koum (1963) du km 0 au km 310 (Zakhmet)

Secteur	(km²)	Lacs et roseaux Évap. (Mm³)	(km²)	Évap. (Mm³)	Évaporation dans les berges Roseaux (km²)	(Mm³)	Buissons (km²)	(Mm³)	Pertes totales par infiltration profonde (Mm³) de 1954 à 1970
Amou			1,5	3,6	1,5	1,8	9	5,9	853
Kelif-Daria	72	144	20	48	20	24	30	19,9	900
Steppe Obroutchev			2	4,8	2	2,4	48	6,6	1440
Désert ouest	13	26	7	16,8	7	8,4	13	8,6	8580
Totaux		170		73,2		36,6		41,0	11773
				320,8 millions de m³/an					

exploitable — et exploitée. Trois cents km³ d'eau ont ainsi disparu du canal, et ont contribué à abaisser la salinité naturelle du sous-sol environnant.

Les travaux de terrassement du canal du Kara-Koum eurent d'autres conséquences locales (1) : sur une largeur de 500 m, la végétation est dégradée. Le sable mis à nu est réactivé et, au-delà, sur 1 à 2 km de large, les fuites aboutirent à la formation de marais et d'étangs latéraux qui couvraient 2000 km². Afin de protéger le canal des vents de sable, et aussi pour résorber en partie la conséquence des fuites en surface, on réalisa 12 300 ha (ou 100 000, selon les auteurs) de plantations diverses (peupliers, etc.) à quoi s'ajouta une végétation spontanée de roseaux et d'autres phréatophytes.

D'autres pertes en ligne se produisent : évaporation d'été non négligeable sur les retenues ; transpiration des plantations sur les rives (tableau V. 3). D'autres inconvénients sont liés au canal : le batillage causé par le sillage des bateaux (le canal est utilisé pour la navigation) ; l'eutrophisation des eaux, les moustiques, l'eau vecteur de maladies…

Le canal nord turkmène, rêve de Staline (cf. chapitre VII), devait partir de l'Amou-Daria juste en amont de Noukous, et par l'Ouzboï, se raccorder au canal Sud turkmène. Deux canaux furent entrepris en 1950, et se rejoignent maintenant un peu avant la dépression du Sary-Kamysh. Ils étaient prévus pour irriguer 1,3 million d'hectares nouveaux dans le Khorezm, et 500 000 au Daghestan. La seconde partie, du Sary-Kamysh jusqu'à la Caspienne, n'a pas été réalisée, pour de simples raisons économiques. Mais la ponction sur l'Amou-Daria, à Noukous, aurait été de 600 m³/s (20 km³/an). Nous évoquerons au chapitre VII le projet de prise d'eau aux fleuves sibériens pour augmenter l'alimentation du canal. En fait, seul le plan d'irrigation du Karakalpakstan (fig. V. 10) et du district de Tachaouz a été complètement réalisé.

Une bonne partie du Kara-Koum était jusque là utilisée pour le pâturage nomade (moutons et chameaux). Il était prévu de créer près de 7 millions d'hectares de prairies, mais cela aurait représenté trois fois le débit total de l'Amou-Daria à Kerki… Une seule application annuelle sur cette surface représenterait déjà un débit réservé de 700 m³/s. En fait, on avait essentiellement prévu un système de mares et de réservoirs pour le bétail, ce qui autorisa une légère croissance du rendement (cf. chapitre sur la Steppe de la Faim) et une stabilisation relative des populations transhumantes. Des conduites amènent l'eau en provenance du canal du Kara-

(1) Cf. Mainguet (1991, p. 114).

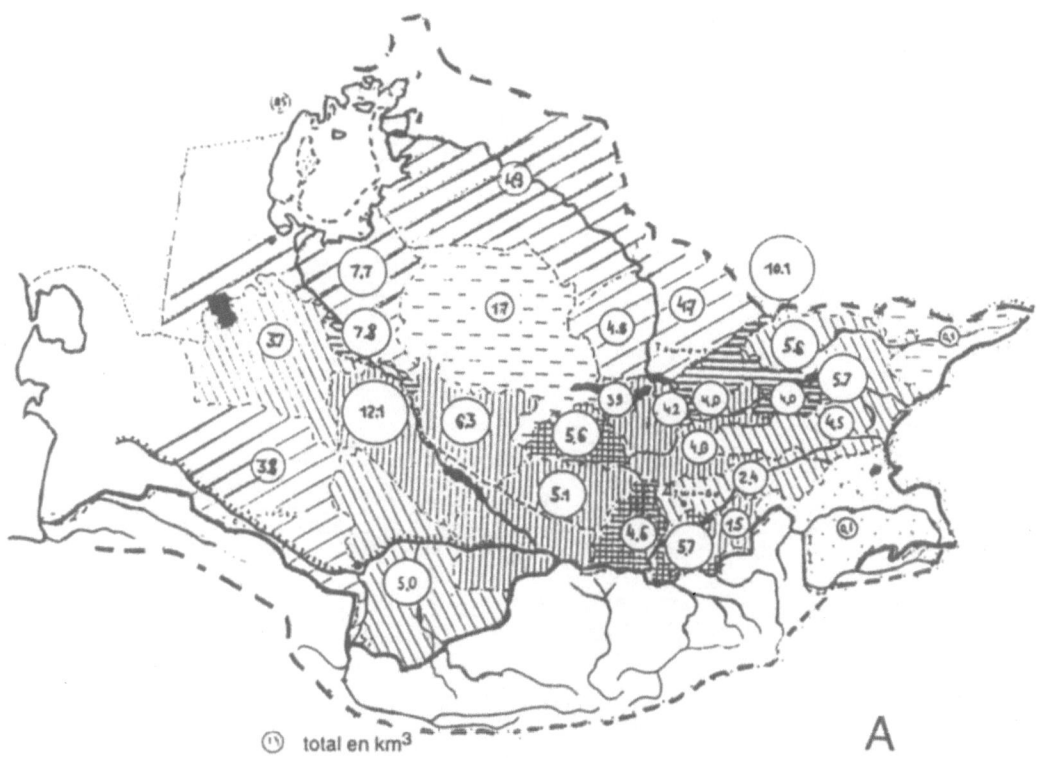

Fig. V. 9. Emploi des eaux de rivière par district (en km³). *A* Eau totale utilisée (y compris les eaux usées réemployées) ; page suivante : *B* rejets ; *C* ressource utilisée. Dans les cartons, équivalent en hauteur d'eau (cm) (Beliaev, 1990)

Koum vers les centres d'élevage, tel celui d'Erbent, petite agglomération traditionnelle située à 300 km au Nord-Est d'Ashkabad.

Une troisième dérivation, sur laquelle on dispose de peu d'information, est le canal de Karchi au Sud-Est de Boukhara (Kerbabeyev, 1950), qui part comme le canal sud-turkmène à une vingtaine de kilomètres en amont de Kerki. L'eau remontée par pompage est alors dirigée vers le lit ancien du Kacha-Daria parallèle à l'Amou, pour irriguer 1,2 millions ha de la steppe de Karchi. Le canal devait ensuite se diriger parallèlement à l'Amou jusqu'au Sud-Ouest de Boukhara. Un prélèvement de 650 m³/s. était programmé pour cette dérivation. Ce réseau a été en grande partie réalisé, et comme les steppes à irriguer entre Karchi et l'Amou sont à une altitude nettement supérieure au lit du fleuve, des groupes de pompage relèvent l'eau jusqu'à plus de 70 m au-dessus de l'Amou. L'extension du système de canaux était ensuite prévue le long de la rive droite de l'Amou, dans le petit désert qui sépare celui-ci du chaînon parallèle de Khouldzour-Taou.

Ce système a été complété par une dérivation similaire qui part de Tchardzou et remonte la vallée sèche du Zerafzan jusqu'à Boukhara.

La programmation de ces grands travaux ne s'est pas toujours faite sans problèmes diplomatiques. Ainsi, après la réalisation du canal de Karchi à Boukhara, qui permit d'irriguer de

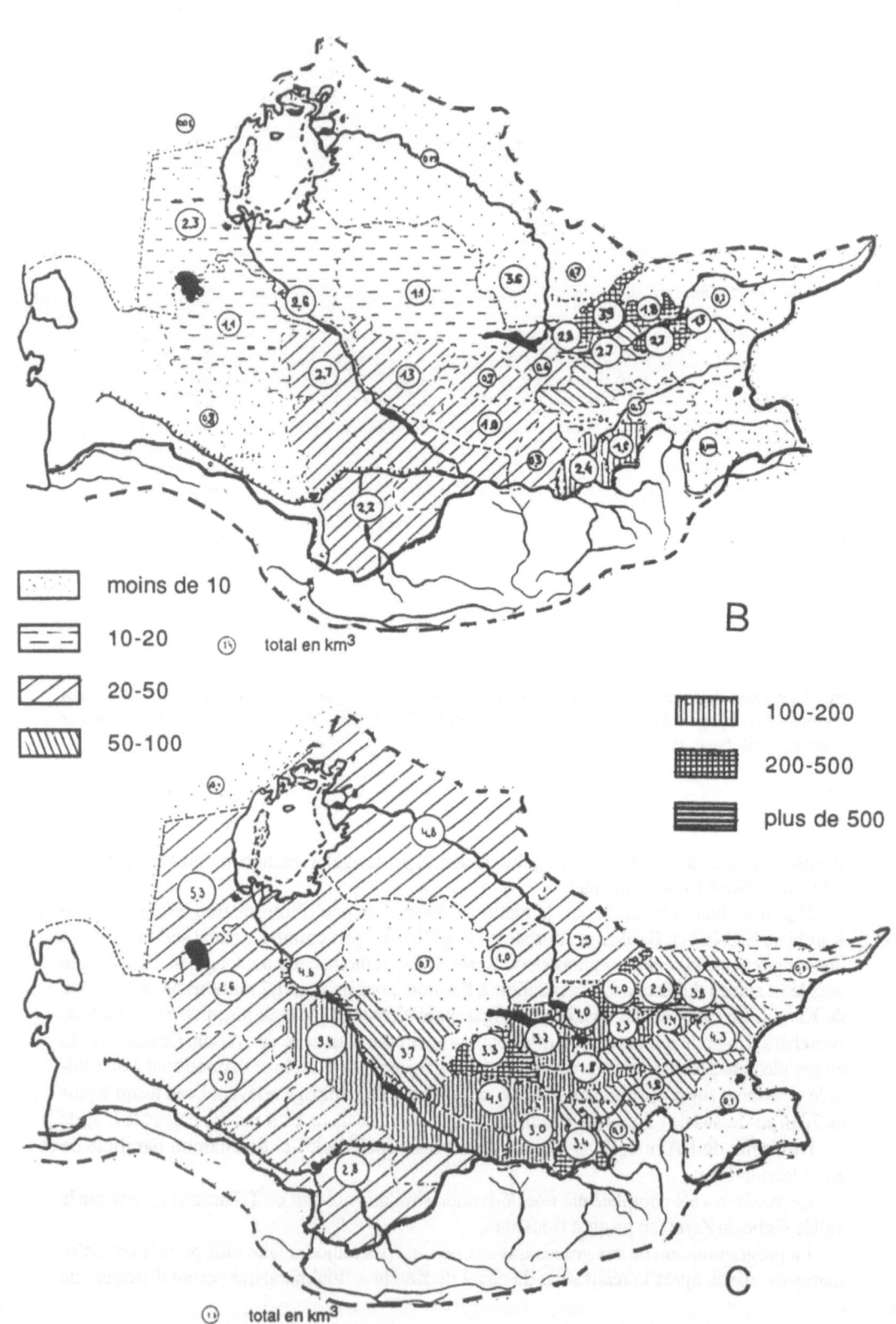

B

moins de 10

10-20   ⓝ   total en km³

20-50

50-100

100-200

200-500

plus de 500

C

ⓝ   total en km³

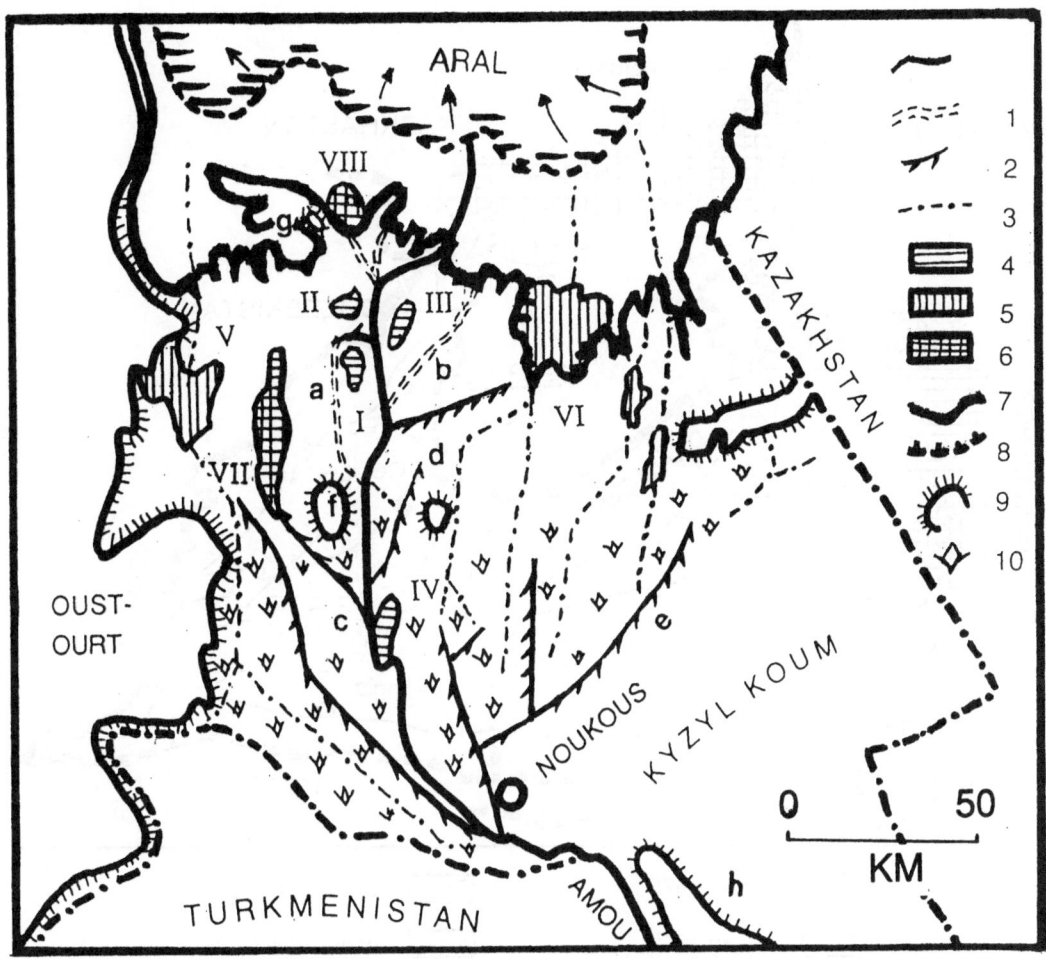

Fig. V. 10. Le système hydraulique du Karakalpakstan (d'après Novikova, 1992). *1* Bras de rivière à sec :
a Kipchakolaria ; *2* bras utilisés comme canaux : *b* Kazakdaria, *c* Akbalashi, *d* Enkindaria, *e* Kou-
fanichdaria ; *3* canaux de drainage ; *4* réservoirs d'eau de rivière : *I* Mejadourechensk, *II* Mochan-Koul,
III Daoukenpyr, *IV* Daoutkoul ; *5* réservoirs d'eau de drainage : *V* Soudoche, *VI* Togouz-Tere ; *6* réservoirs mixtes : *VII* Karadjan, *VII* Ribatzkii ; *7* reliefs : *f* Kyzyldar, *g* Koushanataou, *h* Sultan. Ouiz-Dag ;
8 côte de l'Aral en 1960 ; *9* côte en 1992 ; *10* zones irriguées de Karakalpakstan

larges surfaces au Sud-Ouest de cette ville, l'Ouzbekistan envisagea le drainage des eaux res-
suyées vers l'Amou-Daria, suivant l'ancien cours du Zerafzan, c'est-à-dire au Turkménistan.
Cette république, craignant pour la qualité de l'eau à l'aval — on se souvient que la province de
Tachaouz (au Nord-Ouest de Khiva) dépend complètement de la bonne volonté du Karakalpakstan pour son alimentation — décida alors, par mesure de précaution, la construction d'un
canal de dérivation depuis le lac Tyouyamoun jusqu'à Tachaouz... Commencé en 1978, ter-
miné en 1990, ce canal traverse en plein désert un terrain sablonneux qui a absorbé jusqu'à
80 % du débit. Le conflit turkmène-ouzbek était, lui, réglé depuis longtemps, et le canal devenu
sans objet est aujourd'hui abandonné.

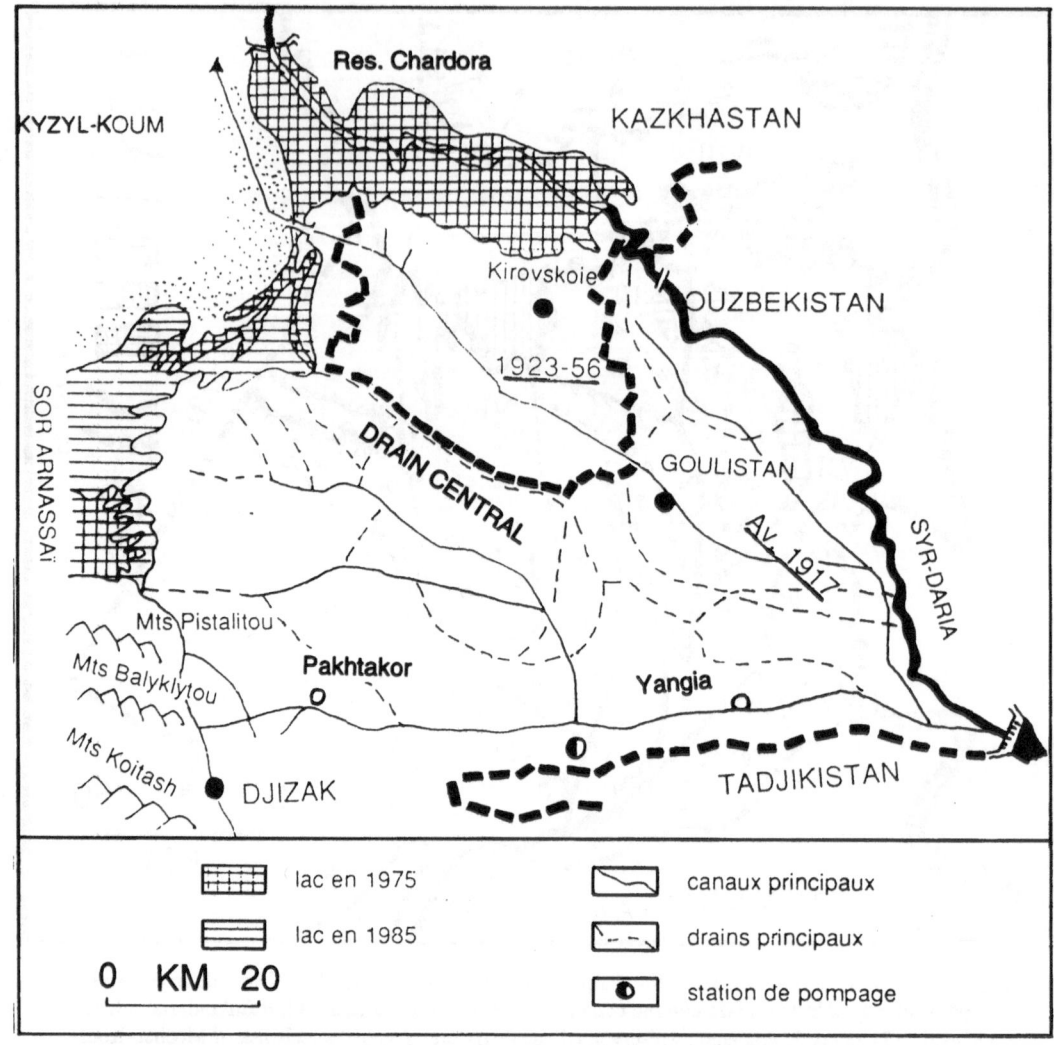

Fig. V. 11. Carte de la Steppe de la Faim, avec le lac Aydarkoul (ou Arnassaï)

L'addition des exigences des trois grands projets permet de constater qu'ils étaient programmés pour 1700 m³/s, alors que la quantité d'eau totale disponible n'est que de 1500 m³/s. Seul le canal de Karchi permettait d'envisager un certain retour, par les eaux de drainage, vers l'Amou-Daria. Les irrigations projetées sur le territoire de la république ouzbèke étaient de très loin celles qui présentaient le meilleur rapport rendement/prix, mais les nécessités du développement du Turkmenistan, pour des raisons sans doute essentiellement politiques, ont amené les autorités centrales de l'URSS à maintenir, jusqu'en 1987, le développement du canal du Kara-Koum ainsi qu'une partie des canaux nord-turkmènes.

Dans le cas du Syr-Daria, l'irrigation s'est aussi beaucoup développée depuis la fin de la guerre 39-45. Trois centres principaux sont la Steppe de la Faim, le delta du Syr, qui n'a pas eu beaucoup de chance, et sa vallée moyenne et basse. En raison du débit plus faible du Syr, la totalité de celui-ci a été utilisée dès 1970, donc plus tôt que dans le cas de l'Amou-Daria.

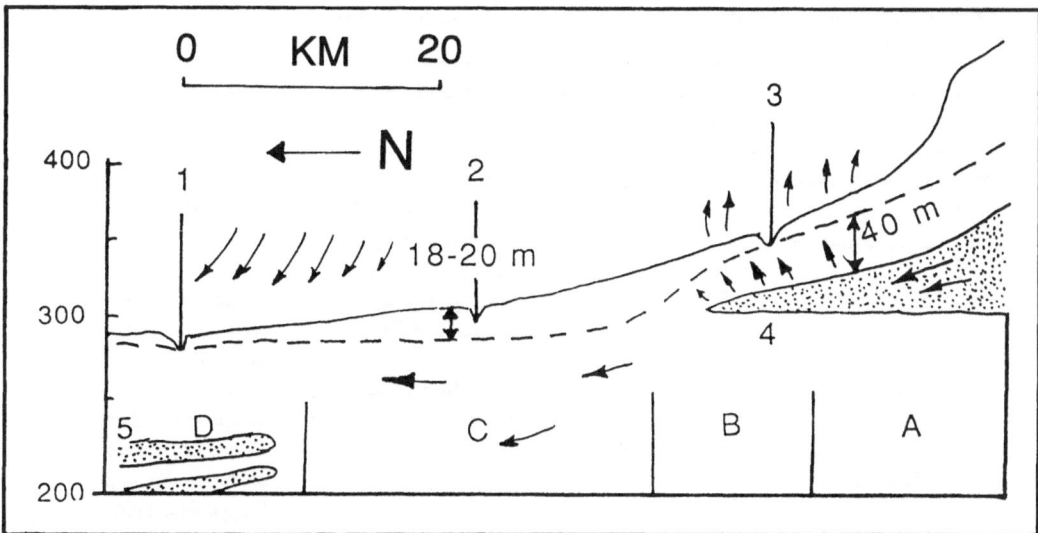

Fig. V. 12. Etat de l'alimentation en eau de la Steppe de la Faim avant irrigation. *A* Aire d'alimentation souterraine depuis la montagne ; *B* aire d'alimentation de la nappe superficielle avec évaporation en surface ; *C* aire de transit profond ; *D* accumulation d'eau salée alimentée par C ; *1* canal de drainage central de la Steppe ; *2* canal latéral, au Sud du précédent ; *3* canal d'irrigation sud de la Steppe ; *4* aire d'accumulation d'anciens sédiments torrentiels ; *5* lentilles sableuses. La ligne discontinue représente la limite de pénétration des eaux d'irrigation qui s'évaporent et ramènent le sel vers la surface

Afin de réserver l'eau, on construisit d'abord le barrage de Chardara à 75 km au SW de Tachkent. La retenue fut agrandie ensuite vers l'Ouest jusque dans la dépression salée de l'Arnassaï (fig. V. 11). Des canaux secondaires ont permis d'agrandir les secteurs irrigués de Tachkent, Timkent et Tourkestan, avant de développer à leur tour les régions aval, autour de Kzyl-Orda (où un autre barrage de retenue fut construit), puis le delta lui-même. Il semble qu'on ait aussi envisagé l'irrigation des plaines situées à l'Ouest et au Nord-Ouest du lac d'Arnassaï-Aydarkoul à partir de ce dernier, mais les ressources étaient insuffisantes, compte tenu de l'ambition des programmes déjà réalisés.

Enfin, la vallée du Zerafzan (Samarkand et Boukhara) a aussi été utilisée pour l'établissement de retenues, en particulier au Sud-Ouest de Boukhara. Des villes industrielles nouvelles, fondées dans la steppe, telles Ouchkoudouk, Gazli, Zerafzan, Nourata, sont parfois alimentées en eau par pipeline depuis la vallée du Zerafzan pour compléter celle tirée des forages.

Ces travaux d'extension du système de canaux, aussi importants soient-ils, ne doivent toutefois pas faire oublier que l'effort financier essentiel accompli pendant le douzième plan quadriennal a porté sur la rénovation des systèmes d'irrigation existants : 70 % des crédits y furent consacrés (Doukhovny et Razakov, 1988).

La récession de l'Aral était bien entendu programmée. Le maintien du lac à son niveau de 53 m nécessite une arrivée nette d'environ 2 100 m³/s (dont près d'un tiers par le Syr-Daria). Le schéma d'aménagement exposé ci-dessus, même réduit, impliquait que les arrivées diminuent pratiquement à zéro, ce qui se produisit quand la grande réserve du lac d'Aydarkoul, le canal turkmène et les extensions du delta de l'Amou-Daria furent réalisés. Field (op. cit.) énumérait déjà quelques conséquences, rigoureusement vérifiées depuis (dont la mort de la pêche — estimée à 19 200 t en 1937, soit 2,3 % de la production soviétique — et la dégradation du milieu côtier).

Tableau V. 4. Grands réservoirs du bassin de l'Aral (voir aussi fig. V. 13)

Bassin	Nom	Capacité (km³)	Date mise en service	Localisation	Rôle
Syr-Daria	L. de Kayrakkoum	15	1951 ?	Sur le Syr-Daria, 50 km E de Leninabad	Réservoir irrigation pour le Ferghana
	L. de Leninabad	2 ?	"	Sur le Syr-Daria, 10 km W de Leninabad	"
	L. de Chardara	0,8	1961 ?	Sur le Syr-Daria, 60 km SW de Tachkent	Régulateur de crue, reçoit eaux de draina-ge ; relié à Aydarkoul
	L. de Charvask	"	"	Sur le Chirchik, afflt Syr-Daria en amont de Tachkent	Réservoir irrigation vallée de Tachkent
	L. Aydarkoul (Arnassaï)	7,4-25	1961-1969	100 km W de Tachkent	Crues, irrigation + réception drainage Steppe de la Faim
	L. de Dzoudali	5 ?	1980 ?	Sur le Syr-Daria, 100 km N de Kzyl-Orda	Régulation, irrigation
	L. de Tchili	2 ?	1975 ?	Sur le Syr-Daria, 100 km SE de Kzyl-Orda	Irrigation
	L. Kamyslybas	1 ??	1975 ?	Rive droite du Syr-Daria, 40 km N de Novo-Kazalinsk	Tampon pour irrigation, ancienne dépression salée
Amou-Daria	L. Rogoun-Dash	5	1990	Sur l'affluent Rogoun-Dash (Vakhsh)	Régulateur de crues
	L. Youno-Sourkansk	1,5 ?	196x	70 km NE de Termez sur le Surkhan-Daria	Régulateur de crue, irrigations
	L. de Nouresk	6	1960 ?	50 km SE de Douchambe sur le Voksh	Rive droite Amou-Daria en Tadjikistan
	L. Sary-Kamysh	15,3 (75) 22,5 (88)	1961	200 km W de Noukous	Eaux drainage + eaux usées
	L. du delta de l'Amou (15)	0,7	1961-1970	Répartis dans le Khorezm et le delta	Irrigation + eaux drainage
	L. Karamet-Nyiaz	0,2-0,3	1954	entrée E canal du Kara-Koum	Régulateur du canal
	L. de Tsoukour-sansk	0,5 ?	1960 ?	50 km E de Karshi sur le Kascha-Daria	Réserve de crues pour irrigation
	L. de Pachkamarsk	0,3 ?	1960 ?	80 km SE de Karshi sur l'Oura-Daria	Réserve de crues pour irrigation
	L. Toudanoul	0,2 ?	1973	Sur canal Abou Boukhara, 30 km E de cette ville (canal du 23ᵉ Congrès du PC)	Réserve pompée depuis l'Amou+eau du Zerafzan
	L. de Kammakoursan	0,3 ?		5 km S de Kattakourgan	Tampon sur le Zerafzan
	L. de Tyouyamouyoun	18	1976	50 km SE de Khiva, sur l'Amou	Réserve pour le Khorezm et le Delta (250 km x 3 km)
	L. de Takyatash	0,5 ?	1958	près de Noukous	"

Le tableau V. 4 donne quelques caractéristiques — parfois approximatives faute de renseignements précis — des principaux réservoirs. Ceux des régions amont retiennent les crues et les régularisent ; plus en aval, les barrages relaient les premiers et servent de tampon. On trouvera sur la figure V. 13. l'organigramme complet du système d'irrigation.

Le drainage des terrains irrigués dont il fallait écouler les eaux a bien été prévu. Mais la situation est très compliquée. Un certain nombre de dépressions (tels le Sary-Kamysh, le lac Soudoché, ou le lac Koungrad, respectivement à l'Ouest et à l'Est du delta de l'Amou) ont été remises en eau (voir fig. V. 10). L'Aral a servi et sert encore d'égout par l'intermédiaire du Syr-Daria. D'autres lacs ont une alimentation mixte : crues et rejets de drainage. Le lac Aydarkoul (d'une superficie égale à celle du Léman) reçut d'abord des eaux provenant du Syr (lui-même retenu en amont de Leninabad après avoir déjà recueilli quelques eaux-vannes du Ferghana) ; la grande crue de 1962 y fut détournée. A l'époque, et pendant quelques années, on n'y rejetait pas les eaux de drainage de la Steppe de la Faim, qui évitaient la retenue de Chardara pour être jetées dans le Syr-Daria à l'aval de cette retenue. L'augmentation progressive de la salinité de ces eaux de drainage, ajoutée au développement des terres irriguées dans la région, ont conduit à les diriger désormais en grande partie vers l'Aydarkoul, dont elles sont maintenant l'alimentation principale. Ces eaux mêlées servent à soutenir le Syr-Daria à l'aval de Tachkent et à irriguer (avec des eaux à salinité non négligeable) des territoires vierges au Sud-Ouest du delta, essentiellement pour le fourrage (1987).

Minaeva (1980) a calculé la perte totale subie par l'Aral entre 1960 et 1975, en dépit des lacunes de l'information dont elle disposait. Son tableau (tableau V. 5) donne ses évaluations. Elle tient compte de tous les facteurs de perte, de l'infiltration dans les berges, des infiltrations profondes qui rechargent les couches plus profondes, déshydratées depuis des millénaires, aboutissant à reconstituer des aquifères souterrains d'une qualité assez convenable, en tout cas meilleure que celle de beaucoup de puits profonds forés dans les aquifères du Crétacé. Ces données de Minaeva sont particulièrement instructives quant aux pertes par évapotranspiration par les phréatophytes et surtout par infiltration, dans ces bassins et canaux au fond perméable. Minaeva insiste sur le fait que ces infiltrations ne sont pas une partie totalement négative du bilan car elles pourraient être exploitées ([1]).

2. Bilan de l'utilisation de l'eau dans le bassin de l'Aral

Utilisation des ressources en eau en 1990

La ressource maximale en eau de surface (précipitations sur le désert mises à part) (fig. V. 10) s'élève en moyenne à 110 km³ à la sortie des montagnes ([2]), mais elle est affectée de fluctuations annuelles élevées (cf. fig. II. 28, p. 50) :

Les besoins doivent être couverts en toute circonstance (années de sécheresse extrême) (tableau V. 6), ce qui est réalisé par les réserves des barrages (tableau V. 4) qui contiennent au

---

(1) Rappelons qu'il existe dans la vallée de l'Ouzboï des lacs d'eau douce (lac Topatian, etc.) dont il a été démontré qu'ils sont alimentés par des eaux souterraines provenant elles-mêmes des takyrs situés sur la frange nord-est du Khopet-Dag, après un parcours souterrain d'environ 3000 ans.

(2) A titre de comparaison, la France métropolitaine reçoit environ 380 km³ de précipitations par an, dont 225 environ s'évaporent immédiatement ; 120 km³ sont évacués par le ruissellement puis les rivières ; le reste alimente les nappes souterraines. Les eaux minéralisées ne sont pas prises en compte ici. On voit que les ressources utilisables de la Touranie sont du même ordre de grandeur que celles de la France. Les valeurs pour la Touranie diffèrent un peu d'un auteur à l'autre.

Tableau V. 5. Bilan hydrique des retenues de 1959 à 1975 (d'après Minaeva)

	Amou-Daria		Syr-Daria		Total	
	km³	%	km³	%	km³	%
I. Mise en place du système						
Barrages	6	4	3,5	4	9,5	4
Remplissage des dépressions	16	12	7,4	9	23,4	11
(ex. Sary-Kamysh)						
Humidification des sols	11,6	9	*19,9**	24	*31,6**	14
Réhydratation des couches						
profondes	24	18	*8**	10	*32**	15
Total	57,6	43	38,8	47	96,4	44
II. Dépenses en état permanent						
Evap. des terres irriguées	54	41	23	28	77	36
Evap. par les phréatophytes	7,3	5	2,6	3	9,9	5
Evap. par la surface libre						
des réservoirs	2	2	14,2	17	16,2	8
Evap. des bassins pour eau	1	1	0,2	0,2	1,2	0,6
de drainage (ex. Sary-Kamysh)						
Total	75,6	57	43,6	53	118,9	56
Total général	132,9	100	*82,4**	100	*215,3**	100

NB. Les termes *utiles* du bilan par rapport aux ponctions totales sont indiqués par des astérisques. Par *état permanent* on entend l'état après stabilisation du système hydrique

Tableau V. 6. Débits de crue et d'étiage

	Maximum	Minimum
Amou-Daria	110 km³ (1969)	65 km³ (1971)
Syr-Daria	70 km³ (1969)	20 km³ (1983)

total 62,1 km³ pour l'Amou-Daria et 35,3 pour le Syr-Daria. La couverture de la consommation totale actuelle (y compris les gaspillages) est donc garantie 9 années sur 10. Les projets de nouveaux barrages sont prévus pour porter cette réserve à 104 % des besoins annuels.

L'eau souterraine apporte un complément (tableau V. 7). La ressource potentielle est de l'ordre de 60 km³, tout prélèvement d'eau souterraine influençant le niveau des cours d'eau et inversement. Une partie de cette ressource provient directement des infiltrations des rivières, systèmes d'irrigation, etc. pour environ 28,4 km³, et doit donc être déduite des 110 km³ d'eau de surface disponibles. Actuellement, 12,3 km³ des ressources potentielles en eau souterraine sont prélevés chaque année (4 et 9,3 respectivement pour les bassins de l'Amou et du Syr) et 9,8 km³ correspondent à la réalimentation annuelle. On pourrait en principe récupérer encore 3 km³ renouvelables (prévus pour l'horizon 2005-2010) sans toucher au système de surface.

Tableau V. 7. Eaux souterraines (sources diverses)

	Ressource (km³)	Minéralisation (g/l)			
		< 1	1-3	3-5	> 5
Bassin de l'Amou-Daria	40,6	7,4	2,9	3,3	26,9
dont :					
Ouzbekistan	8,0	3,1	1,6	1,9	1,4
Tadjikistan	4,3	3,8	–	0,4	–
Turkmenistan	28,3	0,5	1,3	1	25,5
Bassin du Syr-Daria	21,1	15,4	4,6	0,24	0,82
dont :					
Ouzbekistan	11	10,4	0,6	–	–
Kazakhstan	6,8	2,1	3,6	0,24	0,82
Kirghizstan	1,7	1,7	–	–	–
Tadjikistan	1,6	1,2	0,4	–	–

Les dépenses cumulées doivent tenir compte des "pertes en ligne", par évaporation, évaluées à 7 ou 8 km³. Le déficit global du bilan est comblé par la réutilisation d'eau de drainage.

La répartition des ressources

a) Une alimentation urbaine insuffisante

Elle utilise 3,1 km³/an dont 1,6 est rejeté sous forme d'eau usée. La consommation par habitant, en moyenne de 436 l/jour, atteint 700 l/j à Boukhara et Douchambe, mais seulement 50 l/j à Tachaouz et à Kzyl-Orda, et même 5 l/j pour certains établissements dans le désert [1]. Les besoins municipaux représentent 0,65 km³. Soixante-dix pour cent des villes et des bourgs possèdent une adduction d'eau, mais seulement 21 % de Tachaouz sont raccordés. Ces eaux de distribution ne sont souvent pas conformes aux normes (dureté totale, sulfate, nitrate, nitrite, ammonium, voire bactéries à Tachaouz).

Le taux d'épuration est le plus bas au Turkmenistan, où 36 % seulement des eaux domestiques subissent au moins un traitement primaire. Dans toute la Touranie, il n'y a d'égout que dans 55 % des villes et 24 % des bourgs ; 1,35 km³ d'eau usée sont traités (traitement primaire seul dans 84 % des cas) ; il n'y a aucun traitement à Noukous, Khiva, Kzyl-Orda et Ashkabad ; ailleurs, on utilise parfois l'épandage ou le lagunage (Tchimkent, Tachaouz, Tchardzou). Les stations d'épuration ont un mauvais rendement (80 mg de DBO — Demande Biologique en Oxygène, qui est un indicateur de la teneur en matière organique — rejetés au lieu de 15 ou 20 pour la norme locale), comme celles qui traitent les boues et laissent passer les métaux lourds, etc. 33 % de ces stations sont à reconstruire ; aucune ne fonctionne convenablement (1989).

b) Une consommation industrielle mal maîtrisée

Elle est de 15,5 km³, dont 7,2 sont considérées comme réutilisables (eau de refroidissement) et qui se répartissent ainsi en 1990 :

---

[1] Région parisienne : environ 200 l/j (industries incluses).

– centrales électriques	6,30	
– industries mécaniques	0,23	
– industries légères	0,18	
– autres	0,45	Total = 8,52 km³
– chimie	0,55	
– industries alimentaires	0,41	
– industries des matériaux	0,20	
– industries métallurgiques	0,20	

Les stations de traitement des eaux usées industrielles sont encore peu développées (pas de statistique). Elles laissent passer huiles, phénol, métaux lourds, détergents, etc. qu'on retrouve dans les fleuves. Razakov (1990) signale que sur plus de 10 000 procès-verbaux, 60 % n'ont pas eu de suite. Selon lui, les usines qui dépendaient d'organisations de l'Union échappaient à la législation des Républiques.

c) La consommation modeste du monde rural

Elle s'élève à 0,86 km³ dont seulement 0,1 sont fournis par des adductions, généralement alimentées par forage. La consommation moyenne est de 41 l/j/habitant avec une importante variation d'un type d'exploitation à l'autre (élevages fermés).

d) Une pisciculture hasardeuse

Après l'arrêt de la pêche en Aral, la consommation d'eau des établissements piscicoles est de 0,2 et 0,8 km³ pour les bassins piscicoles du Syr-Daria et de l'Amou-Daria, qui ont demandé 2 km³ d'eau pour leur mise en place. Il faut ajouter à ces bassins les lacs Sary-Kamysh et Aydarkoul (la production de poisson est passée au Sary-Kamysh de 2800 à 900 t entre 1982 et 1983 ; elle est de 4600 t pour Aydarkoul : la salinité augmentant constamment rend le poisson plus rare et de moindre valeur). Dans les bassins spécialisés, la production est de 4300 t (12 à 16 kg par ha) et a été multipliée par 7 en 10 ans.

e) Les conséquences négatives de l'irrigation

En URSS, la surface des secteurs irrigués avait doublé entre la fin des années 1960 et 1982, passant à 18,4 millions d'hectares, alors que les terres drainées passaient, elles, à 13,3 millions d'hectares. Du point de vue de l'eau, le résultat global de la mise en valeur peut se résumer ainsi :
    – 1. L'irrigation augmente l'humidité dans la tranche non saturée des sols (1) et élève le niveau piézométrique de la nappe phréatique ; les sels solubles, les engrais et les pesticides sont importés dans le sol et dans la nappe par l'eau d'irrigation ;
    – 2. En cas de mauvais drainage naturel, l'évapotranspiration réelle de la végétation augmente, augmentant ainsi la concentration des sels dans la nappe et leur accumulation sous forme solide dans le sol ;
    – 3. Les canaux d'irrigation sans revêtement imperméable et leurs annexes perturbent le niveau naturel de la nappe phréatique et ses rapports avec les rivières (quand elles existent !) ;

---

(1) Zone non saturée (abrégé = ZNS) : partie la moins profonde des sols où l'atmosphère gazeuse existe : c'est la tranche de sol au-dessus de la nappe phréatique, dont le niveau peut varier avec le régime des précipitations.

– 4. Les drainages abaissent le niveau de la nappe phréatique (en fonction de l'importance de l'irrigation) ; ils changent l'équilibre physico-chimique de l'atmosphère de la zone non saturée, avec des conséquences sur l'équilibre de sa biomasse (bactéries en particulier) ; ils diminuent l'alimentation de la nappe à partir des précipitations ou des inondations éventuelles ; ils créent une surminéralisation de la nappe aquifère ;

– 5. Si le niveau des drains est inférieur à celui de la nappe phréatique, il abaisse celle-ci, entraînant certes des sels, mais aussi les engrais (potassium, nitrate…) en pure perte. Des terrains marécageux peuvent devenir complètement stériles par assèchement.

Il est donc fondamental d'obtenir un équilibre entre les apports (irrigation + précipitation) et les pertes en eau (fig. V. 9), moins pour le bilan de l'eau elle-même que pour celui des substances transportées (sels dissous, pesticides…). Toute variation notable dans le sol (en moyenne), de son contenu en eau et en substances dissoutes, modifie son équilibre minéralogique et biologique ; la conséquence en est quelquefois une amélioration, mais beaucoup plus souvent une dégradation complète de sa structure et de ses aptitudes à la production agricole, quelle qu'elle soit. On en verra des exemples ultérieurement.

Le problème ne se pose pas qu'en Asie aride (tableaux V. 9, V. 10) ; si beaucoup de terres ont été déjà stérilisées en Touranie (on parle de 30 %), le même phénomène s'est produit ailleurs (Californie, 25 %, etc.).

L'irrigation est de loin la consommatrice d'eau maximale puisqu'elle est estimée à 108,3 km³ [1]. On utilise en moyenne 11 3 40 et 15 900 m³/ha/an dans les bassins du Syr-Daria et de l'Amou-Daria (tableau V. 8) respectivement. L'irrigation est pratiquée en rigoles. Des méthodes modernes, sur lesquelles nous reviendrons, ne sont encore appliquées que sur quelques milliers des 7,3 millions d'hectares irrigués artificiellement. Le rendement est mauvais (62 %) du fait que seulement 25 % des canaux primaires et 17 % des conduits secondaires sont étanches.

Un drainage artificiel est nécessaire à 68 % de la surface irriguée et n'est encore que peu développé.

En 1986, les pertes liées à l'irrigation étaient évaluées à 25 km³/an pour le centre du bassin aralien, 14 km³ pour les bassins versants des fleuves, 12 km³ pour l'ensemble Tachkent-Ferghana et 6 km³ pour le canal du Kara-Koum. Ces valeurs seront discutées plus loin.

3. Un exemple d'aménagement : la Steppe de la Faim (Golodnaya Stepa)

Cette région, située au Sud-Ouest de Tachkent, pourrait être considérée comme exemplaire car depuis un siècle la Steppe de la Faim a été l'objet de soins et de travaux de développement : une des vitrines du pouvoir soviétique pour le "remodelage de la nature", par les vertus conjuguées de la Science et du Socialisme. Elle est un des exemples les mieux réussis de mise en valeur moderne en Touranie. Vue d'avion en été, c'est à perte de vue une étendue verte de champs de coton géométriques, bordée au Nord par le grand lac artificiel d'Arnassaï (Aydarkoul). Elle passe insensiblement à la région de Tachkent, beaucoup plus morcelée, dont la variété de paysages indique par contraste l'ancienneté de l'occupation humaine.

Dès 1876, N. Oulianov écrivait : "En été, la Steppe de la Faim ressemble à une plaine gris-jaune qui, sans âme qui vive sous un soleil écrasant, mérite bien son nom… En mai, déjà, l'herbe devient jaune et desséchée, les oiseaux s'enfuient, les tortues cherchent des endroits où

---

(1) Cette valeur est du même ordre que la ressource globale disponible à l'entrée des cours d'eau dans la région touranienne, mais on doit noter que des eaux de drainage récupérées sont réutilisées pour l'irrigation de prairies.

Tableau V. 8. Demande en irrigation en % annuel par rapport aux ressources du cours de l'Amou-Daria avant régulation [tiré de Field (1954) à partir de l'*Encyclopédie soviétique*, 1926 (art. Amou-Daria) et de Tsinzerling, (1927)]

Eau disponible	J	F	M	A	M	J	
Moyenne	3,6	3,6	4,3	7,1	10,5	16,1	
Norme de planning (moy-20 %)	2,88	2,88	3,44	5,68	8,4	12,9	
Irrigation besoin							
– estimé		0,55	9,1	13,1	17,4	29,1	
– satisfait sans stockage	100	100	38	43	48	44	
Eau disponible	Jt	A	S	O	N	D	Total
Moyenne	18,5	15,3	8,5	5,2	3,8	3,6	100
Norme de planning (moy-20 %)	14,8	12,2	6,8	4,16	3,04	2,88	80
Irrigation besoin							
– estimé	17,2	10,9	2,6				38
– satisfait sans stockage	85	100	100	100	100	100	

Tableau V. 9. Evaporation totale dans les plaines de l'Aral (km³/an)

	Jusqu'en 1961	1961-1974
Lac Aral	53	42
Vallée de l'Amou	1,3	0,3
Les deux deltas	11	2,0
Vallée du Syr	3,6	0,7
Réservoirs	0,9	1
Terres irriguées	40	51
Divers	7,2	11
Total	117	108

Tableau V. 10. Pertes en eau dans le delta de l'Amou-Daria depuis Noukous (km³/an)

	Epoque 1936-60	de 1961 à 1970
Débit à Noukous	46,4	36
Débit à l'Aral	38,4	33
Pertes par :		
Terres irriguées	1	1,7
Lacs (évap., infilt.)	0,6	0
Roseaux + phréatophytes	6,4	1,3

Tableau. V. 11. Météorologie de la Steppe de la Faim (moyenne sur 20 ans)

	Stations météo	Mois												
		1	2	3	4	5	6	7	8	9	10	11	12	Total
Evap.	Oursatievskaya	18	24	51	98	168	256	272	240	208	120	66	26	1547
réelle	Mizarchoul	18	19	43	76	136	205	222	200	148	84	42	24	1217
du sol	Dzhizak	12	26	45	80	149	221	257	238	178	107	50	27	1390
(mm)	Sovkhozho	2	5	8	30	74	124	162	155	71	36	11	6	684
Pluies	Oursatievskaya	36	38	57	46	24	8	2	2	3	17	32	40	305
(mm)	Mizarchoul	27	35	60	50	27	7	0,4	1	0,4	14	38	32	282
	Dzhizak	45	48	69	56	28	8	1	1	2	21	41	46	366

se réfugier et la steppe redevient une zone torride et inanimée, d'où les sommets enneigés se discernent à peine au loin dans l'air surchauffé. Les os de chameaux et de chevaux éparpillés çà et là, et les restes d'ombellifères qui ressemblent à des os, dispersés par le vent, ajoutent à l'impression oppressante de la Steppe de la Faim…"

"La Steppe de la Faim, dont le sel brille au soleil…" (E. Maillart), était rapidement traversée par les caravanes transitant de Tachkent à Samarkand, car elle était infestée de brigands.

La population locale survivait en petits groupes au pied des montagnes, dans de petites communautés ("Kishlaks" ou "Aouls"), cultivant du grain et des arbres fruitiers sur le bord des torrents asséchés en été, et nomadisant à l'envi. Quelques groupes d'Ouzbeks et de Tadjiks vivaient sur le bord du Syr-Daria. Une seule agglomération, Djizak (8000 habitants) existait près de la limite Sud de la steppe (elle a aujourd'hui 30 000 habitants). En 1878, S. Ponyatowsky évaluait la population totale de la steppe à 2000 âmes.

La Steppe (¹) est située sur le piémont des Monts du Turkestan, à une altitude de 310 à 500 m (voir figs. V. 4, V. 5 et V. 11) ; elle est formée par la coalescence de cônes alluviaux déposés par les rivières quaternaires, peu à peu étalées vers le Nord jusqu'à une playa de 310 à 260 m d'altitude, qui se prolonge au Nord par le Kyzyl-Koum. Le Syr-Daria l'entaille, formant trois terrasses successives, comme l'Amou-Daria ailleurs. Le barrage de Chardara a été construit en aval. Quelques dépressions salées la parsèment, dont la plus grande, celle du Sor-Aydarkoul, forme sa limite nord et sert désormais de réceptacle aux eaux de drainage. Le sol est formé de cailloutis, sables et loess, avec des secteurs de sol brun-rouge. Le sous-sol est constitué d'alluvions variées, entrelardées de passées sableuses discontinues (voir fig. V. 12). Le ruissellement a mélangé ces divers composants. Les caractères du climat, sub-désertique, sont donnés dans le tableau V. 11.

Avant l'irrigation l'eau souterraine se trouvait de 10 à 20 m de profondeur ou plus. La recharge naturelle, due essentiellement à l'écoulement originaire des montagnes du Sud, est évaluée globalement entre 2 et 8 m³/s. Quatre zones hydrogéologiques s'individualisent (tableau V. 12 et fig. V. 12) :

a) une zone d'infiltration dans le piémont,

---

(1) Certains auteurs l'ont confondu avec une autre Steppe de la Faim (Bet Pak Dala), beaucoup plus vaste et située au Kazakhstan, au Nord de la rivière Tchou.

Tableau V. 12 . Zonation des sels dans le sous-sol de la Steppe de la Faim

Zones	Drainage	Salinité de l'eau	Profondeur de l'eau	Teneur en sel (t/ha) dans une couche de 3 m d'épaisseur	Teneur en sel (t/ha) dans une couche de 20 m d'épaisseur	Type de sels
b	Mauvais	40-60	2-3	920-1000	5200-6000	Chlorures
	Bon	7-10	6-8	700-760	1500-1800	Chlorure-sulfate
d	Médiocre	18-36	8-14	135-350	1100-2200	id.
	Mauvais	25	15-20	200-550	1600-2500	id.

Tableau V. 13. Bilan en sel de la Steppe de la Faim (en milliers de tonnes/ha) (sources diverses)

Années	1966	1967	1968	1969	1970	1971	1972	1973
Entrées								
Irrigation	757	1546	1354	700	1171	1620	1490	1916
Précipitations	31	42	59	113	60	58	54	72
Evaporation du sol	93	117	165	207	123	180	198	221
Remontées d'eau salée	216	252	275	306	324	347	367	387
Sorties								
Drainage	720	1201	1547	2818	2021	2731	3053	3109
Déchets	287	231	496	576	377	492	313	406
Bilan								
Moyen	+90	+525	-185	-2068	-716	-1018	-1257	-919
Par ha irrigué	+0,6	+3,6	-1,0	+11,5	-4,0	-5,4	-6,0	-4,6
Par ha où le niveau de l'eau est au-dessus du niveau des drains	+2,8	+10,4	-3,2	-29,6	-12,6	-15,6	-17,1	-13,7

b) une zone artésienne, où des source existent sporadiquement quand les terrains per-méables affleurent,

c) une zone où la nappe artésienne rejoint l'aquifère profond, en dessous de 10-20 m,

d) une zone où l'eau souterraine est surtout localisée dans des lentilles sableuses.

Dans la zone b, les eaux souterraines peuvent être salées (SO_4, Cl, Na) de 3 à 40 g/l ; dans la zone c leur teneur varie de 15 à 50 g/l. L'irrigation a modifié ces valeurs.

Il a été démontré que la salinisation naturelle des sols (tableau V. 13) est liée à celle de la nappe aquifère, dont le sel provient lui-même du lessivage de couches du substratum (Crétacé et Tertiaire inférieur) ; plus haut dans la série stratigraphique, elle a été attribuée à l'évaporation intense dans la base du piémont, liée à l'absence quasi totale de ruissellement. La salinité natu-relle en surface correspond à la zonation définie dans le tableau V. 12.

La zone c est intermédiaire entre b et d. La zone a est moins salée mais les sols y sont de qua-lité médiocre.

Dès 1872, des travaux d'irrigation avaient commencé ; arrêtés en 1879, ils avaient été repris en 1885. Un plan de développement fut présenté à la première grande foire de Tachkent en 1890. La première eau coula en 1902 ; en 1913 le système d'irrigation était fonctionnel : l'Etat s'occupait seulement des gros travaux. Une dotation de 1000 roubles-or par colon — amené de Russie, de gré et souvent de force — était prévue. Dans cette ambiance nouvelle pour eux, il fallait 2 à 3 années d'accoutumance aux pionniers qui ne disposaient d'aucune formation spéciale pour s'installer. Ils étaient eux-mêmes rarement propriétaires de leur terre. Beaucoup disparurent ou périrent sur place. A la guerre de 1914-18, 56 000 ha étaient équipés, dont 23 000 étaient réellement irrigués.

La Steppe de la Faim bénéficia du décret de Lénine du 17 mars 1918 "…portant allocation de 50 millions de roubles-or pour l'irrigation de 500 000 desyatins (¹) de terre sur la Steppe de la Faim" et l'établissement d'une administration de l'irrigation au Turkestan. Celle-ci ne fut créée qu'en 1921. Pendant 4 ans, on remit en état canaux et installations ; la terre fut nationalisée.

Trois étapes ont marqué le développement de la contrée :

1. De 1922 à 1930, le système soviétique s'installa : on créa des coopératives, vite transformées en kolkhozes, puis l'Etat établit ses sovkhozes, le premier à Pakta-Aral en 1924. En 1929, il y avait 30 kolkhozes et quelques sovkhozes couvrant 130 000 ha au total. Ceux-ci, d'une étendue de 5 000 à 10 000 ha, élargirent le territoire mis en valeur ; l'Etat prit en main la distribution de l'eau.

2. De 1930 à 1956, la gestion de l'irrigation et celle des terres labourables restèrent séparées. L'administration responsable de celles-ci s'intéressait essentiellement aux terres naturellement exploitables. Elle créa des centres urbains, avec comme ailleurs dans la zone semi-aride, les fameuses MTS "Stations de Machines et de Tracteurs". Quarante mille hectares supplémentaires furent irrigués et 20 000 personnes installées dans la steppe.

3. A partir de 1956, devant les résultats médiocres du système (50 000 ha étaient devenus incultes du fait de la salinisation et/ou de l'excès d'eau, du manque de moyens et de main d'œuvre), l'Etat le réorganisa, unifiant les deux administrations précédentes et développant le machinisme et la centralisation des fermes. Jusqu'alors les opérations de culture du coton étaient mécanisées, sauf la cueillette : elle le fut désormais. On entreprit la rotation des cultures. Le triomphant rapport de 1975 à l'UNESCO indique que chaque année 7000 à 8000 ha sont mis en valeur et que les 25 000 ha cultivés produisent 200 000 t de coton. Il ne présente aucune statistique de productivité, sinon qu'elle est passée de 1,7 t/ha en 1963 à 3,2 en 1969, sans indiquer qu'il s'agit pour moitié seulement de coton à longues fibres.

Dans les canaux d'irrigation, dès leur point de départ existe 1 g de sels dissous et des teneurs déjà élevées en sulfate et nitrate (1 méq NO_3 = 62 mg/l) (tableau V. 14). Le Syr-Daria, à la sortie de la vallée du Ferghana, qui a déjà reçu les eaux de drainage de cette région intensivement cultivée, leur apporte cet excès de sel. On observe ensuite une remontée très significative des taux des composants chimiques (comparaison à Aingiev, tableau V. 14) liée au lessivage de terres déjà saturées en sel.

Le canal d'irrigation sud de la steppe Golodnaya irrigue les extensions des anciens terrains de culture ; il est construit en terre, en semi-remblai puis en remblai sur 127 km. A sa sortie l'eau du canal peut atteindre, par simple contact avec le sol des berges, une salinité de 4,6 g par litre, qui la rend impropre à dessaler les aires irriguées, d'autant plus qu'elle contient déjà le calcium et le sulfate comme ions majeurs et ne peut dissoudre le gypse. Cette eau d'irrigation apporte donc les sels qu'elle a lessivés sur son parcours et qu'elle redistribue dans les sols qu'elle irrigue : on a déjà constaté que 8 tonnes de sels sont fixés par hectare et par an, dans la partie amont du canal.

Selon leur origine, les canaux d'évacuation des eaux du drainage final ont des teneurs en sel

---

(1) 1 desyatin = 1,093 ha.

Tableau V. 14. Minéralisation des eaux d'arrosage et des eaux drainées dans la Steppe de la Faim (d'après Molodtchov, 1980)

| | Teneur globale en sels g/l | Teneur en sels toxiques g/l | Composition chimique (milliéquivalents/l *) | | | | | | |
			HCO_3	Cl	SO_4	Ca	Mg	Na	NO_3
Eaux d'arrosage									
1977	0,88	0,5	2,4	2,4	8,6	4	4	5	0,01
(Aingiev)	à	à	à	à	à	à	à	à	à
	1,62	1,28	3,5	7	21	10	10	10,5	0,38
1977	1,0	0,71	2,3	4	9,6	5	4	5,5	0,06
(Paktamor)	à	à	à	à	à	à	à	à	à
	4,6	3,38	3,6	24	42	17,5	30	39	0,4
1968	0,77	0,55	2,2	2,3	6,5	5,5	4	5	–
(Paktamor)									
Eaux de drainage									
1977	1,3	0,85	2,3	4	15,6	6	8	5,6	0,3
(10 km S	à	à	à	à	à	à	à	à	à
d'Aingiev)	2,5	1,86	3,6	8	28,8	10	18	13,8	2,1

* L'équivalent est obtenu en divisant la masse molaire par la valence de l'ion.

(tableaux V. 14, V. 15) de 2 à 17 g par litre [1]. Les taux les plus élevés sont observés dans des terrains nouvellement mis en valeur et déjà naturellement salés. On a tenté d'employer ces eaux pour l'arrosage du coton. En quatre ans, elles ont provoqué des dépôts de sel et la baisse des rendements. Ces eaux sont donc inutilisables sans dilution et sont rejetées soit dans le lac d'Aydarkoul, soit dans le Syr-Daria qu'elles contribuent à polluer. Les moins chargées d'entre elles pourraient être utilisées à nouveau pour l'irrigation de terrains encore salins, pour créer des prairies, ou le drainage des terrains les plus salinisés. Il se trouve malheureusement que les canaux sont situés dans des régions peu salinisées.

Dans la Golodnaya, une grande partie des canaux d'irrigation sont bétonnés (pas tous les canaux secondaires), mais les grands émissaires de drainage le sont en totalité. On a proposé une meilleure répartition de l'irrigation, qui impliquerait de nouvelles connexions des canaux afin de diriger les eaux, en fonction de leur qualité chimique, vers les terres les mieux adaptées. Il ne semble pas que ces mesures adéquates (préconisées dès 1980) aient été exécutées.

Aujourd'hui, dans l'atmosphère perpétuellement voilée de poussière de Paktamor [2], les gens descendus de leurs immeubles grisâtres alignés le long des larges rues mal revêtues, plantées de quelques arbres étiques car jamais arrosés, attendent à 6 h du matin le camion ou le vieux car brinqueballant qui va les emmener aux champs de coton à 15 ou 20 km de là. Le soir, le véhicule les ramène, la poussière a augmenté de densité et chacun rentre chez soi. Ces paysans déracinés n'ont plus l'enclos ni le jardin qu'ils entretenaient jadis. Ils regardent donc la télévision, se rassemblent et bavardent dans les squares où, parfois, un parterre d'herbe verte et de fleurs vient égayer un lieu morne et poussiéreux. On est bien loin de l'enthousiasme de certains prospectus ou guides touristiques [3].

---

(1) On a même signalé 36 g/l à l'aval de Tedjen (Sud du Turkmenistan).
(2) Petite ville à 150 km au Sud-Ouest de Tachkent, dans la Steppe de la Faim.
(3) A comparer avec les observations de E. Maillart en 1932 sur la vie quotidienne en Touranie.

Tableau V. 15. Rejets des principaux collecteurs d'eau de drainage (canaux de débit supérieur à 3 m³/s) ; période 1983-1985 (d'après Tchembarisov, 1989)

Nom	Débit km³/an	Salinité	Observations
Bassin de l'Amou-Daria			
Kourgan Tyoube	0,13	0,96 (0,46 oct., 1,48 avril)	Au Sud de Doushanbe
Vachs	0,094	0,31 (0,26 oct, 0,42 avril)	20 km à l'Est du précédent
Tcherabad	0,12	5,19 (2,03 avril, 8,2 déc.)	Au Nord-Ouest de Termez
Lebovedev chef-lieu	1,18	2,47	Près de Tchardzou
Samotechnii	0,078	3,24	" ⎫ 1,78 km³ à 2,47 g/l en moyenne
Kalach chef-lieu	0,038	1,43	" ⎬ pour le Haut Turkménistan
Kodjambass	0,146	2,79	30 km au Nord-Est de Kerki
Tourmouioun	2,48	3,31	Région de Khiva et Khorezm
Koungrad	0,68	2,56	NW Noukous ⎫ delta : grand collecteur rive gauche
Birouni	0,32	3,57	50 km N Ourgench ⎬ de l'Amou de Takiatach (20 km SE
Kyzyl-Koum	0,17	3,19	50 km N Birouni ⎭ de Noukous à Koungrad)
Aral	0,80	1,92-2,80	Rejet direct dans le lac Aral
Kachkadaria coll. central	0,15	6,90	Rejet à l'Amou, région de Karchi
Ioujn	0,70	7,62	Rejet à l'Amou, au Sud de Karchi
Kattakourga	0,12	0,43	A l'Ouest de Samarkand (retour en rivière)
Karas	0,10	0,41	"
Douli-Douli	0,16	1,39	"
Parsankoul	0,57	5,45	Région de Boukhara / bas
N. Boukhara	0,46	3,63	"
Dengiskyl	0,40	6,03	Zerafzan (rejets sur désert)
Karakoulsk	0,15	8,38	"
Makankyl	0,29	3,14	"
Kese-Iab	0,45	6,13	Delta du Mourghab (rejet sur désert)
Djar	0,43	7,62	"
Tedjen	0,44	16,02	Delta du Tedjen (rejet sur désert)
Total			11 km³/an dont 4,08 à l'Aral ; 5,60 dans les sables ; 1, 32 en rivière
Bassin du Syr-Daria			
Atchikoul	1,82	2,76	Ferghana
9 collecteurs :	1,53	0,62	(Kakou-abad)
(Karagounon, Kabarasi, etc.)		à 2,36	(Sari Djoura Dr)
Tchirtchik	–	–	
Akangarad	0,31	1,40 à 2,14	Alentours de Tachkent
Keles	–	–	
Canal central de la Steppe de la Faim	0,63	2,36 - 2,63	Au Sud-Ouest de Tachkent
Djisask	0,30	6,71	A l'Ouest et au Nord de la Steppe de la Faim
Kirovskoie	0,10	2,81	"
Djetisan	0,23	5,47	"
Tckimkent	0,45	1,96	Kyzyl-Koum , à l'Est du Syr-Daria
Arys-Turkestan	0,10	2,70	Région nord de Timkent
Kzyl-Orda	0,20	5,35	
Total			7,11 km³/an dont 0,2 directement à l'Aral ; 2 au lac Arnassaï (Aoudarkoul) ; 4,9 au Syr-Daria
Total général			18,1 km³/an dont 4,3 dans l'Aral ; 7,6 dans les lacs égouts ; 6,2 aux fleuves

La frénésie apparaît au moment de la cueillette. Comme les moyens mécaniques sont insuffisants ou en panne, faute de pièces détachées, tout le monde s'y met, dès l'âge de 5 ans. Les populations urbaines elles-mêmes sont requises et les professeurs de lycée se plaignent que leurs élèves, abandonnant pendant 2 mois les études pour la cueillette du coton, ont perdu leurs connaissances au retour.

On conçoit que, dissociées de la gestion et du profit éventuel des cultures dont ils ont la charge, les populations des agrovilles, plus peut-être que celle des villages, aient été indifférentes et à leur travail et à ses conséquences. Ce n'est que depuis très peu d'années que des voix ont pu s'exprimer, de plus en plus fort au fur et à mesure que la situation se dégradait.

L'exemple de la Steppe de la Faim montre la manière dont la conquête de nouvelles terres agricoles a été menée, souvent sans grand souci de leur nature pédologique. Le 5ème Plan quinquennal (1976-1980) se proposait de conquérir 180 000 à 200 000 ha de terres irriguées par an en Touranie, pour arriver finalement dans les années 1990 vers 9 millions d'hectares, en utilisant la totalité de l'eau des cours d'eau. Après, on emploierait l'eau de Sibérie (cf. chapitre VII) et on pensait que cela se ferait vers 1990...

Cette étude montre également le péril lié à l'augmentation de la salinité des eaux de drainage, phénomène qui a contribué lui-même à la dégradation de toutes les régions irriguées situées elles-mêmes à l'aval d'aires irriguées.

Les statistiques des rejets par district et/ou par république ne sont pas faciles à établir, même pour les spécialistes soviétiques. Du tableau V. 15 il ressort que 11 km³ d'eau de drainage sont rejetées par an, dans le bassin de l'Amou, dont 4,08 à l'Aral, 5,60 dans des lacs-égouts et dans le désert (dont le Sary-Kamysh) et 1,32 en rivière. Pour le bassin du Syr, les valeurs sont respectivement 7,11 ; 0,2 ; 2 (lac Arnassaï-Aydarkoul) et 4,9. Au total, 18 km³/an, dont 4,3 parvenaient à l'Aral. Notons les salinités très variées de ces rejets, qui reflètent la nature des sols irrigués, des plantations effectuées et des produits chimiques utilisés.

La figure V. 13. donne l'organigramme général du système d'irrigation de la Touranie à la fin de l'année 1990.

4. Les transports et les communications : un réseau conquérant

La mise en valeur de ces régions continentales était fortement dépendante du développement des axes de transport. La seule possibilité de liaison avec la Russie était le chemin de fer et, dès la conquête, le "Transcaspien" fut construit très rapidement depuis Mikhailovsk, petit port au Sud de Krasnovodsk vite abandonné à cause de la profondeur insuffisante. La construction fut un modèle de célérité : 600 km furent posés en 18 mois, sur le sable et les takyrs, avec tous les problèmes causés par le vent de sable (les tornades de sable érodaient le matériel et... les fils de cuivre du télégraphe) : dunes envahissant la voie, inondations par les crues subites des torrents du Khopet-Dag. On commença des plantations destinées à fixer les édifices sableux, les palissades se révélant inefficaces. Il fallut faire surveiller militairement ces plantations convoitées par les nomades. La voie atteignit Merv en 1881, et permit d'amener les troupes nécessaires. C'était encore un chemin de fer stratégique qui atteignit Tchardzou sur l'Amou en 1884, Boukhara en 1885 et Tachkent en 1888. Jules Verne, dans son roman peu connu *Claudius Bombarnac,* décrit par le détail le voyage de Krasnovodsk, qui supplanta très vite Mikhailovsk, jusqu'à Tachkent, empruntant largement aux récits des ingénieurs russes et des premiers voyageurs occidentaux, dont un ingénieur français, Boulangier. Un de ces voyageurs, anglais, se plaignait en 1890 de la lenteur du voyage et de l'inefficacité de ce chemin de fer pour le transport des marchandises. Ce train avait cependant apporté les pierres de taille et le ciment provenant du Grand Balkhan, près de Krasnovodsk, qui avaient servi à l'édification d'Ashkabad et de Mary près de l'ancienne Merv. Les locomotives à vapeur étaient déjà chauffées au pétrole.

Le second chemin de fer, le "Transaralien", d'Orenbourg à Tachkent, posa moins de problèmes et fut mis en service jusqu'à Aralsk en 1896. Il désenclava la région, facilita les échanges avec la Russie et amena les troupes d'Asie Centrale sur le front russe. Peu de progrès furent réalisés entre les deux guerres mondiales, sinon la liaison Tachkent-"Turksib", achevée pour l'essentiel en 1930, qui reliait la région de Tachkent à la Sibérie Centrale, transportant du charbon et des minerais, et surtout des céréales vers la Touranie, désormais vouée à la monoculture du coton.

Après la Seconde Guerre mondiale (1952) fut mise en service la liaison Tchardzou-Koungrad, sur le delta de l'Amou, permettant le désenclavement du Khorezm : la navigation sur l'Amou-Daria a toujours été précaire, et en tous cas inadaptée au transport des pondéreux ([1]). Le trafic fluvial du Syr-Daria est surtout utile pour desservir les villes riveraines. Cette voie ferrée fut prolongée dans le cadre du vᵉ plan quinquennal (1966-1970) jusqu'à Bejneou, dans l'Oust-Ourt (une partie de la ligne était déjà construite en 1966 de Makat vers Chevtchenko, sur la presqu'île de Manghislak, pour le transport du pétrole et du charbon vers Gouriev et le Nord). Cette nouvelle ligne à travers le désert de l'Oust-Ourt n'a pas posé de grands problèmes, sinon ceux des très grands écarts de température et des vents de sable qui ont imposé des mesures techniques spécifiques. Koungrad, au pied de la rampe du Tchink, est devenue un centre stratégique où convergent voies de communication, pipelines et lignes à haute tension. Outre les transports de coton et de produits vivriers, cette liaison visait essentiellement à transporter le pétrole vers le Nord-Est. Mais dès cette époque, le pipeline supplantait le wagon-citerne, et le trafic pétrolier a décru considérablement (plus de 40 % en 1980). Comme le montre la figure V. 14, un réseau dense de conduites de gaz et de pétrole quadrille la région. Il a été étendu récemment aux nouveaux gisements considérables de Gazli (plus de 600 G m³), du delta de l'Aral et de l'axe Manghislak-Tachaouz ([2]). Le Turksib fut doublé vers 1950 par une nouvelle ligne de Karaganda à Alma-Ata, à l'Ouest du lac Balkach (Jugsib). La dernière grande ligne construite dans la région de l'Aral relie le district minier d'Ouchkoudouk, à 300 km au SE de l'Aral, à Boukhara.

Des trains très lourds, jusqu'à 15 000 tonnes, parcourent ces voies, tirés par des locomotives diesel, certaines de fabrication française déjà ancienne. Dans l'ensemble, le système fonctionne correctement. Mais le vent de sable reste toujours l'ennemi de la mécanique, et en 1986, 600 km de brise-vent nouveaux ont été construits.

Les dégradations de l'environnement dues aux voies ferrées sont bien moins sévères que celles qui sont causées par l'automobile. Le réseau routier autour de l'Aral est quasi inexistant (pistes) et souvent en mauvais état, faute d'entretien et aussi du fait de la dureté du climat. Le gel hivernal et le sable l'été créent des problèmes d'entretien majeurs. Les camions évitent parfois les parties les plus endommagées par des déviations improvisées sur le bord des champs voisins. La voirie combat ces pratiques en surcreusant les fossés et en élevant des talus, contribuant ainsi à la dégradation des sols avoisinants. Il faut aussi remarquer que de nombreux territoires ne possèdent pas de carrière proche fournissant des matériaux d'empierrement, ce qui nécessite des transports longs et onéreux. Seuls quelques grands axes sont goudronnés entre les centres principaux. Des routes relient les gisements pétroliers au Khorezm et joignent cette région à celle du Khopet-Dag à travers le Kara-Koum. Se posent ici aussi les problèmes d'ensa-

---

(1) Malgré les conditions difficiles, des bateaux à vapeur furent régulièrement en service sur l'Amou-Daria, dès la conquête par les Russes, à partir de Tchardzou vers le Khorezm et le fort de Petro-Alexandrovsk à l'amont de Khiva et, sur le Syr-Daria, depuis Kazalinsk jusqu'à Chardara (voir chap. II).
(2) L'Asie russe produit 58 % du gaz de la CEI.

1 • Amou Daria

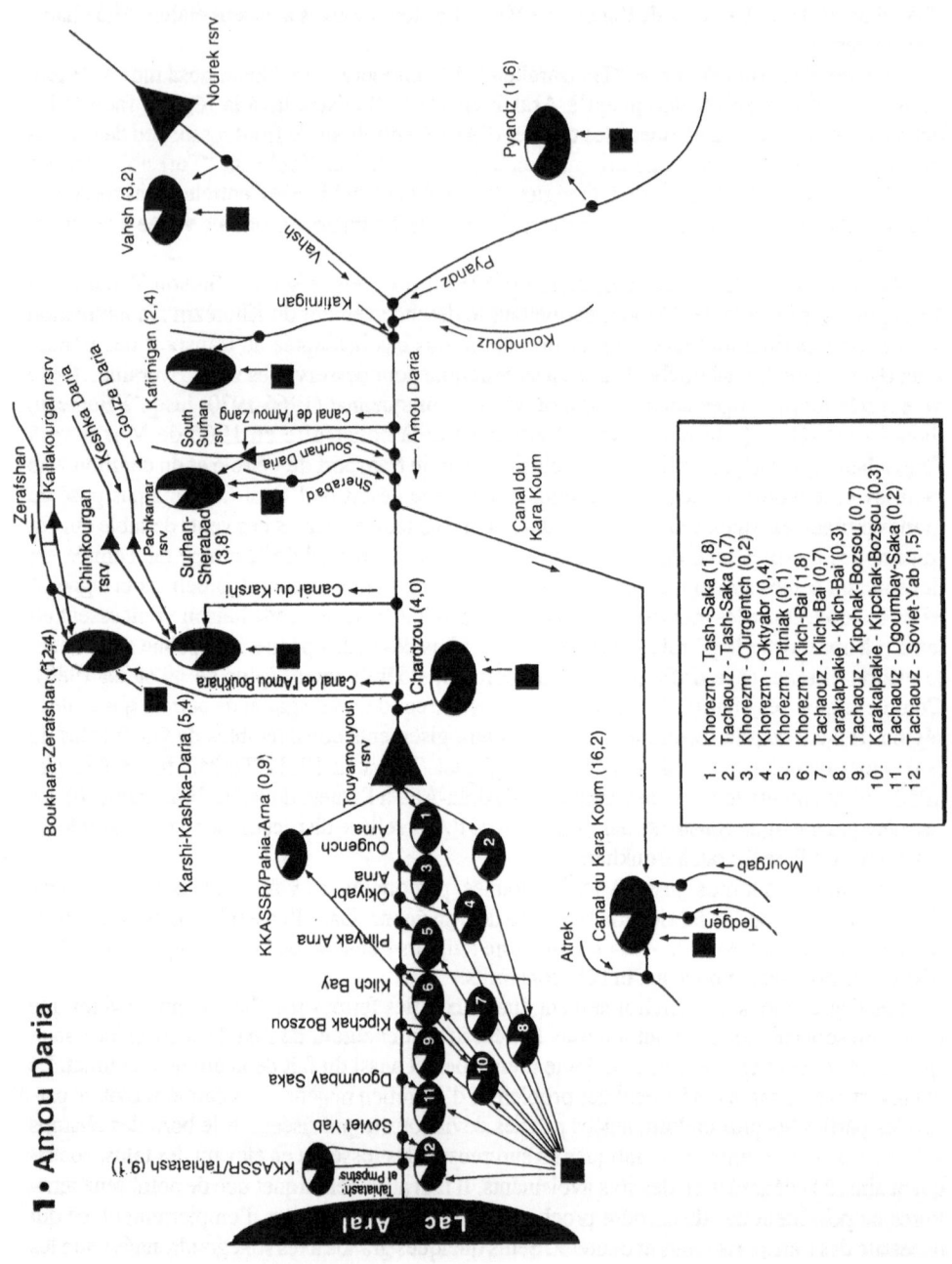

Fig. V. 13. Schéma du système général d'alimentation en eau de la Touranie (d'après Glazovsky et Mainguet, 1992)

2• Syr Daria

Légende :

Systèmes de distribution et demande totale en km³/an

Points de confluence ou de prise d'eau

Réservoirs

Affluents et cours d'eau locaux

Narin supérieur (1,9)
Toktogoul rsrv
Karasou Left
Karasou Right
Narin
Kassansay
Kassansay rsrv
Syr Daria
Fergana (17,3)
Kara Daria
Aravansay
Akboura
Andijan rsrv
Nayhan rsrv
Abshirsay
Kourvasay
Kerkidon rsrv
Islayrmsay
Shahimardan
Sokh
Isfara
Kattasay rsrv
Kattasay
Sanzar
Dijzak rsrv
Aksou
Kayrakkoum rsrv
Farhad rsrv
Syr Daria moyen (11,9)
Charik
Charik rsrv
Charik (10,3)
Bougoun rsrv
Ais
Artour (3,1)
Syr Daria inférieur (7,1)
Chardara rsrv
Lac Aral

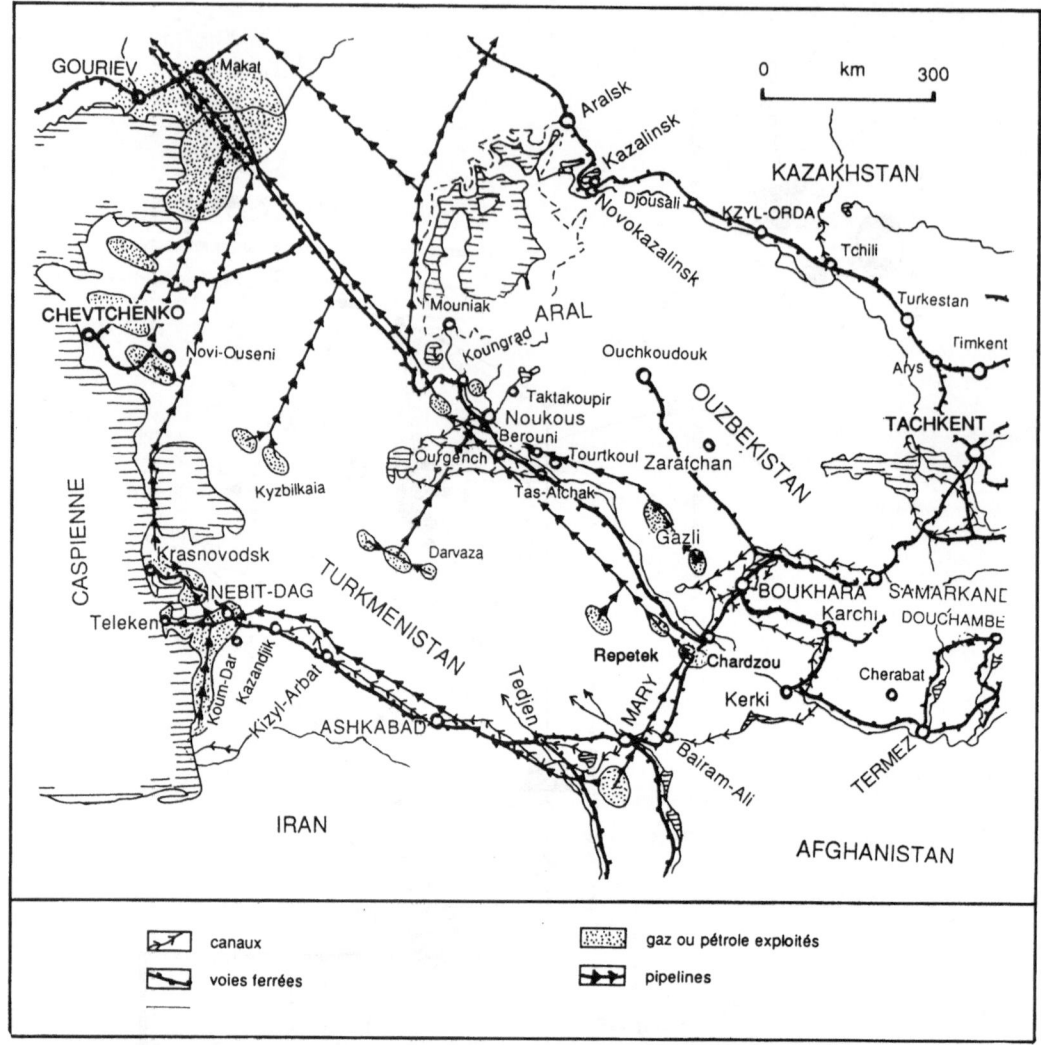

Fig. V. 14. Schéma des voies ferrées et des ressources en hydrocarbures de la Touranie (état de 1985) (sources : divers atlas)

blement. Le trafic régional est quasiment nul, sauf pour ce qui concerne les exploitations minières et pétrolières. Le trafic local, plus fourni, comporte quelques services d'autocars, eux aussi manquant d'entretien, et principalement consacrés au transport des ouvriers agricoles des villes-dortoirs aux champs et vice-versa [1].

Le trafic fluvial a toujours été secondaire. Toutefois il a représenté jadis la seule alternative au transport par caravane, et on allait de la vallée du Syr-Daria jusqu'au Khorezm par bateau à

---

[1] Sur les problèmes des réseaux routiers ruraux, on consultera avec profit Kerblay (1985), p. 289-308, et la bibliographie attenante.

Tableau V. 16. Proposition d'exploitation des roseaux

République	Surface exploitable (milliers d'ha)	Rendement (t/an)	Production possible (Mt/an)
Russie	2250	5-10	11-15
Ukraine + Moldavie	250	3-6	0,6-0,8
Kazakhstan	1600	8-12	16-18
Ouzbekistan	840	12-15	10-12
Tadjikistan + Ouzbekistan + Kirghizstan	100	12-15	1-1,5
Autres	175	6-12	0,6-1,6

la belle saison. Avant l'assèchement de l'Aral, il existait toujours des services de passagers entre Aralsk et le delta de l'Amou-Daria.

Pour des raisons évidentes de longueur des distances, l'URSS a toujours privilégié le train pour ses relations et, depuis une vingtaine d'années, l'avion pour le déplacement des personnes. Les tarifs en étaient très modestes et il n'était pas rare de voir les paysans, sur les aéroports locaux, s'embarquer avec leurs paniers pour des distances considérables, voire jusqu'à Moscou... On peut se demander si les bouleversements récents ne vont pas modifier considérablement les choses, d'autant plus que toutes les Républiques sont désormais indépendantes, et que les accords régionaux de coopération sont encore dans les dossiers...

L'équipement public de télécommunications est satisfaisant, du moins entre les grandes villes. Ailleurs, il laisse nettement à désirer.

5. Une industrie balbutiante, l'inconscience du problème des déchets

Les ressources hydrauliques potentielles sont essentiellement localisées dans les piedmonts (Tadjikistan et Kirghizistan). Elles sont déjà largement mises en valeur, et la construction de nouvelles tranches des centrales de Nourek (2 000 MW) sur le Vaksh, et de Rogoun (1 000 MW) n'a pas été interrompue. Les ressources en minerai de fer, qui dépassent 5,5 milliards de tonnes, se trouvent principalement au Tadjikistan et au Kazakhstan. Mais le bassin de l'Aral est surtout riche en ressources non ferrugineuses : 50 % des ressources en antimoine de l'ex-URSS sont au Tadjikistan, 2,5 % du mercure au Kirghizstan, au Tadjikistan et en Ouzbekistan. Le tiers de l'argent, de l'or et du strontium se trouve en Touranie, qui possède aussi une richesse appréciable en cuivre, plomb, étain, zinc, tungstène, molybdène, fluorite et lithium. La région aralo-caspienne est riche aussi en sulfate de soude et en sels de potasse. Malgré cette richesse potentielle, l'industrie est restée dans le bassin touranien une activité mineure. Cependant l'exploitation de tous ces minéraux est une source grave de pollution de l'environnement à cause de l'indifférence ou du manque de prise de conscience.

Avant 1920, les industries du Karakalpakstan étaient dérisoires : 20 manufactures artisanales de coton, un moulin, une petite raffinerie de pétrole, 2 manufactures de cuir. Plus tard, furent créées de petites industries alimentaires et de transformation de métaux. Bien que la production fût multipliée par 50 entre 1913 et 1940, elle restait marginale. A partir de 1952, l'ouverture du chemin de fer donna une grande impulsion à la région dans le domaine des travaux publics (creusement ou réfection de 2500 km de canaux et de routes), dans celui de l'extraction des hydrocarbures, et dans celui des petites industries de transformation, et des machines agricoles. En 1958, la première tranche de la centrale hydro-électrique de Takiatash (sur l'Amou-Daria) apporta une énergie plus facile à mettre en œuvre. De 1960 à 1980, ce type de développement s'est poursuivi (tranches 2 et 3 de la centrale électrique). Mais 70 % des investissements continuaient à être consacrés à l'agriculture, ce qui a créé un déséquilibre des emplois. Les investissements pendant la même époque ont été multipliés par 4, mais la production agricole correspondante n'a augmenté que de 45 %, et son revenu de... 6 % ! Quant à la productivité par travailleur, elle a diminué de 11 %.

Dans le delta du Syr-Daria, la situation était encore moins brillante : centrales thermiques à Kzyl-Orda, Novokazalinsk et Aralsk ([1]), une production industrielle surtout orientée vers le sel (sulfate de soude, sel gemme — 750 000 t exportés en 1988), les chaussures (2 500 000 paires exportées en 1988, mais... 2 millions importées !), le papier, le carton, etc. Les papeteries utilisaient essentiellement les roseaux des forêts de tougaï (tableau V. 16), presque complètement disparues aujourd'hui.

La production industrielle de la partie aralienne du Kazakhstan ne représentait en 1989 que 1 % de celle du pays tout entier ([2]). La Touranie dans son ensemble a pourtant un potentiel industriel élevé : textile, mais aussi mécanique (machines agricoles, matériel pétrolier, automobile, aviation), électrique et électronique. Les industries, même légères, sont concentrées dans les villes.

Outre cette industrie encore primaire et l'exploitation des matières premières minérales et biologiques, la gestion des déchets industriels est restée secondaire dans l'esprit des aménageurs. Et, circonstance aggravante, cette gestion est rendue plus difficile par la topographie plane, l'endoréisme du bassin, ses vastes dimensions et sa position au cœur d'un continent.

6. Des équipements collectifs médiocres et souvent inachevés

Quinze pour cent seulement des investissements ont été consacrés aux infrastructures sociales entre 1976 et 1988 (alors qu'ils étaient de 30 à 35 % dans les ex-démocraties populaires d'Europe Centrale). Pourtant, en dépit d'une population restée essentiellement rurale (72,1 %), l'urbanisation des deltas avait largement progressé avant la catastrophe : les villes de Noukous et de Tachaouz ont vu leur nombre d'habitants augmenter respectivement de 60 et 30 % entre 1979 et 1989 (Cole, 1990). Ceci résulte déjà de la dégradation du milieu rural.

Les systèmes d'adduction et d'épuration de l'eau sont très insuffisants et souvent en mauvais état. Une crise du logement existe. Non seulement le nombre, mais encore la dimension des habitations et leur qualité sont insuffisants, et les données statistiques sont bien en dessous de la moyenne de l'URSS. Une baisse de 10 % de la construction de logements s'est produite depuis 10 ans, alors que la population totale augmentait de 13 % (tableau V. 17). Au Kazakhstan, la surface moyenne habitable est de 14 m² par tête ; elle n'est que de 11 m² à Kzyl-Orda, et de 9 m² en Kirghizie. Vingt-cinq pour cent de la population sont en attente de logements. A Kazalinsk (8 000 habitants), seulement 12 % des logements ont le chauffage central, 44 % l'eau potable et 38 % sont raccordés à un égout. De grandes villes comme Tachaouz ou Tchardzou n'ont pas de système moderne d'épuration. Les rues ne sont pas goudronnées à Kazalinsk. Dans tout le district de Kzyl-Orda (environ 100 000 km²), il n'y avait en 1989 que 1050 km de routes nationales et 450 de routes secondaires, dont 73 % étaient en dur.

---

(1) Il n'y a pas de centrale nucléaire dans toute la Touranie : précaution du pouvoir de Moscou ? Cependant une base secrète de mise au point d'armes biologiques fut créée et fonctionne toujours dans l'île de Vozrozhendenia.

(2) Le centre d'essai spatial de Baïkonour, qui s'étend depuis la ville d'Aralsk jusqu'à Baïkonour, n'a rien rapporté à l'économie du Kazakhstan.

Tableau V. 17. Augmentation de la population (en milliers d'habitants)

Année	URSS	Ouzbek.	Kirg.	Tadj.	Turkm.	Aral-Kazak.
1931	162 143	4 750	1 115	1 187	1 160	700
1950	180 075	6 300	895	1 530	1 200	960
1960	214 330	8 560	1 075	2 080	1 600	1 250
1970	242 805	11 970	1 430	2 940	2 190	1 770
1980	265 540	15 960	1 815	3 950	2 860	2 130
1990	289 360	20 980	2 340	5 330	3 710	2 500

Tableau V. 18. Personnel médical et nombre de lits (pour 100 000 habitants)

	Médecins	Personnel soignant	Nombre de lits
Région de Kzyl-Orda	20,5	85,2	100
République Karakalpak	26,7	119,5	119,2 (1988)
Région de Tachaouz (réel)	22	92,7	93,5
(officiel)	43,8	117	131,5

Les établissements scolaires et les maisons de la culture sont en nombre suffisant, mais souffrent d'un manque d'équipements ; il n'y a pratiquement pas de matériel audiovisuel. La norme du nombre de jardins d'enfants en URSS étant de 100, elle est de 52 au Kazakhstan et de 35 à Kzyl-Orda.

D'une manière générale, tous les auteurs signalent le nombre élevé de travaux inachevés, en général par manque de coordination entre les organismes responsables. Mais cette faiblesse du système soviétique hypercentralisé n'est pas propre à la Touranie...

L'hygiène collective a fait l'objet de nombreux rapports, motivés par l'existence de nombreux problèmes de santé. Tous se plaignent de la carence des pouvoirs publics, tant pour la construction et l'équipement des hôpitaux (surface de 3,5 m² par lit au lieu de 9 à 11 m² selon la norme), que pour le nombre et la formation des personnels soignants. On verra plus loin que la dégradation de la santé autour de l'Aral n'est pas liée simplement aux conséquences de l'assèchement du lac. Les taux de morbidité et de mortalité en Touranie sont d'une manière générale moins bons que dans le reste de l'URSS (tableau VI. 19).

Au Karakalpakstan, il y avait 2 hôpitaux et 20 lits en 1913 ; en 1940, 37 hôpitaux, 1 600 lits, 117 médecins, 758 infirmières ; en 1960, 96 hôpitaux et 5300 lits. Les valeurs récentes sont données dans le tableau V. 18.

En définitive, la Touranie soviétique (en dépit d'un équipement technique développé) reste un pays sous-développé (tableau V. 19.), comme le confirment tous les indicateurs économiques. Les investissements considérables qui y ont été faits ont été surtout utilisés pour l'exportation (90 % des produits agricoles, 95 % des ressources minières). Les industries ont été établies dans le même but, sans que les flux de retour aient été suffisants. Les salaires étaient eux-mêmes plus bas que ceux de la Russie, la consommation était très inférieure à celle des autres pays de l'URSS (tableau V. 20). Glazovsky insiste sur une des solutions à la crise de la région : construire localement des industries de biens de consommation, ce qui permettrait aux populations de bénéficier sur place de nombreuses marchandises qui ne sont pas disponibles.

Tableau V. 19. Statistiques démographiques et économiques (sources diverses)

| | Population (en millions) | Démographie | | Taux d'emploi | Revenu en roubles (1988) par habitant/mois | | Prod. industrielle (roubles par habitant par an) | Production industrielle rapportée à l'URSS =100 | | Prod. électricité milliards de watts-heure (TWh) |
| | | Mortalité infantile | Population de moins de 20 ans | | Salarié | Kolkhozien | | | | |
	1990	1988 ‰	1987 %	1985 %				1970	1985	1989
URSS	289,3	25,4	32,8	47			3187	100	100	1076
Russie	145,6	19,3	29	51,3	164	143	3848			295
Ukraine	46	14,8	29	43,4	153	139	3085			
Kazakhstan	19,1	29,0	40,2	50	149	115	1684	65	65	90
Kirghizstan	2,3	38,2	47,7	37,4	105	87	1403	50	51	12
Ouzbekistan	21	46,2	51,1	32,3	175	139	1188	104	43	56
Tadjikistan	5,3	46,7	53	28,7			1106	41	36	16
Turkmenistan	3,7	58,2	51	27,8	106	87	1100	49	44	14

Tableau V. 20. Consommation annuelle en URSS par habitant (sans l'alcool ; valeurs de 1988 en roubles)

	Produits alimentaires	Industrie légère	Industrie lourde
URSS	473	324	751
Kazakhstan	309	195	310
Kirghizstan	269	241	405
Ouzbekistan	202	199	292
Tadjikistan	174	273	352
Turkmenistan	180	132	177

Chapitre VI
Le drame de l'Aral : sa complexité

L'exemple de l'Aral est significatif d'un plan d'aménagement qui aurait pu donner de bons résultats si, à chaque étape, la conception, la décision, la réalisation et le suivi des mécanismes de régulation avaient existé. En l'occurrence, un pouvoir politique sans opposition a utilisé les forces vives de son peuple pour réaliser une œuvre destinée, dans le principe, et en tous cas dans les proclamations, à améliorer le sort des populations. Il en existe d'autres exemples : la déforestation de l'Amazone, pour payer la dette extérieure du Brésil ; les projets du Shah d'Iran, avant la révolution islamique, qui projetait de mettre en place sur sa frontière ouest un rideau de puits de pétrole enflammés — sous contrôle — pour apporter la pluie... Projet réalisé, contre son gré, par Saddam Hussein, dans le cadre d'un autre projet dément qui a provoqué la ruine de son peuple. L'affaire de l'Aral peut, on le verra, être traitée et ramenée à des conséquences tolérables. Il y faudra beaucoup de détermination et beaucoup d'argent. Les conséquences de l'aménagement du bassin de l'Aral sont complexes.

La situation avant 1960

Nous nous en tiendrons aux conséquences locales. Depuis longtemps, le surpâturage nomade des steppes marginales des déserts a détérioré le tapis végétal. Le phénomène du surpâturage est malheureusement le fait de toutes les steppes du monde. Les premiers voyageurs ont signalé, au Sud-Est du Khorezm, des bois de saxaouls qui n'existaient déjà plus en 1875. C'est le besoin en bois de chauffe qui est la cause de la raréfaction de ces arbres. Plus tard, les pistes de camion ont contribué à détruire le sol. Après la conquête, et surtout après 1918 et le fameux décret de Lénine, les travaux de défrichage des deltas et leur mise en culture modifièrent un équilibre écologique séculaire. En 1927, pour augmenter le rendement de la pêche, on ensemença le lac avec 18 espèces exogènes, dont 15 survécurent : le saumon, le mulet de la Caspienne, le hareng de la Baltique, le sandre, l'esturgeon, le crabe de Chine..., qui contribuèrent à épuiser le plancton déjà pauvre, éliminèrent des espèces locales ou leur communiquèrent leurs parasites. Les pêcheries exploitaient surtout carpes, brêmes, et un poisson particulier nommé "vobla". Les statistiques officielles annonçaient 20 000 t annuelles en 1923, 40 000 t vers 1955. Les prises s'étaient stabilisées à 45 000 t en 1960 [1], avant la salinisation progressive de l'Aral. Des deux ports de pêche notables, Aralsk et Mouinak, le premier représentait environ 30 % des prises.

---

(1) Les 2/3 environ correspondaient aux pêches de Mouinak, le reste à Aralsk.

Tableau VI. 1. Hydrologie de l'Aral entre 1960 et 1990

Année	Débit des rivières (km³)	Niveau de l'Aral (m)	Surface (km²)	Volume (km³)	Minérali-sation (g/l)	Pêche (t)
1960	40	53,5	67 900	1 090	10	43 430
1965	31	52,5	63 900	1 030	10,5	31 040
1970	33	51,6	60 400	970	11,1	17 460
1975	11	49,4	57 200	840	13,7	2 940
1980	0,5	46,2	52 500	670	16,5	0
1985	0	42	44 200	470	23,5	0
1990	0	39	41 000	330	26,5	0

La situation après 1960 (tableau VI. 1)

Les prélèvements d'eau qui avaient augmenté régulièrement depuis 1880 environ restaient relativement limités (voir tableau VI. 3 et fig. V. 6). Ils n'ont pas influé de manière sensible sur le niveau de l'Aral jusqu'en 1965 : il y avait de trop grandes fluctuations annuelles dans les apports (crues), l'intensité évaporatoire (météorologie) et la surface du lac pour qu'on ait pu dégager une tendance continue à l'assèchement de l'Aral aux alentours de 1960. On a fait valoir aussi que les terrains saturés d'eau des deux grands deltas, alimentés au moment des crues et restituant l'eau de manière diffuse le long des rivages, constituaient une sorte de tampon hydraulique interannuel qui a disparu après l'assèchement des cours d'eau.

L'exondation provoqua d'abord l'assèchement des ports, principalement Aralsk, Mouinak et son satellite Oushsaï, les plus importants pour la pêche. En 1969, on creusa en vain un chenal pour raccorder Mouinak à la mer qui se retirait. La pêche (voir tableau IV. 14) se réduisit d'un maximum déclaré de 48 000 t/an en 1957 à zéro : la première chute brutale se produisit en 1972 ; la plupart des 18 espèces encore recensées avaient pratiquement disparu en 1975, et, en dehors des crabes et des crevettes, seules 4 espèces caspiennes survivent encore ; les poissons ont subsisté dans les lacs des deltas et les retenues. Dans toutes ces eaux, polluées par les pesticides, des pêcheurs — près de 30 000 personnes vivaient auparavant de la pêche — ont continué leur métier, jusque dans le Sary-Kamysh, loin dans le désert. Ils ne sont plus qu'une poignée. Les autres ont émigré. Les quelques villages de pêcheurs qui existaient sur les îles Kokaral, Ouyali et Vozrozhendenia (où était — aussi — installée une station biologique) sont aujourd'hui déserts.

Par ailleurs, l'abaissement du niveau de l'Aral, la canalisation des eaux vannes vers les lacs-égouts, hors de leur trajet usuel, ont contribué à abaisser le niveau de la nappe phréatique qui alimentait lacs et puits. Quinze lacs sur 25 ont disparu. Le niveau des puits (il y en avait plus de 100 000 dans le delta de l'Amou) a baissé de 10 m, et ils sont pollués. La surface fertile du delta est passée de 600 à quelques dizaines de kilomètres carrés. On capturait, en 1960, 650 000 rats musqués (introduits d'Amérique), quelques centaines en 1990. La végétation des marais s'est appauvrie, remplacée par celle de la steppe. La surface des massifs de tougaï a diminué de moitié. Celle des aires de pâturage a diminué de 80 % et le rendement en fourrage de 50 %. Là où l'on devait pratiquer un "flushing" tous les 4 ou 5 ans pour chasser les remontées de sel, il faut maintenant le faire au moins une fois par an (Tchernenko, 1981). De Noukous vers le Nord, on traverse désormais des territoires steppiques, poussiéreux, là où voici 100 ans les voyageurs se trouvaient dans des marais gorgés d'eau. L'usine de papier de Kzyl-Orda qui s'alimentait du tougaï et des roseaux a dû, depuis, importer du bois de Sibérie. Et la ville a perdu 40 000 habitants.

Planche 17
En haut : aspect du canal du Kara-Koum au Nord d'Ashkabad en septembre 1989 (vue au sol, cliché M. Mainguet)
En bas : eau de drainage et eutrophisation au Nord de Noukous, entre Noukous et Mouinak. Les végétaux les plus représentés sont des tamaris, colorés en rose car ils sont en fleurs, en septembre 1990 (vue aérienne oblique, cliché M. Mainguet)

Pl 17

Planche 18

En haut : culture de coton dans le delta de l'Amou-Daria près de Noukous. Récolte du coton en septembre 1990. La première récolte est faite à la main pour conserver la belle qualité des fibres, essentiellement par les femmes et les écoliers après l'utilisation de défoliant. La seconde cueillette est faite mécaniquement (cliché M. Mainguet)

En bas : deux Ouzbeks en costume traditionnel : les coiffes sont traditionnelles et les manteaux ouatés de coton et bordés de galons le sont aussi (cliché M. Mainguet 1990)

Pl 18

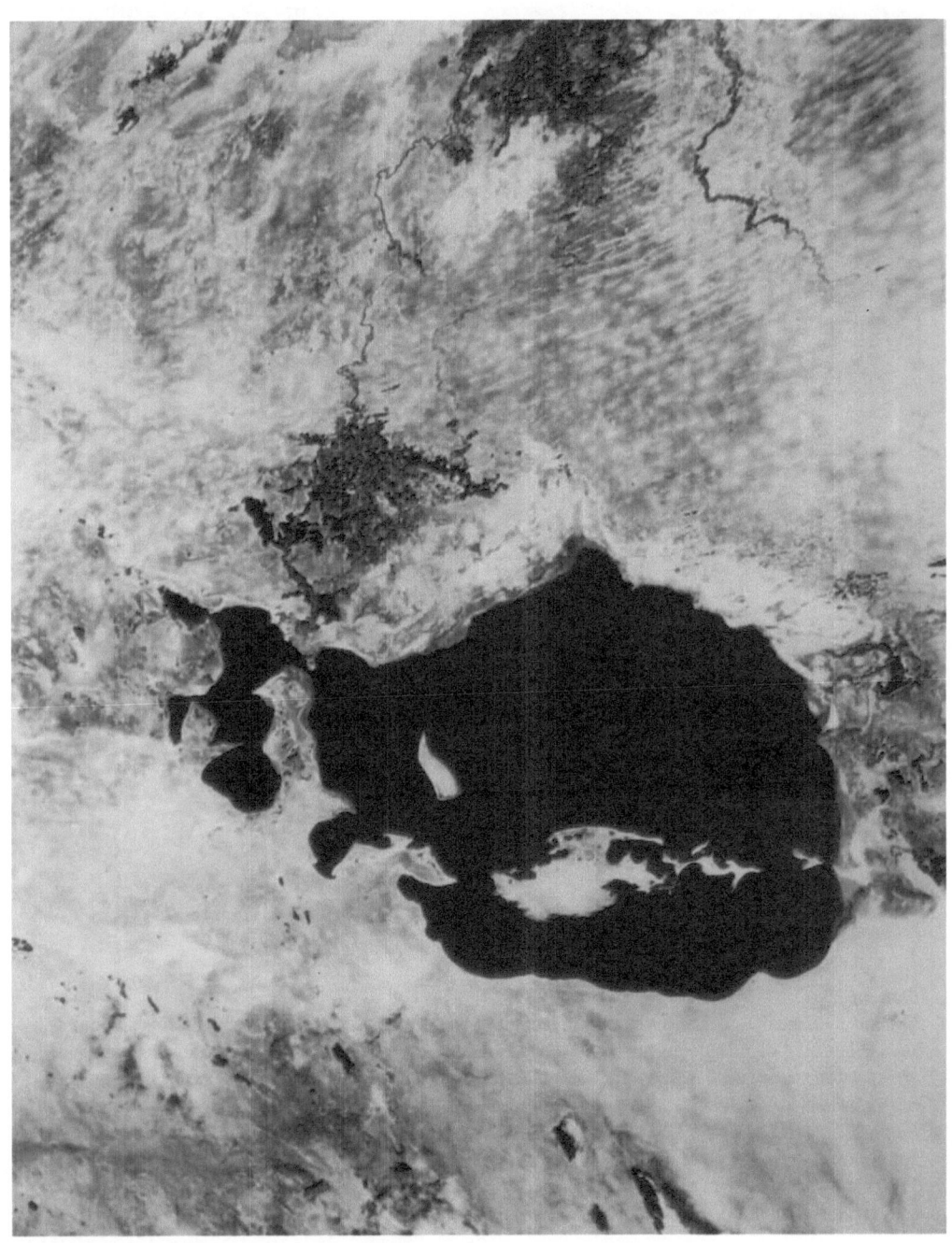

Planche 19 *(à l'italienne)*
Vue oblique Sud-Nord par satellite de l'Aral, cliché *Planeta,* Moscou (8/8/1989) ; la perspective déforme légèrement l'échelle

Pl 19

Planche 20

En haut : village d'Agouspe (rive nord de la Petite Mer). Le village est moderne. Autrefois au bord de l'Aral, il en est éloigné aujourd'hui de plusieurs kilomètres. Le sable au premier plan de la photographie provient non pas de l'Aral mais est un sable éolien moyennement nucléifié dont l'origine est l'Erg du Petit Barsouki au Nord-Est (cliché Sokolov)

En bas : agglomération de Tchimbaï, au Nord-Est de Noukous. Sur la photographie, le vieux village à maisons en terre battue et à toits plats, et à cours fermées. En 1874, cette agglomération avait déjà 1500 habitants, et était un gros marché. Elle est devenue une petite ville avec un centre d'étude pour le coton (cliché Mainguet)

Pl 20

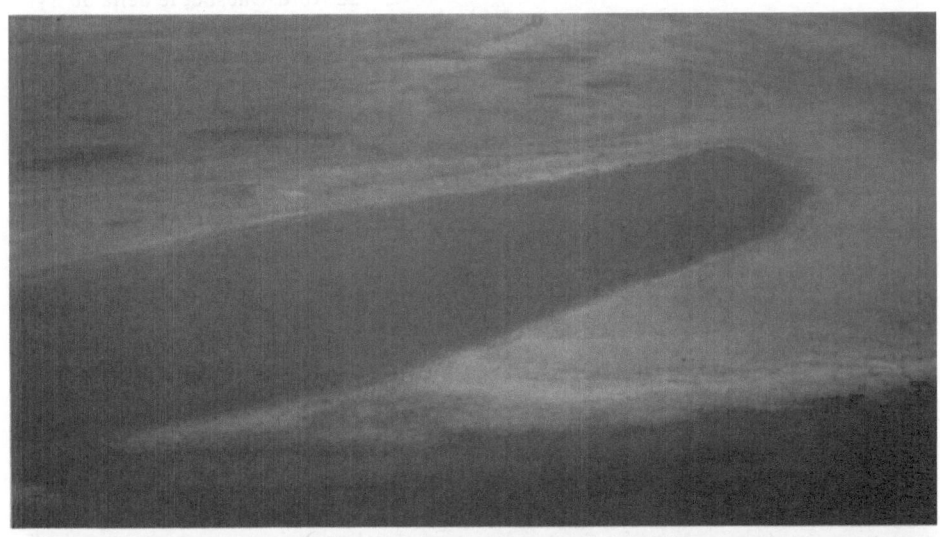

Planche 21
En haut : rivage nord de l'Aral, à l'Ouest d'Aralsk. Le phénomène d'exondation s'exprime par les laisses salines (gypse et thénardite) (cliché Mainguet)
En bas : un Takyr dans le Kara-Koum avec les polygones de dessication typiques de ce type de sol salé (cliché Lopoukhine)

Pl 21

Planche 22

En haut : agrandissement d'une image satellite du secteur entre l'île Kokaral au Nord-Ouest et le delta du Syr-Daria, visible au Sud-Est, remarquable par sa forte réflectance. Sur ce document exceptionnel, la fermeture du détroit entre l'île et le delta est indiquée par une flèche. Observer les laisses de retrait sur les rivages des deux lacs (Maloye More au Nord, Bolchoye More au Sud), répondant dans le rouge sur cette image en fausses couleurs

En bas : photographie aérienne de Novikova traitée par ordinateur. Etat des travaux (sept. 92) du barrage entrepris par la République du Kazakhstan sur la rivière artificielle Berg, dans le but de séparer la Grande et la petite "Mers" d'Aral afin de réalimenter cette dernière par les eaux du Syr-Daria et la ramener à ses conditions écologiques anciennes. Noter que cette photographie regardant vers le Nord correspond au secteur repéré par la flèche sur l'image satellite en haut. Dans le coin Nord-Est, on devine la terminaison de la "Petite mer"

Planche 23

En haut : d'après une gravure de 1840, un fort russe au Turkestan, construit de manière sommaire sur une levée de terre précédée par un fossé et limitée par une palissade de bois. Il n'est pas sans évoquer les fortins construits lors de la conquête du Far West par les pionniers américains

En bas : une noria archaïque *(chirik)* dans la région de Khiva. Les godets sont des jarres de terre cuite. Le chameau qui anime l'axe a les yeux masqués. D'après une photographie de Souslov (1946)

Pl 23

Planche 24

En haut : le mont Aktau ("Mont Blanc", altitude 550 m) dans le chaînon du même nom de la presqu'île de Manghislak. Formé de Crétacé Supérieur et de Paléogène, il domine une vallée sèche semée de galets, et se prolonge en pente très douce vers le Nord. D'après une photo dans Nalivkin (1964)

En bas : un bras asséché du Daoudan-Darya, branche occidentale de l'Amou-Daria vers l'Ouest. Autre aspect d'un cours d'eau sec, ici tapissé de sable remanié en buttes éoliennes fixées par des touffes végé-tales isolées. Le personnage et le véhicule donnent l'échelle du chenal. D'après une photographie de Kes (1991)

Pl 24

Tableau VI. 2. Bilan hydrique du lac pendant la période 1980-1983 (Tchernenko, 1986) ([1])

Entrées	km³	mm équiv.	Sorties évaporation	Abaissement du niveau (m)	
				Calculé	Réel
1980 : surface = 50 900 km²			Niveau moyen = 45,19 m		
Pluies	6,4	126	960	0,60	0,53
Amou-Daria	8,3	163			
Venues souterraines	3,6	71			
1981 : surface = 49 800 km²			Niveau moyen = 44,53 m		
Pluies	6,3	126	960	0,642	0,64
Amou-Daria	6,0	120			
Venues souterraines	3,6	72			
1982 : surface = 48 600 km²			Niveau moyen = 43,93 m		
Pluies	6,1	126	960	0,76	0,62
Amou-Daria	0,04	0			
Venues souterraines	3,6	74			
1983 : surface = 47 250 km²			Niveau moyen = 43,3 m		
Pluies	5,95	126	960	0,74	0,63
Amou-Daria	1,0	21,2			
Venues souterraines	3,6	76,2			

A Mouinak, la conserverie — construite pour 100 000 tonnes — était déjà alimentée en partie par du poisson venu à grands frais de la Baltique, en trains réfrigérés jusqu'à Koungrad, puis en camion. Pour lui garder un peu d'activité, on a aussi fait venir du poisson de … Vladivostok, et une partie des conserves servit à l'intendance de la marine de guerre soviétique du Pacifique : le poisson mort avait parcouru plus de 20 000 km. L'usine a fermé en 1990.

1. L'évolution contemporaine de l'Aral

L'eau de l'Aral : une salinité croissante

Avant les années 50, comme on l'a vu, 90 % de l'alimentation en eau de l'Aral provenait des deux cours d'eau, l'Amou et le Syr, dont le niveau oscillait chaque année entre l'été et l'hiver du fait des crues, et de l'évaporation d'été, variable selon l'année. Les dernières années avant le "grand détournement", le niveau moyen avait légèrement augmenté, à la suite d'une décennie de pluviosité plus élevée, ce qui avait compensé les prélèvements qui n'augmentaient que de manière relativement modeste (tableau VI. 2). Les eaux de drainage revenaient en partie aux

---

(1) Ces valeurs sont un exemple d'estimation. D'autres valeurs, parfois très différentes, existent dans la littérature.

Tableau VI. 3. Évaluation du bilan de l'Aral en l'absence de prélèvements

Période	Apport des cours d'eau (km³ par an)	Évaporation (km³ par an)	Bilan (km³ par an)	Volume de l'Aral (km³)	Niveau de l'Aral (m)
Avant 53				(1066)	
1953-61	55	53,5	+1,5	1080	53,5
1962-70	55	59,8	-4,8	1037	52,4
1971-80	46	56,4	-10,4	933	51,1
1981-86	46	47,9	-1,9	922	50,8

cours d'eau, donc au lac. La mise en service de grands barrages en amont contribuait aussi à régulariser les crues, donc la perte d'eau sans profit, en particulier dans les marais du delta, où elle s'évaporait ensuite. De plus, certains des affluents qui se perdaient dans le sable, à l'aval des oasis de Boukhara (le Zerafzan), Tachkent, etc., avaient été aménagés afin que les eaux résiduaires rejoignent les cours principaux.

Dans les années 50, les prélèvements globaux sont passés de 29 à 33 km³/an, et à 42 km³ en 1960, puis à 60 km³ en 1970, 75 km³ en 1980 et 80 km³ en 1987 (voir fig. V. 6). En fait, la plus grande partie du débit des deux cours d'eau était détournée avant d'atteindre les deltas (rappelons qu'il arrivait 67 km³ à l'Aral il y a un siècle, ce qui ne constituait déjà qu'une partie des débits additionnés de l'Amou et du Syr).

Le prélèvement le plus important est celui du canal du Kara-Koum, dont on a vu la mise en place progressive, et qui s'étend maintenant presque jusqu'à la Caspienne. La création de la grande retenue du lac Aydarkoul sur le Syr, près de Tachkent pour la valorisation de la Steppe de la Faim, a détourné, elle, la plus grande partie du débit du Syr-Daria.

Dès l'origine des grands travaux de la décennie 60, il était prévu que l'Aral subirait une baisse de niveau, qui fut calculée, et l'expérience a prouvé que les prédictions étaient correctes. Faut-il rappeler qu'il y a plus d'un siècle, beaucoup de gens avaient déjà prévu la catastrophe ? Reclus écrivait en 1881 : "Que l'on suppose le retour d'un pareil événement [le détournement de l'Amou vers la Caspienne] et l'Aral, privé annuellement de 50 milliards de mètres cubes d'eau fluviale, perdra dès la première année le vingtième de sa contenance. En dix ou douze ans, il n'aura plus que la moitié du volume actuel ; tous ses fonds plats, c'est-à-dire la partie de beaucoup la plus étendue de son bassin, seront desséchés ; en vingt-quatre ans, il ne restera plus d'eau que dans cinq cavités [...] ; les divers lacs de l'Ancien Aral seront réduits aux dimensions des autres "sors" ou "denghiz" de la steppe Kirghize". On y est, et pire encore, car Reclus n'imaginait pas que le Syr-Daria atteindrait lui aussi un débit nul.

A part quelques rares auteurs, nul ne se préoccupait guère, à l'époque de Reclus, des conséquences autres que géographiques. En fait, les projets de détournement avaient alors une finalité commerciale, la navigation, et beaucoup estimaient que le chemin de fer en construction et les projets de voie directe Russie-Turkestan (réalisés, on l'a vu, dès 1914) seraient à la fois bien plus économiques, plus rapides et plus souples que l'ancienne voie de l'Ouzboï réouverte. En 1908, Woieikoff disait déjà que l'extension de l'irrigation compenserait, en terme financier, plus que la disparition de l'Aral. Ce concept est resté le dogme (Mamedov, 1967) jusqu'au réveil des opinions, vers 1977 ([1]).

---

(1) Pourtant, en Occident, certains avaient prévu le drame (voir R.A. French, *Geogr. J.*, 1973, vol. 139, p. 522).

Le synchronisme presque exact du début de l'abaissement de l'Aral et de l'augmentation des prélèvements peut être discuté. On a calculé ce qu'aurait pu être l'évolution des apports à l'Aral, en dehors de toute intervention humaine (industrie, irrigation), en ne tenant compte que des apports fluviatiles ([1]) à la sortie des montagnes (qui ne sont pas synchrones) et des conditions climatiques sur la Touranie (variation des précipitations et de l'évaporation) ([2]). Il apparaît bien que le niveau de l'Aral serait monté naturellement jusqu'en 1961 et se serait ensuite abaissé de près de 3 m jusqu'en 1986. Au maximum relatif ainsi atteint, le lac Aral aurait envahi à nouveau l'ancienne baie d'Aiboughir au Sud-Ouest, et peut-être atteint le lac Sary-Kamysh, comme on l'a suggéré. L'extension de ce calcul, d'après les données météorologiques indiquées par Ordovskii en 1990, montre que le niveau serait remonté légèrement ces dernières années (tableau VI. 3).

Mais une autre cause de perturbation s'est ajoutée : les eaux de drainage, en particulier celles de la plaine de l'Amou, étaient en grande partie rejetées dans le cours d'eau. Or ces eaux-vannes contenaient une charge saline bien supérieure à celle de l'eau d'irrigation, de sorte que la salinité de l'Amou atteignait 1,5 g/l en 1960 (au lieu de 0,3 en 1910) ; cette eau se révélait peu propre à des irrigations ultérieures au fil de l'eau. C'est pourquoi une partie de l'eau ainsi polluée fut détournée vers des dépressions "égouts", telles l'ancien lac de Sary-Kamysh.

Quoi qu'il en soit, la salinité globale de l'Aral a augmenté légèrement avant le détournement massif de l'eau des rivières, mais considérablement après 1960 (figs. VI. 1, VI. 2), avec une modification de la composition chimique des eaux (voir tableau VI. 6). Une conséquence secondaire est la baisse de la température de congélation de l'eau qui, de -0,5°C en 1960, est passée à -1°C en 1980, -1,5°C en 1987 et -2°C en 1991.

La plupart de ces valeurs (tableau VI. 4 a, b) ont été tirées d'un article de Bortnik (1983) qui fit la simulation de l'évolution du lac jusqu'en l'an 2000. Jusqu'à ce jour, ses prévisions se sont révélées exactes.

En comparant le bilan chimique des apports fluviaux ([3]) au lac avant et après 1960 (tableaux VI. 4 b, VI. 5, VI. 6), on constate qu'ils ont diminué : en effet, dans ce bilan (débit en eaux concentration en sel), si le débit en eau a été réduit considérablement, la concentration en sel n'a guère augmenté en moyenne que de 1 à 3 g/l environ. L'apport d'eau des rivières à l'Aral, dont l'eau est beaucoup plus salée, contribue donc à dessaler momentanément le lac tout en augmentant le stock global de sel du lac. A long terme ainsi, puisque la masse d'eau diminue, la salinité ne peut qu'augmenter, sauf élimination du sel par infiltration ou déflation des solontchaks. Ces remarques sont fondamentales pour l'étude de l'évolution des milieux endoréiques où trop souvent taux de salinité est confondu avec stock de sel.

Depuis l'époque 1960, les teneurs en sels nutritifs ([4]) ont augmenté de 4 à 10 fois ; mais comme le débit des apports a considérablement diminué, le bilan total de ces sels s'est lui-même réduit (avec une conséquence sur le plancton). De même, l'apport total de matières en suspension a diminué de 4 Mt/an.

La perte en sels du lac au contact de l'eau salée (principalement le carbonate de calcium) est considérable et se manifeste aussi dans la teneur en calcium dissous. D'après les quelques don-

---

(1) Pour le Syr-Daria, l'apport moyen pendant cette période est de 37,7 km³, avec un maximum de 65 km³ en 1969 et un minimum de 25 km³ en 1974.
(2) Sur l'Aral, moyenne de l'évaporation 976 mm/an (1951-1987), mais 834 mm en 1982 et 1331 mm en 1979 ; moyenne des précipitations : 124 mm, minimum de 78 mm en 1975 et maximum de 200 mm en 1957.
(3) Apport annuel de sels par les cours d'eau (Glazovsky, 1990) : 1950-55 = 31, 56-60 = 33 ; 60-65 = 28,3 ; 65-70 = 28,6 millions de tonnes. Comparer avec le tableau VI. 4 b.
(4) Phosphore = 2,5 mg/l ; nitrate = 2-10 mg/l ; nitrite = 2-0 mg/l, ammoniaque = 50 à 80 mg/l.

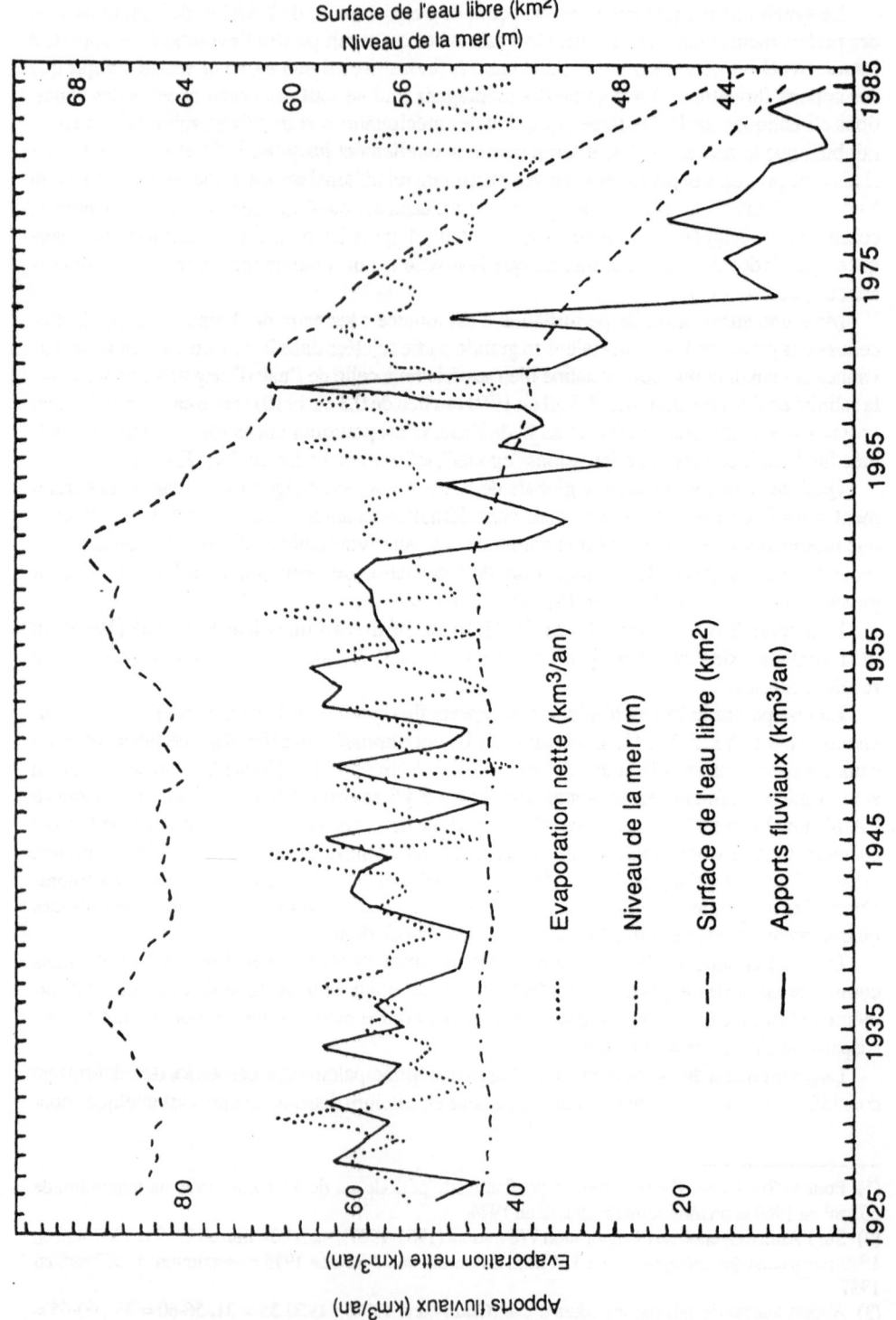

Fig. VI. 1. La baisse brutale de l'Aral (d'après Micklin, 1987)

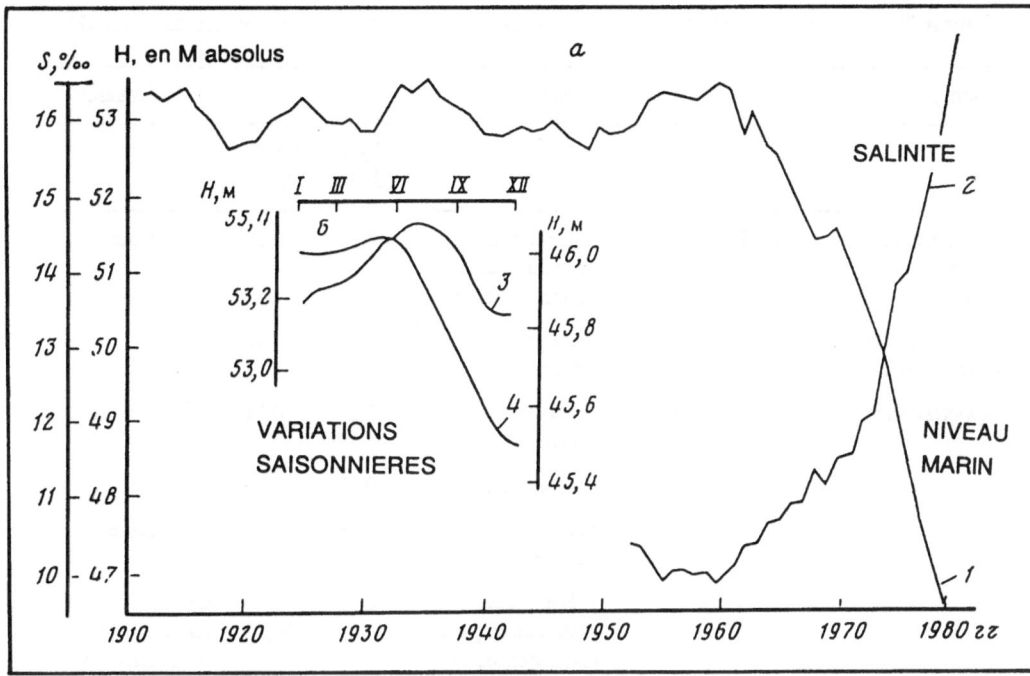

Fig. VI. 2. L'évolution du niveau *(1)* et de la salinité *(2)* de l'Aral (d'après Bortnik), avec en carton la variation saisonnière du niveau en 1955 *(3,* échelle de gauche) et en 1980 *(4,* échelle de droite)

nées disponibles, l'Aral paraît aujourd'hui très sous-saturé en carbonate de calcium, ce qui gêne considérablement le développement des animaux à coquille calcaire. Le magnésium a beaucoup augmenté, mais il ne forme pas de sels aisément précipitables et est mal supporté par beaucoup d'espèces. Par contre, l'évaporation dans les mares résiduelles liées au recul du lac provoque la précipitation de la totalité du carbonate de calcium restant en solution, de gypse et, accessoirement, de sel gemme. Les sels de magnésium et de potassium restent plus longtemps en solution et tendent donc à se concentrer dans les eaux résiduelles. On notera que les départs directs de sel à partir de la surface de l'eau libre sont restés à peu près constants. Et la masse totale en sel dissous est peut-être restée à peu près constante jusqu'en 1985, diminuant depuis à la suite de précipitation du gypse et d'autres sels (tableau VI. 4 b). Mais toutes les évaluations restent approximatives et diffèrent selon les auteurs. Déjà en 1983, l'Aral était devenu dans certaines de ses baies un marais salant, différent de ceux que nous connaissons sur les bords des mers ouvertes, dont la composition chimique est très différente de celle des eaux continentales.

Les cartes de la figure VI. 3 illustrent la diminution de surface de l'Aral, qui a tant frappé le public, et le tableau VI. 7 fournit d'autres informations. S'il n'y a pas de modification de la situation actuelle, l'évolution future est prévisible. Le niveau continuera de s'abaisser régulièrement mais l'Aral ne s'asséchera pas totalement. D'une part, la surface évaporatoire diminue, et la quantité d'eau évaporée diminuera globalement. D'autre part, les 100 mm de précipitations annuelles alimenteront encore un peu le bassin. Enfin, à conditions identiques, plus l'eau est concentrée, moins sa vitesse d'évaporation est grande [1]. Le lac résiduel précipitera de plus

---

[1] Avec l'augmentation de la salinité, l'intensité évaporatoire n'a encore diminué que de 4 % en 1985 et de 7 % en 1989.

Tableau VI. 4 a. Bilan chimique du lac Aral (millions de tonnes par an) (sources diverses dont Bortnik)

Entrées			Sorties			Commentaires
	1911-1960	1961-1980		1911-1960	1961-1980	
Ions apportés par les cours d'eau	23,79	19,57	Sels précipités au contact eau douce/eau salée	10,94	5,29	Carbonates
Apports par les eaux souterraines	1,40	1,40	Perte par infiltration	1,50	0,43	
Apports éoliens	0,41	0,40	Emport par les embruns	0,11	0,11	
			Evaporation	0,17	0,15	
			Sédimentation dans les baies	12,88	5,73	Carbonates
			Précipitation chimique en pleine eau par excès de concentration	0	3,36-14,92	Gypse (cette valeur paraît excessive)
			Balance des sels dissous	0	6,30	
	25,5	21,3		25,63	?	

Tableau VI. 4 b. Bilan chimique général des cours d'eau (en millions de tonnes par an)

	Vers 1950	1990
Apports anthropiques	13	13
Apports du bassin d'alimentation (montagne)	41	36
Apports des eaux de drainage en retour	0	67
Total	54	116
Rejets à l'Aral	29	8-20
Rejets aux lacs Sary-Kamysh et Aydarkoul	0	32
Rejets dans les déserts et petits lacs	25	64-76
Total	54	104-128

en plus de gypse sur le fond et, sur les bords, du sel gemme (comme aujourd'hui) et divers sels de Mg, K, sulfates et/ou carbonates, caractéristiques de tous les fonds salés désertiques. Bortnik prévoyait que l'eau résiduelle devrait atteindre en l'an 2000 une salinité de 42 ‰ (celle de certains golfes marins, à Bahrein ou Akaba, mais dans d'autres conditions, l'eau y étant renouvelée). Le niveau passerait de +53 m à 39/36 m, et le Nord de l'Aral serait individualisé en un lac

Tableau. VI. 5. Tonnage en sel de l'Aral (Glazovsky, 1990) (en milliards de tonnes)

Année	Sel	Année	Sel
1961	10,74	1975	11,17
2	10,81	6	10,87
3	10,76	7	10,66
4	10,94	8	10,69
5	10,89	9	10,86
6	10,81		
7	10,54	1980	10,89
8	10,90	1	10,96
9	10,57	2	11,06
		3	11,03
1970	11,09	4	10,86
1	10,57	5	10,08
2	10,75	6	9,07
3	10,68		
4	10,68	1990	8,7 ?

N.B. : Ces bilans sont fondés sur des valeurs légèrement différentes de celles du tableau II. 10

Tableau VI. 6. Balance ionique moyenne des sels de l'Aral

	Cl$^-$	SO$_4{}^{2-}$	HCO$_3{}^-$ + CO$_3{}^{2-}$	Σ anions
1951-1954	29,09	19,62	1,29	50
1977-1980	29,55	19,97	0,52	50,04

	Na$^+$	K$^+$	Ca^{2+}	Mg^{2+}	Σ cations
1951-1954	28,79	0,9	7,57	12,77	50
1977-1980	26,38	0,82	6,02	16,74	49,96

(1) Blinov (1956)

séparé, la "Petite Mer". Les apports d'eau fluviale ayant encore été restreints depuis 1980, la baisse de niveau de l'Aral a été plus rapide que le modèle ne le prévoyait, et la Petite Mer était déjà isolée de l'Aral dès 1988 ([1]).

La détérioration qualitative de la faune et de la flore du lac Aral

On connaissait fort mal les mécanismes du cycle écologique de l'Aral et ses paramètres essentiels. La chaîne alimentaire part du plancton végétal qui, lui-même, dépend de l'insolation, de la richesse de l'eau en phosphore et en azote. Elle se poursuit par le plancton animal qui s'en nourrit, puis par les animaux mobiles (necton) dont le poisson. Parallèlement, se développe au fond le benthos, végétal et animal.

Aladin et ses collègues ont étudié en détail la faune lacustre. Rappelons qu'elle a subi deux grandes causes de modification : l'introduction d'espèces nouvelles, bien avant 1960, qui a

(1) Signalons aussi que l'augmentation de salinité a provoqué l'échauffement de l'eau de l'Aral (+1° ?) et aussi un retard dans sa prise par les glaces, déjà signalé (Bortnik).

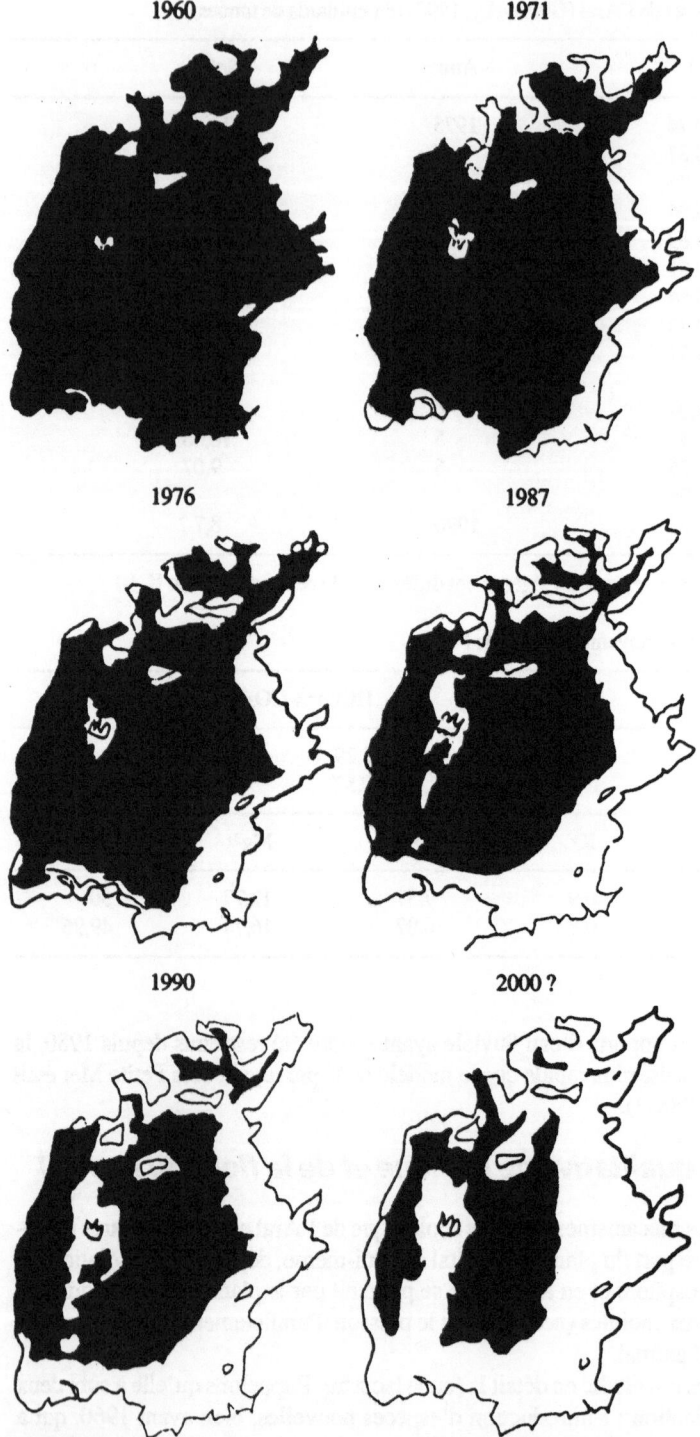

Fig. VI. 3. Evolution de la surface de l'Aral de 1960 à 2000 (prévision)

Tableau VI. 7. L'état de l'Aral de 1950 à 2000 (d'après Micklin, 1988 ; Glazovsky, 1992)

Année	Niveau	Surface (km²)	Volume (km³)	Salinité (g/l)
1960	53,41	68 000	1 090	10
1971	51,05	60 200	925	11,2
1976	48,28	55 700	763	14
1987	40,50	41 000	404	26,8
1988	39,80	39 400	365	28,3
1989	38,60	36 900	330	30,1
1990	37,80	34 800	304	33,3
1991	37,00	34 000 *	–	34,0 *
1992	36,70	33 600 *	–	34,4 *
(2000)	33,00	23 400	162	42

* valeurs extrapolées à partir du niveau du lac en 1990

bouleversé l'écologie du lac, et l'augmentation de la salinité, liée par ailleurs à l'arrivée en masse des éléments nutritifs provenant des engrais (azote, phosphore).

Des dix-huit espèces de poisson introduites en 1927, quinze ont survécu, comme cela a été dit, mais sont secondaires dans la biomasse. L'esturgeon fut introduit de 1927 à 1934, puis entre 1948 et 1963 ; dès 1957 la pêche en fut entreprise ; de 1954 à 1956, deux espèces de mulets importées ne survécurent pas, mais divers poissons blancs introduits en 1960-61 purent être pêchés en 1963. Trois espèces de chabots se sont acclimatées.

On tenta aussi l'implantation de cinq espèces de gobies, dont une seule survécut. Le hareng de la Baltique, qui s'adapte bien dans les eaux peu salées, a survécu, mais ne s'est jamais imposé. Enfin, entre 1979 et 1982, fut introduit le flet, qui s'est bien développé. Les expériences, arrêtées, furent reprises en 1989 et il semble qu'il puisse être possible de pêcher ce poisson. Une raie mutante, également introduite, subsiste. Du côté des invertébrés, l'introduction de deux espèces de crevettes en 1954-56 réussit, alors que celle de la moule, vers 1960, échoua.

Avec les poissons, divers autres animaux furent introduits involontairement : des parasites de l'esturgeon gagnèrent d'autres poissons ; des crabes s'installèrent sur le fond et sur les rives.

Une partie de la biomasse benthique se modifia considérablement du fait de l'introduction des nouveaux poissons : les brouteurs d'algues et les carnivores qui détruisirent les vers chironomes et autres larves d'insectes. Dans un système écologique aussi fragile, on assista à de multiples crises de populations avant même la crise de salinité. La moule d'eau douce *Dreissenia* avait partiellement disparu en 1971 (totalement en 1975 quand la salinité atteignit 12 %) et *Adaena* était devenue très rare.

Aladin et d'autres ont également étudié les modifications consécutives à l'exondation. Rappelons que si la quantité d'eau a considérablement diminué entre 1960 et 1985, la teneur en azote et en phosphore a augmenté, de sorte que la concentration de ces éléments dans le lac résiduel n'a pas beaucoup changé. Ainsi, un système pauvre et largement dessalé est devenu un système beaucoup plus proche de l'eau de mer "normale" (quoique de composition chimique différente) mais beaucoup plus riche en éléments nutritifs, de sorte que la biomasse végétale, et donc la biomasse animale (au moins planctonique) qui s'en nourrit, n'a guère changé en masse totale mais en variété. Le tableau VI. 8 montre que celle-ci s'est beaucoup dégradée.

L'assèchement et l'augmentation de la salinité ont des conséquences complexes : beaucoup de secteurs de frai dans la partie sud-est de l'Aral se sont asséchés et, dès 1966, de nouvelles

Tableau VI. 8. Évolution de la biomasse animale dans le lac Aral (Aladin, 1990)

Zooplancton (mg/m³)

Groupe	1954	1975	1976	1977	1978	1981	1982	1984	1985	1989	1990
Annélides	-	<0,1	9,2	15,1	29,3	27,5	56,8	-	-	4	2
Cladocères	17	1,9	3,5	3,5	6,2	4,2	2,1	5,4	3,9	<1	1
"Arc shells" *	103	-	-	-	-	-	-	-	-	-	-
Calanipeda	-	17,4	25,1	10,9	31,9	45,3	103,8	134,7	212,6	511	339
Cyclops	18	<0,1	0,1	0,1	0,1	-	-	-	-	-	-
Larves de mollusques	18	10,6	17,5	7,0	29,0	45,8	52,2	115,5	34,4	68	51
Autres	-	<0,1	0,5	0,3	0,3	0,6	0,4	0,3	-	-	-
Total	**146**	**29,9**	**55,9**	**36,9**	**96,8**	**123,4**	**218,3**	**194,9**	**250,9**	**583**	**393**

Zoobenthos (mg/m³)

Groupe	1954	1975	1976	1977	1978	1981	1982	1984	1985	1989	1990
"Clam worm" *	-	17,3	15,5	17,8	17,7	11,6	7,89	-	3,36	10,51	7,59
Crustacés	0,2	-	-	-	-	-	-	-	-	-	-
larves d'insectes	8,9	-	<0,1	-	<0,1	-	-	-	-	-	-
"Arc shells" *	8,4	3,5	3,5	4,8	3,6	0,79	0,67	-	-	-	-
Gipanis	8,2	1,0	0,3	0,2	0,1	0,26	0,03	-	0,28	-	-
Cerastoderma	0,1	21,5	23,1	27,5	51,6	42,47	135,1	-	89,8	83,2	134,3
Abra	-	62,0	74,4	95,8	118,2	121,96	167,6	-	109	169,0	218,9
Hydrobie de la Caspienne	0,1	0,4	2,3	3,9	4,4	6,39	7,17	-	0,15	11,6	11,72
Alveolus	0,1	0,1	0,4	0,5	0,4	0,99	2,57	-	0,49	-	-
Total	**25,8**	**105,8**	**119,5**	**150,5**	**196,0**	**184,27**	**321,5**		**197,2**	**274,3**	**372,5**

* noms traduits du russe en anglais ; nous n'avons pas trouvé l'équivalent français...

espèces introduites ont dominé les espèces endémiques ; plus voraces, elles ont fait régresser considérablement les espèces benthiques et planctoniques traditionnelles, qui ont été remplacées par d'autres (importées volontairement ou accidentellement lors de l'introduction des poissons nouveaux).

Beaucoup de poissons subsistants sont devenus stériles ou présentent des aberrations morphologiques. En 1990, brème, brochet, chevesne avaient disparu. Ce n'est que dans les aires proches des estuaires résiduels que des espèces endémiques subsistèrent quelque temps, en particulier celles qui passent une partie de leur vie dans le bas cours de l'Amou-Daria. Elles ont diminué d'un facteur 6 entre 1959 et 1979, à la suite de la mise en eau du barrage de Takiatash (à l'amont de Khiva) en 1974. En 1972, dans le zooplancton ne subsistait guère qu'une crevette (*Calanipeda aquaedulcis*) introduite en 1965-70.

Quatre-vingt-dix pour cent de la biomasse ichtyologique avait disparu en 1990. Paradoxalement, la biomasse totale a beaucoup augmenté de 1969 à 1981 ([1]).

Quand la salinité atteignit 14 ‰, la biomasse zoophytoplanctonique diminua à nouveau beaucoup (d'un facteur 3,5) et fut représentée surtout par des Diatomées, puis par des Cyanophycées. La biomasse microbienne diminua de 60 % dans la Grande Mer et de 75 % dans la Petite Mer. La transparence de l'eau augmenta, mais sa teneur en oxygène dissous descendit en dessous de la saturation (55-76 %) en raison de la raréfaction des espèces photosynthétiques. L'augmentation des nutriments a fait remonter l'abondance du microplancton (beaucoup plus dans la Petite Mer que dans la Grande), et aussi la teneur en oxygène, mais les espèces sont en nombre très réduit. Les Diatomées prédominent largement. La pauvreté en nombre d'espèces et la multiplication des individus sont toujours les indices de la dégradation d'un écosystème.

La biomasse actuelle (1991) représente incontestablement un état transitoire. Comme la salinité va augmenter encore, on peut se demander ce que sera le biotope lorsque la salinité atteindra 45 g/l, ou plus : la disparition quasi totale des espèces euryhalines actuelles a été annoncée par les zoologistes.

On peut remarquer que certaines de celles-ci ont pu ne pas survivre, même si la salinité totale leur convient, du fait d'une composition chimique différente de celle des mers océaniques. Dans le programme de repeuplement de l'Aral en poisson, il faudra tenir compte de cette observation.

Les nouveaux sols sur l'ancien fond de l'Aral

L'évolution des terrains récemment exondés (figs. VI. 4, VI. 5), qui représentaient déjà 2,8 millions d'hectares en 1990 a été étudiée. Comme le laissaient présager les cartes sédimentologiques de l'Aral, ces fonds ont une lithologie variée. La bande de terre autour du cap Ouzynkair et des hauteurs de Tokmak-Ata est sableuse. Le fond des anciennes baies d'Adzhibai, de Mouinak et de Sarbas, dans la partie sud et sud-est de l'Aral, est formé d'alternances d'argiles, de limons et de sable limoneux. Les prodeltas (Inzhenerouzyak, Ourdabay) sont une mosaïque de sédiments marins et fluviaux entrecroisés, avec une tendance argilo-sableuse. Zhollybekov (1988) a noté l'évolution des terres émergées depuis 1960. La première année, il se forma entre l'ancien rivage et les îles un large estran légèrement concave, recouvert par place de coquilles mortes, qui évolua rapidement en une plaine saline de quelque 600 km² où la déflation est intense, emportant une tranche de sédiment de près d'un mètre d'épaisseur.

Au-delà des nouvelles plages qui ne montrent que des tapis de Cyanophycées et quelques halophytes annuelles, et selon la nature du fond, la première formation est celle de solontchaks

---

(1) Aladin donne une augmentation de 22 à 123 mg/m³ entre 1969 et 1981 et, pour 1989, des valeurs pour la biomasse de 533 mg/m³ pour la Petite Mer et 78 pour la Grande Mer.

Fig. VI. 4. Nature des sols exondés en 1973-75 (cote 53 à 49 m). *1* Sable fin à moyen, non salé ; *2* croûte salée hétérogène peu adhérente ; *3* dépôt de sel hétérogène et inégal entre le lac et le niveau des sources ; *4* solontchaks dans les golfes et lagunes, avec dépôts éoliens notables

marécageux, en général dans les dépressions entre les anciennes îles basses. L'eau de la nappe phréatique se trouve entre 0,3 et 2,5 m de profondeur, avec une salinité de 17 à 21 g/l (1977), et la même composition que l'eau de l'Aral. Ces sols ont hérité d'une teneur élevée en carbonate (7 %) et pauvre en matière organique (0,3-0,6 %). Le pH est de 8 à 8,6. L'évaporation fait remonter en surface et précipite d'abord du carbonate de calcium qui forme des croûtes parfois mamelonnées et des efflorescences en choux-fleurs pouvant atteindre 50 cm de diamètre, puis un mélange chlorure-sulfate de sodium avec un peu de magnésium. Ces derniers forment essentiellement de la mirabilite, de la thenardite (Na_2SO_4) par déshydratation, et parfois de la glauberite ($CaSO_4$, Na_2SO_4), voire de l'epsomite ($MgSO_4$, 7 H_2O). Tous ces sels sont rapidement vannés par le vent (solontchaks soufflés) [1].

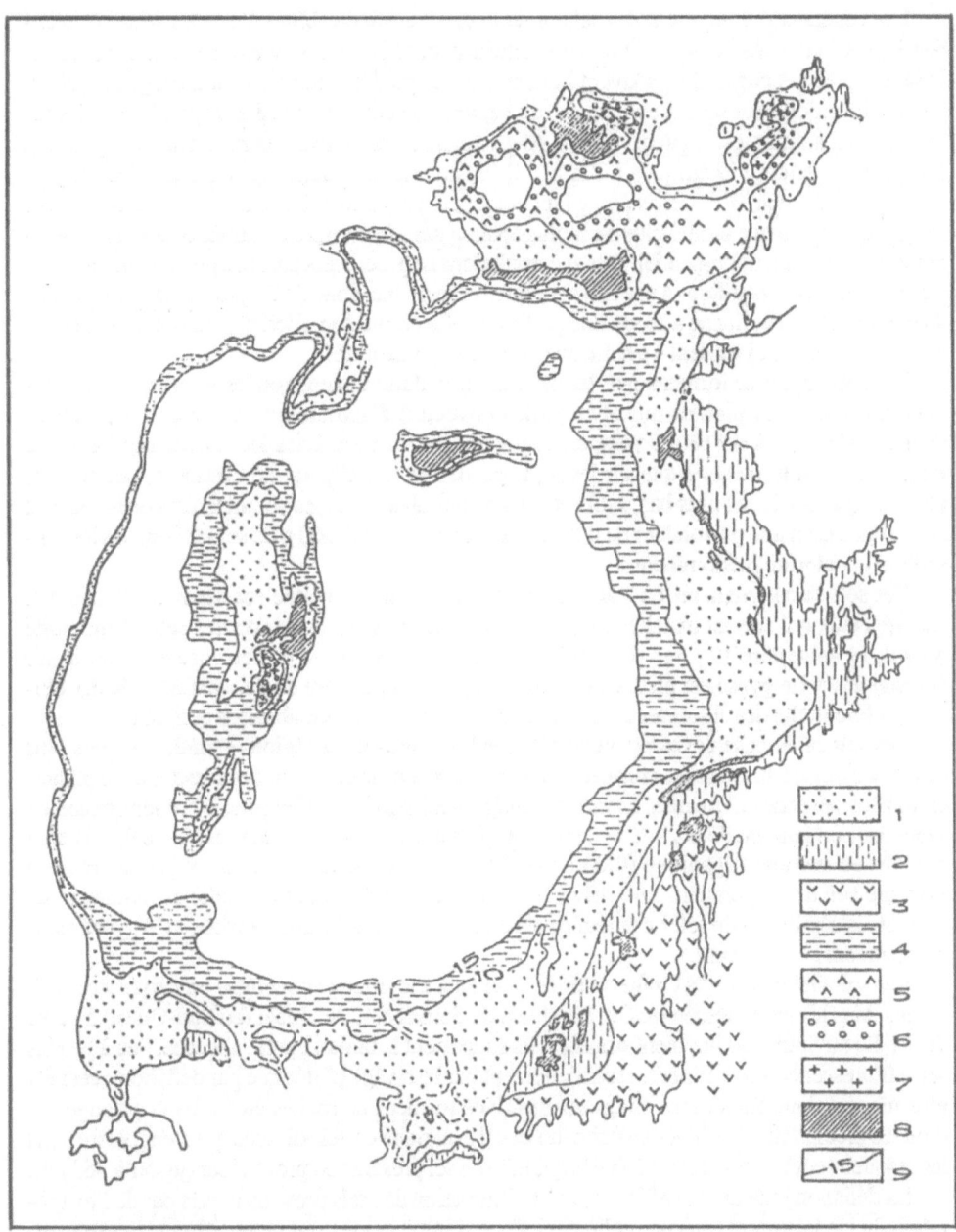

Fig. VI. 5. Nature des terrains exondés en 1984 et prospective pour 2000 (Roubanov et Bogdanov, 1987). Aires asséchées : *1* gypse ; *2* carbonates ; *3* terrigène. En 2000 : *4* terrigène de la Grande Mer ; *5* gypse de la Petite Mer ; *6* aire de sulfates de sodium autour des salines à gypse ; *7* sel gemme et astrakhanite ; *8* anciennes îles ; *9* évolution du rivage (NB : prévisions dépassées en 1991)

---

(1) Certains experts, qui avaient tout prévu avant la mise en œuvre de l'assèchement de l'Aral, estimaient que la croûte carbonatée ainsi formée empêcherait l'apparition en surface des autres sels et interdirait ainsi leur déflation. Tragique méprise.

Les végétaux présents sont des salicornes et des *Suaeda* (seablite). Dans les secteurs exondés depuis 2 ou 3 ans, se trouvent les solontchaks côtiers. Ils sont saturés en eau quand la capillarité s'y prête, et constituent souvent l'extension interne des solontchaks marécageux, qui ont une composition chimique identique. L'eau souterraine contient de 18 à 20 g/l de sels dissous quand le substratum est argileux, et 30 à 40 g/l quand il est sableux, en raison de l'évaporation (proportions encore identiques à l'Aral). Il existe une abondante végétation d'halophytes annuels, de *Suaeda*, d'arroches *(Atriplex)* et un peu moins de salicornes. Le sel, remonté par capillarité, forme une croûte plus ou moins épaisse dans le premier centimètre, dont sulfates et chlorures constituent l'essentiel. Des accumulations se produisent aussi en profondeur, au-dessus du niveau de l'aquifère. Avec la baisse du niveau du lac, donc de l'aquifère (au bout de 3 ou 4 ans), l'abrasion éolienne a érodé une partie de cette croûte superficielle, surtout sur les sols à texture grossière qui tendent à perdre une partie de leur salinité.

Les sols côtiers se forment dans les secteurs de déflation intense où les solontchaks ne peuvent subsister. Les plantes mésohalophiles (arroche) disparaissent. La quantité d'humus devient inférieure à 0,2 %. Le vent, en emportant le sédiment, brise les canaux capillaires de remontée des sels, de sorte que sur les sommets des monticules, la salinisation se fait peu, les pluies entraînant le sel plus bas, sable et sel s'accumulant dans les solontchaks voisins. L'eau souterraine est à une profondeur de 0,8 à 2 m et contient de 50 à 60 g de sel par litre, où les ions sodium et chlorure prédominent.

Ces sols se couvrent, en 4 à 7 ans, de sable éolien, qui atteint une épaisseur de 30 à 50 cm. Les végétaux qui se sont installés sont l'arroche, éparse ou en touffes denses selon l'humidité du sol, la salsepareille, des touffes épisodiques de *Nitraria* et des roseaux rabougris *(Phragmites)*. Le gypse est prédominant dans la partie supérieure du sol, du fait de la dissolution préférentielle des chlorures et du sulfate de sodium ou de leur abrasion éolienne.

Les sols sableux se développent ensuite (on les voit dans les régions exondées depuis plus de dix ans), et les dunes basses formées au stade précédent se couvrent de buissons et de plantes en touffes pérennes *(Nitraria, Tamarix, Calligonum, saxaoul)*. Ces sols, à prédominance de sable fin, contiennent de 4 à 9 % de carbonate, ont une réaction alcaline (pH 7,4 à 9,5) et sont pauvres en matière organique (0,03 à 0,2 %). Le pompage de l'eau du sol par les racines entraîne son dessèchement, favorisant la déflation (entraînement des sels) et réduisant les remontées capillaires de sel. La teneur en sel de ces sols est donc très variable, et le gypse est le plus souvent prédominant.

Les solontchaks dits "à croûte soufflée", sur substrat silteux et évoluant en takyrs, sont fréquents dans les baies desséchées de Mouinak, de Sarbas et d'Adzhibai (au Sud-Ouest) à partir de dépôts fluviomarins finement stratifiés. Ils supportent le tamarix et la salicorne. Peu à peu les sels efflorescents sont éliminés, essentiellement par lessivage plutôt que par déflation ; ceci est plus marqué dans les régions éloignées des rives formées de roches crétacées et paléogènes, d'où les précipitations d'hiver amènent un peu d'eau riche en sels dissous qui s'engouffre dans les craquelures des takyrs et renforce la quantité de sel présente en profondeur (jusqu'à 360 g/l).

La déflation joue un rôle efficace pour l'élimination des sels provenant, non pas de l'évaporation du lac lui-même, mais de celle des eaux qui imbibent les sédiments. Quand le sable lui-même est vanné, la végétation la plus ancienne (plus de 20 ans) ne peut plus à son tour se maintenir. L'âge des formations récemment émergées est encore trop jeune pour manifester pleinement les caractères observés dans les déserts plus anciens.

F. Ramade (1987) relatant les observations qu'il a faites lors d'un voyage au Kazakhstan et en Ouzbékistan en 1983, signale que, pour se prémunir contre les *dust-bowls*, les autorités avaient pris des mesures : "...des haies brise-vent furent plantées, la durée des jachères accrue, tandis qu'étaient mises au point des machines laissant une couverture de détritus végétaux à la surface du sol après la récolte pour le protéger. Par ailleurs, une partie de ces terres vierges correspondant aux aires pédologiquement les plus fragiles, qui avaient été intempestivement défrichées entre 1954 et 1964, furent rendues à leur destination naturelle et reconverties en pâturages extensifs. Malgré tous ces efforts de protection, plus de trois millions d'hectares ont été gravement dégradés et l'érosion éolienne subsiste dans les régions cultivées en période de sécheresse…" Pas un mot sur l'aspect caricatural du phénomène autour de l'Aral. En 1985, il en était de même : on évitait d'amener les étrangers à l'Aral, de leur parler du problème qui était déjà critique ; sans doute, comme en témoignent des spectateurs impuissants du drame, étaient-ils soumis à de "très fortes pressions" pour se taire, comme le reconnaît O. Esirkepov dans le reportage d'I. Moeglin *L'Aral assassiné*, parlant aussi de "Tchernobyl silencieux" ([1]).

Rares, confessons-le, sont ceux qui en Occident lisaient les revues soviétiques qui traitaient pourtant déjà abondamment du problème.

La nouvelle faune des terres exondées

(Zaletaev, 1968, 1974, 1984 ; Voukhrer, 1979a, 1990 ; Kouroshina, 1979 ;
Makoulbekova, Voukhrer, 1984)

Peu à peu, des animaux se sont installés sur les nouvelles terres, dès que la végétation l'a permis. Vingt-cinq espèces de mammifères, 15 d'oiseaux, 10 de reptiles, 150 espèces végétales ont été recensées, et les biocénoses se modifient évidemment très vite. Flore et faune s'appauvrissent progressivement, en nombre d'espèces et d'individus, quand la profondeur de la nappe phréatique s'abaisse avec l'éloignement du nouveau rivage. On a vu arriver un petit nombre d'invertébrés, dont des araignées (qui se nourrissent d'aéroplancton), des lézards et des serpents, des rongeurs (d'abord mulots et rats puis gerboises qui utilisent les terriers des premiers). Cette population finit par disparaître ; il ne reste plus que quelques souris. Peu à peu se sont reconstitués des groupements, pauvres en espèces et très instables. Les grands mammifères qui subsistent dans les deltas (gazelle) fréquentent sporadiquement les lieux ([2]).

On a noté que, après la première étape d'exondation sur la rive orientale de l'Aral, quand l'écosystème de steppe salée s'installe, celui-ci est somme toute relativement vigoureux. Puis l'envahissement par les sables du Kyzyl-Koum aboutit à sa destruction, raréfiant à la fois le nombre des espèces et des individus.

Changements atmosphériques

L'atmosphère régionale subit aussi les conséquences de l'assèchement de l'Aral. Les croûtes salées, peu cohérentes, sont remises en mouvement par les tornades d'été. On évaluait à 10 Mt/an les quantités de sel exportées avant 1960 par le vent (fig. VI. 6). Celles-ci ont atteint 75 Mt/an pour les poussières ainsi entraînées, plus 65 Mt sous forme d'aérosol. Blinov donne 1 t/km² de sel dans la pluie en 1956, 45 t/km² sur l'Oust-Ourt dans la période 1962-67 (tableau VI. 9). L'évaluation du tonnage de sel passant dans l'atmosphère depuis l'Aral (forme sèche ou dissoute dans la pluie) est imprécise : de 15 à 75 Mt/an (Grigoriev et Lipatov, 1979), ou de 13 à 26 Mt (Belgibayev, 1982), ou 230 Mt (Mozhaitseva et Nekrasova, 1986). Micklin (1987) donne 43 Mt sur 150 à 200 000 km², dont 60 % sur le Khorezm et 25 % sur l'Oust-Ourt ; la retombée pourrait décroître vers 39 Mt en 2000 (tableau VI. 9).

---

(1) Reportage vidéo de Moeglin I. et Destaing J.M., *L'Aral assassiné*, émission *Thalassa* sur la chaîne FR3 en décembre 1990 et janvier 1992. La BBC a produit un document analogue en 1991 : *L'assurance-vie*, 8ème épisode de la série *Les guerres pour l'eau* par M. Waldman.
(2) Il y avait 15 000 gazelles dans les années 1940 ; elles n'étaient plus que 350 en 1990.

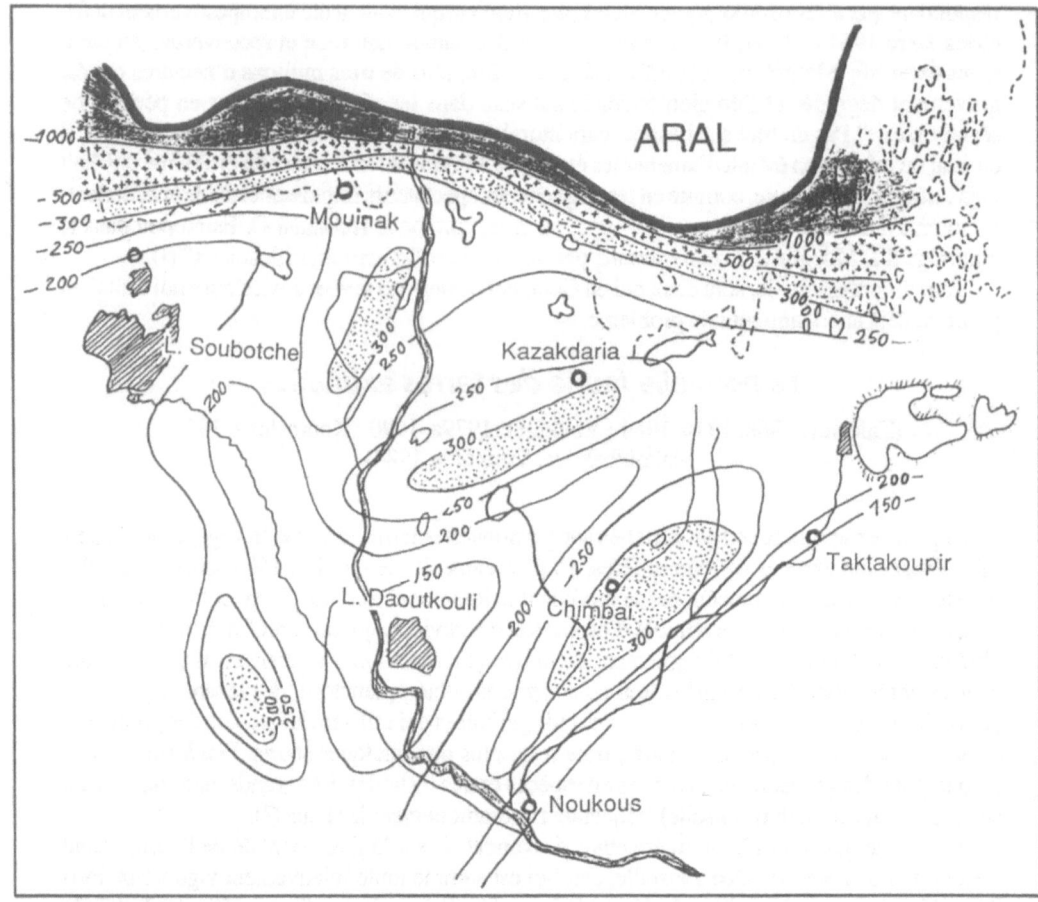

Fig. VI. 6. Dépôts éoliens de sels sur le delta de l'Amou-Daria (1985), en **kg/ha**

Selon d'autres auteurs, les retombées atmosphériques de sels sous forme d'aérosols sont passées de 150 kg/km²/an à 500 sur l'Oust-Ourt ; sur le delta de l'Amou, on a signalé qu'elles avaient augmenté de 45 kg/km² à 1 t/km² entre 1962 et 1967 (fig. VI. 6) — bien que ces valeurs soient en contradiction avec d'autres données. Quoi qu'il en soit, en dehors des effets sur les

Tableau VI. 9. Minéralisation de la pluie (mg/l) (sources diverses)

	1968-69	1979-80
Zhana-Arka	38,4	267,0
Lac Aral	24,0	157,7
Alma-Ata	20,9	102,2
Kapchegai	20,7	68,0
Terekhty	34,0	77,1
Koushka	28,0	87,0
Kaounchi	22,0	44,0
Shakhrinaou	14,0	54,0

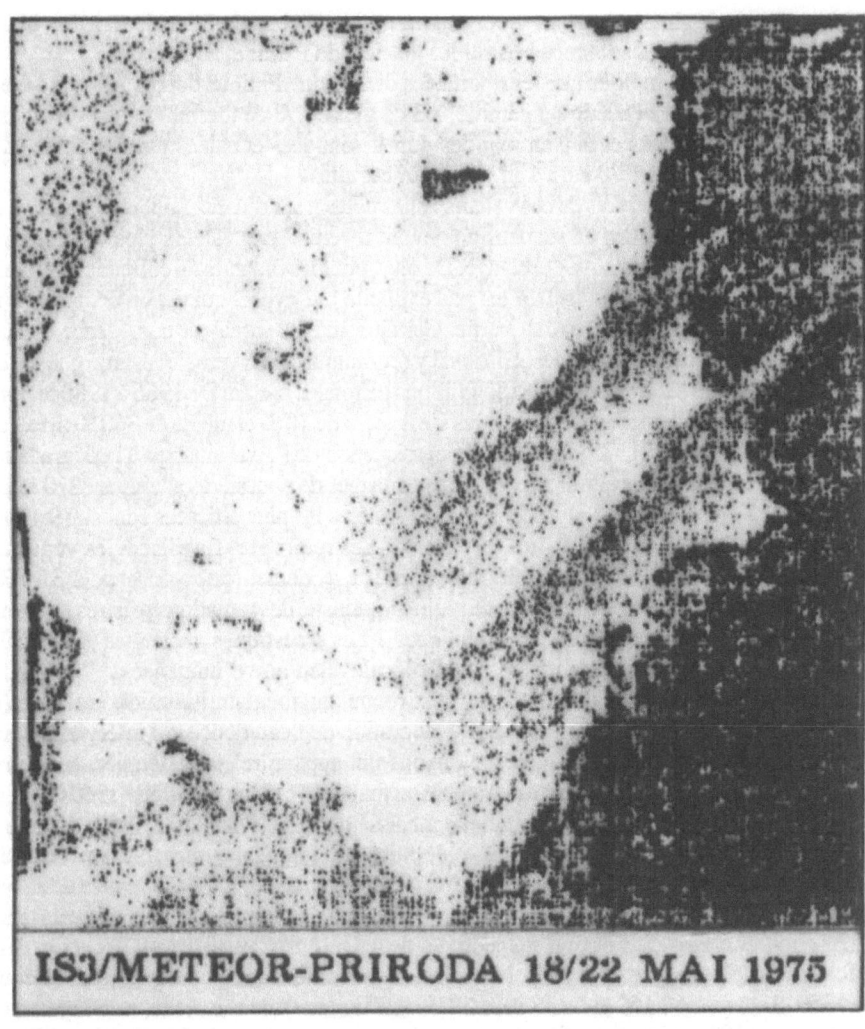

Fig. VI. 7. Une tornade de poussière, issue du Kyzyl-Koum, passe sur l'Aral (d'après un document soviétique, Grigoriev et Lipatov, 1982)

sols et la végétation (les plantes se couvrent d'une fine couche de poussière, comme du givre) et sur la santé des humains et des animaux (ceci sera détaillé plus loin), on peut en signaler l'effet désastreux sur les habitations. Beaucoup de celles-ci sont construites en matériau de mauvaise qualité, et 80 % d'entre elles seraient à reconstruire. Le béton des édifices publics se désagrège car construit avec du sable riche en sel qui, en cristallisant, fait éclater le béton (haloclastie). Les lignes électriques, caténaires, fils téléphoniques, isolateurs, sont corrodés. Le revêtement des routes macadamisées perd sa cohérence.

Les aires affectées par les tornades salées, qui n'existaient avant l'assèchement que dans le Nord de l'Aral se sont agrandies vers le Sud (fig. VI. 7). On craint la disparition des espèces végétales intolérantes aux tornades, en particulier les tamaris plantés pour tenter la fixation des sols salés. Ces retombées ont été signalées, selon les vents portants, jusqu'en Biélorussie, en

Lithuanie, en Afghanistan et en Géorgie, où on les accuse de faire dépérir les plantations d'oranger. Leurs traces sont repérées sur les glaciers du Pamir et au Pakistan.

Razakov (1990) indique que les retombées de sels ont diminué depuis 1984. Il a été montré que le sel ainsi enlevé (1/3 de sel gemme, 1/3 de gypse, 1/3 de thermalite) provenait essentiellement des solontchaks et du sommet des dunes dénudées et salées par remontée capillaire. L'érosion peut atteindre 70 cm à 1 m par an sur ces sites.

Il faut se méfier toutefois de ces valeurs : elles portent sur d'assez faibles surfaces et, en toute rigueur, le transport éolien en suspension devrait revenir à des valeurs plus "normales" quand tout le sel disponible aura ainsi été balayé. De plus, pour les orateurs du colloque international de Noukous en 1990, le terme "sel" n'est pas explicite : le gypse, qui est un composant normal, habituel et parfois souhaité, en fait partie. Certains auteurs signalent la présence de sulfate de sodium dans les poussières sèches. Glazovsky (communication verbale) estime que les exportations éoliennes de sels sont de 30 à 150 millions de tonnes par an. De 1966 à 1980 le nombre de jours de vents et de tempêtes de poussières s'est accru de 50 % et même de 360 % (Molosnova et al., 1987). Cette augmentation est liée à la dessiccation de l'Aral ainsi qu'à la dégradation de la couverture végétale naturelle et agricole. Les panaches de poussières atteignent 270 km de long et montent à plus de 5 km d'altitude. Les aires sources les plus efficaces sont situées au Sud du delta du Syr-Daria à l'Est de l'Aral (fig. VI. 7). Les retombées fragilisent les végétaux et on signale qu'elles participent pour 5 à 15 % à la perte de rendement du coton, et pour 3 à 6 % à celle du riz. De plus elles peuvent diminuer de moitié l'intensité des radiations solaires arrivant au sol.

Y a-t-il d'autres conséquences climatiques ? Les statistiques anciennes et des calculs de bilan d'énergie solaire ont montré à l'échelle locale que l'aire d'influence de l'ex-Aral s'étendait sur quelques dizaines de kilomètres à la ronde, augmentant l'humidité relative (comme dans les deltas, d'ailleurs, mais là c'est l'évaporation de l'eau douce qui intervient) et régulant la température. Une statistique citée à Noukous fait apparaître que la température moyenne à Koungrad (60 km Sud du rivage) a augmenté en mai de 3°C dans la période 1960-1981 par rapport à la période 1935-60 ; en octobre elle a baissé de 2°. Krivishnova (1982) déclare que les températures moyennes du printemps et de l'été ont augmenté entre 1970 et 1980 de 0,5 à 0,7°C, ont baissé en automne de 0,2 à 0,6°C, et en hiver de 0,5 à 1,3°C à cause de la baisse de l'humidité. Une autre statistique établie sur 40 ans fait état pour les mêmes époques d'une augmentation et d'une diminution respectives de 1,2 à 0,9°C et -0,1 à -0,9°C (fig. VI. 8). A Mouinak (Molosnova et al., 1987), le nombre de jours très secs qui était de 30 à 35 entre 1950 et 1959 serait passé à 150 entre 1970 et 1979. A Koungrad, dans le delta, la comparaison entre les périodes 1935-60 et 1960-81 montre un abaissement moyen de 5 % de l'humidité (lié à la plus grande distance du lac) ; la température moyenne en mai a augmenté de 3 à 3,2°C, et celle d'octobre de 0,7 à 1,5°C, pour les mêmes raisons. Kondratiev et al. (1986) attribuent, au moins partiellement, les modifications météorologiques citées à l'augmentation de la fréquence de la poussière atmosphérique ainsi qu'à sa densité dans l'air.

L'humidité relative de l'air a baissé de 2 à 3 % pendant cette période. Il convient de se méfier toutefois de ces valeurs numériques qui n'ont pas de caractère officiel ([1]) et dont le traitement statistique n'est pas connu. On possède ailleurs des données sur des lacs semi-permanents : le Tchad, le Ngami en Afrique du Sud, le lac Eyre en Australie, le Grand Lac Salé aux Etats-Unis ; la variabilité du lac n'a que des conséquences modestes sur le climat alentour. Par contre, c'est la superficie décroissante du couvert végétal des deltas, suite au détournement de l'eau, qui est à l'origine de ces perturbations (transfert d'énergie sol-atmosphère) : un couvert végétal évapore beaucoup plus d'eau qu'un sol nu, voire qu'une nappe d'eau libre. Les modifications de la météorologie ont

---

(1) Elles ont été présentées à Noukous par le Directeur d'une grande exploitation de culture de riz (Kara-Ouzyak).

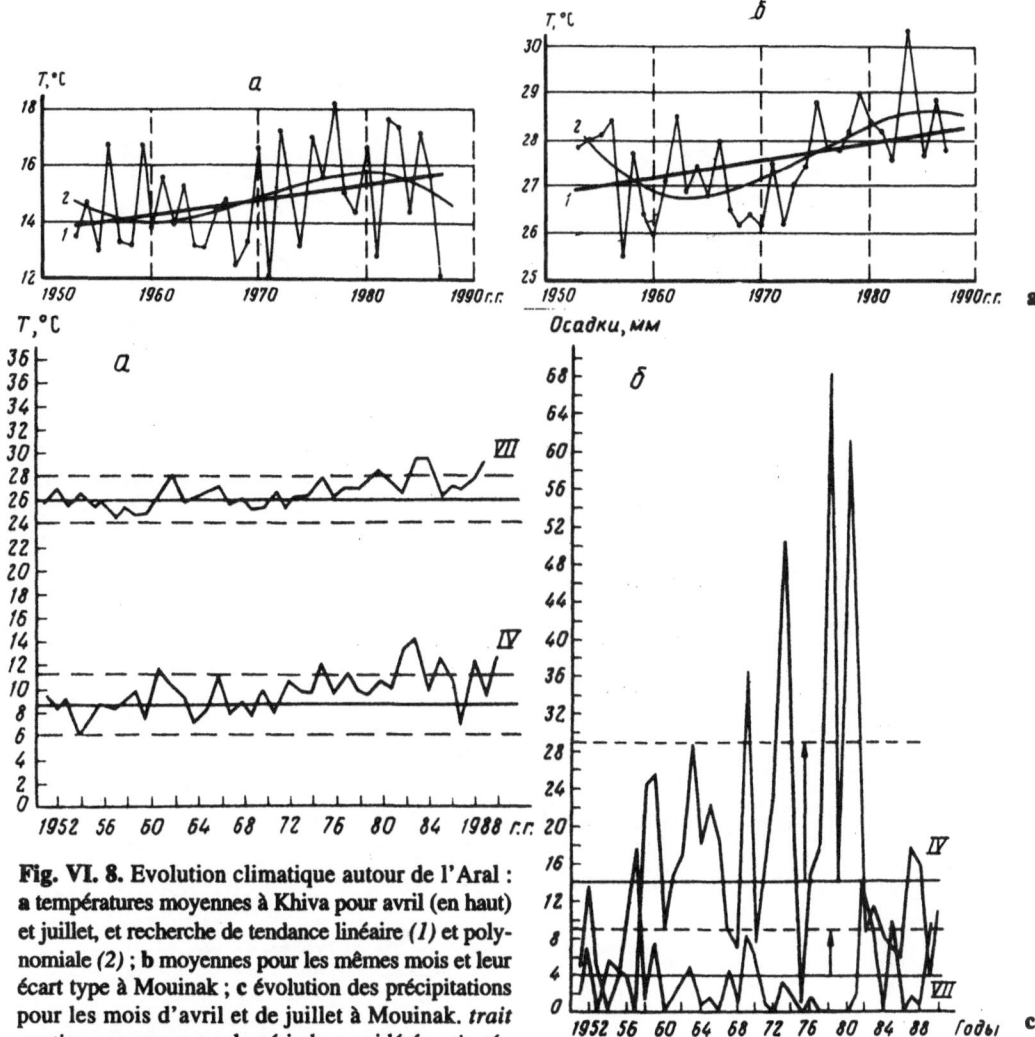

Fig. VI. 8. Evolution climatique autour de l'Aral :
a températures moyennes à Khiva pour avril (en haut)
et juillet, et recherche de tendance linéaire *(1)* et poly-
nomiale *(2)* ; **b** moyennes pour les mêmes mois et leur
écart type à Mouinak ; **c** évolution des précipitations
pour les mois d'avril et de juillet à Mouinak. *trait
continu* : moyenne sur la période considérée ; *tireté* :
écart type pour ces périodes

retardé les dates moyennes du dégel, raccourcissant de 10 jours la saison agronomiquement utile
et obligeant de passer du coton au riz, qui mûrit plus vite (mais a besoin de plus d'eau)...

Dans les régions nouvellement irriguées, l'évaporation diminue les contrastes climatiques,
abaissant les températures maximales.

L'intensité des précipitations ne semble pas avoir été modifiée. Mais, comme ailleurs, les
pluies acides (oxydes d'azote et SO_2) n'épargnent pas les sols qui les reçoivent (Vassilenko et al.,
1988) : 0,5 à 1 kg/km²/jour d'azote (NO_3) et d'azote (NH_3), 0 à 2 kg de soufre (SO_4). Il y a aussi
des pesticides dans l'air, qui proviennent des poussières rejetées par les usines traitant le coton...

Mais il y a probablement plus grave à l'échelle régionale. La régression de l'Aral dont nous
venons de voir les conséquences sur l'atmosphère locale doit influer sur la distribution de l'humidité dans la partie sud-est de la Touranie. Même s'il est trop tôt pour déceler des modifications
nettes du climat de la région depuis les années 70, les études récentes de Kitoh et al. (1993) mon-

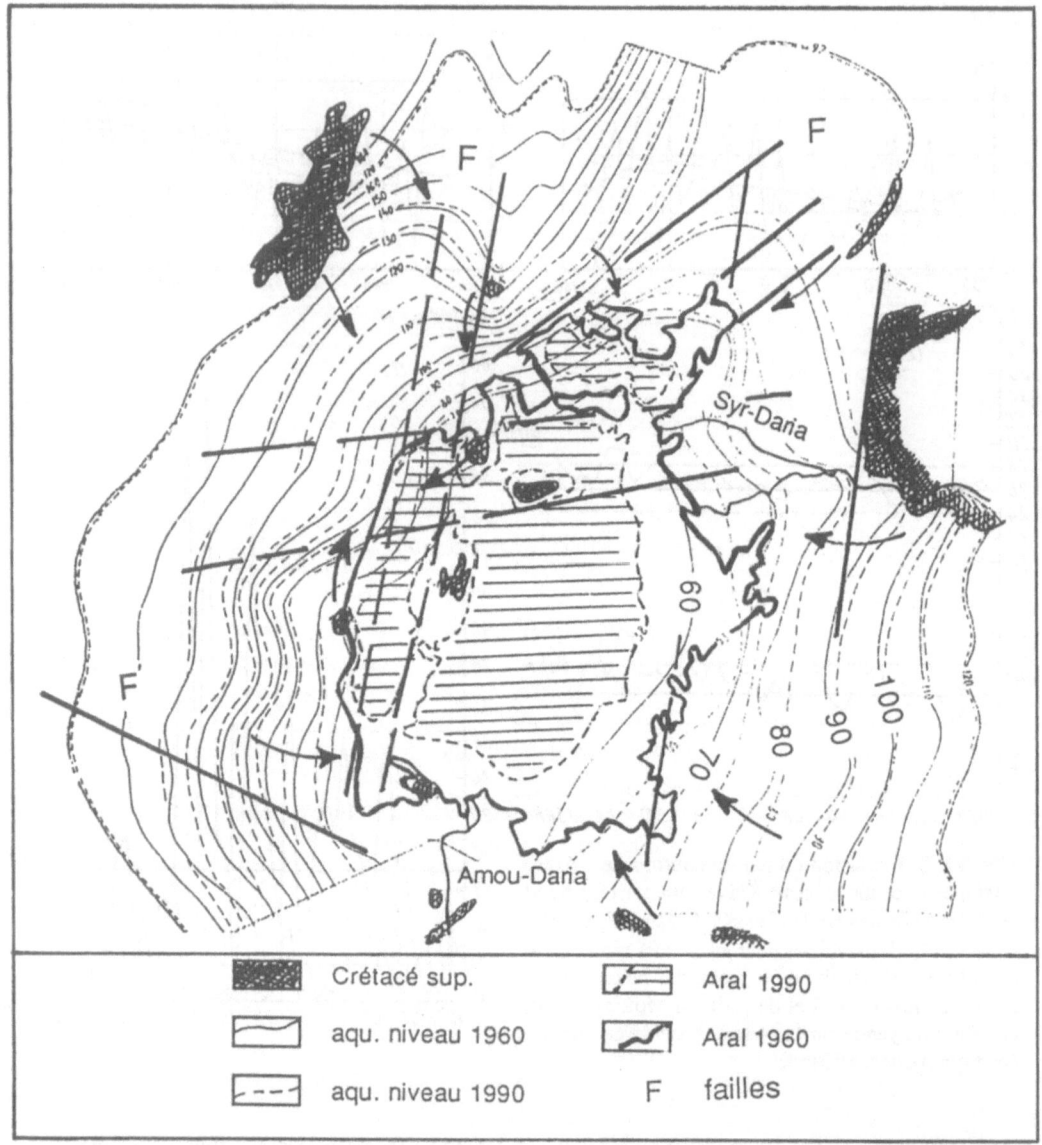

Fig. VI. 9. La baisse de la nappe aquifère souterraine du Crétacé, conséquence de l'assèchement de l'Aral (d'après Tchernenko).

trent clairement le rôle joué par l'Aral dans l'inflexion des courants zonaux d'Ouest vers le Sud en direction du couloir séparant le Caucase du Pamir. L'Aral en constitue le pivot (voir fig. II. 16).

Abaissement du niveau des nappes aquifères profondes de l'Aral

Conséquence directe de l'abaissement du lac Aral, les aquifères profonds s'appauvrissent. Sous l'Aral, les couches du Crétacé supérieur constituent un aquifère ancien, largement exploité en particulier pour alimenter les forages destinés aux élevages sur le plateau d'Oust-

Ourt. On a vu que l'Aral alimentait, pour une faible partie de son bilan en eau, le sous-sol de ses rives. La nappe dite "albienne-sénonienne", très épaisse, formée de sables et de grès séparés par des lits d'argile, fournissait environ 3 km³ par an (Khodzibayev, 1968). Tchernenko, dans une série d'articles, a calculé comment cet énorme aquifère, étudié sur près de 150 m d'épaisseur, variait avec l'abaissement de l'Aral (fig.VI. 9). Une simulation qui correspond sensiblement à la situation de 1990, montre que le niveau de l'eau dans les puits de cet aquifère s'est abaissé de 7 à 12 m pour un abaissement de15 m du niveau du lac, et que l'auréole sensible s'étend jusqu'à plus de 100 km des rivages. Une conséquence de cet abaissement est que l'afflux au plan d'eau résiduel (augmentation de la différence de niveau) s'est accru selon lui, tous facteurs considérés, de 3 à 3,7 km³. Il préconise l'injection d'eaux-vannes dans cet aquifère pour le recharger : 23 km³ par an à 3 g/l de salinité permettraient d'abaisser à long terme la salinité résiduelle de l'eau du lac d'un facteur 2, si le niveau se stabilisait à 38 m.

Les pollutions d'origine agricole

Les rejets de sels liés à l'irrigation, et les problèmes d'augmentation de l'azote dissous ne sont pas propres à la Touranie. Dans le delta de l'Amou, où le riz était la culture principale, on utilisait jusqu'à 900 kg d'engrais/ha (azote + potassium + phosphore), et un dosage courant pour la culture du coton était de 1500 kg de sulfate d'ammonium, 100 à 200 kg de chlorure de potassium et 200 à 250 kg de superphosphate...

Dans toute la région, les teneurs en nitrate des eaux de drainage sont élevées et très variables selon la saison (jusqu'à 200 mg/l) ; elles pourraient permettre de s'abstenir d'engrais, mais on a constaté que leur emploi, telles quelles, retardait la maturation. Les eaux d'arrosage ont des teneurs variables, en moyenne de 6 à 16 mg/l (à l'entrée de Paris, pour comparaison, la Seine est à12 mg/l), et atteignent parfois 80 mg/l : de telles teneurs devraient permettre de limiter l'emploi d'engrais azotés.

Bien entendu, les eaux de drainage contribuent comme les cours d'eau (là où ils existent encore) à alimenter les nappes aquifères, et le nitrate pollue les puits. Mais l'attention a surtout été attirée ces dernières années par les micropolluants (substances xénobiotiques). A l'échelle de la Touranie, les pesticides étaient sensés permettre la préservation de 0,7 à 0,9 million de tonnes de coton brut par an. Alors qu'aux USA, la pratique est de 1,6 kg/ha/an pour le coton, l'URSS dans son ensemble utilisait 3,5 kg/ha, et l'Ouzbekistan 15 kg/ha dans ses terres irriguées. Mais des records de 54 kg/ha sont signalés. Certains de ces pesticides (comme le DDT), interdits en Occident, sont restés autorisés jusqu'en 1987 en URSS. La consommation est descendue progressivement à 12 kg en 1988, puis à 9,5 kg/ha en 1989. Les méthodes de lutte biologique contre les insectes auraient été introduites sur 5 millions d'hectares (pour l'ex-URSS entière ou pour la Touranie, l'information ne le précise pas).

Le chlorure de magnésium a remplacé, comme défoliant pour la récolte mécanique du coton (¹), le butiphos et le "défoliant orange" (utilisé par les USA au Vietnam), dont 118 000 t ont été utilisés pour le seul Karakalpakstan de 1960 à 1990.

On a signalé qu'il restait en 1990 en Touranie plus de 1000 t de pesticides non utilisés et d'emploi désormais interdit, dont on ne sait trop comment se débarrasser.

Cet excès immodéré de substances xénobiotiques est à l'origine de nombreux effets pathogènes qui seront évoqués plus loin.

Il faut ajouter à ces pollutions celles qui sont dues à l'élevage. Beaucoup de fermes n'ont pas de fosse à purin. Celui-ci est déversé directement dans les canaux, avec son cortège de nui-

---

(1) Le quotidien *L'Union de Reims* signale en février 1991 l'emploi par les agriculteurs champenois du même défoliant pour la récolte du maïs et la pollution d'une nappe souterraine...

Tableau VI. 10. Comparaison des quelques polluants dans les eaux d'irrigation et de drainage de l'Amou moyen (Ibraghimova, 1984)

mg/l	NO₃	P₂O₅	K₂O	
Eau d'irrigation	0,9-1	0,01	14-17	
Drainage de surface	5,2	0,023	43	
Drainage enterré	3,5-8,4	0,015	34-54	

mg/l	Cu	Zn	Mn	Pb
Eau d'irrigation	2,5-2,8	9,0	14-15	34-43
Drainage de surface	5,6	24,5	1-94	380
Drainage enterré	5-5,5	17-22	114-178	156-186

sances : ammoniaque et nitrite ([1]), germes pathogènes. Les rejets de cette nature sont évalués à 20 millions de tonnes par an en Ouzbekistan. Cela n'a certes aucune liaison directe avec le problème de l'Aral, mais montre encore une fois les lacunes de la planification dans le domaine de l'hygiène.

Les conséquences globales de ces divers apports polluants apparaissent dans les statistiques de la minéralisation croissante (et changée dans sa nature) des cours d'eau. Sur l'Amou-Daria, 25 collecteurs d'égouts sur la rive droite, 3 sur la rive gauche (eaux non traitées) montrent une concentration minérale de 3 à 24 g/l pour un débit urbain de 3,6 km³, que les eaux de moins en moins abondantes de l'Amou n'arrivent plus à diluer ([2]) (tableau VI. 10). La teneur en métaux lourds (plomb, cuivre, cadmium) a aussi augmenté, mais pas plus que dans les pays occidentaux.

2. L'évolution des sols des deltas de l'Amou et du Syr-Daria et les conséquences sur les nappes phréatiques des deltas

Une première conséquence de la modification complète du système hydrographique naturel (200 000 km de canaux et fossés, contre environ 3000 km de chenaux naturels) a été l'ennoiement, par les lacs de barrage des vallées, de milliers de km² de terres alluviales à tougaï ou à cultures traditionnelles ; et, les lâchures provoquent en aval de ces barrages une érosion intense du lit et des berges. A l'aval du barrage de Takyatash, en amont du Khorezm, le lit a été affouillé de plus de 3,80 m, ce qui a contribué à l'abaissement de la nappe phréatique.

Les cours d'eau, par l'intermédiaire des canaux d'irrigation et les chenaux des deltas, contribuaient pour l'essentiel à l'alimentation des nappes superficielles, dans les alluvions des deltas. La dérivation de la plus grande partie des eaux et, par ailleurs, leur salinisation progressive ont eu, à elles seules, de très graves conséquences :

– l'effondrement des systèmes écologiques naturels ou créés par l'irrigation ;

– une dégradation des ressources en eau potable, avec les conséquences sur la santé que nous décrirons au chapitre suivant ;

– l'effet contradictoire d'un excès d'eau dans les secteurs irrigués, aboutissant à la salinisation des sols.

---

(1) Qui dérive du nitrate dans les eaux privées d'oxygène et est toxique comme l'ammoniaque.

(2) Charge minérale de l'Amou en Karakalpakstan (g/l) : 1912 : 0,45 ; 1951 : 0,47 ; 1968 : 0,74 ; 1983 : 1,4 ; 1985 : 0,9 (crues) ; 1989 : 1,5.

Tableau VI. 11. Proportion (en %) des surfaces irriguées en Karakalpakstan en fonction de la profondeur de la nappe phréatique (Khakimov, 1989)

	Moins de 1 m	1-2 m	2-3 m	Plus de 3 m
1975	18,1	54,2	20,2	7,5
1978	22	61,0	16,0	1,0
1980	23,6	67,7	8,6	0,1

Dans presque tous les sols de Touranie, existent des sels (surtout du gypse) que l'excès d'eau redissout et que l'évaporation ramène vers la surface, stérilisant celle-ci, faute d'un drainage vers le bas. Dans ces régions à écoulement très lent, les sols sont en équilibre entre deux périls opposés : l'engorgement et l'hydromorphie s'ils sont mal drainés (drains trop peu profonds et pente insuffisante) et, inversement, l'abaissement du niveau de la nappe phréatique si les drains sont trop profonds. Il existe, dans les secteurs irrigués, une profondeur dangereuse pour la nappe phréatique, comprise entre 1,5 m et 2 m quand le drainage est satisfaisant.

Le niveau piézométrique de la nappe a changé partout. Celle-ci se trouvait à moins de 2 m de profondeur dans 20 % des terres arables du Khorezm, entre 1959 et 1964, et dans 31,5 % des surfaces, de 1978 à 1982 (tableau VI. 11). Au Turkmenistan, ce niveau était supérieur à 1,5 m dans 26 % des terres arables, et au-dessus de 2,5 m dans 87 % : cet excès paradoxal a conduit à la salinisation d'une quantité considérable de terre, faute de drainage suffisant (pente trop faible...). Le même phénomène s'est produit dans toutes les terres du Sud de l'URSS, aussi bien en Ukraine qu'au Kazakhstan et dans le Nord du Caucase.

Inversement, la perte d'alimentation par infiltration dans les deltas a eu pour conséquences :

– l'abaissement du niveau de la nappe phréatique de plusieurs mètres (on l'estime de 7 à 8 m de moyenne en Karakalpakstan et au Khorezm, et jusqu'à 15 m), asséchant ainsi les puits pour l'alimentation de l'homme et du bétail ;

– l'assèchement des chenaux et des lacs d'eau douce (non des lacs artificiels recueillant les eaux de drainage polluées), provoquant ainsi la dégradation de leurs rives jusqu'à plusieurs kilomètres.

Voici quelques chiffres (Glazovsky, 1990, p. 18) : en 1960, la superficie des marais était de 3000 km² dans le delta de l'Amou-Daria et de 1000 km² dans celui du Syr-Daria ; fin 1980, 10 % étaient asséchés, et 85 % en 1988. Onze ([1]) des 25 plus grands lacs dans le delta de l'Amou avaient disparu, les 4 plus grands dès 1980 (Rozanov, 1986). Dans le delta de l'Amou, la surface des lacs naturels est passée de 2330 km² à 76 en 1980 (non compris le lac Soudotché — 350 km² — employé comme égout).

On possède quelques détails sur l'évolution de la situation dans le delta du Syr-Daria (fig. VI. 10). Ces terres avaient été longtemps négligées, à cause des dégâts provoqués par les crues épisodiques du Syr-Daria, qui détruisaient ses digues avant les aménagements de 1960. Les secteurs irrigués en permanence (35 000 ha) étaient consacrés en priorité au riz (64 %, avec un rendement maximum de 50 quintaux à l'hectare en 1977 ([2]), pour une consommation d'eau de 30 à 35 000 m³/ha), et au fourrage (28 %, rendement 5-10 tonnes à l'hectare). Le reste des

---

(1) Nous avons donné plus haut le nombre de 15 sur 25. Cet exemple illustre bien l'hétérogénéité de l'infomation disponible...

(2) "... grâce au dévouement héroïque des travailleurs agricoles du district de Kzyl-Orda..." (Borovsky, 1978).

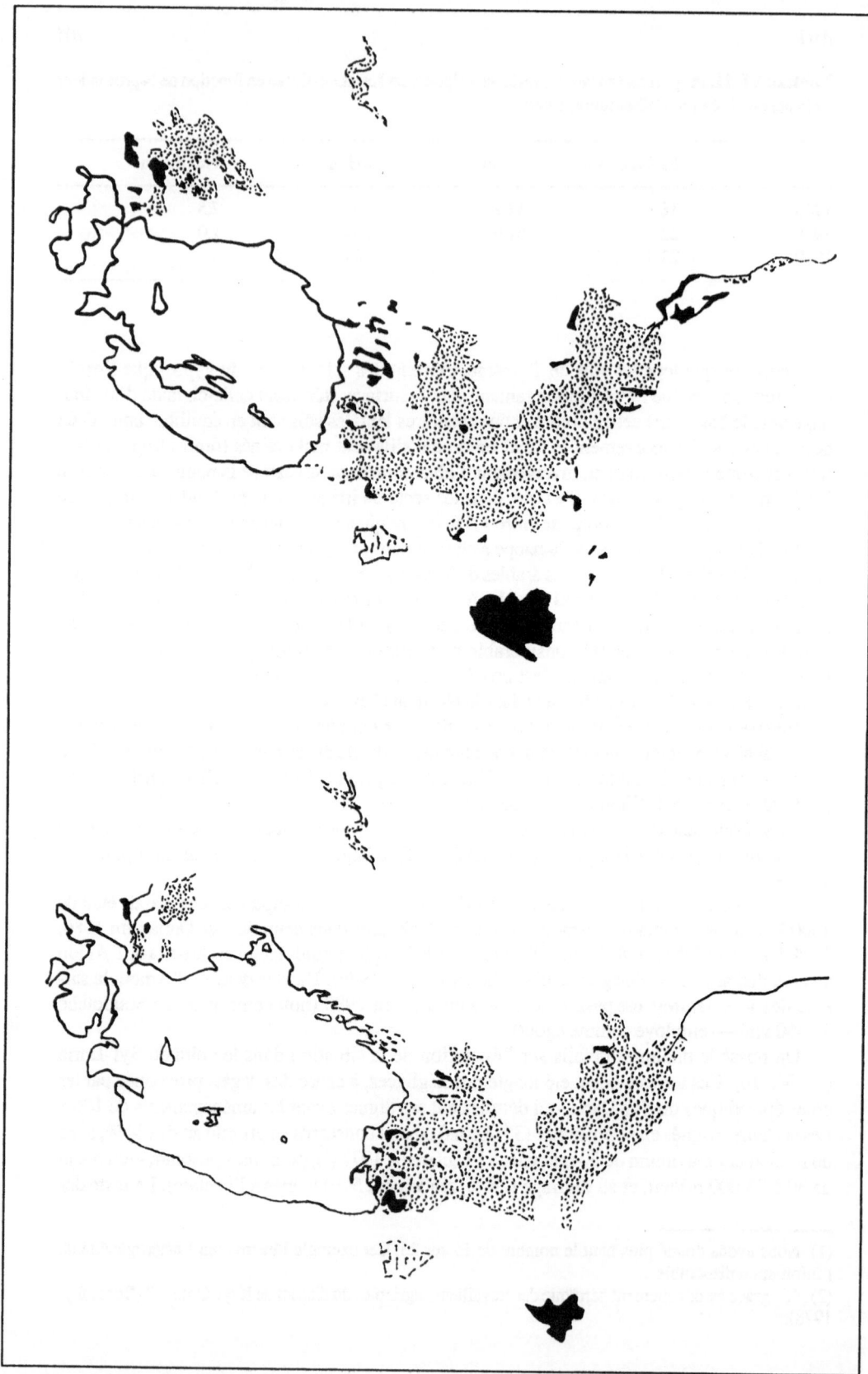

Tableau VI. 12. Régression des surfaces exploitables dans trois fermes du delta du Syr-Daria (colloque Noukous, anonyme)

(en hectares)		1959	1970
Partie sup. du delta	Roseaux des rives	4 130	0
(Kazalinsk/ferme	Prés de roseaux	6 135	900
Karl Marx)	Tougaï	3 925	1 600
Partie moyenne	Tougaï	340	250
(Karl Marx/Kzyl-Shar)	Saxaouls	580	180
Partie basse	Tougaï	340	320
(Kzyl-Shar/Aral)	Prés de roseaux	8 570	1 200
	Roseaux dans lacs	3 540	420
	" " marais	27 695	1300

terres subissait les inondations périodiques du Syr, et il est estimé qu'une dizaine de jours de crue au printemps suffisaient pour alimenter ces aires de prés (dont le rendement était de 2 quintaux à l'hectare), de tougaï et de roseaux. Lors de leur mise en valeur (Borovsky, 1980), il fallait décider quelles cultures devaient être pratiquées. Les parties les plus basses demeureraient en solontchak, jouant leur rôle de piège à sel. En dehors des nouvelles rizières, le reste, surtout sur la rive gauche, devait recevoir essentiellement les eaux de drainage de celles-ci, avec un appoint éventuel d'eau du cours d'eau, permettant le développement d'une végétation de prairie subspontanée (alfa) ou de roseaux ; le rendement prévu des roseaux était de 7 à 8 fois supérieur à celui de l'alfa, qui représente une ressource importante pour le fourrage et pour les sous-produits industriels.

Deux facteurs ont contribué à l'effondrement des rendements. Pour les terres irriguées, l'augmentation de la salinité des eaux du Syr (1,5 à 2 g/l) a réduit le rendement en riz, qui ne tolère selon ses variétés que 0,2 à 0,5 g/l. Le second facteur a été la disparition des crues (due aux barrages amont), puis la réduction du flot [1]. Le tableau VI. 12 (Noukous, 1990) donne une idée de la régression des ressources végétales secondaires (en hectares).

La plupart des marais et le tougaï, qui non seulement ont perdu l'apport des crues, mais aussi leur nappe phréatique, ont évolué en takyrs, les prairies d'herbe en solontchaks (tableau VI. 13). L'élevage, dont la nourriture d'hiver, auparavant assurée essentiellement par la production locale, doit être maintenant complètement importée, a perdu 80 % de son cheptel.

Dans le delta du Syr-Daria, la superficie des lacs naturels est passée de 1500 km² (1936) à 400 en 1976. Depuis 1990, l'eau alimentant ceux qui, comme le lac Kamshi-Bash, servaient de dépotoirs aux eaux de drainage, a été retournée à la rivière pour réalimenter la Petite Mer.

---

(1) Chute des apports en eau du Syr au delta à Kazalinsk : 12 km³ env. de 1950 à 1960 (0,75 g/l de sels), 8,8 km³ entre 1962 et 1973 (1,10 g/l), 1,93 km³ en 1974 (1,83 g/l), 0,61 km³ en 1975 (1,85 g/l), zéro en 1978...

◄ **Fig. VI. 10.** Evolution du couvert végétal dense entre 1979 et 1987, d'après diverses images satellites de la NASA. Noter la disparition des lacs du delta de l'Amou-Daria et l'apparition des lacs recueillant les eaux usées

Tableau VI. 13. Évolution des écosystèmes deltaïques lors de la désertification (Novikova, 1990)

Étapes		Aires les plus élevées (sol léger) ; levées naturelles		Aires basses entre les chenaux (sol lourd)	Types d'utilisation
Hydro-morphie	I	Inondations de longue durée ; tourbes		Marais à roseaux *(Plavny)* ; hydrophytes prod. 40 t/ha	Pisciculture ; rat musqué
	II	Inondation annuelle ; nappe phréatique de 0,5 à 3 m de profondeur	Tougaï, avec buissons ou arbres : sol de prairie ou tougaï-prairie ; productivité 10 à 20 q/ha	Marécages, roselières, tourbières et sols tourbeux ; prod. 20-25 q/ha	Pisciculture ; pâturage ; rat musqué
		Assèchement des horizons sup. du sol en été	Prairies à halophy-tes ou sols de prairie-solontchaks ; prod. 10-18 q/ha sur prairies (solontchaks = 0)		
Auto-morphie	III	Arrêt des inondations ; nappe aquifère de 3 à 10 mde profondeur	Assèchement des tougaï arborés et des prairies ; solon-tchaks résiduels	Prairie herbacée sur prairie tourbeuse et tourbe ; prod. 5-8 q/ha	Pâturage ; irrigation
	IV	Arrêt de l'écoule-ment des rivières	Dominante de *Haloxylon aphyllum, H. persicum* sur sols takyriques ; prod. 6 q/ha	Takyrs sans végétation	Pâtures d'hiver

3. Salinisation et ensablement : mécanismes de la dégradation

La salinisation des cours d'eau (tableau VI. 14 a, b)

La teneur en sel était jadis inférieure à 0,5 g/l et, conséquence non de la coupure des cours d'eau mais de l'irrigation, elle a considérablement augmenté depuis, participant ainsi à la dégradation générale des secteurs aval des deltas, et de la santé publique.

La salinisation des sols

Une conséquence sans doute plus importante des aménagements — dont l'assèchement de l'Aral n'est pas le principal facteur — est la dégradation et la salinisation des sols, déjà évoquée d'une manière générale (fig. VI. 10).

On a vu précédemment qu'une bonne partie des sols mis en culture contenait des sels héri-tés d'épisodes géologiques antérieurs. A cela s'est fréquemment ajouté le sel contenu dans les

Tableau VI. 14 a. Augmentation de la teneur en sel du Syr-Daria (valeurs moyennes)

Mois	Teneur globale en sels g/l	Teneur en sels toxiques g/l	Composition chimique (milliéquivalents/l) (*)					
			HCO₃	Cl	SO₄	Ca	Mg	Na
à Begovat (1953)								
II	0,95	0,67	3,2	2,0	8,8	4,3	5,3	5,2
VI	0,64	0,36	4,9	0,8	2,5	2,5	1,6	4,0
X	0,65	0,43	3,2	1,3	4,7	3,8	2,7	4,0
à Begovat (1973)								
II	1,07	0,64	2,5	3,1	10,6	6,5	5,0	4,8
VI	1,93	0,64	3,0	2,7	7,9	4,4	4,4	5,4
X	1,29	0,84	3,0	3,4	13,0	7,0	6,6	6,5
à Kazalinsk (1953)								
II	0,83	0,60	4,9	1,8	6,1	4,2	1,8	7,6
IV	0,70	0,40	4,0	1,7	5,0	4,2	2,5	3,7
VI	0,51	0,27	2,9	1,1	3,3	3,2	1,7	2,5
X	0,80	0,47	2,8	1,0	7,9	4,7	3,5	3,8
à Kazalinsk (1973)								
II	1,36	0,97	3,0	3,4	13,6	6,0	6,7	8,3
IV	1,17	0,80	2,8	3,7	11,0	5,0	5,0	7,4
VI	0,96	0,67	2,5	2,9	8,8	4,4	4,2	6,2
X	1,27	0,93	2,8	4,2	12,0	5,0	5,0	9,5

* L'équivalent/l est obtenu en divisant la molarité par la valence de l'ion

eaux d'irrigation, à des teneurs assez faibles (moins de 1 g/l en général). Ce sel subit évidemment aussi l'évaporation capillaire.

Une irrigation mal conçue, avec un drainage déficient ou absent, est en partie à l'origine de ce fléau endémique des régions sèches : le déboisement. Elle a causé la disparition des civilisations anciennes du Croissant Fertile, de la Palestine à la Mésopotamie, et sans doute aussi de celles de Modjoro et Marappa, dans la vallée de l'Indus (2000-1000 av. J.C.), où a été réalisée, dans les années 1960, une campagne de réhabilitation réussie de 60 000 ha de cultures, grâce à un drainage bien étudié.

La salinisation des sols touche la quasi totalité des terres irriguées en URSS, soit 1,3 millions d'hectares dans le bassin aralo-caspien (Roznov, 1984). Elle a été aggravée par la réutilisation fréquente des eaux de drainage, dont la salinité atteint parfois 9 g/l (¹). Alors que le fléau touche 25 % des terres irriguées californiennes, il toucherait 35 % des terres au Tadjikistan et 80 % au Turkmenistan, soit 0,4 millions d'hectares : 87 % des terres cultivables sont salées ; 280 000 ha sont à drainer d'urgence. La réhabilitation exigerait la réparation ou la construction de 13 000 km de canaux nouveaux alors qu'on n'en réalise que 1000 km par an. Au Mourghab les secteurs très

(1) Dans les deltas intérieurs du Tedjen et du Mourghab, nous avons signalé que les eaux rejetées pouvaient contenir jusqu'à 36 g/l de sels.

Tableau VI. 14 b. Augmentation de la teneur en sel de l'Amou-Daria (valeurs moyennes)

Mois	Teneur globale en sels g/l	Teneur en sels toxiques g/l	Composition chimique (milliéquivalents/l) *					
			HCO₃	Cl	SO₄	Ca	Mg	Na
à Kerki (1953)								
I	0,69	0,46	2,3	3,7	3,8	3,6	1,8	5,4
III	0,69	0,39	2,4	4,0	4,1	4,4	1,3	4,8
VII	0,33	0,13	2,0	0,9	1,6	2,6	0,6	1,5
X	0,56	0,37	1,9	2,7	3,4	2,8	0,7	5,0
à Kerki (1973)								
I	0,69	0,43	1,2	4,9	4,5	4,2	2,3	4,6
III	0,99	0,62	1,3	7,4	6,5	6,0	2,5	7,5
VII	0,74	0,49	2,1	2,8	5,5	3,3	0,8	7,0
X	0,58	0,28	2,5	2,5	3,3	4,5	1,8	2,6
Nouveau chenal (1953)								
I	0,65	0,47	2,5	2,8	3,4	2,8	2,4	4,9
III	0,65	0,40	2,1	3,2	4,1	3,7	1,6	4,7
VII	0,35	0,16	2,2	0,9	1,6	2,6	0,7	1,7
X	0,57	0,16	2,0	1,1	2,1	2,6	1,0	1,4
Nouveau chenal (1973)								
I	0,77	0,47	2,3	5,1	4,3	4,9	2,4	5,0
III	1,08	0,52	3,0	6,2	7,6	5,0	3,3	9,6
VII	0,47	0,35	1,5	1,9	2,2	2,7	1,1	4,0
X	0,50	0,26	1,5	2,8	3,5	3,3	1,7	2,8

* L'équivalent/l est obtenu en divisant la molarité par la valence de l'ion

salés couvrent de 50 à 70 % de la surface et 70 % des 70 000 ha de l'oasis de Tedjen. En Karakalpakstan, 377 000 ha sur 485 000 irrigués sont désormais salés, comme le sont 1,2 millions d'hectares dans tout l'Ouzbekistan. Au Ferghana, 7 % des terres cultivées sont devenues impropres à la culture, et 31 % sont menacées. La production de coton qui a atteint un maximum en 1979 (voir fig. V. 3) a régressé, comme celle de la luzerne, de 15 % en moyenne depuis.

On estime que, dans les cours inférieurs de l'Amou-Daria et du Syr-Daria, environ la moitié des terres irriguées sont abandonnées car elles sont devenues improductives à la suite de la salinisation et de l'engorgement des sols.

L'ensablement

Le surpâturage joue un rôle décisif dans la remise en mouvement des sables. Mais les travaux de terrassement ont aussi décapé des milliers d'hectares et des secteurs steppiques fragiles ont été déstabilisés. On a signalé ainsi (figs. VI. 10, VI. 11) la naissance de champs de barkhanes atteignant 5 m de haut et s'étendant jusqu'à 30 km des chantiers de travaux publics.

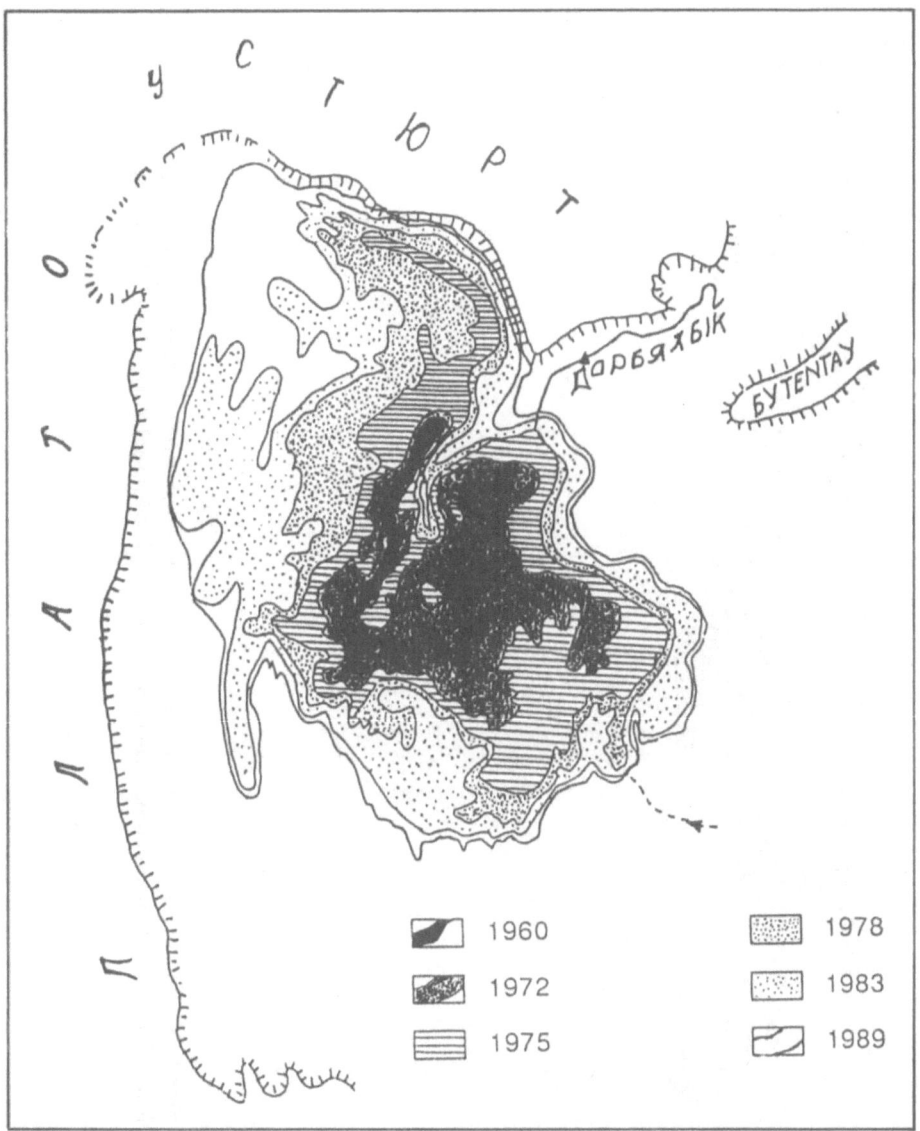

Fig. VI. 11. Extension progressive du lac Sary-Kamysh

Pollution et déchets

Mentionnons au passage les accumulations de ferrailles, bidons vides, ordures diverses, qui jonchent les anciens chantiers et les bords des pistes par dizaines de milliers de tonnes…

4. Le sort des eaux polluées

Comme on vient de le voir, on a tenté d'utiliser les eaux polluées et drainées pour des applications agricoles qui tolèrent leur mauvaise qualité (pâturages sur takyrs, etc.). Mais, en défini-

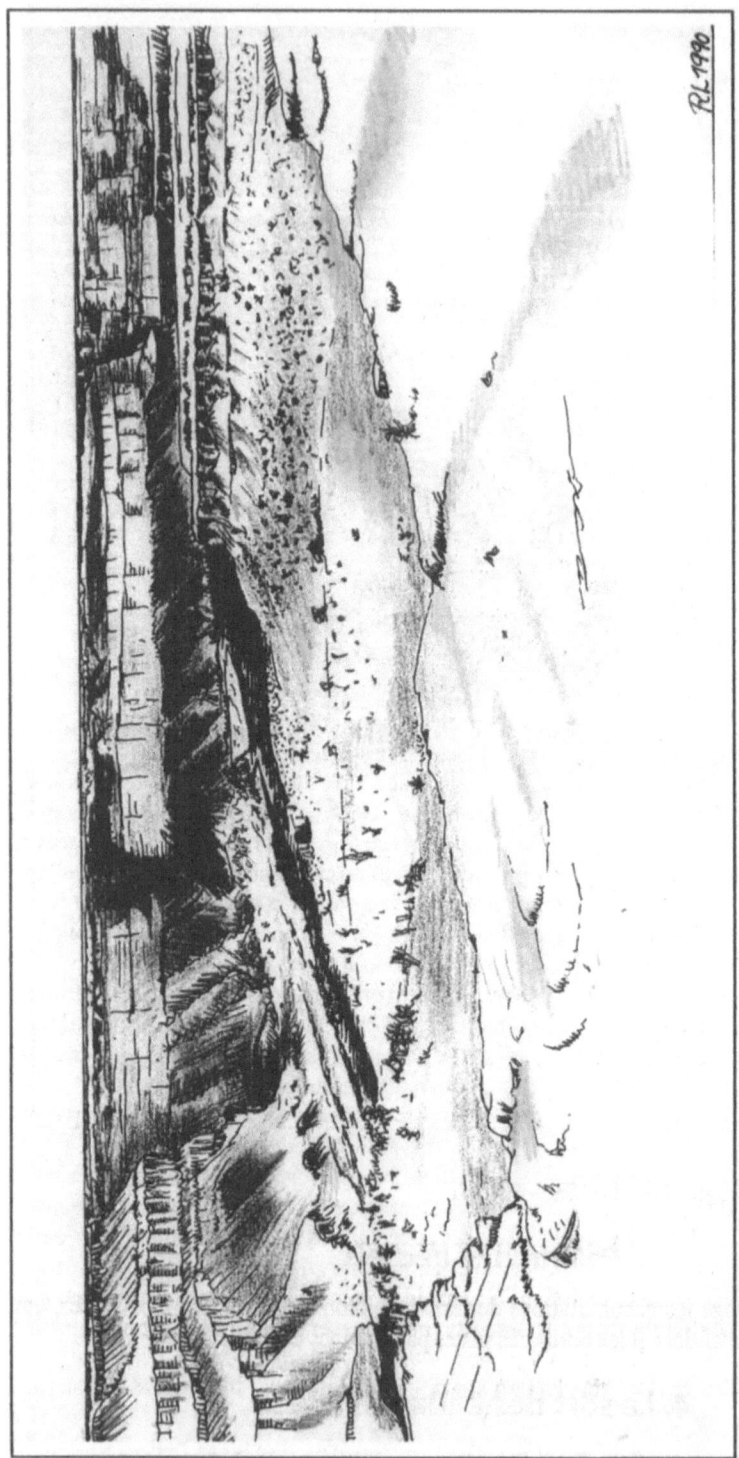

Fig. VI. 12. *Le Darya-Lyk* (cours supérieur de l'Ouzboï), un peu avant son débouché dans le lac Sary-Kamysh, au contact de l'escarpement du Tchink au Sud-Ouest de l'Aral. La falaise au Nord mesure environ 70 m de haut. Au premier plan, la colline de Boutentaou (d'après une photographie de N. Novikova)

Tableau VI. 15. Évolution du lac Sary-Kamysh (sources diverses)

Année	Niveau absolu m	Surface (km²)	Volume (km³)	Précipit. (km³)	Évap. (km³)	Apports de surface (km³)	Salinité g/l Apport	Lac
1963	-30	103	5					
1972	-10	1100	12		2,5			10,3
1975	-7,4	1450	15,5	0,17	2,68	3,39	4,5	9,3
1976	-6,6	1540	16,8	0,20	2,76	3,82	4,8	9,8
1977	-5,7	1650	17,3	0,21	3,00	3,16	4,9	10,4
1978	-5,6	1800	19,0	0,22	3,16	4,6	3,6	10,4
1979	-4,8	1970	20,4	0,23	3,37	4,4	3,4	10,4
1980	-4,2	2030	21,6	0,26	3,74	(5,0)	4,4	10,8
1981	-2,8	2230	24,1	0,27	3,84	"	"	10,6
1982	-2,3	2320	25,2	0,30	4,18	"	"	11,1
1983	-1,8	2410	26,1	0,31	4,44	"	"	11,5
1984	-1,4	2480	26,9	0,33	4,73	"	"	11,9
1985	-1,3	2500	27,1	0,36	5,17	"	"	12,3
1986	-1,3	2500	27,1	0,38	5,36	5,5	"	13,5
1990 (*)	+3 ?	3100	38					
2000 (*)	+3,5 ?	3200	40					

* prévisions faites en 1980 ; voir aussi la figure III. 13

tive, il faut bien finalement s'en débarrasser, et ce sont les parties les plus basses du relief qui sont l'égout final... d'où l'utilisation d'anciens lacs secs comme dépotoirs définitifs.

On possède des indications précieuses sur les modifications de qualité, dans des lacs aménagés dans le delta de l'Amou (certains de ces lacs sont asséchés depuis). Le lac Sary-Kamysh est un exemple bien étudié. Cette dépression remise en eau (fig. VI. 11) reçoit les eaux usées et les eaux de drainage du Khorezm et de la région de Tachaouz (chef-lieu du Karakalpakstan) par l'intermédiaire de deux canaux qui se rejoignent à 40 km du lac, et qui sont d'anciens cours d'eau (comme le Darya-Lyk) réaménagés (fig. VI. 12). En effet, on souhaitait, au début des grands programmes d'aménagement, ne pas envoyer à l'Aral ces eaux à salinité déjà élevée.

Le Sary-Kamysh ne recevait avant 1960 que les rares précipitations locales et l'eau de quelques sources hydrothermales associées aux fractures du substratum géologique. Son fond était couvert de solontchaks, de takyrs et de petits bois de saxaouls. Depuis cette date, son évolution est très exactement l'inverse de celle de l'Aral, à qui il a pris d'ailleurs son alimentation.

Le remplissage a commencé en 1961 et le niveau est monté régulièrement de 3 à 5 m par an, la vitesse n'étant plus que de 0,30 m en 1985. Le lac était considéré en 1987 comme ayant atteint son état stationnaire. Il avait alors 70 km de long sur 50 de large, une surface de 2250 km², un volume de 26,1 km³ et une profondeur maximale de 42 m [1], le niveau atteignant -2,2 m absolus (tableau VI. 15). Le débit moyen des collecteurs, à la sortie des aires irriguées du district de Tachaouz, est de 175 m³/s [2], avec une salinité de 6 g/l (Kikishev, 1990) et présente un maximum de décembre à août, avec un minimum de septembre à novembre. Comme pour le canal du Kara-Koum, une partie élevée des apports contribuait encore à réhydrater les berges et les fonds. Le lac Sary-Kamysh était parvenu en 1990 à l'équilibre hydrique (évaporation = apports), mais les apports en sel — auxquels s'ajoute la dissolution des solontchaks qui en par-

(1) Lac Léman : 80 x 15 km, 380 m de profondeur, 110 km³.
(2) Soit beaucoup plus que le débit moyen de la Seine à Paris.

Tableau VI. 16. Composition chimique du lac Sary-Kamysh (mg/l) (d'après Mansimov, 1987)

	1971	1976	1985	1990	2000 ?
$Na^+ + K^+$	2500	2660	3280	4270	
Ca^{2+}	430	470	545	640	
Mg^{2+}	410	370	435	495	
Cl^-	4625	3477	4110	5090	
SO_4^{2-}	1510	3110	3860	4400	
HCO_3^-	157	146	147	145	
Salinité totale	9,63	10,21	12,36	15,04	16,1 ?

semaient le fond — dépassant largement les pertes par infiltration dans les anciens terrains ennoyés, sa teneur en sel augmentait régulièrement. Désormais, le lac précipite lui aussi le gypse lessivé dans les terrains irrigués en amont (tableau VI. 16).

Ce lac imposant, très stratifié thermiquement, gèle en hiver. Des projets de stations de loisirs sur ses rives ont été élaborés. Situé en plein désert et réensemencé en poissons, il fut fréquenté jusqu'en 1989 par des pêcheurs de l'Aral. La commercialisation de leur pêche fut alors interdite car les eaux de drainage contenaient des quantités élevées de nitrate et de phosphate dissous, et surtout, des pesticides dont le rôle pathogène est connu. La présence de ces derniers dans la chair des poissons est à l'origine de l'interdiction.

Les valeurs extrapolées données dans le tableau VI. 15 ne seront sans doute pas atteintes. Une partie importante du débit du Darya-Lyk, qui alimentait l'Aral, a été détournée à nouveau en 1992 vers l'Aral (voir chap. VII). Le Sary-Kamysh est donc condamné à nouveau à l'assèchement... C'est la recherche de rendements supérieurs qui a amené les autorités, selon l'adage soviétique " si un peu fait du bien, beaucoup fait mieux" [1], à utiliser trop d'eau pendant la période de pousse du coton, trop d'engrais chimiques, et surtout trop de pesticides.

Le résultat de ces méthodes a été un effondrement de la qualité des eaux qui alimentaient les puits et les mares dans les villages. Les valeurs suivantes ont été publiées lors du colloque de Noukous : 3 g de chlorure de sodium, 6 mg de phosphore, 3 mg d'ammoniac, 2 mg de nitrite, 60 mg de nitrate par litre [2]. Ces valeurs sont très supérieures à celles tolérées pour l'eau destinée à l'alimentation humaine. La pollution bactérienne dépasse 3 fois les normes de l'OMS [3], 95 % des stations d'épuration fonctionnent mal, les usines d'eau potable sont inexistantes ou délabrées. Depuis 5 ou 6 ans, tous les travaux d'aménagement sont arrêtés. Nous allons en examiner quelques conséquences.

5. Les problèmes de santé

Les problèmes de santé sont la conséquence de tous ces errements liés au développement du coton (et accessoirement du riz) en Touranie. La dégradation des eaux de l'Aral, en dehors des conséquences immédiates sur la pêche et la consommation depoissons malades ou pollués, a provoqué une augmentation considérable des ophtalmies et des maladies pulmonaires, conséquence des retombées de sel, qui contiennent des sulfates de soude. Les statistiques présentées

---

(1) Cité par L. Brown dans *World Watch*.
(2) Quelques normes de potabilité en France : Cl- < 0,2 g/l ; P (P2O5) < 0,4 mg/l ; NH3 < 0,1 mg/l ; NO2 = 0 ; NO3- < 50 mg/l ; Fe < 0,3 mg/l ; Pb < 0,05 mg/l ; Cd < 0,001 mg/l.
(3) OMS : Organisation Mondiale de la Santé.

Tableau VI. 17. Taux de morbidité en Karakalpakstan (pour 100 000 habitants)

	1980	1985	1989
Lithiase hépatique	8,5	50	58
Gastrite chronique	120	279	367
Maladies rénales	18	338	154
Arthrose-arthrite	7	12	26

	Karakalpakstan				URSS	
	1980	1987	1988	1989	1988	1989
Typhoïdes et paratyphoïdes	26	17	13,5	13	4	3,3
Maladies intestinales graves	373	527	772	607	639	510
Hépatite virale	584	1503	543	771	251	316

au colloque de Noukous sont effarantes (tableau VI. 17), mais elles ont été contestées plus tard à Alma-Ata par le représentant de l'OMS.

Les mauvaises conditions sanitaires sont toutefois liées plus à la dégradation générale de la région qu'aux conséquences immédiates de l'assèchement de l'Aral.

La mortalité infantile (enfants de moins d'un an) a augmenté entre 1970 et 1985 dans une partie du Karakalpakstan et est passée de 20 (?) à 110 ‰ en 1988 (Afrique 109 dans son ensemble, Inde 95, Chine 37, France 9,5). La typhoïde y est 23 fois plus fréquente que dans le reste de la CEI, les maladies du foie, des reins, les cancers de la gorge et du tube digestif 9 fois, les diarrhées 27 fois.

La tuberculose est 3 fois plus répandue dans le Karakalpakstan que dans le reste de l'Ouzbekistan. Elle a doublé en 10 ans et a augmenté 3 fois plus à Mouinak que dans le reste du Karakalpakstan. Le cancer de l'œsophage atteint 33,9 personnes sur 100 000 (5,7 en CEI) surtout dans les régions voisines des anciens rivages ; 43 % sont des adultes, et 70 % des malades meurent dans l'année de la détection de la maladie. La mortalité globale a été multipliée par 15 en 10 ans.

Quatre-vingt seize pour cent des femmes en âge de procréer souffriraient d'anémies graves, dues à des carences nutritionnelles, car les vivres de qualité manquent du fait de la pollution, et les régimes alimentaires sont complètement déséquilibrés. La statistique de ces carences pour l'ex-URSS entière est de 25 à 30 %. 50 % des femmes du Karakalpakstan ont des carences d'une autre nature : il y a 30 % d'accouchements prématurés, le nombre de femmes mortes en couches a quadruplé en 20 ans.

On signale chez les nouveau-nés une profusion d'anencéphalies, de becs-de-lièvre, de difformités diverses (des images bouleversantes en ont été diffusées dans l'émission *Thalassa*).

Les pesticides ont été détectés dans le sang des femmes enceintes en 1975. Depuis les teneurs ont constamment crû. Au Turkmenistan, la morbidité augmentée par les pesticides est 4,6 fois supérieure à celle des autres régions.

A ces fléaux, s'ajoute un risque permanent de peste, de choléra et de tularémie dont les rongeurs, chassés des aires marécageuses disparues et réfugiés plus au Sud dans les régions habitées, portent le germe, qu'on retrouve fréquemment dans les puits et les sols.

En 1989, 66 % des adultes et 61 % des enfants étaient atteints d'une maladie quelconque liée à l'évolution des conditions locales.

On a peu de données précises sur la partie turkmène du delta. Il y a eu en 12 ans 86 000 cas d'hépatite et 80 000 cas de maladies intestinales graves dans la région de Tachaouz, qui paraît plus touchée que les régions voisines (fig. VI. 13). Le taux d'hépatite virale y est passé de 350 à 710 entre 1980 et 1989, et celui des déformations congénitales, de 300 à 400 (pour 100 000).

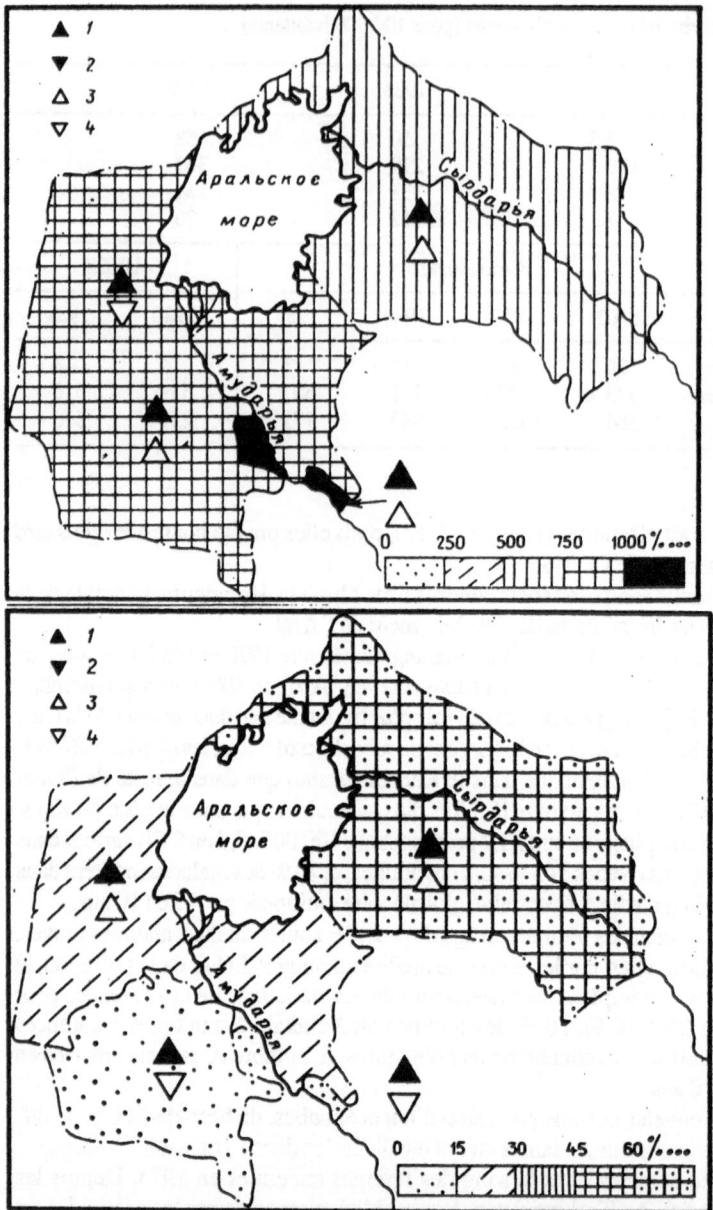

Fig. VI. 13. Cas d'hépatite virale *(en haut)* et de maladies typhiques *(en bas)* pour 10 000 individus. Les triangles noirs représentent les maxima absolus, les triangles blancs, pointe en haut : les plus grandes déviations par rapport à la moyenne des trois territoires périaraliens, pointe en bas : les plus petites déviations

Voici, en parallèle, des observations sur la partie kazakhe du bassin de l'Aral (tableau VI. 18). On y retrouve les mêmes phénomènes : augmentation du taux de morbidité de 26 % à Aralsk en 10 ans, de 11 % à Kazalinsk, de 43 % à Karmachinsk. Les maladies des reins, du foie et de l'estomac ont augmenté entre 1977 et 1986 d'un facteur 1,5 à 2 ; les cancers de l'œsophage de 35 % entre 1982 et 1987, et de 200 % à Aralsk : la mortalité pour cause de cancer a atteint 120 pour 100 000 et 5 pour 100 000 pour les tumeurs osseuses. Les personnes ayant des

Tableau VI. 18. Causes de la mortalité en 1989 (pour 100 000 habitants) (sources diverses)

	Kazakhstan	Région de Djamboul	Région de Kzyl-Orda	Région de Tchimkent
Maladies infectieuses et parasitaires	23,8	26,5	53,8	38,2
Maladies malignes et bénignes (sic)	133,3	120,2	111,1	90,4
Maladies du système circulatoire	337,4	334,9	225,3	271,6
Maladies du système respiratoire	80,4	91,1	128,8	112,4
Maladies du système digestif	26,1	27,1	20,5	30,5
Accidents, empoisonnements	100,5	102,5	100,0	79,6
Autres	63,6	68,0	56,9	66,2
Total	765,1	770,3	696,4	688,9

symptômes de maladies du sang représentent 4,5 ‰ de la population, et 26 ‰ des enfants en 1986. Les allergies respiratoires touchent 16 % de la population. Le taux de typhoïde (73 pour 100 000) est 8 fois supérieur à celui de l'ex-URSS, celui de l'hépatite virale 2 fois (500 pour 100 000) (fig. VI. 13). La variole est réapparue (307/100 000) (¹).

Ces maladies sont toutes dues d'une part à une sous-alimentation chronique et à une hygiène insuffisante, d'autre part à la pollution chimique et bactériologique d'une eau qui est également trop salée. Enfin, l'inhalation constante de poussières ajoute à toutes ces nuisances. Les spécialistes locaux ont montré la relation des pathologies de la grossesse avec l'excès de sel dans l'eau, et le rôle des pesticides dans les autres maladies non infectieuses.

Doit-on aussi évoquer, comme Glazovsky au colloque de Noukous, l'augmentation régulière des divorces ?

Le sous-équipement sanitaire, la gabegie, le laisser-aller ont sévi pendant plus de 20 ans. L'absence de responsabilités locales dans une société hypercentralisée, la langue de bois ont abouti à une situation de sous-alimentation chronique et de morbidité élevée, qui touche de près, dans les régions périaraliennes, plus de 1 million de personnes, et qui, à des degrés divers, affecte la totalité du bassin aralo-caspien.

Les habitants se sont enhardis et ont finalement fait entendre leur voix, timidement d'abord, puis avec de plus en plus de force. Des associations se sont créées, là comme partout où les atteintes à l'environnement touchent le plus gravement la vie même des habitants (le Grand Nord et son pétrole, Tchernobyl, la région des lacs artificiels de Sibérie...).

6. L'essoufflement de l'économie

Certains aspects de l'économie ont été déjà abordés : l'arrêt de la pêche (²) et ses conséquences (5000 chômeurs à Aralsk sur une population de 30 000 habitants ; 15 000 émigrés de Mouinak pour les mêmes raisons) ; les papeteries fermées à Kzyl-Orda, etc. (tableau VI. 19).

---

(1) L'OMS ayant depuis plusieurs années renoncé à la vaccination systématique obligatoire antivariolique, il est aisé de comprendre le danger que cette situation fait peser sur le monde et notamment sur les pays qui, comme la France, ont renoncé à cette vaccination.

(2) Elle faisait vivre directement ou indirectement 60 000 personnes autour de l'Aral. Ce nombre est tombé à 700 après 1980. Après 1979, la pêche a continué dans les lacs de Sary-Kamysh et d'Aydarkoul, mais sa commercialisation a cessé en 1987. L'usine de conserves de Mouinak livrait, en 1940, 10 000 boîtes de poisson et 8000 de viande, et 21 millions en 1958, et a fermé en 1990. De 1971 à 1984, 52 bateaux de pêche ont été désarmés et livrés aux ferrailleurs. Statistique de production du poisson à Mouinak (en 1000 t) : 23,6 en 1940 ; 22,3 en 1950 ; 24,4 en 1958 ; 8,3 en 1973 ; 2,5 en 1984 ; et zéro en 1985...

Tableau VI. 19. Population des agglomérations du pourtour de l'Aral (milliers d'habitants) (sources diverses et contradictoires pour l'époque 1980-1985)

Kzyl-Orda (*)	180	Tchimbai	25
Noukous	131	Aralsk	20
Ourgench	113	Novokazalinsk	20
Tachaouz	99	Kazalinsk *	15
Kodjeili	51	Takhtakoupir	15
Koungrad	45	Mouinak *	15
Takhiatash	38	Aralsulfat	5
Tourtkoul	35	Agouspe	1
Khiva	30		

* Évolution de la population de Kzyl-Orda (milliers d'habitants) : 1939 : 47 ; 1959 : 66 ; 1970 : 123 ; 1982 : 180 ; 1990 : 130 ? ; Kazalinsk : 10 000 en 1991 ; Mouinak : 5000

Tableau VI. 20. Productivité des cultures maraîchères et céréales en quintaux par hectare (Glazovsky, 1990)

		1960	1971-1975	1976-1980	1981-1985	1986	1987
Cultures maraîchères	Kirghizstan	105	192	204	203	225	207
	Ouzbekistan	99	165	209	218	196	201
	Tadjikistan	82	166	197	204	218	208
	Turkmenistan	76	141	160	155	140	122
Céréales	Kirghizstan	11,4	18,7	23,6	25,1	30,5	34,7
	Ouzbekistan	8,4	9,5	19,4	20,8	17,8	18,1
	Tadjikistan	7,3	8,3	12,6	14,7	16,0	15,5
	Turkmenistan	5,5	14,0	20,2	22,0	19,4	18,7

Mais l'essentiel des dégâts économiques concerne la production agricole : pertes de rendement et diminution des surfaces emblavées (tableau VI. 20). Le facteur climatique (sécheresse des années 1965 à 1969, 1974-1975, 1982-1986...) ne peut expliquer que 20 % des déficits — on sait la particulière sensibilité des cultures en milieu steppique aux variations annuelles de température et de pluviosité — ; la mauvaise gestion est responsable d'au moins 20 % des déficits. M. Gorbatchev déclara en 1989 au Comité Central du PCUS (Parti Communiste de l'Union Soviétique) que l'Union avait perdu 22 millions d'hectares de terres arables pendant les 25 années écoulées à cause des erreurs de planification et de gestion, alors que l'on avait dépensé des sommes colossales pour mettre en valeur des terres nouvelles à faibles potentialités [1]. Les habitants ont déserté la campagne et abandonné les villages ; la migration des populations rurales a atteint un niveau critique. Les inondations de 1988 en Touranie ont aggravé cet état de fait. Ces symptômes de dégradation sociologique avaient été signalés par les spécialistes depuis 1980.

[1] Les pertes économiques étaient évaluées à 50 milliards de roubles (1 rouble = 1 dollar au change officiel) en 1990. Le 24 mai 1993, un dollar U.S. vaut 1024 roubles.

Tableau VI. 21. Production comparée du coton dans le monde

Pays	1979-1981				1986			
	Ha semés (milliers d'ha)	Rendement (kg/ha)	Prod. globale (milliers de t)	Prod. fibres (milliers de t)	Ha semés (milliers d'ha)	Rendement (kg/ha)	Prod. globale (milliers de t)	Prod. fibres (milliers de t)
URSS*	3135	3057	9566	2733	3424	2404	8230	2530
USA**	5391	1493	8038	3004	3437	1638	5629	2130
Chine*	4846	1613	7882	2627	4399	2414	4930	3540
Pakistan	2135	1024	2191	730	2650	1404	3720	1240

* Données officielles, ** Atlas-Eco

La décision de faire du coton l'essentiel de la culture (plus de la moitié des terres irriguées emblavées) avait abouti à ce que la production alimentaire des populations de la Touranie ne soit plus autosuffisante ni pour les céréales y compris le riz, ni pour les fruits, les légumes et la viande : les primeurs étaient envoyés en priorité vers le reste de l'ex-URSS. De toute manière, la plupart des fermes collectives avaient un rendement insuffisant. En 1986, pour l'Ouzbekistan, c'était le cas de 217 kolkhozes sur 856 et de 325 sovkhozes sur 1085. En 1989, la production de fibres de coton était de 19 % inférieure à celle de 1979 ; la production d'huile de coton, réalisée à 93 % par l'Asie Centrale, était de 870 000 t, de 27 % inférieure aux évaluations du plan. La figure V. 3 et le tableau VI. 21 précisent le déclin de la production du coton.

La mécanisation a supprimé beaucoup d'emplois dans une population nombreuse ([1]), malgré le manque paradoxal de main d'œuvre à l'époque de la cueillette. Ainsi, si la steppe de Karchinskaia manque chroniquement de main d'œuvre, le Ferghana et le Khorezm en ont trop (Morozova, 1987). Il est vrai que deux facteurs se compensent : la productivité par ouvrier agricole est faible (elle n'a augmenté que de 10 % en Touranie entre 1970 et 1979, alors qu'elle l'a été de 23 % dans toute l'URSS) ; mais le nombre d'emplois a augmenté : de 10 à 15 % dans la même région (en parallèle avec les surfaces irriguées : + 15 %), alors qu'il a baissé dans l'ex-URSS toute entière de 6 % entre 1980 et 1985. On assiste donc à une migration incontrôlée de la population rurale vers les villes, où elle contribue à augmenter le nombre des sans-emploi et la taille des bidonvilles car la construction de logements et la création d'emplois industriels ne suivent pas. Une part non négligeable de cette migration est formée de Russes d'origine. Que deviendront-ils dans un proche avenir, alors que les heurts ethniques commencent à apparaître ? Sur les rives de l'Aral, où 90 000 personnes étaient directement concernées, l'émigration s'est accélérée. En 1990, 10 000 habitants de Mouinak s'étaient retirés vers Noukous, après l'arrêt de la pêche et du transport maritime (150 000 t/an). De la même façon, les habitants du Kazakhstan partent vers le Nord ou la région de Tachkent. On dit qu'à Kzyl-Orda, où les papeteries utilisant les forêts de tougaï et les champs de roseaux ont dû fermer leurs portes, 50 000 habitants sont partis.

A ces drames s'ajoutent la fermeture des établissements balnéaires de Mouinak, qui faisaient vivre en été près de 2000 personnes, et celle des sites archéologiques où disparaissent les ruines qui témoignent de la richesse antique du Khorezm, enfouies sous les sables ou détruites par la corrosion ; dix monuments sur cinquante subsistent encore : déjà, l'observatoire de Koy-Kirilgan, du IVe siècle av. J.C., est réduit à un tas d'argile informe.

---

(1) Alors qu'une famille moyenne comporte 3,5 personnes pour l'ensemble de l'ex-URSS, le chiffre est de 6,48 au Tadjikistan et de 5,51 au Kazakhstan.

Tableau VI. 22. Perte de niveau de l'eau dans l'Aral

Epoque	Surface moyenne (x 1000 km²)	Volume perdu par l'Aral en un an (km³)	Soit une hauteur d'eau perdue par an en moyenne (m)
60-65	65,9	12	0,18
65-70	62,15	12	0,20
70-75	58,8	26	0,44
75-80	54,85	34	0,62
80-85	48,45	40	0,82
85-90	42,2	18	0,43

Conclusion : le scénario de la décadence [1]

1954	Le canal – avancement – prélèvements
1960	Le début de la fin
vers 1975	La prise de conscience
après1979	La chute de la production de coton
1984-86	Le grand débat en Union Soviétique
1989-90	La révélation au monde
1991-93	Début des mesures de défense et de réparation

Orechkii écrit à la fin de 1990 (p. 1382) : "...grâce à l'humidité plus importante, l'Aral a reçu ces toutes dernières années un peu plus d'eau : 10 km³ en 87, 20 km³ en 88..." Et il prévoyait, compte tenu des précipitations abondantes sur le Pamir en 1989, que la situation serait semblable en 1989. Ces apports freinèrent seulement la chute du niveau du plan d'eau, qui fut de 37 cm en 1988 et de 70 cm en 1989. Koutznezov évoque une réalimentation de l'Aral pouvant atteindre 8 à 10 km³ en 1990, et 20 km³ vers 1995 (sans prise en compte des crues).

En raison de la réaction très rapide de l'Aral aux variations des apports d'eau (voir les variations de niveau séculaires), la quantité d'eau annuelle apportée à l'Aral pour le maintenir à niveau à peu près constant est de l'ordre de l'évaporation, plus les pertes (1 m par an pour simplifier). En raisonnant par périodes de 5 années, il est possible d'estimer la perte de niveau à partir de la baisse des apports d'eau (tableau VI. 22).

La baisse de niveau citée par Orechkii correspond bien à ces évaluations (tableau VI. 22). Une partie (modeste) des nouveaux apports (dont ceux qui ne vont désormais plus au Sary-Kamysh, qui va se contracter) n'atteint cependant pas l'Aral, mais sert à réalimenter les nombreux lacs du delta de l'Amou. De plus, Glazovsky (communication personnelle) fait remarquer que les stations de jaugeage ne se trouvent plus désormais à l'embouchure des fleuves, et qu'une partie des débits comptabilisés peut ne pas atteindre le bassin de l'Aral lui-même.

Compte tenu des besoins en amont, si aucun projet technique (poldérisation, coupure de l'Aral en deux) n'est réalisé à court terme, on peut tout juste espérer freiner la régression et stabiliser plus ou moins vite le niveau vers 35 m absolus, soit environ 18 m plus bas que le niveau de 1960. Si les apports se rétablissent vers 20 ou 25 km³, quantité qui paraît difficile à dépasser, le niveau baissera encore de 5 à 6 m entre 1990 et 2000 (voir fig. VII-1).

---

(1) Le compositeur Babilov a composé un *Requiem pour une mer en voie de disparition*, qui vient d'être enregistré par l'Orchestre Régional du Nord de la France (dir. J.-C. Casadesus).

Chapitre VII

Quels remèdes ?

Il ressort de tout ce qui précède que les causes de l'assèchement du lac Aral sont plus complexes et plus fondamentales que le seul détournement de l'eau qui l'alimentait. Nous n'insisterons que peu sur les mesures d'ordre général qui doivent remettre de l'ordre dans l'agriculture, bien que la catastrophe de l'Aral soit la conséquence de décennies de mauvaise gestion ; ces points seront repris dans la conclusion.

1. La prise de conscience

Depuis le début des années 1880, la décision, qui à l'époque n'était qu'un projet lointain, de détourner complètement les grands cours d'eau et donc d'assécher l'Aral avait suscité des observations. On restait en général sur l'opinion émise par Woieikoff en 1908 que l'Aral n'avait aucun rôle économique. Dans les années 1920, on était même allé jusqu'à proposer d'assécher le lac pour en cultiver le fond ! L'époque de 1950, où on allait passer aux réalisations, revécut les mêmes discussions, dont on trouve la trace timide dans des publications scientifiques spécialisées de l'époque. Soit de propos délibéré, soit par carence, on négligea l'impact sur l'environnement. Toutes, ou presque toutes les conséquences néfastes étaient connues ou prévues. Cela n'empêcha pas le développement de l'équipement agricole ni d'une petite industrie dans les deltas. On considérait que l'eau y parvenant suffirait à la mise en valeur des aires marécageuses jusqu'ici à l'abandon (respectivement en aval de Noukous et de Kazalinsk), à condition qu'un débit suffisant fût programmé.

On avait bien prévu toutefois que la salinisation des sols causerait des difficultés pour l'emploi des eaux de retour. Mais la conduite de nombreuses opérations d'aménagement, pour des raisons aisément compréhensibles (le pouvoir imposant des quota de production), avait amené les autorités des Républiques et/ou des régions *(oblast)* à tenter — pour la statistique ! — le développement de secteurs, qui auraient été considérés comme impropres à la mise en valeur, par exemple celle de solontchaks ou de takyrs qui bordent la frange nord-est de la chaîne du Khopet-Dag. Toujours selon l'adage "si ça marche avec un peu, ça marche encore mieux avec beaucoup", le dégorgement de sel, la remontée capillaire et la formation des croûtes en surface, devaient être traités par une irrigation forcenée. Cela parce que partout, à quelques exceptions près, *l'eau était gratuite,* et sa consommation pratiquement illimitée. Quant au rejet des eaux de drainage, pas de problème : aux gens de l'Aral de se débrouiller !

Rappelons que ces dernières années, toutes les rivières issues de montagnes étaient captées (110-120 km³/an) et étaient considérées comme inépuisables. Ce qui est inexact, car leur alimentation est nivale et glaciaire et il est maintenant reconnu que les glaciers sont globalement en phase de régression. Dans les trente années qui ont suivi la Seconde Guerre mondiale, les statistiques triomphales, au fil des plans quinquennaux, la conquête de surfaces vierges, la production de riz, de coton, l'industrie minière, faisaient en Occident le bonheur des prosélytes du régime soviétique. En 1980, encore, les rares touristes pouvaient être émerveillés par des réalisations grandioses : elle le sont en effet. Mais les conséquences ? Peu à peu, le triomphalisme s'est atténué. La *glastnost* a permis aux hommes du peuple de s'exprimer, de montrer le revers de la médaille... Les publications scientifiques, à mots couverts, ont commencé à présenter — de manière impersonnelle — les résultats de cette politique d'exploitation à tout prix.

Il est frappant de voir que la littérature soviétique consacrée aux problèmes d'environnement — et plus particulièrement de l'Asie Centrale — est rare (¹) et n'apparaît qu'un peu avant 1980. Ce sont essentiellement les géographes russes qui ont déclenché l'affaire : jusqu'alors, les autochtones étaient priés — parfois avec rudesse — de se taire (voir le témoignage du Dr. O. Esirkapov, qui parle de "Tchernobyl silencieux"). Après que la glastnost ait permis aux gens de s'exprimer davantage, les articles ont commencé à proliférer dans la grande presse comme dans les revues scientifiques : *Vodnie Resoursy* (Ressources en eau), *Izvestsia Akademy Nauk CCCP* (Nouvelles de l'Académie des Sciences d'URSS) et *Problemy Ovstvoenie Poustyn* (Problèmes du développement des déserts, publication turkmène), qui sont la base essentielle de toute la documentation récente. Celle-ci reste cependant fragmentaire : les chercheurs eux-mêmes n'avaient pas encore accès aux archives ou ne disaient pas tout, du moins avant 1987. Même maintenant, ils restent souvent assez vagues, dissertant de problèmes généraux dans un vocabulaire qui se ressent de la langue de bois. D'autre part, lorsqu'on tente de recouper des renseignements, on constate parfois qu'ils sont issus de la même source d'information.

Depuis, les revues techniques n'hésitent plus à publier sur des aspects écologiques fondamentaux, que les spécialistes occidentaux des régions arides avaient étudiés en détail depuis longtemps : biologie des plantes du désert, évolution des sols cultivés, recherche d'espèces cultivables, zootechnie. Il est aussi frappant que cette littérature ignore encore presque complètement dans ses bibliographies les publications occidentales qui étaient — et sont encore — là-bas quasiment inaccessibles. Il faut également compter avec l'écueil de la langue et de la transcription en cyrillique (²).

D'une manière générale, la littérature consacrée à l'Aral montre des poussées d'intérêt : de 1850 à 1875, de 1900 à 1910, un peu vers 1920-25 et 1947-50... La vague de 1970 a atteint son maximum vers 1985 ; elle est bien retombée depuis, comme si, par désespoir, les mesures de sauvegarde qui furent envisagées, des plus saugrenues aux plus sages, étaient repoussées aux calendes grecques. A. Giroux (1985) a fait une mise au point utile des problèmes généraux de l'irrigation en URSS, mais ne parle qu'assez peu du problème de l'Aral lui-même.

N. Glazovsky témoigne de l'évolution des esprits en URSS (le reste du monde ne savait pas) (³). En 1975, un groupe de travail organisé par l'Institut de Géographie de l'Université de Moscou alerta l'opinion scientifique sur les conséquences des transferts massifs d'eau entre bassins hydrologiques ; la même année, une commission technico-scientifique du Comité d'Etat soviétique, animé par I.P. Gerasimov, mit en évidence l'opposition de deux points de vue sur l'évolution de l'Aral : les uns pensaient qu'elle n'aurait que des conséquences mineures, les autres que celles-ci seraient lourdes tant du point de vue écologique qu'écono-

---

(1) Voir une bibliographie "grand public" dans Precoda N. (1991).
(2) Après 1920, l'écriture arabe fut interdite au Turkestan, et remplacée par l'alphabet romain puis l'alphabet cyrillique. En même temps, les langues vernaculaires, qui étaient le turc et le persan, furent modifiées (voir *Cahiers du Monde russe et soviétique*, 32, 199), mais presque toute la littérature technique des instituts de la région est en russe.
(3) Voir Giroux (1985).

mique, et qu'il convenait de rétablir le niveau de l'Aral à sa cote antérieure. Le développement inconsidéré de l'irrigation était formellement mis en cause dans le rapport de la commission.

V.A. Kovda et N. Glazovsky réaffirmèrent ce point de vue en 1981-1982 auprès du Comité d'Etat au Plan. Peu après, les discussions publiques sur le sujet furent interdites et les rapports gardés secrets. En 1983, toutefois, un rapport collectif de chercheurs travaillant pour des organismes aussi divers que le Comité au Plan, l'Académie des Sciences d'Ouzbekistan, le Ministère de la Santé du Kazakhstan, fut présenté au Comité Central du PCUS. Il était intitulé : *Dégradation des écosystèmes de l'Aral, des deltas de l'Amou-Daria et du Syr-Daria, liée à la soustraction irréversible des débits des cours d'eau d'Asie Centrale pour l'irrigation.* Il proposait déjà des mesures de sauvegarde. Le ministre de l'Eau et de l'Aménagement, N.F. Vasilyev, appuyé par un certain nombre de membres de l'Académie d'Agriculture de l'URSS, opposa une fin de non-recevoir aux propositions de ce rapport.

En 1987, fut créée une Commission gouvernementale sur la situation écologique de l'Aral, présidée par Y.A. Israel. Elle n'eut guère d'influence, mais ses conclusions amenèrent toutefois le Conseil des Ministres Soviétique à adopter une résolution intitulée : *Mesures pour une amélioration radicale de la situation écologique et sanitaire dans la région de l'Aral, de l'emploi et de la protection des ressources en eau et en sol du bassin.* Un certain nombre de mesures était proposées. Le texte de cette résolution restait cependant très vague. L'extension des terres irriguées restait autorisée. Une certaine réalimentation de l'Aral était prévue, sans toutefois préciser l'origine des eaux. Les organismes administratifs responsables de la mise en place de ces mesures n'étaient pas désignés. Bref, comme ailleurs, on temporisait.

La Glasnost a permis au public de prendre enfin pleinement conscience du problème de l'Aral. L'expédition Aral-88, organisée par les revues *Novy-Mir* et *Pamir,* qui parcourut toute la région en suivant le cours de l'Amou-Daria et du Syr-Daria, permit de recueillir des témoignages de victimes et de responsables de la catastrophe. Ses résultats frappèrent l'opinion d'abord soviétique et, très vite, mondiale. Plusieurs colloques internationaux en 1989 et 1990 apportèrent de nouvelles données. Entre temps, l'Institut Inter-Républiques de l'Eau et des Problèmes Ecologiques du Bassin de l'Aral avait été installé en 1988 à Noukous. Celui-ci, après la disparition de l'URSS, est demeuré un organisme international géré par les Républiques de la CEI.

Seuls quelques groupes de spécialistes, les associations de défense, qui ont maintenant le droit d'exister et de se manifester, des responsables politiques [1], aux prises avec les réactions souvent violentes de leurs administrés désespérés, font encore entendre leur voix. Des opérations, comme le colloque de Noukous (septembre 1990), assez largement médiatisé (nous citons quelques articles de journaux de l'époque), ont ravivé l'intérêt du public.

Depuis, c'est pratiquement le silence…

"Que faire ?" [2]

Peut-on, par des apports appropriés, rétablir la région de l'Aral dans son état antérieur ?

Le tableau VII. 1 rappelle les données relatives à l'Aral pour le demi-siècle écoulé, avec une projection possible jusqu'en l'an 2005. L'intervalle de temps de 5 ans paraît raisonnable, compte tenu que les dix années antérieures aux grands travaux du Kara-Koum font sentir leur effet à partir de 1959 environ. Le bilan net de l'évaporation est mis en regard du volume de l'eau. Jusqu'en 1955, ce bilan est équilibré à quelques km³ près, qui correspondent aux fluctuations antérieures du niveau du lac (le bilan de 1945 à 1955 oscille de +17 à -9 km³, soit 26 km³

---

(1) Souvent ceux-là même qui 10 ans plus tôt pratiquaient un triomphalisme béat.
(2) Titre d'un ouvrage célèbre de Lénine (Stuttgart, 1902).

Tableau VII. 1. Bilan hydrologique de l'Aral (sources diverses)

Année	Apport des cours d'eau km³	Prof. max. m	Surface km² x 1000	Evap. nette km³	Bilan évap-apports km³	Volume km³	Vol./ surface km³	Salinité g/l
1945	62	65	63	45	+17	1030	≈16	≈10
1950	48	63,5	à	54	-4	à	"	"
1955	54	67	69	63	-9	1090	"	"
1960	40	68	67,9	68	-28	1090	16,05	10,2
1965	31	63,5	63,9	64	-33	1030	16,11	10,5
1970	33	60,5	60,4	60,4	-27,4	970	16,05	11,1
1975	11	57	57,2	57	-48	840	14,7	13,7
1980	≈4	51	52,5	52	-48	670	12,8	16,5
1985	0	45	44,4	44	-44	470	10,6	23,5
1990	9	38	38	38	-29	300	7,9	26,5
1995	12 ?	35,5 ?	35 ?	34,5 ?	-22,5 ?	250 ?	7,1 ?	29 ?
2000	15 ?	34 ?	33 ?	32 ?	-17 ?	220 ?	6,7 ?	31 ?
2005	20 ?	33,5 ?	32,5 ?	30 ?	-10 ?	200 ?	6,2 ?	32 ?

La projection présentée ici est fondée sur des hypothèses de réalimentation moins optimistes que celles qui ont été faites par les spécialistes russes avant 1990.

qui, divisés par une surface moyenne de 67 000 km², représente seulement une variation de niveau moyen de 0,4 m environ). Les apports pluviaux et les échanges avec les aquifères des rives, qui sont, au grand maximum, égaux à cette variation, ont été négligés.

Depuis 1987, on réinjecte un peu d'eau par l'Amou-Daria. Oretchkii dit que ces apports devaient être de l'ordre de 10 km³ en 1990, mais annonce moins de 6 km³ pour 1989 ; ces valeurs sont comparables à celles qu'avait proposées Lvovich en 1978, communiquées par Koutznetzov en 1990, soit 8,7 km³ en 1990, avec une prévision de 15 à 17 km³ en 2000 et 20 à 21 km³ en 2005 [1]. Elles sont bien inférieures aux propositions qui seront discutées plus loin, et très insuffisantes. En 1988-89, grâce au remplissage du lac Toktogoul (18 km³, en amont de Kzyl-Orda), à la suite d'années humides, il a cependant été possible de lessiver les lagunes du delta du Syr-Daria où s'accumulaient les eaux de vidange de Kazalinsk.

Le bilan de l'Aral est un problème complexe, même si l'on considère que l'évaporation théorique, les précipitations, etc. ne changent pas de caractère. En effet, la géométrie du bassin varie. La partie périphérique orientale, de faible profondeur, s'est asséchée très vite. Désormais, le rapport surface/volume est moins favorable à l'évaporation. La surface évaporatoire diminuera encore, mais moins vite cependant que le volume qui reste à évaporer. Cette eau s'enrichit considérablement en sels dissous ce qui, à surface égale, diminue ses capacités d'éva-

---

(1) Bien entendu, il s'agit d'eau polluée et qui contient des sels dissous, dont la composition reste dans l'ensemble voisine de celle de l'Aral (NaCl + CaSO₄ + Na₂SO₄).

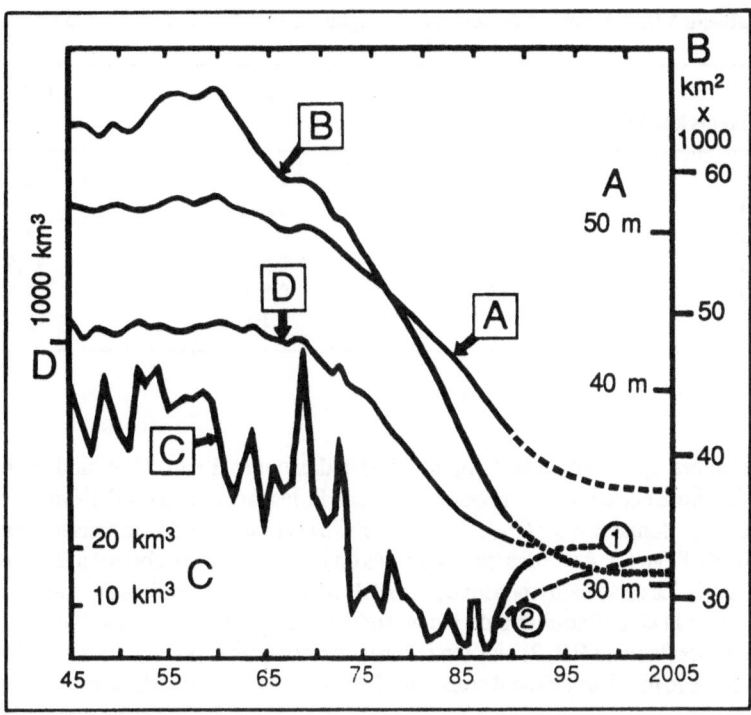

Fig. VII. 1. Projection de l'évolution de l'Aral dans l'hypothèse d'une réalimentation de 20 km³/an *(1)* et 10 km³/an *(2)*. *A* Niveau de l'eau (par rapport au zéro marin) ; *B* surface ; *C* apports ; *D* volume du lac

poration : l'apport des eaux douces de pluies ne peut être négligé. Cette situation est comparable à celle des marais salants, mais plus complexe car la saumure n'a pas la composition chimique de la mer, dont la séquence évaporatoire est bien connue.

La surface évaporatoire — et l'évaporation nette annuelle — tendent vers une valeur minimum. Comme le profil du bassin n'est pas uniforme, l'abaissement annuel du niveau va ralentir à mesure que la quantité d'eau évaporée diminuera. Mais l'apport par les cours d'eau, supposé de plus en plus élevé à partir de 1990, devrait compenser en partie le prélèvement évaporatoire. Les valeurs données dans le tableau — projection jusqu'en 2005 — sont donc à prendre avec prudence, car on ignore si les prévisions de réalimentation seront tenues, voire dépassées. Ces valeurs sont fondées sur l'extrapolation des tendances conjuguées avec les estimations de réalimentation données par Koutznetzov. On voit qu'en 2005, le bilan est toujours négatif de 10 km³ environ (fig. VII. 1). Les précipitations sur un plan d'eau réduit à environ 30 000 km² ne représentent alors (pluviosité de 10 cm par an) qu'un tiers environ des quantités nécessaires pour que le bilan soit équilibré : ou bien on apportera en 2005 les 20 km³ fluviaux nécessaires, et l'Aral sera presque stabilisé au niveau qu'il aura atteint alors, avec un abaissement de son niveau de 30 à 35 m par rapport à 1960 (plus bas que les niveaux d'assèchement détectés par les sédimentologistes), ou bien le lac continuera à s'abaisser de plus en plus.

Nous avons demandé à notre collègue A. Jauzein, fin connaisseur des bassins évaporitiques, de nous donner son diagnostic dont voici les grandes lignes.

Jauzein utilise les données de Goloubtzov et Morozova (1972), qui donnent un flux moyen de précipitations de 173 mm par an entre 1959 et 1969 — ce qui lui paraît optimiste — et une évaporation de 1 050 mm/an. Cela correspond à des apports totaux R = 56 km³/an. Il néglige en

Tableau VII. 2. Modèle d'évolution hydrologique du lac Aral établi par A. Jauzein

R Apports km³/an	Cote en m	S/So	Chlorure (g/l)
56	53	1	3
50	51	0,875	3,5
40	44,5	0,715	5
30	37,5	0,540	11,5
20	33,5	0,370	21,5
10	30	0,190	40

première approximation l'apport en sels des cours d'eau. Une modélisation simplifiée de l'équilibre entre les apports des cours d'eau R, les précipitations P, l'évaporation E et la surface du lac S, donne R = S x (P - E x X) / So, où So est la surface du lac dans les années 50, et X l'activité de l'eau [1]. Avec des flux exprimés en km³/an, Jauzein aboutit à la formule R ≈ S/So (11 - 67 x X). La carte bathymétrique permet de relier volume, surface et profondeur, et on peut alors estimer la cote d'équilibre du lac en fonction d'apports R donnés. Jauzein donne les résultats suivants (tableau VII. 2) où l'ion chlorure est considéré, pour des raisons d'ordre géochimique, comme le meilleur élément conservatif, en fonction des apports de provenance variée du bassin versant.

Jauzein (tableau VII. 2) conclut que :

– pour R = 0 (apports nuls), au bout de 15 ans, la teneur en chlorure est de 67 g/l, la cote du lac est voisine de 26 m : le bassin est séparé en deux avec une vaste sebkha centrale asséchée en été, et un ombilic occidental allongé Nord-Sud à sédimentation saline, ombilic qui s'asséchera presque complètement 15 à 20 ans plus tard ;

– pour R voisin de 20 km³/an, la contraction du corps d'eau se poursuit pour s'amortir au bout d'environ 30 ans au voisinage d'une cote de 30 m avec une concentration en chlorure de 19 g/l ;

– il faudrait un apport voisin de 35 km³/an pour arrêter immédiatement l'évolution actuelle ;

– pour R voisin de 50 km³/an (le module du Rhône à Valence), 200 ans seraient nécessaires pour retrouver un équilibre approximatif au voisinage de la cote +51 m (fig. VII. 2).

Jauzein conclut que, à moins d'engager des travaux titanesques pour trouver les débits nécessaires, l'Aral ne peut plus être sauvé et évoluera, bien que de moins en moins vite, vers un assèchement total accompagné du dépôt d'une séquence saline qui, compte tenu de la composition ionique de ses eaux, sera du même type que celle du Kara-Bogaz-Gol, la baie orientale de la Caspienne :

– un peu de carbonates, qui voici quelques années encore étaient représentés surtout par les tests des mollusques mais qui, à des salinités plus fortes et après la disparition des dernières faunes, pourraient précipiter sous forme de protodolomite ou de huntite : il s'agit de carbonates mixtes de magnésium et de calcium, formés actuellement dans des lagunes saumâtres en voie d'assèchement dans les régions arides. Bogdanova et al. (1981) signalent la dolomite dans les solontchaks du Sud-Est de l'Aral exondé, sans autre précision sur son origine ;

(1) L'activité de l'eau est un paramètre liant la teneur en sels de l'eau et la pression de vapeur saturante dans l'atmosphère et qui intervient dans l'évaporation.

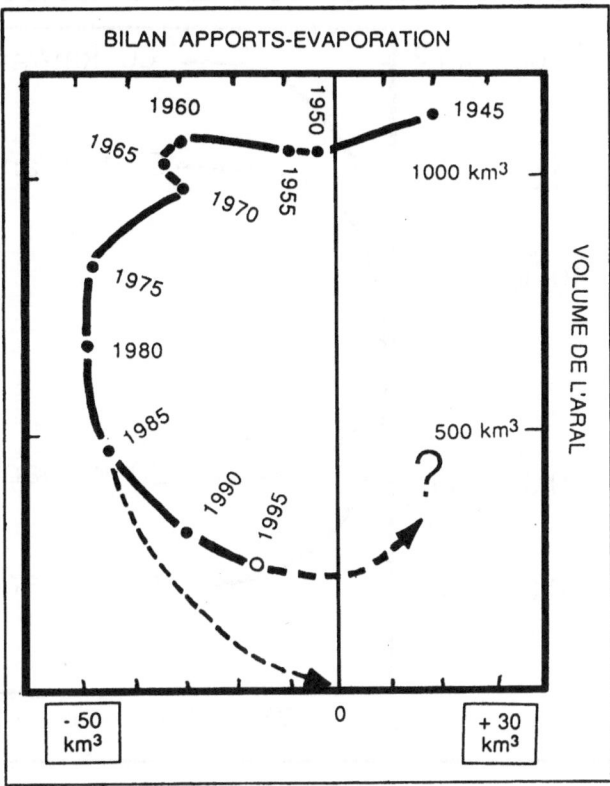

Fig. VII. 2. Comment le volume de l'Aral a évolué en fonction de son bilan (apports-évaporation). Le lac peut se stabiliser si la trajectoire atteint la ligne verticale (bilan nul). La flèche en tirets fins représente l'évolution sans réalimentation

– du gypse $CaSO_4$, 2 H_2O, pouvant évoluer secondairement en glauberite $Na_2Ca (SO_4)_2$;

– de la mirabilite Na_2SO_4, 10 H_2O en hiver et de l'astrakhanite (ou bloedite) $Na_2Mg (SO_4)_2$, 4 H_2O en été ;

– de l'epsomite $MgSO_4$, 7 H_2O, en particulier s'il y a balayage éolien ou prélèvement pour l'industrie chimique de la mirabilite, de la thénardite Na_2SO_4 (qui en dérive à sec) et de l'epsomite ;

– de la halite (NaCl), à partir d'une concentration en Cl voisine de 150 g/l ;

– un peu de carnallite $KMgCl_3$, 6 H_2O, qui évacuerait les traces de potassium ;

– de la bischofite $MgCl_2$, 6 H_2O, en fin d'assèchement lors d'épisodes climatiques hyperarides.

C'est là, en quelques phrases, le pronostic d'un spécialiste. Il a volontairement négligé les phénomènes d'infiltration des sels dans les sédiments et leur précipitation dans les terrains exondés du fait de l'évaporation qui produit déjà, comme l'ont signalé les auteurs soviétiques, le gypse, la mirabilite [1] et la thénardite — gypse et thénardite étant les constituants essentiels des poussières salines éoliennes actuelles. La glauberite se forme à partir du gypse, instable en milieu très riche en sodium. Jauzein ne tient pas compte non plus des apports fluviatiles dont la composition chimique ne peut être prévue avec certitude.

La grande question est : peut-on ramener l'Aral à son niveau d'antan ?

La réponse, on vient de le voir est : NON.

Il faudrait en effet, non seulement apporter les 800 ou 900 km³ manquants, mais aussi com-

---

(1) Rappelons que ce sel existe à deux niveaux différents dans les sédiments de l'Aral, ce qui témoigne que pendant l'époque historique (Gengis Khan et Tamerlan, XIIIe et XIVe siècles) l'Aral avait considérablement décru.

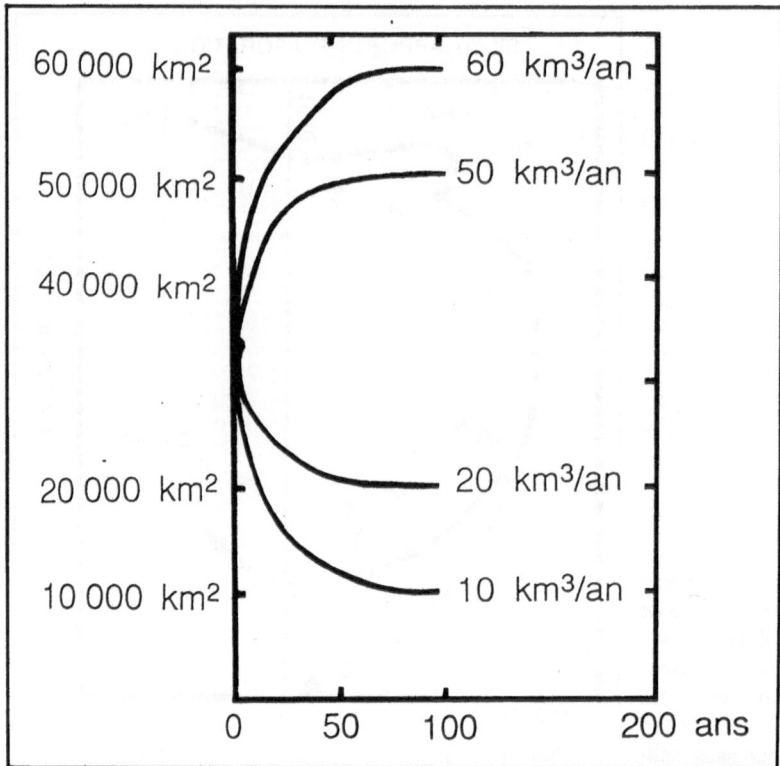

Fig. VII. 3. Evolution de la surface de l'Aral suivant divers scénarios de remplissage (sans barrages), à partir de la surface de 35 000 km² (1990)

penser l'évaporation au fur et à mesure que le lac recommencerait à gagner de la surface, somme toute refaire le chemin inverse et reconstituer le capital. On peut espérer, si les projets de réinjection évoqués plus haut sont réalisés, stabiliser complètement le niveau vers 2015-2030 (sauf apports supérieurs aux prévisions). Dès que le bilan (apports moins évaporation) redeviendra positif, le niveau de l'eau pourra remonter (fig. VII. 2). Il faudra, dans cette perspective, tenir compte constamment de l'augmentation de la surface évaporatoire, mais aussi de ce que les réinjections auront une teneur en sel bien supérieure à ce qu'elle était jadis. Les termes mineurs du bilan en sel (apport par le drainage des surfaces exondées, réinjection d'eau très salée dans le sédiment) pourront-ils encore être négligés ? Quoi qu'il en soit, il faudrait beaucoup plus que 50 km³/an d'apports d'eau par an pour que le résultat idéal soit obtenu avant des dizaines et dizaines d'années.

Jauzein a calculé que, étant donnée la salinité actuelle des eaux apportées, il faudrait plus de 200 ans pour que l'Aral retrouve son niveau d'antan. Et la chimie de l'Aral ne serait alors plus la même. Mais compte tenu des impératifs économiques de la région (les besoins liés à une démographie galopante ne permettront jamais d'apporter 50 km³ par an), il faudrait très long-temps pour y parvenir, et maintenir constamment ces hypothétiques 50 km³ pour conserver en permanence un niveau voisin de celui de 1960. La figure VII. 3 permet, à partir d'un modèle déjà relativement sophistiqué, de déterminer la variation de surface de l'Aral en fonction des apports extérieurs, sans partition de la cuvette, comme certains projets évoqués ci-dessous l'ont proposé.

Tableau VII. 3. Evaluation des caractéristiques possibles de réalimentation de l'Aral, fondées sur la relation volume/surface

| Volume à l'origine (km³) | Apports fluviaux en km³/an | | | | | | | | | | | |
| | 60 | | | 40 | | | 20 | | | 10 | | |
	(1)	(2)	(3)	(1)	(2)	(3)	(1)	(2)	(3)	(1)	(2)	(3)
1000	960	62200	30	360	40500	77	123	20170	69	26	10080	70
500	770	57650	46	360	40500	48	123	20170	56	26	10080	60
300	770	57650	61	350	39500	11	123	20170	47	26	10080	54
200	770	57650	65	350	39500	38	123	20170	40	26	10080	50
100	770	57650	70	350	39500	45	120	19870	2	26	10080	43

(1) volume final, (2) surface finale, (3) temps nécessaire (en années) à l'atteinte de 99 % de l'équilibre

Nous passerons ici en revue quelques-uns des remèdes proposés ; certains ont une importance primordiale pour le problème général des économies d'eau en Touranie ; d'autres n'ont d'impact réel qu'à proximité immédiate de l'Aral (Giroux, 1985). Certains sont totalement irréalistes, voire farfelus, sinon dangereux pour l'équilibre écologique d'autres régions. Compte tenu de l'état actuel économique de la nouvelle CEI, ils sont heureusement pour l'instant totalement bannis.

Faut-il réalimenter l'Aral ?

Une solution assez simple consiste à diriger de nouveau vers l'Aral les effluents actuellement déversés dans les dépressions "égouts" périphériques — essentiellement les lacs Sary-Kamysh et Aydar-Koul. C'est ce qui a déjà été entrepris depuis 1986, aboutissant à la prévision d'un apport d'une vingtaine de km³/an en 2005 (tableau VII. 3 et fig. VII. 4). Mais, à moins que les canaux soient étanches, ils apporteront aux nappes phréatiques des rives leur cortège de pollution chimique avec, en plus, le sel... Si la solution, déjà mise en œuvre pour une dizaine de km³, peut permettre, comme on l'a vu, de stabiliser le niveau de l'Aral à une vingtaine de mètres en dessous de son niveau d'origine, elle ne peut réhabiliter les alentours désertifiés. Et l'Aral continuera de s'enrichir en sel...

On a donc envisagé (et depuis longtemps, depuis les grands projets de mise en valeur des années 50-60) de rechercher un appoint aux quelques 100-120 km³ d'apport de l'ensemble du bassin.

Le projet de pompage depuis la Caspienne a été imaginé par Stepanov en1969. Des conduites remonteraient l'eau depuis cet autre lac jusque vers 50 m d'altitude (soit sur une dénivelée d'environ 80 m). Le tracé eût été celui du canal Nord-Turkmène et aurait compris plusieurs stations de pompage géantes le long de l'Ouzboï, qu'on aurait ainsi remis en eau... à l'envers. La dépense énergétique prévue était de l'ordre de 18 milliards de Kwh par an. Inutile de préciser que la réalisation et le coût de revient d'un tel projet relèvent de l'utopie totale, d'autant que ce prélèvement sur la Caspienne aurait exigé une compensation. Stepanov spéculait sur une augmentation des précipitations atmosphériques sur la Caspienne, fondée elle-même sur des statistiques météorologiques à court terme. Le fait est qu'on a constaté une légère remontée du niveau de la Caspienne ces dernières années, sans que les lâchures aient été augmentées. Il est douteux que le calcul de Stepanov soit sérieux, la Volga ne suffisant plus alors à

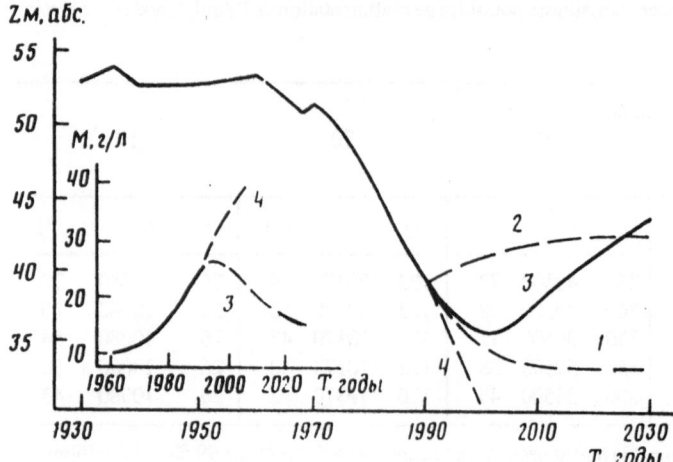

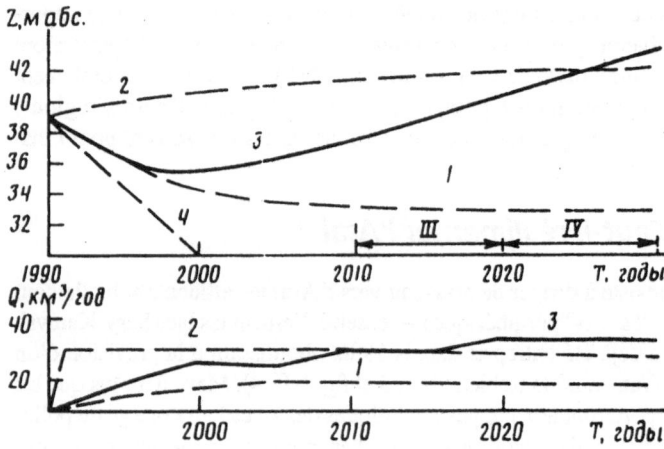

Fig. VII. 4. Les différents scénarios de réalimentation de l'Aral. *Abscisses :* années ; *ordonnées :* altitude du plan d'eau. En haut et au centre, les scénarios possibles : *1* réalimentation progressive de 0 à 25 km³/an jusqu'en 2005 ; *2* réalimentation immédiate à 30 km³/an ; *3* passage progressif à 35 km³/an en 2020 ; *4* pas de réalimentation. En bas, les quantités d'eau nécessaires à la réalimentation pour les scénarios 2 à 4 (d'après Altounin et al., 1991). Dans le carton, variation de la salinité selon les scénarios *3* et *4*

maintenir le niveau de la Caspienne, qui a connu depuis 40 ans des problèmes sévères, en partie corrigés depuis. Cette histoire mériterait d'être contée aussi…

Un autre projet prévoit le transfert d'eau depuis la baie de Kenderli au Nord du Kara-Bogaz, vers l'Aral. Les mêmes problèmes se posent. Dans ce cas, il faudrait aussi remonter l'eau depuis l'altitude -27 m dans la Caspienne jusque vers 120 m, altitude minimale à franchir dans l'Oust-Ourt. Comme pour le projet de Stepanov, cette eau aurait la salinité de la Caspienne, soit déjà 12 g/l en moyenne, et, compte tenu de l'évaporation intense, la salinité de l'Aral serait devenue progressivement très élevée, beaucoup plus qu'aujourd'hui.

Transfert d'une partie du débit de la Volga au fleuve Oural

A. Koushainov a suggéré qu'une partie du débit de la Volga (20 km³/an) soit amenée à l'Oural, puis à l'Aral à travers l'Oust-Ourt. Il proposait deux variantes à son projet :
— un barrage entre le delta de la Volga et la péninsule de Manghislak remonterait le niveau

de la partie nord-est de la Caspienne — dont les rivages se sont exondés largement de 1900 à 1950 [1] ;

– construire à travers la partie nord-est de la Caspienne, entre la Volga et l'Oust-Ourt, un canal formé de deux digues parallèles, la continuité de la masse aqueuse de la Caspienne étant assurée par des aqueducs sous le canal. Dès 1973, Glazovsky et Golubev ont critiqué ce projet pour diverses raisons géologiques et écologiques ; il serait nécessaire que le canal ait un fond étanche pour éviter la contamination de l'eau par les terrains salés du substratum et, dans l'Oust-Ourt, les pertes dans les calcaires et les gypses karstiques.

Le pompage du lac Issyk-Koul

Ce lac, entièrement situé au Kirghizstan près de la frontière chinoise (fig. VII. 4), représente une réserve d'eau considérable (6200 km^2, 702 m de profondeur). On a envisagé de le raccorder à l'Aral par l'intermédiaire de la rivière Tchou, ancien affluent du Syr-Daria. Les Kirghizes se sont violemment opposés à l'idée même de ce projet.

Le canal Sibaral (fig. VII. 5)

Le projet Sibaral qui visait à ponctionner les grands fleuves sibériens, a été, lui, très sérieusement envisagé et a même eu un début d'exécution. C'est un avatar du projet du canal Aral-Caspienne cher à Staline (Andrianov et al., 1975) dans le cadre des grandioses utopies présentées par Davydoff dès 1948.

L'idée d'utiliser l'eau des fleuves sibériens pour remédier à l'aridité de la Touranie fut déjà proposée au XIXe siècle. Beaucoup plus récemment, les besoins en eau de la Touranie amenèrent le gouvernement soviétique à reconsidérer sérieusement la question dans le cadre de la préparation du Xe Plan Quinquennal [2].

Parmi les innombrables variantes de ce projet [3] (fig. VII. 6), la structure de base restait un canal à grand gabarit (200 m de large et 10 à 15 m de profondeur) franchissant le col de Tourgaï en tranchée sur 200 km. Une alternative prévoyait, pour diminuer les travaux de terrassement, de remonter l'eau par pompage d'une vingtaine de mètres dans le passage de Tourgaï, le débit total annuel devant être tout d'abord de 27 km^3, puis de 60 km^3, soit environ 1900 m^3/s, ceci dans le cadre de réalisations à court et moyen termes. On avait envisagé d'utiliser des bombes atomiques pour le terrassement, et des essais furent effectués sur le polygone d'essai du Kazakhstan (dont on a vu les résultats à la télévision). Mis à part les problèmes de radioactivité, il apparut que le procédé n'était pas économique, d'autant que la technique traditionnelle de travaux publics (bulldozer puis drague à godets sur barge) avait prouvé son efficacité sur le canal du Sud-Karakoum. On pensait capter au passage les cours d'eau semi-permanents de la steppe kazakhe.

Le canal aurait franchi le Syr-Daria à niveau, le cours d'eau étant retenu par un barrage qui aurait créé en amont une réserve importante ; ceci n'a pas été réalisé, car les conditions climatiques interdisent la culture du coton dans cette région (cf. chap. IV), et la réserve prévue a été remplacée par le lac Aydarkoul beaucoup plus en amont, et qui aurait stocké une partie de l'eau sibérienne. Depuis le Syr-Daria, une partie de l'eau aurait permis d'irriguer le désert à l'Est de l'Aral en reprenant les canaux secondaires, creusés sur des anciens lits du Yani-Daria, le bras sud asséché du Syr-Daria. Le canal aurait franchi l'Amou-Daria en amont de Noukous, où un

---

(1) Comparer les cartes établies avant et après la dernière guerre mondiale.
(2) Voir Kelly et Campbell (1985).
(3) Voir Giroux (1985) pour l'histoire du projet et les discussions qu'il avait suscitées jusqu'en 1984.

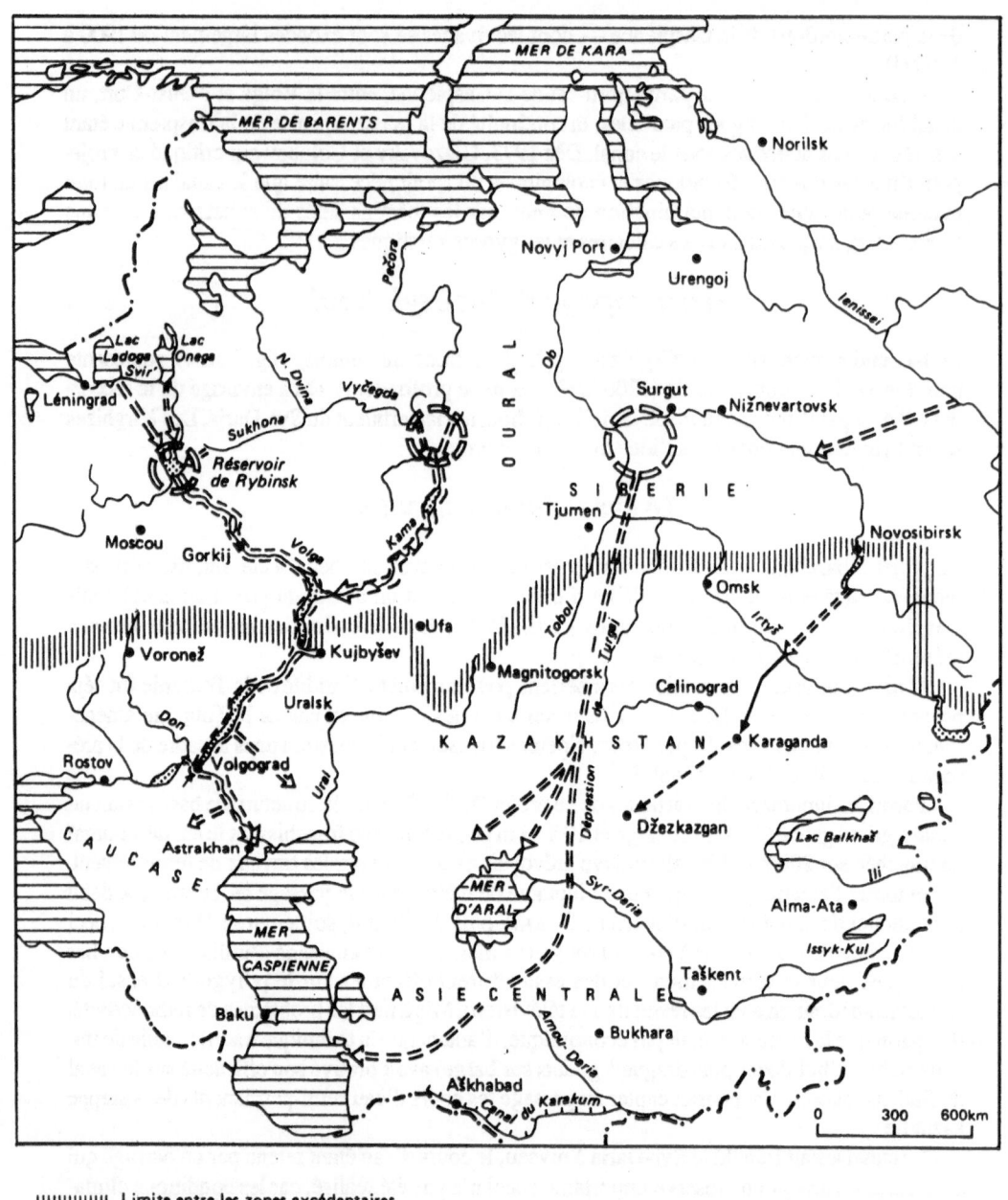

Fig. VII. 5. Projet de détournements des fleuves en URSS (Giroux, 1985)

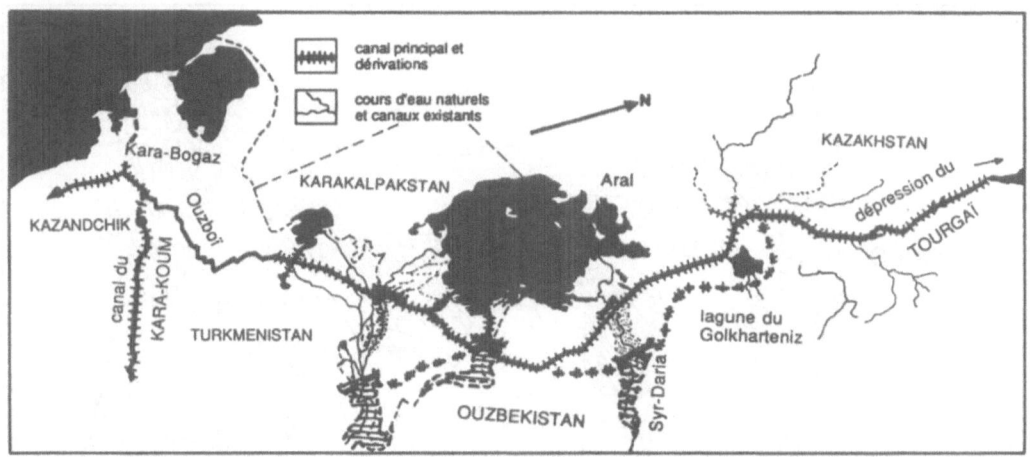

Fig. VII. 6. Deux variantes de projets de canal Sibaral, avec barrages de retenue

second barrage aurait également créé une retenue. Au-delà, il aurait traversé le Khorezm, irrigué le désert au Sud et alimenté le Sary-Kamysh, mêlant ses eaux à celles de l'Amou. Plus loin, il aurait suivi le cours de l'Ouzboï (avec une usine hydroélectrique sur les anciennes chutes), se serait joint au canal Turkestan Sud près de la ville de Nebit-Dag (ce dernier est aujourd'hui parvenu à la basse vallée de l'Ouzboï). De là, il aurait enfin irrigué le désert du Daghestan, au Sud-Est de la Caspienne.

La partie nord du projet de 1950, pour la partie allant de la Sibérie à l'Aral, avait donc été reprise, avec cette fois le débouché du canal sur l'Aral. Bien entendu, le canal aurait été navigable. Une dizaine de km³ auraient été injectés directement à l'Aral, déjà très réduit en 1984.

Ce projet gigantesque, comme ses variantes, comportait d'énormes difficultés. Il aurait d'abord fallu capter à son origine et contenir par un barrage géant sur la Tobol, sous-affluent important de l'Ob, et sur d'autres rivières, une réserve d'eau qui aurait ennoyé un territoire de plusieurs dizaines de milliers de km² (il était prévu un lac de 70 000 km²), créant une de ces "mers intérieures sibériennes" dont l'ex-URSS rêvait beaucoup dans les années 1950. Ensuite, il fallait mouvoir cette eau, car la pente très faible dès le départ (moins de 50 m sur 600 km) ne permettait qu'un faible débit malgré la section projetée du canal. Avec une section mouillée de 1500 m² (100 m de large sur 15 m de profondeur) la pente n'aurait pu tout au plus autoriser qu'un flux inférieur à 200 m³/s. Une variante avait prévu de relever le niveau de départ par des pompes géantes afin d'augmenter cette pente.

Il fallait prévoir aussi les pertes par infiltration et par évaporation : un canal de 1500 km de long sur 100 m de large (sans compter les retenues intermédiaires) aurait à lui seul évaporé 1,5 km³ par an. Selon les prévisions, on devait fournir au canal 27 km³ d'eau par an. Traversant des terrains où la couverture sableuse atteint 60 à 80 m d'épaisseur, il ne serait guère arrivé que de 17 à… 3 km³/an à l'Aral. On pensait compter aussi sur les deux grands cours d'eau touraniens pour réalimenter le canal péri-aralien ; mais cela aurait impliqué de restreindre les prises d'eau à leur amont. Staline souhaitait, de plus, que la partie turkmène du canal fût utilisée pour la navigation — le vieux rêve des tsars — ce qui impliquait un débit réservé pour le tirant d'eau et/ou un canal auxiliaire. Seules de petites embarcations comme sur le canal du Sud-Turkestan, auraient pu circuler dans le meilleur des cas, donc avec un rendement économique minime.

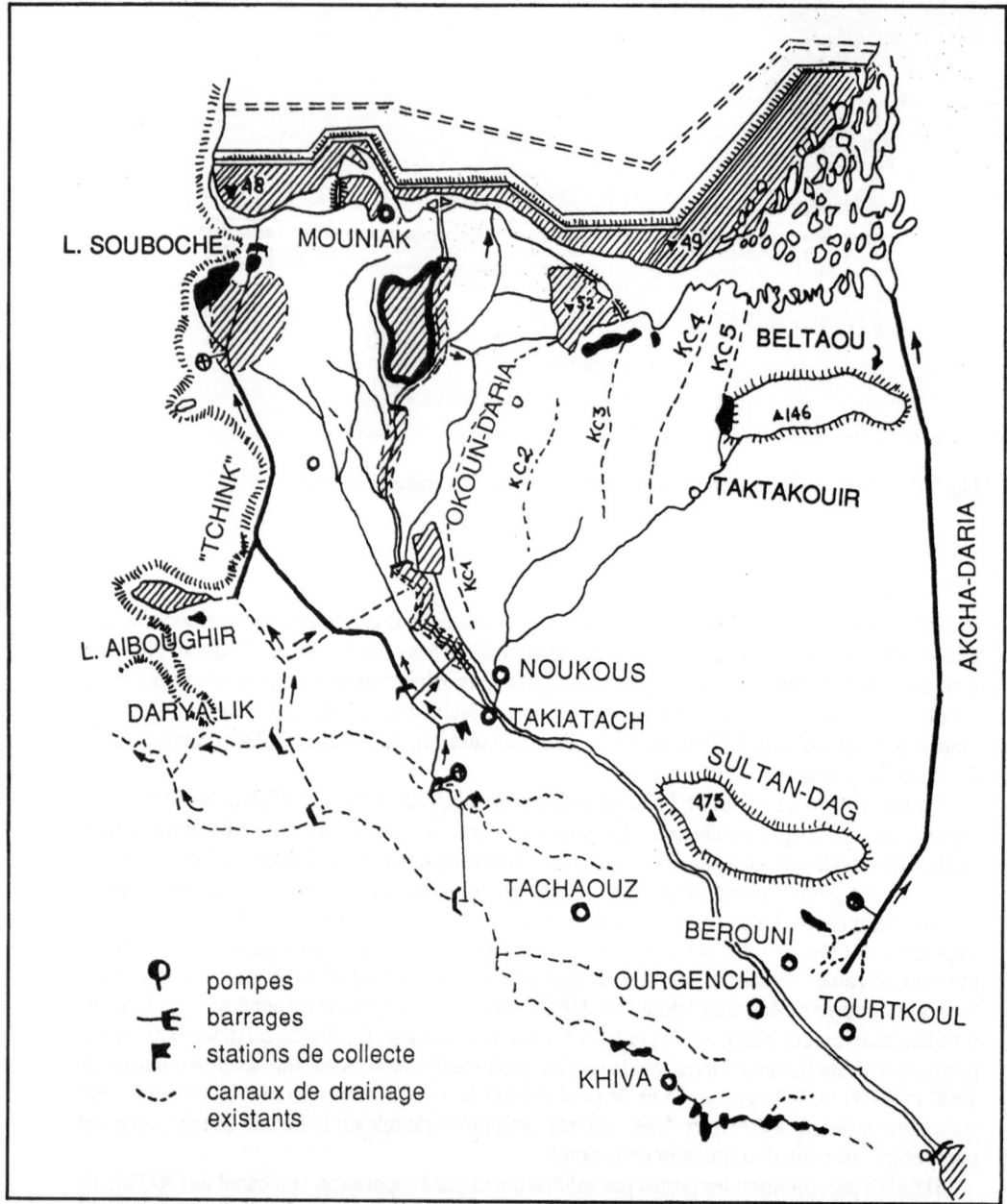

Fig. VII. 7. Un projet de polder sur le delta de l'Amou-Daria et de lacs nouveaux de retenue des eaux usées (d'après Doukovinié et al., 1984) ; KC2 n'a pas été construit

Toutes ces difficultés, ajoutées au coût prohibitif du projet et la rentabilité douteuse de l'irrigation sur des sols dont on a vu tous les problèmes qu'ils posent, ont fait qu'il n'avança guère. Un schéma définitif fut arrêté en 1985, et les travaux devaient commencer en 1989. L'ennoiement de terres arables très convenables dans le Sud-Ouest de la Sibérie et le Nord du

Kazakhstan aurait considérablement réduit la production agricole de ces régions, sans parler du problème de déplacement des populations concernées. Il paraît que des travaux avaient été entrepris au Kazakhstan et étaient même assez avancés, malgré les observations — sinon les plaintes — des autorités régionales, les seules qui pouvaient faire entendre quelque peu leur voix. On annonça en 1986 (Pravda, 20 août, p. 1, décision du comité central du PCUS) l'arrêt définitif du projet, qui aurait dû être réalisé vers 1995-2000. Quand Michael Gorbatchev effectua son voyage en Asie Centrale en 1988, des délégations de riverains de l'Aral vinrent se plaindre de leur situation, et la réanimation du projet fut évoquée. Le président soviétique assura à ses interlocuteurs qu'il serait réétudié, entre autres mesures de sauvetage possibles. Quoi qu'il en soit, amener de l'eau sibérienne pour simplement compenser le déficit de l'Aral — ou freiner sa descente — relevait de l'absurdité économique pure et simple. On n'en a plus entendu parler depuis. M. Gorbatchev avait, de toute façon, d'autres problèmes que ceux de l'Aral à affronter. Mais au colloque de Noukous, les Présidents des Républiques concernées souhaitaient vivement la réalimentation rapide du plan d'eau de l'Aral.

Plus sérieux, et complémentaires de la réanimation des apports en eau, sont les projets de partition de l'Aral.

Un plan de relèvement de la nappe souterraine du delta de l'Amou-Daria : les polders (fig. VII. 7)

Divers projets furent proposés, chacun se trouvant dépassé par l'abaissement progressif du lac. Retenons ceux qui ont encore une base réaliste.

Doukhovniei et al. (1984) proposent une digue de 225 km de long, parallèle à la rive sud, qui contiendrait un lac artificiel de 3 m de profondeur (cote 51 m), alimenté par l'eau de l'Amou et des collecteurs d'eau de drainage (KC 1 à KC 5). Au large, une seconde digue plus basse retiendrait une hauteur d'eau d'environ 1,50 m ([1]). Des barrages sur l'Amou créeraient des retenues de régulation et un lac artificiel, retenu par des digues au-dessus du niveau du sol naturel (trait noir accentué sur la figure VII. 7, au Sud de Mouinak) constituerait la dernière retenue aval. On agrandirait le lac Soudotché en barrant un canal de drainage actuel qui longe l'escarpement du Tchink à l'Ouest, et en creusant un nouveau canal qui récupérerait une partie des eaux évacuées aujourd'hui vers le Sary-Kamysh (la pente étant plus forte vers l'Ouest que vers le Nord — voir la figure II. 33 —, des stations de pompage devraient être construites). On utiliserait aussi des lacs existants comme tampons. Vers l'Est, on relèverait les eaux des aires irriguées au Sud du petit massif de Sultan-Ouiz-Dag pour les amener à l'Akcha-Daria qui, rectifié, alimenterait le nouveau polder.

La création de ce lac artificiel permettrait de relever suffisamment le niveau piézométrique de la nappe phréatique du delta qui, on se le rappelle, s'est abaissée en moyenne de 8 à 9 m depuis 1960. Cette nappe se relèverait en principe à 2 m en dessous de son niveau primitif, puisque le niveau ancien de l'Aral se plaçait à 53 m (et non 51 comme ce projet de polder le déclarait).

Les eaux du polder interne, où pousseraient des roseaux, soumises à une évaporation intense, seraient régulièrement vidangées vers le polder externe, et de là, vers l'Aral résiduel. En prévoyant une salinité (raisonnable) de 6 g/l pour les eaux d'alimentation, l'eau du polder devrait, compte tenu de l'évaporation, ne pas dépasser une salinité de 10 g/l, permettant de retrouver les conditions écologiques antérieures sur la côte ainsi reconstituée 2 m plus bas que l'ancienne.

---

(1) Des variantes prévoient respectivement 5 et 3 m de profondeur.

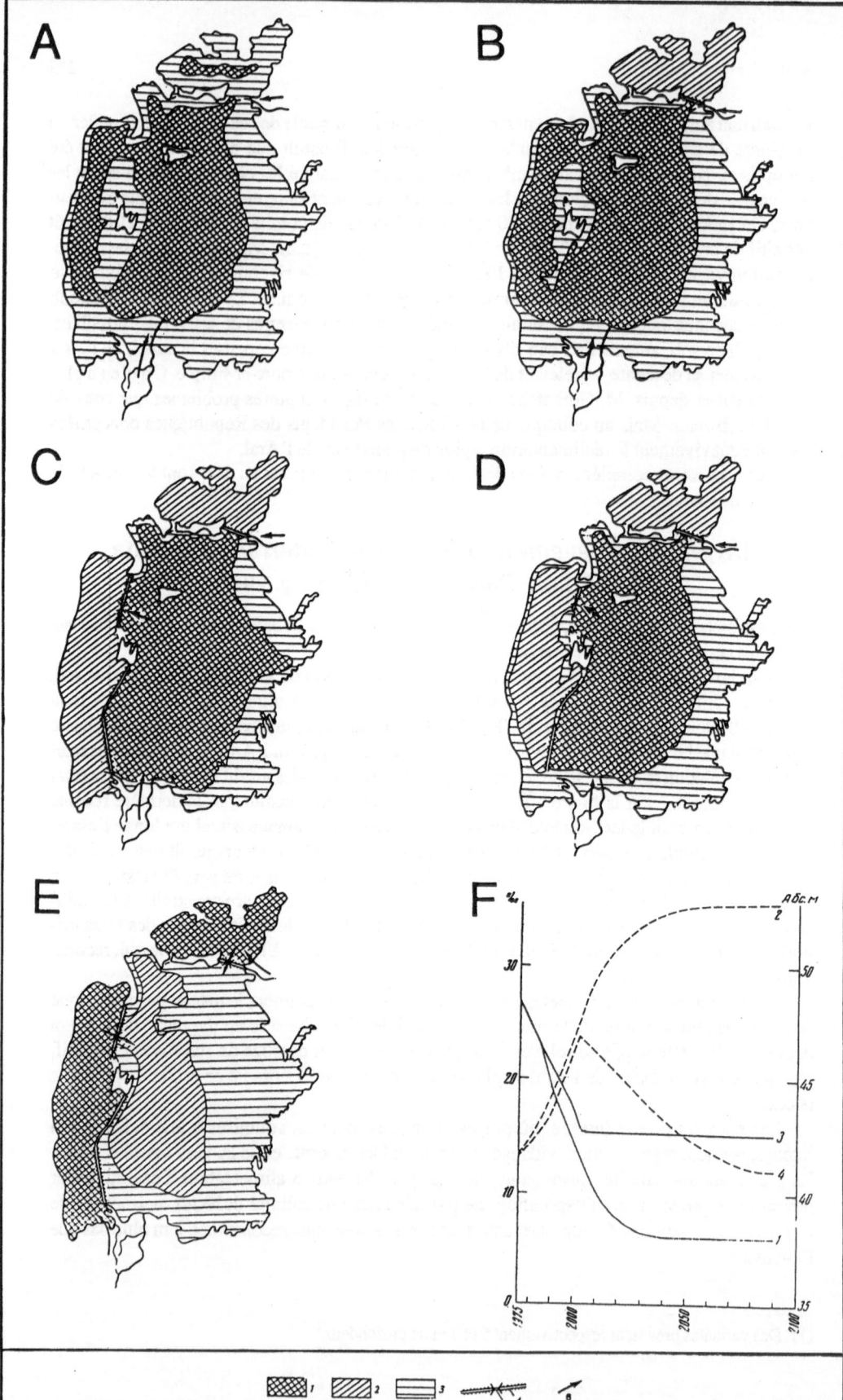

Un projet comparable a été proposé pour le delta du Syr-Daria et à la rive est.

Une telle réalisation pose assez peu de problèmes techniques et semble une des plus raisonnables pour sauver et éventuellement réhabiliter le delta. Mais compte tenu des dégâts intervenus depuis 1984, n'est-il pas trop tard ? Glazovsky s'interroge sur les conséquences sanitaires de telles lagunes, et sur le prix fantastique de leur réalisation.

Les projets de partition de l'Aral (Lvovich et Tchigelinaya, 1978)

Un projet de barrage sépare complètement la fosse ouest de la partie orientale, beaucoup moins profonde, en s'appuyant sur la longue presqu'île Nord-Sud (fig. VII. 8, E) formée désormais par le chapelet des îles Vozrozhendenya et Bellingshausen qu'on rattacherait par une digue à la presqu'île de Kouland qui les prolonge au Nord. L'étroite passe mesure actuellement (1991) environ 15 km de large avec une profondeur maximale de 6 m.

Le schéma proposé par Tchernenko en 1983 (fig. VII. 8, C) consiste à laisser sans alimentation la Petite Mer, au Nord, et la fosse ouest, et à alimenter alors le seul lac central avec des eaux de drainage. Ses calculs indiquent qu'il faudrait environ 20 à 30 km³ d'eau pour le maintenir au niveau de 1983. La salinité s'établirait à environ 12 g/l. Après la saison d'évaporation, on ferait passer une partie de l'eau vers les bassins isolés à un niveau inférieur et qui, eux, s'évaporeraient complètement, et constitueraient ainsi le "dépotoir" ultime ([1]). Étant donné leur surface restreinte, on escomptait que le vannage des sels serait moins élevé et, comme il s'effectuerait dans la partie ouest de l'Aral, les retombées affecteraient l'Oust-Ourt plutôt que le delta de l'Amou. Le sel restant dans le bassin central serait à nouveau dilué par l'eau de drainage.

Une variante de ce projet est présentée sur la figure VII. 9. Comme le niveau de l'Aral a encore baissé, un tel projet demanderait de relever d'abord le niveau du bassin central, ce qui impliquerait, pour rétablir le capital, beaucoup plus d'eau que prévu, avant que le système soit fonctionnel. Un calcul sommaire indique qu'il faudrait plus de 30 km³/an pendant près de 100 ans...

Les auteurs de ces projets suggèrent que les rives des lacs résiduels soient aménagées de façon que les crues des tributaires soient contenues et ne débordent pas sur les terres aujourd'hui exondées, qui seraient d'une manière ou d'une autre aménagées.

Dans le cadre de leur étude, Lvovich et Tchigelinaya avaient aussi proposé un scénario de sauvetage de la Petite Mer, largement dépassé depuis que celle-ci est désormais isolée. Ils proposaient dès 1980 de barrer ce golfe et de lui apporter l'eau du Syr-Daria. Avec 10 km³ par an, la Petite Mer aurait retrouvé son niveau de 53 m et sa salinité de 10,8 g/l ; en 2050, celle-ci se

---

(1) L'auteur cite comme exemple de ces "accumulateurs" de sel les lagunes de Choumash-Koul et Djaksy-Klysch, au Nord du delta du Syr-Daria et déjà évoqués dans le chap. II (variation du niveau de l'Aral), qui, inondés en 1895 et pleins en 1902, y ont abandonné 420 Mt de sels par suite d'un nouvel abaissement de l'Aral. La partie ouest du lac Balkach fonctionne déjà lui aussi en régulateur de sel, laissant sa partie est relativement peu salée.

◄ **Fig. VII. 8.** Les scénarios présentés par Lvovitch (1978) pour le soutien du niveau de l'Aral, avec un apport total d'eau de surface de 20 km³/an. *1* Zone à salinité "normale" ; *2* zone alimentée par l'évacuation des eaux évaporées de la zone 1 ; *3* zones exondées ; *4* digues ; *5* écluses ; *6* sens du courant. *A* Etat sans partition du lac Aral ; *B* abandon de la Petite Mer ; *C* abandon de la Petite Mer et de la fosse ouest ; *D* variante de C, si les travaux sont réalisés après un abaissement plus important ; *E* opération inverse de C ; la fosse centrale recueille les eaux rejetées depuis la fosse ouest et la Petite Mer ; *F* évolution du niveau (*trait plein*) et de la salinité (*tirets*) de la Petite Mer, dans les hypothèses A (*1. 2*) et F (*3. 4*) : la Petite Mer reviendrait à une salinité voisine de celle de 1960 (toujours dans l'hypothèse d'un apport de 4 à 5 km³/an du Syr-Daria)

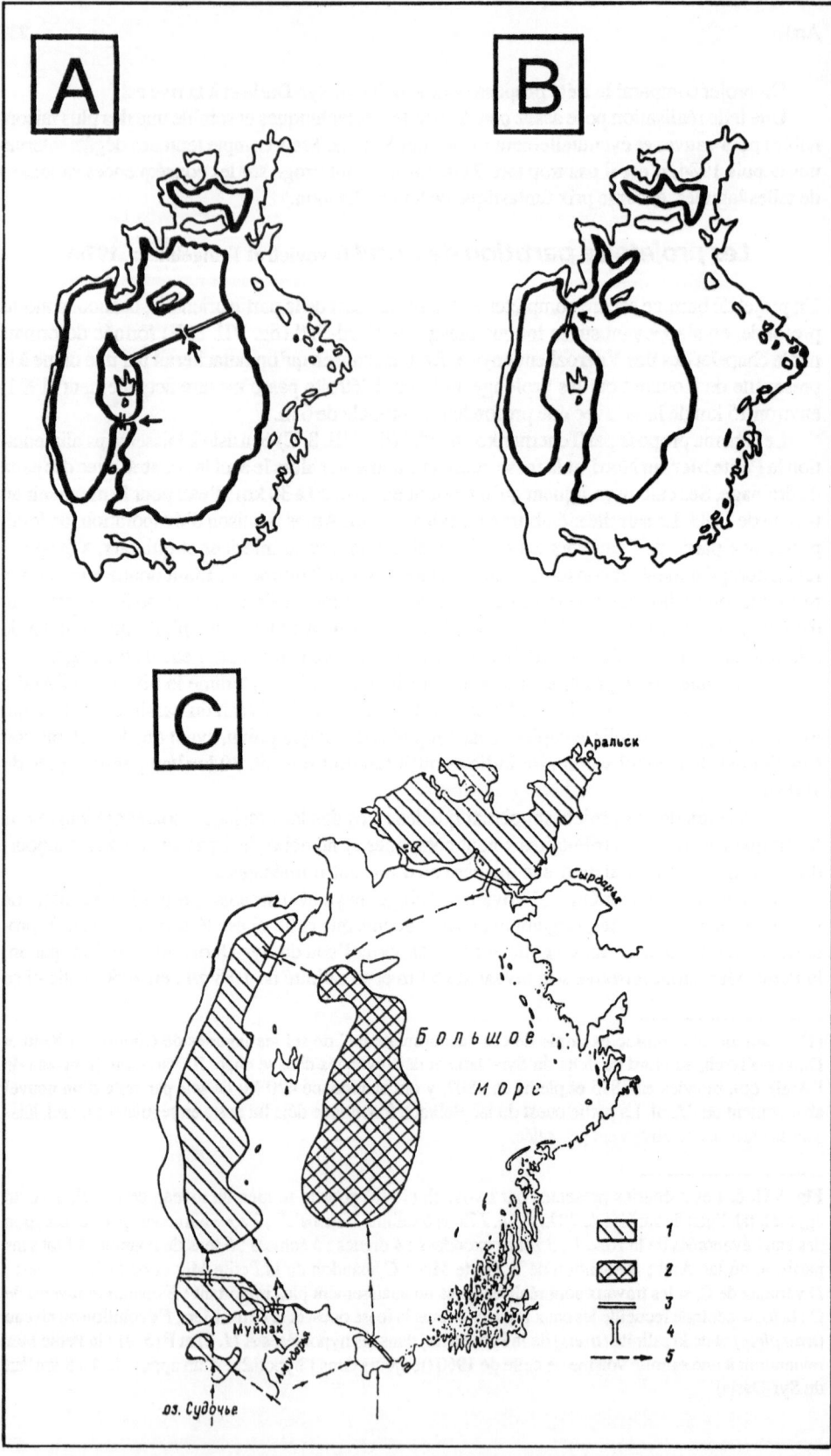

A

B

C

Аральск

Сырдарья

Большое

морс

Муйнак

Амударья

оз. Судочье

1
2
3
4
5

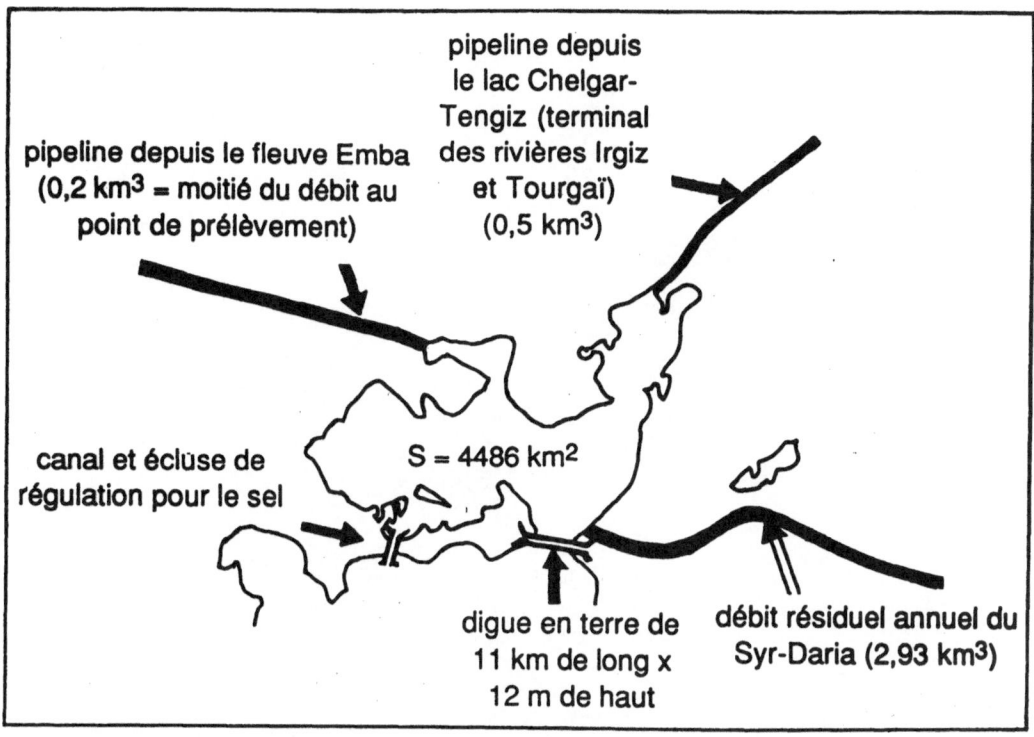

Fig. VII. 10 a. Le projet de Micklin (1990)

◄ **Fig. VII. 9.** Quelques autres projets de barrage, présentés en 1990. Sur la figure C, la Petite Mer et la fosse ouest sont seules réalimentées *(1)* ; la dépression centrale *(2)* reçoit les eaux concentrées par évaporation, par le biais des écluses *(4)* Les digues sont représentées par *(3)* et les flux par *(5)*

serait abaissée à 6 g/l ; le soutirage destiné à maintenir cette valeur se serait fait vers la fosse centrale (5 km^3/an). En 1990, Micklin a réexaminé ce projet (fig. VII. 10) : il prévoit pour les arrivées 0,66 km^3 de précipitations, 0,30 km^3 d'eaux souterraines et 3,63 km^3 d'eau de surface provenant du Syr-Daria, ainsi que de pipelines tirés depuis l'Emba, comme de l'Irghiz et de la Tourgaï, qui se perdent dans diverses lagunes saumâtres au Nord de l'Aral. Mais ce système ne permet pas de reconstituer le capital disparu et l'utilité de ce projet est contestable. Rappelons que dans les années 60, lors du développement des exploitations pétrolières de l'Emba (Nord-Est de la Caspienne) où les ressources en eau sont rares, on avait projeté un canal comparable, mais alors pour ponctionner l'Aral !

En 1992, le gouvernement du Kazakhstan a commencé la construction, entre l'ex-île Kara-koul et le delta, de la digue (fig. VII. 10 a) séparant définitivement la Petite Mer de la Grande Mer. Actuellement, il y a une différence de niveau de 1,6 m en faveur de la première. On a augmenté le débit résiduel du Syr-Daria vers celle-ci (3 km^3 ?) en diminuant les détournements pour l'irrigation et les emblavements dans la basse vallée du Syr-Daria, et on espère ainsi rame-ner la Petite Mer à son niveau et à sa salinité initiaux (environ 11 g/l). Le biologiste Aladin espère que cette réalisation permettra de rétablir l'écosystème ancien de la Petite Mer.

On peut tenter de calculer le temps nécessaire à cette réalisation, compte tenu des para-

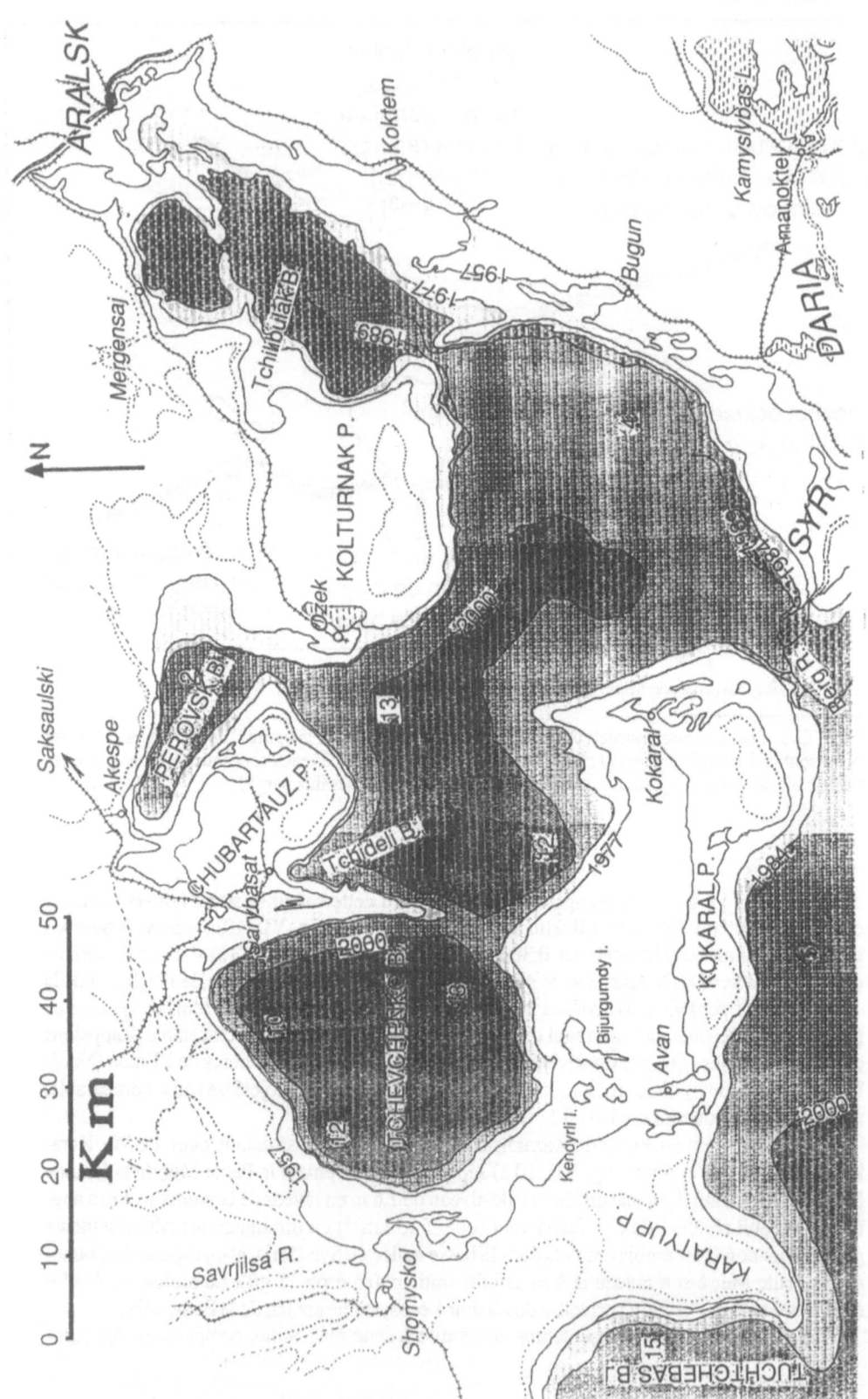

mètres météorologiques moyens ([1]), des infiltrations, etc., et que le Syr-Daria apporte lui aussi du sel. En fonction des quantités d'eau disponibles, le temps nécessaire pour obtenir le résultat espéré va de 12 à 30 ans (il faudrait 4,5 km³ par an environ pour rétablir le niveau initial).

Du côté de la Grande Mer, le niveau qui avait baissé de 40 cm en 1989, de 80 cm en 1990 et 1991, devait atteindre 37,1 m en 1992 (baisse de 30 cm). Ce ralentissement est dû à l'augmentation des rejets et à la pluviosité abondante, de sorte que le débit à l'Aral a été de 19 km³ en 1992, c'est-à-dire pratiquement ce qui était prévu. On a remis en eau des lacs asséchés du delta de l'Amou-Daria, mais ceci n'a pour l'instant pas réanimé les écosystèmes. On a installé deux stations de surveillance, l'une à Karateren dans l'ex-delta du Syr-Daria, l'autre à Noukous.

Comme d'autres travaux ne paraissent pas pouvoir être effectués avant longtemps (2000 ?), le niveau se serait alors abaissé à environ 35 m (soit un abaissement total de 18 m). La surface du bassin ouest serait alors environ de 11 000 km² pour une salinité de plus de 35 g/l, et aurait un volume de 250 km³.

Ces projets ne résolvent aucun des problèmes actuels, en particulier celui des poussières de sels, qui reste entier jusqu'à épuisement du stock. A ce propos, on peut faire une remarque intéressante : il y avait en 1960 dans l'Aral environ 1,1 milliard de tonnes de sels dissous. En 1990, il y en avait 380 km³ x 29 g/l, soit, aux erreurs près, la même quantité (les calculs de bilan effectués par les auteurs russes restent approximatifs) ; les dépôts des solontchaks nouveaux qui perdent leur sel par déflation sont donc marginaux. Les optimistes qui ont déclaré que le phénomène allait s'atténuer quand tous les dépôts existants auraient été soufflés oublient que la plus grande partie des sels n'est pas encore exondée.

Utilisation des eaux souterraines

Une idée de Tchernenko, fondée sur ses estimations personnelles du bilan hydrologique de l'Aral, vise à utiliser, pour la réalimentation de l'Aral les résurgences hydrogéologiques dans le lac, tout en injectant dans cet aquifère profond (qui baisse, lui aussi) des eaux de drainage qui auraient à peu près la même salinité. Ceci ne pourrait que constituer un appoint car son évaluation des possibilités des eaux souterraines, selon la majorité des experts, est très exagérée. Mais il y a encore des prosélytes de ce projet, qui même l'exagèrent : Abdouazizov (1991) déclare avec enthousiasme qu'il y a 65 000 km³ d'eau souterraine pas trop salée autour de l'Aral (c'est vrai), et que, avec 50 000 puits anciens et nouveaux, on peut prélever 100 km³ par an et rétablir sans peine le niveau du plan d'eau. Or l'équilibre précaire de ces réserves impose un prélèvement maximum d'une dizaine de km³/an. De plus, il faudrait construire des milliers de kilomètres de conduits. Pour l'instant on utilise plus intelligemment les eaux souterraines pour les besoins des établissements situés loin des canaux.

Comment augmenter les ressources locales en eau ?

A défaut de récupérer par divers moyens de l'eau pour réalimenter l'Aral, en pure perte, puisqu'elle s'évaporerait, on a recherché comment augmenter les ressources en eau douce. Nous étudierons aussi les possibilités d'économiser celle-ci.

---

(1) En 1992, la pluviométrie a été abondante au Kazakhstan, et le débit des cours d'eau a augmenté aussi de ce fait.

◄ **Fig. VII. 10 b.** Les étapes de l'assèchement de la Petite Mer. En pointillé, la cote absolue 100 m. Le rivage marqué 2000 serait atteint en 2000 en l'absence de mesures de sauvetage (digue barrant la rivière Berg, en bas au centre de la carte, entreprise par le gouvernement du Kazakhstan, voir fig. VII. 9). Les cotes dans le lac indiquent la profondeur de l'eau en 1989. Autres signes : thalwegs, routes et chemin de fer

Évoquons quelques-unes des idées émises :

– augmenter le pompage des eaux souterraines : on utilise actuellement celles qui contiennent moins de 5 g de sel par litre, pour l'arrosage et l'élevage. Un soutirage complémentaire abaisserait leur niveau, événement irrémédiable puisque la recharge de ces nappes aquifères est très lente (plusieurs siècles minimum). Utiliser les eaux plus salées n'a évidemment aucun intérêt ;

– utiliser les réserves lacustres existantes. La première visée est le lac Sarez ([1]), créé par un gigantesque éboulement dans la haute vallée de l'Amou-Daria en février 1911, et qui contient 20 km³. Cette solution n'est évidemment qu'un palliatif temporaire, comme l'utilisation des réserves artificielles ;

– faire fondre davantage les glaciers du Pamir. On a proposé d'accélérer la fonte, soit en dynamitant les glaciers, soit en recouvrant leur surface de charbon pulvérisé ou d'autres produits (ce qui augmenterait l'absorption de la chaleur). Les glaciologues pensent qu'on pourrait ainsi apporter pendant quelques années quelques km³ de plus. Cette solution risque de déstabiliser complètement les bassins hydrologiques, et d'avoir des conséquences imprévues : tremblements de terre, éboulements, coulées de boue, en plus d'un possible impact écologique des produits déversés. Que se passerait-il si les glaciers ainsi attaqués ne se reconstituaient pas ? ;

– provoquer des précipitations artificielles. Cette idée n'est pas totalement saugrenue. Des essais assez prometteurs eurent lieu après la Deuxième Guerre Mondiale. On utilisa l'ensemencement des nuages par des cristaux d'iodure de sodium ou de la glace carbonique qui créent des centres de condensation de la vapeur. Quelques applications aux USA et en URSS furent tentées, sans succès : il faut que l'humidité présente et la température soient convenables pour que la pluie tombe. La ressource possible est estimée à 25 km³. Mais les auteurs de ce projet ont oublié que l'humidité dans les basses couches de l'atmosphère est en général faible, et que la pluie s'évaporerait avant de toucher le sol. On n'a pas prévu non plus où tomberaient ces éventuelles précipitations nouvelles. Elles pourraient modifier le régime d'alimentation des bassins versants du Pamir et du Karakoroum — avec les complications internationales que l'on devine. De plus, l'investissement — dont le coût des 20 à 30 avions nécessaires — serait exorbitant pour une opération totalement aléatoire. On n'a pas prévu non plus les conséquences climatiques locales possibles : agriculture, santé, etc. ;

– complètement insensé est le projet proposé par Stepanov de détournement des flux atmosphériques provenant des mers nordiques (mer de Kara) vers la Touranie. Comment ? En tiédissant leurs eaux par le déversement du stockage estival de nouveaux barrages gigantesques sur l'Ob et l'Iénisseï (70 000 km² de surface), ce qui augmenterait l'évaporation sur ces plans d'eau et créerait un apport complémentaire de 15 à 75 km³ par an de vapeur atmosphérique.

Selon Koutzenova (1978), ce projet ne repose sur aucune base scientifique, car on ignore les caractéristiques des flux horizontaux d'humidité atmosphérique vers l'Asie Centrale. Même s'il était possible d'augmenter ces flux, ce ne serait que de 1 à 7 % du volume des précipitations totales sur le Kazakhstan et l'Asie Centrale (qui sont de 1 080 km³/an selon Mirovoi, 1974). On est bien en deçà des incertitudes sur ces estimations.

De plus, outre le prix gigantesque des travaux nécessaires qui ravageraient l'écologie et l'économie sibérienne, il n'y a aucune garantie que l'effet souhaité soit obtenu… ;

– injecter à l'Aral les eaux de drainage impropres à la consommation. Ceci représente des dizaines de km³, et le travail a déjà été entrepris. On ouvre sur la rive droite de l'Amou-Daria un canal de 1500 km qui collectera les effluents depuis la région de Samarkand jusqu'à l'Aral. Un

---

[1] Un énorme éboulement de 600 m de haut barra en 1911 la vallée du Mourghab, haut-affluent de l'Amou-Daria, située à 3130 m d'altitude, et noya le village de Sarez ; le lac a 60 km de long et 500 m de profondeur (Ergashev, 1979). Camena (1932), lui, donnait 25 km de long, 1,4 km de large et 275 m de profondeur.

autre est programmé le long du Syr-Daria. On pense à ces canaux pour trouver le plus facilement les 35 km³ nécessaires pour stabiliser l'Aral à son niveau actuel (mais non le revigorer). On a déjà vidé certains lacs des deltas (malgré la mauvaise qualité de leur eau, ils alimentaient la végétation). Beaucoup d'experts estiment que toute cette eau usée serait mieux employée, en effet, à aider la réhabilitation, autour du lac et dans les régions exondées, d'une végétation qui freinerait la déflation du sable et des sels, quitte à prendre le risque d'une salinisation plus grave des sols à moyen terme.

Les économies d'eau

Depuis longtemps, on se penche sur la répartition des ressources existantes (110 km³/an), essentiellement consacrées à l'irrigation. Voici une liste des solutions qui ont été proposées (Glazovsky, 1990) :
– suppression de tous les secteurs à agriculture extensive déficitaire (zones infertiles ou salinisées), ce qui pourrait permettre une économie de 15 à 20 km³ ;
– la seule suppression de 100 000 ha de rizières, et leur remplacement par des céréales beaucoup moins gourmandes (blé, sorgho, millet, avoine), ou d'autres cultures économes en eau [1], avec pratique d'assolements variés, représente une économie de 3 km³ ;
– réduction de 1 à 1,3 millions d'hectares de la superficie des cultures de coton, tout en maintenant la production utile à 5 ou 6 millions de tonnes (voir chap. IV) : économie de 10 à 15 km³/an ;
– la rationalisation de l'irrigation des cotonnières (tableaux VII. 4 et VII. 5) permettrait, selon l'Institut de Recherches Agricoles du Karakalpakstan, une production optimale de coton pour 3500 à 4500 m³/ha/an d'eau. La récolte est de 220 q/ha pour 2500 à 3000 m³/ha/an d'eau. On utilise aujourd'hui de 7500 à 12500 m³/ha/an d'eau. On économiserait ainsi 10 à 20 km³/an d'eau ;
– la réfection des canaux (étanchéification), la rationalisation de leur dessin et de leur tracé, la généralisation de l'irrigation en rigoles aux dépens de l'inondation globale permettrait de récupérer 10 à 20 km³ ;
– l'automatisation des systèmes de distribution et leur commande centralisée [2]. L'introduction de procédés nouveaux : l'irrigation souterraine, par exemple, permettrait d'utiliser des eaux d'égout sans autre traitement que primaire ; le goutte à goutte, pour l'irrigation des plantations qui le justifient (vergers, melons). Tout cela permettrait de gagner encore 10 à 20 km³.
Au total, des économies de 40 à 70 km³ seraient possibles théoriquement, mais beaucoup d'experts estiment ces propositions beaucoup trop optimistes, d'autant que certaines d'entre elles se recoupent.
Des mesures secondaires ont été évoquées pour diminuer l'évapo-transpiration des végétaux : coupe-vents, généralisation des cultures en système clos (serres), emploi d'antitranspirants chimiques [3], suppression de toutes les plantes phréatophytes près des canaux et des lacs... On a aussi proposé le développement des cultures hydroponiques.
Même si toutes ces économies ne sont pas faciles à mettre en œuvre, elles permettraient

---

(1) Chaque hectare irrigué reçoit de 7 500 à 12 500 m³/an/ha ; le riz entre 25 000 et 55 000. Glazovsky signale qu'une tonne de riz importé coûtait 170 roubles en 1986, et qu'il fallait 10 000 m³ d'eau pour la produire localement, ce qui portait le prix du m³ économisé à 1,7 kopeck.
(2) Les prises et prélèvements clandestins sont, paraît-il, légions.
(3) Tels l'acétate phénylmercurique ou le décenylsuccinate de monoglycol, qui réduit la transpiration des plantes de 30 %. Mais quels sont les effets secondaires et le rôle polluant de ces produits ?

Tableau VII. 4. Prospective pour l'irrigation (d'après Volftsoun, 1987)

Région économique	Milliers d'ha irrigués	Apport actuel km³/an	Rendement de l'irrigation		Projeté		Apport actuel et norme prévue pour irrigation (milliers m³/ha)		Projeté		Economies possibles (km³/an)		
			1980	1990	2000	2020	1980	1990	2000	2020	1990	2000	2020
Ht Amou	623	12,9	0,64	0,68	0,72	0,80	13,2	10,3	10,0	9,8	1,4	1,7	2,1
Côte turkmène	177	5,94	0,58	0,63	0,69	0,78	19,5	10,5	10,4	10,4	0,7	0,8	0,9
Kashka-Daria	131	1,42	0,61	0,63	0,68	0,77	6,6	7,9	7,7	7,7	0	0	0
Karshinskii	201	4,42	0,64	0,66	0,71	0,80	14,1	10,5	9,7	9,6	1,2	1,7	2,0
Zerafzan	377	4,11	0,61	0,63	0,66	0,75	6,6	7,7	7,6	7,6	0	0	0
Boukhara	280	7,08	0,58	0,62	0,66	0,80	14,7	10,7	10,6	10,5	0,5	0,5	0,7
Kara-Koum	532	11,1	0,54	0,66	0,68	0,74	11,3	11,5	11,5	11,5	1,3	2,1	2,9
Nizovaya	714	23,2	0,57	0,63	0,67	0,76	18,5	10,6	10,3	10,0	11,2	12,2	13,8
Total	3035	70,2	0,59	0,64	0,68	0,77	13,6	10,2	10,0	9,9	16,3	20,0	22,4

Tableau VII. 5. Normes et durée d'irrigation recommandées (Seriakova)

Région de	Début d'irrigation	Fin d'irrigation	m³/ha
Ashkabad	12/5	21/9	6 300
Zsagli	12/5	21/9	8 900
Kzyl-Orda	14/5	12/9	5 000
Mary	12/5	21/9	6 800
Tachkent	19/5	17/9	7 500
Turkestan	24/5	12/9	5 700
Tourkoul	19/5	17/9	5 700

d'améliorer le rendement financier de toute l'agriculture régionale. Une partie de l'eau récupérée pourrait, comme jadis, réalimenter l'Aral, tout en diluant un peu les rejets actuels.

Les économies proposées par Volftsoun (1987) (tableau VII. 4) seraient de 11 à 14 km³ pour la basse vallée de l'Amou, de 1 à 3 pour le Haut Amou et la région de Karchi, de 1 à 3 pour le secteur sud du Kara-Koum, et de 1 km³ environ pour Boukhara, soit de 14 à 21 km³ pour le bassin du fleuve. Cette valeur reste très supérieure aux rejets dans l'Aral évoqués par Orechkii pour 1989. Des eaux douces récupérées, 10 km³ sont nécessaires de toute façon pour réalimenter les terres du delta de l'Amou, et de 5 à 6 pour celles du delta du Syr.

Quoi qu'il en soit, il apparaît que la rationalisation des irrigations (tableau VII. 5) permettrait sans doute d'économiser de 30 à 50 % de l'eau réellement utilisée pour celles-ci. On pourrait aussi diminuer l'évaporation des lacs-réservoirs égouts (qui serait de 7 km³/an), par l'épandage d'une couche d'hydrocarbures peu volatils, ainsi que cela est réalisé ailleurs (Australie).

Une mesure d'un autre ordre, sans doute beaucoup plus efficace par son principe, sera mise en œuvre : la taxation des prélèvements. Jusqu'ici, en effet, l'État finançait l'intégralité des dépenses : amortissement des travaux et fonctionnement courant. Les organisations nouvelles, privées et publiques, devront prendre cette dépense nouvelle en compte.

La répartition de l'eau entre les diverses Républiques nouvellement indépendantes pose désormais des problèmes diplomatiques (voir fig. I. 1). L'eau du district de Kzyl-Orda dépend du bon-vouloir de l'Ouzbekistan. Quant à l'Ouzbekistan, lui-même, il doit ses prélèvements sur l'Amou-Daria au débit réservé que lui accorde le Turkmenistan qui, lui-même, dépend du Tadjikistan pour l'Amou-Daria. L'Ouzbekistan dépend aussi de la Kirghizie pour le Chirchik et le Syr-Daria. Déjà du temps de l'URSS, des différents s'étaient élevés entre l'Ouzbekistan et le Turkmenistan pour le partage des eaux de l'Amou-Daria. L'économie de ce dernier pays est désormais totalement dépendante du canal du Kara-Koum. Jusqu'à présent, toutefois, l'ancien système de répartition fonctionne vaille que vaille. Mais les questions relatives au financement de l'entretien et des travaux nouveaux ne sont pas résolues, malgré de nombreuses réunions entre responsables de chaque République.

Le sort des eaux usées

A plusieurs reprises, ont été évoqués les dégâts provoqués par le rejet incontrôlé des eaux utilisées, soit par les industries et les communautés urbaines, soit par le drainage. Le traitement des premières, pour rendre les rejets conformes aux normes de l'OMS, implique d'énormes investissements que les ressources actuelles des Républiques touraniennes n'autorisent guère. Quant aux eaux de drainage, il n'est pas pensable de les débarrasser de leur excès de salinité : les techniques envisageables à grande échelle (échange d'ions, électro-osmose, congélation…) restent trop chères pour l'énorme quantité qu'il conviendrait de traiter. A défaut, il reste deux solutions possibles, les seules qui soient déjà employées : la première est l'utilisation de ces eaux pour l'irrigation de pâturages aux espèces déjà adaptées aux eaux salées (*Artemisia,* et autres végétaux endémiques des steppes). La salinisation de ces régions est donc inéluctable. La seconde solution est le rejet dans des dépressions fermées et stériles. C'est sans doute la solution ultime. Comme on ne peut envisager en effet de restreindre de manière drastique l'irrigation, pour des raisons de simple survie de la population, il faut accepter que certaines régions, qu'il convient de mieux sélectionner, soient définitivement abandonnées.

2. La rénovation écologique

En dehors de l'amélioration des systèmes hydrauliques, la remise en état des terres s'impose. Il conviendrait peut-être de recréer les conditions de la nomadisation, seule forme de vie adaptée à ce type d'écosystème, qui a fait ses preuves pendant des millénaires, avec les précautions adéquates. La sédentarisation et l'urbanisation sur laquelle débouche l'interdiction de la nomadisation sont, pour une bonne part, à l'origine des catastrophes de la Touranie, avec la surexploitation de sols pauvres. Il faut fixer les sables éoliens mouvants, reforester les steppes, remettre en état les milliers d'hectares bouleversés par des travaux publics (le volume de terre remuée faisait partie des statistiques de productivité). A vrai dire, des efforts avaient déjà été accomplis. Pour cela, diverses solutions existent et sont déjà appliquées ; certaines ont déjà été évoquées au chapitre IV :

– fixation des sables mouvants par des espèces d'herbes en priorité indigènes ou importées après des essais sérieux, avec éventuellement arrosage aux époques critiques de prise des jeunes pousses. L'alfa, déjà largement introduit, représente de surcroît une ressource potentielle en fourrage et en matière première pour la cellulose. Des stabilisateurs de sable (dérivés du pétrole) ont aussi été essayés avec succès. Ils ne paraissent pas gêner la repousse des végétaux mais compromettent l'esthétique des paysages ;

– plantation de buissons et d'autres espèces pérennes ligneuses indigènes (saxaoul, kochia, etc.). Elle est réalisée par la transplantation de paquets de jeunes plants sur une base de 10 m x 10 m. Une des ambitions du régime était la régénération des bois de saxaoul, dont la production annuelle (bois de chauffage et de menuiserie) aurait été de 40 tonnes par hectare. Il est vraisemblable que le projet n'a guère avancé. Toutefois (UNEP, 1986), 300 000 ha de ces arbres et d'autres espèces avaient été replantés en Turkménistan, et 66 800 en Ouzbékistan ; 300 000 ha devaient être reforestés entre 1981 et 1985. On sème de 5 à 9 kg de graines de saxaoul par hectare, 15 kg de graines de *Salsola* (Nechaeva, 1986). Si rien de notable n'est exploité immédiatement, après 3 à 4 ans, la phytomasse atteint 20 t/ha — soit 6 à 30 fois la production spontanée. De tels pâturages peuvent être utilisés 2 ou 3 ans au moins, et peut-être jusqu'à 30 ans, avec une productivité de 3 à 8 fois supérieure à celle de populations naturelles ;

– restauration des bosquets de tamaris et de saxaouls dans des aires clôturées ;

– limitation des populations d'animaux fouisseurs ;

– épandage et enfouissement de matières organiques (domestiques et agricoles) pour la reconstitution de l'humus ([1]).

Bien entendu se pose le problème de la restauration des terres irriguées qu'il faudra abandonner et des terres exondées depuis 1960. Les techniques ne sont pas différentes de celles qui

---

(1) Voir Mainguet (1991).

ont été énumérées ci-dessus. En fait, il semble que les autorités soient désarmées par le problème des retombées atmosphériques de sels. C'est pour cela qu'un intérêt particulier doit être porté à la reconquête naturelle de ces territoires par la biomasse qui, seule, peut permettre de réduire mécaniquement la déflation des sols et l'érosion éolienne. Une grande partie de la main d'œuvre agricole devrait désormais être affectée à ces tâches de réparation.

Un projet intégré

Razakov (1990) a travaillé sur l'Aral et a présenté le programme intégré des projets parmi les plus sérieux, pour sauver ce qui peut l'être, et sans dépense excessive :
  – la fourniture immédiate d'eau potable aux populations ;
  – la rationalisation des arrosages : les économies raisonnables ne peuvent, selon lui, dépasser 30 %, et il considère comme irréaliste la proposition de l'Académie des Sciences d'augmenter le rendement du coton à 4-4,5 t/ha ; 3,2-3,4 t/ha lui paraît la limite possible ;
  – la construction à moindre frais de réservoirs dans les anciennes baies de Mouinak, etc., sur 100 000 ha, la réanimation des anciens lacs des deltas (tel le lac Soudotche à l'Ouest du delta de l'Amou-Daria), sur 49 000 ha, et la réalisation d'un polder plus simple que celui présenté sur la figure VII. 6, alimenté par des rejets à 2-5 g/l de sels, où pousseraient des roseaux (300 000 ha).

L'espace situé entre ce polder et les lacs (600 000 ha) serait réhabilité en prairie et en buissons qui diminueraient l'exportation éolienne des sels.

Les étendues d'eau et la végétation fourniraient un barrage d'humidité au passage des tempêtes de sel.

On irriguerait par aspersion ou par goutte à goutte 90 000 ha dans les deltas pour des productions vivrières, et 25 000 ha de vergers.

Enfin, on planterait 500 000 ha d'halophytes sur les zones exondées.

Les besoins totaux en eau correspondent exactement (20-21 km³) à la quantité d'eau restituée aux deltas, telle qu'elle était programmée pour l'année 2005.

3. Le combat pour la santé : un objectif prioritaire

Ce combat doit être immédiat. Les statistiques présentées au chapitre VI sont dramatiques, et les problèmes de santé sont ceux qui préoccupent en priorité les habitants, les associations de défense et les autorités locales ou nationales.

Parmi les causes de la morbidité élevée autour de l'Aral plusieurs doivent être visées :
  – les conséquences directes de l'assèchement et des pluies salées ;
  – la mauvaise qualité de l'eau potable : sel, pesticides, défoliants, pollution bactériologique ;
  – la nourriture insuffisante, mal équilibrée, et de mauvaise qualité.

Le deuxième point est lié, on l'a vu, au manque presque total de systèmes de distribution d'eau potable et d'épuration des eaux usées. Des mesures urgentes ont été prises : par exemple, on a construit en hâte, après le barrage sur l'Amou-Daria à Tyouyamouyoun ([1]), près de Khiva, un pipe-line pour desservir la région de Noukous. Sa mise en service en 1990 a été suspendue pour cause de pollution bactériologique et d'excès de fer dissous (?). Il faut y ajouter une station de traitement.

Le troisième point nécessite une réorganisation générale des services locaux et régionaux et, au-delà, une réforme profonde des structures sociales et économiques de l'ex-URSS. On

---

(1) Dont les travaux préliminaires étaient déjà commencés en 1932...

estime que la moitié des terres emblavées devrait désormais être consacrée au blé et au riz, selon la région. Nous ne reviendrons pas sur les difficultés que cela va créer. En 1992, les surfaces consacrées au coton en Ouzbekistan ont été réduites de 0,5 million d'hectares ; la moitié a été donnée aux paysans, l'autre consacrée à des cultures vivrières.

Diverses autres mesures ont été préconisées ([1]) dès 1972 (Glazovsky). Fin 1992, certaines ont commencé à être suivies d'effet :

– rénovation ou installation, quand ils n'existent pas, de réseaux de distribution d'eau potable. Le pipeline de Tyouyamouyoun-Noukous doit, en deux nouvelles étapes, atteindre la ville de Takhtakoupir au Nord-Est de Noukous en l'an 2000, et devrait apporter 550 l par jour et par habitant à une population totale de 1 900 000 habitants. On a proposé d'aller prendre l'eau de l'Amou non encore polluée à Termez et de la transporter en pipeline jusqu'à Noukous. Toutefois, le pipeline n'est pas encore en service ([2]). Mais, pour l'eau potable proprement dite, la solution de l'eau embouteillée amenée de sites convenables, très nombreux dans les montages du Sud-Est de la Touranie, ne serait-elle pas la plus simple dans l'immédiat ? ;

– installation de systèmes de traitement bactériologique et d'élimination des sels, par échange ionique, électro-osmose, etc. (tous systèmes bien connus et déjà expérimentés en ex-URSS), et d'élimination des pesticides par fixation sur charbon actif. Quelques petites stations sont à l'essai près de Tachaouz. On estimait en 1990 qu'il faudrait immédiatement 150 unités de désalinisation produisant chacune 50 m^3 par jour ; l'électrodialyse permet de traiter des eaux contenant jusqu'à 5 ou 6 g de sels par litre. En 1992, l'Allemagne a installé 200 de ces stations en Karakalpakie.

La fabrication d'eau douce par le procédé dit d'osmose inverse a aussi été retenu. Il a comme inconvénient de fournir une eau si pure qu'elle exige un ajout de minéraux dont l'iode. On fournit ainsi 12 000 m^3/j aux 180 000 habitants de Chevtchenko, sur la rive nord-est de la Caspienne, à 400 km au Nord de Krasnovodsk (Akhemedov et al., 1990). Parmi les projets qui laissent rêveur, citons celui d'une centrale de dessalinisation construite sur le rebord du Tchink, au bord de la fosse ouest de l'Aral et dont l'énergie proviendrait, comme pour la centrale de Chevtchenko, d'un réacteur nucléaire surgénérateur qui fonctionne, selon Tcherbakov (1992), sans problème depuis 1974. Le complexe, enterré à 70 m de profondeur, pourrait produire 2 millions de m^3 d'eau douce pourvoyant à l'alimentation de 8 millions de personnes. On peut espérer, au vu des problèmes de sécurité que posent actuellement les centrales nucléaires de la CEI, que comme bien d'autres, ce projet ne sortira pas des cartons ;

– élimination des rejets agricoles, installation de fosses à purin et interdiction du rejet sans traitement de toutes les eaux usées, qu'elles soient domestiques, industrielles ou agricoles.

4. Réflexions...

Les solutions possibles au problème de l'Aral se placent à 3 niveaux d'urgence dans le temps :

– pour parer au plus pressé, fournir de l'eau potable, à partir de l'eau de surface ou souterraine, aux habitants touchés par la crise, et surtout ceux du district de Kzyl-Orda, du Karakalpakstan et du district turkmène de Tachaouz. Répertorier les ressources et les équiper de systèmes de traitement divers, construire des systèmes d'adduction d'eau. En même temps, créer des réseaux d'épuration des eaux usées. Diminuer l'emploi des pesticides, cause immédiate de morbidité, compte tenu de l'importance de la main d'œuvre dans les cultures. Équiper

---

(1) Par exemple, la fabrication d'eau douce par congélation en hiver d'eau salée dispersée par aspersion : des expériences menées près de Tachaouz ont permis d'obtenir ainsi des épaisseurs de 5 m de glace pure.
(2) "De toute manière, la qualité de l'eau fournie ne correspond pas aux normes de salubrité" (N. Novikova, *in litt.*).

de manière moderne et développer les infrastructures médicales, et aussi l'éducation en matière d'hygiène et d'écologie. Enfin, assurer une alimentation convenable à la population ;

– à un deuxième niveau, repenser les systèmes d'irrigation et de drainage, abandonner les terres à rendement médiocre, économiser l'eau par les voies évoquées plus haut, introduire de nouvelles cultures ou de nouvelles variétés des plantes actuellement cultivées, et modifier profondément les structures pour donner aux gens la responsabilité de leur travail. Ceci devrait être réalisé avant l'an 2000 ;

– améliorer la structure générale de l'économie de la région, en développant les industries à haute valeur ajoutée, que ce soit à partir des productions actuelles qui devraient aboutir à des produits finis de qualité, ou par l'introduction d'activités nouvelles, comme celles qui ont été développées dans beaucoup de pays d'Extrême-Orient — de la Corée à la Papouasie... Et bien sûr, repenser complètement l'administration.

Les problèmes propres de l'Aral devraient trouver automatiquement, sinon leur solution, du moins leur amélioration dans ces mesures, même si des dégâts irréparables à l'échelle de quelques générations ont été produits.

Il reste à espérer que cela soit réalisé. Un espoir est que la rencontre des Présidents des Républiques de la CEI, lors de leur réunion de fin décembre 1991, a mis le traitement du problème de l'Aral au premier rang des priorités (¹). La stabilité — sinon le progrès — de cette énorme contrée et l'avenir de ses habitants dépendront du succès de la nouvelle Communauté.

Il ne nous appartient pas de philosopher sur la logique du système économique qui a conduit à la catastrophe de l'Aral. Sur un plan plus général, les conclusions des experts de l'économie soviétique que nous avons précédemment cités montrent clairement le cadre inéluctable de la catastrophe.

Les Républiques de Touranie doivent trouver des devises à l'extérieur. Elles ne peuvent guère, pour l'instant, exporter en Occident que des matériaux bruts : pétrole, gaz, minerais et, accessoirement, du coton (fig. VII. 11). Les responsables n'avaient pas compris que le coton était soumis aux aléas du marché international et que les textiles synthétiques (produits à partir du pétrole !) lui faisaient depuis plus de trente ans une concurrence acharnée. L'industrie des polymères était et est toujours très en retard en URSS : des brevets soviétiques sont exploités en Occident... mais pas en URSS. La denrée coton est donc une marchandise à risques, sur un marché à basse valeur ajoutée. Le prix du coton a dramatiquement baissé ces dernières années. Les nouvelles républiques gèrent désormais elles-mêmes leurs ventes de coton. Dans ce marché toujours en difficulté en 1992 (²), l'Ouzbekistan essaie de s'en tirer : diminution des terres à coton de 70 à 40 % des surfaces irriguées, pas seulement pour des raisons économiques ; appel à des investisseurs étrangers, et enfin privatisation ; mais cela, c'est pour plus tard... Les USA, concurrents essentiels de l'ex-URSS sur ce marché, ont une politique très souple d'emblavements qui leur permet de moduler leur production au cours des années sans trop de problème.

En URSS, le système était d'une rigidité totale, de haut en bas, avec un programme ne tenant pas compte du marché, des investissements divers non pris en compte dans le prix de revient global des produits, des frais annexes, comme les transports de nourriture du Nord et du Nord-Est vers les centres de production du coton. Les amortissements des installations n'en tenaient pas compte. Le désintérêt des paysans, sous-payés, mal nourris, sans perspectives d'avenir s'ajoutait à tout cela. Et en URSS, peut-être plus qu'ailleurs, les impacts sur l'environ-

---

(1) S. Shihab, *Le Monde* du 1/1/1992, p. 3 : les chefs d'Etat se sont engagés à coopérer pour régler les conséquences des grandes catastrophes (Tchernobyl, bassin de l'Aral et séisme d'Arménie), ainsi que pour sauver les esturgeons de la mer Caspienne.
(2) C. Petit, "Le coton poursuit sa chute", *Le Monde* du 1/3/1992, p. 19.

ГОСУДАРСТВЕННЫЕ ГЕРБ И ФЛАГ УЗБЕКСКОЙ СОВЕТСКОЙ СОЦИАЛИСТИЧЕСКОЙ РЕСПУБЛИКИ

ГОСУДАРСТВЕННЫЕ ГЕРБ И ФЛАГ ТАДЖИКСКОЙ СОВЕТСКОЙ СОЦИАЛИСТИЧЕСКОЙ РЕСПУБЛИКИ

ГОСУДАРСТВЕННЫЕ ГЕРБ И ФЛАГ ТУРКМЕНСКОЙ СОВЕТСКОЙ СОЦИАЛИСТИЧЕСКОЙ РЕСПУБЛИКИ

ГОСУДАРСТВЕННЫЕ ГЕРБ И ФЛАГ КИРГИЗСКОЙ СОВЕТСКОЙ СОЦИАЛИСТИЧЕСКОЙ РЕСПУБЛИКИ

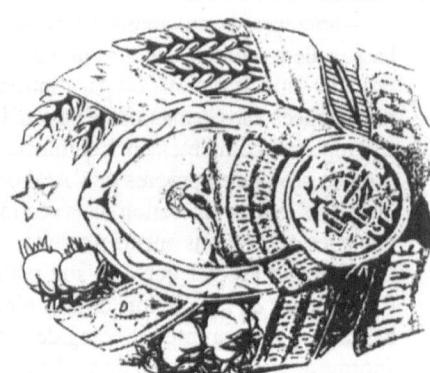

ГОСУДАРСТВЕННЫЕ ГЕРБ И ФЛАГ АЗЕРБАЙДЖАНСКОЙ СОВЕТСКОЙ СОЦИАЛИСТИЧЕСКОЙ РЕСПУБЛИКИ

nement ne furent jamais considérés. Bref, tout ce qui a donné et donne encore lieu à gaspillage, gabegie et scandale, qui finissent toutefois par être dénoncés (il y faut souvent beaucoup de temps), sinon punis, a été la règle depuis longtemps. Et on peut se demander pourquoi.

De l'avis de presque tous les experts, c'est la conjugaison fondamentale de deux idées : la première est une compétition forcenée, les USA étant la bête noire à dominer par tous les moyens. On a montré que la coexistence pacifique, considérée ici comme une ouverture vers plus de contacts et d'échanges, n'a été pour les dirigeants soviétiques qu'une sorte de répit leur permettant de rattraper un peu leur retard. Le second principe, moins exprimé mais toujours sous-jacent, est le vieil esprit de conquête du temps des tsars, prolongé par le rêve jamais dissimulé depuis 1920 de la révolution mondiale. Un ami soviétique — c'était après le livre de H. d'Encausse, *L'empire éclaté* — nous disait, alors qu'on lui parlait de la décolonisation et de la chute des empires coloniaux occidentaux : "Mais chez nous, ce n'est pas pareil ! Nous "leur" avons apporté la paix, etc., etc." ; ce qui n'est pas faux. Il n'empêche que le contraste entre le niveau de vie en Russie, aussi modeste soit-il, et celui des pauvres paysans ouzbeks ou kazakhs restait frappant, voici encore cinq ans (tableau VII. 6). Et ce n'est pas des républiques d'Asie Centrale, de leur démographie galopante ou de l'islamisme montant qu'est venue, au moins pour l'instant, la seconde révolution ([1]).

Un autre développement aurait-il abouti à un autre résultat, et en particulier, aurait-il pu éviter la catastrophe de l'Aral (tableau VII. 7) ? Rien n'est sûr. La monoculture a fait faillite, y compris chez nous. On peut espérer que la nouvelle CEI saura limiter les dégâts. La décision prise à Minsk en décembre 1991 de créer un organisme commun de gestion des grandes catastrophes — Tchernobyl, Aral — est encourageante. En septembre 1992 les experts du projet de l'UNEP ont présenté leur rapport définitif sur les causes et les remèdes possibles de la catastrophe de l'Aral. A la réunion participaient les Ministres de l'Ecologie ou de la Gestion des eaux des Républiques intéressées. En septembre 1992 encore, une réunion du Fund of Global Infrastructure s'est tenue à Tokyo afin d'attirer l'attention du gouvernement, du public et des industriels japonais sur les problèmes de l'Aral. Les chefs d'état des cinq républiques intéressées se sont réunis le 4 janvier 1993 à Tachkent. Ils doivent se revoir en avril à Ashkabad. "…[Ils] sont restés pour l'essentiel aux déclarations d'intention. Ils envisagent en particulier une action commune pour tenter d'enrayer le dépérissement de ce qui reste de la mer d'Aral et la pollution de la Caspienne…" ([2]).

La Russie a accepté de concourir au sauvetage de l'Aral. Le problème principal est de nature budgétaire, mais un effort particulier doit être fait pour la recherche scientifique relative à l'Aral ([3]).

Dans le meilleur des cas, l'Aral restera le dépotoir saumâtre des produits nocifs de quatre décennies de mauvaise gestion. On ne peut s'ériger en juge, ni ironiser. De telles catastrophes ne sont pas impossibles chez nous.

---

(1) Voir Vadrot, Gresh, Lemercier-Quelquejay ; et l'émission TV : *Asie Centrale, Etats d'urgence*, de Luc Segarra, sur FR3 (cf. commentaire par B. Karlinsky, *Libération* du 4/3/1992).
(2) Jean Krause, *Le Monde*, 6/1/93, p. 4.
(3) N. Glazovsky, *in litt.*

◄ **Fig. VII. 11.** Emblèmes des républiques cotonnières en 1987 : Azerbaïdjan, Kirghizstan, Ouzbekistan, Tadjikistan, Turkmenistan. Les armes du Kazakhstan ne montraient pas le coton

Tableau VII. 6. Richesse comparée des Républiques d'URSS (chiffres de 1988 et de 1989 cités dans *Le Monde* du 27/8/91, et complétés)

	Superficie 1000 km²	Population M hts	Mortalité infantile ‰	Part dans revenu agricole %	Part dans prod. industrielle %	Part dans prod. pétrole % (*)	Part dans prod. gaz % (*)	Part dans prod. charbon %	Part dans prod. électricité %	Revenu en % de la moyenne de l'URSS	Production/consommation
Russie	22403	148,0	17,8	50,3	63,7	89,4	74,25	56,2	62,6	110	1,46
Ukraine	604	51,8	13	17,9	21	0,96	2,6	24	17,6	96	1,48
Kazakhstan	2717	16,7	25,9	6,4	2,5	5,16	5,2	18,7		93	1,27
Turkmenistan	488	3,6	54,7	1,3	0,5	1,58	9,8	2		71	0,95
Ouzbekistan	447	20,3	37,7	5,5	2,4	0,54	5,2	1		62	0,85
Tadjikistan	143	5,2	43,2	1,3	0,6	0,02	–	–		54	0,76
Kirghizstan	199	4,3	32,2	1,4	0,6	0,03	–	1		72	1

(*) d'après *CIS* (ancienne *Rev. Soviet Oil*), 37 (2), 1992 ; résultats pour 1991

Tableau VII. 7. Le mécanisme politico-économique de la catastrophe de l'Aral

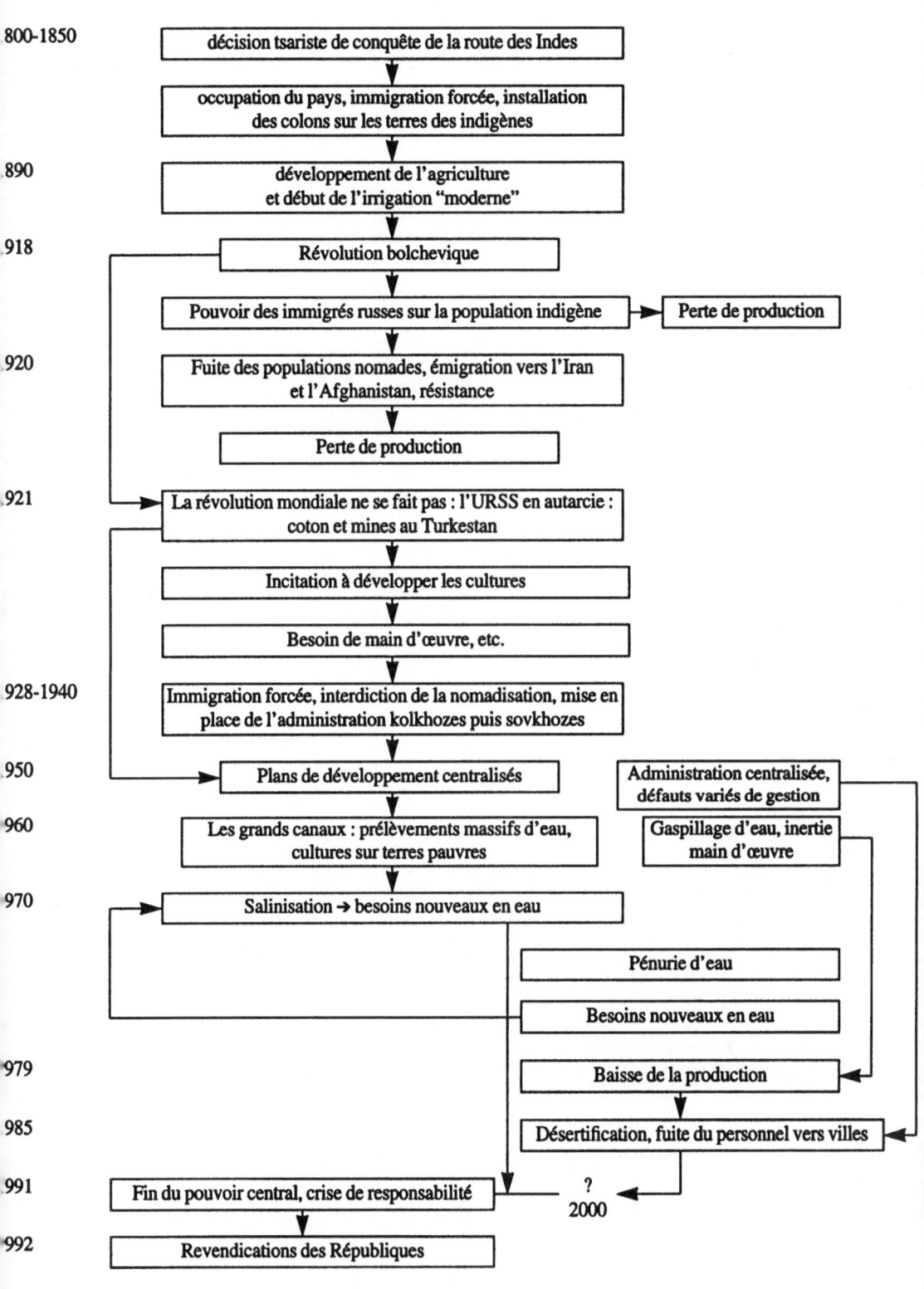

Chapitre VIII

Conclusions

Au cœur de la Touranie (Turkestan), vaste d'environ 3,5 millions de km², le bassin de l'Aral est partagé entre cinq Républiques : Kazakhstan, Kirghizstan, Ouzbekistan Tadjikistan, Turkmenistan, qui ont déclaré, avec le Karakalpakstan, en 1991 leur indépendance mais n'ont pas encore conclu de traité entre elles ni avec les autres Républiques de l'ex-URSS.

Bordée au Sud par les chaînes septentrionales des plus hauts massifs montagneux de notre planète (Caucase 5640 m, Kurdistan et Arménie 4100 m, Elbrouz 5600 m, Hindou-Kouch, Pamir, 7495 m, et Tian Chan 7440 m), la cuvette tourane est donc presque fermée vers le Sud, mais largement ouverte vers la Sibérie.

L'histoire de la dépression Aral-Caspienne, vaste ensemble endoréique, commence à la Téthys, océan qui séparait le bloc unique arabo-indo-africain des plaques plus anciennes du Nord il y a environ 200 millions d'années. Comprimée au Tertiaire par la remontée du bloc arabo-indo-africain, la Téthys disparaît en ne laissant que les prémisses de la Méditerranée et ses prolongements orientaux. Après l'Oligocène, une mer, la mer Sarmatienne, s'étend depuis la Méditerranée, la Mer Noire et la Caspienne, réunies sur la plus grande partie de la dépression de l'Asie Centrale, jusqu'aux chaînes bordières de la Chine (Altaï, Tian Chan). A l'époque pliocène (6-4 millions d'années), un nouvel épisode marin raccorde encore la mer Noire à la Caspienne et un fleuve ancien, le Paléo-Oxus, relie l'Aral à la Caspienne.

La Touranie est une mosaïque de régions plates sédimentaires (80 % du bassin) qui reposent sur un socle profond d'environ 2000 m et sont séparées par des chaînes de terrains sédimentaires plissés possédant une armature de roches anciennes, ce qui explique les vastes réserves de gaz et de pétrole dont dispose la région. Grâce à la prospection pétrolière, les ressources en eau souterraine ont été connues : la nappe la plus vaste, dans les grès du Crétacé supérieur, s'étend du pied des chaînes du Sud-Est jusqu'à la Caspienne. Des nappes du Nord du bassin de l'Aral s'écoulent vers le Sud et le Sud-Est, tandis que celles du Sud s'écoulent symétriquement vers le Nord-Ouest. Ces eaux souterraines sont d'autant plus précieuses que le bassin de l'Aral, avec ses 200 mm de précipitations par an, est dans un écosystème sec.

Le lac Aral est un système thermiquement stratifié. La température de l'eau atteint 26,5°C en surface en été et 10 degrés de moins à 23 m de profondeur. Ce lac, au Nord et au Nord-Est, gelait en décembre pendant 140 à 180 jours, interrompant toute navigation. Quatrième grand lac du monde, l'Aral mesurait 66 458 km² (dont 2345 km² pour les îles) avant 1960, avait une profondeur moyenne de 16 m et une profondeur maximum de 68 m près de la rive ouest. Le niveau majeur était à 53 m et fluctuait saisonnièrement de 0,30 à 0,35 m.

Les preuves de fluctuation majeure de l'Aral existent et sont nombreuses : couche de gypse et de sel gemme sous les sédiments actuels, débris de coquilles sur les pentes du Tchink, l'escarpement qui borde le lac à l'Ouest. L'Aral, en fait un grand lac naturellement vulnérable, dont la fragilité naturelle s'est accrue avec l'introduction de la technologie agricole moderne, est-il condamné à disparaître par suite de l'impéritie des hommes ? C'est la question principale à laquelle ce livre a tenté de répondre par l'étude du bilan hydrique du bassin, de sa mise en valeur et de ses conséquences.

L'Amou-Daria et le Syr-Daria, grands cours d'eau allochtones, sont la clef de voûte du système hydraulique de l'Aral. L'Amou-Daria, long de 2500 km, né dans le Pamir vers 4900 m, a un bassin-versant de 309 000 km² (les deux tiers de la France) ; son alimentation est surtout glaciaire. Il est le second cours d'eau du monde pour sa charge solide dont 92 % des 294 millions de m³ sont transportés en été. Ses dépôts annuels moyens ont une épaisseur de 25 cm. Il possède trois terrasses anciennes, malheureusement peu stables. En 1978, à la frontière afghane, le débit liquide a atteint 2010 m³ et les substances dissoutes 22,6 millions de tonnes/an soit une teneur de 0,6 g/l, formée surtout de carbonate de calcium. Le Zerafzan, principal affluent de l'Amou-Daria en Touranie, long de 870 km, arrose Samarkand et Boukhara.

A Noukous, à 120 km de l'Aral, juste à l'amont du delta ancien, le débit était de 1600 m³/s en 1880. Il est tombé à zéro en 1980, puis est remonté à 10-15 m³/s en 1985. L'Amou-Daria étant difficilement navigable, la voie ferrée a suppléé le cours d'eau. Le rêve de Pierre le Grand de faire de l'Amou une grande voie d'eau ne s'est jamais réalisé.

Le Syr-Daria est long de 2212 km et de 3019 km avec son affluent, le Naryn. Son bassin versant couvre 219 000 km². Il traverse la grande vallée du Ferghana et possède de nombreux bras abandonnés qui ont alimenté des villes antiques. Il a pu se jeter autrefois dans l'Amou ; un chenal ancien contourne l'Aral par le Sud, et un réseau d'autres chenaux se décèle encore dans le désert sableux du Kyzyl-Koum, grâce aux images des satellites.

L'archéologie et l'histoire de l'Aral sont peut-être parmi les chapitres les plus riches de l'histoire humaine au confluent des civilisations mésopotamiennes et iraniennes, au Sud, anatoliennes à l'Ouest et de Chine à l'Est.

Les premières traces d'occupation humaine en Touranie sont des outils paléolithiques (300 000 à 100 000 ans) datés par thermoluminescence. Entre 6 000 et 8 000 ans av. J.C., l'élevage se développe au pied du Khopet-Dag et dans les futures Sogdiane et Bactriane. Puis l'agriculture sédentarisée avec irrigation de la civilisation de Djeitoun est apparue sur les mêmes lieux au 5ème millénaire av. J.C. Datant de près de 4000 av. J.C., des traces de protovilles nous sont parvenues, puis c'est au Néolithique la culture des chasseurs, des pêcheurs et des potiers de Kelteminar, apparue sur le pourtour de l'Aral. Près de Boukhara, sur le Zerafzan, la culture de Zaman-Baba fait le relais entre le Néolithique et l'âge du Bronze. Au 3ème millénaire, les preuves de la domestication du cheval, et plus à l'Est, celle du chameau préludent au nomadisme pastoral. C'est la culture d'Andronovo, du Nord-Ouest du Kazakhstan, qui développe l'équitation (1700 à 1200 av. J.C.) ; Hérodote atteste l'existence, à partir du VIIe siècle, de groupements nomades avant la conquête de la Touranie par Cyrus le Grand, empereur de Perse (558-520), puis par Darius, lui-même vaincu par Alexandre le Grand (vers 330-326 av. J.C.). Ce dernier conquit la région au Sud de l'Aral à l'exception du célèbre royaume du Khorezm situé dans l'ancien delta de l'Amou-Daria. La capitale du royaume du Khorezm, Toprak-Kala, (au IIIe siècle ap. J.C.), avait un palais décoré de sculptures monumentales et de peintures. Cet empire a disparu sous la poussée des Sassanides ou des Huns, à la fin du IVe siècle. La conquête arabe aux VIIe-VIIIe siècles fut le prélude à la pénétration sans brutalité de l'Islam aux côtés des cultes zoroastrien et chrétien orthodoxes.

A la fin du XIIe siècle le Khorezm devint la grande puissance conquérante, du Iaxartes (Syr-Daria) à l'Iran. Au XIIIe siècle, Gengis Khan anéantit le Khorezm en détruisant digues, canaux et villes (la vieille Ourgench), puis la conquête de Tamerlan, au XIVe siècle, vit la fin de l'empire khorezmien. En ces deux occasions, l'Amou-Daria fut détourné à nouveau vers la Caspienne et l'Aral s'assécha sans doute en grande partie.

C'est, avec le début de la conquête et de la colonisation russe et la recherche de débouchés vers l'Inde à la fin du XVIIe siècle sous Pierre le Grand, que les Occidentaux commencent à s'intéresser à l'Aral grâce aux rapports des marchands russes se rendant à Khiva, à Boukhara et en Inde. Une controverse naît de la découverte d'un lit d'oued, l'Ouzboï, ancien Oxus, entre l'Amou-Daria et la Caspienne. L'Ouzboï avait-il détourné l'Amou-Daria de l'Aral ? Toute la cartographie occidentale montre deux cours d'eau, l'Oxus et le Iaxartes, se jetant dans la Caspienne. L'Aral n'apparaît sur les cartes qu'au XVIIe siècle, quand il fut avéré que la liaison Amou-Daria-Caspienne par l'Ouzboï avait existé mais ne fonctionnait plus. Le vieux rêve russe fut pendant longtemps de remettre en lit l'Ouzboï. Obroutchev prouva en 1890 que cet axe d'écoulement a réellement existé, comme en témoignent des cascades mortes, des ruines de caravansérail, des canaux d'irrigation. On sait maintenant que l'Ouzboï coulait au Néolithique, puis de nouveau vers les IIIe et Ve siècles ap. J.C., puis du IXe au XVIe siècles par intermittence.

L'eau en Touranie est le véritable facteur limitant comme dans tout écosystème sec : sur 150 millions d'hectares de terres arables disponibles, 90 % des terres cultivées sont irriguées. Mais l'homme avait su développer, dans cette Asie Centrale, une agriculture originale, fondée sur la maîtrise millénaire de ce fluide fondamental. Au XXe siècle, lorsque l'agriculture industrielle irriguée, du coton surtout, se substitue à l'agriculture traditionnelle, un déséquilibre se fait jour, avec ses problèmes de stabilité et de fertilité des sols, de pollution des eaux, des sols et de l'air. Pour mieux éclairer et comprendre le cheminement vers un tel déséquilibre, tous les paramètres favorables ou défavorables au développement ont été successivement abordés dans cette synthèse, avec comme question fondamentale posée aux planificateurs, celle de l'échelle spatiale et celle de la localisation : ampleur du territoire et continentalité sont au cœur des difficultés de l'aménagement de la Touranie.

Dès l'avènement du régime tsariste, les vastes superficies de l'Aral furent l'objet de projets de mise en valeur. Une des tâches initiales du développement fut la stabilisation des populations. Pour cela, les tsars, déjà, tentent d'améliorer les systèmes d'irrigation. Pour l'URSS naissante se pose le même problème de stabilisation des populations. Pour y répondre, il faut créer des ressources nouvelles. Le choix se porte sur le coton et le caoutchouc, ce dernier vite abandonné. Cette mise en valeur se fonde sur trois idées fausses : des superficies illimitées de sol vierge ; leur bonne qualité ; et des quantités d'eau illimitées. L'énumération des sols de cette Asie Centrale : chernozem, sol châtain, solonetz, solontchak, takyr, loess, sol caillouteux et sableux révèle que ces derniers, les moins fertiles (pauvres en humus et en minéraux indispensables), sont en majorité. L'éventail varié de la flore et de la faune du bassin de l'Aral, à la charnière des déserts tropicaux et des déserts de latitude tempérée de Chine pourrait aussi donner une impression de richesse, mais mise à part la végétation de marécage et de la forêt tougaï, la steppe semi-aride domine. A ces deux facteurs médiocres se combine une évaporation élevée qui sollicite vers la surface les substances dissoutes, généralisant le mécanisme de salinisation. L'agriculture traditionnelle savait régler ces problèmes par une gestion fine de l'eau, bien que déjà à la fin de la première moitié du XXe siècle la salinisation soit apparue sur les terres cultivées, mais à une échelle sans commune mesure avec l'état observé à la fin des années 1980. L'agriculture moderne en Touranie fournissait à l'ex-URSS 95 % de son coton, 40 % de son riz et 30 % de ses fruits.

Coton, élevage et pêche sont les trois pôles de l'économie moderne dans cet écosystème sec. Tous trois ont évolué vers l'échec, les deux premiers vers une grave dégradation de l'environnement. Le coton, plante tropicale humide, gourmande en eau, n'aurait jamais dû être choisie pour la mise en valeur de ces écosystèmes secs. Ses exigences en eau conduisent à tous les excès d'irrigation (20 à 100 % de plus que ce qui est nécessaire), donc de salinisation, à tous les excès d'engrais et de pesticides, donc de pollution, c'est-à-dire à une dégradation peut-être irréversible dans certains secteurs, et finalement à une vraie désertification.

La pêche, prospère dans le lac jusqu'aux années 70, a été la victime du recul du plan d'eau, de sa salinisation croissante et de la disparition de la faune.

L'étude des aménagements hydrauliques révèle une fois encore combien ces territoires sont victimes de leurs dimensions. Au gigantisme des terres, à celui des réseaux fluviaux et à l'abondance des eaux superficielles initiales a répondu le gigantisme des aménagements, majoré par la topographie plane où les eaux divaguent en multiples chenaux à peine incisés, au pied de terrasses peu stables. L'apothéose des travaux fut, dans les années 1950-1960, le canal turkmène, dit de Kara-Koum, jonction entre l'Amou-Daria et la Caspienne, le plus grand canal du monde, avec 1600 km de long et un prélèvement annuel de 17,1 km³ d'eau. Simultanément, d'autres canaux furent construits pour l'irrigation. Tous ces travaux ont abouti à une interruption de l'écoulement vers le lac des deux grands cours d'eau, l'Amou-Daria et le Syr-Daria. Dans les canaux eux-mêmes, les pertes d'eau par infiltration et évaporation (7 km³/an) sont responsables d'un niveau élevé de pollution des sols et de l'eau superficielle. A la fin des années 1980, plus de 30 % des sols de Touranie sont stérilisés et le monde se réveille alarmé par le drame d'un grand lac en voie de disparition.

Quelques erreurs avaient déjà été commises avant les années 1960 : le surpâturage des steppes, l'ensemencement du lac par des variétés exogènes de poisson qui tuèrent les espèces locales. Mais c'est après les années 1960, à la suite des plans de Krouchtchev et de l'irrigation gigantesque, que démarre la réelle catastrophe de l'Aral, avec le recul du plan d'eau et l'exondation, l'assèchement de lacs et de nombreux bras des deltas de l'Amou-Daria et du Syr-Daria. Les deux ports d'Aralsk et de Mouinak s'assèchent. La végétation des marais côtiers s'appauvrit, remplacée par une steppe sableuse. Les forêts de tougaï, les ensembles de roseaux et leur faune s'appauvrissent et disparaissent. La composition chimique de l'eau du lac se modifie : l'Aral est devenu un marais salant ; sa faune et sa flore se transforment. Sur les anciens fonds marins exondés, des sols côtiers et des solontchaks, intensément soumis à la déflation, polluent gravement l'atmosphère par l'exportation de sels à de grandes distances. Le nombre de jours de tempêtes de poussières depuis la fin des années soixante a été multiplié par deux et même par trois. Les nappes aquifères, alentour du lac, s'abaissent. A l'inverse, dans les aires irriguées, de graves phénomènes d'engorgement apparaissent. Tous ces phénomènes, auxquels s'ajoute la pollution des eaux des cours d'eau et des nappes, ont une autre résultante : les graves problèmes de santé qui affectent une population déjà durement touchée par le drame économique (pêche ruinée et baisse constante de la production agricole) : la mortalité infantile, de 51 ‰, est plus du double de celle de l'ex-URSS, 70 % des adultes et 60 % des enfants ont des problèmes de santé...

Que s'est-il passé ? Qu'était donc l'Aral ? Quelle catastrophe l'a fait disparaître en trois décennies ? Le propos de ce livre a été de rassembler et de rendre accessibles des documents qui rendent compte de la très longue histoire de ce qui n'a été qu'un grand lac fragile que la technologie moderne, pour des raisons peut-être défendables, a fait presque disparaître, avec des conséquences dramatiques à court terme pour les populations riveraines. Certaines de ces conséquences étaient prévues par les planificateurs soviétiques, mais il ne semble pas que des mesures de sauvegarde aient été envisagées. S'y sont ajoutées, dans une contrée du Tiers-Monde qui était inconnue, de graves nuisances imprévues (pesticides, fertilisants, herbicides, défoliants) totalement ignorées ici, comme elles l'ont été là-bas, quand l'assèchement fut programmé. Les autorités officielles des Républiques ont publiquement fait porter la responsabilité de l'affaire sur le *Ministère Fédéral de l'hydraulique et de la mise en valeur des terres,* mais elles mêmes n'ont rien fait pour se faire entendre auprès des pouvoirs centraux, et n'ont pris aucune mesure à l'échelon régional ni local pour parer ne serait-ce qu'au plus pressé. Toujours au pouvoir, en 1990-1991, ces hommes tentent aujourd'hui de se dédouaner. Mais l'affaire de l'Aral, comme on le verra, n'est qu'une face d'un problème plus vaste qui concerne tout le

Turkestan et, au-delà, toutes les régions sèches, arides et semi-arides du globe : la désertification (Mainguet, 1991).

La catastrophe de l'Aral est certes le résultat du détournement de l'eau de ses deux émissaires principaux, l'Amou-Daria et le Syr-Daria. Mais ce n'est pas là l'unique cause, ce sont des décennies de mauvaise gestion qu'il faut incriminer et, surtout, l'échec exemplaire de la colonisation lorsque celle-ci prétend implanter des populations et leur cortège de modes de mise en valeur dans des régions inadéquates, notamment des écosystèmes secs.

Le remède prioritaire est, bien sûr, de remettre de l'ordre dans l'agriculture, mais surtout de ne pas vouloir guérir les erreurs de la *gigantomania* par d'autres projets gigantesques qui sont des tentations déjà anciennes dans cette région. Ne faut-il pas condamner le gigantisme simplement parce que les aménageurs sont incapables d'en prévoir et d'en dominer toutes les conséquences sur l'environnement ? Tout développement dans ce type de région, comme dans tout autre écosystème sec, doit avoir le souci d'équilibrer les projets d'aménagement avec une gestion prudente des eaux, sachant combien la recharge des ressources souterraines est hypothétique ou très lente, puisqu'elle peut exiger des siècles, sinon des millénaires.

Avec la question de la réhabilitation de l'espace agricole a été traité le problème de la conservation du lac Aral. Des calculs ont montré que pour que le lac Aral retrouve à son niveau de 1960 il faut non seulement reconstituer son capital en eau, c'est-à-dire apporter les 800 à 900 km³ manquants, mais aussi, simultanément, compenser son évaporation. Il faudra même que les nombreux poètes se résignent à ne plus chanter cette mer au bleu si unique ! Des projets irréalistes de réalimentation du lac ont été élaborés, parmi lesquels on peut citer le pompage depuis la Caspienne, lac lui-même déficitaire, le transfert d'eau de la Volga à l'Oural par l'Oust-Ourt, le canal Sibaral, des polders pour relever la nappe souterraine du delta, le barrage de la fosse ouest. Pour augmenter les ressources locales en eau, les solutions suivantes ont été suggérées : le pompage accru des nappes, la fusion provoquée des glaciers du Pamir, la genèse de pluies artificielles, le détournement de flux aériens et, plus simplement, la réinjection dans l'Aral des eaux de drainage, quel que soit leur degré de pollution. Un tel inventaire ne peut qu'aboutir à la suggestion d'une solution beaucoup plus simple, qui rassemble les multiples possibilités de petites économies d'eau. Les remèdes les plus intéressants ne sont-ils pas les plus modestes ? Une multitude de petites actions sont possibles pour éviter le gâchis et les pertes : amélioration de l'état et du tracé des canaux, choix de variétés végétales à fort rendement et moindre consommation d'eau (ces variétés sont déjà connues des chercheurs), diminution de l'emploi des produits chimiques. Il faudrait aussi prévoir, dans tout programme futur d'aménagement, dès sa phase initiale, la gestion des déchets, ce qui, semble-t-il, n'a pas été pris en compte jusqu'à présent.

Le gigantisme ne peut redresser une situation, même si la difficulté du drame de l'Aral réside dans ses dimensions et sa complexité. L'humanité ne dispose pas jusqu'à ce jour—heureusement, devrait-on dire !— de modèle pour résoudre un drame écologique si complexe, qui touche de près ou de loin environ 35 millions de personnes. Le problème de l'explosion démographique dans ces Républiques, en liaison ou non avec l'Islam, celui de la prise en charge par l'Occident des cinq Républiques de la CEI à côté des pays africains en développement, devront également être pris en compte.

L'exemple de l'Aral doit être un signal d'alarme supplémentaire, et non des moindres, pour notre planète malade. Peut-on comparer l'intensité des catastrophes écologiques, menaçantes ou déjà révélées, en France comme dans le reste de l'Occident, avec celle de l'Aral ?

Essai de chronologie des territoires du pourtour de l'Aral

Cet essai chronologique, qui comporte les événements politiques, économiques et sociaux majeurs en Touranie, ainsi que quelques épisodes secondaires, doit permettre au lecteur de se faire un idée de la complexité et de l'intrication des événements qui ont marqué cette région du globe depuis plusieurs millénaires.

-4 000 000	Début du Quaternaire, ère glaciaire.
-18 000	Maximum de la dernière glaciation.
-30 000 à -10 000	Premières traces d'industrie paléolithique sur le piedmont du Khopet-Dag et des montagnes du Sud-Est de la Touranie.
-8 000 à -6 000	Civilisation dite de Namazga I : site de Djeitoun, sur le piedmont du Khopet-Dag : deux sortes de blé, fruits à noyaux ; outils agricoles (faucilles et houes), représentant 40 % de l'outillage ; élevage de chèvres, puis de moutons et de bœufs. Irrigation par détournement des ruisseaux coulant sur les cônes alluviaux.
-7 000 à -6 000	Épisode climatique plus humide dit "Lavlyakien".
-5500 à -4000	Stade culturel Namazga I (Anaou I) : l'agriculture se déplace vers le bas des pentes (petites oasis) ; champs jusqu'à 10 ha ; détournement des crues.
début IVᵉ mil.	Namazga II : culture de Geoxyour dans le delta du Tedjen ; début de l'utilisation d'outils en cuivre ; irrigation par canaux perpendiculaires aux cours d'eau, utilisation des méandres abandonnés comme réservoirs ; déesse de la Fécondité. Pas de digues contre les inondations. Oasis abandonnée vers -2 500.
-4 000 à -2 000	Traces comparables dans la vallée du Zerafzan.
-3 000 à -2 500	Namazga III : transition du Chalcolithique à l'Age du Bronze. Domestication du cheval pour la monture dans les steppes et peut-être du chameau
vers -2500	Namazga IV ; Altyn-Tepe : protoville ; tombes à tholos. Parcelles irriguées reliées entre elles.
vers -2000	Fin du Lavlyakien ; dérivations de l'Oxus vers l'Aral, baisse du lac Sary-Kamysch.
	Migration des populations du Khopet-Dag vers l'est.
	Extension de l'agriculture sédentaire sur l'Atrek (Sud-Est de la Caspienne), delta du Mourghab, Aral moyen et supérieur, Zerafzan.
-2000/-1600	Stade Namazga V.

-1500	Migrations humaines vers le delta du Mourghab ; grandes oasis avec proto-villes. Déboisement.
-2000/-1000	Culture de Souyargan (avoine et blé) sur le bas Amou-Daria ; contact entre populations locales néolithiques, chasseurs, pêcheurs et cueilleurs (civilisation Keltemitar). Culture de Tazabagyab (sur le bras N-E Akcha-Daria de l'Amou) en rapport avec les peuples nomades du Sud de l'Oural et de la steppe nord de l'Aral : variante de la culture sibérienne d'Andronovo. Grands systèmes de canaux de plusieurs kilomètres, réservoirs de crues dans les méandres ; aménagement des prises d'eau ; invention de la noria *(chigir),* qui permet l'irrigation des terrains au dessus des canaux. Utilisation des chars à chevaux.
-1000	Détournement de l'Oxus vers l'Ouest ; l'Ouzboï coule à nouveau ; première forteresse d'Igdy sur son cours moyen.
	Fondation de Merv (site de Giauk-Kala) : Antioche de Margiane.
-1300 à -900	La culture d'Amirabad provient de l'absorption de celle de Tazabagyab par celle de Souyargan : élevage, culture et pêche dans les canaux ; existence de canaux permanents, régularisation de l'envasement. Fin de l'activité vers -800.
	Namazga VI au Sud-Ouest ; fin de l'âge du Bronze.
vers XIIIᵉ/-VIIIᵉ s	Culture de l'Age du Bronze de Karasouk sur le bas Syr-Daria.
-950/-800	Sur l'embouchure du Sir-Daria, forteresse de Prebtyasor ; utilisation des crues naturelles, pas de réseau d'irrigation.
vers -700	Récits zoroastriens des *Azvesta,* qui décrivent les fleuves et canaux de l'Amou-Daria, les luttes entre nomades et sédentaires.
-600 à -500	Nouveau système d'irrigation sur les sites d'Aminabad ; canaux plus importants. Introduction du coton ?
vers -600	Premières traces de Samarkand (Maracanda).
vers -500	Assèchement du Sary-Kamysh (détournement de l'Oxus vers le Nord) ; technique de l'endiguement des rivières pour se préserver des crues.
-558 à -528 ?	Cyrus II le Grand conquiert le Turkestan.
-521 à -486	L'empire perse de Darius s'étend jusqu'au Khorezm et à l'Iaxartes (Kharezmie = satrapie XVI).
vers -440	Les *Histoires* d'Hérodote : description des Scythes, Sarmates et autres peuples de la plaine de Touranie, de l'Araxos (=Amou-Daria), d'un grand lac dans la plaine : l'Aral ?
-400	Site de Koy-Krylan-Kala, époque khangi, occupé jusqu'au IVᵉ s. après J-C ; à la suite de révoltes contre les Perses, le Khorezm devient indépendant.
-400 à -300	Sites de Djanbas-Kala et de Koschka à l'Est de Noukous, outils du Bronze Tardif ; changement fréquent des parcelles irriguées ; céréales, fourrage, fruits.
-400 à -200	La civilisation sur le bas Sir-Daria, apparue plus tard que sur l'Amou-Daria, y est plus fruste ; travaux importants sur le bras sud Yani-Daria (forteresse de Chirik-Rabat).
-330 à -326	Alexandre le Grand conquiert le Turkestan jusqu'à la rive ouest du Iaxartes, mais n'atteint pas l'Aral.
-328	Alexandre reçoit Pharasmanes, le roi du Khorezm.
-323	Mort d'Alexandre.
début IIIᵉ s.	Royaume parthe entre la Caspienne et le Kara-Koum ; dynastie des Arsacides qui régna de 256 avant J. C. à 224 de notre ère. Royaumes gréco-

bactriens : Margiane (Merv), Bactriane (Balkh), Sogdiane (Maracanda= Samarkand) jusqu'aux invasions arabes.

Certaines principautés dans le Pamir auraient pu subsister jusqu'à la fin du XIXe siècle. après J-C.

-IVe/IIIe s.   Fondation de Tok-Kala, au N-O de Noukous ; occupée jusqu'au IIe siècle de notre ère ; fut ultérieurement une ville koushane.

vers -200   Les Scythes, peuples des steppes depuis l'Ukraine jusqu'à la Sibérie, se fondent avec les peuples venus de l'Est.

-209   Conquête de Bactres (Balkh) par les Parthes.

-200/+200   Incessantes incursions des nomades sur les frontières est de la Parthie.

-126   Voyage du Chinois Zhang-Khiang, ambassadeur auprès des princes de Sogdiane et de Bactriane.

-53   Bataille de Sinnaca ou Carrhae (Harran en Turquie) entre Romains et Parthes ; mort de Crassus ; 10 000 Romains en esclavage à Merv où ils feront souche.

Ier s. ap. J-C   Strabon décrit l'Asie Centrale.
Début de l'irrigation à Otrar au N-E de l'Oxus.

73   Tentative d'invasion du royaume parthe par les Alains (Aorses, Arces : nomades blancs aux yeux bleus, du nord de l'Aral).

90 à -168 ?   Catalogue des villes de l'Asie Centrale par Ptolémée.

vers 100   Début de Toprak-Kala, capitale des rois du Khorezm (les Khangi) ; abandonnée au profit de Kat et détruite au VIIIe s. après J.C. par les Arabes.
Échanges commerciaux entre l'Empire Romain et la Chine par la Perse, le Turkestan et le Sin-Kiang : la "Route de la Soie"

IIe s.   Arrien : description de l'Asie centrale et *Anabase*.

100-376   Empire Koushan, mal connu, de l'Aral jusqu'à l'Inde ; origine : tribus du sud du lac Issyk-Koul ; introduction du bouddhisme en Asie Centrale.

224   Fin de l'empire parthe (Artaban V), sous les coups du premier Perse sassanide, dont la dynastie durera jusqu'à l'invasion arabe.

304   Construction de la ville de Kat sur le bas Oxus, d'après l'historien arabe Al Birouni. déclin de la ville de Tok-Kala, au Nord-Ouest de Noukous, définitivement abandonnée au XIe siècle.

400-440   Invasion des Huns Hephthalites (ou Huns blancs), eux aussi très mal connus : empire recouvrant la Bactriane, la Sogdiane, la Margiane et le Khorezm, jusqu'aux Indes.

vers 380-400   Invasion des Huns (ethnie différente) dans le Nord du Turkestan ; destruction des installations hydrauliques.

552   Un empire turc Oghouz (en chinois les "Tou-Kie"), venant de l'Altaï s'installe en Transoxiane (Nord-Est de l'Oxus).
Il chasse les Hephtalites, et disparaîtra à son tour au VIIIe s., sous les coups d'autres Turcs et de Chinois Oïgours venus de l'Est.

VIIIe s.   Evolution des systèmes d'irrigation : canaux plus étroits et plus profonds, diminuant l'envasement.

712   Conquête du Khorezm par les Arabes de Kouteiba. Introduction assez pacifique de l'Islam au Khorezm ; malgré les persécutions le culte zoroastrien persistera jusqu'au XIVe s. Pouvoir nominal laissé à la dynastie locale.

728   Révolte des Khorezmites contre les Arabes.

751   Bataille de Talas (affluent sud-ouest du Tchou), perdue par les Chinois

	contre les Arabes ; mais la progression de ceux-civers le Nord-Est est cependant définitivement arrêtée.
vers 751	Première fabrique de papier à Samarkand.
IXᵉ s.	Remise en état des anciens canaux alimentant Kat : nouveau canal de Gavkore (150 km de long) ; travaux quatre fois plus importants qu'au temps des Afrigides, un siècle plus tard.
IXᵉ/Xᵉ s.	Le Sary-Kamysh est complètement asséché.
	L'auteur arabe Ibn-Khourdabi parle pour la première fois des marchands "rus" venant du "pays des Slaves" ("Saklaba") ; Ibn- Fakki parle, lui, de l'itinéraire depuis la ville de Saraï (capitale de la Horde d'Or, sur la rive gauche de la basse Volga) jusqu'à Balkh (Bactres), au Sud du Kara-Koum.
820-876	Une dynastie persane, les Tahirides, s'empare de tout le territoire depuis le Iaxartes, l'Aral et le Khorezm jusqu'au golfe d'Oman ; elle doit laisse le pouvoir à une autre famille, les Saffarides, qui possédera sensiblement le même territoire jusque vers la fin du IXᵉ siècle.
874-999	Dynastie des Samanides, descendants du général sassanide Bahram VI, à Boukhara. Ce royaume recouvre tout le Sud du Turkestan.
900	Conquête du Khorezm par les Turks Karahanides.
vers 1000	Développement des oasis de Turkistan et Timkent : capture des torrents du Karataou. Grands barrages de pierre sur le Zerafzan (réservoir comblé au XIIᵉ siècle).
	Marchands russes vers l'Asie Centrale.
1077	Le Khorezm devient indépendant (dynastie des Afrigides).
1127-1138 ?	Conquête par le roi de Khorezm Atziz de la péninsule de Manghislak, au N-E de la Caspienne, terre des Turkmènes et vassale des Perses Seldjoukides : disparition des établissements commerciaux russes.
XIIᵉ/XIIIᵉ s.	Développement agricole du delta du Iaxartes : irrigation, forteresses.
1154	Carte d'Al-Idrisi, montrant l'Aral, l'Oxus se jetant dans la Caspienne et les grands réseaux d'irrigation du Turkestan.
1210	Expansion maximale du Khorezm ; prise d'Otrar, grand centre caravanier sur le moyen Iaxartes, propriété des tribus orientales Kara-Kitai.
1218	Apogée du royaume khorezmite. Le khorezmshah (Mohammed Ier) reçoit à Otrar une grande ambassade de Gengis-Khan. Il la fait massacrer, ainsi que l'émissaire venu ensuite aux nouvelles.
1219	Siège et prise d'Otrar par Gengis-Khan qui massacre sa population.
1220	Destruction d'Ourgentch, de Kat et du Khorezm par Gengis-Khan ; destruction de Boukhara, Samarkand et Balkh.
	Systèmes d'irrigation détruits ; l'Oxus retourne à l'Ouzboï ; l'Aral s'assèche en partie.
1227	Mort de Gengis-Khan. Essaimage de sa descendance (Timourides), dans les états provenant du morcellement de l'empire mongol, dont l'empire perse mongol.
1246/47	Voyage de Plan Carpin depuis Saraï vers la Mongolie par la steppe kazakhe.
vers 1250	Construction de Ourgentch-la-Neuve au sud de la Vieille- Ourgentch.
	Les frères de Longjumeau et J. de Carcassonne envoyés de Saint-Louis auprès du grand Mongol.
1253/54	Voyage de Guillaume de Rubrouck de Russie en Mongolie par la steppe et le lac Balkach.
1254-1259	Voyage des oncles de Marco-Polo (Volga, Ourgentch, Boukhara).

1333	Voyage d'Ibn Battouta de Saraï à Ourgentch et Boukhara.
1339 ?	Description de l'itinéraire de Saraï à Ourgentch par Pigoletti pour les marchands vénitiens.
1339	Pandémie de peste.
vers 1350	Reconstruction des systèmes d'irrigation d'Otrar.
1375	Carte de l'*Atlas Catalan*.
1379	Première expédition de Timour-Leng (Tamerlan) au Khorezm qu'il détruit ; massacres ; déportation des artisans vers l'Est. Destruction des digues : l'Ouzboï coule à nouveau, le lac Sary-Kamysh et la dépression voisine d'Assake-Aoudan se remplissent ; nouvelle régression de l'Aral.
1388	Deuxième expédition de Tamerlan sur le Khorezm, après les révoltes locales ; la Nouvelle Ourgentch est détruite.
1402-1427	Séjour forcé de Schilberger au Turkestan comme prisonnier, et récit.
1404	Voyage de De Clavijo, envoyé du roi de Castille auprès de Tamerlan à Samarkand. Selon lui, l'Ouzboï coule encore.
1405	Mort de Tamerlan à Otrar. Après lui, son empire se restreint aux bassins de l'Oxus et du Iaxartes, est morcelé en plusieurs principautés ou khanats régies par ses descendants (Timourides).
1428-1468	Aboul-Khair (fondateur de la dynastie des Cheibanides) réunifie les Hordes mongoles, qui étaient restées indépendantes de Tamerlan. Il devient khan des Kazakh- Khirgiz.
1430	Aboul-Kair s'empare du Khorezm ; Ourgentch à nouveau détruite.
vers 1450	Premières cartes d'Asie centrale d'après Ptolémée : petit lac *(Lacus oxianus)* sur le site de l'Aral ; l'Oxus se déverse dans la Caspienne et dans ce lac.
1468	Cheibani, petit-fils de Aboul-Khair, prend le contrôle de la Horde. Elle se scinde, Cheibani part se créer un empire au sud des steppes tatares.
1494	Babour (1483-1530) succède à son père Omar Chaik comme khan de Boukhara.
XVIᵉ s.	Barrage de pierre sur le Sir-Daria, près de Khodjend. Irrigation sur les parties sud de la steppe de la Faim. (Djizak). Selon Babour, le Sihoun (Syr-Daria), se perd dans les sables.
1500	Prise de Boukhara et de Samarkand par Cheibani ; début de la dynastie cheibanide dans le khanat de Boukhara (qui comporte aussi Taschkent et le Ferghana), et qui durera jusqu'en 1875.
1502	Babour est évincé de Boukhara par Cheibani. Réfugié à Kaboul, il tente sans succès de reprendre son trône ; il conquerra l'Afghanistan et l'Inde, créant l'Empire mongol des Indes qui durera jusqu'à la conquête anglaise. Il laisse des mémoires.
1511/12	Les Perses occupent Khiva et le Khorezm.
1512	Dynastie indépendante des Ilbars (branche collatérale des Cheibanides) au Khorezm, qui durera jusqu'en janvier 1920.
1525	Mort d'Ilbars Ier.
vers 1550	La frontière du Khorezm sur la Caspienne va jusqu'à l'Atrek, dans son angle sud-est.
1552	Prise de Kazan, capitale du khanat musulman, sur la Volga, par le tsar Ivan le Terrible ; conquête de la Bashkirie, entre Volga et Oural moyen.
1554	Conquête d'Astrakhan par Ivan et premier accès des Russes à la Caspienne.
1559	Voyage de l'Anglais Jenkinson, pour le compte de la "Compagnie mosco-

	vite" anglaise. Parti d'Arkhangelsk, il va jusqu'à Boukhara par Novgorod, Astrakhan, Manghislak, Ourgentch et Khiva.
1561-1581	Dix expéditions commerciales de Jenkinson, et de Richard et Robert Johnson en Perse.
1589	Construction de la forteresse russe d'Astrakhan. Fondation en 1586-87 des villes de Saratov, Samara et Tsaritsyn sur la basse Volga.
1594-1596	Conquête du Khorezm par le khan de Boukhara Abdallah II, qui laisse la souveraineté nominale au khan de Khiva.
XVIIᵉ s.	Apparition du nom "Karakalpak" dans la littérature. Ces nomades se sédentarisent peu à peu dans la basse vallée du Sir-Daria où ils vont remettre en état le réseau d'irrigation abandonné depuis Timour-Leng.
1602	Razzia cosaque sans succès sur Khiva.
1603	Incursion des Kalmouks venus du N-E sur Ourgentch et Khiva (Khan Mohammed Ier) repoussée, puis en 1623 jusqu'en 1643 (Khan Isfendyar).
1606-1611	Premiers contacts des Kalmouks (Mongols), venus de l'est avec le tsar Vladimir Chouski pour s'installer à l'Est de la Volga.
1610	Ourgentch abandonnée comme capitale au profit de Khiva, par suite de l'assèchement du bras de l'Oxus qui l'arrosait.
1615	Établissement russe à l'embouchure de l'Oural (Gouriev).
1627	Première carte russe montrant l'Aral ("la mer bleue").
1632	La tribu Torghout (kazakh) s'installe sur la basse-Volga.
1639	Le Khan des Kalmouks Ourlouk soumet les Turkmènes du Manghislak.
1642	Ourlouk (khan de la petite Horde) s'installe en face d'Astrakhan (50 000 tentes). Réinstallation du bouddhisme sur la Volga.
1651-52	Nouvelle incursion kalmouk à Khiva (prise de la forteresse d'Hazarasp).
1656-1662	Reconnaissance de la souveraineté russe par les Kalmouks.
1661	Le khan de Boukhara Abd-el-Aziz pille les environs de Khiva.
1663-1667	Reconstruction de Kat par le khan de Khiva Anousha.
1670	Déportation de trois tribus turkmènes du Manghislak vers le Caucase.
1673	Visite à Astrakhan du khan des Kalmouks.
1691	La conquête de la route de Boukhara devient l'objectif secret des Russes (Catherine et son conseiller Saint Génie).
1693	Les Bouddhistes de Russie utilisent les Kalmouks contre les Bashkirs révoltés.
1706	Révolte de Tsar Saltan contre les Russes dans l'Oural.
1714-15	Expédition de reconnaissance de Bekovitch sur la vallée de l'Ouzboï jusqu'à Khiva.
1717	Expédition militaire de Bekovitch sur Khiva, qui se termine par la destruction complète de son armée et la mort de son chef.
	Construction de Fort Bekovitch, rapidement abandonné, près de l'emplacement de Krasnovodsk.
	Pierre le Grand à Paris : récit des découvertes russes en Asie centrale.
1718	Voyage de Benevein à Khiva, puis de Ounkovski en 1723.
1722	Campagne de Pierre le Grand sur la côte ouest de la Caspienne ; prise de Derbent, Bakou, Recht et de la province de Mazanderan en Perse ; les Russes à Astrabad, dans l'angle sud-est de la Caspienne.
	Traité de Pierre le Grand avec le khan des Karakalpaks Abou El Mouzzafar ; les Karakalpaks vivent l'hiver dans la basse vallée du Iaxartes, et

nomadisent sur le territoire des Kalmouks entre Oural et Volga, et vivent aussi de brigandage et de pêche sur les bords nord-est de l'Aral.

Pierre le Grand reçoit le Khan des Kazakhs Ayouka à Saratov sur la Volga. Benverini envoyé officiel russe à Khiva, rapporte que "l'Aral coule à moitié vers l'Aral".

1724	Le Khan des Kalmouks de la Volga est considéré comme Gouverneur par les Russes.
1726-27	Alliance des Bashkirs avec les Hordes et les Karakalpaks du Manghislak contre les Russes.
1727	Voyage de Bazilios d'Astrakhan à Khiva.
1728	Charte Russie-Kalmouks.
1732	Fondation de Orsk, sur l'Oural.
1734	Les Khirghiz-Kazakhs acceptent la suzeraineté des Russes.
	Révoltes dans toute la Bashkirie et le Sud-Est de l'Oural.
1735	L'impératrice Anne de Russie rend les provinces perses de la Caspienne au Shah.
	Fondation de Orenbourg sur le moyen Oural par Kirilov, qui a réglé par la force les révoltes indigènes.
	La Russie a le projet de s'emparer des mines d'or et de rubis du Haut-Oxus.
1739-1741	Premier voyage d'exploration de l'Aral par Mouravin et Gladitchev ; première carte moderne.
1740	Nouvelles révoltes en Bashkirie (Saltan Girei).
	Le khan de Khiva Ilbars II massacre une ambassade perse.
	Nadirshah par représaille envahit le Khorezm. Ilbars II demande la protection russe contre les Perses qui annexent le Khorezm et exécutent Ilbars. Les Russes font la sourde oreille. Le Khorezm reste vassal de la Perse jusqu'en 1747.
	Le bras sud du Sir-Daria (Yani-Daria) est asséché.
vers 1750	Le sud du Turkestan échappe peu à peu au khan de Boukhara. il s'y forme des principautés iranophones à cheval sur l'actuelle frontière afghane.
1755	Révolte d'Abdullah Miagsaldin sur l'Oural.
	Les Karakalpaks sont chassés de leur territoire du bas Syr-Daria par les Kazakhs, et obtiennent l'accord du khan de Boukhara Atalik pour s'installer sur ses terres. Ils s'installent aussi dans le bas delta de l'Oxus, pratiquement inhabité jusqu'alors.
1760	Khiva ne comporte plus que 60 foyers.
	Remise en eau de la Yani-Daria jusqu'en 1770.
1771	La tsarine Catherine supprime le titre de "Grand Khan des Kalmouks". Ceux-ci, qui par ailleurs refusent la conscription militaire, émigrent (200 000 personnes) vers la vallée de l'Ili, à l'Est, leur contrée d'origine. La moitié en est massacrée par les Kazaks-Kirghizes, avant que les Mandchous qui occupent l'Ili pour le compte de l'empereur de Chine les autorisent à s'y installer.
1773-74	Révolte de Pougatchev sur l'Oural.
1781	Tentative d'installation sans succès des Russes à Achour-Ade, au Sud-Est de la Caspienne.
1795	Invasion de la Turkménie par le khan de Boukhara, pour réprimer les incursions des pillards : destruction de Merv et du barrage sur le Mourghab. Des

dizaines de milliers de Merviens sont déportés à Boukhara où ils apportent les techniques du travail de la soie.

1800	Mission officielle russe de Pospelov à Tashkent, qui étudie les possibilités de peuplement de la steppe.
1801	Expédition militaire de Denisoff depuis Orenbourg vers Khiva : elle échappe à la catastrophe, rappelée en Russie à la mort du Tsar Paul Ier.
1807	Lors de la rencontre de Tilsitt, le tsar Alexandre Ier propose à Napoléon Ier une expédition commune vers l'Inde par l'Asie Centrale. Une mission française ira reconnaître l'itinéraire depuis la Mer Noire jusqu'à la Caspienne ; elle donnera un avis négatif à Napoléon.
1807-1811	Campagnes du khan de Khiva Mohamed Rahim contre le khan des Karakalpaks à Koungrad qu'il chasse. Les Karakalpaks se réfugient plus à l'Est, en particulier sur la Yana-Daria.
1809-1813	Développement du commerce entre la Sibérie (Omsk, Semipalatinsk) et Tashkent et de là vers le Turkestan Oriental (Sin-Kiang).
1814	Trois régiments kazakhs avec leurs chameaux participent à la campagne de France, ainsi qu'un détachement turkmène : ils entreront dans Paris.
1819	Mouraviev propose au khan de Khiva (Muhammed Rahim) de remplacer la route des caravanes depuis le Manghislak à travers l'Oust-Ourt par celle de la vallée de l'Ouzboï ; refus car le territoire des Turkmènes est sous la souveraineté nominale des Perses.
1820	Voyage officiel de Negri et de Meyendorff d'Orsk à Boukhara par la vallée du Iaxartes.
	La plupart des Khirgiz quittent la Volga, refusant le recensement et l'impôt. Création du poste de Novo-Alexandrovsk, au Nord-Est du Manghislak, abandonné en 1840.
	Coupure de la Yani-Daria par le khan de Boukhara pour se débarrasser des Karakalpaks.
	Mohamed Rakim achève l'unification du Khorezm.
1823	Révolte des Karakalpaks contre le khan de Khiva. Ils prennent Koungrad, dans le delta.
1824	Installation des Russes sur l'Irtych. Début de l'expansion russe vers le Sud à partir de la Sibérie.
1825	Création de Fort-Ouralsk (= Irghiz), dans la steppe tatare de la Moyenne Horde.
1826-1829	Deux expéditions de F. Berg depuis Manghislak jusqu'à la rive ouest de l'Aral.
1827	Révolte des Karakalpaks contre le khan de Koungrat (delta de l'Oxus) ; vaincus, une partie émigre au Ferghana.
1830	Les Russes s'installent à Achour-Ade, pour lutter contre les pirates turkmènes de la Caspienne.
1832	Voyage de l'Anglais Barnes de la Sibérie à Boukhara, puis à Balkh et en Perse.
1834	Merv devient la capitale des Turkmènes.
1836	Écoulement dans l'Ouzboï des eaux de l'Aral.
1837	Première perception de l'impôt (aissak) sur les Tatars ; émeutes.
1839	Première pêcherie commerciale d'Orenbourg à l'emplacement de la ville d'Aralsk.

Transfert de Novo-Alexandrovsk à Fort Alexandrovsk, à l'extrémité Nord-ouest de Manghislak. Les Turkmènes sont peu à peu chassés de l'Oust-Ourt vers le Sud par les Kazakhs.

1840	Crue de l'Amou dans le Sary-Kamysh.
1839-1840	Les Anglais à Herat (Afghanistan), qu'ils fortifient, craignant les Russes. Voyage de Abbott de la Perse à Boukhara, Khiva et Manghislak.
1842	Exécution du voyageur anglais Connolly à Boukhara.
1845	Création de Fort Orenbourg (=Tourgaï) dans la steppe tatare.
1847	Installation à l'embouchure du Syr-Daria du premier fort russe : Fort-Raïm.
1848	Le barrage construit en 1820 sur la Yani-Daria est coupé et le bras du cours d'eau coule à nouveau.
1848-49	Exploration complète de l'Aral par Boutakoff ; découverte de l'archipel Nicolas Ier (=Vozrozhendenia) ; première exploration de l'est du delta de l'Amou-Daria ; carte moderne de l'Aral.
1851	Fort Raïm transféré à Kazalinsk, 100 km en amont (fort n°1).
1852	Fort n°2 (Kamartchi=Djouzali) en amont de Kazalinsk.
1853	Prise de la ville d'Ak-Masjed (qui deviendra le fort n°3), Fort-Perovsk, puis Kzyl-Orda ("la horde rouge"), sur le Sir-Daria. Une expédition de Yakoub-Bey, lieutenant du khan de Boukhara sur les villages cosaques de la basse vallée du Syr-Daria (100 villages détruits), provoque la même année une contre-offensive du général de Blaremberg, qui échoue. Perowsk prendra la ville l'année suivante après un combat sanglant.
1854	Boutakoff explore la vallée du Syr-Daria jusqu'à Tashkent et l'est du delta de l'Amou-Daria. Création de la flottille militaire de l'Aral, chauffée au charbon de bois local — saxaoul —, puis à la houille apportée depuis le bassin du Donetz, 2000 km à l'Ouest, à travers l'Oust-Ourt ! Le Khorezm redemande sans succès l'assistance des Russes contre les Turkmènes et les Perses. Il coupe les canaux vers le Sary-Kamysh. Le chef karakalpak Ir-Nazarbi se révolte contre le khan de Khiva, prend le titre de khan, construit une forteresse dans le delta qui tombe en 1856 ; Khiva annexe définitivement le delta.
1856	L'Amou-Daria coule vers le Sary-Kamysh.
1859	Premier établissement russe à Krasnovodsk, dans la baie de Balkhan, accessible aux gros navires, et futur point de départ du chemin de fer transcaspien.
vers 1860	Les Russes ont occupé toute la rive ouest de l'Aral.
1860	Présentation des premières photographies de l'Aral à St Petersbourg (Société Russe de Géographie) par Kulewein.
1863	Voyage du linguiste hongrois Vambery, de Gourgand (Perse) à Khiva et Boukhara ; il est déguisé en derviche. Annexion par les Russes des territoires au Nord du lac Balkach, sur le territoire de la Moyenne Horde.
1864	Prise de Turkistan et de Timkent ; annexion du territoire du Semiritchie, au nord-est du Ferghana ; fondation de Vernye (Almaty) et de Pipchek. Fondation d'Aoulié-Ata, sur le Talas, première capitale du territoire du Turkestan. Traité de Tougounchak : la Chine doit abandonner à la Russie tous les territoires au sud-est du lac Balkach.
-1865	Echec de Tchernaev devant Tachkent défendue par Yakoub-Bey. Prise de Tachkent par le général de Batek ; le Ferghana et Boukhara sont désormais séparés par un territoire russe.

1866   Prise de Samarkand ; traité avec le khan de Boukhara.

1867   La capitale du territoire militaire du Turkestan est transférée de Aoulie-Ata
            à Tashkent.

1868   Après une rébellion, reprise de Samarkand par le général Kauffmann, qui
            sera le maître quasi-absolu du Turkestan jusqu'à sa mort en 1882. Prise de
            Boukhara et protectorat russe. Installation à Kodjent d'un khan dévoué aux
            Russes.

1869   Massacre des Kazakhs à Kouldja, dans la haute vallée de l'Ili.

1870   Dernière révolte des Kazakhs à Fort Alexandrovsk. Exploration de la haute
            vallée du Zerafzan, à l'Est de Samarkand.
            Yakoub-bey s'étant emparé du Turkestan oriental ; les Russes, "par précau-
            tion", occupent la haute vallée fertile de l'Ili.

1872   Création des provinces civiles d'Ouralsk et de Tourgaï.
            Début de construction d'une dérivation du Syr-Daria pour irriguer une par-
            tie de la Steppe de la Faim (Sud-Ouest de Taschkent), travaux arrêtés en
            1874 puis définitivement en 1881.

1873   Voyageurs anglais sur l'Aral : Burnaby, Wood.

1873/74   Campagne hivernale du général Kaufmann sur Khiva. Le khanat tombe
            facilement et devient protectorat russe ; indemnités de guerre à la Russie.

1874   Nombreuses missions scientifiques autour de l'Aral : expéditions
            Caspienne-Aral, delta de l'Amou-Daria, Kyzyl-Koum, Ouzboï.
            Suppression de la flotille de l'Aral.

1875   Émeutes au Ferghana, durement réprimées. Le khan se réfugie à Moscou, et
            le Ferghana est annexé à l'Empire Russe.

1878   Grande crue de l'Amou-Daria qui se déverse dans le lac Sary-Kamysh.

1879   Traité de Livadia, qui rend Kouldja à la Chine moyennant de grosses com-
            pensations territoriales.
            Les Russes s'installent à Kzyl-Arwat, au nord du Khopet-Dag.

1880   Campagne des Russes contre les Turkmènes ; ils sont défaits devant Geok-
            Tepe.

1881   Nouvelle campagne du général Annenkoff ; prise difficile par Skobeleff de
            Geok-Tepe, fortifiée par les Anglais : 15 000 Turkmènes tués.
            Traité de Saint-Petersbourg qui rectifie celui de Livadia.

1884   Prise de Merv sans combat, après négociation.

1885   Le chemin de fer arrive à Merv.
            Affaire de Pendjeh, au sud de Merv entre Russes et Afghans.
            Risque de guerre avec les Anglais.
            Délimitation de la frontière avec les Perses et les Afghans jusqu'à l'Amou-
            Daria (Termez).
            Le grand-duc Romanov irrigue 4 500 ha près de Tachkent.

1886   Le Transcaspien arrive à Charzou, sur l'Amou-Daria.
            Les eaux de surface au Turkestan deviennent propriété de l'Etat.

1887   Voie ferrée près de Boukhara. Restauration des systèmes d'irrigation du
            Mourghab ; l'oasis de Bayram-Ali devient propriété du Tsar (35 000 ha).

1888   Le chemin de fer arrive à Samarkand.
            Réglementation de la hiérarchie du personnel administratif de l'irrigation.

1889   Nouvelle crue de l'Amou-Daria vers le Sary-Kamysh.

1891   Le grand duc Romanov construit un nouveau canal vers la Steppe de la
            Faim ; après divers avatars, le canal est repris par l'Etat en 1899, et sera ter-

miné en 1915 (10 000 ha irrigués en 1914 et 35 000 en 1917). Chemin de fer à Tachkent.

1892   Création d'un poste de Responsable Général pour les affaires agricoles du Turkestan.

1895   Délimitation de la frontière avec l'Afghanistan sur le haut Amou-Daria ; les principautés locales sont coupées en deux.
            Installation de Pamirski-Post au sud du Pamir, à proximité des frontières chinoise et afghane.

1897   Les services agricoles et l'irrigation deviennent directement subordonnés au gouverneur général du Turkestan.

1898   Chemin de fer de Merv à Kouchka, à la frontière perse.

1899   Chemin de fer à Andidjan, au fond de la vallée du Ferghana.

1906   Le gouvernement De Witte repousse un projet de location pour 40 ans du Turkestan à un trust américain contre 400 millions de rouble or (février).

1907   Traité anglo-russe délimitant les frontières et les zones d'influence en Perse.

1908   Grand ouvrage scientifique de Berg sur l'Aral.

1910/17   Travaux d'études par Rizenkampf pour un canal de dérivation du haut Amou-Daria vers le Sud du désert du Karakoum ; ils serviront dans les années 1950.

1911   Nouveau projet par Matisen de rétablissement de l'Ouzboï.

1913   Le chemin de fer transaralien d'Orenbourg arrive à Tachkent.

1913/14   Crues de l'Amou-Daria vers le Sary-Kamish.

1914   Création à Tashkent de mouvements islamistes clandestins.

1915   Nouveau projet par Morgunenkov de détournement de l'Amou-Daria, pour irriguer la région de Kyzyl-Arwat et la côte sud-est de la Caspienne.

1916   La voie ferrée arrive à Termez.

1915/17   Augmentation des emblavements en coton jusqu'en 1916, mais diminution de 27 % de la production ; chute de 47 % de la production de céréales.

1916   Les autochtones, jusqu'alors dispensés de service militaire, sont requis par Kouropatkine au travail civil sur les terres des colons russes.

1917   Décret du 17 mai attribuant 50 millions de roubles-or pour le développement du Turkestan.
            Élections en juillet ; le pouvoir régional va aux organisations musulmanes ; en septembre, les soldats et civils russes prennent le pouvoir pour quelque temps.
            Révolution d'Octobre.
            Décret de Lénine (8 nov) : "La terre à qui la travaille", qui justifie les Russes du Turkestan à reprendre le pouvoir et spolier les indigènes. Famines chez ceux-ci. Retour des militaires russes mobilisés après l'armistice ; augmentation des tensions, aggravation de la situation alimentaire ; émeutes des autochtones et répression.

1918-19   Efforts de Lénine et de Staline pour le développement de la Révolution en Asie Centrale, et, au delà, vers tout le monde asiatique.

1920   Renversement du khan de Khiva (Seyyd Abdallah) par les "Jeunes Khorezmiens" en février, et création de la République soviétique du Khorezm.
            Décret de Lénine (13 mai) attribuant 256 millions de roubles pour l'irrigation de la Steppe de la Faim ; 2 novembre : décret imposant le redémarrage de la culture du coton.

Création de la RSS de Khirgizie (le nom sera réservé à la partie sud en 1924, la Khirgizie devenant alors le Kazakhstan).
République de Boukhara en septembre.
Chute de 92 % de la production du coton depuis 1915.

1922	Monopole d'état du commerce du coton.
1924	Création des RSS d'Ouzbekistan et du Turkmenistan.

La république du Khorezm est partagée entre celles-ci sur des critères ethnico-linguistiques.
Premier plan quinquennal. Crédits pour la mise en culture de terres nouvelles pour le coton.

1925   Création de langues nationales, basées sur les parlers vernaculaires (turk, tadjik, oïgour).

1926   Suppression de l'alphabet arabe, remplacé par l'alphabet latin.
Recensement général des populations.

1928   Exil de Trotsky au Turkestan (janvier).

1929   La RSS du Tadjikistan est détachée de l'Ouzbekistan.

1929-30   Début du regroupement des nomades et interdiction de la nomadisation. Révoltes et guérillas ; les "basmatchis" sont traqués par l'Armée Rouge de Boudienny. Confiscation des terres privées. Installation des coopératives, puis des sovkhoses, puis des kolkhoses, qui se substituent à l'organisation tribale traditionnelle. Fuite de nombreux nomades vers la Perse, l'Afghanistan et la Chine : incursion des troupes soviétiques dans ces pays aux fins de poursuite...

1930   Mise en service du chemin de fer Turksib, destiné à apporter les céréales de Sibérie vers le Turkestan.
Début de l'aménagement du Waksh, grand affluent rive droite de l'Amou-Daria.

1932   La moitié des troupeaux nomades ayant disparu, le regroupement devient moins sévère.

1933   Fin des derniers basmatchis au Tadjikistan.

1933-37   Aménagements hydrauliques sur le Zerafzan, le Mourghab, le Tedjen et à Kerki sur l'Amou-Daria.

1936   Les Républiques Autonomes de Khirgizie et de Kazakhie deviennent Républiques soviétiques.

1937   Plus de 95 % des terres agricoles ont été collectivisées.

1937-40   150 000 Coréens de la région de Vladivostok sont exilés au Turkmenistan et en Ouzbekistan.

1939   Les alphabets dérivant du cyrillique remplacent l'alphabet latin.
Nouveau recensement : la Kazakhie a perdu 1/3 de ses habitants

1940   Inauguration du grand canal du Ferghana, presque entièrement creusé de main d'homme.

1941   Invasion de l'URSS par le IIIe Reich. Déportation des Allemands de la Volga au Kazakhstan.

1942   Installation d'usines d'armement en Ouzbekistan.
Second canal du Ferghana.

1943   Quelques centaines de familles kazakhes suivent les Allemands dans leur retraite.

1944   Exil des Tatars de Crimée par Staline vers le Kazakhstan (mai) ; 150 000 meurent en chemin.

	Début de la construction du barrage de Farkhad au Sud-Ouest de Tachkent pour régulariser le Syr-Daria.
1950	Entrée en service du Jugsib, voie ferrée entre Omsk et Tachkent.
1951/65	Travaux du canal Amou-Boukhara.
1954	Plan de "mise en valeur des terres vierges" par Khrouchtchev.
1955	Désenclavement du Khorezm par le chemin de fer de Chardzou à Koungrad.
	Développement de l'irrigation. Le Sary-Kamysh commence à recevoir les eaux de drainage.
1960	Début du détournement massif des eaux de l'Amou-Daria et du Syr-Daria.
1962	Inauguration du grand canal Amou-Karchi-Boukhara.
1970	Le gaz naturel de Touranie parvient par pipelines en Russie.
	L'Aral commence à baisser.
1979	La production du coton commence à baisser, par suite de la salinisation des terres.
1980	Le XIᵉ plan quinquennal prévoit le détournement des fleuves sibériens vers la Touranie. Premières manifestations écologistes.
1984	Émeutes à Alma-Ata.
1985	Gorbatchev et la *perestroïka*. Purges dans le P.C. ouzbek (mafia du coton, affaire Rachidov).
	Annulation du projet Sibaral.
1987	Le canal du Karakoum parvient à Kyzyl-Arwat.
	Les tributaires de l'Aral ne lui apportent plus d'eau.
1988	Création à Tachkent du mouvement nationaliste "Birlik".
1989	L'Aral se coupe en deux lacs séparés.
1990	Raccordement du Turksib au réseau ferré chinois (travaux commencés en 1961).
	Colloque international de Noukous, où sont exposées les conséquences dramatiques des modifications du régime des cours d'eau.
1991	Proclamation d'indépendance des républiques d'Asie Centrale : celle du Karakalpakstan n'est pas reconnue par l'Ouzbekistan.
	Création de la CEI. Accord entre les Républiques pour la restauration de l'Aral.
1992	Début de construction par le Kazakhstan d'une digue permettant la réalimentation par le Syr-Daria de la partie nord de l'Aral.
1993	Projets de la Banque Mondiale pour la réhabilitation de la région péri-aralienne.

Remerciements

Nous remercions très vivement les collègues et amis qui ont, à divers titres, permis la mise au point de cette monographie : R. Besenval, H. Bocherens, F. Cesbron, T. Dindeleux, J. Kindler, G. Gohau, S. Mainguet, M. Meybeck, R. Moreau, Y. Rebeyrol, F. Slawny pour le prêt de documents rares et leurs avis éclairés ; A. Chesterikoff, P. Hubert, B. Iouldachkhodjaev, A. Klamecki, S. Kolnikova, Y. Loutchkin, H. Le Damany, H. Molicova, W. Nesteroff, O. Pavlov, F. Slawny, G. Sokoloff, pour leur aide dans la traduction et l'interprétation des documents en langue russe ; nos collègues de l'Université Pierre et Marie Curie à Paris et de l'Université de Reims, qui à des titres divers ont facilité la réalisation de ce travail, et particulièrement I. Mercier, A. Jauzein et A. Mariotti ; les bibliothécaires et documentalistes de nombreux organismes qui n'ont pas ménagé leur temps dans des recherches parfois difficiles. L'aide de N. Glazovsky, A. Kitoh et N. Novikova nous a été particulièrement précieuse. A. Dindeleux, enfin, a consacré de très longues heures à la mise en ordre et à la rédaction définitive du livre qui lui doit beaucoup.

Paris, le 15 mars 1993

Références bibliographiques

Chapitre I

ALLWORTH E., 1975. "Soviet Asia, Bibliographies. A compilation of social science and humanities sources on the Iranian, Mongolian and Turkish nationalities, with an essay on the Soviet-Asian controversy". Praeger, New-York, Wahington, Londres, 686 p.

CAGNAT R., JAN M., 1990. "Le Milieu des Empires". R. Laffont éd., Paris, 438 p.

CHYLINSKI E.A., 1986. "Soviet Central Asia : continuity and change". South Jutland University Press, Esbjerg, Danemark (en russe).

DABADIE D., MEYNAUD H., 1980. Asie Centrale. In "Guide Bleu URSS", Hachette, Paris.

ELLIS-WILLIAMS S., 1990. A soviet sea lies dying. National Geographic, 177 (2), 73-93.

FLORINSKY M.T. ed., 1961. "Mc Graw-Hill Encyclopedia of Russia and the Soviet Union". Mc Graw-Hill, New-York.

Grande Encyclopédie Soviétique, 1959. Article "Aral", vol. 2, 609-611 ; ibid. éd. 1970, vol. 3, 159 (une traduction en anglais existe aux USA).

HARRIS C.D., 1975. "Guide to geographical bibliographies and reference works in Russia or on the Soviet Union". Univ. Chicago Press, 477 p.

LOPATIN G.V., DENGINA R.S., EGOROV V.V., 1958. Le delta de l'Amou-Daria. Ak. Nk. URSS, Vulgarisation, 158 p., Moscou-Leningrad.

MAINGUET M., 1991. "Desertification. Natural Background and Human Mismanagment". Springer-Verlag, Berlin, 306 p.

MAILLART E., 1943. "Des monts célestes aux sables rouges". Payot éd., Paris, 340 p. (rééd. 1990).

MICKLIN P.P., 1991. The water management crisis in Soviet Central Asia. Center for Russian and East European Studies, Pittsburgh Univ., USA.

MICKLIN P.P., 1991. The water crisis in Soviet Central Asia. In "Environmental management in the Soviet Union", P.R. Pryde ed., chap. 12, Cambridge Univ. Press.

PIERCE R., 1966. Soviet Central Asia. A bibliography ; part 1 : 1558-1866 ; part 2 : 1867-1917 ; part 3 : 1917-1966. Center for Slavian and East European Studies, California Univ. Press, Berkeley.

RADVANYI J., 1990. "L'URSS : régions et nations". Masson, Paris, 293 p.

Revue du Monde Arabe et Méditerranéen, 1992. Numéro spécial "Des ethnies aux nations en Asie Centrale", EdiSud, 59/60.

SAINT-GEORGE G., 1974. "Déserts et montagnes de Russie". Ed. int. Time Life (nombreuses illustrations).

Sécheresse, 1992. Numéro spécial sur l'Aral, 3, 3, 189-202.

VADROT C.M., 1991. "L'URSS, la roulette russe des nationalismes". Bayard, Paris, 443 p.

Chapitre II

ABRAMOVA T.A. et al., 1989. Causes des variations du niveau du lac Sary-Kamysh aux temps historiques. Probl. Ovs. Pustyn, 1, 36-41 (en russe).

AKOULOV V.V., 1967. Géologie du delta de l'Amou-Daria. Trudy Tash. Gu, nouvelle série, n°175, geog. Nk., Kn 18 (en russe).

ALEKHIN O.A., 1953. Principes d'hydrochimie. Gidrometeoizdat, Leningrad, 296 p. (en russe).

ALEKHIN O.A., BRAJNIKOVA L.V., 1964. Substances dissoutes et en suspension dans les fleuves du territoire de l'URSS. Gidrochem. Gidrometeorol., Inst. Leningrad, Nauka (en russe).

ALEKSEIEV F.A., VETSHTEYN V.Y., MALYOUK G.A., 1974. Contenu en isotopes de l'hydrogène et de l'oxygène des eaux souterraines du bassin de l'Amou-Daria. In "Géologie nucléaire", Onti Bniiya Geol. Geoph., Moscou (en russe).

Anonyme, 1962. Interdepartmental conference on the Quaternary of Central Asia and Kazakhstan. Int. Geol. Rev., 4 (12), 1357-1362.

ARBATOV A.A. et al., 1975. Tectonic zonation of young plates, such as the Scythian and Turanian plates. Int. Geol. Rev., 17, 1137-1160.

ARCHANGELSKII A.D., 1931. Etudes géologiques sur le bas Amou-Daria. Trudy Glavnogo Geol. uprav Leniya, VSNKh SSSR, n°12 (en russe).

ASTAPOVICH I.S., 1955. Tempêtes de poussière sur l'Asie Centrale. Priroda, n° 7.

BALAEV L.G., KATS D.M., 1984. Hydrogeological and ingeneering-geologic studies for the purpose of land reclamation. In "Proc. 27th int. Geol. Congress", 16, 263-273, V.N.U. Science Press, Moscou.

BALAKIREV E.K., 1988. Destructive tornado in Turkmenya on March 19 1987. Meteor. Gidrologia, 8, 124-126.

BALASHOVA E.N., ZHITOMIRSKAYA O.M., SEMENOVA O.A., 1960. Traité de climatologie des républiques d'Asie Centrale. Gidrometeoizdat, Leningrad, 241 p. (en russe).

BARBOT de MARNY N., 1874. Géologie de l'Asie Centrale. Neue Jahrb., 7, 858-861.

BARON V.A. et al., 1981. Prédiction du régime de l'eau des sols dans les régions irriguées. Nedra ed., Moscou, 386 p. (en russe).

BEDER B.A., 1961. Le bassin artésien du Zeravzan. Zh. Ouzb. Geol., 5, 85-91 (en russe).

BENOIST MECHIN (baron), 1885. Voyage à travers le Turkestan. Bull. Soc. Géogr., 25-55.

BERG L.S., 1908. La mer d'Aral. Essai de monographie physique et géographique. Rapports de la section du Turkestan de la Soc. Imp. russe Géogr., 5 vol. (en russe).

BERG L.S., 1932. Sur le niveau absolu de la mer d'Aral. Zapiski gosudarstvennogo Gidrologicheskogo Inst., 6, 74-78 (en russe).

BITKOVSKAIA T.P., MANSIMOV M., SHEKTER L.G., 1985. Dynamique du développement du lac Sary-Kamysh, basée sur les photos satellite. Probl. Ovs. Pustyn, 6, 38-43.

BLANC E., 1891. Sur la configuration du périmètre de la mer d'Aral. Bull. Soc. Géogr., 135-143.

BLANC E., 1892. L'hydrographie du bassin de l'ancien Oxus. Bull. Soc. Géogr., 281-315.

BLANFORD W.T., 1874. On the physical geography of the deserts of Persia and Central Asia. Rept. Brit. Assoc. for 1873, section Géogr., 162-163.

BLINOV L.K., 1956. Le bilan salin de la mer d'Aral. Int. Geol. Rev. (trad. de Gidrometeo Izdat., Aralskogo More, chap. III, 80-104, 1956).

BOCHKAREVA V.A. et al., 1976. Eaux souterraines. In "Formation des ressources en eaux souterraines dans le Nord et l'Ouest du Kazakhstan", Shapiro S.M. ed., Izd. Nk. Kaz. SSSR, Alma-Ata, 29-94 (en russe).

BOCHKAREVA V.A., SYDYKOV Z.S., DZANGIRYANTS D.A., 1973. Eaux souterraines du bassin caspien et de ses marges orientales. Izd. vo. Nauka, Alma-Ata (en russe).

BOUBNOFF S. von, 1924. Der Gebirgsbau von Osten-Europas. Geol. Rundschau, 15, 147-174.

BOUGAEV V.A., 1946. Climat de l'Asie Centrale et du Khazakhstan. Izd. Ak. Nk., Ouzb., Tachkent, 23 p. (en russe).

BOUGAEV V.A. et al., 1957. Processus synoptiques en Asie Centrale. Izd. Ak. Nk., Ouzb., Tachkent, 477 p. (en russe).

BOULEKBAYEV Z.Y. et al., 1970. Structure géologique et présence de gaz et d'huile dans le Nord Oust-Ourt et le Nord de l'Aral. Izd. vo Nauka, Moscou, 350 p. (en russe).

BRODSKAYA L.K., 1956. Processus de précipitation et de formation des sédiments dans la mer d'Aral. Izd. vo. Ak, Nk. URSS (Géol.), 115, n°7, Moscou (en russe).

BRONGOULEYEV V.V., PSHENIN G.N., ROZANOV L.L., 1978. Mécanisme de la formation du relief de l'escarpement est du plateau de l'Oust-Ourt. Geomorfologia, 2, 52-60 (en russe).

BROUEVICH S.V., GOUDKOV M.P., 1955. Poussières atmosphériques sur la Caspienne. Izv. Ak. Nk. (Géogr.), 4, 18-28 (en russe).

BRUSH V.A. et al., 1971. Tectonics of the Syr-Daria syneclise. Int. Geol. J., 13, 730-739.

CAMENA d'ALMEIDA P., 1932. L'Asie Centrale russe. In Géographie Universelle, vol. V, Armand Colin éd., 267-319.

CHALOV P.I., MERKOULOVA K.I., TOUZOVA T.V., 1966. The 234U/238U ratio in the water and bottom sediments of the Aral Sea and the absolute age of the basin. Geoch. intern. (trad. de Geokhimiya, 12, 1431-1438, 1966).

CHANYSHEVA S.G., 1966. Vents locaux en Asie Centrale. Gidrometeoizdat, Leningrad, 120 p. (en russe).

CHEGLOVA O.P., 1961. Classification des rivières d'Asie Centrale soviétique selon leur type d'alimentation. Izv. Ak. Nk. URSS (Géogr.), 3, 19-27 (en russe).

CHOUBENKYNA E.Y., 1990. Peuplements naturels de Saxaoul dans la dépression du Syr et leur dégradation. Probl. Ovs. Pustyn, 4, 39-44 (en russe).

CHOUMAKOV I.S., BYZOVA S.L., GANZEY S.S., 1988. Géochronologie Meotien-Pontien de la Paratéthys orientale. Dokl. Ak. Nk., 303, 1, 178-181 (en russe).

Collectif, 1963. Problèmes de géologie d'Asie Centrale et Khazakhstan. Ouzb. Ak. Nk., Tachkent, n° R1 04 (en russe).

COULIBŒUF de BLOCQUEVILLE H. de, 1865. Note sur une partie du Turkestan méridional. Bull. Soc. Géogr., 424-432.

CURZON G.N., 1896. The Pamir and the source of the Oxus. Geogr. J., VIII, 15-54, 97-119, 239-260.

DICKEY P.A., 1968. Contemporary non-marine sedimentation in Soviet Central Asia. Am. Ass. Petrol. Geol. Bull., 52, 2396-2421.

DMITROVSKY V.I., 1968. L'eau souterraine du Sénonien, source principale d'eau dans la région Est-Aral. Trud. Ak. Nk. Kazak. (Gidrol.), 1, 124-129 (en russe).

DOBRIN L.G., 1960. Tourbillons de sable éolien, structure et mouvement. Trudy Vses. neft Nauchno iss-Inst., 23, 37-41 (en russe).

DODONOV A.E., RANOV V.A., 1984. Anthropogene of the USSR Central Asia. Stratigraphy, correlation, paleolithology. Proc. 27th Int. Geol. Congress, 3, 154-182.

DRAIER A.A., 1962. PRIRODA, n°3 (sur le lit de la mer d'Aral) (en russe).

DROUBI A., CHEVERRY C., FRITZ B., TARDY Y., 1976. Géochimie des eaux et des sels... (Tchad). Chem. Geol., 17, 165-177.

DURAND J.H., 1988. "Arrêter le désert". Presses Universitaires de France, 416 p.

DZANGIRYANTS D.A., ZOUMAGALIEV T.N., AKCHOULAKOV U.A., 1982. Hydrogeologic and geothermal conditions in the Kalamkas oil-gas field. Int. Geol. Rev., 25 (5), 79-582.

DZHALILOV M.R., 1988. Marine transgressions and species diversity of bottom communities in the Late Cretaceous basins of South-East-Central Asia. Int. Geol. Rev., 30, 7, 727-733.

EPIFANOV M.I., 1961. Terrasses de la mer d'Aral. Trudy Soluz. Geol. Kont., 2, 164-169 (en russe).

ERGASHEV S.E., 1973. Caractéristiques hydrogéothermales du Crétacé supérieur dans la région sud-est de l'Aral. Zh. Ouzb. Geol., 1, 76-78 (en russe).

EUGSTER H.P., HARDIE L.A., 1978. Saline lakes. In "Lakes", A. Lerman, Springer Verlag, 237-293.

FEDIN V.P., KRASILNIKOV V.A., TIOUNOV K.V., 1986. Zonation karstique du territoire turkmène. Probl. Ovs. Pustyn, 6, 49-53 (en russe).

FEDOROV P.V., 1959. Dépôts quaternaires de la Turkménie occidentale et leur position dans l'échelle stratigraphique de la région caspienne. Trudy Turkm. SSR Geol. Inst., vol. 2 (en russe).

FEDOROVITCH B.A., 1930. Informations sur la morphologie du Kara-Koum. In "Le Kara-Koum", Materialy K.E.I., Ak. Nk. URSS, Turkm., vol. 29 (en russe).

FEDOROVITCH B.A., 1952. Anciennes rivières des déserts touraniens. In "Mater. po chetvertichnomou periodou v SSSR", n°3, Izd. Ak. Nk. SSSR, Moscou (en russe).

FOMIN V.M., OSTROVSKII L.F., 1969. Eaux souterraines des plaines d'Asie Centrale. Nedra ed., Moscou, n° 61 (en russe).

GAC J.Y., DROUBI A., FRITZ B., TARDY Y., 1977. Geochemical behaviour of silica and magnesium during the evaporation of waters in Chad. Chem. Geol., 19, 215-228.

GAEL A.G., 1948. Caractères hydrogéologiques des eaux souterraines des sables autour de l'Aral. Vsesoyuz Geogr. Sezd., 2nd ed., t. II, 255-263 (en russe).

GALABOV M.M., 1984. Bases et problèmes du pronostic scientifique des ressources et de la composition chimique des eaux souterraines. In "Proc. 27th int. Geol. Congress", 16, 49-69, V.N.U. Science Press, Moscou (en français).

GARKOVECH V.G., JELESNOV V.M., FOUSAIILOV I.A., 1972. Quelques traits de la structure tectonique du socle de l'Ouzbekistan (Sud de l'Aral). Ouzb. Geol. Zhurnal, 1, 3-10 (en russe).

GERASIMOV J.P., 1937. Caractéristiques principales du développement de la surface actuelle de la région touranienne. Trudy Inst. Geogr. Ak. Nk., URSS, n°25, Moscou, Leningrad (en russe).

GERASIMOV J.P., MARKOV K.K., 1939. Ages glaciaires sur le territoire de l'URSS. Izd. Ak. Nk. URSS, Moscou (en russe).

GEYER I.I., 1910. "Tourkestan", Tachkent (en russe).

GLAZOVSKY N.F., 1983. Subsurface flow of solutes into the Aral Sea. Probl. Des. Develop., 5, 41-47 (en anglais).

GLIN A.M., 1959. Changements dans le débit du Syr-Daria avec le développement de l'irrigation au Ferghana. Izv. Ak. Nk. URSS (Géogr.), 3, 89-93 (en russe).

GODIN Y.N. et al., 1959. Principal features of the tectonic structure of Turkmen SSR. Int. Geol. Rev., 1-17.

GOPTAREV N.P. (ed.), 1986. Etudes d'hydrologie. Gidrometeoizdat, Moscou, n°168, 124 p. (en russe).

GORETSKIY R.G. et al., 1975. Deep structures of Northern Ust-Yurt and adjacent areas. Int. Geol. Rev., 17, 4, 469-479.

GORKELIN N.E., NIKITIN A.M., 1985. Evaporation des lacs d'Asie Centrale. Proc. Middle Asia's Regl. Sci. Res. Inst., 102, 3-24 (en russe).

GRIDNEV N.I., 1959. Faciès des dépôts fluviatiles quaternaires du delta de l'Amou-Daria. Dokl. Ak. Nk. URSS (Géol.), 127, 1, 162-165 (en russe) (trad. Int. Geol. Rev., 59 (60 ?), 632-634).

GRIGORIEV A.A., BOUDYKO M.I., 1959. Classification des climats d'URSS. Izv. Ak. Nk. URSS (Géogr.), 3 (en russe).

GVOZDETSKII N.A., MIKHAILOV N.E., 1978. "Géographie physique de l'URSS". MISL, Moscou, 3° éd., p. 28 (en russe).

HULSEN K., 1911. Scientific reports of the Lake Aral expedition. Izv. Soc. Géogr. Russe, Turkestan, 8, 1-64 (en russe).

HUMBOLDT A. de, 1831. "Fragments de géologie et de climatologie asiatiques". Gide éd., Paris.

ILIASHENKO V.I., 1960. Sédiments sénoniens sur la rive droite de l'Amou-Daria inférieur. Trud. Ouzb. Geol. upr. Ouzb. SSR, 1, 51-56 (en russe).

IVTCHENKO A.F., 1916. A travers le Kyzyl-Koum. Izv. Imp. Rusk. G. Ob., 52, 71-92 (en russe).

JONES B.F. et al., 1969. Interstitial brines in playa sediments. Chem. Geol., 4, 253-262.

KABOULOV S.K., 1991. "Changements dans les phytocenoses désertiques lors de l'aridisation". Tachkent, 237 p. (en russe).

KALDAROV M.K., 1961. Participation de l'Amou-Daria dans l'alimentation des eaux souterraines des franges orientales du Kara-Koum de Zaungouz. Izv. Ak. Nk. Turk. SSR, 1, 110-114 (en russe).

KALININ G.P., KLIGE R.K., 1973. Some problems of the theory of water-level fluctuations in water bodies without outlets. In "Hydrology of lakes", Ass. Int. Hydrol. Sci., 123-130.

KAPLIN P.A., TCHERBAKOV F.A. ed., 1977. Paléogéographie et dépôts des mers pléistocènes du Sud de l'URSS. Izd. Nk., Moscou, 252 p. (en russe).

KAPOUSTIN I.N., PRZHYALGOVSKY Y.S., TROFIMOV D.M., VOLCHEGOURSKI L.F., 1978. The use of satellite information in compiling the tectonic map of the Caspian basin and its surroundings (I). Int. Geol. Rev., 10, 40-46.

KAPOUSTIN I.N., PRZHYALGOVSKY Y.S., TROFIMOV D.M., VOLCHEGOURSKI L.F., 1983. Use of space information in compiling a tectonic map of the Caspian basin and its surroundings, II. The problem of multi-level geological interpretation. Int. Geol. Rev., 25, 4, 477-482 (trad. Geologia i Razvekda, 82, 3, 36-43, 1983).

KATS D.M., 1980. Classification hydrogéologique des régions irriguées des zones arides. In C.R. 26° Congrès géol. Moscou, Nauka ed.

KATZ A., KOLODNY Y., NISSENBAUM A., 1977. The geochemical evolution of the Pleistocene Lake Lisan-Dead Sea system. Geochim. Cosmochim. Acta, 141, 1609-1621.

KES A.S., 1952. L'origine de l'Ouzboï. Izv. Ak. Nk. (Géogr.), n°1 (en russe).

KES A.S., 1959. Fluctuations of the Aral sea level. Int. Geol. Rev., 623-627 (trad. de Priroda, 1, 95-99, 1958).

KES A.S., 1961. Aspects de la paléogéographie quaternaire des basses terres de l'Amou-Daria et du Syr-Daria. In "Matériaux de la Conférence de l'Union sur l'Etude du Quaternaire", vol. 3, Izd. Ak. Nk. SSSR, Moscou (en russe).

KES A.S., 1983. Etude des processus de déflation et transfert de sels et de poussière. Probl. Ovs. Pustyn, 1, 3-15 (en russe).

KES A.S., 1987. Histoire du Sary-Kamysh à la lumière de nouveaux résultats de télédétection. Probl. Ovs. Pustyn, 1, 36-41 (en russe).

KES A.S. et al., 1970. Histoire du lac Sary-Kamysh pendant la période médiévale. Izv. Ak. Nk. URSS (Géogr.), 1, 41-50 (en russe).

KES A.S., KLYOUKANOVA I.A., 1990. Cause des fluctuations du niveau de l'Aral dans le passé. Izv. Ak. Nk. URSS (Géogr.), 1, 78-86 (en russe).

KHAIN V.E., 1985. "Geology of the USSR, vol. I". Borntraeger frères éd., Berlin, Francfort.

KHROUSTALEV Y.P., 1977. Régularités de la sédimentation des mers intracontinentales du Sud de l'URSS. In Kaplin et al., q.v., 84-91 (en russe).

KHROUSTALEV Y.P. et al., 1977. Dépôts holocènes de l'Aral et conditions du dépôt. Litolog. Mineral. Res., 12 (1), 18-26 (en russe).

KHROUSTALEV Y.P., ARTYOUKHIN Y.V., 1988. Sédimentation massive dans les mers du Sud. Priroda, 9, 31-33 (en russe).

KHROUSTALEV Y.P., TOUROVSKII D.S., REZNIKOV S.A., 1977. Caractères lithologiques, stratigraphiques et histoire des dépôts du Quaternaire supérieur de la mer d'Aral. In Kaplin P.A. et al., q.v., 119-124 (en russe).

KIKISHEV K.G. et al., 1990. Assessment of evaporation off the surface of the Sary-Kamysh lake from radioisotope data. Nucl. Geophys., 4, 1, 91-98.

KIM Y.U., 1971. Karst bauxite region of Turgay. Int. Geol. Rev., 13 (6), 981-989.

KIRSTA B.T., 1990. Ressources en eau et précipitations sur le Turkmenistan. Probl. Ovs. Pustyn, 4, 3-11 (en russe).

KIRYOUKHIN L.G., KLEYNER Y.M., KHONDKARIAN S.O., 1966. Recent sediments of the region east of the Aral Sea and their relationship to the tectonic structure. Sov. Geol., 11, 113-116.

KIRYOUKHIN L.G., KRAVCHOUK V.N., FEDOROV P.V., 1966. Nouveaux résultats sur les terrasses de la mer d'Aral. Izv. Ak. Nk. URSS (Géogr.), 1, 68-72.

KITOH A., YAMAZAKI K., TOKIOKA T., 1993. Moisture flux climatology in the desert region of western China. Japan-China International Symposium on the Study of the Mechanism of Desertification, (6-8), 149-150 (Résumé), STA, Tsukuba, Japon.

KLEYNER Y.M., 1968. Dépôts plioquaternaires et histoire géologique de l'Oust-Ourt et Manghislak. Mosk. Ovo. Ispyt. Prir. Bull. (Géol.), 43, 3, 5-15 (en russe).

KLEYNER Y.M., KONDKARIAN S.O., 1972. Zonation morphostructurale de la région Est-Aral. Geomorfologiya, 2, 62-68 (en russe).

KÖPPEN W., GEIGER R., 1927. Das Klimat von Russisch-Mittelasien. Petersm. Mittel., 274-276.

KOUKLA G., 1981. Loess stratigraphy in Central China. Quat. Sci. Rev., 6 (3-4), 191-219.

KOULDZHAYEZ N.K., 1974. Origin of the Yashkan freshwater lens in Karakumy. Int. Geol. Rev., 16 (3), 247-254.

KOUPTSOV V.M., ROUBANOV I.V., ZELDINA B.B., 1982. Datation radiocarbone des sédiments du fond de la mer d'Aral. Izv. Ak. Nk. Géogr., (1), 103-108 (en russe).

KOUTZNECHOVA L.P. et al., 1980. Influence de la mer d'Aral sur le cycle de l'eau local et régional. Izv. Ak. Nk. URSS (Géogr.), 6, 57-64 (en russe).

KOUTZNETZOV N.T., 1970. Composition des suspensions des rivières alimentant le bassin de l'Aral. Izv. Ak. Nk. (Géogr.), 3, 91-93 (en russe).

KOUZMINA O.A., 1960. Géologie de la rive gauche de l'Amou-Daria dans la région Koungrad-Tachaouz. Trudy Soinz. Geol. Kontoro, 1, 41-53 (en russe).

KOVALEVSKY V.S., GOLDBERG, 1984. Prediction of groundwater changes and groundwater content. In Proc. 27th int. Geol. Congress, 16, 35-48, V.N.U. Science Press, Moscou.

KOZAREV A.N., 1975. Hydrologie des mers Caspienne et d'Aral. Izd. Moscou Univ., 271 p. (en russe).

KRAFFT H., 1902. "A travers le Turkestan russe", Paris.

KVASOV D.D., 1973. Concepts en paléolimnologie. In "Questions modernes de limnologie (Voprosy sovremennoy limnologii)", Kalesnik S.V. ed., Izd. Nauka, Leningrad, 208-218 (en russe).

KVASOV D.D., TROFIMETS L.N., 1976. Problèmes de l'histoire de la mer d'Aral. Mosk. O. vo. Ispyt. Prir. Byul., Otd. Geol., 51, 77-92 (en russe).

LAVROV A.P., 1991. Sols sablonneux du Sud-Est du Kara-Koum. Probl. Ovs. Pustyn, 5, 73-75 (en russe).

LAZARENKO A.A., BOLIKHOVSKAYA N.S., SEMENOV V.V., 1981. An attempt at a detailed stratigraphic subdivision of the loess association of the Tashkent region. Int. Geol. Rev., 23, 1335-1346.

LEUCHS K., 1935. Der Block von Ust-Urt. Geol. Rundschau, 26 (4), 248-258 (en allemand).

LOUBCHENKO I.Y., TOUROVSKII D.S., 1976. Distribution of lead in the surface layers of sediments of the Aral Sea. Dokl. Ak. Nk. (Géol.), 226, 191-194 (en russe).

LOUPPOW N., 1931. Structure géologique de la région NE de Krasnovodsk. Bull. Geol. Prosp. Serv. URSS, 50, 54 (en russe).

LVOV V.P., 1959. Fluctuation du niveau de la mer d'Aral ces 100 dernières années. Trudy Gos. Okean. Inst.-ta., 46 (en russe).

LYAPIN A.A., 1991. Paléogéographie des deltas du Mourgab et du Tedjen. Probl. Ovs. Pustyn, 2, 63-70 (en russe).

LYDOLPH P.E., 1977. Central Asia. In "Climates of the Soviet Union", chap. 6, 151-185. "World Survey of Climatology", vol. 7, Elsevier.

LYMAREV V., 1957. Les types de côtes de la mer d'Aral. Trud. Okean. Komis. Ak. Nk. URSS, 2 (en russe).

MACHATSCHEK F.I., 1921. "Landeskunde von Russisch Turkestan", Stuttgart.

MAIEVA S.A., KOSAREV A.N., MAIEV Y.G., 1975. Relation des variations de niveau des mers Aral et Caspienne. Vodn. Res., 1 (2), 186-191 (en russe).

MAMEDOV E.D., 1980. Variations climatiques des déserts d'Asie Centrale à l'Holocène. In "Variations holocènes de la région aralo-caspienne", B.V. Andrianov, L.V. Zorin et R.V. Nikolaeva éd., 170-174, Nauka, Moscou (en russe).

MANSIMOV M.R., 1987. Sary-Kamysh lake and its influence on surroundings. Probl. Ovs. Pustyn, 2, 65-68.

MASLIANOV G.A., 1958. Types génétiques de loess et roches semblables dans le centre le Sud de l'Asie Centrale. Zh. Ouzb. Geol., Tachkent, 4, 61-62 (en russe).

MAYEV Y.G., MAYEV S.A., 1977. Analyse paléogéographique de la variabilité du niveau des mers Caspienne et d'Aral. In Kaplin et al., q.v., 69-74 (en russe).

MAZALSKY V., 1914. Le pays du Turkestan. Rossia, t. 19, St-Petersbourg (en russe).

MICHELL R., The Iaxartes or Syr-Daria, from russian sources. Journal of the Geographical Society of London, vol 38, pp 423-459.

MORGAN E.D., 1878. The old channel of the lower Oxus. Journal of the Geographical Society of London, vol 48, pp 301-320.

MOROZOVA O.I., 1959. Territoires du désert et des piémonts désertiques. Selkhozghiz, Moscou, 302 p. (en russe).

MOUCHKETOV D.I., 1886-1906. "Tourkestan". Petrograd (en russe).

MOUCHKETOV D.I., 1928. "Esquisse géologique du Turkestan". Leningrad, 295 p. (en russe).

MOUKHIN P.A., ABDOULLAYEV K.A., MINAYEV V.E., KHRISTOV S.Y., EGAMBARDYYEV S.A., 1989. The paleozoic geodynamics of Central Asia. Int. Geol. Rev., 31 (11), 1073-1083 (trad. Sov. Geologiya, 10, 47-58, 1989).

NALIVKIN D.V., 1953. "The geology of USSR, a short outline". Pergamon Press.

NALIVKIN D.V., 1962. Geologiia SSSR. Izv. Ak. Nk., Moscou, 814 p (en russe).

NAYDIN D.P., 1986. The Cretaceous-Paleogene boundary in the Mangyshlak region and inferred events at the Maastrichtian-Danian transition. Int. Geol. Rev., 28, 8, 920-930 (trad. Geol. i Razvedka, 9, 3-13, 1986).

NEOUSTROUEV S., 1939. Sur l'origine du Kara-Koum aralien et des autres déserts de sable du Turkestan. Izv. Soc. Geol. URSS, 71 (5), 651-657 (en russe).

NIKOLAIEVA R.V., 1971. Aspects morphométriques de la mer d'Aral et de ses diverses parties. Mosk. Ovo. Ispyt. Prir. Bull., Géol., 46, 1, 156 (en russe).

NIKONOV A.A., PENKOV A.V., 1974. Pliocene and early Pleistocene geochronology of Central Asia and Kazakhstan. Int. Geol. Rev., 16 (10), 1087-1110.

OBROUTCHEV W., 1890. Les dépressions transcaspiennes. Sapriski Soc. Imp. russe Géogr., t. 3, 270 p. (en russe).

OLEKSENKO V.P. et al., 1960. Histoire des vallées dans la partie ouest du bassin du Sary-Sou-Tengiz. Izv. Ak. Nk. Kazakh. SSR (Géol.), 1, 34-47 (en russe).

OROUDZHEVA D.S., SILICH A.M., 1972. Hydrodynamic features of Ust-Yurt in connection with an estimate of its petroleum prospects. Nefta i Gaz, Sér. Géol. Géoph., 6 (en russe).

OSHOVSKII L.A., KHODZIBAEV N.N., 1962. Encore les puits artésiens dans la région de l'Aral. Zh. Ouzb. Geol., 6 (1), 71-72 (en russe).

OSTROVSKII I.M., 1953. Paléogéographie et géomorphologie de l'île Barsa Kelmes en mer d'Aral. Izv. Ak. Nk. (Géogr.), 58, 195-233 (en russe).

OSTROVSKII I.N., 1976. Formation des eaux souterraines dans les régions arides du Kazhakstan. Gidrometeoizdat, Leningrad (en russe).

OUSHKIN L.B., 1937. Travaux de reconnaissance de la géologie de la partie nord-ouest de la région de l'Aral. Soc. russe Minéral. Mém., série 2, 66 (part I), 170-184 (en russe).

OUTESHEV A.S. (ed.), 1959. Le climat du Khazakstan. Gidrometeoizdat, Leningrad, 368 p. (en russe).

PASHKOVSKI I.S., 1969. Apports souterrains vers l'Aral, présent et futur. Mosk. Ovo. Ispyt. Prir. Bull. (Géol.), 44, 4, 110-118 (en russe).

PETR T., 1992. Lake Balkash, Kazakhstan. Int. J. Salt Lake Res., 1, 21-46.

PETROV M.P., 1971. Composition of eolian dust in southern Turkmenia. Int. Geol. Rev., 13 (8), 1178-1182.

PETROV M.P., 1973. "Les déserts du Monde". Nauka, Leningrad, 435 p. (en russe).

PLASCHEV A.V., CHEKMAREV V.A., 1978. Gidrografia SSSR. Gidrometeoizdat, Moscou (en russe).

POPOV V.A., VINOGRADOV B.V., 1982. Cartographie à petite échelle des alentours de l'Aral. Probl. Ovs. Pustyn, 3, 40-46 (en russe).

POUQUET J., 1951. Les déserts. Coll. "Que sais-je ?", n° 500, Presses Univ. de France, Paris.

POUZYREVSKY N., 1902. Le Syr-Daria, ses particularités physiques et sa navigabilité. Izv. Imp. Russk. G. Ob., 38, 503-545 (en russe).

PRESLEY B.J., KAPLAN I.R., 1969. Changes in dissolved sulfate, calcium and carbonate from interstitial water of near shore sediments. Geochim. Cosmochim. Acta, 32, 1037-1048.

PRICHTCHEPA A.V., 1991. Facteurs géomorphologiques de l'hydrogéologie dans la zone d'influence du canal de Kara-Koum. Probl. Ovs. Pustyn, 1, 39-44 (en russe).

PRINZ R.N., 1940. Morphologie et genèse des sables "Bolschije Barsuki". Zemlevedenie, nlle série, 1 (41), 101-113 (en russe).

PRONIN V.G., 1971. Geologic structure of Mynsoualmas chinks. Int. Geol. Rev., 13 (6), 894-898.

RAKHIMAEV F.M., 1962. Evaporation des eaux souterraines dans le Sud de la province du Khorezm. Zh. Ouzb. Geol., 6 (4), 36-39 (en russe).

REVINA S.K., 1970. Métamorphisme du sel dans l'eau de la mer d'Aral pendant sa concentration naturelle. Resursy Morei i Okeanov, 12-17, Ak. Nk. SSR, Ikean. Komon., Moscou (en russe).

REZANOV I.A., SHEVCHENKO V.I., 1974. Deep structure of certain foredeeps of the Alpine folded region. Int. Geol. Rev., 16 (8), 944-952.

REZNIKOV S.A., TOUROVSKII D.S., 1974. Nouvelles données sur les carbonates de la mer d'Aral. Ouzb. Geol. Zh., 3, 44-47 (en russe).

ROMANOV N.N., 1960. Tempêtes de poussière en Asie Centrale. Tr. Tachk. G.U., 174-198 (en russe).

ROMANOWSKY G., 1879. "Matériaux pour la géologie du Turkestan", St-Petersbourg, 167 p. (en russe).

ROUBANOV I.V., ISHNYAZOV D.P., BASKAKOVA M.A., CHISTYAKOV P.A., 1982. Géologie de la mer d'Aral. Ak. Nk., Moscou, 248 p. (en russe).

RYCHKOV A.M., VETSHTEYN V.Y., YE V.E., 1977. Variation des rapports D/H et 18O/16O dans les précipitations de certaines zones climatiques de l'Union Soviétique en Asie. Izd. vo Ak. Nk. URSS (Phys. atm. Océan.), 12, 7, 451-454 (en russe).

SABITOVA N.I., 1980. Application of the dimension analysis of search for natural reclamative similarity criteria of irrigated arid areas. Vodn. Res., 2, 116-122 (en russe).

SADOV A.V., KRAPILSKAYA N.M., REVZON A.L., 1980. Aerospace methods of examining aeration zones in sandy desert. Int. Geol. Rev., 23 (3), 297-301 (en russe).

SADOV A.V., KRASNIKOV V.V., 1987. Télédétection infra-rouge de la décharge d'eau souterraine dans la mer d'Aral. Probl. Ovs. Pustyn, 1, 3-36 (en russe).

SAMANOV Z. et al., 1971. Géologie et économie minérale de Karakalpakie. Ak. Nk. Ouzb., FAN, n°72, Tachkent, 170 p. (en russe).

SAPOZHNIKOVA S.A., 1970. Carte schématique du nombre de jours de tempête de sable dans la zone aride d'URSS et des pays voisins. Tr. N.I.I. Ak. Nk., 65, 61-69 (en russe).

SCHMICK J.H., 1874. "Die Aralo-Kaspi-Niederung und ihre Befunde im Lichte der Lehre von den Säkularen Schwaukungen des Seespiegels und der Wärmzonen". Leipzig, 125 p.

SCHMIDT C., DOHRANDT, 1879. Wassermenge und Suspensionsschlamm des Amu-Darja in seinem Unterlaufe. Mém. Ac. Imp. St-Pétersbourg, (7), 25, 4-8.

SEMENOV A.D., NEMTSEVA L.I., KISHKINOVA T.S., PASHANOVA A.P., GENERALOVA V.A., 1966. Chemical nature of organic substances in water of the main rivers of the USSR. Dokl. Ak. Nk. (Géol.), 170, 216-218.

SEMENOV P.P., 1888. Tourkestan i Zakaspi iskii Krai v 1888 godou. Izv. Imp. Roussk. G. Ob., XXIV, 289-326 (en russe).

SERGUEEV V.A., 1936. Matériaux pour la caractérisation hydrochimique de la nappe libre du Nord de la région de la mer d'Aral. Izv. Soc. russe Géogr., 68, 5, 677-691.

SERIAKOVA L.P., 1957. Définition de l'évaporation et estimation des taux d'irrigation. Izv. Ak. Nk. URSS (Géogr.), 6, 112-117 (en russe).

SHAGOYANTS S.A., TCHERNENKO J.M., 1967. Rôle de l'évaporation dans le développement des réserves exploitables d'eau souterraine. Exemple des zones arides du Kazakhstan. Dokl. Ak. Nk. URSS (Géol.), 173, 1, 17-1980 (en russe).

SHALYA A.A. et al., 1973. Geological and hydrogeological indications of gas in Mesozoic sediments North-West of the Aral Sea and in Northern-Ust Urt. Int. Geol. Rev., 15 (9), 1025-1032.

SHEIN V.S., 1985. A geodynamic model for the petroliferous regions of the Southern USSR. Int. Geol. Rev., 253-266 (biblio).

SHELAEV A.F., VAILERT G.I., 1956. Enfoncement et érosion du delta de l'Amou-Daria. Izv. Ak. Nk., Ouzb. SSR, 4, 33-42 (en russe).

SHNITNIKOV A.V., 1973. Water balance variability of lakes Aral, Balkash, Issyk-Koul and Chany. In "Hydrology of lakes", Ass. Int. Hydrol. Sci., 130-140.

SHOULTS V.P., 1948. Bilan hydrique de l'Amou-Daria. Trud. Ouzb. Geogr. Obsch., 2, 21 (en russe).

SHTERENBERG L.I. et al., 1975. Mécanisme de la formation récente des oolites carbonatées. Izv. Ak. Nk. URSS (Géol.), 9, 113-122 (en russe).

SINOR D. (ed.), 1990. "The Cambridge history of early inner Asia". Cambridge Univ. Press, 518 p.

SIRAZHEV N.D., 1989. Geologic history and oil and gas potential of the South Turgay syneclise. Int. Geol. Rev., 12, 1173-1178.

SKVORTSOV Yu.A., 1962. Materials to a working stratigraphic differentiation scheme for Quaternary deposits of Uzbekistan. Sov. Geol., 1, 146-155 (en russe).

SMOLKO A.I., 1934. Observations sur la région ouest de l'Aral et la partie est de l'Oust-Ourt (Karakalpakie). Ak. Nk. URSS, Sov. po Izuchen. Proizvod. Sil, Karakalpakia, t. 1, 153-169 (en russe).

SOKOLOFF V.P., 1962. Revue de "Géochimie des steppes et déserts ; prospection de dépôts minéraux". Int. Geol. Rev., 5 (6), 737-738.

SOKOLOVA T.A. et al., 1985. Salt neoformation in solonchakic solonetzes of the northern Caspian region. Sov. Soil Sci., 17, 99-108.

SOKOLOVSKAYA L.G., DAVYDOV I.Y., 1963. Caractéristiques du bassin artésien du Kara-Koum. Izv. Ak. Nk. Turkm. SSR (Phys.), 6, 94-100 (en russe).

SOKOLOVSKAYA L.G., SEDLETSKII, 1989. The hydrogeological significance of salt beds in southern Central Asia. Int. Geol. Rev., 806-814.

SPULER B., 1977. Amu-Darya. In Encycl. Islam, vol. 1 (II° édition), 467-470, et bibl.

SPULER B., 1977. Aral. ibid., 626-628.

STADNYK Y.V., 1974. Hydro-gas-biochemical criteria for petroleum occurences in the North Ust-Yurt basin. Int. Geol. Rev., 18 (7), 795.

STRAKHOV N.M., BRODSKAYA A.N., RATEEV M.A., SAPOZHNIKOV D.G., SHISHOVA E.S., 1954. Formation des sédiments dans les bassins récents. Izd. Ak. Nk. URSS, 791 p. (analyse détaillée dans Chilingar G.V., Int. Geol. Rev., 434-444 (en russe)).

TCHERNENKO I.M., 1983. Simulation of artesian water seepage into the Aral Sea basin. Int. Geol. Rev., 25, 2, 211-215 (trad. Geol. i Razvedka, 10, 82-88, 1981).

TEILHARD de CHARDIN P., 1933. The significance of piedmont gravels in continental geology. In "Proc. Int. Geol. Congress, Washington", vol. II (pub. 1936), 1031-1039.

TETYOUKHIN G.F., 1970. Paléogéographie de la mer d'Aral. Izv. Ak. Nk. (Géogr.), 5, 67-69 (en russe).

TOEPLITZ-MROZOWSKA E., 1931. Lacs et montagnes des Pamirs. La Géographie, 55 (1), 97-120.

TOLCHELNIKOV Y.S., 1968. Characteristic reflexion curves and the interpretation of desert soils from aerial survey photographs. Int. Geol. Rev., 1493-1504.

TOLSTOV S.P. (ed.), 1960. Les basses terres de l'Amou-Daria, du Sary-Kamysh et de l'Ouzboï. Matériaux de l'expédition du Khorezm. Izd. Ak. Nk., Moscou (en russe).

TOUGOLESOV D.A., 1955. Description géologique du bassin du Sary-Kamysh et de la région des sources de l'Ouzboï. In "Voprosy geologii Azii (Questions de géologie asiatique)", vol. 2, Izd. Ak. Nk. URSS, Moscou (en russe).

TOUROVSKII D.S., REZNIKOV S.A., 1974. Carbonates dans les sédiments du fond de la mer d'Aral. Litol. Polez. Izkop., 5, 118-122 (en russe).

TOUROVSKII D.S., REZNIKOV S.A., 1974. Carbonates des sédiments du fond de la mer d'Aral. Litol. Miner. Res., 9 (5), 605-608 (en russe).

TSIGELNAYA I.D., 1973. Role of ice run-off in the water balance of the mountain aea of Central Asia. Symp. "The Hydrology of Glaciers 1963", AIHS pub. 95, 227-238.

VELIKII N.M., 1973. Paléosols du Nord de l'Aral. Dokl. Ak. Nk. (Géol.), 212, 687-689 (en russe).

VENOUKOFF P., 1890. Excursion dans les monts Mougodjar (Sud-Est d'Orenbourg). C.R. Soc. Géogr., Fr., 45-50.

VETSHTEYN V.Y., ARTEMCHOUK V.G., GOUREVITCH M.S., 1983. Distribution of H and O isotope waters of the Amu Darya Artesian basin. Int. Geol. Rev., 25 (11), 1328-1337 (trad. Sov. Geologia, 10, 108-119, 1981).

VEYNSBERG I.G., OULST V.G., ROZE V.K., 1972. Anciens rivages et variations du niveau de la mer d'Aral. Vopr. Chetvert. Geol., 6, 69-89 (en russe).

VICTOROV A.S., 1976. Indices de démarcation entre régions géographiques ; l'exemple de la région Aral-Kara-Koum. Zemlevedeniye, 1 (51), 36-41 (en russe).

VITKOVSKAIA T.P., 1990. Les takyrs comme élément de stockage des eaux de surface dans les déserts. Probl. Ovs. Pustyn, 6, 54-59 (en russe).

VITKOVSKAYA T.P. et al., 1985. Dynamique de croissance du lac Sary-Kamysh basée sur photos satellite. Probl. Ovs. Pustyn, 6, 38-43 (en russe).

VJALOV O., 1933. Sur la tectonique de l'Oust-Ourt. Sap. Russ. Min. Soc., 62 (en russe).

VOSTOKOVA Y.A., ABROSIMOV I.K., 1969. Indicateurs géomorphologiques des sources artésiennes dans le Nord de l'Aral. Univ. Moscou, Vestn., série 5 (géogr.), 24 (2), 57-62 (en russe).

VRONSKYI V.A., 1987. The holocene stratigraphy and paleogeography of the Caspian Sea. Int. Geol. Rev., 29, 1, 14-24 (trad. Izv. Ak. Nk. URSS (Géol.), 2, 73-82, 1987).

VYALOV O., 1931. Explorations hydrogéologiques de la steppe au Sud de l'Emba et au Nord de l'Oust-Ourt. Trud. Serv. Geol. Prosp. URSS, 61 (en russe).

VYALOV O.S., 1934. Matériaux pour la géologie de la région de Bolshie Barsuki (Nord Aral, Kazakhstan). Trav. Soc. Nat. Leningrad, 63 (2), 139-163 (en russe).

VYALOV O.S., 1935. Schéma hydrogéologique de l'Oust-Ourt. Trud. Serv. Geol. Prosp. URSS, 319, 71 p. (en russe).

WARD T., 1879. The salt lakes, deserts and salt districts of Asia. Proc. Lit. Phil. Soc., Liverpool, 32, 235-255.

WOIEKOFF A., 1909. Der Aralsee und sein Gebiet nach den neuesten Forschungen. Pet. Mitt., 55, 82-86.

WOOD H., 1875. Notes on the lower Amu-Darya, Syr-Darya and Lake Aral in 1874. J. Roy. Geogr. Soc., 14, 367-413.

WOOD H., 1876. Geological exploration of the Amu-Darya district. Geogr. Mag., 3, 22-23, 34-48.

YAMNOV A.A., KOUNIN V.N., 1953. Quelques résultats théoriques d'études récentes sur le district de l'Ouzboï dans le domaine de la paléogéographie et de la morphologie. Izd. Ak. Nk. URSS (Géogr), n°3 (en russe).

YAMNOV A.A., KOUNIN V.N., 1963. Quelques résultats théoriques de nouvelles recherches dans la région de l'Ouzboï. Izv. Ak. Nk. (Géogr.), 3 (en russe).

YANSHIN A.L., 1953. Géologie du Nord de la région de l'Aral : stratigraphie et évolution géologique. Mater. Poznaniyu Geol. Stroen. URSS, 15 (19), 736 p. (en russe).

YANSHIN A.L., 1963. Géologie de la région Nord-Aral. In "Données sur la structure géologique de l'URSS", Moskov. Obsch. Ispyt. Prir. Bull., 11-35 (en russe).

YARMOLYOUK V.V., 1986. The structural position of the continental rift zones of Central Asia. Int. Geol. Rev., 28, 8, 886-894 (trad. Izv. Ak. Nk. URSS (Géol.), 9, 3-12, 1986).

YEGORKIN A.V., MATOUSCHKIN B.A., 1970. Crustal structure of the Caucasus and western Central Asia based on geophysical sounding data. Int. Geol. Rev., 12, 281-290.

YOUSSOUPOV K., 1990. La question de l'Ouzboï aux temps anciens. Probl. Ovs. Pustyn, 4, 60-63 (en russe).

YULE H., 1879. Geographical notes on the basins of the Oxus and the Zarafshan. Geogr. Mag. (juin, 49-53).

ZAROUDNYI N., 1913. Voyage de l'été 1912 dans le Kyzyl-Koum oriental. Izv. Imp. Russk. G. Ob., 49, 315-394 (en russe).

ZAYKOV B.D., 1946. Bilan actuel et futur de la mer d'Aral. Trudy Nauchno-Issledov. Uchrezhdeny GUMS, série 4, n°39, 25-29 (en russe).

ZAYTZEV I.K., 1960. Principal types of hydrogeological structures in the USSR. Int. Geol. J., 2, 1085-1094.

ZHIVOTOVSKAYA A.I., POPOV G.I., 1967. L'Akchagylien de l'Ouest Ouzbekistan. Dokl. Ak. Nk. URSS (Géol.), 172, 6, 1397-1400 (en russe).

ZUBER S., 1933. Note on the age of the Caspian delta of the Amou-Daria. In "Rept. 16th Int. Geol. Congress, Washington", vol. 16.

Chapitre III

ABICH H., 1855. Lettre à la Société. Bull. Soc. Géol. Fr., 2° série, 12, 115-116.

ABRAMOVA T.A., DRENOVA A.N., PRICHTCHEVA A.V., 1989. Causes des dernières variations du niveau du Sary-Kamysh à l'époque historique. Probl. Ovs. Pustyn, 5, 67-70 (en russe).

AKICHEV K.A., 1990. Les nomades à cheval du Kazakhstan dans l'antiquité. In "Colloque d'Alma-Ata", Francfort Ed., CNRS, Paris, 15-18.

ALDER G., 1985. Beyond Bokhara. In "The life of William Moorcroft", Londres.

ALLCHIN B. (ed.), 1984. "South Asian archeology 1981". Cambridge Univ. Press.

AMSLER J., 1968. Les Russes au seuil de l'Asie. In "Histoire universelle des explorations", vol. II, 397-403, Nouvelle Librairie de France, Paris.

ANDRIANOV B.V., 1969. Anciens systèmes d'irrigation de la région de l'Aral. Izd. Nauka, Moscou, 255 p. (en russe) (importante bibliographie).

ANDRIANOV B.V., 1985. History of irrigation Central Asia, part I, in "History of irrigation and drainage in the USSR", UNESCO, New Delhi, 36-113.

ANDRIANOV B.V., 1990. History of development of Aral region economy and its influence on nature. In "Colloque de Noukous", chap. 2-02, 26 p.

Anonyme, 1882. (Compte rendu de l'expédition Gloukhowsky). Pet. Mitt., p. 64.

Anonyme, 1896. Exploration of the Amu Daria... (cité dans Gloukhowsky, 1893, Geogr. J.) (sur le détournement de l'Amou-Daria).

Anonyme, 1983. Archéologie (revue). Istor. Filologic Z., 153-158 (en russe).

ARRIEN (vers 100). "L'Anabase d'Alexandre". Ed. de Minuit, Paris.

ASKAROV A.A., 1980/1. South Uzbekistan in the Second millenium BC. Sov. Anthrop. Archeol., 19, 3-4, 256-272 (en russe).

BAJPAKOV K.M., 1990. La ville et la steppe au Moyen-Age (d'après les matériaux du Kazakhstan et du Semireche). In Francfort Ed., CNRS, Paris, 49-52.

BALDAUF I., 1991. Some thoughts on the making of the Uzbek nations. Cah. Monde Russe et Sov., 32, 79-96.

BARON S.H., 1967. The travels of Olearius in Seventeenth Century. In Stanford U.P., "Relation du voyage... en Moscovie, Tartarie et Perse".

BARRANDE J., 1879. L'Amou et l'Ouzboï. Bull. Soc. fr. Géogr., 18, 401-408.

BARTHOLD W., 1909-1937. Articles : "Aral, Amou-Daria, Syr-Daria, Balkhan, etc.", in "Encyclopédie de l'Islam", Ed. Brill (Leyde) et Maisonneuve et Larose (Paris) [2° édition en cours].

BARTHOLD W., 1910. Nachrichten uber den Aralsee und der unteren Lauf des Amou Darja. Geogr. J., 36, 332.

BARTHOLD W., 1914. Gistorii oroshenvia Turkestana. St-Petersbourg (en russe).

BARTHOLD W., 1945. "Histoire des Turcs d'Asie Centrale". Adrien-Maisonneuve, Paris.

BARTHOLD W., 1965. Histoire de l'irrigation au Turkestan. Œuvres complètes, Nauk, Moscou, vol. III, 95-233 (en russe).

BARTHOLD V.V., BRILL M.L., 1978. Khiwa. In Encycl. Islam, vol. 5 (II° édition), 24-25, et bibl.

BASINER A., 1873. "Beitrage zur Kenntniss des Russisches Reiches", vol. XV.

BAILEY F.M., 1921. A visit to Bokhara in 1919. Geogr. J., 75-95.

BAILEY F.M., 1921. In russian Turkestan under the Bolscheviks. Scott. Geogr. Mag. avril, 31-98.

BECKER S., 1968. "Russia's protectorates in Central Asia : Bukhara and Khiva, 1865-1924". Cambridge Un. Press ed., USA.

BELENITSKII A.M., 1968. "Central Asia". World pub., Cleveland & New-York.

BELOVA L.A., 1982. Nouveaux sites de l'Age de Pierre dans la région de Nijni Oudinsk. Izv. Ak. Nk. Turkm., série Obscestvenny, 1, 53-62 (en russe).

BENNINGSEN A., LEMERCIER-QUELQUEJAY C., 1968. "L'Islam en Union Soviétique". Payot éd., Paris.

BENNINGSEN A., LEMERCIER-QUELQUEJAY C., 1981. "Les musulmans oubliés". Maspéro éd., Paris.

BENNINGSEN A., LEMERCIER-QUELQUEJAY C., 1986. "Sultan Galiev". Ed. La Découverte, Paris.

BERESFORD C.E., 1906. Russian railways towards India. Proc. Centr. Asian Soc.

BERG L.S., 1901. Analyse dans Geogr. J., 18, 619.

BERG L.S., 1908. La mer d'Aral. Essai de monographie physique et géographique. Rapports de la section du Turkestan de la Soc. Imp. russe Géogr., 5 vol. (en russe).

BERG L.S., 1939. Deux cartes de la mer d'Aral de la première moitié du XIIIe siècle. Izv. Soc. Geog. o.va., 71, 10 (en russe).

BERG V.N., 1829. "Recueil des écrits de Pierre Ier et réponses à différentes questions", 2° partie, St-Petersbourg (en russe).

BERNARD P., 1987. Les nomades conquérants de l'empire gréco-bactrien. Réflexions sur leur identité ethnique et culturelle. Comptes Rendus Ac. Inscr. Belles Lettres, 758-768.

BERNARD P., GRENET F. (ed.), 1991. "Histoire et cultes de l'Asie Centrale pré-islamique. Sources écrites et documents archéologiques". Ed. CNRS, Paris.

BEURDELEY C., 1986. "Sur les routes de la soie". Ed. Olizanne, Paris.

BIZHANOV E.B., 1985. A neolithic burial on the Yust-Urt. Sov. Archeol., 1, 250-252 (en russe).

BLACHERE R., DARMAUN H., 1957. "Géographes arabes du Moyen-Age". Klinsieck éd., Paris (post-face P. Vidal-Naquet).

BOGDANOV M.N., 1874. Izv. Soc. Imp. russe de Géogr. ; 1875. Russ. Rev. ; 1878. Pet. Mitt., 8 (en russe).

BOGDANOV M.N., 1875. Aperçu des expéditions et investigations historico-scientifiques dans la région aralo-caspienne de 1720 à 1874. Trav. Exp. Aralo-Caspienne, vol. 1, St-Petersbourg (en russe).

BOGDANOV K.A., 1954. Cartographie marine. Izd. vo. Hydrogr., Nauk, St-Petersbourg (en russe).

BOSWORTH C.E., 1979-80. Kharazm. In Encycl. Islam, vol. 5 (II° édition), 1092, et bibl.

BOUCHE B., 1992. Tribus d'autrefois, kolkhozes d'aujourd'hui. Rev. Monde Musulman et Médit., 59/60, 55-69.

BOULNOIS L., 1987. "La route de la soie". Payot éd., Paris (2° édit.).

BOUTAKOFF A., 1872. "Les rivages de la mer d'Aral". Turk. Vedomosti, Tachkent, 410 p (en russe) et Royal Geol. Soc., 1853, 23, 93-101

BRENTJES B., 1987. Neue Daten zur Turkmenische Frühzeit. Central Asiat. J., 3/4, 196-198.

BRENTJES B., 1988. Die "Baktrischen Bronze" und Vorderasien. Ir. Ant., 23, 163-168.

BROC N., 1992. "Dictionnaire illustré des explorateurs français, vol. II, Asie". Ed. du Comité des Travaux Historiques et Scientifiques, Paris, 452 p.

BUACHE P., 1753. Parallèle des fleuves des quatre parties du monde. Mém. Ac. Sc., Paris 586-588.

BUTTINO M., 1991. Turkestan 1917. La révolution des Russes. Cah. Monde Russe et Sov., 32, 61-77.

CARRERE D'ENCAUSSE H., 1963. La politique culturelle du pouvoir tsariste au Turkestan (1867-1913). Cahiers du Monde russe et soviétique, n°3.

CHERRIER J.P., 1856. "Caravan Journeys", rééd. South Asian publ., Karachi, 1981, 534 p.

Collectif, 1985. "L'archéologie de la Bactriane ancienne". Ed. CNRS, Paris, 362 p.

Collectif, 1988. "Routes d'Asie, Marchands et voyageurs aux XV-XVIIe siècles", Coll. Bibl. Int. Langues Or., Isis éd., Paris, 205 p.

Collectif, 1991. En Asie Centrale soviétique, ethnies, nations, états. Cah. Monde Russe et Sov., 32, 1, 166 p. (biblio).

Collectif, 1991. La crise de l'Aral (rétrospective historico-géographique), 309 p. Centre coord. Rech. scientif. sur l'Aral et Inst. Ethol. et Anthropol. N.N. Miklovko-Maklaï, Ak. Nk. URSS, Moscou (18 articles) (en russe).

CURZON G.N., 1889. "Russia in Central Asia", Londres.

DAVIS R.S., RANOV V.A., DOBONOV A.E., 1980. Early man in Soviet Central Asia. Sci. American (Dec.), 130-137.

DEBAINE-FRANCFORT C., 1990. Les Saka du Xinjiang avant les Han... In "Colloque d'Alma-Ata", Francfort Ed., 81-95.

DEDKOV V.P., 1990. Température de différents organes d'Ammodeudron conollyi dans l'Est Kara-Koum. Ekologia, 3, 67-68 (en russe).

DE GOEJE M.J., 1875. "Das alte Bett des Oxus Amou Darja", Leyden.

DELAMARCHE F., 1825. "Atlas de géographie ancienne et moderne". F. Delamarche éd., Paris.

DIAMANTI O., 1893. L'Asie centrale russe. C.R. Soc. Géogr., Fr., 160-165.

DIGARD J.P., 1990. Les relations nomades-sédentaires au Moyen-Orient... in "Colloque de Noukous", Francfort Ed., 97-111.

DOBSON G., 1890. "Russia's railway advance into Central Asia", Londres.

DOLOUHANOV P.M., 1979. Paléogéographie et peuplement primitif du Caucase et de l'Asie Centrale au cours du Pléistocène et de l'Holocène. Istoriko-Filologiceskii J., 2, 62-87 (en russe).

DOR R. (Ed.), 1990. "L'Asie Centrale et ses voisins : influences réciproques". Ed. INALCO, Paris, 230 p.

DREGE J.P., 1986. "La route de la soie". Bibliothèque des Arts, Lausanne.

DREGE J.P., 1989. "Marco Polo et la route de la soie". Coll. Découvertes n° 53, Gallimard, Paris.

EECKAUTE-BARDERY D., 1988. Les grandes routes d'Asie. In "Routes d'Asie" (q.v.), p. 13-24.

EICHWALD E., 1838. "Alte Geographie des Kaspisches Meeres, des Kaukasus und der südliches Russlands", Berlin.

FILANOVIC M.I., 1991. Les relations historiques, culturelles et idéologiques entre le Sas, la Sogdiane et la Chorasmie au début du Moyen-Age. In Bernard et Grenet (q.v.), 205-212.

FOURNIAU V., 1988. Les routes de conquête des Özbek. In "Routes d'Asie" (q.v.), 55-63.

FOURNIAU V., 1992. Les Arabes d'Asie Centrale Soviétique ; maintenance et mutation de l'identité ethnique. Rev. Monde Musulman et Médit., 59/60, 83-100.

FRANCFORT H.P. (ed), 1990. "Nomades et sédentaires en Asie Centrale". Actes coll. franco-soviétique, Alma-Ata (1987), CNRS, Paris, 240 p.

GIBBON E., 1787. "Histoire du déclin et de la chute de l'Empire Romain", tome II, p. 756 et ff. Coll. "Bouquins", Laffont, Paris, 1983.

GLASSE C., 1991. "Dictionnaire encyclopédique de l'Islam". Bordas, Paris, 455 p.

GOLDENBERG L.A., 1959. Nouvelles données sur l'expédition Aral-Caspienne sous la direction de V.N. Berg, 1826-1827. Izv. Ak. Nk. (Géogr.), 4, 102-104 (en russe).

GOLOKOV L., 1861. Voyages du régiment de Preobrajensk à Khiva en 1717, sous le commandement du prince Alexandre Bekovitch-Tcherkassy. Journal de guerre, t. 21, Otd. (non officiel), St-Petersbourg (en russe).

GREGORY W., 1914. Is the earth drying up ? Geogr. J., 1913, 172 et 293 (biblio sur la théorie de l'assèchement général de la Terre).

GREKOV V.I., 1959. Sur la "carte sommaire de toute la Sibérie jusqu'à l'empire chinois et le royaume de Nikask". Izv. Ak. Nk. (Géogr.), 2, 80-90 (en russe).

GROUSSET R., 1939. L'empire des steppes. In "Histoire de l'Asie Centrale", Payot, 656 p. (rééd. 1989).

GUILCHER A., 1964. Quelques caractères de la mer d'Aral. Annales Géogr., 5/6.

HAMBLIN D.J., 1973. "Les Cités primitives". Ed. Time Life, 160 p.

HEERS J., 1983. "Marco Polo". Fayard éd., Paris.

HELMANN von, 1879. Zapiski Kaukazkavo Otd'ela, X (crue de 1878) (en russe).

HERMANN A., 1913. Die alte Verbindung zwischen dem Oxus und dem Kaspischen Meer. Pet. Mitt., 70-75 (1 carte).

HERMANN A., 1914. Alte Geographie des unteren Oxus Gebiets. Abh. Kon. Ges. Wiss. Göttingen, NF XV, 4, 1-35.

HERODOTE, v. 430 av. J.C. "Histoires" (notes de A. Dain), Ed. Club Français du Livre (1975), 983 p.

HICKS J., 1975. "Les Perses". Ed. Time Life, 160 p.

HLOBYSTINA M.D., 1982. Les sépultures superposées de la steppe eurasienne à l'âge du Bronze. Krakic Soobscenija, 169, 13-20 (en russe).

HLOPIN I.N., HLOPINA L.J., 1983. L'Enéolithique évolué du Sud-Ouest de la Turkménie. Izv. Ak. Nk. Turkm., série Obscestvenny, 4, 83-87 (en russe).

HOANG M., 1988. "Gengis Khan". Fayard éd., Paris, 417 p.

HOPKIRK, 1990. "The great game. On secret service in high Asia", J. Murray ed., Londres, 558 p.

HOULSEN K., 1911. Scientific reports of the Lake Aral expedition, organised by the Turkestan Branch of the Imperial Russian Geographic Society (p. 10 : the bottom samples from Lake Aral / Petrographic description of the bottom samples from Lake Aral, M. Sodorenko). Izv. Soc. Géogr. Russe, Turkestan, 8, 1-64 (en russe).

IBN BATTOUTA, 1360. "Voyages, vol. II". Ed. Maspero, p. 261 et ff., 1982.

JAN M., 1992. "Le voyage en Asie Centrale et au Tibet ; anthologie...". Coll. Bouquins, Laffont éd., Paris, 1490 p.

KAJDALOV E., 1826. "Notes de caravanes", tome I, p. 70 (en russe).

KANIEKOV I.A., 1851. Mémoire explicatif et carte de la mer d'Aral, du Khanat de Khiva et de ses alen-tours. Zap. Soc. Imp. Russe Géogr., t. 5, St-Petersbourg (en russe).

KARPYCHEV Y.A., 1990. Fluctuations of the Caspian sea level.... Nucl. Geophys., 4, 57-70.

KAULSBARS von A.W., 1881. Description du territoire du bas Amou-Daria. Mém. Soc. Imp. russe Géogr., IX, 630 p. (voir Nouvelles mensuelles de Pet. Mitt., 1881, 274) (en russe).

KEHREN L., 1988. La relation de l'ambassade de Clavijo auprès de Tamerlan. Coll. "Voyages et Découvertes", Imprimerie Nationale, Paris.

KES A.S., 1987. Histoire du Sary-Kamysh à partir des données de la télédétection. Probl. Ovs. Pustyn, 1, 36-41 (en russe).

KHITROWO B. de, 1889. "Itinéraires russes en Orient, t. I,".Fick, Genève (rééd. Publ. Soc. Orient. Lat., série Géogr., 5, Osnäbruck, 1966).

KHLOPIN I.N., 1990. Lois historiques de la constitution des cultures dans les steppes de l'Asie centrale. In "Colloque de Noukous", Francfort Ed., CNRS, Paris, 169-177.

KIATRINA T.P., 1979. La population d'Altyn Tepe à l'âge du Bronze. Izv. Ak. Nk. Turkm., 6, 9-10 (en russe).

KIEPERT H., 1874. Z. Ges. Erdkunde, Berlin, IX, 268-275.

KIKISHEV K. et al., 1990. Assessment of evaporation off the surface of the Sary Kamysh Lake from radioisotope data. Nucl. Geophys., 4 (1), 91-98.

KOHL P.L., 1984. "Central Asia : paleolithic beginnings to the iron age". Ed. Recherche sur les Civilisations, Paris, 315 p.

KOHL P.L., 1988. The Northern Frontier of the Ancient Near East : Transcaucasia and Central Asia com-pared. Chronologies in old world archeology, 1985/7. Amer. J. Arch., 92, 4, 591-596.

KONSHKIN A.M., 1885. Eclaircissement sur le vieux lit de l'Amou-Daria. C.R. Soc. Imp. russe Géogr., XXIII (cité dans Nouvelles mensuelles de Pet. Mitt., 1886, 26) (en russe).

KONSHKIN A.M., 1897. Aufklärung der Trage von alten Laufe des Amu-Darya. Ebenda, 33, 1, 256 p.

KOUROPATKIN A.N., 1885. "Les confins anglo-russes dans l'Asie Centrale", Paris.

KROPOTKIN P., 1904. The desiccation of Eurasia. Geogr. J., 23, 722-741.

KROPOTKIN P., 1914. On the desiccation. Geogr. J., 43, 451-459.

KVASOV D.D., 1978. Histoire quaternaire récente de la mer d'Aral. Pol. Arch. Hydrobiol., 25 (1-2), 223-227 (en polonais).

LAMBERT-KARLOVSKI C.C., 1973. Prehistoric Central Asia, a review. Antiquity, 47, 43-46.

LENZ R., 1870. Unsere Kenntnisse über den früheren Lauf des Amu Daria. Mém. Ac. Imp. St Petersbourg, VII, t. 16, 24 (analyse dans Pet. Mitt., 1871, p. 158).

LEONARD J.N., 1973. "Les premiers cultivateurs". Ed. Time Life, 160 p.

LISITSINA G.N., 1969. The earliest irrigation in Turkmenia. Antiquity, 43, 279-288.

LYAPIN A.A., 1990. Aspects paléogéographiques des deltas du Murgab et du Tedjen. Probl. Ovs. Pustyn, 2, 63-69 (en russe).

LYONNET B., 1991. Les nomades et la chute de l'empire gréco-bactrien. In Bernard et Grenet (q.v.), 153-162.

LYOUBIN V.P., 1984. Turkmenian paleolithic. Sov. Archeol., 1, 26, 45 (en russe).

LYOUCHINE D.N., 1913. Of Cinza do Petrovica po Sir Darye. Izv. Turk. Otd Geog. Obsh., 9, 84 (en russe).

MANSIMOV M.R., 1987. Le lac Sary-Kamysh et son influence sur les environs. Probl. Ovs. Pustyn, 2, 65-68 (en russe).

MARKOV E., 1911. The sea of Aral. Geogr. J., 38, 515-519 (analyse détaillée de Berg, 1908).

MARTYNOV A.J., 1990. La civilisation pastorale des steppes du 1er millénaire avant notre ère. In "Colloque d'Alma-Ata", Francfort Ed., CNRS, Paris, 187-191.

MASOV R., DZOUMAEV F., 1992. Vers une fédération de l'Asie Centrale ? Rev. Monde Musulman et Médit., 59/60, 157-162.

MASSON V.M., 1986. Nouvelles découvertes des archéologues de Leningrad. Paleorient, 12, 101-102.

MASSON V.M., 1988. The proto-Bactrian group of civilizations in the ancient East. Antiquity, 62, 236, 536-540.

MASSON V.M., 1989. The rise of civilizations. Inst. Arch. Bull., 25, 1-8.

MASSON V.M. et SARIANIDI V.I., 1972. "Central Asia, Turkmenia before the Acheminids", Thames & Hudson, Londres.

MAZAHERI A., 1983. "La route de la soie". Papyrus éd., Paris.

MEAKIN A.M.B., 1903. In Russian Turkestan, G. Allen ed., Londres, 332 p.

MEYENDORFF G. de (Baron), 1826. "Voyage d'Orenbourg à Boukhara fait en 1820 à travers les steppes qui s'étendent à l'Est de la Mer d'Aral et au-delà de l'ancien Jaxartes", Dondey-Dupré éd., Paris.

MEYENDORFF M., 1878. Reise nach Bokhara. Pet. Mitt., n°8.

MICHENKOV K., 1871. Zapizki Geogr. Obchtchestva, 4 (rives de l'Aral).

MILLER G.H., 1985. Compte rendu de : Velichko A.A. et al., "Late Quaternary environment of the Soviet Union", Univ. Minnesota Press, 1984. Science, 228, 1306-1307.

MIRSAATOV T.M., 1988. Des puits d'extraction du silex en Ouzbekistan. Paleorient, 169-176.

MOHAMMEDIANOV A.P., 1985. Popular irrigation practices. chap. 7 et 8 in "History of irrigation and drainage in the USSR", UNESCO, New Delhi, 80-94.

MOLLAT M., 1968. Le Moyen-Age. In "Histoire Universelle des Exploratios", Nouvelle Librairie de France, Paris, vol. I, 353-387.

MOLLAT M., 1984. "Les explorateurs du XIIIe au XVe siècle". J.C. Lattès, Paris.

MOLLAT M., DESANGES J., 1988. "Les routes millénaires". Nathan éd., Paris, 306 p.

MOMMSEN T., 1885. "Histoire romaine, livres V-VI", réédit. par C. Nicollet. R. Laffont éd., Paris, 2 vol., 1985.

MORGAN E.D., 1892. The old channel of the Oxus. J. Manchester Geogr. Soc., 4, 236-237.

MORGAN E.D., COOTE C.H. (eds.), 1886. Early voyages and travels to Russia and Persia by Jenkinson and other Englishmen. Hakluyt Soc., Londres, n°72.

MOTRAYE (MOTTERAIE) A. de la, 1727. "Voyages en Europe, Asie et Afrique", tome II, La Haye.

MOURAVIEV N., 1871. "Journey to Khiva through the Turkoman country 1819-1820".

MOURZAEV E.M., 1958. Le grand géographe et historien arabe du Xe siècle Al Masoudi. Izv. Ak. Nk. URSS, 2, 107-109 (en russe).

NAGISNKII N.A., AMURSKII G.I., 1961. Histoire du vieil Amou-Daria. Izv. vys. Ucheb. Zav., Géol., 32-37 (en russe).

NEUMANN K.J., 1884. Die Fahrt des Patrocles auf der Kaspian Meer und der alte Lauf des Oxus. Hermes, XIX, 165-185.

NIKITIN A.M., 1985. Watersalt balance of Sary-Kamysh Lake. Proc. Middle Asia's Regl. Sci. Res. Inst., 102, 40-44.

NOLDE B., 1927. La formation de l'empire russe. Institut d'Etudes Slaves éd., CNRS (1953), 2 vol.

OBROUTCHEV W., 1890. Les dépressions transcaspiennes. Sapriski Soc. Imp. russe Géogr., t. 3, 270 p. (en russe).

OBROUTCHEV W., 1914. Zur Gesischte des Oxus Problems. Pet. Mitt., 87-88.

PAGANI L., 1990. "Claudii Ptolemaei cosmographia tabulae". Booking Int. éd., Paris.

PEGOLETTI F., 1866. Informations... in Yule H., "Cathay and the way thither", Londres.

PELLIOT P., 1973. "Recherches sur les Chrétiens d'Asie Centrale et d'Extrême-Orient". Imprimerie Nationale, Paris.

PIERCE R.A., 1960. "Russian Central Asia 1867-1917, a study in colonial rule". Berkeley Univ. Press, Los Angeles, USA.

PLAN-CARPIN J. de, 1248. "Histoire des Mongols" (préparée par C. Schmitt, Ed. Franciscaines, Paris, 1961).

PLAN-CARPIN J. de, 1248. "Histoire des Mongols" (préparée par J. Becquet et L. Hambis (Eds), Adrieu-Maisonneuve, Paris, 1965).

POPOV A.N., 1855. "Les relations de la Russie avec Khiva", St-Petersbourg (en russe).

POUGACHENOVA G.A., REMPEL L.I., 1949. Les monuments historiques de l'Islam en URSS. Nauk, Tachkent (en russe).

POUJOL C., 1988. Les voyageurs russes en Asie Centrale au XVIIIe siècle... in "Routes d'Asie" (q.v.), 37-48 (bibliographie importante).

POUJOL C., 1992. Culture officielle et contre-culture à Boukhara au XIXe siècle. Rev. Monde Musulman et Médit., 59/60, 37-53.

PRIOUX A., 1886. "Les Russes dans l'Asie Centrale", Paris.

PTOLEMAEUS C., v. 200. "Geographia (II)" ; introd. A. Diller, G. Olms éd., Hilldesheim (1966) ; Blanchard éd., Paris, 210 p. (1987).

RACHET G., 1983. "Dictionnaire de l'Archéologie". Laffont éd., coll. "Bouquins", 1052 p.

RECLUS E., 1881. L'Asie russe, in Géographie Universelle, vol. 5, 390-418.

RENFREW C., 1990. "L'énigme indo-européenne". Flammarion, 400 p.

ROMANOFF N. (Grand-Duc), 1879. Traduction en français de son rapport à l'empereur. Bull. Soc. fr. Géogr., 18, 409-429 et 533.

ROSS N.M., 1971. L'image du monde physique en Russie à la fin du XIVe siècle. Cahiers du Monde Russe et Soviétique, XV, 3-4, 247-277.

RÖTHER R., 1873. Die Aralseefrage. Sitzungberichte Kon. Ak, Wiss. Wien, Phil. hist. Klasse, 54 (1), 173-260.

ROUSSOV S., 1839. Le voyage d'Orenbourg à Khiva du marchand de Samara Danilo Roukavkin en 1753. Zhurn-Ministerstva Vnutr. Del., XXXIV, 12, 351-401 (en russe).

ROUX J.P., 1984. "Les explorateurs au Moyen-Age". Fayard éd., Paris.

ROUX J.P., 1986. "Les Turcs". Fayard éd., Paris.

ROUX J.P., 1991. "Tamerlan". Fayard éd., Paris.

ROY O., 1992 a. Ethnies et politique en Asie Centrale. Rev. Monde Musulman et Médit., 59/60, 17-36.

ROY O., 1992 b. Le renouveau islamique en URSS. Rev. Monde Musulman et Médit., 59/60, 133-143.

RUBROUCK G. de, 1257. "Voyage dans l'empire mongol". Edition préparée par C. et R. Kappler (Eds), Payot, 1985, 318 p.

SAINT-QUENTIN S. de. "Histoire des Tartares" (préparée par J. Richard, Geuthner éd., Paris, 1965).

SCHILTBERGER J., 1879. "The bondage and travels of Johann Schiltberger (1396-1427)". The Hakluyt Society, Londres.

SHAKESPEAR R., 1842. A personal narrative of a journey from Herat to Orenburg, on the Caspian, in 1840. Blackwood's Magazine, juin 1842.

SIEVERS G., 1873. Die Russische militarische Expedition nach dem alten Oxus Bette. Pet. Mitt., 287-292.

STEBNITZKI V.I., RADDEE H., 1871. Notizen uber Turkmenien. Soc. Imp. Russe Géogr., Tiflis.

STRABON, 3-19. "Géographie, livre XI" (notes et lexique de F. Lasserre). Ed. Les Belles Lettres, tome 8 (1975).

STUMM, 1874. Zeitsch. f. Erdkunde, Berlin.

TARN W.W., 1951. "The Greeks in Bactria and India". Cambridge Univ. Press éd.

THEVENOT M., 1664. "Relation de divers voyages curieux…". Cl. Barbin, Paris.

TOLSTOV S.P., 1962. Sur les anciens deltas de l'Oxus et du Iaxartes. Izd. Vost. Lit., 322 p. (en russe).

TRUMKIN G., 1957-58. Archéologie soviétique en Asie. Etudes Soviétiques, 11, 73-96.

TRUMKIN G., 1970. "Archeology in Soviet Central Asia". Brill éd., Leyde.

UJFALVY M. de, 1879. D'Orenbourg à Samarkande, Le Tour du Monde, 37, 1-96 et 38, 49-96

VADROT C.M., 1991. "L'URSS, la roulette russe des nationalismes". Bayard éd., Paris, 443 p.

VAMBERY A., 1863. Voyage d'un faux derviche en Asie Centrale. Série parue dans "Le Tour du Monde", puis en livre, Hachette, Paris, 2° éd., 1873 (réédité par You-Feng, Paris, 1987).

VENOUKOFF A., 1886. Le dessèchement des lacs en Asie Centrale. Rev. Géogr., Paris, X, 81.

VERESCHAGUINE B., 1873. Voyages dans l'Asie Centrale. Le Tour du Monde, 193-272.

VINOGRADOV A.V., 1968. "Découvertes néolithiques au Khorezm". Nauka, Moscou (en russe).

VITKOVSKAYA T.P., MANSIMOV M., CHEKTER L.G., 1985. Dynamique du lac Sary-Kamysh. Probl. Ovs. Pustyn, 6, 38-43 (en russe).

VIVIEN de St MARTIN L., 1879. Note sur la question de l'Oxus. Bull. Soc. fr. Géogr., 18, 272-274.

WAGNER H., 1885. Patrokles am Kara-Bugas. Nachtr. Kgl. Ges. Wiss. Gôttingen, 209 (cité par V. Kampen dans Pet. Mitt., 1885, p. 480).

WALTHER J., 1898. Das Oxusproblem in historischer und geologischer Belenchtung. Pet. Mitt., 44, 204-214 ; cf. aussi Geogr. Rev., 1899, 13, 66.

WALTHER J., 1898. Geologische Studien in Transkaspien. Bull. Soc. Imp. des Naturalistes de Moscou, n°1.

WALTHER J., 1898. Vergliechende Wüstenstudien in Transkaspien und Buchara. Verh. Gesselleschaft f. Erdkunde zu Berlin, 1.

WOIEKOFF A.I., 1879. La question de l'Oxus. Bull. Soc. Géogr., 18, 262-274.

WOEIKOFF A.I., 1907. "Le Turkestan russe". Paris.

WOIEKOFF A.I., 1909. Der Aralsee und sein Gebeit nach den neuesten Forschungen. Pet. Mitt., 55, 82-86.

WOLSKI J., 1991. L'époque parthe entre l'hellénisme et l'iranisme. In Bernard et Grenet (q.v.), 49-56.

WOOD H., 1875. Notes on the lower Amou Darya, Syr Darya and Lake Aral. J. roy. Geogr. Soc., 45, 367-413.

YOSOUPOV K., 1990. La question de l'écoulement de l'Ouzboï dans l'antiquité. Probl. Ovs. Pustyn, 4, 60-63 (en russe).

ZADNEPROVSKII J.A., 1990. Action réciproque des nomades et des civilisations anciennes... In "Colloque d'Alma-Ata", Francfort Ed., CNRS, Paris, 233-240.

ZOUMANYASOV K.D., 1978. Le lac Sary Kamysh (en russe). Proc. Middle Asia's Regl. Sci. Res. Inst., 59, 67-74.

Chapitre IV

Flore et faune

ALADIN N.V., 1982. Adaptation à la salinité des cladocères II. Formes de la Caspienne et de l'Aral. Zool. Zh., 61 (4), 507-514 (en russe).

ALADIN N.V., 1983. Limite de tolérance des Branchiopodes et Ostracodes aux changements de salinité de la Caspienne et de la mer d'Aral. Zool. Zh., 62 (5), 689-694 (en russe).

ALADIN N.V., ANDREYEV N.I., 1984. The influence of salinity of the Aral Sea on composition of Cladoceran fauna. Hydrobiol. J., 3, 22-27.

ALADIN N.V., KHLEBOVICH V.V., 1989. Problèmes hydrobiologiques de la mer d'Aral (8 articles). Trud. Zool. Inst. Ak. Nk., tome 199 (en russe).

AMANOV A.A. et al., 1987. Sur l'écologie de "Shemaya aral" (Chalcaburnus chalc. aralensis) des lacs d'Ouzbekistan. Ouzb. Biol. Zh., 2, 40-43 (en russe).

ANDREEV N.I. et al., 1992. The fauna of the Aral Sea in 1989. I. The benthos. Int. J. Salt Lake Res., 1, 103-110.

ANDREEV N.I. et al., 1992. The fauna of the Aral Sea in 1989. II. The zooplankton. Int. J. Salt Lake Res., 1, 111-116.

ANDREEVA S.I., ANDREEV N.I., 1990. Structure trophique des communautés benthiques de la mer d'Aral sous leur régime nouveau. Ekholog., 2, 61-67 (en russe).

ANTIPOV-KARATAYEV I.N., KERZOUM P.A., 1954. Comptes rendus de l'expédition interdisciplinaire Aral-Caspienne, Part. 1. Izd. Ak. Nk. URSS (en russe).

ATLAS, 1968. Atlas méthodique de la mer d'Aral. Ak. Nk., Moscou (en russe).

BABAIEV N.S., 1977. Les caractères biologiques d'Aspius aspius iblioides du cours inférieur de l'Amou-Daria. Vopr. Ikhthiol., 2, 232-239 (en russe).

BALNOKIN Y.V. et al., 1990. Proline, etc... dans les tissus des halophytes de Salicornia, etc... du fond desséché de l'Aral. Probl. Ovs. Pustyn, 2, 70-78 (en russe).

BARKHANSKOVA G.M., 1979. L'aspic de l'Aral. FAN, Tachkent, 96 p. (en russe).

BASOV V.G., 1986. Productivité biologique et circulation des éléments nutritionnels dans les biogéocénoses des sables de la zone steppique. Ekologiia, Moscou, 5, 3-5 (en russe).

BERG L.S., 1962-65. "Freshwater fishes of the USSR and adjacent countries". Israel Prog. Sci. Translations, 3 vol.

BESSEY E.A., 1905. Vegetationsbilder aus Russisch-Turkestan. In G. Karsten et H. Schvenk, "Vegetationsbilder", 3° série, n°2, Iéna, 1-123.

DARCHENKOVA N.N., 1970. Signification des mésocomplexes de plantes des grands déserts de la région au Nord de l'Aral. Mosk. Ovo Ispyt. Prir. (Géogr.), 36, 167-177 (en russe).

DEDKOV V., 1987. Relations interbiogéocénoses dans un désert sableux (exemple de la réserve de Repetek). Ekologiia, Moscou, 4, 55-58 (en russe).

DEDKOV V.P., 1990. Recherches sur le régime hydrique des plantes des déserts d'Asie Centrale et du Sud Kazakhstan. Probl. Ovs. Pustyn, 1 ou 2 ?, 51-58 (en russe).

DEDKOV V.P., 1990. Coefficients de transpiration des plantes dans le Kara-Koum Est. Probl. Ovs. Pustyn, 2, 27-31 (en russe).

DOUBAYANSKAIA L.D. et al., 1985. Ekologiia, Moscou, 1, 72-75 (en russe).

DZHANPEISOV R., DZHAMALBEKOV Y., 1978. Problèmes de conservation des sols au Kazakhstan. Probl. Ovs. Pustyn, 4, 63-69.

EL MOURATOV A.E., 1981. Phytoplancton du Sud de la mer d'Aral. FAN, Tachkent, 144 p. (en russe).

ERGASHEV A.E., 1979. The origin and typology of the Central Asia lakes and their algal flora. Int. Rev. Ges. Hydrobiol., 64, 5, 629-642.

ESHIMBAEV D., 1975. Etat hydrochimique des lacs de Karakalpakie avec l'irrigation et la mise en valeur du système de l'Amou-Daria. Izd. FAN Ouzb., Tachkent (en russe).

GEORGE P., 1947. "URSS". Presses Univ. de France éd., 534 p.

GLAZOVSKY N.F., 1990. La crise de l'Aral. Ak. Nk., Moscou, 135 p. (en russe).

GOLOSOMENYYE T.I. (ed.), 1949. Arbres et buissons d'URSS. Izd. Ak. Nk. URSS, Moscou (en russe).

GOPTAREV N.P. (ed.), 1986. Etudes en hydrologie. Tr. Gos. Okean. Inst., 128, 124 p., Gidromet., Moscou (en russe).

GOUNIN P.D., DEDKOV V.P., 1991. Principes de l'organisation fonctionnelle des systèmes écologiques (exemple du Kara-Koum). Probl. Ovs. Pustyn, 3-4, 48-56 (en russe).

ILYN M.M., 1950. La nature des plantes de désert. C.R. Conf. sur les Etudes de Désert et leur mise en valeur, Izd. Ak. Nk., Moscou (en russe).

IVANOVA Y.E., GERASIMOV I.P., NEOUSTROUYEV S.S., KNORRING-NEOUSTROUYEVA O.E., 19... Etudes pédologiques et botaniques dans la RSSA de Karakalpakie. Trud. pochv. Inst. im. v.v. Dokuchayeva, vol. 3 et 4 (en russe).

IZRAEHL Y.A. et al., 1988. Etat actuel et perspective d'amélioration de la situation écologique... Meteorol. Gidrol., 9, 5-22 (en russe).

KABOULOV S.K., 1990. Changement de phytocénoses dans les déserts pendant l'aridisation. FAN, Tachkent, 236 p. (en russe).

KACHKAROV D.N., KOROVINE E.P., 1942. "La vie dans les déserts" (trad. Th. Monod). Payot éd., Paris, 310 p.

KALENOV G.S., 1986. Caractères écologiques du Saxaoul (H. ammodendron) dans les zones des brèches tectoniques de la province touranienne. Ekologiia, Moscou, 1, 7-12 (en russe).

KARPEVITCH A.F., 1968. Résultats et perspectives des travaux d'acclimatation des poissons et invertébrés dans les mers du Sud de l'URSS. In "Acclimat. vyb i bespozvon. v. vodoyom.", Izd. Nauka, Moscou, 50-69 (en russe).

KASYANOVA M.S., 1956. Aerovisual geobotanical observations in deserts and semiarid regions. Int. Geol. Rev., 623-634.

KEPBANOV P.A., 1990. Particularités bioécologiques de quelques plantes d'été annuelles du Kara-Koum. Probl. Ovs. Pustyn, 2, 31-36 (en russe).

KLOUKANOVA I.A., SANIN S.A., 1979. Circulation de la matière organique, des carbonates et des éléments nutritifs des plantes dans le système du bassin de l'Aral. Probl. Ovs. Pustyn, 5, 25-30 (en russe).

KOULTIASOV M.V., 1946. Etude de l'évolution du couvert végétal dans les déserts et steppes de l'Asie Centrale. Contribution à l'histoire de la végétation en URSS, n°2. Ak. Nk., URSS (Moscou, Leningrad) (en russe).

KOUNIN M.A., 1980. Biological indices of the eastern bream. J. Ichthyol., 20, 4, 42-50.

KOUNIN M.A., 1980. Caractéristiques biologiques de la brême orientale... en relation avec sa diète. Vopr. Ikhthiol., 4, 635-643.

KOUROTCHKINA L.Y., 1978. Psammophytes des déserts du Kazakhstan. Nauka, Alma-Ata (en russe).

KOUROTCHKINA L.Y., MAKOULBEKOVA G.B., TEREKOV V.I., 1985. Diagnostic méthodique de la dégradation écologique (désert de Touranie). Ekologiia, Moscou, 1, 10-18 (en russe).

LAZARENKO A.A., BOLIKHOVSKAYA N.S., SEMENOV V.V., 1981. An attempt at a detailed stratigraphic subdivision of the loess association of the Tachkent region. Int. Geol. Rev., 23, 1335-1346.

LOZE J., MATHIEU C., 1986. "Dictionnaire des sciences du sol". Tech. & Doc., Paris, 269 p.

MAKARENKO O.V., 1985. Influence du régime eau-sel des sols littoraux de la mer d'Aral sur la répartition des microorganismes. Ekologiia, Moscou, 1, 18-23 (en russe).

MARKEVICH N.B., 1977. Indices morphophysiologiques de la "valencienne"Atherina pontica avec l'âge des populations. Vopr. Ikhthiol., 17, 4, 618-626 (en russe).

MORDOUKHAI-BOLTOVSKOI P.D., 1964. Caspian fauna beyond the Caspian Sea. Int. Rev. Ges. Hydrobiol., 49, 139-170.

MORDOUKHAI-BOLTOVSKOI P.D., 1979. Composition and distribution of Caspian flora in the light of modern data. Int. Rev. Ges. Hydrobiol., 64 (1), 1-38.

NECHAEVA N.T., 1979. Problèmes des indicateurs du développement de la désertification. Probl. Ovs. Pustyn, 4, 18-24 (en russe).

NOVOZHILOVA M.I. et al., 1980. Caractéristiques microbiologiques de la mer d'Aral avec les changements de régime hydrologiques. Probl. Ovs. Putsyn, 1, 50-54 (en russe).

NOVOZHILOVA M.I. et al., 1982. Microorganismes marins oxydant les hydrocarbures. Okeanologya, 22, 2, 281-286 (en russe).

NOVOZHILOVA M.I. et al., 1985. La microflore de l'Aral affectée par le changement des conditions hydrologiques. Nauka, Alma-Ata, 220 p. (en russe).

OSMANOV S.O., YOUSOUPOV O., 1985. Effets de l'augmentation de la salinité sur la faune parasite des poissons. Parazitol., 33, 1114-43 (en russe).

PADOUDINA V.M., BERKOVITCH B.V., 1987. Phytomasse et cycle biologique des éléments minéraux et de l'azote chez deux espèces d'Artemisia du Sud-Ouest du Kyzyl-Koum. Probl. Ovs. Pustyn, 3, 71-73.

PARRY G., 1981. "Le cotonnier et ses produits". Maisonneuve et Larose, Paris, 502 p.

PRICHTCHEPA A.V., 1991. Les facteurs géomorphologiques dans la répartition des terrains hydromorphes des zones d'influence du canal du Kara-Koum. Probl. Ovs. Pustyn, 1, 39-45 (en russe).

PROSHKINA-LAOURENKO A.I., 1974. Diatomées dans les lacs et mers actuels. In Glezer Z.I. et al. ed., "Diatomées des eaux d'URSS", Izd. Nauka, Leningrad, t. 1, 274-351 (en russe).

PROSKOURINA E.S., 1978. La nourriture des jeunes poissons de l'Aral. Vopr. Ikhthiol., 3, 460-466 (en russe).

PROSKOURINA E.S., 1979. Distribution actuelle et future des organismes de la mer d'Aral. Gidrobiol. Zh., 3, 37-41 (en russe).

PRYDE P.R. (ed.), 1991. "Environmental management in the Soviet Union". Cambridge Univ. Press (chap. 8 : Soviet nature reserves ; chap. 9 : National parks ; chap. 10 : Managing wild life and endangered species ; chap. 11 : Protecting the land).

REINERS W.A., 1973. In "Carbon and the biosphere", US AEC Conf. 720510, Washington (USA), p. 317-327.

SAGITOV N.I., PIRNIYAZOV T., 1981. Biologie de la loche épineuse du bas Amou-Daria. Byul. Mosk. o-va Ispyt. Prir., 6, 46-51 (en russe).

SAINT-GEORGE G., 1978. "Déserts et montagnes de Russie". Ed. Int. Time Life (3° éd. française, nombreuses illustrations).

SAMSONOV S.K., 1963. Paléogéographie de Turkménie occidentale ; analyse florale. Geol. Ak. Nk., Ashkabad, Kniga n° 645 (en russe).

SHORNIKOV E.I., 1973. Ostracodes de la mer d'Aral. Zool. Zh., 52, 9, 1304-1314 (en russe).

STAROBOGATOV Y.I., ANDREEVA S.I., 1981. Nouvelles espèces de mollusques de la famille des Pyrgulidae. de la mer d'Aral. Zool. Zh., 60 (1), 29-35 (en russe).

TAGAYEV I.S., AMANOV A.A., 1989. Morphometric characteristics of the Aral roach [gardon]... J. Ichthyol., 29, 5, 103-105.

TIKHVINSKIY I.N., 1987. The principal factors in the formation of potassium sulfate salts. Int. Geol. Rev., 29, 12, 1463-1472 (trad. Sov. Geol., 1, 39-48, 1988).

TLEOVOV R.T., 1981. Le régime récent de la mer d'Aral et son effet sur l'ichtyofaune. FAN, Tachkent, 190 p. (en russe).

TSEPKIN E.A., 1987. On the Aral trout, Salmo trutta aralensis. J. Ichthyol., 27, 6, 104-106.

VADYOUNINA A.F. et BEREZIN P.N., 1968. (électro-osmose). Sov. Soil Sci., 92-98.

VASSILCHIKOVA S.I., KERZOUM P.A., 1968. Sodium carbonate solonchaks of southern Tadzhikistan. Sov. Soil Sci., 1505-1513.

VEIISOV S.V., KOUZHENKO V.D., RADZIMINSKY P.Z., 1987. Vitesse de succession des flores des sables dunaires de l'Est-Karakoum. Probl. Ovs. Pustyn, 5, 61-67 (en russe).

VOSTOKOVA Y.E., 1956. Applications of the geobotanical method... Int. Geol. Rev., 485-494.

VOSTOKOVA Y.E., ZHDANOVA G.I., 1956. Utilization of geobotanical indicators. Int. Geol. Rev., 412-416.

VYSHIVSKIN D.D., 1956. Compilation of soil salinity maps from geobotanical data. Int. Geol. Rev., 501-506.

YABLONSKAYA E.A., 1979. Studies of trophic relationships in bottom communities in the Southern Seas of USSR. In "Marine production mechanisms", Dunbar ed., Cambridge Univ. Press, 285-316.

YERMAKHANOV Z., RASOULOV A.K., 1983. Analysis of spawning population and characteristics of spawners of the "Aral Asp" from the lower reaches of the Syr-Daria river. J. Ichthyol., 23, 6, 39-47.

ZENKEVICH L.A., 1957. Caspian and Aral Seas. Mem. Geol. Soc. Amer., 67 (1), 896-917.

ZENKEVICH L.A., 1977. Articles choisis. 1. Biologie des mers septentrionales et méridionales de l'URSS, vol. 1. Nauka, Moscou, 339 p. (en russe).

ZVEREV N.E., SEIYDOVA R.D., 1990. Masse souterraine des buissons et semi-buissons du Kara-Koum. Probl. Ovs. Pustyn, 1 ou 2 ?, 58-63 (en russe).

ZYOUGANOV V.V., 1984. The penetration of the Aral stickleback [épinoche] in the Ob basin. J. Ichthyol., 24, 3, 125-126.

Sols

BARROW C., 1991. "Land degradation, development and breakdown of terrestrial environments". Cambridge Univ. Press, 295 p.

BAZHEKOV N.K., PENKOV O.G., 1968. Origin of central asian and transcaucasian meadow sodium carbonate solonetzes. Sov. Soil Sci., 1341-1349.

BELIEGIBAEV M.E., 1991. Reliefs éoliens et assèchement des territoires de l'Est de l'Aral. Probl. Ovs. Pustyn, 1, 28-33 (en russe).

BEREZIN P.N., 1968. Sov. Soil Sci., 1857-1862, 1869-1874 (et biblio).

CHEPOURKO N.L., MAKHOVA N.N., 1970. Biogeochemistry of soils in the USSR desert zone. In "Int. Symp. Hydrogeoch. Biogeoch.", Tokyo, résumés p. 104, Int. Ass. Geoch. Cosmoch. ed.

DEMCHENKO Y.I., KAPLINSKII M.I., 1989. Effect of the ameliorative state of irrigated lands of the Chou River valley on the water-salt regime on yield. Sov. Soil Sci., 12, 130-135.

DUCHAUFOUR P., 1965. "Précis de pédologie", Masson Ed., Paris, 481 p.

FAISOV K.S., 1985. Sols takyriques dans les plaines alluviales du Kazakhstan. Probl. Ovs. Pustyn, 6, 21-27 (en russe).

GENOUSOV A.Z., 1983. Sols et ressources du sol en Asie Centrale soviétique. FAN, Tachkent (en russe).

IKRAMOV Z., 1987. Some physical properties of desert soils of Uzbekistan. Sov. Soil Sci., 4, 48-53.

KIMBERG N.V., 1974. Sols désertiques d'Ouzbekistan. FAN, Tachkent (en russe).

KONONOVA M.M., 1975. In "Soils components, vol. 1", J.E. Giesenking, Springer, N.-Y., p. 475-526.

KORNBLYOUM E.A., 1981. Hydrochemical conditions of the formation of soil of solonetz complexes and solids. Sov. Soil Sci., 6, 5-15.

KOVDA V.A., 1947. Solontchaks et solonetzes. Izd. Ak. Nk. URSS (en russe).

KUST G.S., 1992. Dégradation des sols à l'aval de l'Amou-Daria. Sécheresse-Sciences, sept. 1992, Paris.

LOBOVA Y.V., 1960. Sols des zones désertiques de l'URSS. Izd. Ak. Nk. URSS (en russe).

ORLOVSKY N.S., 1982. Conditions naturelles des déserts en URSS et processus de désertification. In "Lutte contre la désertification : problèmes et expériences", Centre Proj. Intern., UNEPCOM, Moscou, 120 p. (en russe).

TOLCHELNIKOV Y.U., 1968. Characteristic reflection curves of desert soils. Sov. Soil Sci., 1493-1504.

U.N.E.P., 1977. "Desertification" : an overview presented to the UN Conference on D., UN Environment prog., Nairobi (Kenya).

VASILCHIKOVA S.I., KERZOUM P.A., 1968. Sodium carbonate solonchaks of southern Tadzhikistan. Sov. Soil Sci., 1505-1513.

VELIKII N.M., 1973. Paléosols de la formation de Tourgaï au Nord de la mer d'Aral et leur application pratique. Mosk. Ovo. Ispyt. Prir. Bull. (Géol.), 48, 5, 153 (en russe).

ZBORISCHOUK N.G., DRONOVA T.Y., POPOVA T.V., 1988. Formation and properties of irrigation crusts on chenozems. Sov. Soil Sci., 3, 1988.

Agriculture

ANDRIANOV V.V., 1991. Histoire de l'impact de l'agriculture sur la nature de la région de l'Aral. Izv. Ak. Nk. URSS (Géogr.), 4, 47-61 (en russe).

DANIELOV S.A., GRINGOV I.G., 1990. Influences des conditions climatiques sur la production ovine en Turkménie. Probl. Ovs. Pustyn, 1 ou 2 ?, 39-45 (en russe).

NIKOLAEV V.N. et al., 1977. Territoires désertiques ; estimation du fourrage. Nauka, Moscou (en russe).

NIKOLAEV V.N., 1982. Experience of development and rational management of desert rangelands. In "Combating deserts in USSR...", Cent. Int. Proj., UNEPCOM, 120 (en russe).

NOUROUMBETOV T.Y., 1991. Rendement de l'élevage du mouton Karakoul dans les monts arides. Probl. Ovs. Pustyn, 1, 28-33 (en russe).

ZONN I.S., 1986. Land use and water resources in arid areas. In "Arid lands...", UNEP-UNEPCOM, Moscou (en russe).

Chapitre V

Hydraulique et agriculture

ANTCHIFEROVA O.N., DOVRIN L.G., PRICHTCHEPA A.V., 1984. Terres nouvelles à développer dans les zones de silt du Kelif-Ouzboï. Probl. Ovs. Pustyn, 6, 65-71 (en russe).

BAKHTIYAROV R.I. et al., 1980. Evaluation des ressources en eau des fleuves Amou et Syr-Daria. Vodn. Res., 2, 193-1196 (en russe).

BATIROV A., 1985. Mise en valeur des sols de la zone du canal de Kara-Koum. Probl. Ovs. Pustyn, 6, 33-38 (en russe).

BOROVSKI V.M., 1980. The drying out of the Aral and its consequences. Sov. Geol., 63-77.

BOUYANOVSKI M.S., KRIVITSKI A.I., MOUDRIK V.I., 1960. Distribution géographique et future utilisation des roseaux en URSS. Izv. Ak. Nk. URSS (Géogr.), 2, 70-78 (en russe).

CHEKLINA E.A., 1961. Caractéristiques des sédiments quaternaires de la vallée de l'Amou-Daria pour la construction des canaux d'irrigation. Voprod. Gidrogeol. inzh. Geol., 19, 59-71 (en russe).

Collectif, 1960. Numéro consacré à la Steppe de Golodnaya (14 articles : géologie, pédologie, hydrologie...). Materialy proiz. Ouzb. (Matériaux pour les forces productives d'Ouzbekistan), n°15, 290 p.

DOUKHOVNIEI V.A., 1980. La steppe de Golodnaya : exemple de développement complexe des déserts en URSS. Probl. Ovs. Pustyn, 6, 3-10 (en russe).

DOUNIN-BARKOVSKY L.V., KOUNIN V.N., 1961. Modifications de la nature des déserts d'Asie Centrale. Izv. Ak. Nk. URSS (Géogr.), 5, 70-75 (en russe).

FIELD N.C., 1954. The Amou-Darya, a study in resource. Geogr. Rev., 44, 528-544.

GORIEKIN N.E., NIKITIN A.M., 1976. Bilan hydrique du lac d'Arnassaï. Trud. Sarnigm. I., 39, 120 (en russe).

GRAVE L.M., 1976. Echanges technogéniques et complexes dans la zone du canal du Kara-Koum. Probl. Ovs. Pustyn, 3-4, 155-163 (en russe).

GRAVE M.C. et al., 1976. Analyse des conditions lithogéomorphologiques du territoire pour le transfert des eaux sibériennes vers le Sud. Proc. 23rd Int. Geol. Congr., 1, 273-276.

GRAVE M.K., GRAVE L.M., 1986. "Typical arid regions of the USSR... (C) Kara-Koum Kanal". UNEP-UNEPCOM, Moscou, 129-132.

KERBABEYEV B., 1950. Great transformations. Soviet Union, Moscou, 12, 8 (en russe).

KERBLAY B.H., 1968. "Les marchés paysans en URSS". (Thèse Doct. Etat), Mouton éd., Paris.

KIRSTA V.T., 1990. Ressources en eau et précipitations au Turkmenistan. Probl. Ovs. Pustyn, 4, 1 (en russe).

KLJUKANOVA I.A., NIKOLAYEVA R.V., 1978. Changements anthropogéniques des écoulements dans le bassin de la mer d'Aral. Izv. Ak. Nk. URSS (Géogr.), 6, 57-64 (en russe).

KOPANEV G.V., 1986. Aspects sociaux et économiques du développement des déserts en URSS. Probl. Ovs. Pustyn, 5, 49-55 (en russe).

KOUZMIN I.A., VIKOULOVA L.I., 1975. Problème des processus relatifs aux lits des rivières en cas de dérivation. Vodn. Res., 1 (2), 192-201 (en russe).

KRIOUGER T.P., 1960. Bilan de l'eau du sol dans les sols de solontchaks avec riz. Ouzb. Geol. Zhur., 37, 47-54 (en russe).

LEBADNIOUK A.T., 1990. Recherches de géomorphologie appliquée en pays sablo-désertiques et problèmes d'optimalisation du milieu. Probl. Ovs. Pustyn, 6, 18-25 (en russe).

LESCHINSKII G.T., BALAKAEV B.K., 1961. Erosion par la rivière Tedjen sous son premier barrage. Izv. Ak. Nk. Turkmen., 5, 67-72 (en russe).

LOURIE P.M., 1978. Bilan hydrique du Turkmenistan, son changement sous l'influence de l'activité agricole. Trav. Observ. Hydrométéor. d'Ashkabad, vol. 1, Ylim ed. (en russe).

MACHUTSCHEK F., 1918. Die russische Herrschaft in Turkestan. Geogr. Zeitschr., 1-12.

MICKLIN P., 1991, Touring the Aral: visit to an ecologic disaster zone. Soc. Geog. 32 (2), 90-105.

MINAIEVA E.N., 1980. Bilan des eaux fluviales soustraites à la mer d'Aral par les activités agricoles entre 1961 et 1965. Vodn. Res., 5, 82-88 (en russe).

MINAIEVA E.N., KOUTZNETZOV N.T., 1977. Changements de l'évaporation sur la mer d'Aral. Izv. Ak. Nk. (Géogr.), 2, 38.

MINASHINA N.G., KHAMRAYEV T.R., YALLAYEV S., 1983. Effect of gypsum in soils on cotton quality and yield. Sov. Soil Sci., 15, 34-40.

Ministère de la Mise en valeur et de l'Irrigation, 1980. USSR Golodnaya (hungry) steppe : a case study for desertification. In "Desertification", ed. M.R. Biswas et A.K. Biswas, Pergamon Press, 427-473.

MOLODTCHOV V.A., 1980. Possibilités d'exploitation des eaux d'irrigation et de drainage de la nouvelle zone irriguée des steppes de la Faim. Vodn. Res., 5, 90-98 (en russe).

POULIQUEN A., 1990. L'agriculture soviétique : de la crise à la décollectivisation problématique. In Sapir J., p. 65-106.

RAFIKOV A.A., 1982. Effets de l'abaissement du niveau de l'Aral sur la mise en valeur des terres voisines. Probl. Ovs. Pustyn, 6, 53-61 (en russe).

REDJEPBAEV K., ANNASAKATOV A., 1984. Processus de salinisation dans la zone du canal du Kara-Koum. Probl. Ovs. Pustyn, 6, 46-54 (en russe).

SALIEV A.S., BATIROV A.B., 1991. Principes et tendances du développement des zones arides d'Asie Centrale. Probl. Ovs. Pustyn, 3-4, 127-132 (en russe).

SHEVCHENKO A.I., 1961. Classification hydrogéologique des zones irriguées du Turkmenistan. Izd. vo. Ak. Nk. Ouzb., 164 p. (en russe).

SHLIKHTER S.B., 1986. "The role of basic infrastructure in integrated development of arid regions". UNEP-UNEPCOM, Moscou, 48-53.

SOVMARKOVA V.V., TZYTZENKO K.V., 1978. Diminution de la décharge des fleuves dans le bassin de la mer d'Aral. Trud. G.G.I. (Inst. Hydrol. Etat), 251 (en russe).

TCHEMIARISOV E.I., 1989. Débit et minéralisation des eaux des grands collecteurs. Vodn. Res., 1, 49-53 (en russe).

TSINZERLING V.V., 1927. Oroshenie na Amou-Darya (Irrigation par l'Amou-Daria), Moscou, 800 p.

UNEP-UNEPCOM, 1986. Arid land development and the combat against desertification : an integrated approach. Cent. Intern. Proj., Moscou, 146 p.

VERMA-RAMESHWAR D., 1973. Interbasin transfer of water. In "Water for the human environment", Chow V.T. et al. ed., Congress papers, vol. I, 249-259, Int. Wat. Res. Ass.

VOROPAEV G.V. et al., 1980. Principes d'établissement d'un modèle de simulation et son application aux ressources en eau des bassins de l'Amou-Daria et du Syr-Daria. Vodn. Res., 4, 55-81 (en russe).

WALTER H., BOX E., 1983. Semi-deserts and deserts of Central Khazakhstan, in WEST N.E.: "Temperate deserts and semi-deserts", Ecosystems of the world. Series, 5-43-78

ZALETAEV V.S., 1989. L'Ecologie déstabilisée... Nauka, Moscou, 148 p. (en russe).

ZYIADOULLEV S.K., 1990. Utilisation des terres et de l'eau en Asie Centrale et Kazakhstan. Probl. Ovs. Pustyn, 2, 3-7 (en russe).

Transport, industrie et collectivités

AHMEDZANOVA Z.K., 1970. Histoire de la construction des voies ferrées en Asie Centrale. FAN, Tachkent, 199 p. (en russe).

ALAMPIEV P.M., 1959. Les tendances du développement des régions économico-géographiques. Izv. Ak. Nk. URSS, 3, 55-60 (en russe).

AMANN R., COOPER J., DAVIS R.W. (ed.), 1977. "The technological level of Soviet industry". Yale Univ. Press, 575 p. (bibl. importante).

AMANN R., COOPER J. (ed.), 1982. "Industrial innovation in the Soviet Union". Yale Univ. Press, 526 p. (bibl. importante).

ANNENKOFF M., 1886. Le chemin de fer transcaspien et les pays qu'il traverse. C.R. Soc. Géogr., Fr., 127-135.

BABAEV A.G., 1986. Stratégie du complexe études-développements des déserts de l'URSS à la lumière des résolutions du PCUS. Probl. Ovs. Pustyn, 5, 3-11 (en russe).

BLANC E., 1916. Le nouveau réseau de chemins de fer de l'Asie russe. Ann. Géogr., XXV, 263-290.

BOND A., BELKINDAS B., TREYVICH A., 1990. Economic development trends in the USSR. Sov. Geogr., 12, 705-731.

BOULANGIER E., 1887. Voyage à Merv. Le Tour du Monde, 1, 145-208.

CHEREDNICHENKO V.P., 1980. Rôle des facteurs humains dans la formation des reliefs éoliens du Karakorum Nord. Probl. Ovst. Pustyn, 3, 20-23 (en russe).

CHEREDNICHENKO V.P., 1987. Zonation géomorphologique des déserts du Nord Turkmenistan pour les besoins des travaux publics. Probl. Ovs. Pustyn, 4, 25-32 (en russe).

COLE J., 1990. Changes in the population of larger cities of USSR 1979-89. Sov. Geogr., 3, 160-172.

DOUKHOVNY V., RAZAKOV R., 1988. Aral, regarder la vérité dans les yeux. Melior. i Vodnie Khozyaytso, 9, 27-32 (en russe).

KERBLAY B., 1985. "Du mir aux agrovilles". Institut d'Etudes Slaves, Paris, 422 p.

LEWIN M., 1976. "La paysannerie et le pouvoir soviétique (1928-1930)". Mouton éd., Paris-La Haye.

MAILLARD E., 1932. "Des monts célestes aux sables rouges". Grasset, Paris.

PAUL J., 1991. Le village en Asie Centrale aux XVe et XVIe siècles. Cahiers du Monde Russe et Soviétique, 32, 1, 9-16.

PAVLENKO V.F., 1961. Tendances principales du développement des forces productives en Asie Centrale. Izv. Ak. Nk. (Géogr.), 2, 53-60 (en russe).

PROVST A.E., 1961. Sur l'avancement de la spécialisation des productions dans les régions soviétiques de l'Asie Centrale. Izv. Ak. Nk. URSS, 5, 76-84 (en russe).

RODIN L.E., 1973. Coastal deserts of the old world and their reclamation. In "Coastal Deserts, their natural and human environments", part 3, 157-158, Univ. Ariz. Press.

ROUSSEAU J.P., 1992. "L'URSS de M. Gorbatchev, 2. Les aspects géoéconomiques", HEG-Prepacours éd., Nantes, 120 p.

SAGERS M.J., 1990. Review of soviet energy industries. Sov. Geogr., 4.

SAPIR J. (ed.), 1990. "L'URSS au tournant. Une économie en transition". Ed. L'Harmattan, 266 p.

SARYEV D., 1990. Méthodes de lutte contre le batillage sur l'Amou-Daria et le canal du Kara-Koum. Probl. Ovs. Pustyn, 1 ou 2 ?, 76-79 (en russe).

WESTWOOD J.N., 1964. "A history of Russian railways". Allen & Unwin, Londres, 326 p.

ZAKIROV R.S. et al., 1990. Organisation des routes et fixation du sable mobile sous les voies ferrées. Probl. Ovs. Pustyn, 3, 83-87 (en russe).

Chapitre VI

AKHMEDOV A.E., 1990. Proprétés agrochimiques des sols de la région exondée de l'Aral. Conf. sci. nat. "Augmentation de la fertilité des sols dans les conditions de leur contrôle intensif", p. 112, Tachkent (en russe).

AKRAMOV Z., RAFIKOV A., 1990. Le passé, le présent et le futur de la mer d'Aral. Conf. sci. nat. "Augmentation de la fertilité des sols dans les conditions de leur contrôle intensif", p. 110, Tachkent (en russe).

ALADIN N.V., 1982. Adaptation à la salinité des Cladocères de la Caspienne et de l'Aral. Zool. Zh., 61, 4, 507-514 (en russe).

ALADIN N.V., 1983. Adaptation à la salinité des Ostracodes de la Caspienne et de l'Aral. Zool. Zh., 62, 1, 51-57 (en russe).

ALADIN N.V., 1983. Changements de la limite de tolérance à la salinité des Branchiopodes et Ostracodes de la Caspienne et de l'Aral. Zool. Zh., 62, 5, 689-694 (en russe).

ALADIN N.V., 1990. Limnetic systems and how they function under excessive anthropogenic loads. In "Colloque de Noukous", 8 p.

ALADIN N.V., 1990. The changing of biota of the Aral Sea. In "Colloque de Noukous", 24 p.

ALADIN N.V., 1990. The present day state and changes in biota of the Aral region in conditions of the ecological crisis. In "Colloque de Noukous", chap. 13, 33 p.

ALADIN N.V., ANDREYEV N.I., 1984. Influence of the salinity of the Aral Sea on the composition of Cladoceran fauna. Hydrobiol. J., 3, 22-27.

ALADIN N.V., KHLEBOVITCH V.V. (ed.), 1989. Problèmes hydrobiologiques de la mer d'Aral. Trvx Inst. Zool. Ak. Nk. URSS, 199, 152 (en russe).

ALADIN N.V., KOTOV S.V., GLAZOVSKY N.I., 1991. Etat actuel des golfes. Trvx Inst. Zool. Ak. Nk. URSS, 223, 153 (en russe).

ALADIN N.V., KOUTZNETZOV N.V., 1990. L'Aral dans son état actuel de sursalure. Trvx Inst. Zool. Ak. Nk. URSS, 223, 153 p. (en russe).

ALTOUNIN V.S., KOUPRIYANOVA E.I., TOURSOUNOV A.A., 1991. Sources internes de stabilisation de l'Aral et restauration de sa balance écologique. Izv. Ak. Nk. URSS, 118-124 (en russe).

AMANOV A.A. et al., 1987. Ecologie du "Shemaya" de l'Aral (Chalcoburnus chalcoides) des lacs du Sud de l'Ouzbekistan. Ouzb. Biol. Zh., 2, 40-43 (en russe).

ANDREEVA S.I., ANDREEV N.I., 1990. Structure trophique des communautés benthiques de la mer d'Aral. Ekhologia, 2, 61-67 (en russe).

ANDRIANOV B.V., KES A.S., 1967. Développement des systèmes hydrographiques et de l'irrigation des plaines de l'Asie Centrale. In "Probl. Preobrazovaniya Prirody Srednii Azii", Izd. Ak. Nk. URSS, Moscou (en russe).

Anonyme, 1990. The transformation of the Aral Sea biota. In "Colloque de Noukous", 18 p.

ARISTARKHOVA L.B., TOURIKISHEV G.T., 1990. Mesorelief et changements du réseau hydrographique de la région Nord de l'Aral pendant les derniers 25 ans. Vestnik Mos R. Univ., Série 5, Géog. 4, 71-76 (en russe).

ARSH I.E., 1961. Salinisation atmosphérique des eaux souterraines des déserts soviétiques : exemple du Tourgaï. Voprod. Gidrogeol. inzh. Geol., 19, 33-40 (en russe).

ASARIN A.Y., 1975. Précipitations à la surface de l'Aral. Probl. Ovs. Pustyn, 1 (en russe).

ASENOV G.A. et al., 1989. Etude des rongeurs installés sur le fond desséché de la mer d'Aral. Probl. Ovs. Pustyn, 1, 79-82 (en russe).

ATAYEV E.A., 1988. Indications par voie aérienne des changements anthropogéniques des écosystèmes des régions irriguées du Turkmenistan. Ekologiia, Moscou, 4, 65-67 (en russe).

BABAIEV N.S., 1977. The biological characteristics of the Aral Asp from the lower reaches of the Syr-Daria. J. Ichthyol., 17, 2, 232-239.

BAIRAMOVA E. et al., 1990. Etat actuel des ressources du sol dans le Karakalpakstan, leur protection contre le sel et la poussière. C.R. 1er Congr. Ouzb. Pédol., 2, 279, Tachkent (en russe).

BAKHIEV A., 1979. Indicateurs végétaux de la salinisation des sols et eaux souterraines dans le delta de l'Amou-Daria. FAN, Tachkent (en russe).

BARKHANSKOVA G.M., 1979. "Aralski Zherekh". FAN éd., Tachkent, 96 p. (en russe).

BELIAEV A.V., 1990. "Freshwater", in World Resources 1990-1991, Oxford University Press, New-York, Oxford.

BELIAEV A.V., 1990. Water balance of the Aral Sea basin and its man-induced changes. In "Colloque de Noukous", chap. 31, 31 p.

BELIGIBAEV M.E., 1991. Formes éoliennes de relief et assèchement des territoires périaraliens de l'Est. Probl. Ovs. Pustyn, 1, 28-34 (en russe).

BLINOV L.K., 1956. Hydrochimie de la mer d'Aral. Gidro meteo Izd., Nauk, Moscou (en russe).

BOGDANOVA N.M., KABOULOV S.K., 1980. Changements de l'environnement avec l'abaissement du niveau au SE de l'Aral. Probl. Ovs. Pustyn, 3, 3-9 (en russe).

BOGDANOVA N.M., KOSTIOUCHENKO V.P., 1978. Formation d'évaporites sur le littoral de la mer d'Aral en relation avec la géomorphologie et la lithologie. Izv. Ak. Nk. URSS (Géogr.), 3, 44-56 (en russe).

BOGDANOVA N.M., KOSTIOUCHENKO V.P., 1978. Salinisation des sols exondés par le dessèchement de l'Aral. Izv. Ak. Nk. URSS (Géogr.), 2, 35-45 (en russe).

BORODINE L.F. et al., 1987. Changements importants dans la modélisation du système hydrologique et géologique du bassin de l'Aral. Probl. Ovs. Pustyn, 1, 71-79 (en russe).

BOROVSKY V.M., 1978. Lowering of the Aral Sea level and its consequences. Sov. Geogr., 21 (2), 63-77.

BOROVSKY V.M., 1980. The drying-out of the Aral Sea and its consequences. Sov. Geol., 1, 63-67.

BORTNIK V.N., 1983. Modifications actuelles et possibles des conditions hydrologiques, hydrochimiques et hydrobiologiques de la mer d'Aral. Vodn. Res., 5, 3-16 (en russe).

BOURDELOV A.S., POLE S.B., 1984. Influence des activités humaines sur les foyers naturels de peste des déserts de l'Aral. Ekologiia, Moscou, 3, 48-52 (en russe).

BOURDELOV L.A. et al., 1985. Particularités de pénétration de mammifères non-synanthropiques dans les habitations des territoires près de l'Aral. Ekologiia, Moscou, 6, 65-68 (en russe).

BRODSKAYA L.K., 1956. Processus de précipitation et de formation des sédiments dans la mer d'Aral. Izd. vo. Ak, Nk. URSS (Géol.), 115, n°7, Moscou (en russe).

BYKOV B.A. et al., 1982. Analyse des caractères structuraux et fonctionnels de la végétation dans la région Nord de l'Aral. Probl. Ovs. Pustyn, 5, 42-48 (en russe).

CHISTYAEVA S.P., PAVLENKO V.N., 1987. Régime salin de la mer d'Aral, in "Gidrologisheskie raschetyin i prognosy". Selevye Pottoki, 97, 49-60 (en russe).

Collectif, 1991. La crise de l'Aral, rétrospective historique. Ak. Nauk, Moscou, 310 p. (18 articles) (en russe).

Collectif, 1991. Numéro spécial sur l'Aral. Izv. Ak. Nauk (Géogr.), n°4, 144 p. (15 articles) (en russe).

DANILIN A.L., 1990. Intensité des processus d'érosion éolienne dans les sables et teres irriguées d'Asie Centrale. C.R. 1er Congr. Ouzb. Pédol., 246-248, Tachkent (en russe).

DEDKOV A.P., 1990. Erosion dans les déserts. Probl. Ovs. Pustyn, 6, 39-45 (en russe).

DOUKHOVNII V.A., JAKOUBOV H.I., NASONOV V.G. (ed.), 1988. Réhabilitation des terres le long du cours inférieur des rivières du bassin de la mer d'Aral. Sredneaziatskii nauchno issledovatelskii Inst., Tachkent, 157 p. (en russe).

DOUKHOVNII V.A., RAZAKOV R.M., ROUZIEV B., KOSNAZAROV K.A., 1984. Problèmes de l'Aral et mesures de protection de la nature. Probl. Ovs. Pustyn, 6, 3-15 (en russe).

DROUMEVA L.B., TSOUTSARIN A.G., 1984.Composition des sels actuels des mers d'Azov et d'Aral. Meteorol. Gidrol., 3, 100-103 (en russe).

EL MOURATOV A.E., 1981. "Phytoplancton de l'Aral Sud". Tachkent, Izd.-vo FAN,, 144 p. (en russe).

ERGASHEV A.E., 1979. The origin and typology of the central Asian lakes and the algal flora. Int. Rev. Gesamt. Hydrobiol., 64 (5), 629-642.

FEDOROVITCH B.A., 1956. Origine du relief des déserts récents. Voprosy Geogr. M.L., 114-126 (en russe).

FESBACH M., FRIENDLY A., 1992. "Ecocide in the USSR". Basic books, Aurum Press Ed., 376 p.

GELDYEVA G.V., DIJAROVA K.C., 1987. Paysages du littoral de la mer d'Aral et leur exploitation agricole. Voprosy Geografii, 124, 130-133 (en russe).

GENNER S.I., 1969. Quelques aspects des problèmes de la mer d'Aral. In "Problèmes de la mer d'Aral", Nauk ed., Moscou (en russe).

GERASIMOV I.P., 1971. Ancient rivers in the Desert of Soviet Central Asia. In "The environmental history of the Near and Middle East", W.C. Brice ed., Academic Press, 319-334.

GERASIMOV I.P., KOUTZNETZOV N.T., GORODECHKAYA M.E., 1980. Travaux actuels de recherche scientifique sur le problème de la mer d'Aral. Izv. Ak. Nk. URSS (Géogr.), n°4 (en russe).

GERASIMOV I.P., KOUTZNETZOV N.T., KES A.S., GORODECHKAYA M.E., 1983. The Aral Sea problem and anthropogenic desertification of the Aral Sea region. Probl. Des. Develop., 6, 22-32.

GLAZOVSKY N.F., 1983. Ecoulement souterrain des sels vers la mer d'Aral. Probl. Des. Develop., 5, 41-47 (en russe).

GLAZOVSKY N.F., 1990. La crise de l'Aral. Nauka, Moscou, 135 p. (en russe).

GLAZOVSKY N.F., 1992. Salt balance of Aral Sea. Geo. Journal (sous presse).

GLAZOVSKY N.F., MAINGUET M., 1992. Le bassin de la mer d'Aral : un désert écologique. Sécheresse Science, vol. 3, n° spécial sur l'Aral, Mainguet M. éd., 143-154.

GLOUSHKO Y.V., 1990. Surveillance par satellite de la désertification de la région de l'Aral et de la Mésopotamie. Aspects historiques. Vestnik Mosk. Univ 5, Géog. 3, 21-27 (en russe).

GOLOUB V.B., SAVCHENKO I.V., LOSEV G.A., 1986. Rôle des interactions ioniques et leur toxicité comme indicateurs phytologiques de la salinisation des sols. Ekologiia, Moscou, 2, 113-16 (en russe).

GORODETSKAYA M.E., KES A.S., 1978. Influence de la baisse du niveau de la mer d'Aral sur le milieu naturel des plaines du Pré-Aral. Izv. Ak. Nk. (Géogr.), n°5 (en russe).

GORODETSKAYA M.E., KES A.S., 1986. Topographie des régions côtières de l'Aral et la perspective d'un développement économique. Probl. Ovs. Pustyn, 3, 35-43 (en russe).

GOURTMURADOV D., 1982. Facteurs anthropogéniques sur la structure des sols du Bas et Moyen Amou-Daria. Probl. Ovs. Pustyn, 5, 17-23 (en russe).

GRABE M.K., 1990. Modifications anthropogéniques des piémonts d'Asie Centrale. Probl. Ovs. Pustyn, 6, 33-39 (en russe).

GRIAZNOVA T.P., 1979. Conditions géomorphologiques des fonds asséchés sur le pourtour sud-est de l'Aral. Probl. Ovs. Pustyn, 2, 52-57 (en russe).

GRIAZNOVA T.P., 1986. Processus morphogénétiques sur le littoral exondé de la mer d'Aral dans la région de l'ancien delta de Kazalinsk du Syr-Daria. Geomorfologia, 1, 47-54 (en russe).

GRIGORIEV A.A., 1987. Grands changements de l'environnement de l'Aral observés de l'espace. Probl. Ovs. Pustyn, 1, 16-22 (en russe).

GRIGORIEV A.A., LIPATOV V.B., 1977. Dust storms in the coastal regions of the Aral Sea from space imagery. In "Remote sensing of Earth resources", Tullahoma, vol. 6.

GRIGORIEV A.A., LIPATOV V.B., 1982. Télédétection des tempêtes de poussière, leur dynamique et leurs foyers dans la région de l'Aral. Izv. Ak. Nk. URSS (Géogr.), 5, 93-98 (en russe).

GRIGORIEV A.A., LIPATOV V.B., 1983. Télédétection des accumulations de poussière dans la région de l'Aral. Izv. Ak. Nk. URSS (Géogr.), 4, 73-77 (en russe).

HAMMER U.H., 1986. "Saline lake ecosystems of the world". Junk ed., Boston.

HOLLIS G.E., 1978. The falling level of Caspian and Aral seas. Geogr. J., 144, 62-80.

ICHANKOULOV M.C., 1980. Classification des types de paysage sur les rivages exondés de l'Aral. Probl. Ovs. Pustyn, 5, 18-23 (en russe).

ICHANKOULOV M.C., VOUKHRER V.V., 1984. Complexes naturels du littoral oriental de l'Aral. Probl. Ovs. Pustyn, 1, 53-58 (en russe).

IZRAEHL Y.A. et al., 1988. Etat actuel et prospectives d'amélioration... Meteorol. Gidrol., 9, 5-22 (en russe).

KABOULOV S.K., 1979. Modification des écosystèmes dans le Sud de la zone littorale de l'Aral en relation avec la baisse du niveau de la mer d'Aral. Probl. Ovs. Pustyn, 2, 77-84 (en russe).

KABOULOV S.K., 1984. Assèchement de la mer d'Aral en fonction des conditions de la phytocénose avec la salinisation et les processus éoliens. Probl. Ovs. Pustyn, 3, 16-20 (en russe).

KABOULOV S.K., 1985. Régime hydrothermique du pourtour de l'Aral et sa problématique. Probl. Ovs. Pustyn, 2, 95-101 (en russe).

KABOULOV S.K., SHERIPOV K., 1983. Changements des écosystèmes désertiques lors de l'aridisation. Probl. Ovs. Pustyn, 2, 21-28 (en russe).

KES A.S., 1969. Principaux stades du développement de la Mer d'Aral. In "Problema Aral'skogo Morya", Inst. Géogr. Ak. Nk. URSS, Moscou (en russe).

KES A.S., 1983. Study of deflation processes and salt and dust transport. Probl. Des. Develop., 1, 1-14.

KHARIMOV F.I., 1989. "Conditions d'amélioration des sols lors de la désertification des deltas". Puschino, Moscou, 218 p (en russe).

KHARIN N.G., 1985. Désertification dans les pays d'Asie de l'Ouest. Probl. Ovs. Pustyn, 3, 41-47 (en russe).

KHARIN N.G., 1986. Etat actuel et prévisions de désertification dans la zone aride de l'URSS. Probl. Ovs. Pustyn, 5, 58-68 (en russe).

KHODZIBAYEV N.N., 1968. Décharge de subsurface et le problème de la mer d'Aral. Proc. Conf. Sci. techn. Hydrogéol. et Géol. de l'Ingénieur, Izd. vo. Nedra, 11, Moscou (en russe).

KIEVSKAIA R.K. et al., 1980. Impact de l'aridisation sur les processus géochimiques salins des pays bas du Syr-Daria. Probl. Ovs. Pustyn, 6, 23-28 (en russe).

KIKISHEV K.H. et al., 1990. Assessment of evaporation of the surface of lake Karysamysh. Nucl. Geoph., 4, 91-98.

KLJOUKANOVA I.A., MINAEVA E.A., 1986. Caractères hydrologiques et écologiques des régions où l'utilisation de l'eau est essentielle ; cas des deltas de l'Amou-Daria et du Syr-Daria. Izv. Ak. Nk. URSS (Géogr.), 1, 50-58 (en russe).

KLJOUKANOVA I.A., MINAEVA E.N., 1985. Modification du cycle de l'eau et des matières en suspension dans les cours d'eau et les systèmes d'irrigation du bassin de la mer d'Aral. Vodn. Res., 2, 36-43 (en russe).

KLJOUKANOVA I.A., MINAEVA E.N., 1986. Variation de la charge solide dans les deltas de l'Amou-Daria et du Syr-Daria. Vodn. Res., 3, 113-117 (en russe).

KLJOUKANOVA I.A., NIKOLAYEVA R.V., 1979. Man-induced changes in overall runoff in the Aral Sea basin. Sov. Geogr., 20, 9, 551-559.

KLJOUKANOVA I.A., SANIN S.A., 1979. Circulation de la matière organique, des carbonates et des nutrients végétaux dans un système type Aral. Probl. Ovs. Pustyn, 5, 25-30 (en russe).

KOKCHTCHAROVA N.E., ISAKOV G.I., 1985. Reboisement du fond desséché de la mer d'Aral. Probl. Ovs. Pustyn, 5, 48-55 (en russe).

KOMERIKI I.V., 1969. Méthode de "Monte-Carlo" et recherches sur la mer d'Aral. Trav. Conf. sur la M.M.C., Tbilissi, Metsireba (en russe).

KOMERIKI I.V., 1978. Modélisation du bilan hydrique de la mer d'Aral. Meteor. Gidrologia, 5 (en russe).

KONDRATEV K.I. et al., 1985. Etude complète des tornades de poussière dans la région de l'Aral. Meteorol. Gidrol., 4, 25-30 (en russe).

KONDRATEV K.I., GRIGORIEV A.A., ZVALEV V.F., MELENTIEV O.V., 1985. Etude complexe des tempêtes de poussière dans la région bordant la mer d'Aral. Meteorol. Gidrologia, 4, 32-38 (en russe).

KONSTANTINOVA L.G., 1980. Influence de l'aménagement de l'Amou-Daria sur le chimisme et les processus microbiologiques. Vodn. Res., 1, 74-78 (en russe).

KORENISTOV D.V., KRITSKII S.N., 1972. Le problème de la mer d'Aral. Vodn. Res., 1, 35-39.

KORSHOUNOVA V.S., 1987. Composition chimique des plantes et des sols des zones asséchées de l'Amou-Daria. Probl. Ovs. Pustyn, 6, 19-24 (en russe).

KORSHOUNOVA V.S., NOVIKOVA N.M., 1990. Dynamique des sels du delta de l'Amou-Daria avec l'aridisation. Probl. Ovs. Pustyn, 2, 43-49 (en russe).

KOSAREV A.N., 1975. "Hydrologie de la mer d'Aral et de la mer Caspienne". MGU éd., Moscou (en russe).

KOSTYOUCHENKO V.P., 1984. Salinisation du sous-sol de la mer d'Aral en cours d'assèchement comme origine du transport éolien des poussières de sel. Probl. Ovs. Pustyn, 2, 27-33 (en russe).

KOUNIN M.A., 1980. Caractéristiques biologiques de la Brême orientale Abramis brama orientalis, en relation avec la nourriture. Vopr. Ikhthiol., 4, 635-643 (en russe).

KOUROTCHKINA L.A. et al., 1979. Impact de la baisse de l'Aral sur son environnement. Probl. Ovs. Pustyn, 2, 25-33 (en russe).

KOUROTCHKINA L.J., KOUTZNETZOV N.T., 1986. Aspects écologiques de la désertification due à l'action anthropique dans la région littorale de l'Aral. Probl. Ovs. Pustyn, 5, 68-74 (en russe).

KOUROTCHKINA L.J., MAKOULBEKIVA G.B., 1984. Amélioration de la végétation dans la zone exondée de la mer d'Aral. Probl. Ovs. Pustyn, 4, 27-31 (en russe).

KOUTZNETZOV A.N., 1986. Problèmes posés par la mer d'Aral et ses environs. Izv. Ak. Nk. (Géogr.), 3, 56-62 (en russe).

KOUTZNETZOV N.T. et al., 1986. Sodium et potassium dans les eaux des rivières et systèmes d'irrigation d'Asie Centrale. Probl. Ovs. Pustyn, 6, 25-33 (en russe).

KOUTZNETZOV N.T., 1990. Aspects géographiques actuels de l'état de l'Aral et les problèmes du pourtour de l'Aral. Probl. Ovs. Pustyn, 2, 10-19 (en russe).

KOUTZNETZOVA L.P., IVANOVA L.J., NEHOCHENINOVA V.I., 1980. Influence de la mer d'Aral sur le cycle de l'eau local et régional. Izv. Ak. Nk. (Géogr.),6, 57-64 (en russe).

KOUVSINOVA K.V., SOUZJOUMOVA G.N., OUTINA Z.M., 1976. Prévisions concernant les variations de climat dans la zone littorale de la mer d'Aral en cas d'assèchement. Izv. Ak. Nk. URSS (Géogr.), 3, 110-115 (en russe).

KOVDA V.A., 1977. "Aridisation et contrôle de la sécheresse". Nauka, Moscou, 272 p. (en russe).

KOVDA V.A., 1983. Loss of productive land due to salinization. Ambio, 12, 91-93.

KOZAREV A.N., 1975. Hydrologie des mers Aral et Caspienne. Izd. vo. MGU (en russe).

KRAPILSKAYA N.M., SADOV A.V., 1987. Surveillance par télédétection de l'état de réaménagement hydrogéologique des terres au Sud de la mer d'Aral. Probl. Ovs. Pustyn, 1, 22-27 (en russe).

KROUSTALEV Y.P., ARTYOUKHIN Y.V., 1988. Sédimentation en avalanche dans les mers du Sud. Priroda, 9, 31-33 (en russe).

LEPESHKOV I.N., BODALEVA N.V., 1952. Ordre de cristallisation des sels pendant l'évaporation de l'eau de l'Aral. Dokl. Ak. Nk. SSSR, 83, 583-584 (en russe).

LVOVICH M.I., CHIGELNAIA I.D., 1979. Gestion du bilan hydrologique de la mer d'Aral. Sov. Geogr., 20, 3, 140-153.

MAMEDOV A.M., 1967. Développement de l'irrigation en Ouzbekistan. F. Ak. Nauk, Tachkent (en russe).

MANSIMOV M.R., 1987. Sary-Kamysh and its influence on surroundings. Probl. Des. Develop., 2, 65-68.

MARKEVITCH N.B., 1977. Some morphophysiological indices of the Silverside Atherina mochronpontica in the Aral Sea. J. Ichthyol., 17, 4, 618-620.

MAZIN V.N., 1979. Contribution à l'étude de la faune et du nombre de mammifères sur le littoral aralien asséché. Probl. Ovs. Pustyn, 2, 64-66 (en russe).

MICKLIN P.P., 1988. Desiccation of the Aral Sea, a water management disaster in the Soviet Union. Science, 241, 1170-1176.

MINAEVA E.N., KOUTZNETZOV N.T., 1977. Modification de la structure de l'évaporation dans le bassin de la mer d'Aral. Sov. Geogr., 77, 18, 10, 769-778.

MOLOSNOVA T.I., SOUBBOTINA O.I., CHANITSEVA S.G., 1987. Conséquences climatiques de l'activité économique dans la zone de l'Aral. Gidrometeoizdat, Moscou, 119 p.

MORDOUKHAI-BOLTOVSKOD P.D., 1979. Composition and distribution of caspian fauna in the light of modern data. Int. Rev. Gesamt. Hydrobiol., 64 (1), 1-38.

MOZAJCHEVA N.F., 1979. Evolution des sols résultant de l'assèchement du littoral oriental de la mer d'Aral à la suite de la baisse du niveau marin. Probl. Ovs. Pustyn, 3, 18-24 (en russe).

MOZAJCHEVA N.M., NEKRASOVA T.F., 1984. Méthode de calcul de la déflation des sels à partir de la zone littorale exondée de la mer d'Aral. Probl. Ovs. Pustyn, 6, 15-21 (en russe).

NASAR R., 1987. Reflexions on the Aral Sea tragedy in the national literature of Turkistan. Central Asia Survey, 8, 49-58.

NECHAEVA N.T., 1979. Problème des indicateurs du développement de la désertification. Probl. Ovs. Pustyn, 4, 18-24 (en russe).

NIKITIN A.M., 1985. Bilan eau-sel du lac Sary-Kamysh. Proc. Middle Asia's Regl. Sci. Res. Inst., 102, 40-44 (en russe).

NOVIKOVA N.M., 1990. Problems of conservation of the ecosystems of river deltas in Central Asia. In "Colloque de Noukous", chap. S2-20-00, 18 p.

NOVIKOVA N.M. et al., 1981. Cartographie végétale du delta de l'Amou-Daria. Probl. Ovs. Pustyn, 5, 21-27 (en russe).

NOVOZHILOVA M.I., 1985. La microflore de l'Aral affectée par le changement des conditions écologiques. Nauka (Alma-Ata), 220 p. (en russe).

NOVOZHILOVA M.I. et al., 1980. Caractères microbiologiques de l'Aral sous l'influence du changement de régime hydrologique. Probl. Ovs. Pustyn, 1, 50-54 (en russe).

NOVOZHILOVA M.I. et al., 1982. Microorganismes marins oxydant les hydrocarbures. Okeanol., 22, 2, 281-286 (en russe).

ODEKOV O.A., KOUBASOV I.M., 1990. Facteurs influençant les changements de niveau de la Caspienne et de l'Aral. Izv. Ak. Nk. Turkmen. Serie Phys. 1, 65-70 (en russe).

ORLOVA M.A., 1980. Rôle du facteur éolien dans le régime du sel des déserts à solontchaks. Probl. Ovs. Pustyn, 3, 69-72 (en russe).

ORLOVSKY, 1982. Natural conditions of deserts in USSR and desertification processes : its mechanisms and implications. In "Combating desertification in USSR..", Cent. Int. Proj. UNEP-UNEPCOM, Moscou, 120 p. (en russe).

OSMANOV S.O., YOUSOUPOV O., 1985. Effet de l'augmentation de la salinité de l'Aral sur la faune parasite des poissons. Parazitol., 33, 14-43 (en russe).

OUBANOV I.V., 1981. Accumulations de sel dans le Sud de la région littorale de la mer d'Aral. Izv. Ak. Nk. URSS (Géogr.), 3, 98-106 (en russe).

OUTKIN G.N., 1986. Problems of industrial development of arid lands. In "Arid Lands...", UNEP-UNEPCOM, Moscou, 146 p.

PALVANIAZOV M., 1989. Influence des tempêtes de poussière sur l'habitat des petits mammifères de la zone littorale de la mer d'Aral. Probl. Ovs. Pustyn, 1, 55-59 (en russe).

PASHKOVSKI I.S., 1969. Ecoulements souterrains dans la mer d'Aral : présent et futur. Mosk. Ovo. Ispyt. Prir. Bull. (Géol.), 44 (4), 110-118 (en russe).

PAVLOVSKAIA L.P., 1982. Impact des constructions hydrauliques du bas Amou-Daria sur la pêche industrielle. Tachkent, Izd.-vo FAN, 100 p. (en russe).

PETROV M.P., 1972. Processus de désertification dans les régions arides et mesures de défense. Dokl. K. 22° MGK, Leningrad, 69-88 (en russe).

PETROVA A.V., 1982. Changements liés à l'érosion éolienne dans le contenu en humus et azote des chernoziems calcaires. Agrokhim., 1, 76-80 (en russe).

POPOV V.A., 1990. "Problèmes de l'Aral et des paysages du delta de l'Amou-Daria". Tachkent, Izd.-vo FAN,, 110 p. (en russe).

POPOV V.A., VINOGRADOV B.V., 1982. Cartographie à petite échelle par satellite de la région Sud-Aral. Probl. Ovs. Pustyn, 3, 40-48 (en russe).

PROSKOURINA E.S., 1978. La nourriture des jeunes poissons de l'Aral. Vopr. Ikhtiol., 3, 460-466 (en russe).

PROSKOURINA E.S., 1979. Distribution présente et future des organismes acclimatés dans la mer d'Aral. Gidrobiol. Zh., 15 (3), 37-41 (en russe).

RADKOVICH D.Y., KOUKSA V.I., IVANOVA L.V., 1987. Problèmes des grandes étendues d'eau intérieures dans la zone de basse humidité. Vodn. Res., 6, 38-53.

RAFIKOV A.A., 1982. Conditions naturelles du rivage méridional asséché de la mer d'Aral. Tachkent, zd.-vo FAN, 148 p. (en russe).

RAFIKOV A.A., 1982. Effect of a drop of the Aral Sea level on the ameliorative state of lands of the Amu Darya delta. Probl. Ovs. Pustyn, 6, 45-53 (en russe).

RAFIKOV A.A., 1982. Influence de la baisse de l'Aral sur l'état des sols dans le delta de l'Amou-Daria. Probl. Ovs. Pustyn, 6, 53-61 (en russe).

RAFIKOV A.A., 1983. Modification du milieu naturel au Sud du littoral de la mer d'Aral en relation avec la baisse du niveau. Sov. Geogr., 24, 5, 344-353 (en russe).

RAFIKOV A.A., 1984. Prévision de la modification des complexes aménagés et naturels du delta de l'Amou-Daria avec l'abaissement du niveau de la mer. Geografia Prirodnie Res., 3, 34-43 (en russe).

RAFIKOV A.A., 1985. Prévision des processus de désertification dans la région sud du littoral de la mer d'Aral. Probl. Ovs. Pustyn, 5, 42-48 (en russe).

RAFIKOV A.A., TETJUHIN G.F., 1981. L'abaissement du niveau de la mer d'Aral et le changement des conditions naturelles du bas Amou-Daria. Tachkent, Izd.-vo FAN, 200 p. (en russe).

RAKHMATOV O. et al., 1985. Etude expérimentale de Hg, Cd, Zn au contact eau douce-Aral. Dokl. Ak. Nk. (Géol.), 273, 1-6, 147-149 (en russe).

RAMADE F., 1987. "Les catastrophes écologiques". Mc Graw-Hill, Paris, 317 p.

RECLUS E., 1881. L'Asie russe. In Géographie Universelle, volume V, 390-418.

RO'I Y., 1991. The Soviet and Russian context of the development of nationalism in sovietic Central Asia. Cah. Monde Russe et Sov., 32, 123-142.

ROUBANOV I.V., 1982. Nouveaux résultats sur la structure des dépôts du fond de l'Aral. Probl. Ovs. Pustyn, 2, 35-44 (en russe).

ROUBANOV I.V., BODGANOVA N.M., 1987. Bilan de la déflation du sel sur le littoral exondé de la mer d'Aral. Probl. Ovs. Pustyn, 3, 9-16 (en russe).

ROZANOV B.G., 1984. Principles of the doctrine on the environment. Int. Geogr. Union, Moscou.

ROZANOV B.G., SOMN I.S., 1981. Plan de lutte contre la désertification en URSS : évaluation, monitoring, prévision et lutte. Probl. Ovs. Pustyn, 6, 22-31 (en russe).

SAGITOV N.I., PIRNIYAZOV T., 1981. Biologie de la loche épineuse de la basse Amou-Daria. Byrul. Mosk. o. Ispyt. Prir. (biol.), 86, 6, 46-51 (en russe).

SHILOV I.A. et al., 1987. Problèmes actuels de l'impact anthropogénique sur les systèmes biologiques et problèmes écologiques. Ekologiia, Moscou, 5, 3-8 (en russe).

SIGALOV V.M., 1986. Cartographie dynamique de la mer d'Aral. Geodesia i Kartogr., 4, 39-42 (en russe).

SIROZHIDINOV K.S., 1991. Les causes de l'abaissement de l'Aral. Probl. Ovs. Pustyn, 6, 23-28 (en russe).

STAROBOGATOV Y.I., ANDREEVA S.I., 1981. Nouvelles espèces de Pyrgulidae (Gastéropodes) de l'Aral. Zool. Zh., 60 (1), 29-35 (en russe).

TAGAYEV I.S., AMANOV A.A., 1989. Morphologie du gardon de l'Aral... J. Ichthyol., 29, 5, 103-105.

TCHERNENKO I.M., 1965. Décharge souterraine dans l'Aral et ses relations avec le niveau de la mer d'Aral. Geol. Geofiz. Gidrogeol., 46, Izd. vo. Nedra, Moscou (en russe).

TCHERNENKO I.M., 1968. Le problème de l'Aral et sa solution. Probl. Ovs. Pustyn, 1 (en russe).

TCHERNENKO I.M., 1970. Influx d'eaux souterraines dans la mer d'Aral. Probl. Ovs. Pustyn, 4 (en russe).

TCHERNENKO I.M., 1972. L'influx d'eau souterraine, le bilan en sel et le problème de la mer d'Aral. Probl. Ovs. Pustyn, 2 (en russe).

TCHERNENKO I.M., 1983. The water salt balance and the utilization of the drying Aral Sea. Probl. Des. Develop., 3, 18-25.

TCHERNENKO I.M., 1986. Réflexions sur la régulation des bilans hydriques et salins de la mer d'Aral. Probl. Ovs. Pustyn, 1, 3-11 (en russe).

TCHERNENKO I.M., 1987. Encore à propos du problème de l'Aral. Probl. Ovs. Pustyn, 4, 53-56 (en russe).

TEN HAK MOUN T.A., KAZACHEK T.A., 1990. Régularités de la destruction des restes de roselières dans les plaines d'inondation l'Amou-Daria. Ekologiia, Moscou, 2, 72-73 (en russe).

TLEOVOV R.T., 1981. "Le régime récent de la mer d'Aral et ses effets sur l'ichthyofaune". FAN éd., Tachkent, 190 p. (en russe).

TSEPKIN E.A., 1987. Sur la truite de l'Aral. Ichthyol. L.Z., 27, 6, 104-106 (en russe).

UNEP-UNEPCOM, 1982. "Combating desertification in the USSR : problems and experience". Babaev A.G. ed., Cent. Int. Proj., Moscou, 120 p.

VASSILENKO V.N., NAZAROV I.M., FRIDMAN S.D., 1988. Pollution of the territory of the USSR by sulfur and nitrogen deposits. Meteorol. Gidrologia, 8, 49-56 (en russe).

VEÏSHTEIN I.G., 1976. Morphologie et dynamique contemporaines des rivages de la mer d'Aral. Voprosy Tchetvert. Geol. Rig., t. 6 (en russe).

VEÏSHTEIN I.G., VEÏNSBERG A.F., 1982. Particularités de l'organisation des rives des zones de la mer d'Aral après les nouvelles baisses de niveau. In "Ismeniaia ourovnai Moraia", Izd. vo. M.G.U. ed. (en russe).

VICTOROV S.V., 1970. Protection des déserts pour l'habitat humain. Probl. geogr. Myol., Moscou, 82, 95-102 (en russe).

VICTOROV S.V., 1983. Indicateurs botaniques de la dégradation des ruines de Chaytan-Kala (Oust-Ourt). Ekologiia, Moscou, 2, 65-66 (en russe).

VINOGRADOV B.V., FROLOV D.E., POPOV V.A., 1991. Surveillance aérienne et prévision de la dynamique des écosystèmes du delta de l'Amou-Daria. Ekologia, 5, 3-8 (en russe).

VOUKHRER V.V., 1979. Croissance de végétation primaire sur le sol asséché de l'Aral. Probl. Ovs. Pustyn, 2, 66-70 (en russe).

YABLONSKAYA E.A., 1979. Studies of trophic relationships in bottom communities in the southern seas of the USSR. In "Marine production mechanisms", Dumbar M.J. ed., Cambridge Univ. Press (UK), p. 285-310.

YERMAKHANOV Z., RASOULOV A.K., 1983. Analysis of spawning population and characteristics of the "Aral Asp" A. aspius. J. Ichthyol., 23, 6, 39-47.

ZALETAEV V.S., 1989. Un milieu écologiquement déstabilisé : les écosystèmes des régions arides dans un régime hydrologique changeant. Nauka, Moscou, 148 p. (en russe).

ZALETAEV V.S., KOIRKSA V.I., NOVIKOVA V.V., 1990. Some ecological aspects of the Aral problem. Wat. Res., 18 (3), 502-511.

ZALETAEV V.S., NOVIKOVA N.M., 1990. Changes in biota of the Aral region as results of anthropogenic impacts. In "Colloque de Noukous".

ZHOLLYBEKOV V., 1987. Transformation des sols dans la partie maritime du delta de l'Amou-Daria en relation avec la désertification anthropique. Probl. Ovs. Pustyn, 2, 26-33 (en russe).

ZHOLLYBEKOV V., 1988. Soil mantle of the dry bottom of the Southern part of the Aral Sea. Sov. Soil Sci., 20, 3, 28-34.

ZOUEVA O.V., 1987. Changements environnementaux et leur étude dans les réserves du bassin de l'Aral. Probl. Ovs. Pustyn, 3, 40-46 (en russe).

ZYOUGANOV V.V., 1984. The penetration of the Aral stickleback, Pungitius platygaster aralensis, into the Ob basin. J. Ichthyol., 24, 3, 135-126.

Chapitre VII

ABDOUAZIZOV A., 1991. (sans titre). Etudes Soviétiques, 515, 72-73.

AIEA, 1990. "Use of nuclear reactors for seawater desalinization". Tec. Doc., 574, Vienne (Autriche), 450 p.

AKHEMEDOV R.B. et al., 1990. Desalinization of saline water in the Aral region for drinking water supply. In "Colloque de Noukous", 8 p.

ANDRIANOV B.V., ITINA M.A., KES A.S., 1975. Anciennes terres irriguées... Vopr. Géogr., Moscou, 99 (en russe).

AVSYOUK G.A., 1953. Accélération artificielle de la fusion de la glace et de la neige des glaciers de montagne. Trud. Inst. Géogr. Ak. Nk. URSS, 56, 10-25 (en russe).

AVSYOUK G.A., 1962. Intensification artificielle de la fusion des glaciers pour augmenter le débit des rivières d'Asie Centrale. Izv. Ak. Nk. URSS, 5, 83-89 (en russe).

BABAEV A.G., 1986. Stratégie du complexe études-développements des déserts de l'URSS à la lumière des résolutions du PCUS. Probl. Ovs. Pustyn, 5, 3-11 (en russe).

BABAEV A.G., 1986. Principes et méthodes de fixation du sable. Centre Projets internationaux GKNT, Moscou, p. 33 (en russe).

BABAEV A.G., 1991. La désertification doit être stoppée ! Probl. Ovs. Pustyn, 1, 3-8 (en russe).

BABAIEV A.G., NIKOLAIEV V.N., ORLOVSKY N.S., 1991. L'état moderne et les perspectives du pâturage naturel et de la culture non irriguée dans le bassin de l'Aral. Probl. Ovs. Pustyn, 6, 3-11 (en russe).

BARYKINA V.V., KLYOUKANOVA I.A. et al., 1980. Conférence nationale : Bases scientifiques des mesures pour prévenir les impacts négatifs de la baisse de l'Aral (tenue du 26 au 28 nov. 1979). Probl. Ovs. Pustyn, 3, 91-95 (en russe).

BESPALOV N.F., 1990. Etat actuel de la mise en valeur des terres irriguées d'Asie Centrale et les possibilités d'amélioration. C.R. 1er Congr. Ouzb. Pédol., 1, 103-112, Tachkent (en russe).

BROWN L.R., 1991. The Aral Sea, going, going. World Watch, Jv-Fév. 91, 20-27.

CARRERE D'ENCAUSSE H., 1978. "L'empire éclaté. La révolte des nations en URSS". Flammarion éd., Paris.

CARRERE D'ENCAUSSE H., 1991. "La gloire des nations ou la fin de l'empire soviétique". Fayard, Paris.

CHAMBRE H., 1952. Le développement économique de l'Asie soviétique. Rev. Action Populaire, 17-21 (juin-juillet).

DARST R.G., 1988. Environmentalism in the USSR : the opposition to the river diversion projects. Sov. Economy, 4, 223-252.

DINDELEUX T., 1982. "Les Musulmans de l'URSS. Quel droit à la différence ?". Mémoire de "Libertés Publiques", Faculté de Droit, Université de Paris-Sud.

DOUKOVNIEI V.A. et al., 1984. Problèmes de l'Aral et mesures de protection de la nature. Probl. Ovs. Pustyn, 6, 3-15 (en russe).

ECKHOLM E., BROWN L.R., 1977. Spreading deserts, the hand of man. World Watch Inst., Washington.

EL-TAYEB O.M., SKUJINS J., 1989. Potential of biological processes in desertification control. Arid Soil Res. Rehabil., 3, 91-98.

GABER F., DELON M., 1991. En train jusqu'à la mer d'Aral. La Vie du Rail, 22323 (12.12.91), 27-30.

GERMAIN G.R., 1990. Mer d'Aral, Autopsie d'une catastrophe. Science et Vie, 876 (sept.), 42-49 et 162-163.

GIROUX A., 1985. La maîtrise de l'eau en URSS : un défi pour l'an 2000. Le Courrier des Pays de l'Est, 294, 3-28.

GLAZOVSKY N.F., 1990. La crise de l'Aral, son origine, la situation actuelle, les moyens de la résoudre (version résumée anglaise). In "Colloque de Noukous", Conclusion.

GLAZOVSKY N.F., 1990. La crise de l'Aral. Ak. Nk., Moscou, 136 p. (en russe).

GLAZOVSKY N.F., 1991. Ideas on an escape from the Aral Crisis. Sov. Geogr., 32, 73-89.

GLAZOVSKY N.F., GOLOUBOV B.N., 1973. Régulation du régime de la Caspienne. Izv. Ak. Nk. URSS (Géogr.), 6, 49-52 (en russe).

GOLOUBTZOV V.V., MOROZOVA O.A., 1972. Sur l'évolution contemporaine du bilan des eaux de la mer d'Aral. Trudy Kaz. N.I.G.M.I., 44, 87-100 (en russe).

GORODECHKAYA M.E., KES A.S., 1986. Topographie des rivages de l'Aral et perspectives de développement. Probl. Ovs. Pustyn, 3, 35-43 (en russe).

GRESH A., 1992. Lendemains indécis en Asie Centrale. Le Monde Diplomatique, n° 454 (janvier), 6-7 (et biblio).

IVANOVA L.V., 1992. Hydrological aspects of Aral Sea problems. Water Res, 19 (2), 121-129.

JAUZEIN A., 1984. Sur la valeur de quelques hypothèses relatives à la genèse des grandes séries salines. Rev. Géol. dyn. Géogr. phys., 25, 3, 149-156.

JAUZEIN A., HUBERT P., 1984. Les bassins oscillants : un modèle de genèse des séries salines. Sci. Géologiques, 337, 3, 267-282.

KARIN N.G., ORLOVSKII N.C., KOGAII N.A., MAKOULIEKOVA G.B., 1986. Situation actuelle et prévision de dégradation des zones arides d'URSS. Probl. Ovs. Pustyn, 5, 58-68 (en russe).

KAZAKOV R., 1990. The Aral Sea and Aral Zone : ways and means of stabilizing the situation. In "Colloque de Noukous", 23 p.

KELLER B., 1988. A disappearing soviet sea : the Aral ecological calamity. Int. Herald Tribune, (21/12/88), 2.

KELLY P.M. et al., 1983. Large scale water transfers in the USSR. Geogr. J., 7, 201-214.

KELLY P.M., CAMPBELL D.A., 1985. Large scale water-transfer in Siberia. In "Sibérie I", IMSECO, Paris, 209-222.

KHAMRAEV N.R., 1988. Problèmes de développement et amélioration du système hydrologique de la basse Amou-Daria. Probl. Ovs. Pustyn, 1, 11-16 (en russe).

KHANAZAROV A.A., 1986. Perspectives d'amélioration des forêts dans les déserts d'Asie Centrale. Probl. Ovs. Pustyn, 5, 55-58 (en russe).

KHARCHENKO S.I. et al., 1980. Variation des ressources en eau de la mer d'Aral [...] et diversion d'une partie des débits des fleuves sibériens. In "Redistribution interzonale des ressources en eau", Gidrometeoizdat, Leningrad, 312-322 (en russe).

KIRSTA B.T., 1991. Ressources en eau de surface des déserts d'Asie Centrale et problèmes de consevation. Probl. Ovs. Pustyn, 3/4, 107-114 (en russe).

KLYOUKANOVA I.A., MINAEVA E.N., 1985. Changements dans le régime de l'eau et les matières en suspension dans les rivières et systèmes d'irrigation du bassin de l'Aral. Probl. Ovs. Pustyn, 2, 36-43 (en russe).

KOKCHTCHAROVA N.E., ISAKOV G.I., 1985. Reboisement du fond desséché de la mer d'Aral. Probl. Ovs. Pustyn, 5, 48-55 (en russe).

KOLODIN M.V., 1984. Etat et perspectives de la désalinisation pour résoudre le problème de l'eau dans le désert. Probl. Ovs. Pustyn, 5, 75-82 (en russe).

KOPANEV G.V., 1986. Aspects économiques et sociaux du développement des déserts en URSS. Probl. Ovs. Pustyn, 5, 49-55 (en russe).

KOPANEV G.V., 1991. Changement de comportement envers la nature, base de la conservation du bassin de l'Aral. Probl. Ovs. Pustyn, 6, 11-16 (en russe).

KOUDINOV A.G., MESTECHKIN V.B., 1987. Predicting water demands for irrigation. In "Irrigation and water allocation", IAHS, publ. 169, Wallingford, UK, p. 163-173.

KOUROCHKINA L.A., MAKOULBEKOVA G.B., 1984. Questions relatives à la réhabilitation végétale des zones asséchées de l'Aral. Probl. Ovs. Pustyn, 4, 27-31 (en russe).

KOUROCHKINA L.A., KOUTZNETZOV N.T., 1986. Aspects écologiques de la désertification anthropogénique des pourtours de l'Aral. Probl. Ovs. Pustyn, 5, 68-74 (en russe).

KOUTZNETZOV N.T., 1986. Quelques aspects des problèmes de la mer d'Aral et de ses abords. Izv. Ak. Nk. URSS, 3, 56-62 (en russe).

KOUTZNETZOV N.T., 1990. Aspects actuels de l'état moderne des problèmes de l'Aral et du Péri-Aral. Probl. Ovs. Pustyn, 2, 10-19 (en russe).

KOUTZNETZOV N.T., GRAIASNOVA T.P., 1987. Le laboratoire aérien multifonctions en développement pour la prévision à long terme des transformations physico-géographiques. Probl. Ovs. Pustyn, 1, 10-15 (en russe).

KOZAREV A.N., 1975. The problem of the southern seas of the USSR. 3rd Int. Conf. Ocean Developt., Tokyo, 5, 271-276.

LEBADTCHOV A.T., 1990. Méthodes technico-géomorphologiques de lutte contre l'envahissement par les barkhanes. Probl. Ovs. Pustyn, 6, 18-25 (en russe).

LEMERCIER-QUELQUEJAY C., 1991. Le monde musulman soviétique d'Asie Centrale après Alma-Ata (déc. 1986). Cah. Monde Russe et Sov., 32, 117-122 (biblio).

LVOVICH M.I., CHIGELNAIA I.D., 1978. Rectification de la gestion du bilan hydrologique de la mer d'Aral. Izv. Ak. Nk. (Géogr.), 1, 42 (en russe).

MAINGUET M., 1991. Desertification through wind erosion and its control in Asia and the Pacific. United Nations, ESCAP-UNEP, n° 1049, 139 p.

MAINGUET M., 1992. Stratégies de combat contre la dégradation de l'environnement dans les écosystèmes secs... Bull. Assoc. Géogr. fr., 5, 422-433.

MESNARD, 1953. La navigation intérieure en URSS. Rev. Génie Civil, 341-345.

MICKLIN P., 1978. Irrigation development in the USSR during the 10th Five Year Plan (1976-80). Soviet Geogr., 19 (1), 1-24.

MICKLIN P., 1982. Soviet water diversion plans : implications for Kazakhstan and Central Asia. Central Asian Survey, 1, 9-43.

MILSOSERDOV N.V., 1986. Efficacité des ceintures de protection pour la protection des sols agricoles. Lesnoe Khozyaistvo, 7, 31-37 (en russe).

MIROSHNICHENKO Y., 1985. Regénération d'Haloxylon (Saxaoul) dans le Kara-Koum. Probl. Ovs Pustyn (en russe).

MOJAITCHEVA N.M., NEKRASOVA T.F., 1984. Mesure de la déflation du sel du fond desséché de la mer d'Aral. Probl. Ovs. Pustyn, 6, 15-21 (en russe).

MOROZOVA G.F., 1987. Formation du comportement migratoire de la population des Républiques d'Asie Centrale. In "Problèmes de démographie sociale", Inst. Rech. Sociologie, Ak. Nk. URSS, p. 22 (en russe).

NECHAEVA E.T., NIKOLAEV, 1983. Ressources en fourrage des déserts et leur utilisation rationnelle. Probl. Ovs. Pustyn, 6, 14-21 (en russe).

NORDYKE M.D., 1970. Peaceful uses of nuclear explosions. In "Peaceful nuclear explosions", IAEA, STI n° 273, 49-107.

NOUREMBETOV T.Y., 1991. Rendement de l'élevage du mouton Karakoul dans les régions arides... Probl. Ovs. Pustyn, 1, 8-14 (en russe).

NOVIKOVA N.M., 1990. Problems of conservation of the ecosystems of river deltas in Central Asia. In "Colloque de Noukous", chap. S2-20-00, 18 p.

OUMAROV N.M., KAKHAROV A.S., 1987. Systèmes de surveillance de l'eau souterraine sur la rive S de l'Aral. Zh. Ouzb. Geol., (6), 58-61 (en russe).

PRECODA N., 1991. Requiem for the Aral Sea. Ambio, 20 (3-4), 109-114.

RAMAZANOV A., NASONOV V., 191. Perspectives de l'irrigation dans le bassin de l'Aral. Probl. Ovs. Pustyn, 6, 28-31 (en russe).

RATKOVITCH D., 1992. Problems of water supply to the Aral sea basin with allowance for requirements of environmental preservation. Water res., 19, 102-110 (trad. Vodn. Res.).

RICH V., 1991. A new life for the sea that died ? New Scientist, (13/4/91), 15.

STEPANOV N.N., 1990. Projets réalistes pour sauver l'Aral et sa région. Vestnik Karakalp. fil. Ak. Nk. URSS, 1, 3-17 (en russe).

STEPANOV N.N., CHEMBARISOV E.I., 1978. "Influence de l'irrigation sur la minéralisation des rivières". Nauk, Moscou, 120 p. (en russe).

STREDANSKY J., 1978. Soil damage due to wind erosion. Acta Fytotechnica, 33, 282-291 (en russe).

TCHERBAKOV Y.A., 1991. L'atome et l'écologie : sauver la mer d'Aral et ses affluents. AIEA Bulletin, 33 (4), 15-17.

TCHERNENKO I.M., 1986. L'eau de la mer d'Aral et la régulation de son bilan en sel. Probl. Ovs. Pustyn, 1, 3-11 (en russe).

TIMASHEV I.E., 1991. L'Aral et le Transaral : comment gérer la catastrophe écologique. Probl. Ovs. Pustyn, 6, 16-23 (en russe).

TSYTSENKO K.V., VONSOVSKAYA O.G., 1984. Modern and prospective estimate of non returnable consumption and return water in the Syr-Daria basin. Trudy Glavnogo Geol. I., 298, ..?..

UNEP, 1987. Rolling back the desert : ten years after UNCOD. Desert Control Activ. Centre, United Nations Environment Programme, Nairobi (biblio).

UNEP-UNEPCOM, 1980. Sables mobiles dans le déserts d'URSS ; sabilisation et afforestation. Babaev ed., Cent. Int. Proj., Moscou, 318 p. (en russe).

VIKTOROV S.V., 1971. Cultures dans les déserts de l'Oust-Ourt. Izd. vo. Nauka, Moscou.

VOLFTSOUN I.B., 1987. Estimate of possible water savings in irrigation zone of Amou-Darya. Meteorol. Gidrolog., 2, 104-107.

VOROPAEV G.V., 1982. Problèmes de fourniture d'eau au pays et redistribution territoriale des ressources en eau. Vodn. Res., 6, 3-28 (en russe).

VOROPAEV G.V., BOSTANDKHOGLO A.A., 1984. "Problèmes du prélèvement, dn transfert et de la distribution d'une partie du débit des fleuves sibériens". Nauk, Moscou, 375 p. (en russe).

VOROPAEV G.V., ISMAILOV G.K., FEDOROV V.M., 1980. Principles of construction of a simulation model and its application to the water resources systems of the Amu-Darya and Syr-Darya rivers. Vodn. Res., 4, 55-81 (en russe).

VUCINICH W.S. (ed.), 1968. "The peasant in nineteenth century in Russia". Stanford Univ. Press.

ZIYADOULAIEV S., 1989. La mer d'Aral et la région d'Aral ; les voies pouvant mener à un changement. Planavoie Khoziaistvo (Econom. plan.), 9, 1.

Annexe I

Résolution du Soviet Suprême de l'URSS sur l'application de la Résolution du Soviet Suprême de l'URSS sur "les mesures urgentes d'assainissement écologique du pays" en ce qui concerne les problèmes de la mer d'Aral

(Traduction intégrale du texte officiel)

Le Soviet Suprême de l'URSS observe que le problème de l'Aral, importante catastrophe écologique de notre planète, a pris un caractère aigu. La détérioration de la situation sanitaro-épidémiologique, socio-économique et écologique de cette vaste région se poursuit. Dans la république autonome de Karakalpakie, ainsi que dans les territoires de Kzyl-Ordine, Khorezm et Tachaouz, s'est créée une situation extrêmement difficile dans tous les domaines de la vie ; on assiste à une nette détérioration des conditions de vie et de la santé de la population ; le niveau de mortalité générale et infantile est en hausse.

La situation écologique dans la région échappe au contrôle de l'homme. Le climat de la région de l'Aral se détériore sensiblement. Le transport de sels et de poussières en provenance du fond de la mer asséchée est en augmentation. La dangereuse pollution par les pesticides et la salinisation des principales sources d'alimentation en eau potable de la région — l'Amou-Daria et le Syr-Daria — se poursuivent. Le niveau des eaux souterraines corrosives s'est élevé ; des jardins et des vignes meurent ; des édifices sont détruits. La fertilité des sols est en baisse ; les pâturages se dégradent. En raison de la salinité devenue trop élevée, la mer a totalement perdu son importance en tant qu'industrie de pêche ; on assiste à la perte du fonds génétique de variétés de poissons précieuses. L'action destructive de la désertification sur des monuments culturels, historiques et architecturaux d'une importance mondiale s'est renforcée. Le préjudice économique occasionné à l'économie par cette catastrophe écologique s'élève, pour l'ensemble de la région de l'Aral, à plusieurs milliards de roubles par an.

La désertification des terres gagne sans cesse de nouvelles régions : outre les territoires de la région de l'Aral situés aux frontières de la République de Karakalpakie et des régions de Kzyl-Ordine, Tachaouz et Khorezm, elle touche désormais le territoire de plusieurs arrondissements des régions d'Aktioubine (République du Kazakhstan), de Boukhara (République d'Ouzbékistan) et de Tchardjou (République de Turkménie). La baisse de la qualité de l'environnement est aggravée par le faible niveau de développement des forces productives et des conditions sociales et d'existence de la population de la région.

L'assèchement de la mer d'Aral et la désertification de la région de l'Aral résultent du mauvais choix stratégique de développement des forces productives dans le bassin de cette mer opéré par les organes étatiques et économiques du pays et des républiques fédérées, de l'utilisation extensive des ressources en terre et en eau, et de la prédominance des monocultures du coton et du riz.

Des erreurs grossières ont été commises dans la conception, la construction et l'exploitation des systèmes d'irrigation. La consommation unitaire d'eau est supérieure à ce qui était prévu, ce qui, compte tenu de l'insuffisance notoire et de l'état d'abandon du réseau de collecte et de drainage, conduit à une salinisation de grande ampleur des terres, qui ne peuvent plus être assolées.

Depuis qu'a débuté la perestroïka, le voile du silence sur la crise de l'Aral a été levé ; des mesures sont prises pour réduire l'action de la désertification, améliorer les conditions de vie et l'environnement sanitaro-épidémiologique. Au cours des trois dernières années, on a mis en place 1900 km de grosses canalisations et de canalisations groupées dans le cadre de réseaux inter-exploitations, urbains ou intérieurs à des bourgs ; quelque 300 installations de dessalage d'eau ont été aménagées, permettant de ravitailler plus de 580000 personnes ; des hôpitaux d'une capacité d'accueil de 2200 lits et des polycliniques pouvant recevoir 1500 personnes ont été construits. Il a été procédé à une observation médicale prophylactique générale ; des mesures sont mises en œuvre afin d'améliorer l'état de santé de la population et de restaurer partiellement le milieu naturel dans le delta de l'Amou-Daria.

Dans le cadre de l'application de la Résolution du Soviet Suprême de l'URSS du 27 novembre 1989 sur "Les mesures urgentes d'assainissement écologique du pays", ont été créés une commission gouvernementale, le consortium fédéral républicain "Aral", le Centre de recherche et de coordination "Aral" et une filiale de ce dernier (à Noukous). Un concours a été organisé pour l'élaboration de différents schémas de restauration de la mer. Un projet URSS/UNEP (programme de l'ONU dans le domaine de l'environnement) — "Participation à la préparation du plan d'action pour le rétablissement de la mer d'Aral" — a été mis sur pied. Des scientifiques de notre pays et un groupe de travail composé d'experts du Programme de l'ONU pour l'environnement (UNESCO) ont reconnu qu'un équilibre de l'écosystème de la région est impossible à obtenir sans la restauration de la mer d'Aral.

Cependant, le Soviet Suprême considère comme insuffisantes les mesures prises. Dans les Républiques fédérées d'Ouzbékistan, du Kazakhstan et de Turkménie, ainsi que dans la République autonome de Karakalpakie, les décisions adoptées précédemment sur les problèmes de l'Aral ne sont pas appliquées de manière satisfaisante. Les délais de mise en service de la plupart des ouvrages destinés tant à la sphère productive qu'à la sphère non productive ne sont pas respectés. Le problème de l'emploi s'aggrave pour la population, la tension sociale s'accroît.

La mauvaise habitude consistant à gaspiller les ressources hydrauliques de la région n'a pas disparu ; les problèmes liés à l'approvisionnement de la population en eau potable de qualité ne sont résolus que lentement ; on continue de déverser des eaux polluées dans les cours de l'Amou-Daria et du Syr-Daria ; la modernisation complexe des systèmes d'irrigation, la construction d'ouvrages d'approvisionnement en eau, de systèmes de canalisations et d'installations d'épuration ne s'effectuent que lentement, de même que les travaux de protection des sols et de bonification au moyen de végétaux. L'élaboration d'un schéma d'utilisation complexe et de protection des ressources naturelles hydrauliques, en terre et autres du bassin de la mer d'Aral traîne en longueur. On n'accorde pas suffisamment de moyens et de ressources matérielles sur les budgets fédéral et républicains. Les problèmes liés à la protection de la santé de la population, notamment en ce qui concerne la construction d'établissements curatifs et prophylactiques, la création de la base matérielle et technique nécessaire et l'affectation de personnels médicaux ne sont pas résolus de manière satisfaisante. La consommation de produits alimentaires en Karakalpakie, ainsi que dans les régions de Kzyl-Ordine, de Tachaouz et de Khorezm est nettement inférieure à ce qu'elle est en moyenne dans les républiques correspondantes et dans l'ensemble de l'URSS. La situation est aggravée également par le fait que la part des produits alimentaires pour lesquels la teneur en pesticides et autres substances polluantes dépasse les normes est en augmentation.

Le Soviet Suprême de l'URSS décrète :

1. Considérer comme un programme national objectif l'amélioration radicale des conditions sanitaro-épidémiologiques de vie de la population et de la situation socio-économique dans la région de l'Aral, ainsi que la stabilisation, puis la restauration progressive de la mer d'Aral.

Ordonner au Cabinet des ministres de l'URSS, conjointement avec les organes de direction étatiques suprêmes des Républiques fédérées d'Ouzbékistan, du Kazakhstan, de Turkménie, du Tadjikistan et de Kirghizie, et de la République autonome de Karakalpakie, d'élaborer dans la première moitié de 1991 et de présenter au Soviet Suprême de l'URSS un projet de préservation et de restauration progressive de la mer d'Aral, en prise avec les conditions de développement socio-économique des républiques d'Asie Centrale et de la région de Kzyl-Ordine, au Kazakhstan.

Il convient d'élaborer et de ratifier au cours du troisième trimestre de 1991 un Programme fédéral républicain à long terme pour 1991-1995 et la période allant jusqu'à l'an 2005 concernant l'amélioration radicale des conditions de vie socio-économiques et sanitaro-épidémiologiques de la population de la région de l'Aral et la restauration de la mer d'Aral. Compte tenu de l'aggravation et de la nette détérioration de la situation écologique dans la région, il convient de ratifier, comme première étape du Programme à long terme susmentionné, dans un délai de l'ordre d'un mois, un programme fédéral républicain de mesures urgentes pour 1991-1992 permettant d'améliorer les conditions médico-sanitaires de vie de la population, ainsi que la situation socio-économique et écologique dans la région de l'Aral. Il convient d'instaurer un contrôle de l'exécution de ce programme.

Il convient d'assurer, globalement, le financement des travaux concernant le problème de l'Aral — y compris les études scientifiques, en regroupant les moyens des budgets fédéral et républicains, provenant pour l'essentiel de ressources matérielles et techniques réparties de manière centralisée.

2. Le Cabinet des Ministres de l'URSS doit, conjointement avec les organes suprêmes de la direction étatique des républiques de la région, élaborer dans la première moitié de 1991 des documents normatifs déterminant les limites et le statut de la zone de sinistre écologique de la région de l'Aral ; il doit également formuler des propositions concernant les mesures additionnelles de compensation à apporter à la population de la région de l'Aral en fonction du degré d'incidence de la désertification et des autres facteurs exerçant une influence négative sur la santé des personnes, y compris l'introduction et l'élévation de coefficients régionaux pour les salaires.

Il convient de présenter en 1991 un Projet de loi sur la protection sociale des citoyens victimes de la catastrophe écologique dans la région de l'Aral.

Afin de préserver la mer d'Aral en tant qu'objet naturel, et de créer également des conditions de vie normales dans les cours inférieurs de l'Amou-Daria et du Syr-Daria, il convient de prendre des mesures afin d'augmenter le volume de l'approvisionnement garanti en eau de 1991 à l'an 2000.

3. Il convient d'approuver la proposition des républiques d'Asie Centrale et du Kazakhstan concernant la création d'une commission interrépublicaine pour la restauration de la mer d'Aral et l'instauration d'un fonds d'aide à la population de la région de l'Aral. Il paraît ration-

nel d'élaborer et de conclure en 1991 un Traité interrépublicain à long terme sur l'utilisation rationnelle des ressources hydrauliques du bassin de la mer d'Aral.

4. Les organes d'Etat de la direction des républiques fédérées de la région doivent prendre des mesures pour fournir à la population de la région de l'Aral des produits alimentaires de qualité et accélérer la réalisation des mesures prises afin de consolider la santé des personnes. Il est indispensable d'élaborer, au sein du Programme à long terme pour les problèmes de l'Aral, un chapitre "Alimentation de la population de la région de l'Aral", ainsi qu'un programme d'assainissement et de traitement "Enfants de l'Aral". Il convient d'accorder une attention particulière au développement du réseau d'établissements de santé, au renforcement des personnels médicaux, à l'approvisionnement en médicaments et en équipements médicaux, ainsi qu'au développement de la recherche scientifique concernant les aspects médico-biologiques de la prophylaxie des affections.

Il convient de mettre en œuvre des mesures pratiques afin d'accélérer l'approvisionnement en eau potable de bonne qualité de la population des cours inférieurs du Syr-Daria et de l'Amou-Daria, en examinant la possibilité d'amener de l'eau propre à partir de sources extérieures, et également de construire des usines de conditionnement de l'eau potable.

Le Cabinet des Ministres de l'URSS doit aider à la solution de ces problèmes.

5. Il est recommandé aux Soviets Suprêmes des républiques fédérées et à celui de la République autonome de Karakalpakie de renforcer leur contrôle de l'exécution des décisions prises précédemment concernant le passage de la production agricole dans le bassin de la mer d'Aral à une base strictement scientifique, garantissant une qualité écologique élevée de l'utilisation de la nature, une utilisation rationnelle des ressources en eau, en terres et en végétaux. Il convient de mettre en œuvre des mesures visant à interdire le déversement des eaux polluées dans les cours de l'Amou-Daria et du Syr-Daria, à réduire et utiliser dans les règles les pesticides, à améliorer la santé de la population. Il faut réaliser un ensemble de travaux de bonification par les végétaux et de protection des sols. Pour ces questions, il convient d'apporter toute l'aide possible aux organes économiques des Soviets, et de protection de la nature, ainsi qu'aux organisations scientifiques.

6. L'Académie des Sciences de l'URSS et le Comité d'Etat de l'URSS pour les sciences et les techniques doivent achever en 1991 la création à Noukous de l'Institut d'écologie et des problèmes hydrauliques du bassin de la mer d'Aral de l'Académie des Sciences de l'URSS, sur la base de la filiale de Noukous du Centre de recherche et de coordination de l'Aral. Il convient de renforcer la base scientifique et l'information concernant le développement socio-économique de la région et la coordination de l'activité des organisations de recherche des républiques d'Asie Centrale et du Kazakhstan sur ces questions. Il semble rationnel de créer des sous-filiales de cet institut dans les villes de Tachaouz, Aralsk et Ourguentch. Il convient, conjointement avec les ministères et administrations de l'URSS, de prendre des mesures visant à élaborer, dans le cadre de la reconversion de certaines branches de l'industrie de la défense, des systèmes modernes de surveillance écologique de la région de l'Aral, en utilisant les possibilités déjà existantes du cosmodrome de Baïkonour et des forces scientifiques des républiques.

Il convient d'élaborer un programme fédéral complexe interministériel d'étude scientifique des problèmes de la mer d'Aral.

7. Il convient de rehausser le rôle des unions d'exploitation hydraulique du bassin "Amou-Daria" et "Syr-Daria" dans la gestion des ressources hydrauliques du bassin de la mer d'Aral, en introduisant largement des systèmes automatisés de gestion. On doit prévoir un réajustement à la hausse du statut de ces unions, de conférer aux personnels de ces entreprises les droits d'inspecteur d'Etat. Il convient d'assurer en 1991 le passage aux unions du bassin des organisations d'exploitation hydraulique, des installations de prise d'eau, des nœuds hydrauliques et

des réservoirs d'eau des fleuves Amou-Daria et Syr-Daria, comme le prévoient les décisions précédemment adoptées par le gouvernement du pays.

8. Il est recommandé au Cabinet des Ministres de l'URSS et aux organes suprêmes du pouvoir d'Etat des républiques fédérées d'examiner la question de la création d'un organe de gestion étatique auquel serait conférée la tâche de procéder à la distribution des ressources en eau entre les républiques et de contrôler l'utilisation de l'eau dans le pays.

9. Le Procureur général de l'URSS doit créer en 1991 un parquet interrépublicain pour la protection de la nature dans le bassin de la mer d'Aral.

10. Le Comité du Soviet Suprême chargé des problèmes de l'écologie et de l'utilisation rationnelle des ressources naturelles et le Comité du Soviet Suprême de l'URSS chargé des affaires internationales doivent, conjointement avec le ministère des Affaires étrangères de l'URSS, demander à la direction du Programme de l'ONU chargée de l'environnement (UNESCO) une aide afin d'élaborer et de réaliser les projets visant à restaurer la mer d'Aral et à inclure le problème de la région de la mer d'Aral dans le Programme de l'ONU de lutte contre la désertification.

11. Le Comité du Soviet Suprême de l'URSS chargé des problèmes de l'écologie et de l'utilisation rationnelle des ressources naturelles et le Comité du Soviet Suprême de l'URSS chargé de la protection de la santé de la population doivent contrôler régulièrement l'application de la présente résolution.

Le Président du Soviet Suprême de L'URSS
A. Loukianov
Moscou, Le Kremlin, 4 mars 1991

Agence Novosti

Annexe II

Sur le détournement des fleuves du Nord
pour réalimenter l'Aral

1. Interview de K. Salykov, président du Conseil Suprême de l'URSS pour les problèmes de l'écologie et l'utilisation rationnelle des ressources naturelles, à l'agence Novosti (1990)

…"- Et tout cela, par la seule faute de l'homme ?"

- "Oui, la tragédie de l'Aral, c'est nous qui l'avons créée. Le développement de l'irrigation, les besoins croissants en eau, l'orientation vers la culture du coton et du riz, qui requiert d'importantes quantités d'eau, ont conduit à un véritable assèchement de cette mer. A tout cela, il convient d'ajouter l'usage intensif d'herbicides et de défoliants. Dans le même temps, la qualité de l'environnement s'est sensiblement détériorée ; le taux de morbidité de la population s'est accru en Ouzbékistan et au Kazakhstan, notamment dans la République autonome de Karakalpakie. Un véritable phénomène de désertification a commencé dans la région de l'Aral, qui a réduit la surface des pâturages. Est-il besoin de dire que l'Aral ne donne plus de poissons, ce qui constitue une catastrophe pour les deux conserveries, la dizaine d'usines de pêches et les 17 kolkhozes de pêche locaux ?"

- "Quand l'alerte a-t-elle été donnée au niveau national ?"

- "Comme d'habitude, beaucoup trop tard, malheureusement. Le ministère de l'Economie hydraulique qui, avec d'autres administrations, a grandement contribué à la tragédie de l'Aral, a défendu l'idée du détournement des fleuves sibériens vers ce territoire, afin d'abreuver cette mer asséchée. Toutefois, l'opinion, et en premier lieu les scientifiques, sont parvenus à démontrer qu'il s'agissait là de projets ruineux non seulement sur le plan financier, mais également au niveau écologique, car l'Ob et l'Irtych (car c'est d'eux qu'il est question) non seulement n'amélioreraient pas la situation, mais pourraient, dans un certain sens, la détériorer, en entraînant, par exemple, la formation de marais…"

2. Interview de N. Glazovsky, directeur adjoint de l'Institut de Géographie de l'Académie des Sciences de l'URSS (Novosti, 1990)

..."Jusque dans les années 60, les écosystèmes de cette région sont demeurés globalement stables. C'est à cette époque que l'on a commencé de développer intensivement l'irrigation. Les terres irriguées d'Asie Centrale fournissent à l'Union Soviétique 95 % de son coton, environ 40 % de sa production de riz, et le tiers de ses fruits et de ses vignes. Mais l'augmentation de la production agricole s'est effectuée de manière extensive, en accroissant la superficie des terres irriguées, et non la productivité du travail. Cette politique a eu pour conséquence la dispersion des fleuves dans les systèmes d'irrigation, et la mer d'Aral s'est trouvée privée de ses deux principales sources d'alimentation. La facture écologique de la progression des indices économiques s'avère donc particulièrement lourde à payer : nette détérioration de la qualité de l'environnement dans le bassin de l'Aral, augmentation du taux de morbidité de la population, taux de mortalité infantile très élevé.

Il existe actuellement une multitude de projets de sauvetage de l'Aral. Mais il ne sera possible, selon moi, de résoudre les problèmes de cette région qu'en modifiant la politique d'investissements, les techniques agricoles, et en passant de la monoculture irriguée extensive à une agriculture équilibrée.

Les projets de transfert d'une partie des eaux des fleuves sibériens en Asie Centrale ont fait l'objet de critiques justifiées. Il y a tout lieu de penser que ce détournement accaparerait d'énormes moyens et ressources matérielles et ne ferait que favoriser en Asie Centrale le développement de la production extensive de matières premières (coton), le tout sur la base de systèmes d'irrigation dépassés. Et ce transfert des eaux de fleuves sibériens n'apporterait, en fin de compte, que très peu d'eau à la mer d'Aral elle-même.

Il existe des projets de détournement des eaux de la Volga dans l'Aral. Mais ce fleuve ne dispose lui-même que d'à peine assez d'eau pour les besoins économiques des régions attenantes et le maintien des conditions écologiques indispensables pour le parc unique d'esturgeons de la Caspienne..."

3. Bref de TASS-Novosti :

Mer d'Aral : retour aux vieilles lunes ?

"La suspension du projet de détournement des fleuves sibériens vers le Sud est de plus en plus fréquemment remise en question, sous la pression des tenants de l'irrigation, et au grand dam de la plupart des scientifiques. L'Agence Tass s'est faite l'écho, voilà quelques semaines, de l'intervention dans un journal local ouzbek du directeur général d'une entreprise ouzbèke d'ingénierie en irrigation, Vadim Antonov, en faveur de la remise à l'étude du projet de détournement d'une partie des eaux fluviales de la Sibérie vers le Sud.

Vadim Antonov réfute la thèse selon laquelle l'assèchement de la mer d'Aral, la catastrophe écologique qui en résulte et les problèmes économiques et sociaux des régions environnantes proviendraient uniquement de la surexploitation des eaux de l'Amou-Daria et du Syr-Daria. Une gestion de l'eau redevenue normale et la restructuration de l'agriculture ne suffiraient pas, selon lui, à améliorer la situation écologique, ni à relever les conditions de vie de la population.

Depuis 1985, souligne-t-il, la population de l'Ouzbékistan s'est accrue de deux fois, pour avoisiner désormais les 21 millions d'habitants. En 2010, elle devrait se situer aux environs de 36 millions d'habitants, et celle de l'ensemble du bassin de l'Aral atteindre les 60 millions d'habitants. Il es inconcevable, dans cette optique, estime Vadim Antonov, d'envisager quelque réduction que ce soit des surfaces irriguées, surtout si l'on sait que l'on compte actuellement 0,21 ha de surface irriguée par habitant, alors qu'il en faudrait au moins 0,30 pour assurer un approvisionnement alimentaire normal. D'où la conclusion de Vadim Antonov : seul un renflouement des eaux de l'Amou-Daria et du Syr-Daria grâce à des apports extérieurs donnera une chance de survie à l'Aral et aux populations des régions attenantes."

TASS-Novosti

Annexe III

To the President of the USSR
To the President of the Kazakh SSR
To the President of the Tajik SSR
To the President of the Turkmen SSR
To the President of the Uzbek SSR
To the President of the Karakalpak ASSR
To the Executive Director UNICEF
To the Director of the World Health Organization
To the Executive Director UNEP

Appeal of women scientist for immediate action to save children in the region of Aral ecological crisis

We, participants of the First International Symposium on the "Aral Crisis : causes and means of solution" (Nukus, Karakalpak ASSR, October 1990), mothers and women specialists in ecology, medicine, geography, sociology and demography, as a result of field observations, analysis of the information what we have received, conclude that the Aral Region is a region of ecological calamity and the situation in it is especially dangerous for children.

Infant mortality in the Karakalpak ASSR is one of the highest in the world and growing with each year : from 47.3 ‰ in 1978 to 59.8 ‰ in 1989. Over the last 5 years the mathernal death-rate in Karakalpakia has grown 3 times. Over 80 % of women suffer from anemia, every third women miscarriages. As a result of clinical observation in 1989/1990 it became clear that nearly 70 % of children in Karakalpakia are ill. For the last 2 years the number of children, suffering from nervous and physiological disorders grew 3 times.

The main reason for a rapid deterioration of the population's health conditions, which is threatening the survival of the people, is environmental deterioration, qualitative and quantitative exhaustion of drinking water, microbial infection of water, pesticidal pollution and a protein and vitamin deficiency.

Lack of the elementary health system and ecological education worsense the situation. We are gravely concerned with the slow action which borders on a crime. There is already sufficient knowledge to justify urgent action. We demand quick action for saving children in the Aral and other regions of ecological crisis.

We call on the Government and the peoples of the Karakalpak ASSR, the USSR, the republics of Central Asia and Kazakhstan, all administrative levels of the country and of the regions.

We call on the UN and its specialized organizations - UNICEF, WHO, UNEP, all the organizations connected with the problem of health and survival.

We call on the women of the world :

– to render immediate help for saving the lives of children of the Aral region and to declare this region a zone of Ecological Calamity ;

– to provide the local population in 1990/1991 with the sources of clean drinking water, products and also necessary medical help ;

– to accelerate the preparation and implementation of the Action Plan for solving the Aral Problem ;

– to introduce a strict control and reduction of the use of all pollutants, poisons and pesticides ;

– to disseminate water-saving technologies ;

– to ensure a complete ecological glastnost ;

– to prohibit child labour in the cotton fields.

We are sending our appeal from Nukus — the flash point of ecological calamity, but we know that similar problems are occurring in an ever-growing number of regions which embrace the whole planet.

Working women from all fields and positions — teachers, physicians, engineers, writers, artists — we must all become active and work for the preservation of the normal living conditions which ensure the health of our children.

From Nukus we propose that a committee of women scientists and other specialists be created with the title of "Mothers to Save Children of Aral Region".

The chief aim of the committee is accumulation and dissemination of knowledge which is necessary for immediate action to restore the environment in the Aral region and in the most endangered regions of the world.

We should not permit the killing of our children.

Your wish to be a member of the Committee "Mothers to Save Children of Aral Region" (MSCAR) and any suggestions how to make MSCAR's activities most effective are welcome at the address of the Co-ordinator : Dr. N. Novikova, Moscow 103064, Sadovaja-Tchernogrjazskaja, 13/3.

Annexe IV

Lettre de E. Taris, Chargé de mission du gouvernement français à la Société Française de Géographie

(La Géographie, vol. 26, p. 351-352, 30 août 1912)

"...J'ai voyagé à travers le Kara-Koum vers Ashkabad par 45 degrés centigrades. De mes excursions dans le Nord de Tachkent je rapporte l'impression que l'aménagement du pays n'a pas fait de progrès, les Russes n'ont ici que des fonctionnaires, des soldats et quelques stations d'essais agronomiques. Ni routes, ni télégraphe, ni nouveaux canaux d'irrigation, sauf deux ou trois déjà relativement anciens. Je me hâte de dire que, d'autre part, le Transcaspien, de Krasnovodsk à Tachkent, et l'Orenbourg-Tachkent sont deux œuvres réellement admirables et qui font le plus grand honneur à leurs auteurs. Le premier surtout, qui est le plus ancien, doit être un sujet de méditation pour nous. J'en rapporte, personnellement, au moins une conviction nouvelle, c'est que nous devons au plus vite commencer le Transafricain. J'ignore où en est le projet et s'il a progressé sérieusement, mais je fais des vœux pour que l'opinion s'en empare et le fasse sortir de la période ingrate des commissions et des enquêtes.

"On sait que c'est le général Annenkof qui a fait le chemin de fer du Centre-Asie, au moins de Krasnovodsk à l'Amou-Daria, et cela, à peu près en pays ennemi, puisque le premier tronçon a atteint Géok-Tépé huit mois après le sanglant assaut où s'illustra le colonel Kouropatkine. Le désert n'a pas perdu un pouce depuis lors ; les dunes déferlent sur la voie, que protègent des barrières de branchages et de paille. Sur des sections de plus de cent kilomètres, il n'y a ni un puits, ni une yourte de Kirghiz. Les gardiens des stations, éloignées de 30 à 40 verstes, reçoivent l'eau et les aliments des oasis distantes de plusieurs centaines de verstes. Et cependant, dès qu'on traverse ces oasis, on le comprend aussitôt, l'énorme travail qu'a demandé la pose du rail dans ces solitudes n'est ni inutile, ni disproportionné avec les résultats futurs.

"Futurs est le mot, car, si on les entrevoit grandioses, ils sont toujours inexistants, côté politique et militaire à part. Il est vrai que c'est la politique et la conquête qui ont exigé la voie ferrée, mais tout cela est loin, et la marche des armées russes sur les traces d'Alexandre prend déjà des airs de légende. Nous sommes à l'ère des réalisations économiques, et celles-ci se font attendre en Asie russe : il est plus aisé de vaincre que d'utiliser la victoire, lorsqu'on est plus riche en hommes qu'en argent.

"Je me suis attaché à rassembler tous les renseignements susceptibles de jeter quelque lumière sur les possibilités qui s'offrent de réduire les zones désertiques énormes du bassin de l'Aral. Je crois qu'on ira très loin dans cette voie, et assez vite, lorsqu'on lèvera les barrières qu'on oppose à l'établissement des étrangers au Turkestan. Ces barrières sont d'autant moins explicables que, toute seule, la Russie ne peut pas exploiter l'Asie centrale. S'obstiner ne fera que retarder la civilisation, tout en diminuant notablement la grandeur du rôle de la Russie. Il y a un homme qui a parfaitement saisi ce rôle et l'a joué pour son compte avec persévérance ; c'est le grand-duc Nicolas Constantinovitch, qui a entrepris l'irrigation de la Steppe de la Faim, à 100 verstes de Tachkent, et grâce auquel un sérieux noyau de colons russes s'est déjà formé. Avec le domaine de Yourgab, qui appartient à l'Empereur, c'est à peu près le seul effort sérieux accompli jusqu'ici.

"On annonce comme très prochain le commencement des travaux de la ligne Tachkent-Ariss-Vernyi, qui doit rejoindre l'Irtych à Semipalatinsk. Cette ligne doit jouer un rôle très important, non pas tant dans la région qu'elle desservira directement, que par la répercussion de l'afflux du blé de l'Est vers l'Amou-Daria sur le développement du coton. Celui-ci est limité dans son essor par de nombreux obstacles ; mais l'un des principaux est la cherté du blé dans l'Amou-Daria, où il ne parvient depuis Tachkent que grevé de frais de transport atteignant en moyenne 15 francs les 100 kilos. On ensemence en blé des champs qui à Khiva, à Petro-Alexandrovosk, etc. donnent aisément 150 à 200 pounds de coton à l'hectare, soit 1 100 à 1 600 francs de revenu au prix actuel. Cette situation changera, à mesure qu'on améliorera les moyens de communication entre Tchardjoui et l'Aral soit par l'Amou-Daria, soit par la construction d'une voie ferrée.

"L'Amou-Daria est d'un parcours extrêmement pénible en tout temps et l'on met quarante-huit heures pour gagner Petro-Alexandrovosk, où l'on est encore à une journée et demie de Khiva. Cette région a le privilège d'être probablement la plus chaude de l'Asie et, au point de vue agronomique, la plus favorable au cotonnier. Ce dernier, qui a déjà un bel avenir, au Caucase, doit être l'instrument de la revivification des bords de l'Aral. Le verrons-nous ou cela sera-t-il réservé à nos successeurs, je ne trancherai pas la question. Puissions-nous auparavant, voir chez nous le rail relier à travers le Sahara les plantations du Soudan à celles de l'Algérie."

Annexe V

Page de garde du journal
Sovietskaia Karakalpakia (25.4.1992) présentant l'appel
des Présidents des états touraniens
pour le sauvetage de l'Aral

Lexique des noms de lieux cités

(position donnée par rapport au méridien de Greenwich ; r. = rivière, v. = ville)

Adzhibai	baie sud-ouest de Mouinak
Agouspe	v., rive nord de l'Aral
Aiboughir	ancienne baie sud-ouest de l'Aral (en subsiste un lac du même nom, 100 km au Sud-Ouest de Mouinak)
Aiengiev	village près de Paktakor (Steppe de la Faim)
Akcha-Daria	bras fossile de l'Amou-Daria, partant de la région de Tourktoul vers le coin sud-est de l'Aral
Akchakaya	voir Akskaja
Akskaja	dépression sèche (-82 m) à 70 km au Sud-Sud-Est du Sary-Kamysh
Akzajkin	petit lac temporaire, à 100 km à l'Est de Kzyl-Orda, déversoir du Tchou
Alaï	longue chaîne de montagnes s'étendant de Samarkand à l'Ouest jusqu'à la frontière chinoise, et bordant la vallée du Ferghana au Sud
Ala-Taou	chaîne bordière du Nord de la Khirghizie, bordant le lac Issyk-Koul au Sud
Alma-Ata	v. au Nord du lac Issyk-Koul, capitale du Kazakhstan (=Almaty)
Aminabad	site archéologique sur l'Akcha-Daria
Amou-Daria	r. tributaire de l'Aral issu du Pamir, frontière entre l'Afghanistan et le Tadjikistan
Andronovo	site archéologique, au Sud-Est des monts Oural
Aral	lac (46°N, 60°E)
Aralsk	v., Nord- Est de l'ancien Aral, port asséché
Aralsulfat	v., 30 km au Nord-Est d'Aralsk
Arnassaï	lac artificiel occupant la dépression d'Aydarkoul
Aryk-Daria	voir Darya-Lyk
Aschikol	petit lac temporaire, à 100 km à l'Est de Kzyl-Orda, déversoir du Tchou
Ashkabad	v., capitale du Turkmenistan
Assake-Aoudan	dépression sèche au Nord-Ouest du lac Sary-Kamysh
Astrabad	v., voir Gourgendj
Aydarkoul	grande dépression sèche et salée, 100 km au Sud-Ouest de Tachkent et au Nord-Ouest de la Steppe de la Faim
Bactres	ancienne v., à l'Ouest de Balkh, Afghanistan, au Sud de l'Amou-Daria
Bactriane	ancien état gréco-indien, capitale Bactres
Bakaly-Kona	ancien marais, 50 km au Nord-Est de Kzyl-Orda
Balkach (Balkash)	grand lac à 900 km à l'Est de l'Aral
Balkh	voir Bactres
Balkhan (Grand)	chaînon (1886 m) prolongeant le Khopet-Dag jusqu'à la Caspienne

Balkhan (Petit)	chaînon (970 m) parallèle au Grand Balkhan, à 50 km au Sud, de l'autre côté de l'Ouzboï
Barsa-Kelmes	île de l'Aral (45°W, 60°E)
id.	dépression endoréique de l'Oust-Ourt, 100 km à l'Ouest de Koungrad
Barsouki (Grand)	désert sableux au Nord-Ouest de l'Aral
Barsouki (Petit)	désert sableux au Nord de l'Aral (Nord d'Agouspe)
Batoumi	v. turque, coin est de la Mer Noire
Bayram-Ali	v., delta du Mourghab, à 35 km à l'Est de Mary
Bejneou	v. dans l'Oust-Ourt (45°N, 55°E)
Bekavad	v. sur le Syr-Daria, sortie ouest du Ferghana
Bellingshausen	île de l'Aral, au Nord de Mouinak
Birouni (Berouni)	v. du Khorezm, 5 km rive droite de l'Amou-Daria
Boukantaou	chaînon (764 m) prolongeant l'Alaï jusqu'à 250 km de l'Aral
Boukhara	v., 100 km à l'Est de l'Amou-Daria et 250 km de Tachkent
Boutantaou	petit chaînon au Sud du Tchink, près du Sary-Kamysh (120 m)
Caspienne	lac à l'Ouest de la Touranie
Chatli	station de jaugeage sur le cours moyen de l'Amou
Chelif-Daria	ancien cours de l'Amou, depuis la frontière afghane jusqu'à l'Ouzboï
Chirchik	r. affluent est du Syr-Daria, passant à Tachkent
Chevtchenko	v. industrielle au Sud de la presqu'île de Manghislak (44°N-51°E), aujourd'hui Aktaou, district de Manguistaou
Constantin	île de l'Aral, aujourd'hui rattachée à Vozrozhdenya
Daghestan	république autonome de Russie, rive ouest de la Caspienne au Nord de l'Azerbaïdjan
Daou-Kara	lac artificiel, 20 km au Nord-Ouest de Koungrad
Darvaza	v. dans la dépression de l'Oungouz (Kara-Koum central), mines de soufre et pétrole
Darya-Lyk	bras ouest de l'Amou-Daria, rassemblant les eaux du Khorezm et de la région turkmène de Tachaouz, et les conduisant au lac Sary-Kamysh
Djana-Daria	voir Yana-Daria
Djand (Djankent)	ville antique, 25 km au Sud-Ouest de Kazalinsk
Djeitoun	localité archéologique au Nord-Ouest d'Ashkabad
Dodaoun-Daria	ancien bras asséché de l'Amou-Daria, 100 km au Sud du Darya-Lyk
Douchambe	v., capitale du Tadjikistan
Dzijak	v. principale de la Golodnaya Stepa
Dzoungarie	territoire chinois désertique, 600 km à l'Est du lac Balkash, au Nord du Sin-Kiang
Dzouzali	v. sur le Syr-Daria, entre Kzyl-Orda et le delta
Emba	fleuve de la Caspienne, Est du fleuve Oural
Erbent	établissement à 250 km au Nord-Ouest d'Ashkabad
Farkhad	lac artificiel à l'extrémité ouest du Ferghana
Ferghana	à 150 km au Sud-Est de Tachkent, vaste vallée plate du Syr-Daria supérieur
Gazlik	v., gisement de gaz, 100 km au Sud-Ouest de Tachkent
Geok-Tepe	v., à 0 km au Nord-Ouest d'Ashkabad, à 30 km du coin sud-est de la Caspienne
Gholkarteniz	dépression saumâtre, à 250 km au Nord-Nord-Est de l'Aral
Goklenkoui	dépression allongée nord-ouest - sud-est à -28 m, à 100 km du lac Sary-Kamysh
Golodnaya Stepa	plaine de piedmont, à 100 km au Sud-Ouest de Tachkent
Gourgendj	v. iranienne, à 30 km de l'angle sud-est de la Caspienne
Gouriev	ville dans le delta de l'Oural
Hindou-Kouch	chaîne de montagnes nord-est - sud-ouest, de Kaboul au Pamir (7750 m)

Hyrcanie	contrée de l'ancienne Perse au Sud et au Sud-Est de la Caspienne
Igdy	site sur le cours moyen de l'Ouzboï, 250 km à l'Est de la Caspienne
Ilek	affluent sud-est de l'Oural
Ili	r., principal tributaire du lac Balkach, au Nord d'Alma-Ata
Irtych	r., principal affluent de l'Obi, 1500 km au Nord-Ouest de l'Aral
Issyk-Koul	lac de montagne situé à 100 km au Sud d'Alma-Ata
Kaboul	v., capitale de l'Afghanistan
Kacha-Daria	ancien lit fossile du Zerafzan, parallèle à l'Amou-Daria
Kadouz-Khan	lac sur le canal du Kara-Koum, à 60 km au Sud de Tedjen
Kafirnigan	r., affluent de la rive droite de l'Amou, arrosant Douchanbe (37°N, 68°E)
Kairakoum	v. et barrage sur le Syr-Daria, au Sud-Ouest du Ferghana
Kamsybash (Kamysylbas)	ancien lac au Nord du delta du Syr-Daria, 50 km au Sud d'Aralsk
Kara-Daria	r., affluent du Syr, à l'Est du Ferghana
Karabogaz (Gol)	grande baie à l'Est de la Caspienne, au Sud-Ouest de l'Oust-Ourt
Karaganda	v. du Kazakhstan, à 100 km au Nord-Est de l'Aral
Karagie	dépression (-132 m), au Sud de la presqu'île de Manghislak (Nord-Est de la Caspienne)
Karakalpakstan (Karakalpakie)	république autonome ouzbèke du delta de l'Amou
Karakoroum	extrémité nord-ouest de l'Himalaya, à la limite de l'Inde et de l'Afghanistan
Karakoul	v. et barrage sur le Naryn au Kirghizstan
Kara-koum	nom général du grand désert au Sud de l'Aral et de l'Amou-Daria
Karasou	r., sous-affluent du Syr-Daria (par le Naryn) (42°N, 72°E)
Karasouk	v. ancienne du delta du Syr-Daria
Karataou	chaînon prolongeant au Nord-Ouest l'Alaï, le long de la rive est du Syr-Daria jusqu'à Kzyl-Orda (2176 m) ; aussi chaînon à 150 km au Nord-Nord-Ouest de Samarkand
Karchi	chef-lieu de district, à 150 km au Sud-Est de Boukhara, et à 120 km au Sud-Ouest de Samarkand
Kat	v. ancienne entre Birouni et Tourtkoul
Kazalinsk	v., au début du delta de l'ancien Syr-Daria
Kazandjik	v., extrémité nord du Khopet-Dag, à 300 km au Nord-Ouest d'Ashkabad
Kelif-Daria	r., ancien lit de l'Amou, partant de Kerki - vers le Nord-Ouest - jusqu'à l'Oungouz
Kelteminar	site archéologique au Nord-Est de l'Aral
Kerki	v. sur l'Amou-Daria, à 60 km de la frontière afghane
Khatm	r., ancien affluent afghan de l'Amou (36°N, 68°E)
Khiva	v., ancienne capitale du Khorezm, à 200 km au Sud de l'Aral et à 50 km au Sud de l'Amou-Daria
Khodjend	v. du Ferghana (anc. Leninabad)
Khopet-Dag	chaîne montagneuse à la frontière sud-ouest du Turkmenistan avec l'Iran (3117 m), bord du plateau iranien
Khorasan	région nord-est de l'Iran, chef-lieu Meshed (36,30°N, 59,30°E)
Khorezm	région au Sud du delta de l'Amou-Daria, et nom d'anciens royaumes locaux
Khouldzour-Taou	chaînon montagneux, à 150 km au Nord-Nord-Ouest de Boukhara, parallèle à l'Amou
Kipchak	sur l'Amou-Daria, au Nord-Est de Tachaouz (≈ 70 km)
Kochtchak	baie asséchée de la rive nord de la presqu'île de Manghislak
Kodjerli	v. du delta de l'Amou, à 30 km au Sud-Sud-Est de Noukous
Kok-Daria	ancien bras asséché de l'Est du delta de l'Amou
Kokaral	île élevée du Nord de l'Aral (46,15°N, 60,30°E) (Kouch-Aral)
Kokcha	r., affluent de la rive gauche de l'Amou (37°N, 70°E)

Kokcha	v. ancienne du delta de l'Amou-Daria
Koktchak	baie de la Caspienne, Nord-Est de la presqu'île de Manghislak
Komsomol	ancienne île de l'Aral, aujourd'hui rattachée à Vozrozhdenya
Kouktcha-Dengiz	ancienne baie de l'Aral, au Nord du delta du Syr-Daria
Koundouz	r., affluent de la rive gauche de l'Amou (36,30°N, 69°E)
Koungrad	v. du delta de l'Amou-Daria, à 100 km au Nord-Nord-Ouest de Noukous
Kounia-Ourgench	v., ancienne capitale du Khorezm, à 50 km à l'Ouest de Noukous
Kourdar	v. ancienne du Khorezm, près de Kounya-Ourgench
Kourtish	ancienne station sur l'Ouzboï, à 200 km au Sud du Sary-Kamysh
Kouzoulktaou	chaînon montagneux est-sud-est - nord-nord-ouest (785 m), situé à 100 km au Nord-Ouest de Boukhara
Kouzounek	site ancien sur l'Ouzboï, à 60 km au Sud du Sary-Kamysh
Krasnovodsk	v. sur la Caspienne (40°N-53°E)
Kyzilajak	v. sur l'Amou, au Sud de Kerki, départ du canal du Kara-Koum
Kyzyl-Arwat	v. à 250 km au Nord-Ouest d'Ashkabad
Kyzyl-Koum	désert limité par l'Aral, l'Amou-Daria et le Syr-Daria
Kyzyl-Sou	r., affluent de la rive droite de l'Amou-Daria (39°N, 70°E)
Kzyl-Orda	v. au Kazakhstan, sur le Syr-Daria, à 300 km à l'Est de l'ancien Aral, chef-lieu de district
Lazarev	ancienne île de l'Aral, rattachée aujourd'hui à Vozrozhdenya
Makat	v. du Kazakhstan (47,30°N, 53°E)
Malloye More	"petite mer", partie nord isolée de l'Aral
Manghislak	presqu'île montagneuse au Nord-Est de la Caspienne
Manytch	vallée reliant le Nord-Est de la mer d'Azov à la Caspienne
Mary	v., voir Merv
Merv	v., ancien nom de Mary, branche ouest du delta intérieur du Mourghab, à 300 km à l'Est d'Ashkabad
Mikhailovsk	v. abandonnée, à 100 km au Sud-Est de Krasnovodsk
Mogoltaou	éperon isolé fermant le Ferghana au Sud-Ouest (100 km au Sud de Tachkent)
Mouinak	v., ancien port asséché du delta de l'Amou-Daria
Moujounkoum	désert entre le Syr-Daria et le Tchou, au Sud-Est du Kazakhstan
Moukhry	v., point où l'Amou-Daria quitte l'Afghanistan
Mourghab	cours d'eau né en Afghanistan, se perdant au Nord-Ouest dans le Kara-Koum après Mary
Mynboulak	dépression (-12 m), à 250 km à l'Est de Noukous
Naryn	r., grand affluent du Syr-Daria, au Nord-Est du Ferghana
Nebit-Dag	v. sur le bas cours de l'Ouzboï, à 130 km au Sud-Est de Krasnovodsk
Noukous	v., capitale du Karakalpakstan, au point de départ du delta de l'Amou-Daria
Nourata	v. minière, à 120 km au Nord-Nord-Ouest de Samarkand
Nourek	barrage sur le Vaksh, à 70 km au Sud-Est de Douchambe
Novi-Ouzen	v. minière à 15 km au Sud-Ouest d'Ouzen
Novo-Alexandrovsk	ancien établissement russe sur la presqu'île de Manghislak
Novokazalinsk	v. sur le bas Syr-Daria, à 100 km de l'ancien rivage de l'Aral, 10 km au Sud de Kazalinsk
Orenbourg	v. de Russie (51,45°N, 55°E)
Orsk	v. de Russie (58,30°E)
Ouchkoudouk	v. minière du Kyzyl-Koum, à 300 km à l'Est de Noukous
Oulkoum-Daria	ancien bras occidental du delta de l'Amou-Daria
Oungouz	dépression ouest-est du Kara-Koum le long du 40è parallèle, ancienne vallée de l'Amou-Daria
Ouralsk	v. à l'Ouest du Kazakhstan (51°N, 51,30°E)

Ourgench	v. du Khorezm, à 20 km de l'Amou sur la rive gauche, et à 40 km de Khiva
Oushsaï	ancien port de pêche, 10 km au Nord-Ouest de Mouinak
Oust-Ourt	région comprise entre l'Aral, la Caspienne, l'Ouzboï et le fleuve Emba
Ouyali	île et village sur la côte orientale de l'Aral
Ouzbekistan	république de Touranie, entre l'Aral et la frontière chinoise
Ouzboï	ancienne vallée quaternaire de l'Amou, depuis le lac Sary-Kamysh jusqu'à la Caspienne, au Sud des monts du Grand-Balkhan
Ouzen	v. minière de la péninsule de Manghislak (43°N, 53°E)
Pakta-Aral	sovkhose de la région de Noukous
Paktamor	v. dans la Steppe de la Faim (40,30°N, 68,15°E)
Pamir	massif montagneux à l'Ouest de l'Indoukouch, frontière avec la Chine et l'Afghanistan
Parthie	royaume ancien au Sud-Ouest du Turkmenistan actuel
Piandj	r., nom de l'Amou avant son confluent avec le Vaksh (37°N, 68°E)
Pichpek	v., capitale du Kirghizstan (anc. Frounze)
Pitniak	v. sur le bas Amou, avant le Khorezm, zone de collines (248 m ; 41°N, 62°E)
Predchinkov	fosse sous-lacustre entre les îles Barsakelmes (45,30°N, 60°E) et Vozhrozendenia (45°N, 59°E)
Repetek	v. du Kara-Koum, à 70 km au Sud-Ouest de Tchardzou
Safed-Daria	r., ancien affluent de la rive gauche de l'Amou (36°N, 66°E)
Samarkand	v., seconde métropole de l'Ouzbekistan (39,30°N, 66,45°E)
Samarsk	v. de Russie, à 30 km au Nord d'Orenbourg
Sarbas	ancienne baie au Sud-Est de l'Aral
Sarez	lac sur le Mourghab (affluent de la rive droite de l'Amou) (38°N, 73°E)
Sary-Kamysh	dépression (-42 m) et lac artificiel à 200 km à l'Ouest-Sud-Ouest de Noukous
Sary-Siganak	ancien golfe au Nord-Est de l'Aral, avec Aralsk au fond
Segiz	lagune salée, 50 km au Nord-Est de Kzyl-Orda
Semiritché	nom de la contrée de piedmont allant de 44°N, 68°E à 44°N, 76°E
Sernyy-Zavod	v., exploitation minière, sur l'Oungouz, à 250 km au Nord d'Ashkabad
Shiringtagao	r., ancien affluent de la rive gauche de l'Amou (36°N, 65°E)
Sin-Kiang	région frontalière de Chine, au Sud-Est de la Touranie
Sineye More	la "mer bleue", Aral
Sogdiane	nom ancien de la région correspondant aux territoires de Boukhara et Samarkand
Soudotche (Soudochbe)	lac du delta de l'Amou, à 50 km au Nord-Ouest de Koungrad
Sourchan-Daria	r., affluent de la rive droite de l'Amou (38°N, 68°E)
Sourkhan-Daria (Sourkhab)	r., affluent de la rive gauche de l'Amou (36°N, 68,30°E), cours commun inférieur avec le Koundouz
Steppe de la Faim	voir Golodnaya Stepa
Sultan-Ouiz-Dag (Sultan-Dag)	petit massif (473 m) rive droite du bas Aral, à 60 km à l'Est de Noukous
Syr-Daria	r., le second tributaire de l'Aral, issu des monts Tien-Shan
Tachaouz	v., capitale du district nord-turkmène (42°N, 60°E)
Tachkent	v., capitale de l'Ouzbekistan (41°N, 69°E)
Tadjikistan	la plus sud-orientale des républiques de Touranie
Tagisken	v. ancienne sur le Yani-Daria (bras sud-ouest du Syr-Daria)
Takhyatash	v., localité et barrage sur le bas Amou-Daria, à 20 km au Sud de Noukous
Tazabagyab	v. ancienne sur l'Akcha-Daria (bras nord de l'Amou-Daria)
Tcharchili	lieu-dit sur la rive sud du lac Sary-Kamysh, à l'exutoire de l'Ouzboï
Tchardara	v. sur le Syr-Daria (à 100 km à l'Ouest de Tachkent) ; barrage

Tchardzou   v. sur l'Amou-Daria, à mi-chemin entre le delta et la frontière afghane, croisée du chemin de fer Caspienne-Tachkent

Tcheli   v. sur un bras du Syr-Daria (44,15°N, 67°E)

Tchimbai   v. du delta de l'Amou-Daria, à 50 km au Nord de Noukous

Tchink   rebord est et sud-est du plateau d'Oust-Ourt vers l'Aral et le Kara-Koum

Tchou   r. née près du lac Issyk-Koul, se perd à 200 km à l'Est de Kzyl-Orda

Tedjen   r. issue d'Afghanistan, frontière entre l'Iran et le Turkmenistan, se perd dans le Sud du Kara-Koum

Tedjen   v. à l'origine du delta intérieur de la rivière du même nom

Teldyk-Daria   ancienne branche ouest du delta de l'Amou-Daria

Terekol (Telekol)   dépression à 700 km à l'Est de l'Aral, où se jette le Sary-Sou (46°N, 67°E), et reliée au Syr-Daria par un canal d'irrigation

Termez   v. sur l'Amou-Daria, frontière Ouzbekistan-Afghanistan (37,15°N, 67,15°E)

Tien-Chan   grande dorsale montagneuse allant du 43°N, 88°E au 42°N, 75°E, et relayée vers l'Ouest par les chaînes dominant Tachkent

Timkent   v. de la rive droite du Syr-Daria, à 100 km au Nord de Tachkent

Tobol   r., affluent de l'Irtych (55°N, 60°E)

Tokmak-Ata   presqu'île sud sur l'Aral, avec la ville de Mouinak

Toprak-kala   v. 200 km NE de Noukous, ancienne capitale du Khorezm

Ton-Daria   ancien bras de l'Amou, au Sud du Darya-Lyk

Touarkir   collines (208 m), à 60 km au Sud-Est de Tourtkoul

Touranie   nom géographique de la dépression comprise entre la Sibérie, la Caspienne, la frontière chinoise et centrée sur l'Aral

Tourfan   v. du Sin-Kiang (43°N, 89°E) et dépression (-154 m)

Tourgaï   dépression au Nord-Nord-Est de l'Aral et vallée de la rivière du même nom, ancien tributaire de l'Aral

Tourkestan   v. à 30 km rive droite du Syr-Daria, à 300 km au Nord de Tachkent

Tourtkoul   v. sur le bas Amou-Daria, à 30 km au Sud-Est d'Ourgentch, et 50 km de Khiva

Turkmenistan   république située entre la Caspienne, le Kazakhstan, l'Ouzbekistan, l'Afghanistan et l'Iran, au Sud-Ouest de la Touranie

Tyouyamouyoun   (Tyouyamouyou) localité à l'amont du delta de l'Amou, site d'un barrage

Vaksh   r., affluent de la rive droite de l'Amou (39°N, 70°E)

Vozrozhendenya   ancienne île de l'Aral (45°N, 59°E)

Yana-Daria   (Yani-Daria, Djana-Daria, Zhana-Daria…) : ensemble de bras anciens issus du Syr-Daria, entre Kzyl-Orda et le delta, et se dirigeant au Sud-Est vers l'Aral

Zamanbaba   site archéologique, au Sud-Ouest de Boukhara (100 km)

Zaoungouz   partie nord du Kara-Koum, entre le delta de l'Amou-Daria et la vallée de l'Oungouz

Zarafchan   v. minière, à 200 km au Nord de Boukhara

Zerafzan   r., ancien affluent de la rive droite de l'Amou-Daria, arrosant Samarkand et Boukhara

Zhana-Daria   voir Yana-Daria

Index des noms propres cités

(a : auteur ; g : nom d'intérêt géographique ; h : nom d'intérêt historique)
(F. : cours d'eau ; I. : île ; L : lac ; V. : ville)

334   Index des noms propres

Annenkoff *(h)* 89, 270,
299
Antonin *(a)*   93
Arabes *(h)* 20, 63,
65-66, 74, 85, 91, 93, 99, 104, 107, 263-
264, 288-289
Aralsk *(V. g)* 6, 31,
35, 40, 42, 44, 50, 87-88, 90, 145, 171,
175-176, 181-182, 216-218, 258, 268,
314, 327, 329, 331
Araxes (Araxos) *(F. g)* 97, 101,
262
Aristobule *(a)*   102
Arménie *(g)*   249,
255
Arnassai
(Aydarkoul) *(L. g)* 60, 69,
156-159, 162-163, 168, 184, 188, 217,
231, 327
Aschikol *(L. g)* 68, 327
Ashkhabad *(V. g)* 79, 89
Assake-Aoudan *(g)* 66, 265,
327
Astrabad *(g)* 86, 88-
89, 106, 266, 327
Astrakhan *(g)* 87-88,
101, 107-108, 123, 265-267
Atlas Catalan *(h)* 93-94,
265
Aydarkoul *(L. g)* 60, 69,
156-159, 162-163, 168, 184, 188, 217,
231, 327
Ayra *(g)* 78

B

Babaiev *(a)*   137,
151, 293, 300, 307
Bactres *(g)* 78-79,
97, 106, 263-264, 327
Bactriane *(h)* 1, 75,
79, 93, 102, 123, 256, 263, 288, 327
Baikara *(h)* 106
Bakaly-Kona *(g)* 60, 327
Bakou *(V. g)* 19, 87-
88, 90, 97, 101, 107, 266
Balkach *(L. g)* 11, 42-
43, 50, 85, 89, 91, 97, 101, 171, 237,
264, 269, 327, 329

Balkh (Bactres) *(g)* 57, 78-
79, 97, 101, 106, 263-264, 268, 327
Balkhan *(g)* 6, 11,
105-106, 108, 151, 170, 269, 287, 327-
328
Barbot de Marny *(a)*   110,
278
Barents *(a)*   97
Barsa-Kelmes *(g)* 6, 24,
39-40, 328
Barsouki *(g)* 4, 6, 40,
328
Barthold *(a)* 20, 65,
79, 86, 99, 104-107, 110, 287
Basargine *(a)*   109
Bashkirs *(g)*   87,
266-267
Basiner *(a)*   109-
110, 287
Batoumi *(V. g)* 90, 328
Bayram-Ali *(V. g)* 29, 31,
35, 143, 270, 328
Bazilios *(a)* 99, 267
Bejneou *(g)*   171,
328
Bekavad *(V. a)* 60, 328
Bekowitch *(h)* 74, 86,
88, 93, 101-102, 108, 141
Bellingshausen *(I. g)* 39, 237,
328
Berg L. *(a)*   278,
287-288, 293
Blankenhagel *(a)*   109
Blinov *(a)* 43, 49,
55-57, 139, 189, 197, 278, 301
Bortnik *(a)* 55, 185,
187-189, 301
Boudienny *(h)* 91, 272
Boukantaou *(g)* 11, 21,
328
Boukhara *(V. g)* 31, 59,
75, 79, 85, 87-91, 97, 101, 104, 108,
111, 123, 129, 134, 145, 149, 153, 157-
158, 161, 169-171, 184, 244-245, 256-
257, 264-270, 272, 291-292, 311, 328-
332
Boukhavkine *(a)*   109
Boutakoff *(a)*   109,
269, 288

Index des mots-clés

Liste des figures

Liste des tableaux

CET OUVRAGE A ÉTÉ ACHEVÉ D'IMPRIMER
EN OCTOBRE 1993 SUR LES PRESSES
DE L'IMPRIMERIE DE L'INDÉPENDANT
À CHÂTEAU-GONTIER
DÉPÔT LÉGAL : 4ᵉ TRIMESTRE 1993

Nº D'ÉDITEUR : 634